Wireshark TCP/IP網路協定入門實作分析

陳雲龍 編著

WIRESHARK

全華圖書股份有限公司

作者序...

目前常見的網路封包分析工具有很多種類：像Tcpdump、Sniffer、Wireshark（Ethereal）等，而其中Wireshark雖為Open Source軟體，但是它所具備的功能卻不輸許多商業軟體。簡單的說，要徹底瞭解TCP/IP網路通訊協定與實驗，採用Wireshark就對了！Wireshark已在今天TCP/IP網路封包的解析中盡可能顯示出最為詳細的網路封包資料，這確實比在以往只能下命令瞭解通訊協定強太多；另外，它還提供了許多不同作業系統的版本，像在Windows、UNIX、MAC。在資訊安全領域中，透過此軟體我們可以抓取所要擷取的資料封包，讀者只要想對TCP/IP網路通訊協定原理做驗證，接著，進一步分析封包內的詳細資訊，以在網路故障排除與判斷分析、監聽異常封包檢測、統計等效果，那使用免費的Wireshark軟體絕對是首選考慮。

本書教材內容提供讀者最新、最完整入門之網路標準介紹；並包含電腦網路實際命令搭配Wireshark軟體操作及分析，其中最重要的實驗環境及步驟都有詳細標示，分析結果也有徹底解說，及各章後面的問題都有進階討論；並包括重要Wireshark實作Case與習題電子檔，讓讀者可以實際操作驗證，也適時地引領讀者動手架構所需的網路，可以提供從事資訊網路人員對TCP/IP清晰正確的觀念，透澈瞭解TCP/IP電腦網路的基本原理，並能動手實證，厚植個人在資訊網路能力。

作者　陳雲龍　通訊工程研究所博士

tense.chen@msa.hinet.net

2013年7月15日

目錄...

CHAPTER01 PPP協定Wireshark實作分析

CHAPTER02 乙太網路協定Wireshark實作分析

CHAPTER03 IP協定Wireshark實作分析

CHAPTER04 ARP協定Wireshark實作分析

CHAPTER05 ICMP協定Wireshark實作分析

CHAPTER06 UDP協定Wireshark實作分析

CHAPTER07 TCP協定Wireshark實作分析

CHAPTER08 DNS協定Wireshark實作分析

CHAPTER09 DHCP協定Wireshark實作分析

CHAPTER10 HTTP協定Wireshark實作分析

CHAPTER11 SMTP協定與POP3協定 Wireshark實作分析

CHAPTER 01

PPP協定Wireshark實作分析

1-1 PPP簡介

PPP（Point-to-Point Protocol）稱爲點對點通訊協定（可參考RFC 1661），也是一個對等協定，其屬數據鏈路層的協定。PPP早期常用於存取遠端主機的服務，例如：窄頻時期的Internet所使用的56k數據機（Modem），就是使用PPP做撥接連線。在專線連接的網路中，WAN常用的數據鏈路層協定包含有HDLC（High Data Link Control）與PPP，而後者（指PPP）的功能比HDLC來得更強大；後來寬頻時期的Internet所使用的ADSL數據機，也以跨乙太網路點對點通訊協定（稱爲PPP Over Ethernet；PPPoE）來建立遠端主機連線。簡單的說，只要兩節點間連線建立，裝在PPP封包格式內的資料包就可以利用串列埠傳送出去。

本章各節就是以ADSL網路爲例，利用跨乙太網路上的點對點協定提供使用者撥接連線時的軟體服務。PPP支援多種網路層協定，如IP、IPX和AppleTalk；也支援各種不同的網路類型，如TCP/IP、IPX及虛擬私有網路（VPN）等。PPP在發展出來之前，電腦和數據機之間的通訊是利用序列線路網際網路協定（Serial Line Internet Protocol，SLIP）來傳送封包；後來PPP確實有很多SLIP所沒有的優點，因而很快取而代之，像PPP支援多種網路通訊協定，如TCP/IP、Novell SPX/IPX、Appletalk等；而SLIP只支援TCP/IP網路。另外，PPP還支援資料壓縮、加密、身分認證等，而SLIP則缺乏這樣的功能。

PPP的設計者把很多在WAN上的數據鏈路層的一些額外特性也都考慮進來。例如：PPP不但支援同步鏈路連接，也支援非同步鏈路連接。注意：VPN連線使用的PPTP（Point-to-Point Tunneling Protocol）稱爲點對點通道通訊協定，及L2TP（Layer 2 Tunneling Protocol）稱爲第二層隧道通訊協定，均以PPP爲基礎。值得一提，在每一個PPPoE對話（PPPoE Session）中，乙太網路的MAC位址於連線中會被記錄下來，並取得「唯一的對話識別碼（Unique SESSION_ID）」。

現在就說明我們所設定的實作環境：首先，將客廳的電腦或書房的電腦（以802.11 WiFi方式）和中華電信局端建立PPPoE連線（參考圖4-8 所示）。它的連線架構爲客戶端的電腦或書房電腦分別透過無線寬頻路由器和ADSL Modem以乙太網路連接。而ADSL Modem再以雙絞線連接到局端設備，像AC/RAS/NAS/BRAS，「/」表「或」的意思。

PPPoE共需經歷2個階段：首先，客戶端的電腦會送出Discovery封包，AC收到Discovery封包後，便會回覆客戶端的電腦，雙方交換參數後，取得唯一的PPPoE對話識別碼，以作為往後的通訊連線識別。於是，客戶端的電腦和接取集線器（Access Concentrator；AC）或寬頻遠端接取伺服器（Broadband Remote Access Server；B-RAS）之間的連線就建立起來，稱為「Discovery階段」。「Discovery階段」完成後，接著進入「PPP Session階段」，客戶端的電腦便可以和遠端主機進行通訊。注意：PPPoE代表跨在乙太網路上點對點協定的一種封包，它亦是將PPP封裝在乙太網路訊框中的一種網路隧道（tunnel）協定。由於PPPoE整合了PPP協定，所以傳統跨乙太網路不能提供的資料壓縮、加密、身分認證等功能都被解決了。

1-2 PPP協定連線程序

PPP協定連線程序分為4步驟，如下說明：

一、建立連線

主要工作就是建立PPP協定的連線。使用此協定的主機，會發送鏈路控制協定（Link Control Protocol；LCP）的網路封包，以便設定最多能接收的封包數目，測試網路連線以及進行兩端點之間的參數協商。例如：最大的PPP訊框大小、是否要進行壓縮、認證或多重鏈路的使用等，一旦兩端點達成協商，則可建立連線；如果沒有設定這些值，會自動使用預設值。

二、身分認證

PPP在進行連線協商時，允許使用認證功能，並決定認證協定種類，雙方就可進入認證確認的階段。如果PPP需要認證，可選用PAP或CHAP來認證鏈路。認證是在讀取網路層協定資訊之前發生。PPP支援兩種認證協定：PAP（Password Authentication Protocol），稱為密碼身分驗證協定；和CHAP（Challenge Handshake Authentication Protocol），稱為挑戰握手認證協定。

三、網路層協定處理

在此階段，PPP協定會發送網路控制協定（Network Control Protocol；NCP）封包來選擇及設定一個以上的網路層協定（例如IP協定等）。一旦網路層的協定決定後，雙方就可以根據協商出來所使用的參數，開始傳送封包。

四、終止連線

- 任何一端都可以送出LCP訊息來中斷（或稱終止）連線。

1-3 PPPoE封包的格式

瞭解PPP連線程序後，接著我們來瞭解PPPoE封包的格式，參考RFC 2516。但先請參考第2章圖2-2(a)所示的Ethernet II格式，只要將資料欄位改成PPPoE Payload，就可以得出PPPoE封包的格式，如圖1-1所示，如下說明。

Ethernet II

前置位元 8bytes	DA 6bytes	SA 6bytes	Etype 2bytes	PPPoE Payload	FCS 4bytes

◐圖1-1 PPPoE封包的格式

- 前置位元（Preamble）：參考第2章。
- 乙太訊框標頭：包含了6 bytes的目地端位址（Destination Address；DA）、6 bytes的來源端位址（Source Address；SA），和2 bytes的Etype。當客戶端的電腦和AC之間處於「Discovery階段」時，Etype值爲0x8863。若客戶端的電腦和AC處於「PPP Session階段」時，Etype值爲0x8864。注意：目的端位址在取得之前，位址值爲乙太網路的廣播位址0xffffffffffff。
- PPPoE Payload：如圖1-2所示。

<table>
<tr><td>VER(4)</td><td>TYPE(4)</td><td>CODE(8)</td><td>SESSION_ID(16)</td></tr>
<tr><td colspan="3">LENGTH(16)</td><td>資料(Payload)</td></tr>
</table>

◐圖1-2 PPPoE Payload的格式

-- VER佔4 bits：PPPoE版本，它的值爲0x1。

-- TYPE佔4 bits：值爲0x1。

-- CODE佔8 bits：其值如表1-1所示。

表1-1　Etype為0x8863與0x8864的Code值

Etype	Code	定義
0x8863	0x09	PPPoE Active Discovery Initiation (PADI) 封包
	0x07	PPPoE Active Discovery Offer (PADO) 封包
	0x19	PPPoE Active Discovery Request (PADR) 封包
	0x65	PPPoE Active Discovery Session-confirmation (PADS) 封包
	0xa7	PPPoE Active Discovery Terminate (PADT) 封包
0x8864	0x00	Session Data （對談資料）

- SESSION_ID佔16 bits: 此欄位是一個無符號的值，它的值是針對Discovery封包而定義。對於一個給定的PPP Session而言，此值是固定的。注意，0xffff則保留未來使用。
- Length佔16 bits: 此欄位值指出 PPPoE Payload的長度。注意，不包括PPPoE的標頭。

注意，PPPoE Payload可包含零個或多個標籤(TAGs)，標籤的格式為TLV(type-length-value)。標籤的格式可先參考後面圖1-12(a)-1-1所示。

1-3-1 Discovery 階段

當一台主機欲建立一個PPP Session時，必須先要經過Discovery階段。此階段分成4個步驟，一旦完成所有步驟後，則對等的主機雙方就會知道它們的乙太網路位址(即MAC位址)以及PPPoE的SESSION_ID；這兩者就是用來定義唯一的PPP Session。這裡所謂對等的主機，例如客戶端的電腦與另一端的AC/RAS/NAS/BRAS。現在就說明這4個步驟：如圖1-3所示。

步驟1：客戶端（或稱用戶端）的電腦會先廣播一個PADI封包至AC/RAS/NAS/BRAS。在此以AC為例。

步驟2：一個或多個AC會以單播方式回送PADO封包至客戶端。

步驟3：客戶端的電腦會收到一個以上的PADO封包，並選出最佳的一個PADO封包後，以單播送出一個PADR封包至所選出最佳的AC。而此AC會回傳PADS封包。

步驟4：當客戶端的電腦接收到PADS封包後，會進入PPP Session階段。

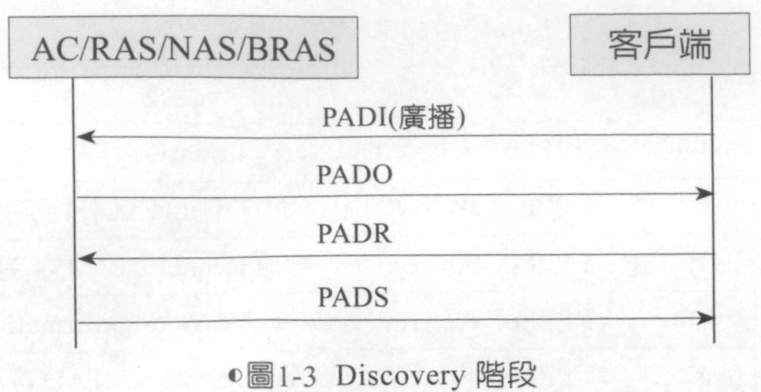

圖1-3 Discovery 階段

注意，在Discovery階段，雖然PPP屬點對點關係，但在此階段也意謂本質上仍然是主從式關係。除了AC外，客戶端的另一方也可能是遠端接取伺服器（Remote Access Server；RAS）或是網路接取伺服器（Network Access Server；NAS），或是寬頻遠端接取伺服器（Broadband Remote Access Server）。

1-3-2 PPP Session階段

進入PPPoE Session階段，代表PPPoE Session的開始，此時PPP資料可以任何其他封裝方式發送，所有的乙太封包皆屬單播。換言之，本地主機可以和遠端主機以PPP建立連線進行通訊。此階段只含有單一種封包的型態，它的Etype值爲0x8864，Code欄位值爲0x00，SESSION_ID值則是在Discovery階段時所取得的SESSION_ID。注意，PPPoE Payload格式內的資料欄位含有下面要談的一個PPP的封包格式。換言之，從層的觀點，此時PPP是位於PPPoE 的上層，但位於IP層的下面，像這種觀念的建立，對爾後要談到的協定分析非常重要。

1-4 PPP的封包格式

圖1-4(a)爲PPP的封包格式如下說明：

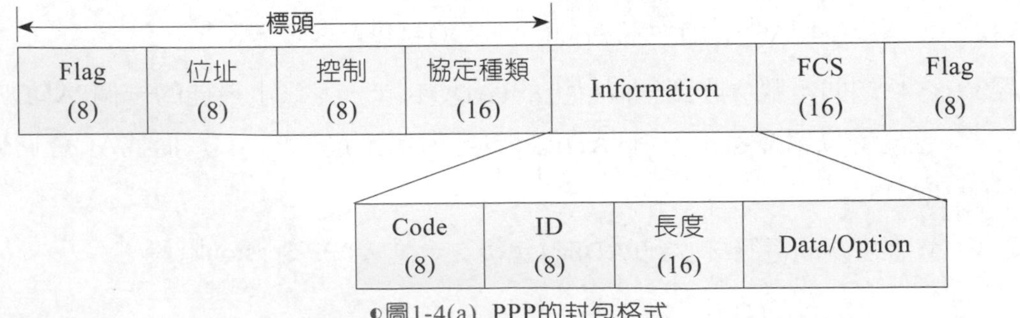

圖1-4(a) PPP的封包格式

- Flag佔8 bits：指出PPP封包的開始與結束，欄位值固定爲0x7E (01111110)。
- 位址佔8 bits：此欄位值固定爲0xFF (11111111)代表所有電腦，這也意謂個別電腦的位址並不會被指定，但PPP協定只能讓連線的一部電腦接收到資料。
- 控制佔8 bits：此欄位值固定爲03 (00000011)代表無序號資訊(Unnumbered Information；UI)。注意，UI指令中的Poll/Final(P/F)位元設定爲0。參考RFC 1662。
- 協定種類佔16 bits：此欄位會告訴PPP接收端它所接收到的封裝資料屬哪個上層協定。PPP所支援的網路層協定，常用有LCP(0xc021)、PAP(0xc023)、CHAP(0xc223)、NCP(IPCP)(0x8021)、CCP(0x80fd)與IP(0x0021)，參考RFC 1661。其他亦可參考表1-2所示。

表1-2　協定種類

代碼	封包種類
0001	Padding Protocol
0003 to 001f	reserved (transparency inefficient)
007d	reserved (Control Escape)
00cf	reserved (PPP NLPID)
00ff	reserved (Compression inefficient)
8001 to 801f	unused
807d	unused
80cf	unused
80ff	unused
c021	Link Control Protocal (LCP)
c023	Password Authenication Protocol (PAP)
c025	Link Quality Report
c223	Challenge Handshake Authentication Protocol (CHAP)

- Information欄位佔的長度不固定：代表載送的上層資料，包括 LCP 、NCP 、CCP 和網路層協定的封包都存放在此欄位如圖1-4(b)所示。注意，圖1-4(a)中的Data/Option欄位，其Option可包括Magic number、回呼叫(callback)、以及最大接收單元稱爲MRU(Maximum Receive Unit)。Information欄位的最大長度即是MRU 值，預設爲 1500 bytes。但可經由 LCP 協定的 Configuration Request 封包，可以協商出更大或更小的 MRU 值。

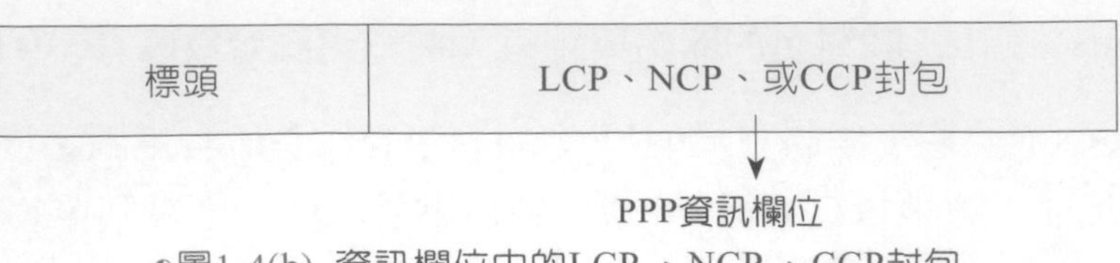

圖1-4(b) 資訊欄位中的LCP 、NCP 、CCP封包

N.O.T.E

圖1-4(b)中的PPP的Information欄位相等於圖1-4(a)最下方的欄位Code+ID+長度+Option/Data欄位。

- FCS(Frame Check Sequence)佔16 bits：代表錯誤偵測的循環冗餘檢查，送收兩端透過CRC程序以確認 PPP封包的正確性，例如CRC-16 $X^{16} + X^{12} + X^5 + 1$。根據RFC 1662，FCS它亦可以是32位的大小，可參考 "PPP LCP Extensions", RFC 1570。注意，訊息經封裝後， FCS的計算內容包含位址欄位值，控制欄位值，協定種類欄位值，資訊欄位值和填補欄位值。一旦FCS 的計算內容經計算得出的CRC值會存放在此欄位，接收端收到此封包後以同樣的方式加以計算， 再將所得的值與此欄位所存放的值比較，若相同則表示封包正常，反之，則將此封包丟棄。

根據上述說明，我們亦可以圖1-4(c)來表示PPP的封包格式。注意，萬一資訊欄位內要傳送的資料內容剛好是旗標樣式，即01111110 的資料時，則發送端會在01111110資料的前面加入控制逸出位元組01111101並傳送出去，當接收端連續收到01111101及01111110兩個位元組的資料，就知道進來的資料並非旗標而是資料，因此丟棄第一個位元組01111101，並繼續接收資料。若只收到單一個01111110就確定爲旗標位元組；這樣的技巧稱爲位元組填塞(bye stuffing)如圖1-5所示。

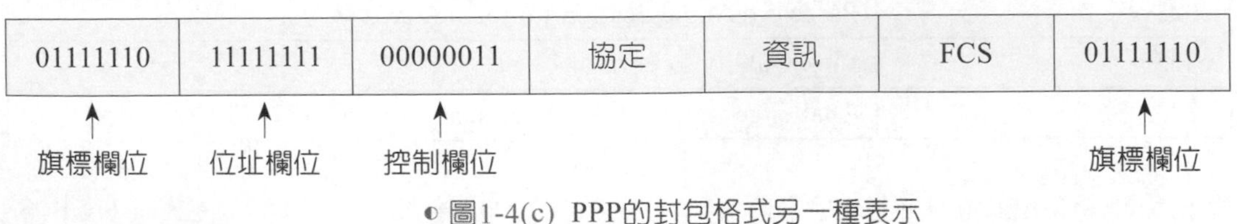

圖1-4(c) PPP的封包格式另一種表示

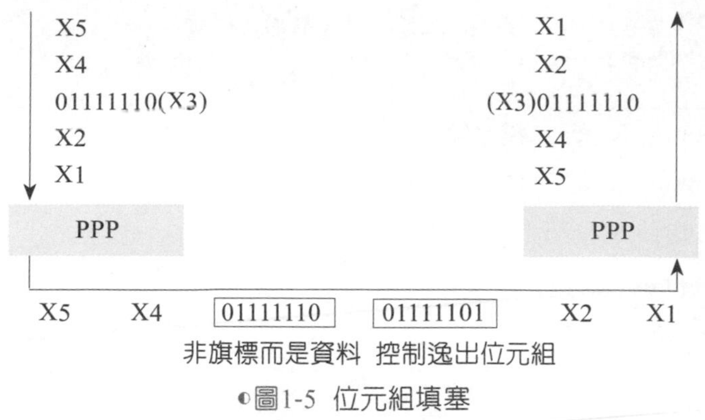

◎圖1-5 位元組填塞

1-5 LCP封包

LCP（Link Control Protocol）是用來建立、維護與結束PPP連線所需的配置參數設定，像PPP訊框的建立，訊框資料的加密方式等等。當PPP兩端建立連線時，雙方會傳送LCP封包給另一方，當兩方只要對封包裡載送的各種參數值達成協議，連線就建立起來。至於PPP的連線管理亦由LCP來掌控。若PPP封包協定種類欄位的內容爲0xc021如表1-2所示，就代表封包格式內的資訊載送的是LCP封包，其格式如圖1-4(a)最下方的Code、 ID及長度並如下說明：

- Code佔8 bits：LCP封包種類的代碼如表1-3所示。
- ID佔8 bits：主要使LCP的Request封包與Reply封包能互相對應，當接收端回覆Request封包時，就填入與來源端隨機產生的相同數值，這樣才能讓來源端知道它送出去的哪一個封包已被回覆。
- 長度(Length)佔16 bits：存放 Code、ID、長度和 Data/Option 各欄位的總長度。最大長度不能大於MRU。
- Data/Option的位元長度不定：DATA主要存放LCP 要求設定的配置資訊。Option(選項)包含MRU、Authentication Protocol、Quality-Protocol及Magic Number、PFC(Protocol Field Compression) 及ACFC(Address and Control Field Compression)；可參考RFC 1661。注意，Callback可參考RFC 1570。

表1-3　LCP封包種類與代碼

代碼	LCP封包種類
0x01	Configuration Request(配置設定要求)
0x02	Configuration Ack(配置設定確認)
0x03	Configuration Nak(配置設定不同意)
0x04	Configuration Reject(配置設定拒絕)
0x05	Terminate Request(終止要求)
0x06	Terminate Ack(終止確認)
0x07	Code Reject(代碼拒絕)
0x08	Protocol Reject(協定拒絕)
0x09	Echo Request(回應要求)
0x0a	Echo Reply(回應回覆)
0x0b	Discard Request(丟棄要求)

LCP封包結構也可以圖1-6所示。

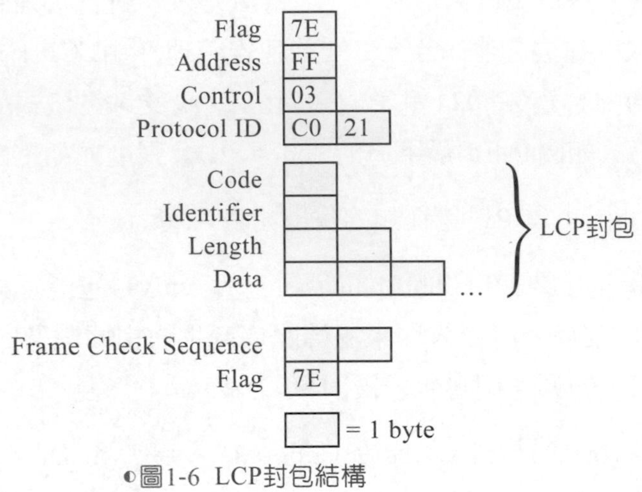

圖1-6　LCP封包結構

1-5-1 LCP 封包種類

LCP 封包種類可分成3類：

- 連結配置設定（Link Configuration）

  它又可以細分爲：

  --配置設定要求（Configuration Request）：某一方將建議的參數值傳送給另一方。注意，Configuration Request封包可以協商出不同數目的選項，像MRU值的大小。同時，此封包也可用來開啓或重置PPP連線。

  --配置設定確認（Configuration Ack）：其中一方同意另一方的LCP協商出來的配置設定，就傳送此封包。

  --配置設定不同意（Configuration Nak）：告知不同意協商出來的配置設定。若伺服端不接受其中一部分或全部的配置設定，就傳送此封包給用戶端，告知哪些設定值同意與不同意，用戶端再針對不同意的地方做修改。

  --配置設定拒絕（Configuration Reject）：當LCP的Option（選項）無法辨認或不被接受時，會送出此設定。例如伺服端對用戶端送出的設定值無法辨認或不支援用戶端所要求的功能，就傳送此封包。

- 連結終止（Link Termination）：它又可以細分爲

  --終止要求（Termination Request）：欲終止PPP連線的一方會送出此封包。

  --終止確認(Termination Ack)：收到Termination Request的一方回應此封包給另一方。

- 連結監視及故障排除

  --代碼拒絕(Code Reject)：當接收端無法知道封包的代碼種類時，會發出此封包通知發送端。

  --協定拒絕（Protocol Reject）：當發送端所要求使用的協定，接收端無法符合時，會發出此封包通知發送端。另外，收到的PPP訊框含有未知的Protocol ID，也會發出此封包。

  --回應要求（Echo Request）：爲測試PPP的連線，LCP會隨時送出此封包。在進行過程中，使用者並不會察覺此動作。

  --回應回覆（Echo Reply)：回覆Echo-Request的封包以確認PPP連線仍在作業。

  --丟棄要求（Discard Request）：在連線過程中，此封包可由兩端隨時送出，以用來偵測網路的連線狀態。接收端在資料傳輸中會忽略此封包。

1-6 NCP封包

PPP LCP封包經過協商後，也代表連線參數設定完成。接下來的步驟就是要透過網路控制協定（Network Control Protocol；NCP）來傳送網路層的封包。不同的網路層通訊協定，像IP、IPX或AppleTalk，會使用不同的NCP協定。以TCP/IP而言，正是使用IPCP（Internet Protocol Control Protocol），一般常寫成NCP（IPCP）。換言之，PPP在連線建立而且可選的選項經由LCP設置完成後，PPP必須發送NCP封包，用以選擇和配置一個或多個網路層通訊協定。若PPP封包協定種類欄位的內容為0x8021，就代表封包格式中的「Information」欄位載送的正是IPCP封包。

IPCP的封包格式如同LCP封包，具Code、ID及長度欄位。值得一提，表1-2所示的LCP封包種類，其Code的代碼0x01~0x07即屬於IPCP的Code，如表1-4所示，其格式如下說明。

- Code佔8 bits：此欄位值表示要傳送哪一種 IPCP 封包。
- ID佔8 bits：如同LCP封包的 ID欄位，使 IPCP的要求封包與回覆封包能互相對應。
- 長度佔16 bits：存放的值為 Code、ID、Length 和 Data/Option 各欄位的總長度。
- Data/Option的位元長度不定：此欄位存放IPCP封包要求設定的配置資訊，以TCP/IP設定的參數來說，只有IP位址和IP標頭的壓縮參數兩選項。另外，IPCP封包也常用來傳遞一些相關資訊，像主要或備用的視窗網際網路名稱服務(Window Internet Name Service；WINS)與DNS伺服器的一些資訊。注意，IPCP配置選項可以選擇希望的IP參數。IPCP使用與LCP相同的配置選項格式。還有IPv6CP與IPCP兩者封包的格式亦相同。

表1-4　IPCP封包種類與代碼

代碼	IPCP封包種類
0x01	Configuration Request(配置設定要求)
0x02	Configuration Ack(配置設定確認)
0x03	Configuration Nak(配置設定不同意)
0x04	Configuration Reject(配置設定拒絕)
0x05	Reject Request(拒絕要求)
0x06	Terminate Ack(終止確認)
0x07	Code Terminate(代碼拒絕)

LCP執行基本的鏈路建立和驗證後，再利用一個或以上的NCP協定在此鏈路上進行傳送網路層的封包。換言之，一旦NCP（IPCP）完成IP位址、MTU大小的值等之後，就代表PPP連線上可以傳送IP封包，傳送完畢仍必須透過NCP來關閉這個IP連線。

NCP操作如下：每個NCP操作非常像一個精簡版的LCP。如同LCP，每個NCP在鏈路的建立，維護和終止功能，只處理特定類型的NCP鏈路，而不是整體LCP鏈路所執行的功能。注意：雖然IP連線終止，但PPP連線還是存在，所以還必須透過LCP來關閉PPP連線。

值得一提，每個NCP使用到7個封包種類與代碼（如表1-4所示），這7個封包種類也是LCP中定義的封包類型（如表1-3所示）的一個子集合，這些封包如同LCP，以相同的方式操作。爲使讀者對NCP封包能更進一步了解，再說明一下。

- 鏈路配置：LCP鏈路一旦建立起來，可利用Configuration Request、Configuration Ack、Configuation Nak 及Configuration Reject完成NCP鏈路參數設定和協商，就像使用在LCP的情況一樣。當然還是有不一樣的地方，像不同的配置選項，且它們是屬網路層協商中的參數。
- 鏈路維護：Code Reject封包可以指出無效的代碼值。
- 鏈路終止：利用Termination Request 和Termination Ack來終止NCP鏈路。請記住，NCP的鏈路是建立於LCP鏈路的內部，其可以有一個以上的NCP鏈路開啓(open)和關閉；NCP鏈路關閉並不會終止LCP鏈路。此外，當LCP鏈路終止並不需要關閉NCP鏈路。

範例❶ 當PPP設定(set up)進行載送IP資料包時，IPCP正是設定兩端裝置間鏈路上的協定。說明IPCP Configuration Request封包如何進行設定選項。

解 一般而言，有兩種選項：

1. IP壓縮協定：允許裝置間進行協商，其使用一種稱爲「Van Jacobson TCP / IP標頭壓縮」的方式壓縮TCP和IP標頭的大小以節省頻寬。在概念上這跟使用在LCP上的Protocol Field Compression和Address and Control Field Compression （ACFC）選項很相似。
2. IP位址：允許裝置發送Configuration Request封包時，指定所要使用的IP over PPP鏈路路由的IP位址，或者要求其他裝置提供一個IP位址。這也是最常應用在撥號網路連線的選項。

如同操作在LCP，接收裝置會回送IPCP Configuration Ack、IPCP Configuration Nak或IPCP Configuration Reject給對方，但使用不同的配置選項。配置完成後，NCP所協商出來的參數就被發送出去。

N.O.T.E

最常見的NCP包括於TCP/IP用的 The PPP Internet Protocol Control Protocol (IPCP)。 IPX用的The PPP Internetworking Packet Exchange Control Protocol (IPXCP)，以及NBF (也稱為NetBEUI)用的The PPP NetBIOS Frames Control Protocol (NBFCP)。NCP還定義了一個單獨的 IP版本6 稱為IPV6CP。注意，NCP亦支援CDP(Cisco Discovery Protocol)。

1-7 CCP封包

若PPP封包協定種類欄位的內容爲0x80fd，就代表封包格式內的「資訊」欄位載送的是壓縮控制協定（Compressed Control Protocol；CCP）封包。顧名思義，此協定用來管理、協商兩端的壓縮參數（可參考RFC 1962）。一般而言，PPP連線的兩端都可以要求壓縮封包，但主機A與主機B有可能使用不同的壓縮演算法。如果CCP無法協調出兩端所要求的壓縮參數，PPP連線遇此狀況可以不使用壓縮方式傳送封包。CCP的封包格式與IPCP封包完全一樣，具Code、ID及長度欄位，但CCP比IPCP的封包種類多出2種，如下說明，如表1-5所示。

- Reset Request（Code爲0x0e）：接收端在封包傳送過程中對某個封包進行解壓縮失敗時，將丟棄該封包，並送出Reset-Request封包給發送端。注意，Data欄位可以塡入任何資料。
- Reset Ack（Code爲0x0f）：發送端收到Reset Request封包後，立刻執行重置（reset）動作，像壓縮器會重置至初始狀態，Data欄位可以塡入任何資料，並送出Reset Ack通知接收端它已經執行重置；接收端收到Reset Ack封包後也會執行重置動作，像解壓縮器亦會重置至初始狀態。注意，ID是來自Reset Request封包的複製。

表1-5　CCP封包種類與代碼

代碼	CCP封包種類
0x01	Configuration Request(配置設定要求)
0x02	Configuration Ack(配置設定確認)
0x03	Configuration Nak(配置設定不同意)
0x04	Configuration Reject(配置設定拒絕)
0x05	Reject Request(拒絕要求)
0x06	Terminate Ack(終止確認)
0x07	Code Terminate(代碼拒絕)
0x0e	Reset Request（重置設定）
0x0f	Reset Ack（重置確認）

N.O.T.E

有關CCP封包的選項（Option）可參考表1-6所示。

表1-6　CCP封包的選項

CCP封包的選項	壓縮類型
0	OUI
1	Predictor type 1
2	Predictor type 2
3	Puddle Jumper
4-15	unassigned
16	Hewlett-Packard PPC
17	Stac Electronics LZS
18	Microsoft PPC
19	Gandalf FZA
20	V. 42bis compression
21	BSD LZW Compress
255	Reserved

1-8 基礎PPP封包擷取的分析

首先我們參考圖4-8 ，網路連線設定成手動撥接，接著開啓Wireshark，並擷取中華電信ADSL網路的PPPoE軟體所執行撥接連線的各種封包。如圖1-7(a)所示爲兩端點進行連線建立與結束時所交換PPP LCP封包的分析。PPP IPCP封包的分析如圖1-7(d)~(k)所示。注意，PPP載送的資訊是TCP/IP的IPCP封包，此8個不同IPCP封包就是用來完整描述此次ADSL網路TCP/IP連線的通訊參數。

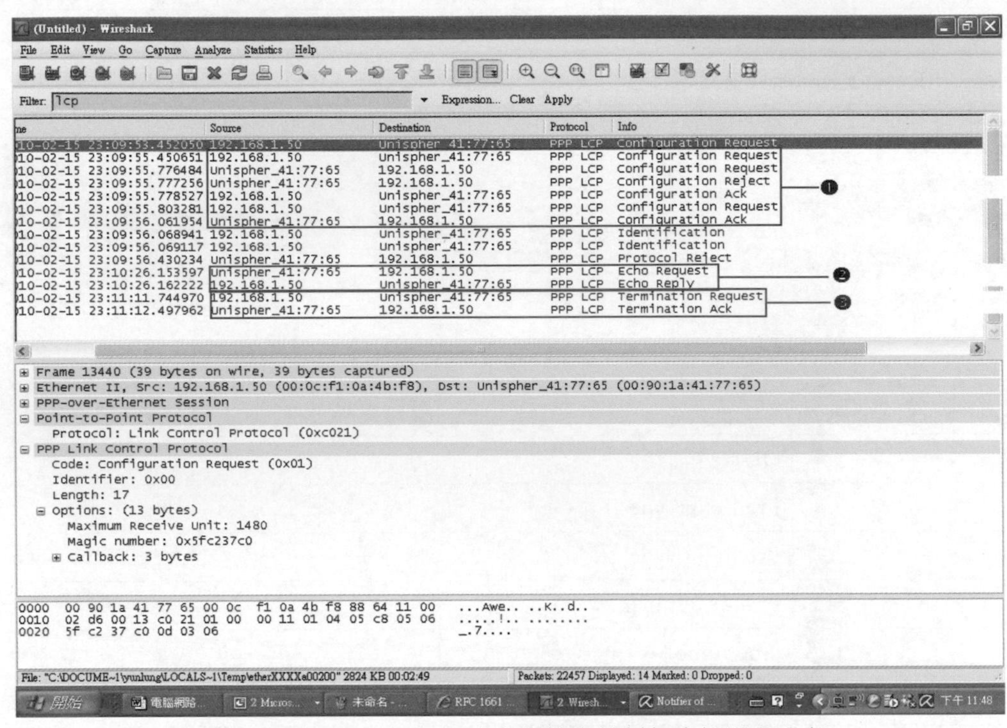

◐圖1-7(a) PPP LCP連線建立與結束的封包交換過程分析

❶ PPP LCP 連線時封包的交換過程共分6個步驟如圖1-7(b)所示：

步驟1及2：用戶端的主機A(192.168.1.50)與伺服端的主機B(unispher_41:77:65)各送出Configuration Request封包，雙方相互協商並在Data欄位中置入建議要求設定的配置參數值。例如可以協商出不同數目的選項像 MRU 值的大小等。

步驟3：主機B(可能有些參數無法辨認或不支援時)不接受所要求設定的配置選項，會回應 Configuration Reject 封包給主機A。

步驟4：主機A同意主機B所設定的值後送出Configuration Ack封包給主機B。這也表示兩方協商完成。

步驟5：主機A重新修正選項，再送出Configuration Request封包給主機B以重新設定配置參數。

步驟6：主機B送出 Configuration Ack封包給主機A，代表同意用戶端所要求設定的配置參數值的設定。

❷ 主機B會不定時發出 Echo-Request封包給主機A，主要目的是要偵測 PPP 的連線是否還在作業中。主機A以Echo-Reply的封包回覆主機B告知PPP 連線仍在作業中。

❸ 當主機A想結束撥號連線時，LCP會送出Terminate Request封包，主機B收到此封包會回應Terminate Ack的封包，接著連線就中斷了。

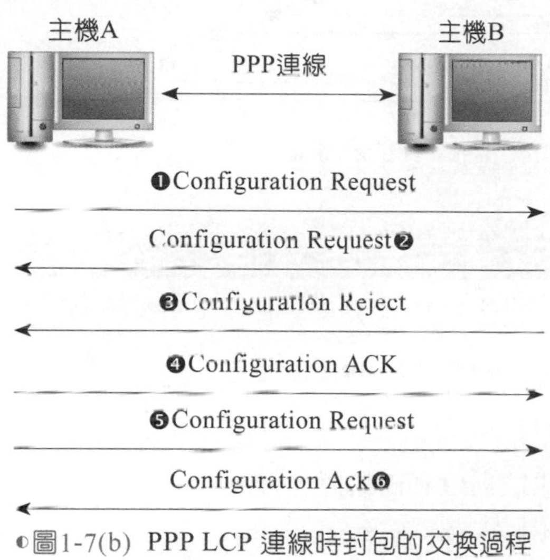

圖1-7(b) PPP LCP 連線時封包的交換過程

接下來我們只檢視PPP LCP Configuration Request封包，如圖1-7(c)所示。其他像PPP LCP Configration Reject、PPP LCP Configration Ack等封包留在下一節實作分析再詳細說明。

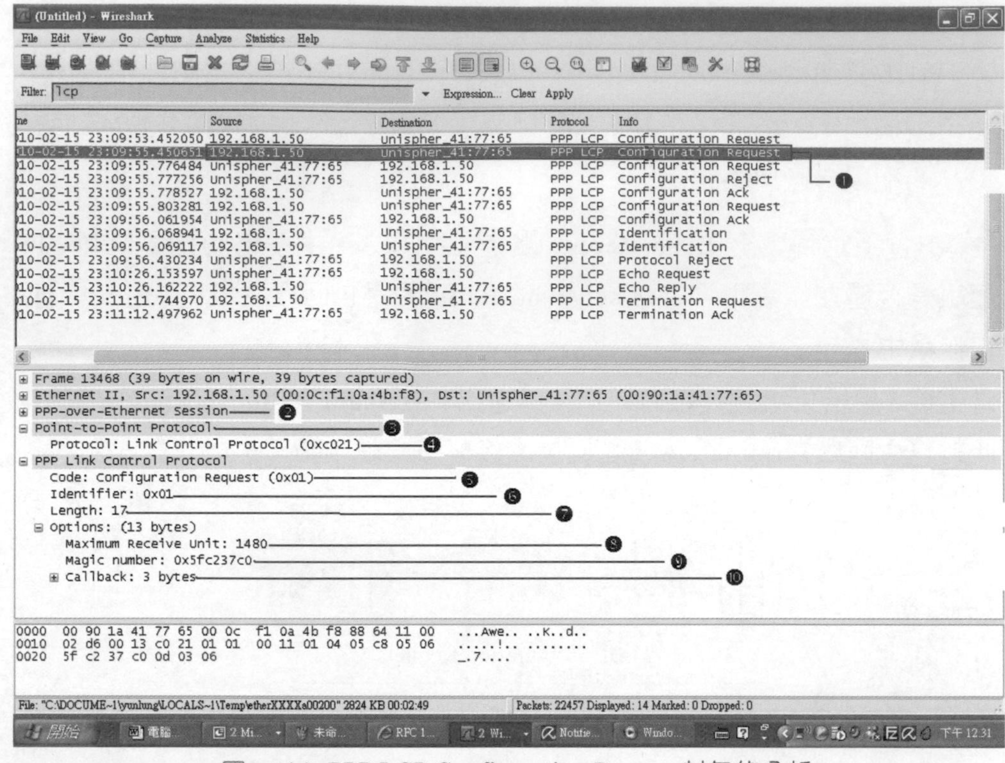

圖1-7(c) PPP LCP Configuration Request封包的分析

❶ 指出主機A(192.168.1.50)送出PPP LCP Configuration Request封包至伺服端的主機B(unispher_41:77:65)，建議要求設定的配置參數。

❷ 指出使用的撥接連線爲PPPoE軟體。

❸ 指出主機A與主機B兩端點連線時所使用的通訊協定是PPP。

❹ 指出PPP封包『Protocol』欄位的內容爲 0xc021，就表示圖1-4 (b)中的『Information』欄位所載送的是 LCP 封包。

❺ 指出Configuration Request封包的代碼爲0x01。

❻ 指出PPP LCP封包這個欄位的ID(識別)號碼。

❼ 指出PPP LCP封包這個欄位的長度爲17 bytes，此値爲 Code、ID、Length 和 Data 各欄位的總長度。

❽ 指出PPP LCP選項中的MRU爲1480 bytes。一般不會大於1500 bytes。

❾ 指出PPP LCP選項中的Magic number此欄位佔4 bytes，用來偵測哪一些鏈路是處在迴路(loopback)異常狀態。

❿ 指出PPP LCP選項中的Callback佔3 bytes。

N.O.T.E

Magic number選項提供偵測迴路連接和其他數據鏈路層發生異常時的一種方法，它可能在其他配置選項中用到，例如品質協定(Quality-Protocol），使用時機可能想要決定在何時，和間隔多長時間，要將該鏈路上的數據丟棄，這樣的過程稱為鏈路品質監測。使用Magic number檢測鏈路的基本方式是：當一方接收到帶有Magic number選項的Configuration Request封包後，將接收到的Magic number與上次發送的Magic number進行比較，如果不相同就認為沒有迴路異常發生，則接收到的Magic number是被承認的。如果兩個Magic number相同，則可能有迴路異常發生(但不能確定)，為確定這一點，接收端指定一個不同Magic number值的Configuration Nak封包回送給對方，一直到Configuration Nak封包被收到或定時器重新運作後，新的Configuration Request封包才可以再送出。參考RFC 1661。

N.O.T.E

Callback(回呼叫)選項提供了呼叫方為節省長途電話費要求另一方撥號回呼叫。當回呼叫協商成功，PPP協定在身份認證成功後，就從認證階段直接進入終止階段，雙方重新建立一個呼叫連接。參考RFC 1570。另一方面的應用，PPP 可以設定在認證成功之後就回呼叫，這樣就可以根據接取費用來記錄使用量，而得出帳務記錄。

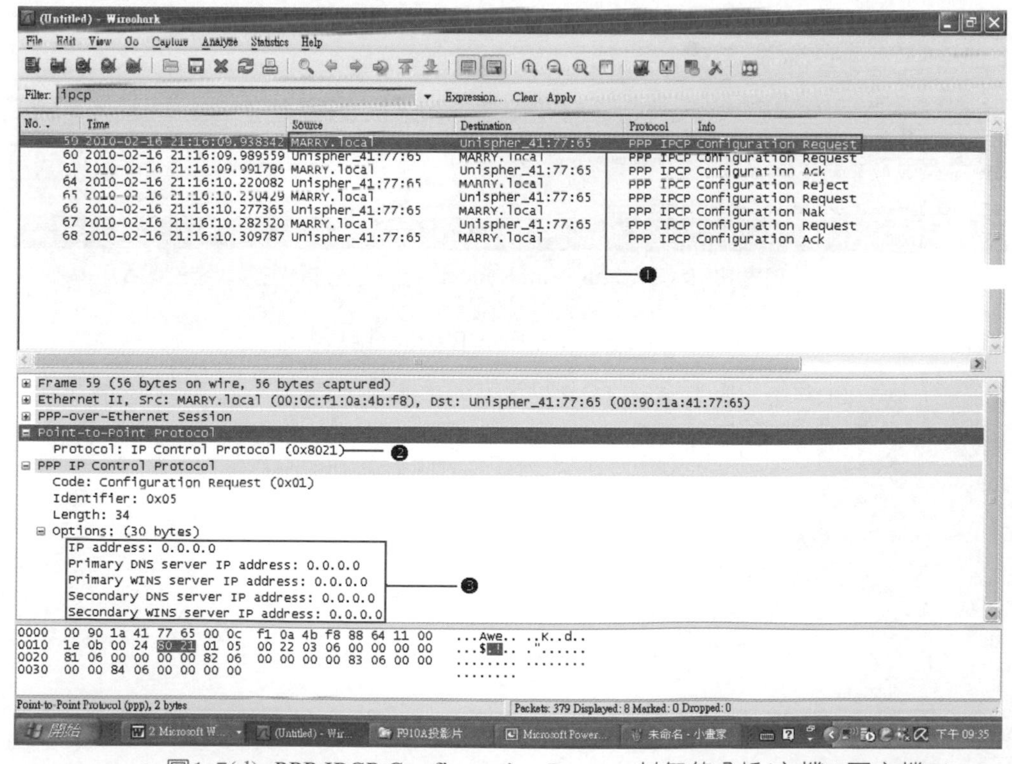

◐ 圖1-7(d) PPP IPCP Configuration Request封包的分析(主機A至主機B)

❶ 指出連線參數設定完成，接下來的步驟就要透過NCP來傳送網路層(IP 層)的封包，於是主機A送出PPP IPCP Configuration Request封包。

❷ 指出TCP/IP是使用IPCP(0x8021)，一般寫成NCP(IPCP)。

❸ 指出主機A向主機B要求所協商出來的IPCP提供的Option(選項)，包括IP 位址，主要或備用的WINS與DNS伺服器，由於目前尚無IP位址設定值，所以它們的IP位址值以0.0.0.0表示。

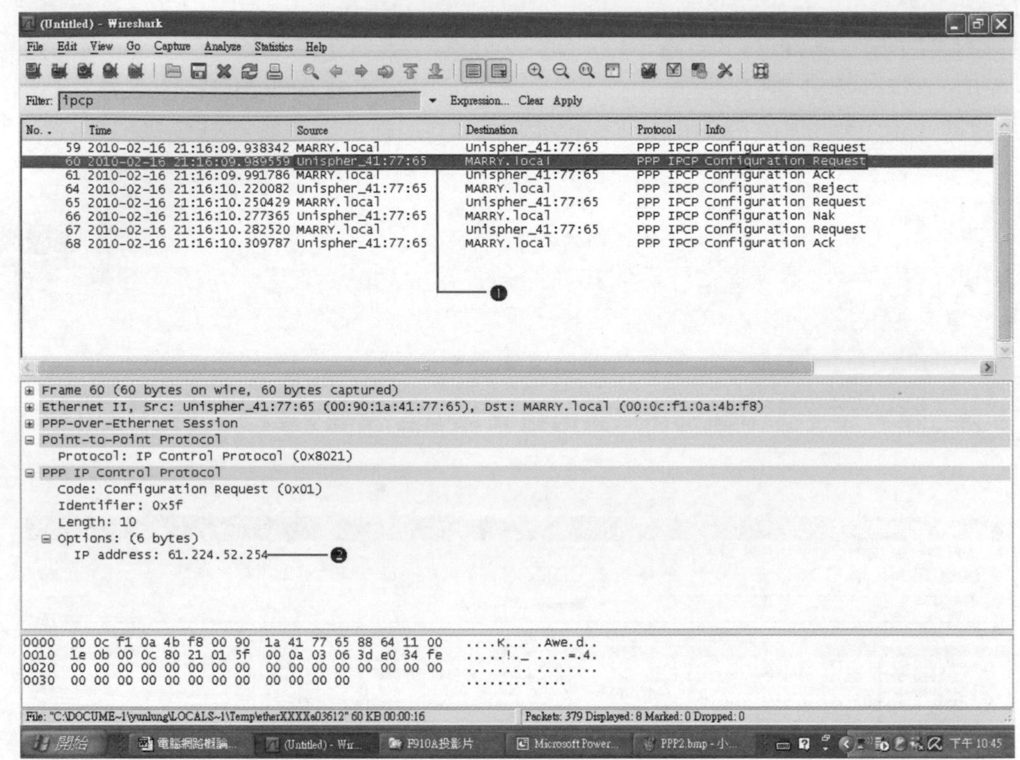

◐圖1-7(e) PPP IPCP Configuration Request封包的分析(主機B至主機A)

❶ 指出伺服端送出PPP IPCP Configuration Request封包。

❷ 指出主機B向主機A要求所協商出來的IPCP提供的選項，該欄位存放主機B所建議要求設定的IP位址值為61.224.52.254。

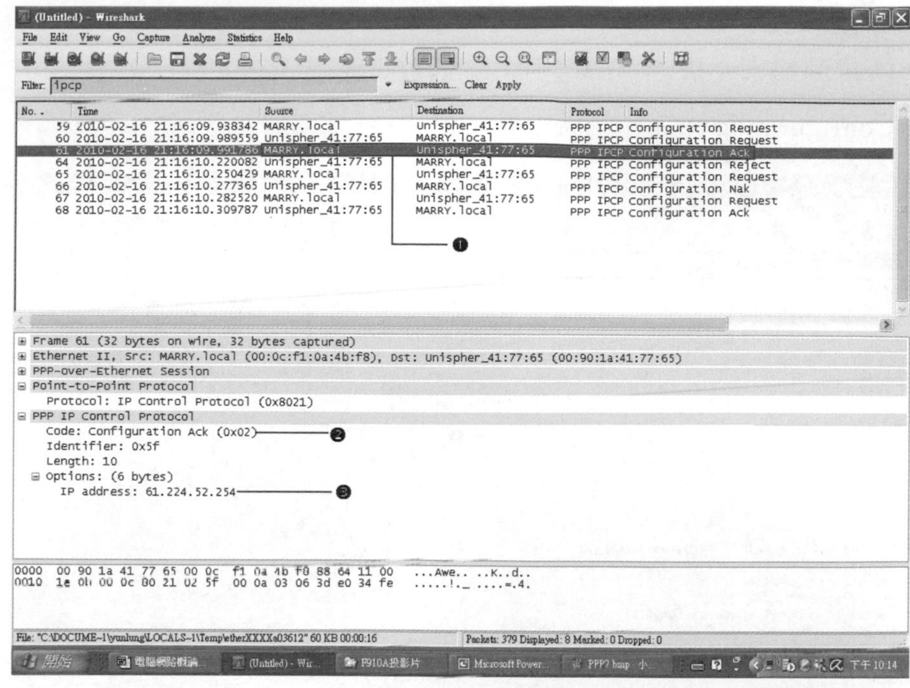

◐圖1-7(f) PPP IPCP Configuration Ack封包的分析(主機A至主機B)

❶ 指出主機A送出PPP IPCP Configuration Ack封包向主機B做確認。

❷ 指出Configuration Ack的代碼。

❸ 指出主機A同意主機B要求的IP位址值爲61.224.52.254。

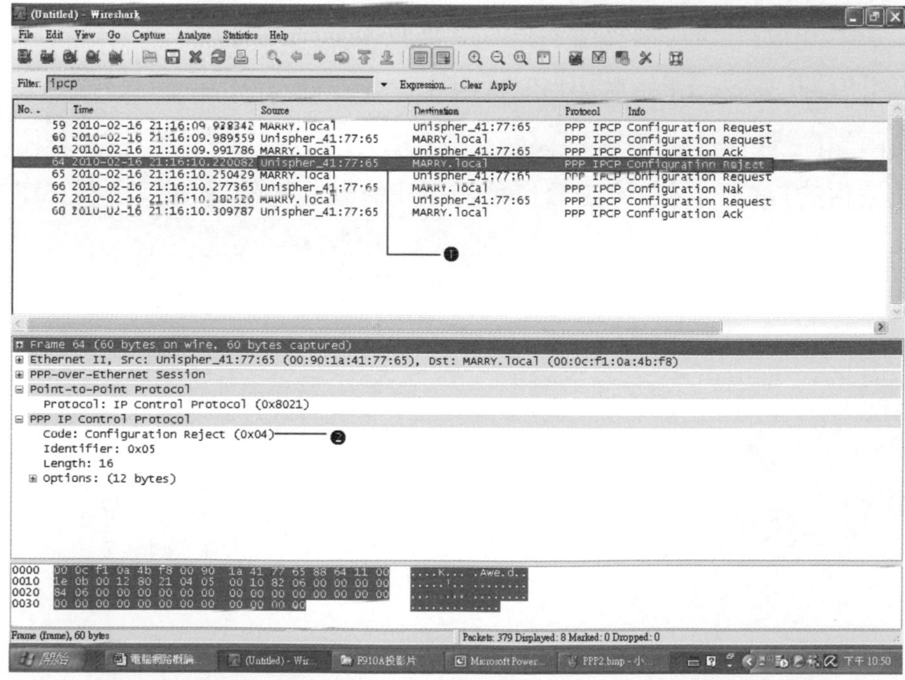

◐圖1-7(g) PPP IPCP Configuration Reject封包的分析(主機B至主機A)

❶ 指出主機B送出PPP IPCP Configuration Reject封包，告知主機A (可能有些參數無法辨認或不支援時)不接受所要求設定的配置選項。

❷ 指出Configuration Reject的代碼。

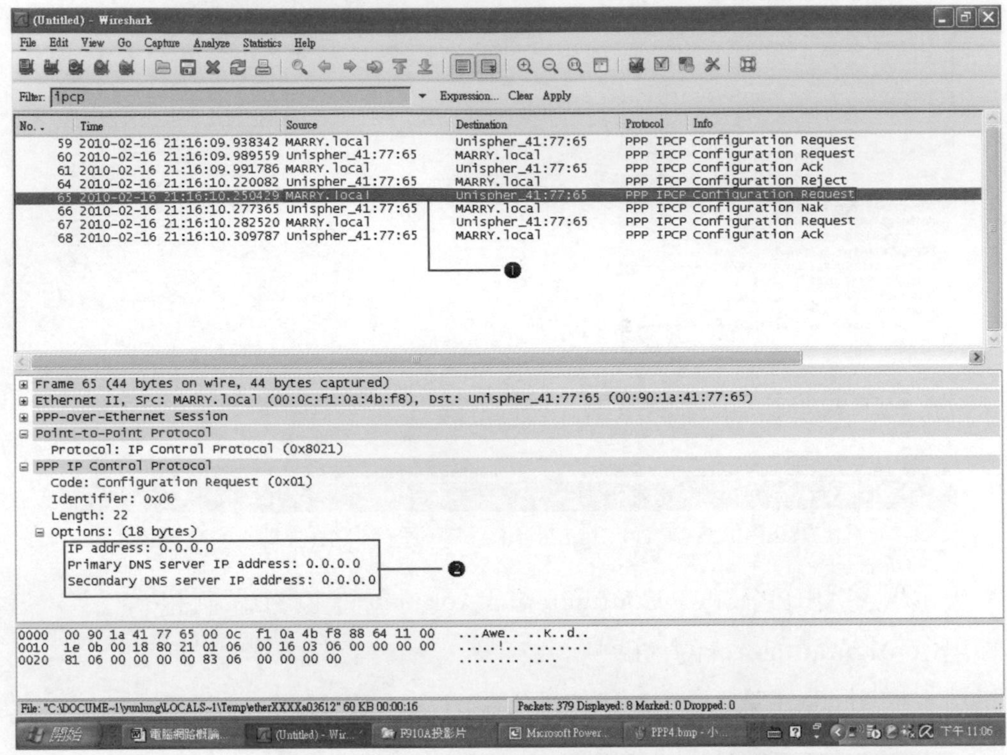

◐圖1-7(h) PPP IPCP Configuration Request封包的分析(主機A至主機B)

❶ 指出用戶端(主機A)重新送出PPP IPCP Configuration Request封包。

❷ 指出兩端(主機A與主機B) 所協商出來的IPCP提供的選項，包括IP 位址，主要或備用的DNS伺服器，由於目前尚無IP位址設定值，所以它們的IP位址值以0.0.0.0表示。

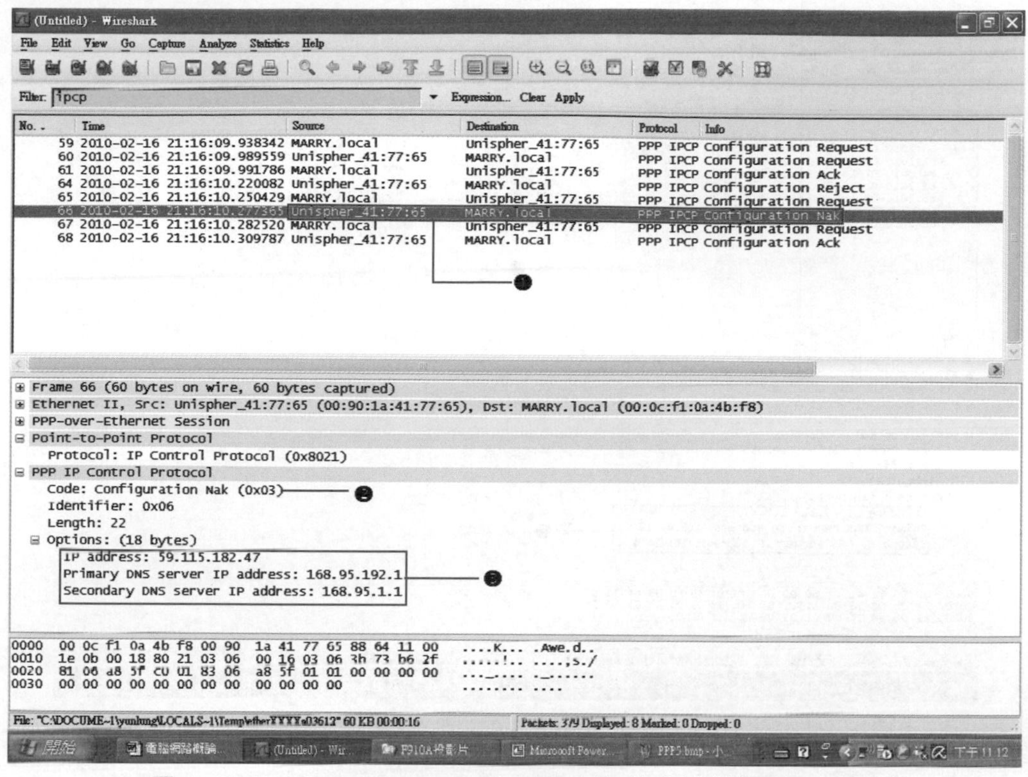

◎圖1-7(i) PPP IPCP Configuration Nak封包的分析(主機B至主機A)

❶ 指出主機B不同意(注意並沒有拒絕)主機A所要求設定的PPP IPCP Configuration Request封包。

❷ 指出Configuration Nak的代碼。

❸ 指出主機B送出PPP IPCP Configuration Nak封包告知主機A只有部分選項被接受。像IP位址為59.115.182.47及主要與次要DNS伺服器的IP位址值分別為168.95.192.1及168.95.1.1。

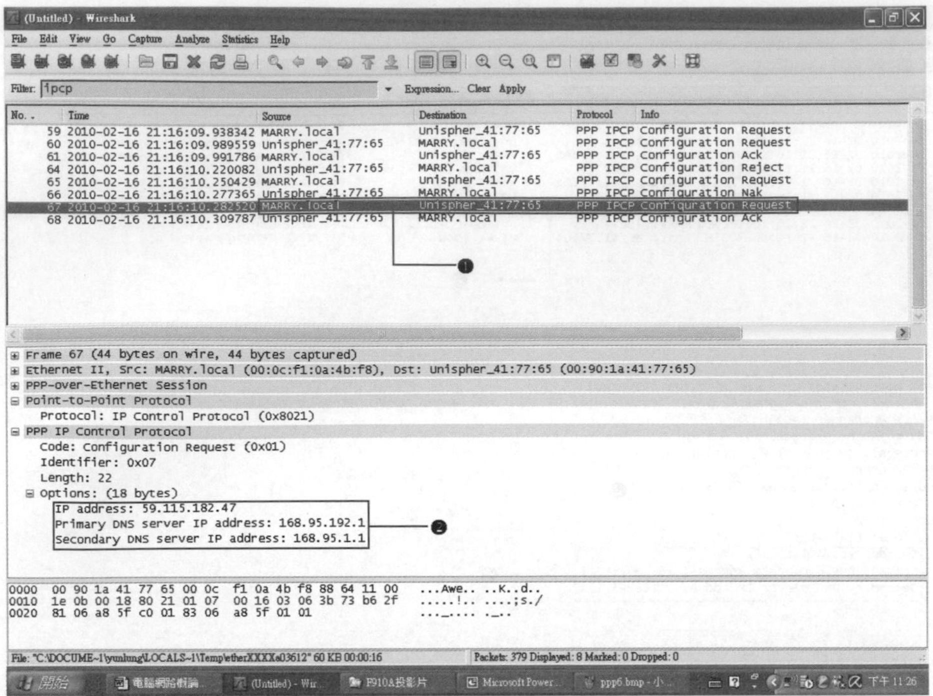

◐圖1-7(j) PPP IPCP Configuration Request封包的分析(主機A至主機B)

❶ 指出主機A重新修改選項再送出PPP IPCP Configuration Request封包。

❷ 指出Option欄位存放主機A建議要求設定的IP位址值及不同DNS伺服器的IP位址值。

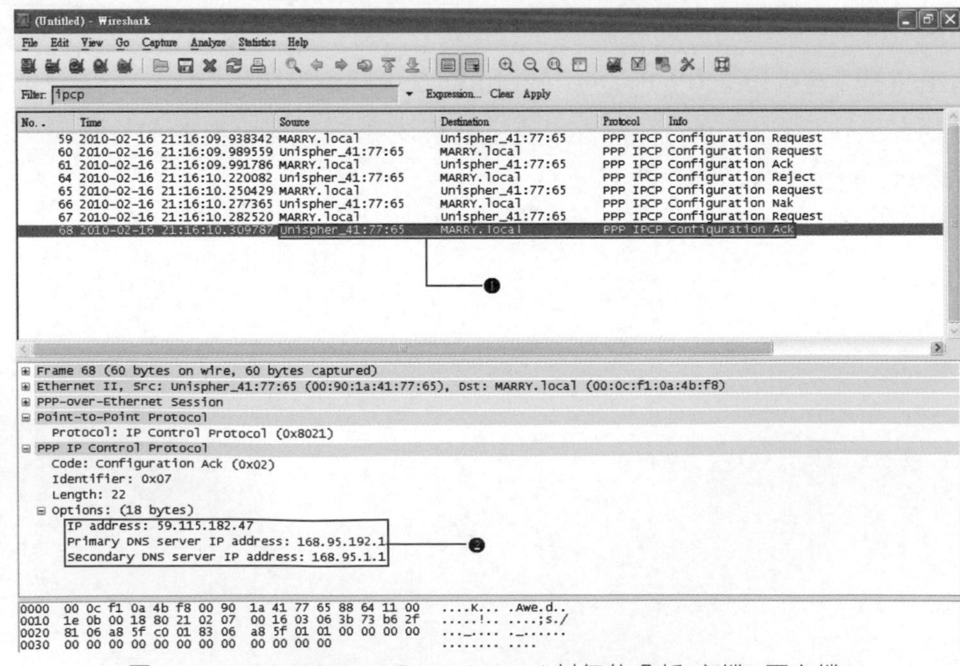

◐圖1-7(k) PPP IPCP Configuration Ack封包的分析(主機B至主機A)

❶ 指出主機B同意主機A所要求設定的參數值，所以送出PPP IPCP Configuration Ack封包。

❷ 指出主機B同意主機A所要求設定的參數值，包括IP位址爲59.115.182.47及主要與次要DNS伺服器的IP位址值分別爲168.95.192.1及168.95.1.1。

1-9 PPP的認證協定

PPP的認證協定有PAP協定和CHAP 協定，分別介紹，如下說明：

1-9-1 PAP 認證協定

PAP在初始鏈路建立時提供了一個簡單的身份確定，採用的方式是一種雙方交握(2-way handshake)協定，透過此協定，遠端的主機可進行認證的動作。注意，一旦網路連線建立而且也決定需要認證，就代表雙方可進入認證確認的階段。而認證的發生時間正是在PPP協定連線建立之後立刻進行。此時，遠端的主機會不斷地發送帳號和密碼到對方做驗證，一直到認證被成功或被終止。由於PAP認證協定在傳送過程之中並不會被加密，而是使用純文字的方式來傳送，導致非常不安全。如圖1-8所示我們可以ADSL over ATM連線上網的網路系統爲例，並歸納出PAP具有下面幾個特點：

- 在鏈路初建立時，遠端節點會不斷發送用戶名稱、密碼至RADIUS（Remote Access Dial In User Service Server；稱爲遠端撥接接取伺服器）做認證。注意：B-RAS與RADIUS Server搭配起來就會進行認證、授權及計費功能，即所謂的AAA（Authentication、Authorization、Accounting）功能。
- 直到認證成功才接受；反之拒絕或鏈路中斷才結束。
- 密碼並無加密，無法防止抄襲使用。
- 無法防止不肖人士用試誤法（try and error）猜測密碼，像生日、電話號碼等。

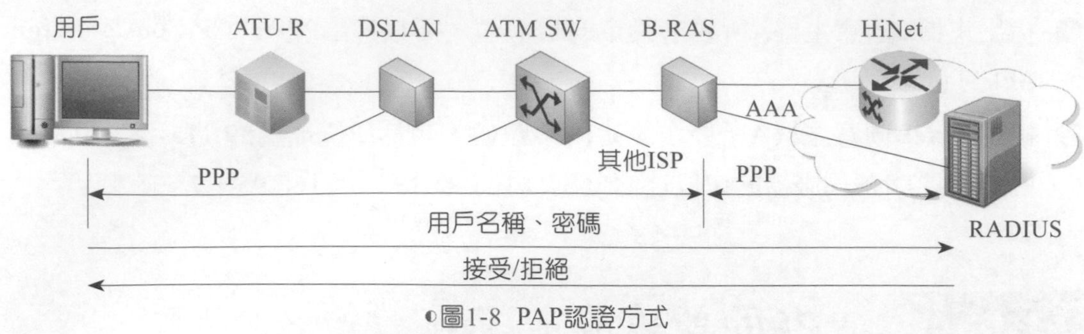

圖1-8 PAP認證方式

N.O.T.E

ATU-R(Adsl Termination Unit-Remote)即指ADSL數據機。

DSLAM(Digital Subscriber Line Access Multiplexer)即指數位用戶線接取多工機。

1-9-2 CHAP 認證協定

CHAP(RFC1994)認證協定則是採用三方交握(3-way handshake)協定。當PPP連線建立階段完成之後，本地端主機(像路由器或B-RAS)就會發送Challenge(挑戰)封包給遠端的網路主機，接著遠端的網路主機會透過One way hash function的方式，針對傳送過來的Challenge 值和密碼計算得出一個特定的數值，然後將此值傳回給本地端主機。本地端的主機再以相同方式計算出hash(雜湊)值，將此值與收到的hash值對照是否相同。如果值相同，代表認證通過，反之立刻終止PPP連線。一般而言，One way hash function的方式都採用MD5（Message Digest 5）演算法。顯然地，CHAP比PAP協定安全。值得一提，Challenge 值是由亂數隨機產生很難被預測出來，所以計算出來的hash值也是由亂數產生的。茲以圖1-9歸納CHAP具有下面幾個特點：

- CHAP是由服務提供者(ISP)週期性地檢驗，以確認用戶身份無誤。
- ISP待PPP鏈路建立後，才開始進行CHAP認證。
- ISP送出Challenge亂數值，對方根據Identifier、Challenge value等計算出回應值。
- 回應值常用128比次MD5(Message Digest 5)。

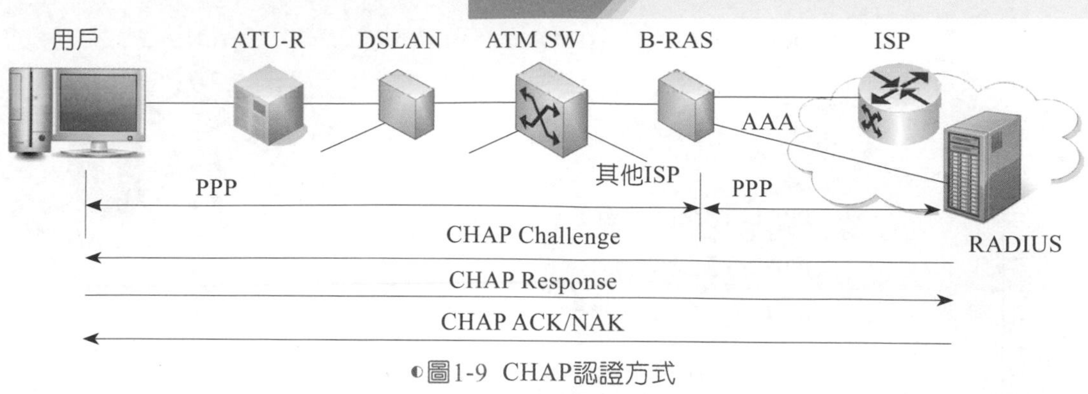

圖1-9 CHAP認證方式

N.O.T.E

單向雜湊函數(one-way hash function)又稱為訊息指紋(message fingerprint)演算法或訊息摘要(message digest)演算法。當輸入訊息為任意長度，經過單向雜湊函數的計算，可得出一個固定長度的訊息雜湊值。

範例② 繪出CHAP認證描述PPP連線過程。

解 圖1-9 PPP連線過程可以圖1-10(a)的方塊及箭頭方向表示；及交握過程如圖1-10(b)所示。

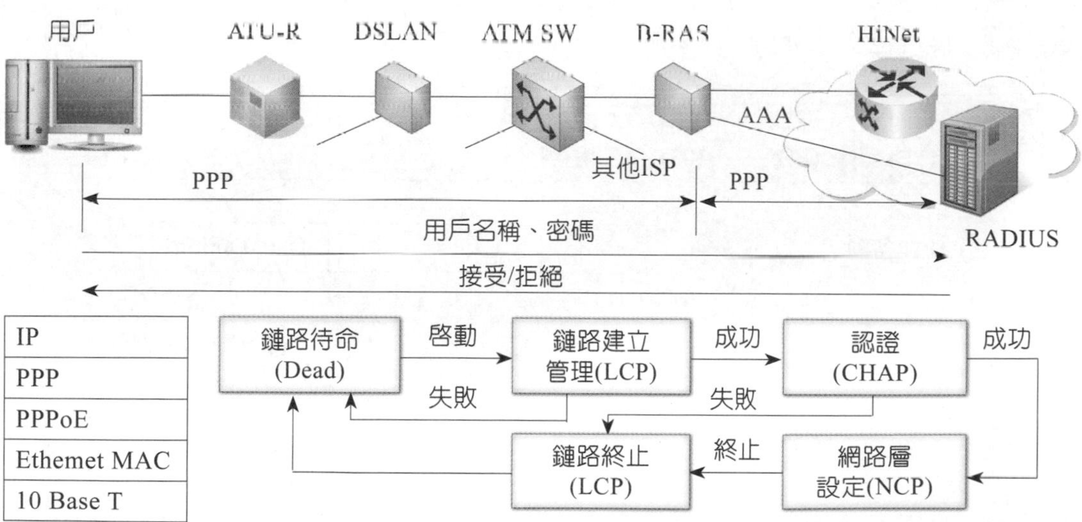

圖1-10(a) PPP 使用CHAP認證時的連線方塊過程

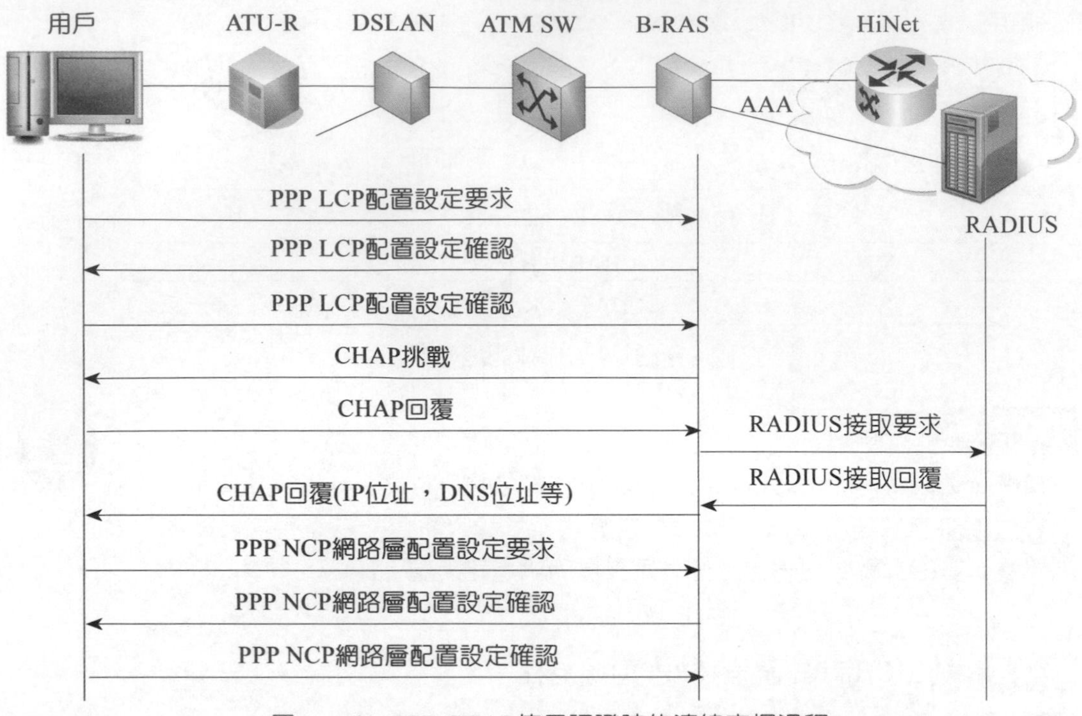

◐圖1-10(b) PPP CHAP使用認證時的連線交握過程

範例❸ 繪出PPP使用CHAP認證時的封包格式。

解 其封包格式如圖1-11所示。

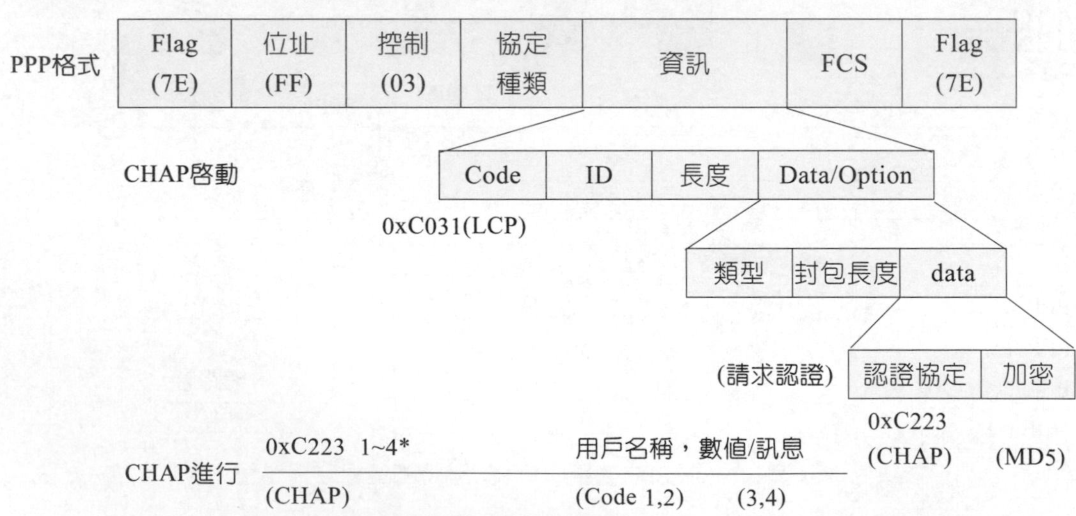

*CHAP，Code 1 = Challenge，2 = Response，3 = Success，4 = Failure

◐圖1-11 PPP使用CHAP認證時的封包格式

1-10 Wireshark 實作分析與討論

下面實作Case分析將更進一步擷取PPP與相關封包做分析，現在我們就說明進行此Case的操作步驟：

1. 首先筆者使用如圖4-8所示的手動撥接連線，此例IP位址值設定成自動取得。
2. 開啓Wireshark®Capture®Options®選擇正確介面卡準備擷取所要的PPP與相關封包。
3. 開啓PPPoE連線。
4. 啓動IE。
5. 中斷PPPoE連線。
6. 然後停止 Wireshark 封包的擷取。
7. 我們可在【Filter】欄位敲入『pppoed』，『lcp』，『pap』，『ccp』及『ipcp』加速找到所要找出的相關封包依序如圖1-12(a)~(e)所示。

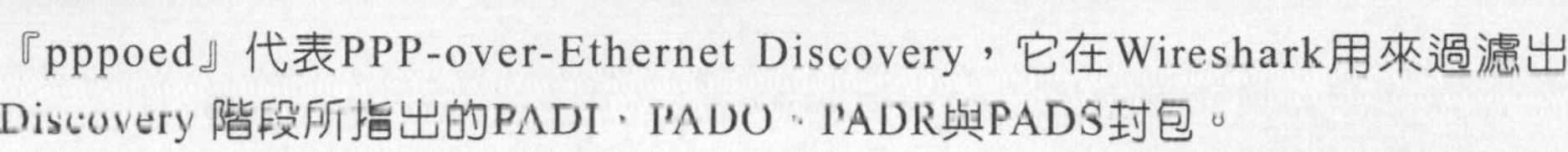

N.O.T.E

『pppoed』代表PPP-over-Ethernet Discovery，它在Wireshark用來過濾出Discovery 階段所指出的PADI、PADO、PADR與PADS封包。

◈實作Case 1的分析

首先，我們對圖1-12(a)中的紅色框所示的封包做說明：

封包No 2~封包No 5指出用戶端的一台主機192.168.1.1，欲建立一個PPP Session，必須要經過4個步驟的Discovery階段（如圖中的粉紅色框）。此階段依序相當於圖1-3所指出的PADI、PADO、PADR與PADS封包。至於封包No 24與封包No 1339再另外討論。

步驟1：客戶端(或稱用戶端)的電腦192.168.1.1會先廣播一個 PADI封包(封包No 2)至AC(位址爲0xffffff)。

步驟2：當一個或以上的AC收到它可以服務的一個 PADI封包後，會回送PADO封包(封包No 3)至客戶端。

步驟3：客戶端的電腦會收到一個以上的PADO封包，並選出最佳的一個PADO封包後，以單播送出一個 PADR封包(封包No 4)至所選出最佳的AC。然後AC會回傳PADS封包。

步驟4：當客戶端的電腦接收到PADS封包(封包No 5)後，會進入PPP Session階段。注意，封包No 5以單播方式送出客戶端電腦的MAC位址。

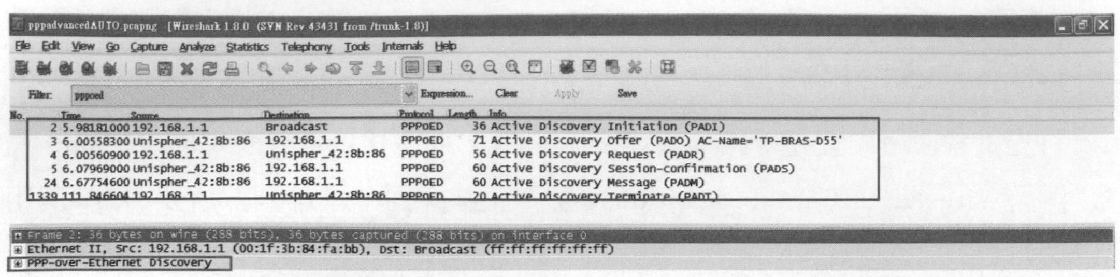

◐圖1-12(a) 在【Filter】欄位敲入『pppoed』所找出的相關封包

現在開始分析協定PPPOED相關的封包如圖1-12(a)所示：首先開始分析封包No 2如圖1-12(a)-1所示：

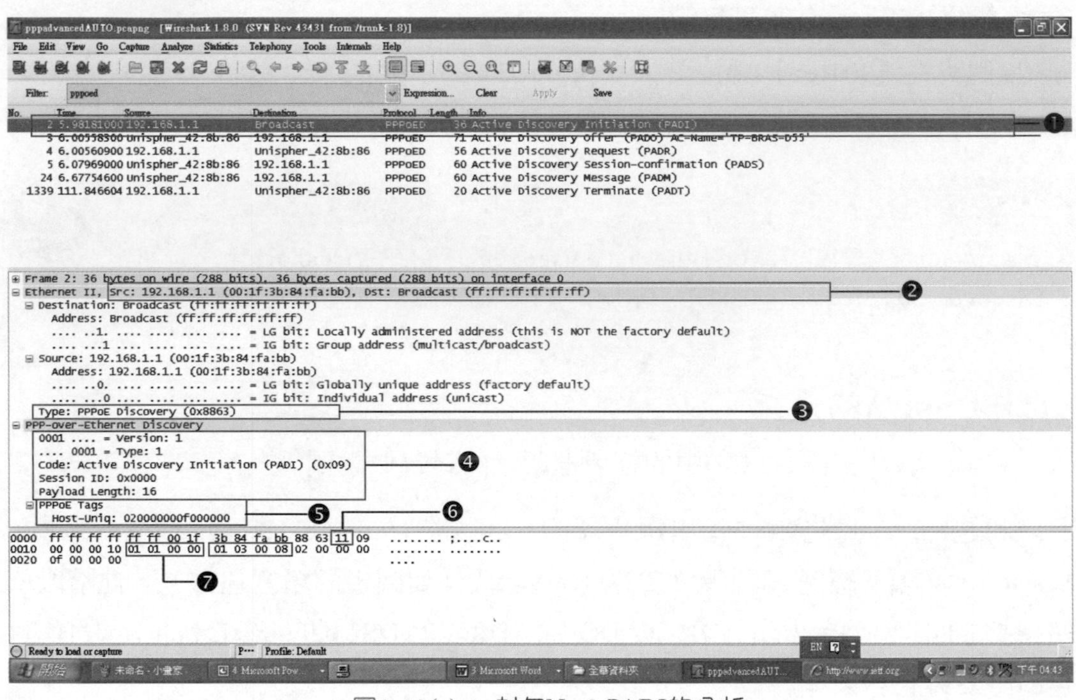

◐圖1-12(a)-1 封包No 2 PADI的分析

❶❷指出用戶端的電腦192.168.1.1會先廣播一個 PADI封包(封包No 2)至AC(位址爲0xffffff)。

❸ 指出此時的Etype值爲0x8863。

❹ 指出VER(佔4 bits)：PPPoE版本，它的值爲0x1。TYPE(佔4 bits)：值爲0x1如圖1-2所示。兩者合成爲0x11(佔1 byte)如❻所示。PADI的Code(佔8 bits)：其值如表1-1所示爲0x09。SESSION_ID(佔16 bits)此時必須設定爲0000；PPPoE

Payload的長度(不包括PPPoE的標頭)佔16 bytes。注意，一個完整的PADI封包（包含PPPoE的標頭），必須小於1484 bytes。

❺ 指出PPPoE Payload可包含一個以上的標籤(TAGs)，標籤的格式爲TLV(type-length-value)如圖1-12(a)-1-1所示。注意，當PPPoE TAG的TAG_TYPE爲Host-Uniq (可從RFC2516附錄A查知)其封包位元組窗格的16進位值爲0x0103，注意，此標籤是用來讓AC主機對特定主機送出PADI（或PADR）的回應（PADO或PADS）。至於後面0x0008代表TAG_LENGTH的長度爲8 bytes，這裡所謂8 bytes亦即TAG_VALUE等於0x020000000000f000000。

TAG_TYPE(16)	TAG_LENGTH(16)
TAG_VALUE…	

◐圖1-12(a)-1-1 標籤的格式

❼ 指出當PPPoE TAG的TAG_TYPE值代表Service-Name(服務名稱)，所以封包位元組窗格的16進位值爲0x0101；至於後面0x0000指出，當TAG_LENGTH的長度爲0 byte時，代表此TAG可以接受任何服務。

現在開始分析封包No 3如圖1-12(a)-2所示：

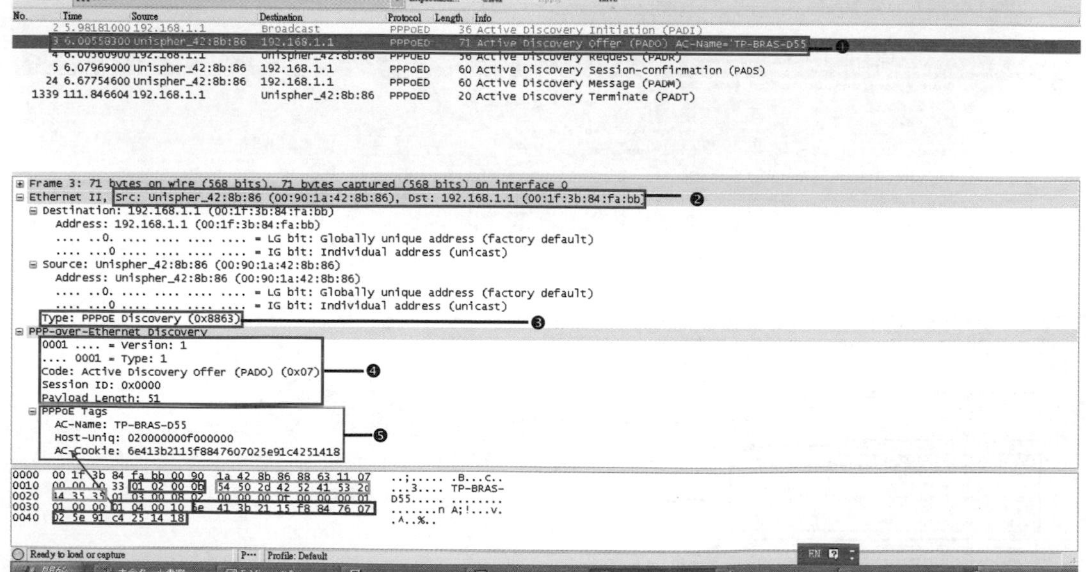

◐圖1-12(a)-2 封包No 3 PADO的分析

❶❷指出一個AC收到它可以服務的一個 PADI封包後會以單播方式回送PADO封包(封包No 3)至用戶端的電腦192.168.1.1。現在封包No 3必須包含AC-Name標籤並會指出AC的名稱。所以Info欄位中的AC-Name= 'TP-BRAS-D55'代表Access Concentrator的名稱爲 'TP-BRAS-D55'。

❸ 出此時的Etype值亦爲0x8863。

❹ 如同圖1-12(a)-1❹所述。注意，PADI的Code：其值如表1-1所示爲0x07。SESSION_ID此時亦必須設定爲0000；PPPoE Payload的長度(不包括PPPoE的標頭)佔51 bytes。

❺ 指出當PPPoE TAG的TAG_TYPE爲AC-Name(可從RFC2516附錄A 查知)其封包位元組窗格的16進位值0x0102；至於後面0x000b代表TAG_LENGTH的長度爲11 bytes，這裡所謂11 bytes亦即TAG_VALUE等於 'TP-BRAS-D55'，相當封包位元組窗格的16進位值(綠色框)爲0x54502d425241532d443535。另外，TAG_TYPE爲AC-Cookie(可從RFC2516附錄A查知)其封包位元組窗格的16進位值0x0104；至於後面0x0010代表TAG_LENGTH的長度爲16 bytes，這裡所謂16 bytes亦即TAG_VALUE相當封包位元組窗格的16進位值(土色框)爲0x 614e⋯..1418。至於TAG_TYPE爲Host-Uniq，如同圖1-12(a)-1封包No 2 PADI指出的值及說明。

現在開始分析封包No 4如圖1-12(a)-3所示：

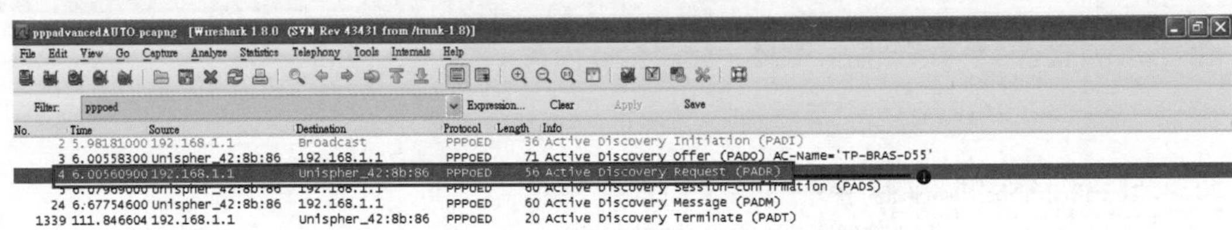

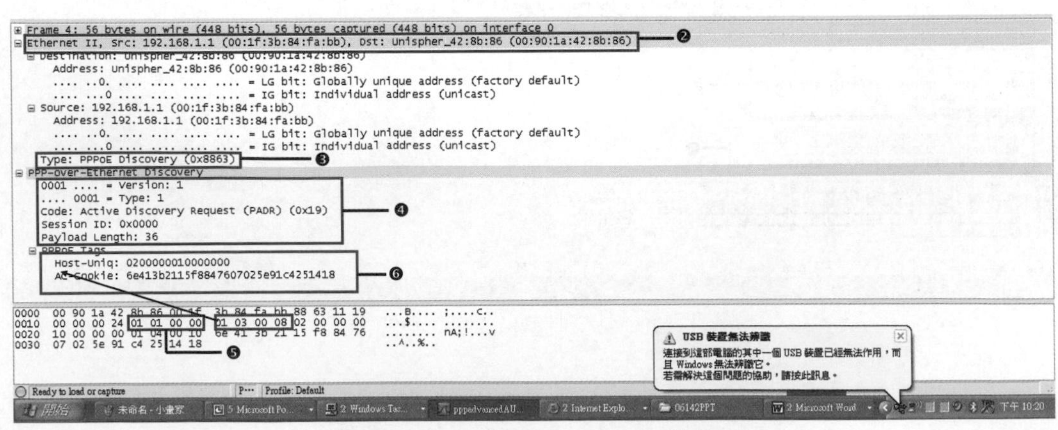

◐圖1-12(a)-3 封包No 4 PADR的分析

❶❷指出客戶端的電腦192.168.1.1會收到一個以上的PADO封包，選出所要的一個PADO封包後以單播方式送出一個 PADR封包(封包No 4)至所選出的AC。

❸ 指出此時的Etype值亦爲0x8863。

❹ 如同圖1-12(a)-1❹所述。注意， PADI的Code：其值如表1-1所示爲0x19。SESSION_ID此時設定爲0000 ；PPPoE Payload的長度(不包括PPPoE的標頭)佔36 bytes。

❺ 如同圖1-12(a)-1的❼所述，指出Service-Name對應封包位元組窗格的16進位值爲0x0101；及後面0x0000代表TAG_LENGTH的長度爲0 byte時，代表此TAG可以接受任何服務。

❻ 指出在Discovery 階段，PPPoE Payload可包含一個以上的標籤(TAGs)。如前述，TAG_TYPE爲Host-Uniq，其封包位元組窗格的16進位值0x0103；及後面0x0008代表TAG_LENGTH的長度爲8 bytes，但這裡所謂8 bytes亦即TAG_VALUE等於0x0200000000000001000000，注意，此值已改變，與封包No 2 PADI及封包No 2 PADO的值不一樣。

現在開始分析封包No 5如圖1-12(a)-4所示：

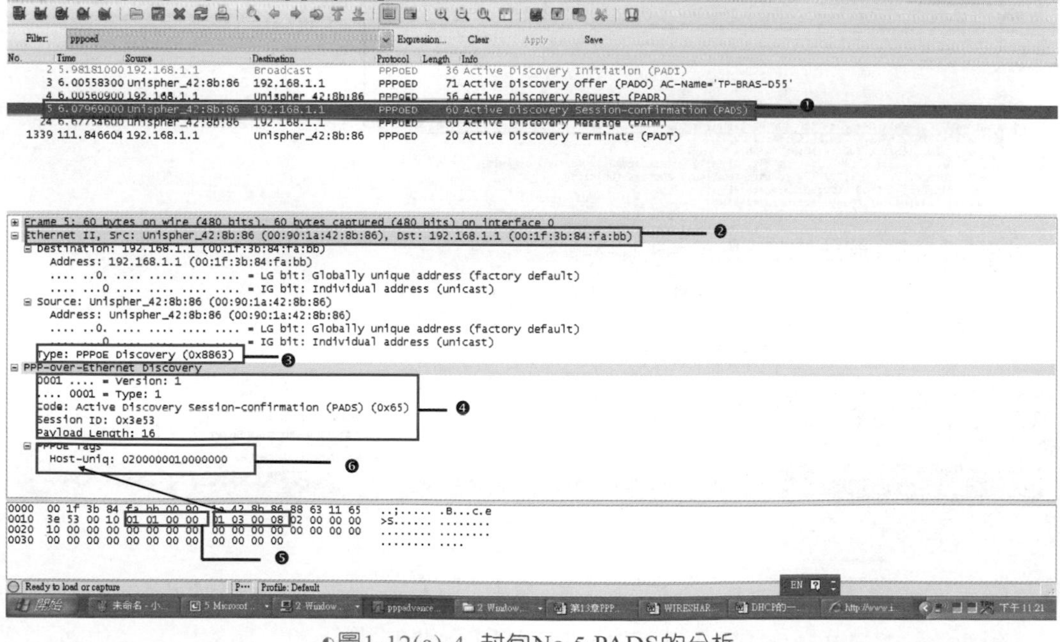

圖1-12(a)-4 封包No 5 PADS的分析

❶ 指出客戶端的電腦192.168.1.1接收到PADS封包(封包No 5)後會進入PPP Session階段。

❷ 指出封包No 5以單播方式送出至客戶端。

❸ 指出此時的Etype值亦爲0x8863。

❹ 如同圖1-12(a)-1所述。注意，PADS的Code：其值如表1-1所示爲0x65。值得一提，當AC接收到PADR後會產生一個SESSION_ID此時值爲0x3e53；PPPoE Payload的長度(不包括PPPoE的標頭)佔16 bytes。

❺ 指出一旦AC接受PPPoE Session，則PADS封包包含TAG_TYPE值所代表的Service-Name(服務名稱)，所以封包位元組窗格的16進位值爲0x0101；及前已敘述過其後面值爲0x0000。至於TAG_TYPE爲Host-Uniq，亦如前述，其封包位元組窗格的16進位值0x0103；及後面0x0008代表TAG_LENGTH的長度爲8 bytes。這裡所謂8 bytes是沿用封包No 4 PADR的TAG_VALUE等於0x0200000000000001000000。

❻ 指出對封包No 4中的TAG_TYPE 爲Host-Uniq做確認。

現在開始分析封包No 24如圖1-12(a)-5所示：

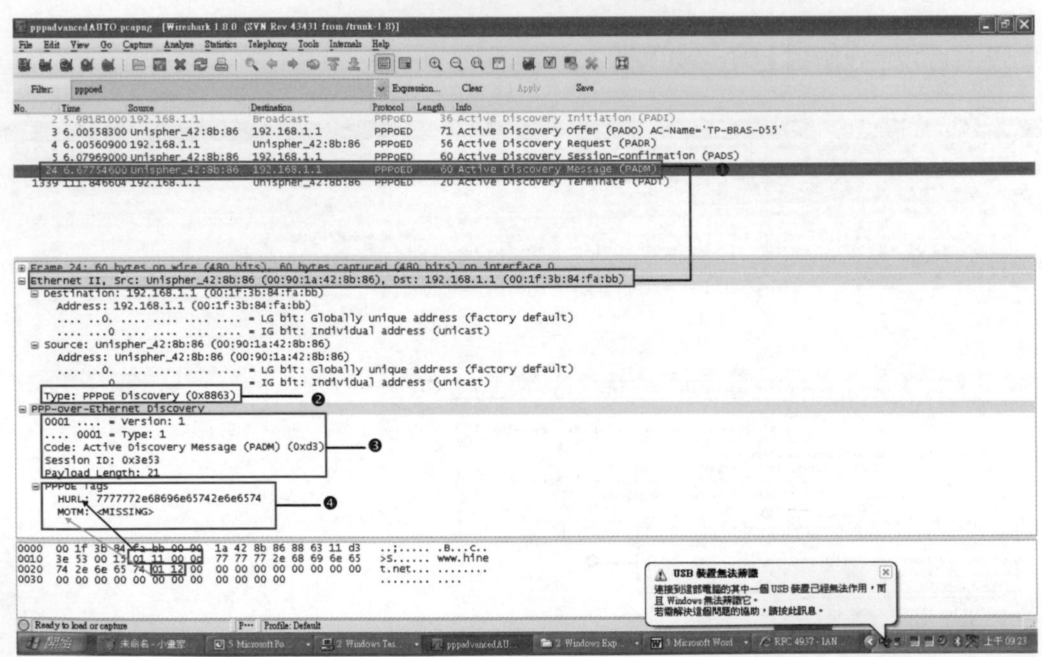

◐圖1-12(a)-5 封包No 24 PADM的分析

❶ 指出PPP認證完畢後，AC端以單播方式送出一個PADM(PPPoE Active Discovery Message封包(封包No 24)至用戶端的電腦192.168.1.，這也意謂著已進入PPP Session階段(跟後面要提的NCP封包有關)。

❷ 指出此時的Etype值亦爲0x8863。

❸ 指出PADM的Code：其值可參考draft-carrel-info-pppoe-ext-00.txt所示爲0xd3。值得一提，SESSION_ID值必須等於先前封包No 5的值0x3e53；PPPoE Payload的長度(不包括PPPoE的標頭)佔21 bytes。

❹ 指出一旦AC與用戶端進入PPPoE Session階段，則PADM封包必須包含至少有一個TAG_TYPE值所代表的Hurl或MOTM (參考draft-carrel-info-pppoe-ext-00.txt)。爲了用戶資料的安全考慮，Hurl這個標籤是透過AC加入到PADM封包。它包含用戶端可以使用在Web瀏覽器上的URL，其封包位元組窗格的16進位值爲0x0111；及後面值爲0x000d代表TAG_LENGTH的長度爲14 bytes，這裡所謂14 bytes亦即TAG_VALUE等於7777…6574；至於TAG_VALUE是包含一個標準的URL。同樣地，MOTM這個標籤是透過AC加入到PADM封包，其封包位元組窗格的16進位值爲0x0112，此標籤代表AC端想將短時間訊息顯示在用戶端的電腦上；它的TAG_VALUE包含UTF-8字串，其封包位元組窗格的16進位值爲0x0112。

N.O.T.E

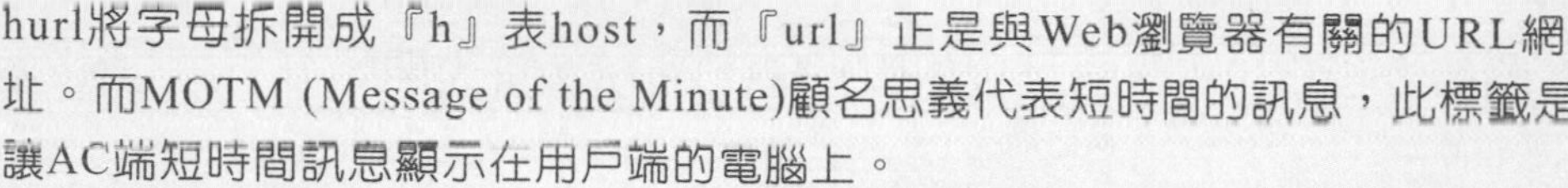
hurl將字母拆開成『h』表host，而『url』正是與Web瀏覽器有關的URL網址。而MOTM (Message of the Minute)顧名思義代表短時間的訊息，此標籤是讓AC端短時間訊息顯示在用戶端的電腦上。

現在開始分析封包No 1339如圖1-12(a)-6所示：

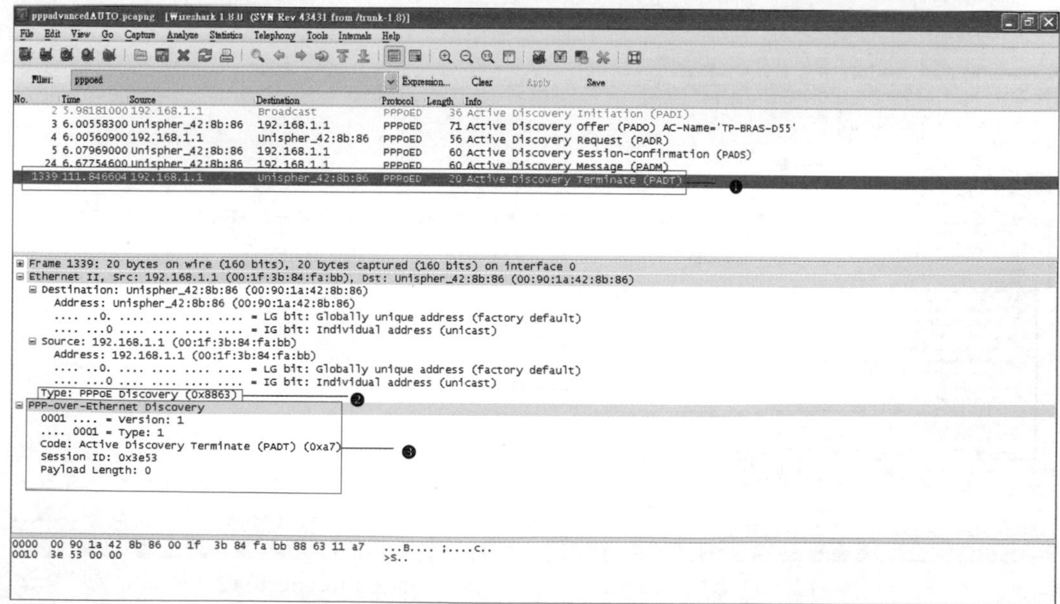

◐圖1-12(a)-6 封包No 1339 PADT的分析

❶ 指出用戶端的電腦想中斷已建立的PPP Session，故以單播方式送出一個PADT(封包No 1339)至AC。注意，PADT封包的產生可在任何時間由AC發送給用戶端。

❷ 指出此時的Etype值亦爲0x8863。

❸ 指出PADT的Code：其值如表1-1所示爲0xa7。此時的SESSION_ID值爲0x3e53；PPPoE Payload的長度佔0 bytes。

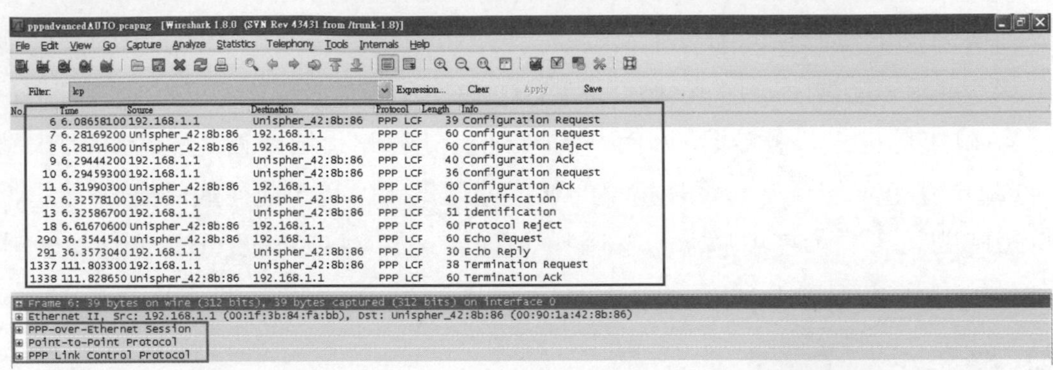

◐圖1-12(b) 在【Filter】欄位敲入『lcp』所找出的相關封包

現在開始分析LCP相關的封包如圖1-12(b)所示：首先開始分析封包No 6如圖1-12(b)-1所示：

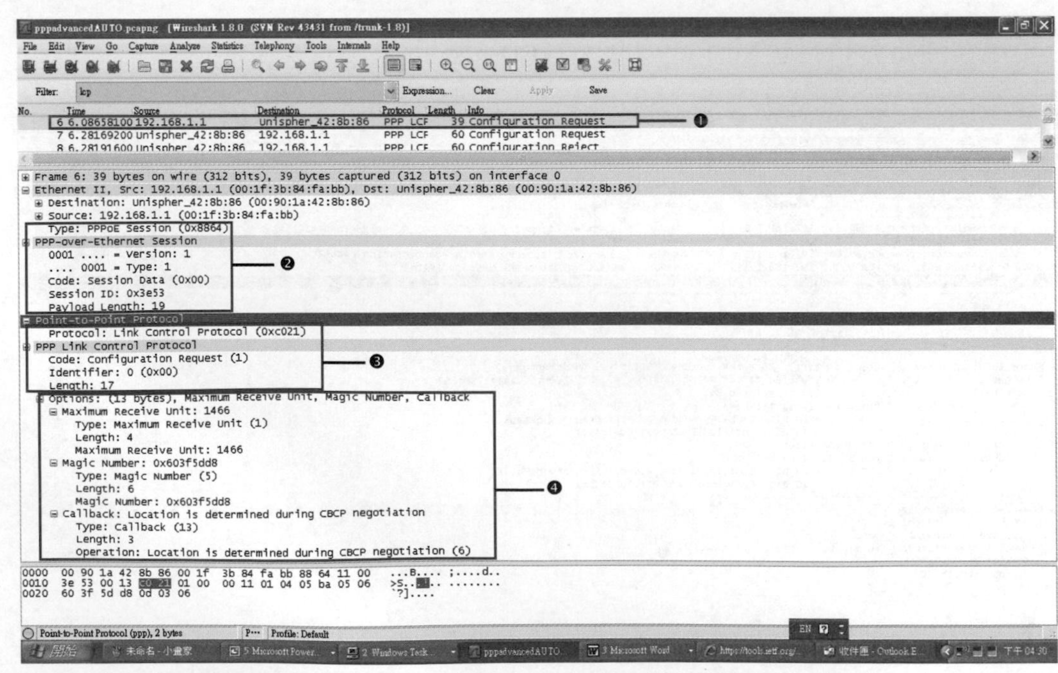

◐圖1-12(b)-1 封包No 6 PPP LCP Configuration Request的分析

❶ 指出用戶端的電腦192.168.1.1送出PPP LCP Configuration Request封包至AC(unispher_42:8b:86)，建議要求設定的配置參數。

❷ 參考圖1-2，指出VER(佔4 bits)：PPPoE版本，它的值爲0001(即0x1)。TYPE(佔4 bits)：值爲0001(即0x1)。另外Etype爲0x8864的Code值爲: Session Data(0x00)如表1-1所示。注意，此時的SESSION_ID的值來自於圖 1-12 (a)-6的值爲0x3e53；PPPoE Payload的長度(不包括PPPoE的標頭)佔19 bytes。

❸ 指出PPP封包協定種類欄位值爲0xc021(參考表1-2)，代表封包格式內的資訊載送的是屬LCP封包。LCP封包種類爲Code: Configuration Request(1)，阿拉伯數字1爲它的代碼(參考表1-3)。Identifier (ID):0(0x00)其用來使LCP的Request封包與Reply封包能互相對應，當接收端回覆Request封包時，就填入與來源端隨機產生的相同數值，這樣才能讓來源端知道它送出去的哪一封包已被回覆。Length:17代表長度佔17 bytes：存放 Code(佔1 byte)、ID(佔1 byte)、長度(佔2 bytes)和 Data/Option (佔13 bytes)各欄位的總長度。

❹ 指出3個Option的Length依序爲4+6+3共佔13 bytes。而其中的Type:MRU(1)，阿拉伯數字1爲配置選項的Type值如表1-7所示(參考RFC 1661)；同理Type數字5爲Magic Number。至於Type: Callback(13)，阿拉伯數字13可參考RFC 1570指出的配置選項的Type(佔8 bits如圖1-12(b)-2所示)值。值得一提，表1-8中的Operation: Location is determined during CBCP negotiation(6)，代表用戶端的電腦與AC使用Microsoft Windowsw 32 bits作業系統時，在CBCP(Callback Control Protocol)協商期間，被決定出來的回呼叫位置；而阿拉伯數字6爲Callback配置選項中的Operation欄位值(如圖1-12(b)-2所示)設定爲0x06。注意，圖1-12(b)-2中的Message 其內容是由Operation欄位值決定出來。

表1-7 選項（Option）的Type值

0	RESERVED
1	Maximum-Receive-Unit
3	Authentication-Protocol
4	Quality-Protocol
5	Magic-Number
7	Protocol-Field-Compression
8	Address-and-Control-Field-Compression

表1-8　Callback選項的Operation欄位

Operation	Description	Reference
0	Location is detemined by user authentication	[RFC1570]
1	Dialing string	[RFC1570]
2	Location identifer	[RFC1570]
3	E. 164 number	[RFC1570]
4	X 500 distinguished name	[RFC1570]
5	Unassigned	
6	Location is detemined during CBCP negotiation	

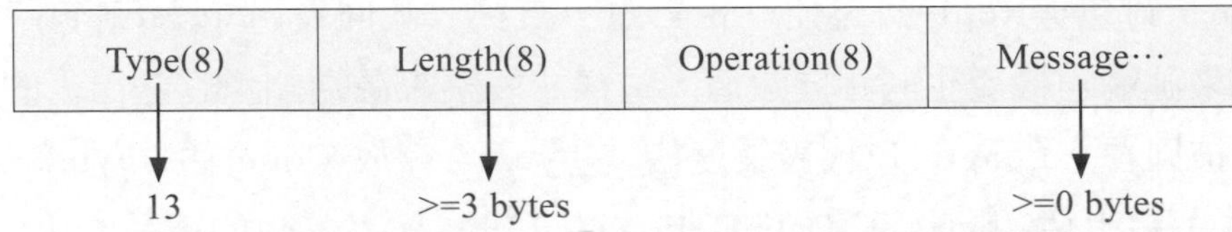

◐圖1-12(b)-2　Callback選項格式（欄位位元發送順序是由左往右依序送出）

現在開始分析封包No 7如圖1-12(b)-3所示：

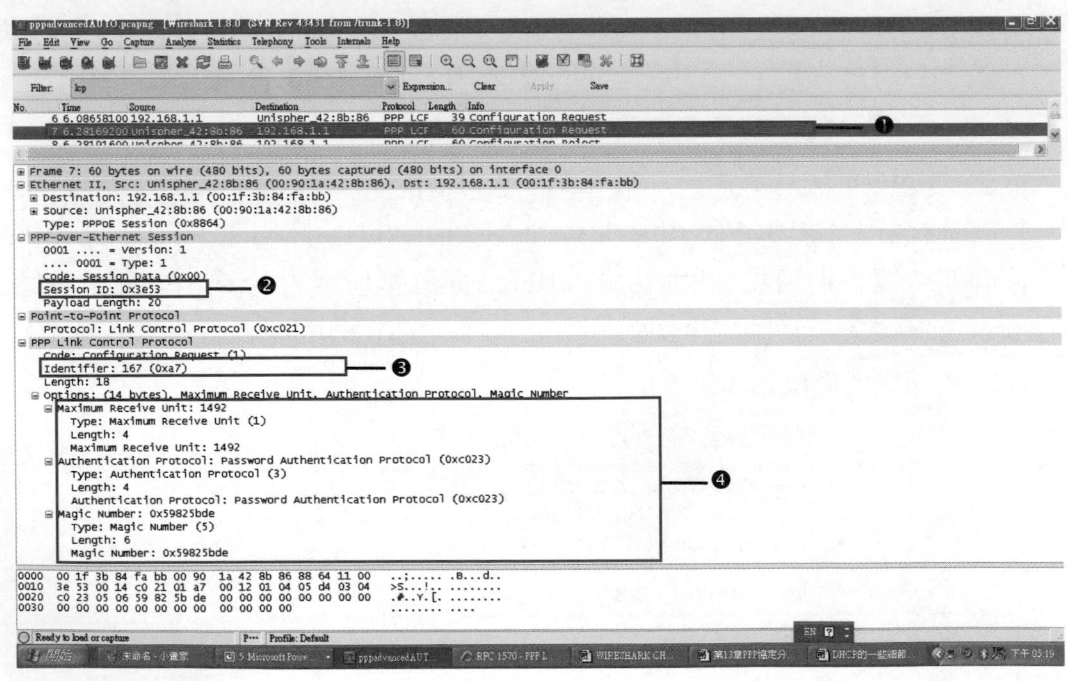

◐圖1-12(b)-3　封包No 7 PPP LCP Configuration Request的分析

❶ 指出AC送出PPP LCP Configuration Request封包至用戶端的電腦192.168.1.1，建議要求設定的配置參數。

❷ 指出SESSION_ID的值來自於圖1-12 (a)-6的值為0x3e53。

❸ 指出Identifier (ID)：167(0xa7)。

❹ 指出Option項目種類與封包No 6有些不同，其中包括1個Option為認證協定(Authentication Protocol)：密碼身份驗證協定（Password Authentication Protocol；PAP）(0xc023)。而其中的0xc023代表協定種類為PAP (參考表1-2)。注意PAP只是一個簡易的身份驗證方法，對使用者並沒有很大保障。值得一提，Option項目並沒有封包No 6要求的Callback選項。

現在開始分析封包No 8如圖1-12(b)-4所示：

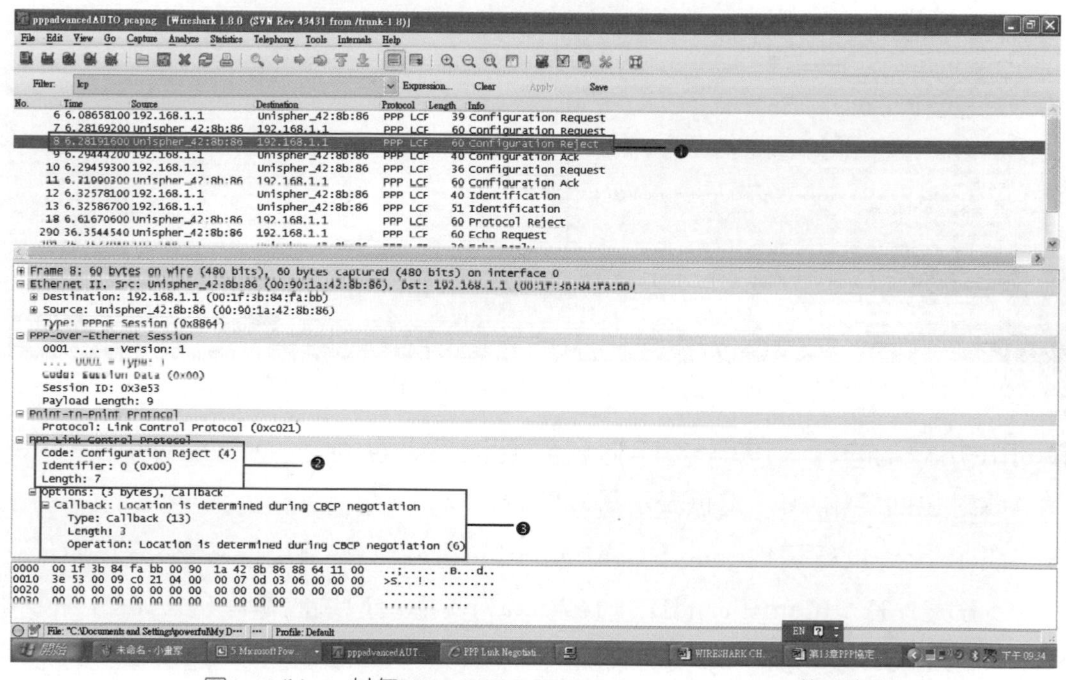

◐圖1-12(b)-4 封包No 8 PPP LCP Configuration Reject的分析

❶ 指出AC可能對有些選項無法辨認或者不支援時，就不接受用戶端所要求設定的配置參數，所以AC送出PPP LCP Configuration Reject封包至用戶端的電腦192.168.1.1。

❷ 指出LCP封包種類為Code：Configuration Reject(4)，阿拉伯數字4為它的代碼(參考表1-3)。Identifier (ID)：0(0x00)其為AC回覆No 6 Request封包時，填入與來源端（指No 6 Request封包）隨機產生的相同數值，這樣才能讓來源端知道它送出去的哪一個封包已被回覆。Length:7代表長度佔7 bytes：存放Code(佔1 byte)、ID(佔1 byte)、長度(佔2 bytes)和 Data/Option (佔3 bytes)各欄位的總長度。

❸ 指出AC告訴用戶端不接受所要求設定的Callback選項。

現在開始分析封包No 9如圖1-12(b)-5所示：

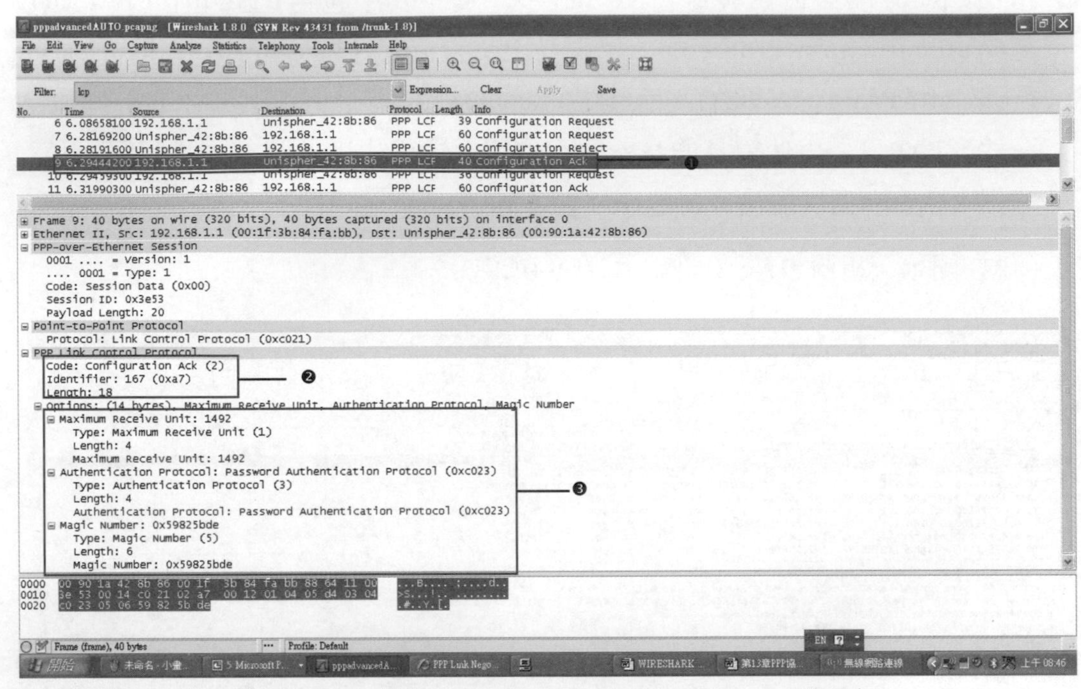

圖1-12(b)-5 封包No 9 PPP LCP Configuration Ack的分析

❶ 指出用戶端的電腦192.168.1.1同意AC配置設定的值後，會送出Configuration Ack封包回應給AC。這也表示兩方協商完成。

❷ 指出LCP封包種類爲Code：Configuration Ack(2)，阿拉伯數字2爲它的代碼(參考表1-3)。Identifier (ID)：167(0xa7)其爲用戶端的電腦192.168.1.1回覆No 7 Request封包時，填入與來源端（指No 7 Request封包）隨機產生的相同數值，這樣才能讓來源端知道它送出去的哪一個封包已被回覆。Length:18代表長度佔18 bytes：存放 Code(佔1 byte)、ID(佔1 byte)、長度(佔2 bytes)和Data/Option (佔14 bytes)各欄位的總長度。

❸ 指出用戶端的電腦192.168.1.1接受封包No 7所設定的Option。注意，Callback選項已不見。

現在開始分析封包No 10如圖1-12(b)-6所示：

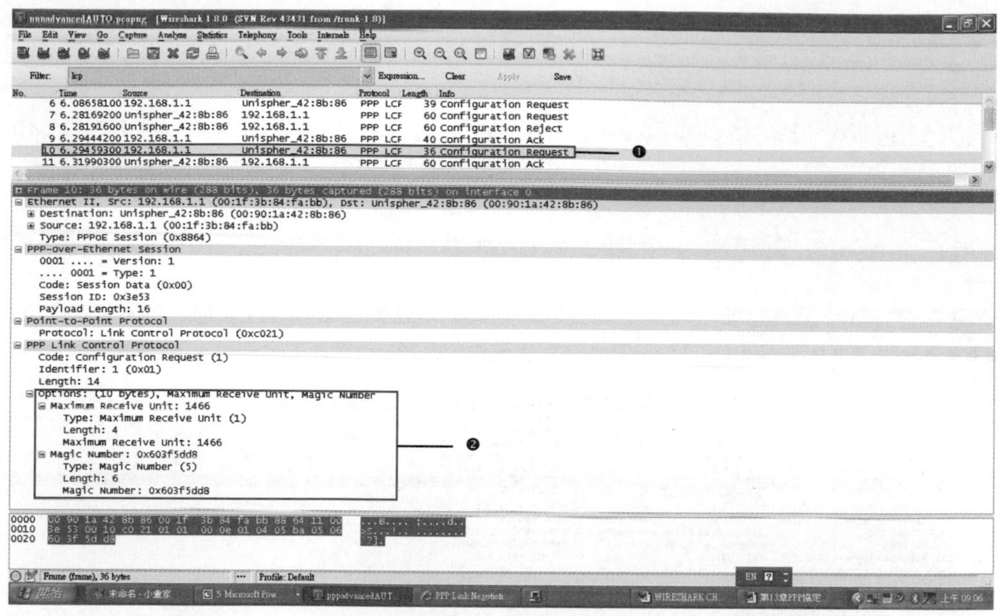

◐圖1-12(b)-6 封包No 10 PPP LCP Configuration Request的分析

❶ 指出用戶端的電腦192.168.1.1重新設定配置參數再送出PPP LCP Configuration Request封包至AC。

❷ 指出封包No 10要求的Option選項只有MRU:1466及Magic Number:0x603f5dd8兩種。

現在開始分析封包No 11如圖1-12(b)-7所示：

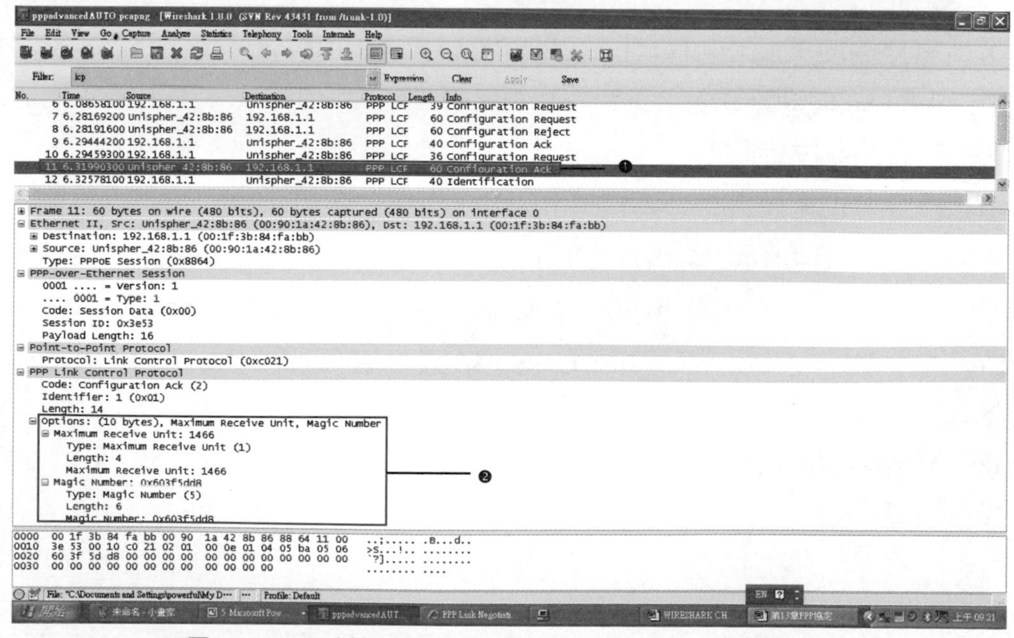

◐圖1-12(b)-7 封包No 11 PPP LCP Configuration Ack的分析

❶ 指出AC送出Configuration Ack封包同意用戶端的電腦192.168.1.1配置設定的參數值。這也表示兩方協商完成。

❷ 指出封包No 11同意的Option選項正是封包No 10要求的MRU:1466及Magic Number:0x603f5dd8兩種。

現在開始分析封包No 12如圖1-12(b)-8所示：

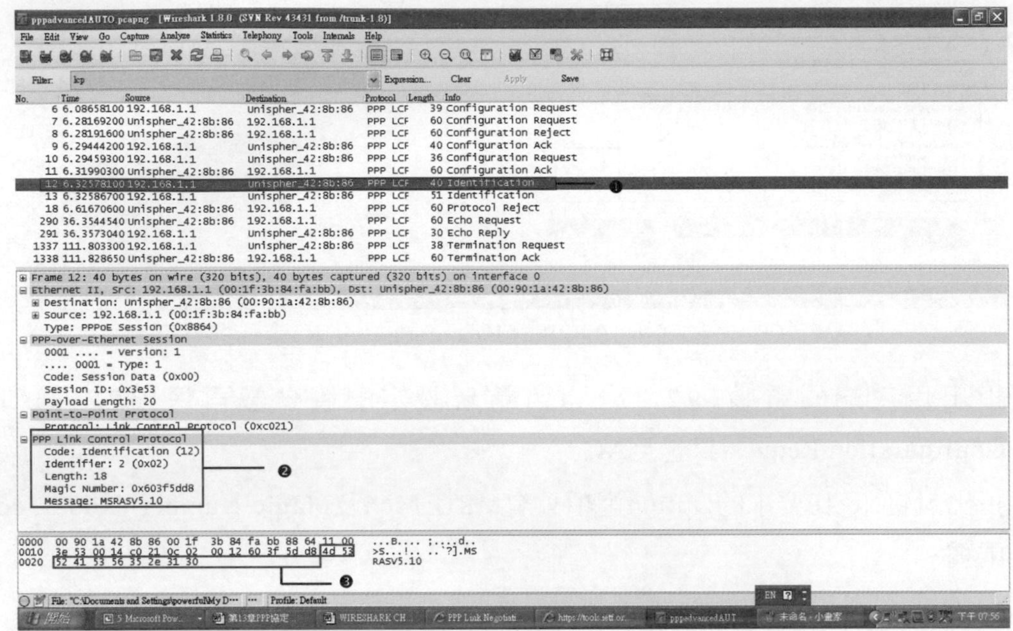

◐圖1-12(b)-8　封包No 12 PPP LCP Identification的分析

❶ 指出用戶端的電腦192.168.1.1送出PPP LCP Identification封包至AC。封包No 12屬LCP的額外封包，可歸類爲鏈路維護型的封包，其具有許多不同的功能，如鏈路故障排除等。

❷ 指出LCP封包種類爲Code：Identification(12)，阿拉伯數字12爲它的代碼(參考RFC 1570)。Identifier (ID)：2(0x02)。Length:18代表長度佔18 bytes：存放Code(佔1 byte)、ID(佔1 byte)、長度(佔2 bytes)和 Magic number:0x603f5dd8 (佔4 bytes)及Message欄位的內容：MSRASV5.10 (佔10 bytes)的總長度。

❸ 指出對應Message：MSRASV5.10的封包位元組窗格的16進位值。注意，Message欄位的內容可以是任何所要的資料，其前提不能大於MRU的預設值再減8。

至於封包No 13除了Message欄位的內容稍有變更外不再贅述。另一方面，當LAN 上的協定在PPP NCP對等傳送無法致能(enabled)時，AC會送出PPP LCP Protocol Reject封包(即封包No 18)至用戶端的電腦192.168.1.1。封包No 18因與NCP封包有關，留在習題研習。

現在開始分析封包No 290如圖1-12(b)-9所示：

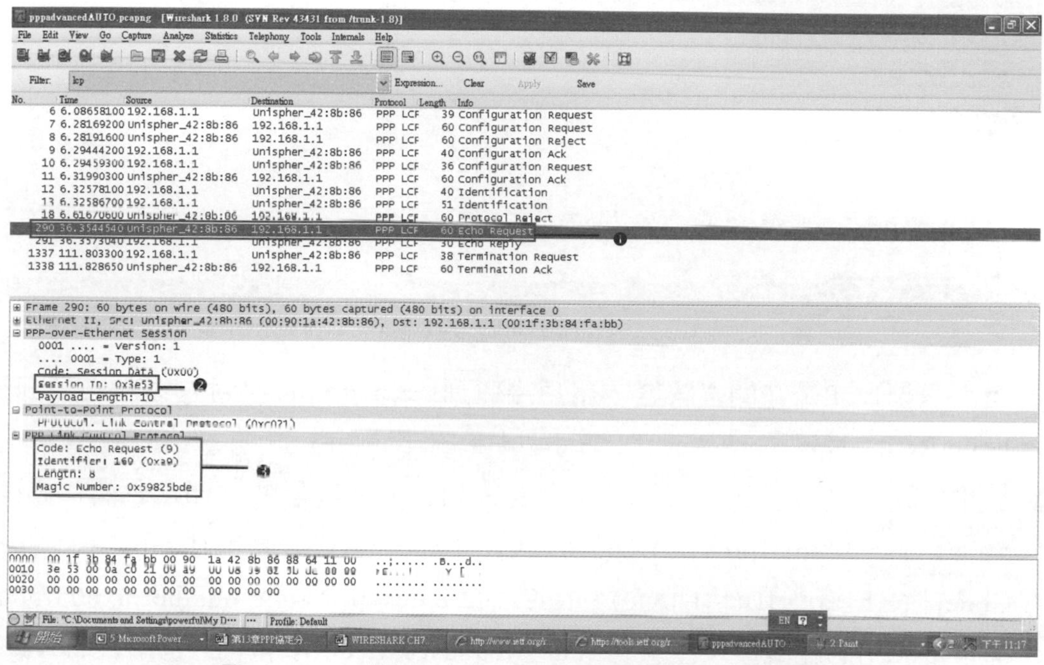

◐圖1-12(b)-9　封包No 290 PPP LCP Echo Request的分析

❶ 指出在PPP 的連線過程中，AC端的LCP會不定時發送Echo Request 封包給用戶端的電腦192.168.1.1。主要目的是要偵測 PPP 的連線是否還在運作。

❷ 指出此時的Session ID: 0x3e53。

❸ 指出LCP封包種類爲Code: Echo Request (9)，阿拉伯數字9爲它的代碼(參考表1-3)。Identifier (ID):169(0xa9)。Length:8代表長度佔8 bytes：存放Code(佔1 byte)、ID(佔1 byte)、長度(佔2 bytes)和 Magic number:0x59825bde (佔4 bytes)的總長度。

現在開始分析封包No 291如圖1-12(b)-10所示：

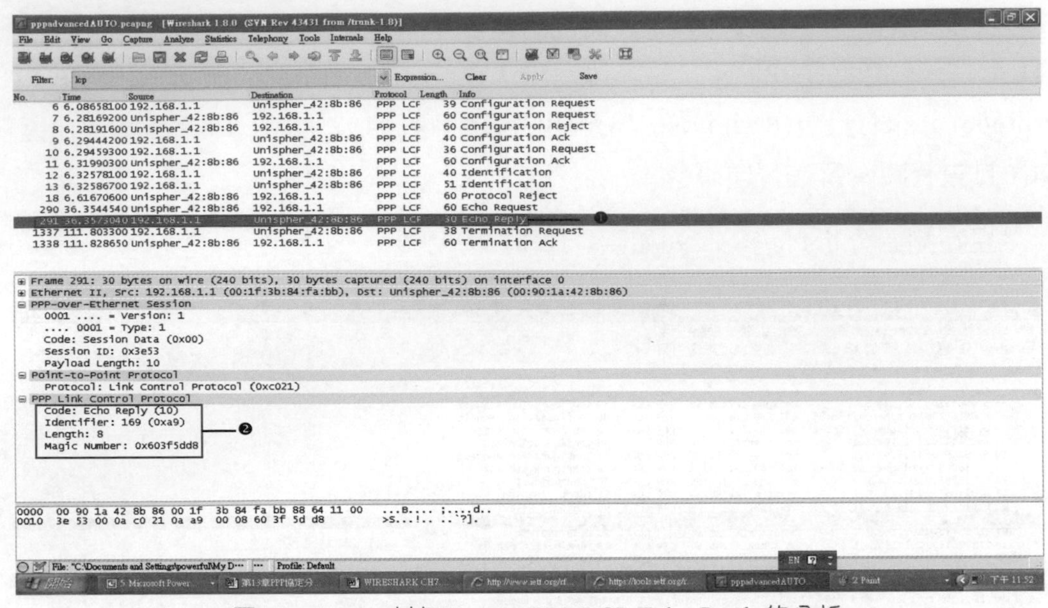

◐圖1-12(b)-10 封包No 291 PPP LCP Echo Reply的分析

❶ 指出只要LCP是在開啓狀態，用戶端收到Echo Request 封包後就必須回覆Echo Reply 封包。

❷ 指出LCP封包種類爲Code: Echo Reply (10)，阿拉伯數字10爲它的代碼(參考表1-3)。Identifier (ID):169(0xa9)。Length:8代表長度佔8 bytes：存放Code(佔1 byte)、ID(佔1 byte)、長度(佔2 bytes)和 Magic number:0x603f5dd8(佔4 bytes)的總長度。注意，Echo Request與Echo Reply 封包兩者的Magic number值不同代表沒有迴路異常發生。

N.O.T.E

當LCP在開起狀態時的Echo Request與Echo Reply 封包格式如圖1-12(b)-10-1所示，位元發送順序由左往右傳送。

<table>
<tr><td>code</td><td>Identifier</td><td>Length</td></tr>
<tr><td colspan="3">Magic-Number</td></tr>
<tr><td colspan="3">Data…</td></tr>
</table>

◐ 圖1-12(b)-10-1 Echo Request與Echo Reply 封包格式

現在開始分析封包No 1337如圖1-12(b)-11所示：

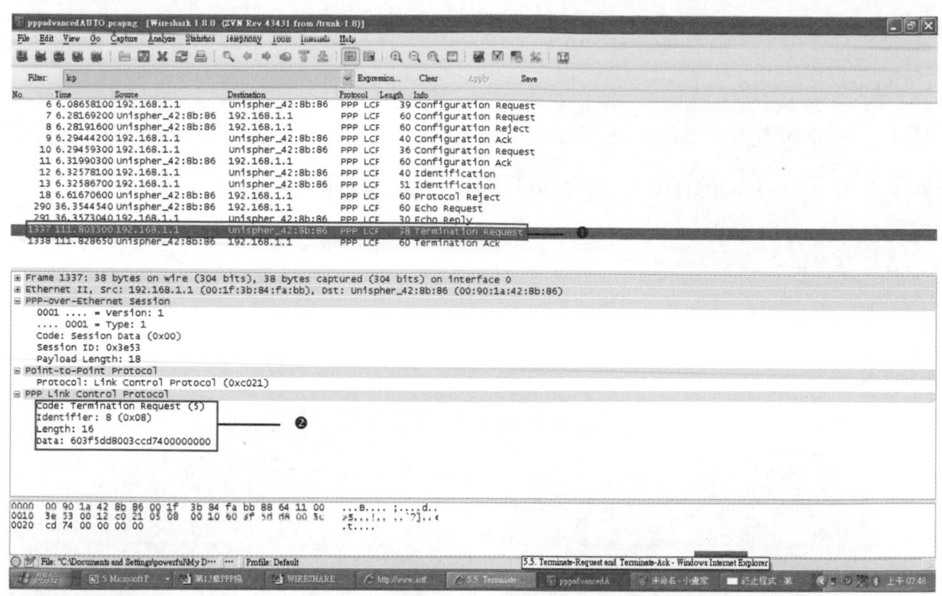

◐圖1-12(b)-11 封包No 1337 PPP LCP Termination Request的分析

❶ 指出用戶端的電腦192.168.1.1欲終止PPP連線，因而送出Termination Request封包至AC。

❷ 指出LCP封包種類爲Code: Termination Request (5)，阿拉伯數字5爲它的代碼(參考表1-3)。Identifier (ID):8(0x08)。Length:16代表長度佔16 bytes：存放 Code(佔1 byte)、ID(佔1 byte)、長度(佔2 bytes)和Data:0x603f5dd8003ccd7400000000 (佔12 bytes)的總長度。

現在開始分析封包No 1338如圖1-12(b)-12所示：

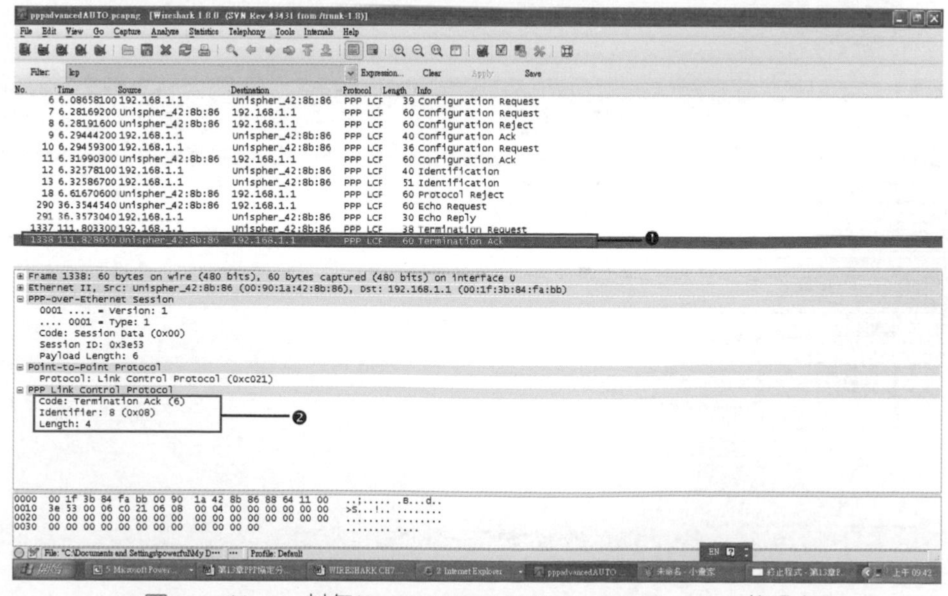

◐圖1-12(b)-12 封包No 1338 PPP LCP Termination Ack的分析

❶ 指出AC收到Termination Request封包後，會回應Termination Ack封包給用戶端的電腦192.168.1.1。

❷ 指出LCP封包種類爲Code: Termination Ack (6)，阿拉伯數字6爲它的代碼(參考表1-3)。Identifier (ID):8(0x08)。Length:4代表長度佔4 bytes：存放Code(佔1 byte)、ID(佔1 byte)、長度(佔2 bytes)。注意，Data 欄位的內容已終止。

N.O.T.E

Termination Request與Termination Ack封包格式如圖1-12(b)-12-1所示，位元發送順序由左往右傳送。

code	Identifier	Length
Data…		

◐ 圖1-12(b)-12-1 Termination Request與Termination Ack 封包格式

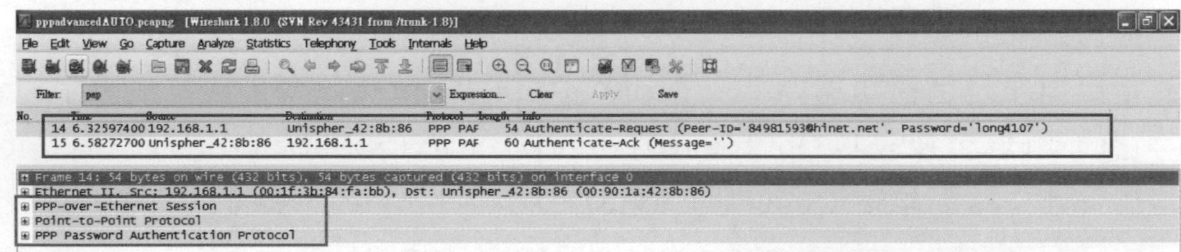

◐ 圖1-12(c) 在【Filter】欄位敲入『pap』所找出的相關封包

現在開始分析PAP相關的封包如圖1-12(c)所示：首先開始分析封包No 14如圖1-12(c)-1所示：

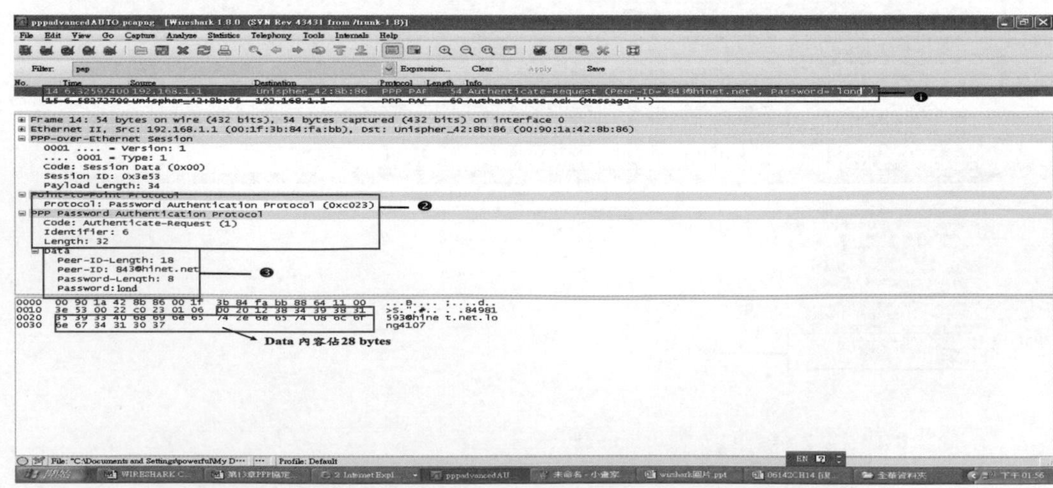

◐ 圖1-12(c)-1 封包No 14 PPP PAP Authenticate Request的分析

❶ 指出PPP建立連線後立刻進行認證確認。所以用戶端的電腦192.168.1.1 就送出封包No 14 PPP PAP Authenticate Request至AC。

❷ 指出若PPP封包Protocol欄位的內容爲0xc023，表示『Information』欄位所載送的是PAP封包。PAP封包格式如同圖1-12(b)-12-1所示，Code: Authenticate-Request封包(1)，阿拉伯數字1爲它的代碼(參考RFC 1334)。Identifier (ID):6(0x06)其用來使PAP的Request封包與Reply封包能互相對應。Length:32代表長度佔4 bytes：存放 Code(佔1 byte)、ID(佔1 byte)、長度(佔2 bytes)及Data欄位的內容(佔28 bytes)如藍色框的封包位元組窗格的16進位值。注意，Authenticate Request封包格式如圖1-12(c)-1-1所示，位元發送順序由左往右傳送。

code	Identifier	Length
Peer-ID Length	Peer-Id…	
Passwd-Length	Password…	

◐圖1-12(c)-1-1 Authenticate Request 封包格式

❸ 指出Data欄位的內容(佔28 bytes)包括PPP 使用者的帳號:843@hinet.net與長度；及使用者的密碼:lond與長度。

現在開始分析封包No 15如圖1-12(c)-2所示：

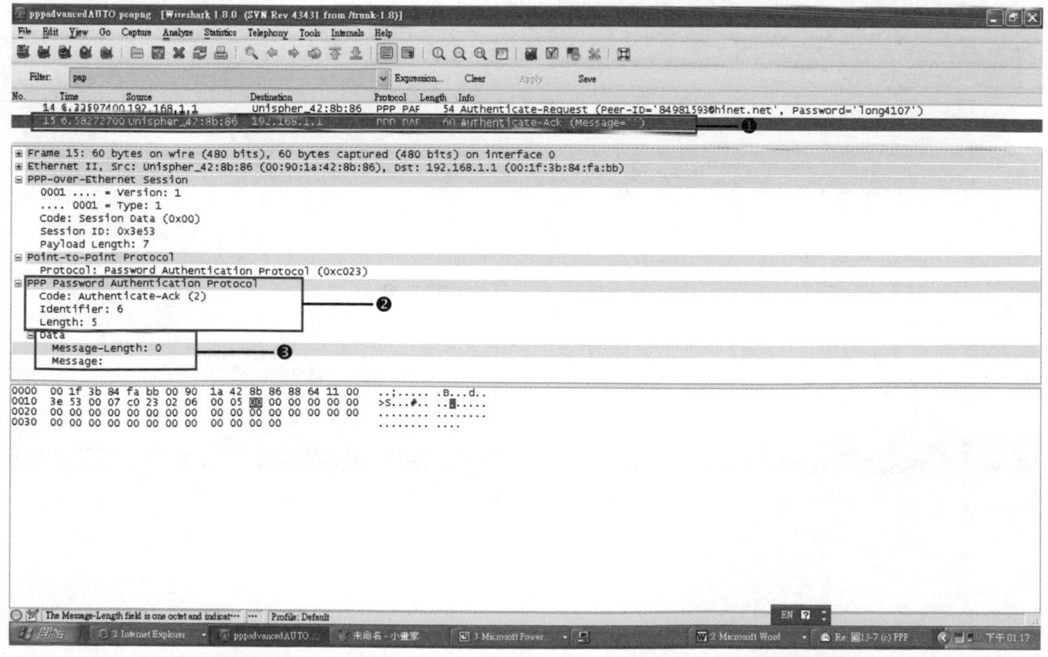

◐圖1-12(c)-2 封包No 15 PPP PAP Authenticate Ack的分析

❶ 指出AC對用戶端的電腦192.168.1.1做確認，因而送出封包No 15 PPP PAP Authenticate Ack。

❷ 指出Code: Authenticate-Ack封包(2)，阿拉伯數字2爲它的代碼(參考RFC 1334)。注意，Authenticate-Nak封包的代碼爲3。Identifier (ID):6(0x06)與PAP的Request封包的ID值相同。Length:5代表長度佔4 bytes：存放 Code(佔1 byte)、ID(佔1 byte)、長度(佔2 bytes)及Data欄位本身佔1 byte。

❸ 指出Data欄位的Message無任何資料。

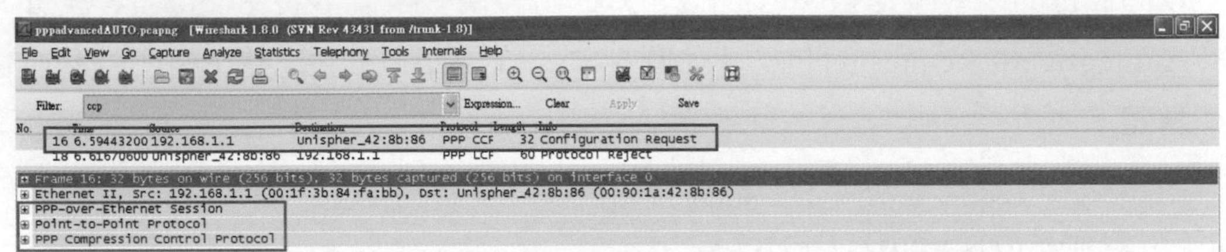

◐圖1-12(d) 在【Filter】欄位敲入『ccp』所找出的相關封包

現在開始分析唯一的CCP相關的封包No 16如圖1-12(d)及圖1-12(d)-1所示：

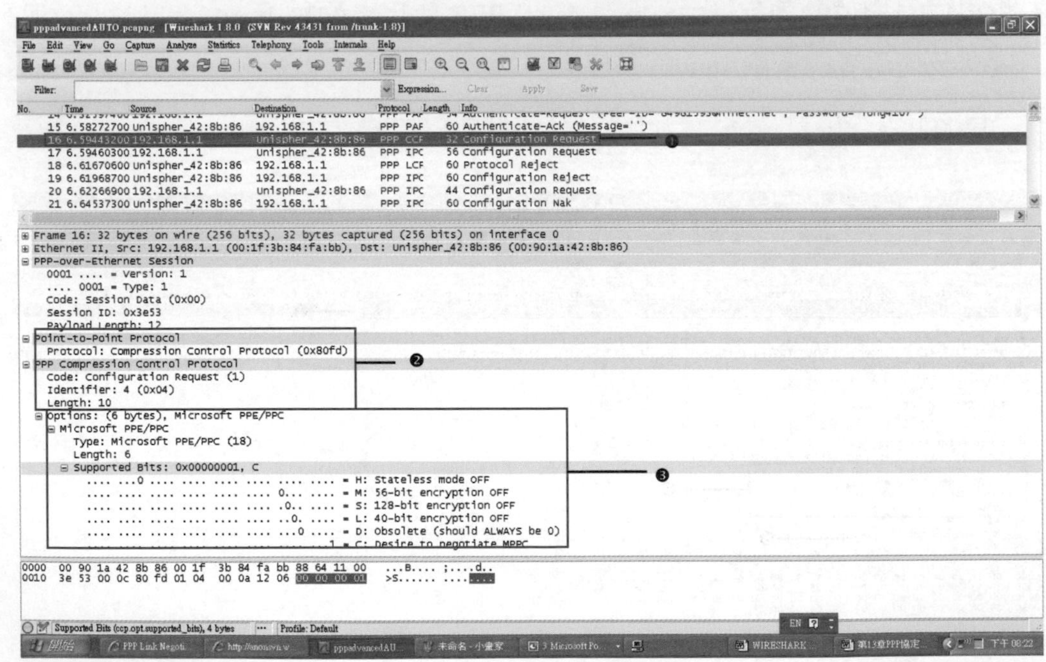

◐圖1-12(d)-1 封包No 16 PPP CCP Configuration Request的分析

❶ 指出用戶端的電腦192.168.1.1送出PPP CCP Configuration Request封包至AC，建議要求壓縮封包。一般而言，PPP連線的兩端都可以要求壓縮封包，但用戶端與AC端有可能使用不同的壓縮演算法。

❷ 指出PPP封包協定種類欄位的內容為0x80fd，就代表封包格式內的資訊這個欄位載送的是壓縮控制協定(Compressed Control Protocol；CCP)封包。顧名思義，此協定用來管理、協商兩端的壓縮參數(可參考RFC 1962)。CCP如封包同LCP封包所述: Code: Configuration Request(1)，阿拉伯數字1為它的代碼(參考表1-5)。Identifier (ID):4(0x04)。Length:10代表長度佔10 bytes：存放Code(佔1 byte)、ID(佔1 byte)、長度(佔2 bytes)和Option (佔6 bytes)各欄位的總長度。

❸ 指出Data/Option欄位的內容: Microsoft PPE/PPC。Type: Microsoft PPE/PPC (18)中的18代表CCP其中的Option值如表1-6所示。注意，MPPC與MPPE代表Microsoft Point-To-Point Compression (MPPC) and Microsoft Point-To-PointEncryption (MPPE) 。

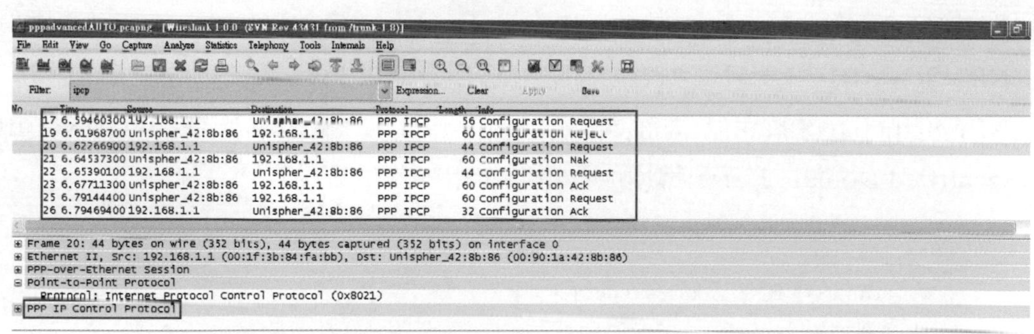

◐圖1-12(e) 在【Filter】欄位敲入『ipcp』所找出的相關封包

現在開始分析IPCP相關的封包如圖1-12(e)所示：由於IPCP相關的封包有的已在基礎PPP封包的擷取分析有說明，在此除非必要分析，否則只做一些補充。首先開始分析封包No 17如圖1-12(e)-1所示：

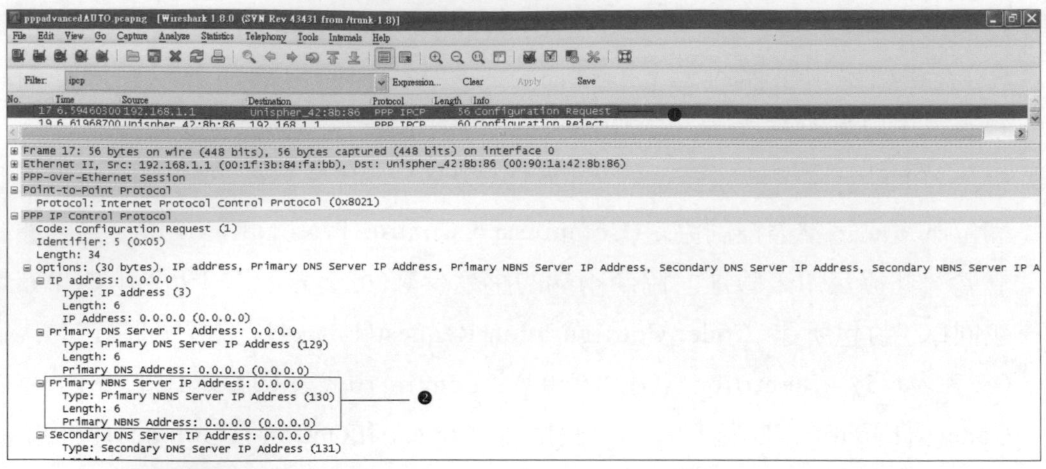

◐圖1-12(e)-1 封包No 17 PPP IPCP Configuration Request的分析

❶ 指出連線參數設定完成後，用戶端的電腦192.168.1.1要透過NCP來傳送網路層的封包，於是送出PPP IPCP Configuration Request封包至AC。

❷ 指出Primary NBNS Address Configuration Option格式如圖1-12(e)-1-1所示，位元發送順序由左往右傳送。其中Primary NBNS Server IP Address即代表 Type 130(參考RFC 1877)；而Length爲6 bytes。主要的伺服器NBNS(NetBIOS Name Service)常被稱爲在Windows系統上的WINS服務。NBNS如同DNS的功能(後面會專章介紹分析)，以較容易記住的FQDN(Fully Qualified Domain Name)轉換成爲電腦使用的IP位址。

Type	Length	Primary-NBNS-Address
Primary-NBNS-Address (cont.)		

◐圖1-12(e)-1-1 Primary NBNS Address Configuration Option的格式

接下來的封包分析像封包No 18，封包No 22~23及封包No 25~26留給讀者於實作分析習題研習；至於，封包No 19封包~封包No 21說明如同圖1-7(g)~ 圖1-7(i)不再贅述 。

N.O.T.E

有關封包No 24說明已在圖1-12(a)-5有所描述。

1-11 問題討論

1. 圖1-12(a)-1 封包No 2 PADI的分析中的❼已說明封包位元組窗格的16進位值爲0x0101及後面0x0000代表意義，爲何圖1-12(a)-2 封包No 3 PADO中的封包位元組窗格無此值?

   解：由於PADI封包的分析中的❼，已說明封包位元組窗格的16進位值0x0101及0x0000所代表意義。故等同於PADO 封包的TAG_TYPE值已包含有Service_Name TAG的功能。

2. 說明圖1-12(b)-1 No 6 PPP LCP Configuration Request封包中的PPP格式?找出圖1-1PPPoE封包格式對應的封包位元組窗格的16進位值。

   解：此時已進入PPPoE Session階段時，PPP資料是以LCP封裝方式發送(在此階段，所有的乙太封包皆以單播方式傳送)。換言之，用戶端的電腦192.168.1.1便可以和遠端主機AC以PPP建立連線進行通訊。注意，在圖1-12(b)-1 封包No 6 PPP LCP Configuration Request中的❸指出Configuration Request封包中的PPP格式，如圖1-13的最下方一開始爲PPP標頭中的協定種類0xc021，接著是PPP Information欄位中的LCP封包。PPPoE封包格式對應的封包位元組窗格的16進位值如圖1-13所示。

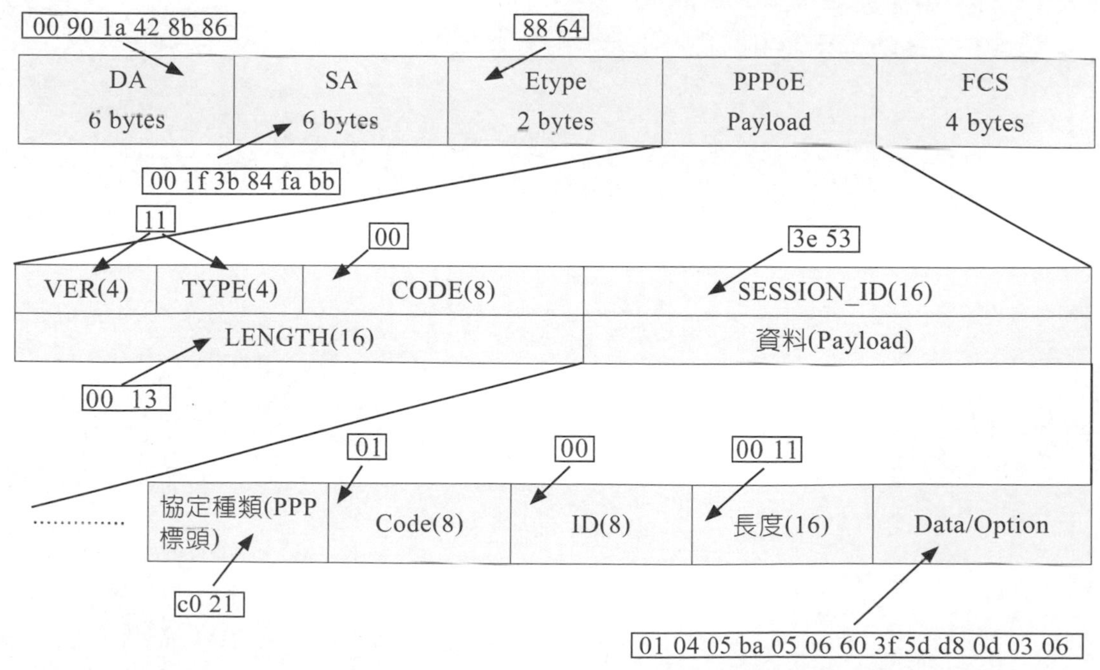

圖1-13 PPPoE封包格式對應的封包位元組窗格的16進位值

3. 圖1-12(a)-5 封包No 24 PADM是否一定會發生?

解：PADM封包的產生屬備選的並無強制性。

4. 說明圖1-12(b)-8 封包No 12 PPP LCP Identification在何種情況會發送?

解：LCP Identification封包可以在任何時間發送，包括LCP處於開啓(open)狀態之前。注意，就PPP LCP Identification封包並不需要有回應封包。

5. 圖1-12(b)-11封包No 1337 PPP LCP Termination Request的分析中有關Identifier (ID)值何種情況會改變? 何種情況會不變?

解：每當Data 欄位的內容有改變，以及前次送出去的Request已收到正確的Reply封包時，Identifier (ID)將會改變；如果是重送，Identifier (ID)則不變。

6. 圖1-12(e)-1封包No 17 PPP IPCP Configuration Request的分析中的NBNS與DNS請比較一下?

解：NBNS的服務較為有限，像NetBIOS名稱存在於平面名稱空間，而不像DNS的服務有階層性。另外，NBNS只能提供IPv4位址；不同DNS能同時支援IPv6。一般而言，NBNS仍然被廣泛使用，特別是在Windows網路上，尤其是舊版本的Windows網路。

重點整理

- PPP（Point-to-Point Protocol）稱為點對點通訊協定（可參考RFC 1661），是屬於數據鏈路層的協定。
- PPPoE提供使用者撥接連線時的軟體服務，例如：目前使用的ADSL撥接連線。
- PPP連線程序分為4步驟：建立連線、身分認證、網路層協定處理及結束連線。
- 當一台主機欲建立一個PPP Session時，必須要經過Discovery階段。此階段分成4個步驟，一旦完成所有步驟後，對等的主機雙方都知道它們的乙太位址（即MAC位址）以及PPPoE的SESSION_ID；這兩者就是用來定義唯一的PPP Session。
- 在Discovery階段，PPPoE payload可包含一個以上的標籤（TAGs），標籤的格式為TLV（type-length-value）。
- 一旦進入PPPoE Session階段時，PPP資料可以任何其他封裝方式發送。在此階段，所有的乙太封包皆以單播方式傳送。
- PPP封包格式內的資訊這個欄位可包括LCP、NCP、CCP和網路層協定的封包。
- LCP是用來建立、維護與結束PPP連線所需的配置設定參數。
- 一旦PPP LCP經過協商後，若連線參數設定完成，接下來的步驟就要透過NCP來傳送網路層的封包。
- PPP連線的兩端都可以要求壓縮封包，但主機A與主機B有可能使用不同的壓縮演算法。

本章習題

選擇題

(　　)1. PPP利用什麼來進行兩端點之間的參數協商

(1)CCP　(2)SLIP　(3)IPCP (4)LCP

(　　)2. 下列何種協定是當兩端點所使用的參數經協商出來，一旦沒問題就開始傳送封包

(1)CCP　(2)SLIP　(3)IPCP　(4)LCP

(　　)3. PPP的封包格式中，Flag欄位值固定為

(1)01111111　(2)01111110 (3)11111111　(4)11111110

(　　)4. MRU（Maximum Receive Unit）預設為

(1)1100 bytes　(2)1200 bytes (3)1300 bytes　(4)1500 bytes

(　　)5. PPP的連線管理由何者來掌控

(1)CCP　(2)SLIP　(3)IPCP　(4)LCP

(　　)6. 當客戶端的電腦和AC之間處於「Discovery階段」時，Etype值為

(1)0x8861　(2)0x8862　(3)0x8863　(4)0x8864

(　　)7. 若客戶端的電腦和AC處於「PPP Session階段」時，Etype值為

(1)0x8861　(2)0x8862　(3)0x8863　(4)0x8864

(　　)8. 網路連線的狀態中，PPP所載送的是TCP/IP的封包，稱為

(1)IP　(2)IPX (3)CCP　(4)IPCP

(　　)9. 一旦PPP LCP封包經過協商後，接下來的步驟就要透過下列何者來傳送網路層的封包

(1)IP　(2)TCP　(3)CCP　(4)NCP

(　　)10. PPP連線上可以傳送IP封包，傳送完畢仍必須透過下列何者來關閉這個IP連線

(1)IP　(2)TCP　(3)CCP　(4)NCP

本章習題

簡答題

1. PPP封包格式中的資訊欄位內，要傳送的資料內容剛好是旗標的原始碼，請問要如何傳送？
2. 請描述TCP/IP網路連線的狀態。
3. 如何建立Ethernet上的點對點通訊協定（PPPoE），以建立寬頻連線。
4. 說明主機建立一個PPP Session時，所經過Discovery階段與PPP Session階段，其封包的型態有哪些地方不一樣？

實作分析習題

1. 打開電子檔，請對封包No 18 PPP LCP Protocol Reject做分析如圖E-1所示。

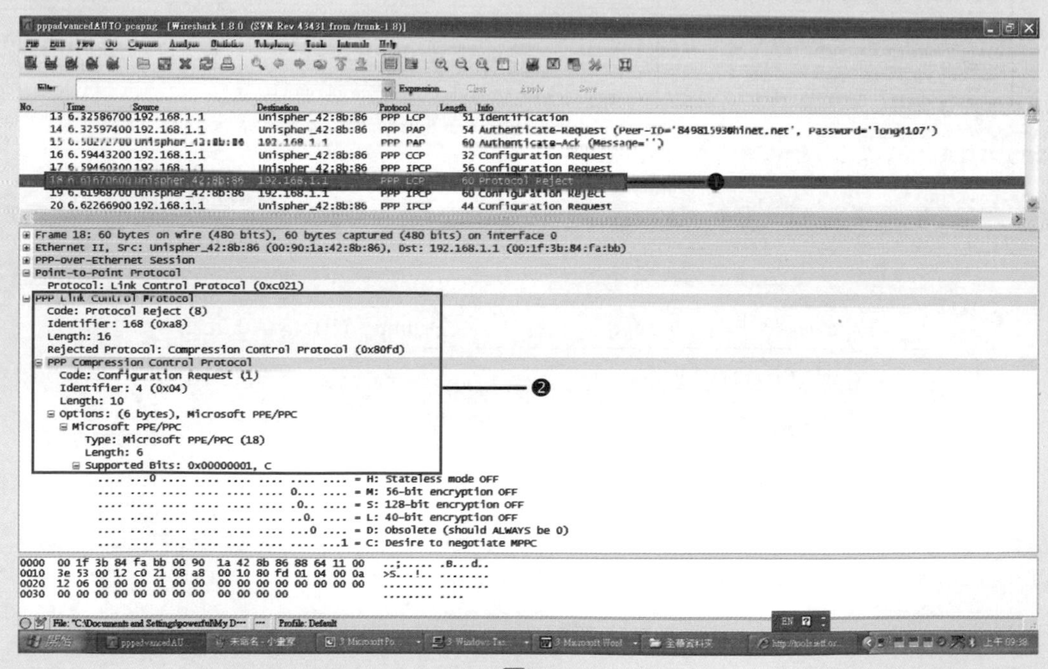

◐圖E-1

code	identifier	Length
Rejected-protocol		Rejected-Information...

本章習題

2. 打開電子檔，分析封包No 22 PPP IPCP Configuration Request，如圖E-2所示。

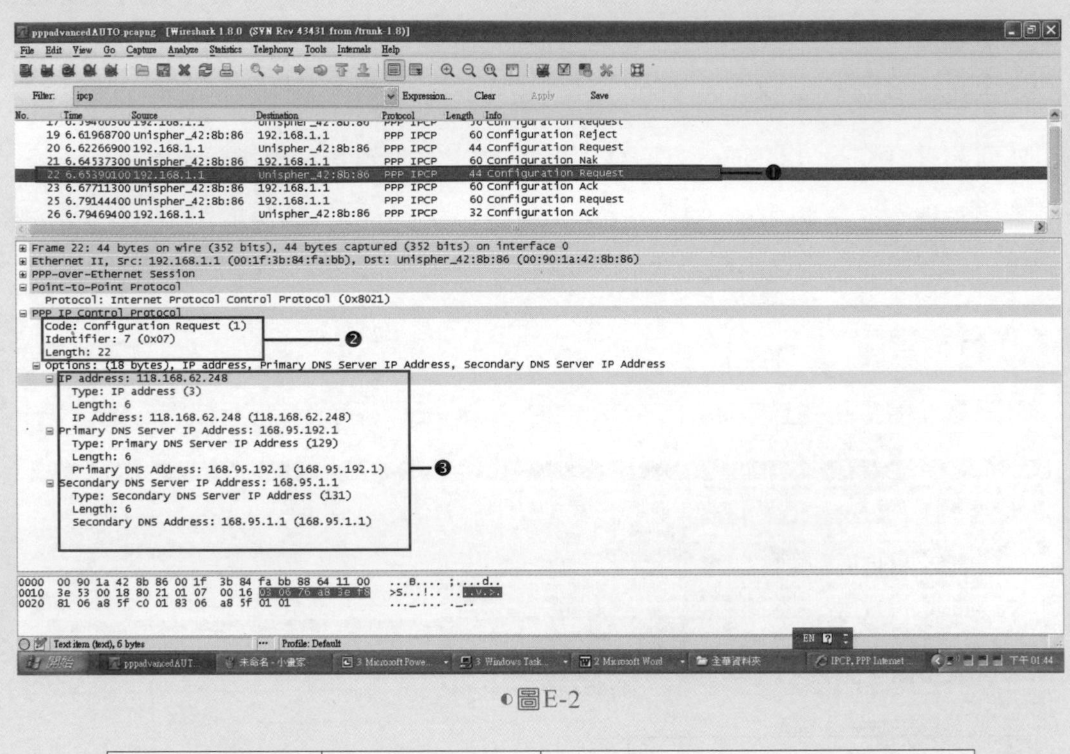

◐圖E-2

<table>
<tr><td>Type</td><td>Length</td><td>Primary-NBNS-Address</td></tr>
<tr><td colspan="2">ID-Address (cont.)</td><td></td></tr>
</table>

本章習題

3. 打開電子檔，分析封包No 23 PPP IPCP Configuration Ack，如圖E-3所示。

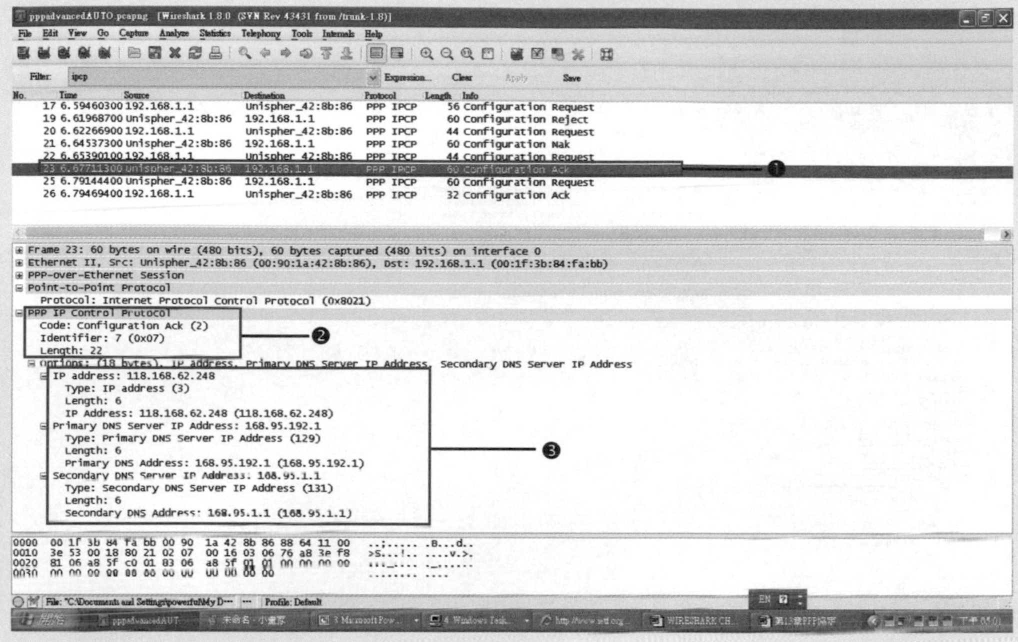

◐圖E-3

4. 打開電子檔，分析封包No 25 PPP IPCP Configuration Request，如圖E-4所示。

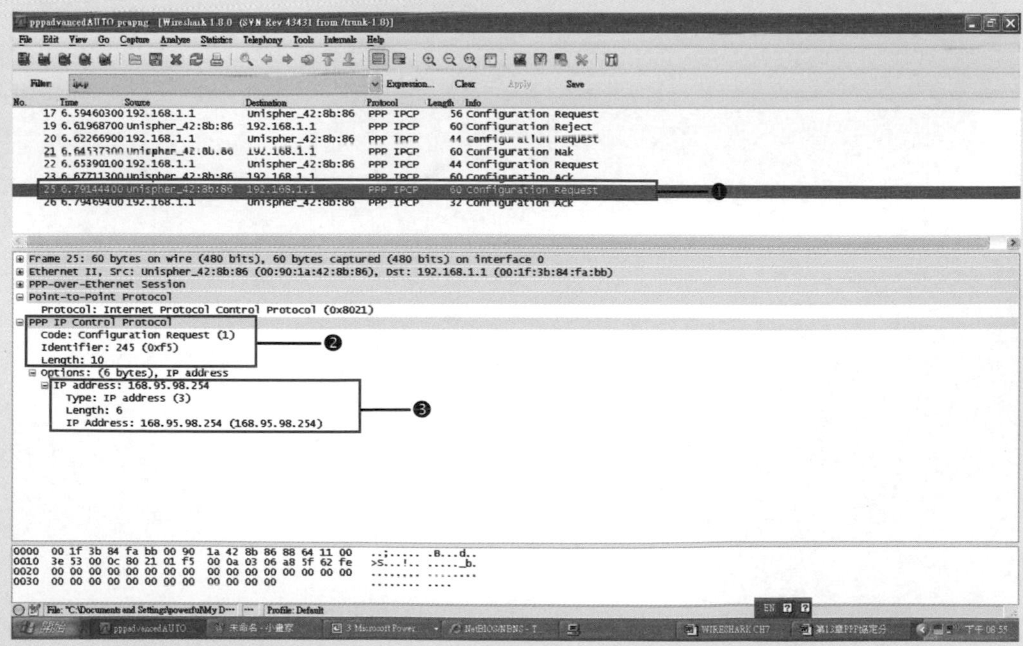

◐圖E-4

本章習題

5. 依據實作分析題4，分析封包No 26 PPP IPCP Configuration Ack，寫出紅色框代表的值。如圖E-5所示。

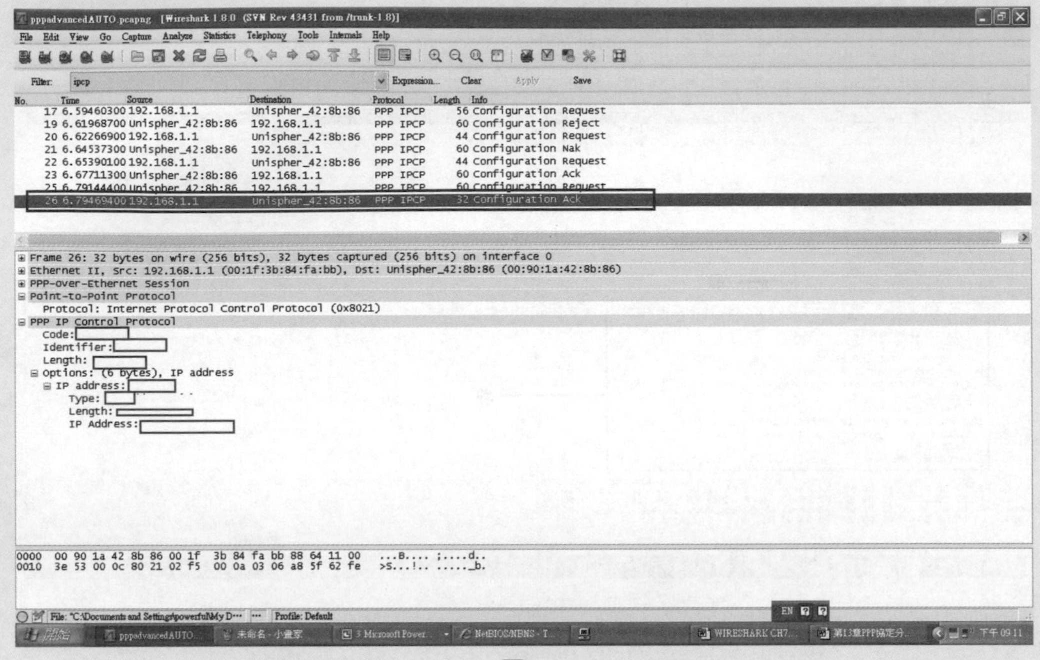

◐圖E-5

CHAPTER 02

乙太網路協定Wireshark實作分析

2-1 網路傳輸設備

2-1-1 網路卡

網路卡（Network Interface Card；NIC）的功能是讓電腦能連接到網路上，並使電腦能藉由它在網路上互相傳輸資料。網路卡可由網路的傳輸速率、網路卡接頭，與插在電腦內部擴充槽上的匯流排介面來區分。

目前，LAN的傳輸速率可區分爲10 Mbps、100 Mbps和1000 Mbps三種，因此，也就有這三種等級的網路卡。目前市面上支援10/100 Mbps雙速的乙太網路卡已非常普遍。

網路卡上的接頭也有3種：AUI接頭（佈線施工麻煩，已不被考慮）、BNC接頭（施工容易，但速率慢）與RJ-45接頭（目前最常用）。它們分別連接3種不同的網路線，即AUI纜線、RG-58纜線與雙絞線（UTP或STP）。

至於以匯流排介面區分的網路卡，區分有ISA（已進入歷史）、PCI（目前佔有率最高）、PCMCIA（稱PC Card；應用在筆記型電腦），及USB（崛起中）共4種介面，如圖2-1(a)~(c)所示。

(a)10/100M PCI高速乙太網路卡

(b)10/100M PCMCIA(32-bit)網路卡

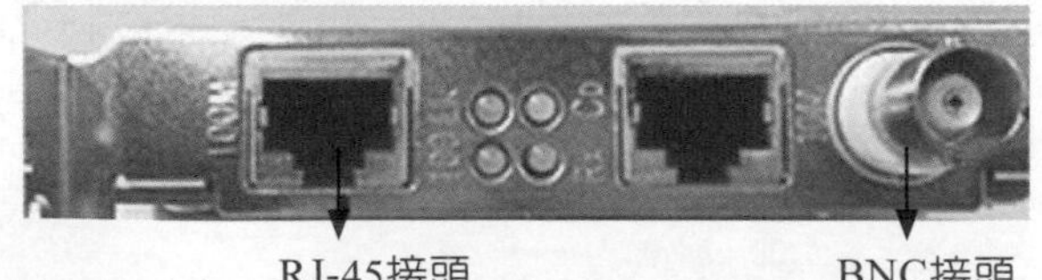

(c)RJ-45與BNC合成一網路卡

圖2-1 各類型網路卡

N.O.T.E

我們可以使用稱為「虛擬機器（virtual machine）」的軟體，像VMware、Xen等，這些軟體可將自己模擬成一部電腦或硬體，所使用的軟體應用程式就稱為「虛擬機器」。像VMware只要適當安裝（可參考http://www.vmware.com網站），就可利用它增加出來的兩張虛擬網路介面卡：Ethernet adapter VMware Network Adapter VMnet1，及Ethernet adapter VMware Network Adapter VMnet8。

2-1-2 中繼器

訊號在網路上傳輸時，會因線路材質本身的阻抗關係，使得所傳送的訊號受到衰減，而導致訊號失真。另外，網路線的長度太超過時，也可能是訊號衰減的原因，一旦衰減到無法辨識的時候，訊號就必須想辦法恢復成原來的強度。中繼器（Repeater）正是這樣的設備，用來加強纜線上的訊號，使訊號可以傳得更遠，如圖2-2所示。中繼器的功能是對應到OSI模型中的實體層。

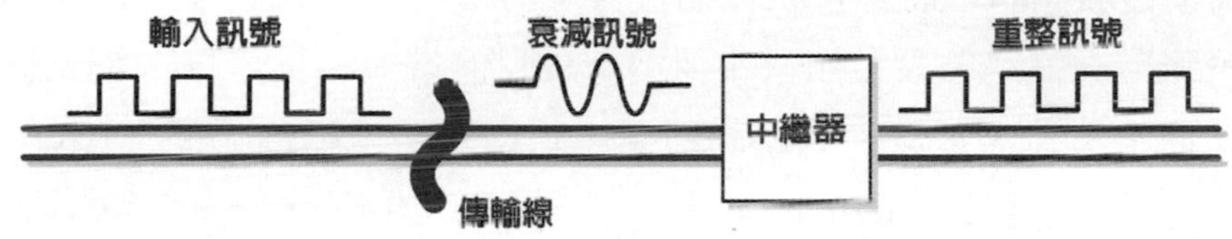

圖2-2 使用中繼器恢復成原來的訊號強度

2-1-3 集線器

集線器（Hub）亦是運作在OSI模型中的實體層。它可以看成多埠的中繼器。注意：有的Hub並不具有中繼器能使訊號強度恢復的功能；而只是提供多組RJ-45接頭（稱為埠），讓所有連接埠連接的電腦共享同一頻寬，且無法交換資料，如圖2-3所示。

Hub之工作原理為：當集線器要傳送資料時，封包會利用廣播的方式將封包發送至相連的所有節點。當各節點上連接電腦的網路卡收到封包後，會比對其MAC位址（即網路卡位址）是否與本身相符，若符合，就進行傳送資料至欲到達的目的端。注意，當Hub正在進行向其下所連接的電腦廣播時，如遇任一埠有資料上傳時，就會發生封包碰撞而影響效能，碰撞後的資料會送至Hub上的所有電腦。若讀者有更進一步興趣瞭解此點動作分析，建議使用CCNA專用軟體Packet Tracer做動態模擬。

◐圖2-3 集線器（Hub）

2-1-4 橋接器

橋接器是運作在OSI模型中的數據鏈路層。當乙太網路上的一部電腦送出訊框時，訊號是以廣播方式傳送至全部的電腦。然而，有的訊框只需要在某個網路區段內傳遞，爲避免訊框跑到其他區段傳遞，造成不必要的干擾，因此，越大型的區域網路，就需要分割成多個小型的區域網路，這稱爲網路分割（network segmentation），所用的設備可以使用橋接器（Bridge）來切割碰撞區域。當橋接器收到訊框時，會根據橋接表中的目的端MAC位址來決定訊框需不需要傳送到另一網路區段，如果不需要（即目的端與訊框屬同一網路區段），橋接器就把它擋掉，以減少網路的流量，這樣的功用稱爲過濾（filtering）；反之，會將訊框送到適當的網路區段，稱爲轉送（forwarding），如圖2-4(a)所示。假設在區段1中的電腦A要將資料傳給電腦B時，從圖中的橋接表發現，訊框應該在網路同個區段（指區段1）內傳遞，橋接器就過濾此訊框，不讓它傳遞至區段2。若電腦A要將資料傳給電腦D，橋接器便將訊框轉送至區段2。若目的端的位址是廣播位址時，橋接器會將訊框廣播至每一相連的區段上，而收到此廣播的電腦都屬於在相同的廣播區域。

注意：橋接器新安裝時，對網路中各電腦的位址（MAC位址）均無記錄；橋接器一旦運作後，電腦在傳遞訊框時，它會自動記錄其位址，此過程稱爲學習（learning）。一旦位址建立後，橋接器收到封包時，會依據訊框上的目的端的MAC位址，來判斷該訊框是否要送至其他網路區段，若是，就由橋接器轉送過去；否則，該訊框就在同區段中傳遞。

如果網路設計不當，如圖2-4(b)所示，圖中有兩部橋接器X與Y，分別橋接兩個乙太網路，包括區段1與區段2，當電腦A送出廣播訊息至區段2時，此訊息會再從另一個橋接器轉送回區段1，這樣來來回回，如同形成迴路（loop），造成網路上都是廣播訊息，此種現象稱爲「廣播風暴（broadcast storm）」。要解決廣播風暴問題，可以採取擴展樹（spanning tree）演算法來解決迴路造成的問題。

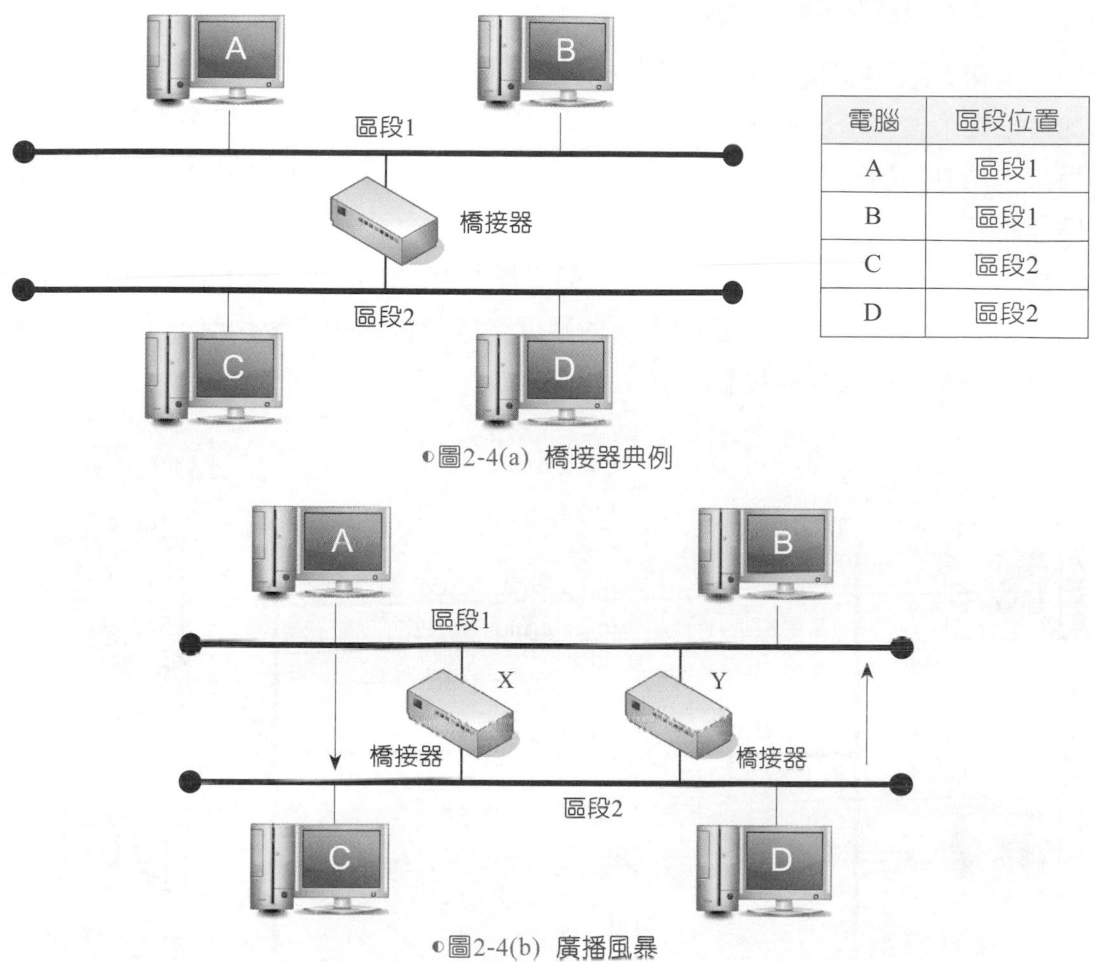

電腦	區段位置
A	區段1
B	區段1
C	區段2
D	區段2

圖2-4(a) 橋接器典例

圖2-4(b) 廣播風暴

2-1-5 第2層交換器

交換器可以分為兩種，即第2層交換器和第3層交換器。所謂「第2層交換器」，可以把它想像成是一個多埠的橋接器，或稱為交換式集線器。若一個100 Mbps的第2層交換器有N埠，理論上的最大傳輸頻寬為100×N Mbps。這種設備每埠具獨享頻寬的特點，對於改善網路的訊務流量很有幫助。傳送訊框時，它會記住哪一個位址接在哪一個埠，並將封包送往該埠。

第2層交換器，其每一埠皆具有學習能力與資料緩衝區（buffer）。當一筆資料進入時，每一埠皆會將其資料暫存於緩衝區內，並解析其來源端與目的端位址，一旦目的端位址所在的埠號被找出後，資料將由來源端的緩衝區送往目的端埠的緩衝區內等待處理。由於有資料緩衝區，故可做全雙工的送收及多工處理，因此，效能較一般集線器佳。另外，第2層交換器可同時處理多埠的資料交換，也解決訊框碰撞問題之發生。

但第2層交換器仍存在廣播封包對網路層的影響，甚至造成廣播風暴，因此，常使用虛擬區域網路（Vitual LAN；VLAN）的技術來改善這個問題。圖2-5指出，第2層交換器可從網路上不同電腦的訊框中，學習到一些特定的資訊，交換器將利用這些資訊建立交換器表（如圖中的介面及對應的MAC位址），以用來決定訊框從某一電腦交換至另一電腦。基本上，橋接器與第2層交換器做的是一樣的事情，它們均可切割LAN上的碰撞區域，後者的埠數比前者多很多，運算及管理能力也強過橋接器。

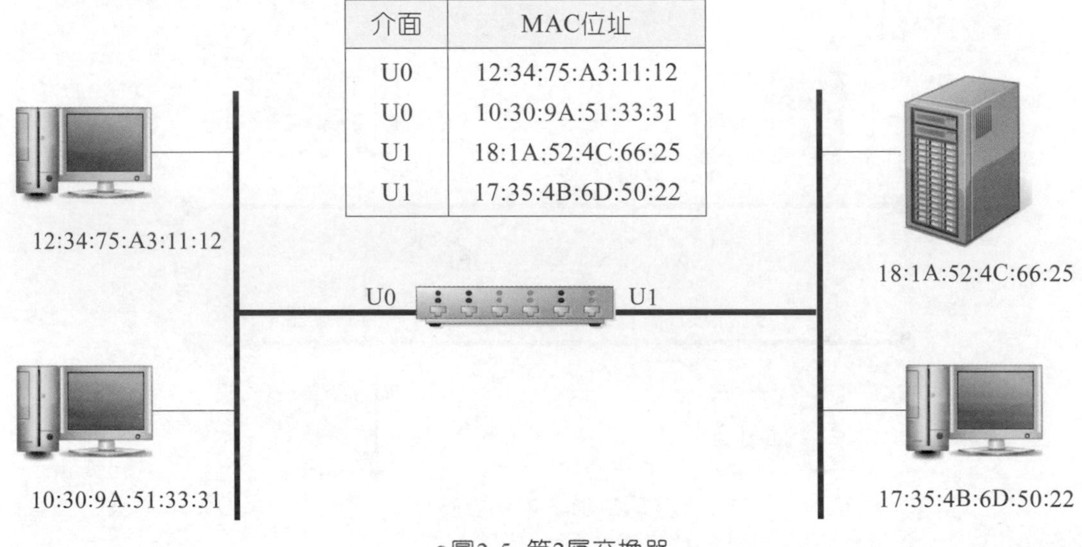

圖2-5 第2層交換器

N.O.T.E

橋接器與第2層交換器只會分割碰撞區域，但所連接的電腦仍屬相同的廣播區域。因此，第2層交換器常以VLAN技術分割廣播區域。有些高階的第2層交換器就會支援VLAN功能。由於第2層交換器仍有廣播風暴的問題，雖然第2層交換器可以VLAN的方式嘗試降低廣播封包對網路層的影響，但仍無法完全避免廣播風暴問題，因為同一VLAN內仍可能會有廣播風暴之問題。

範例❶ 解釋第2層交換器如何改善區域網路的流量。

解 圖2-6(a)是一個完全由集線器構成的網路，我們假設這些Hub與電腦是使用100 Mbps的乙太網路。圖中一部Server（伺服器）與7部電腦共享100 Mbps

的頻寬，一旦網路的傳輸流量增加，網路上封包的碰撞機率也跟著增加，網路速度自然變慢了。為減少網路的碰撞率，將最上層的Hub換成第2層交換器（假設都為100 Mbps），這時圖2-6(b)上方的Server將獨享100 Mbps的頻寬而不受干擾。圖2-6(c)每一部Hub都換成第2層交換器，因此，Server與所有的電腦都獨享100 Mbps的頻寬；第2層交換器，其功能跟橋接器一樣，可以切割碰撞區域，在交換器上的連接埠之間傳送資料時，是獨立的，不會互相影響，因此不會有碰撞問題的發生。

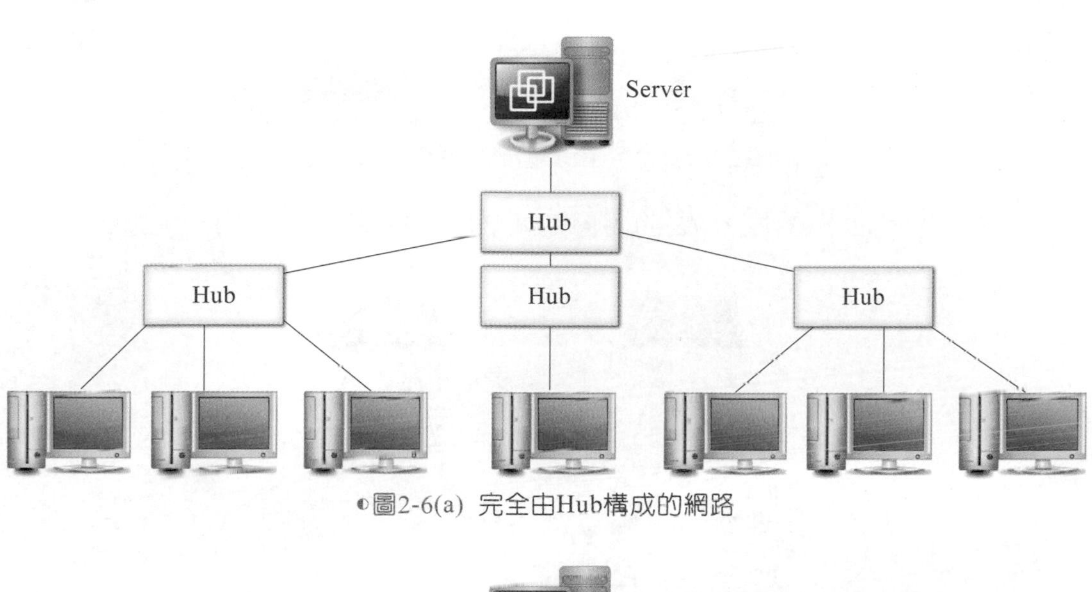

圖2-6(a) 完全由Hub構成的網路

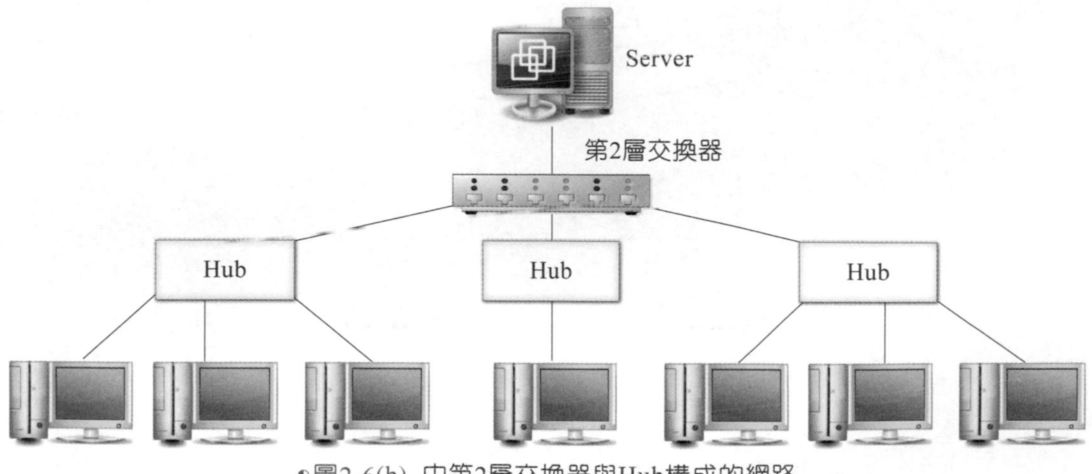

圖2-6(b) 由第2層交換器與Hub構成的網路

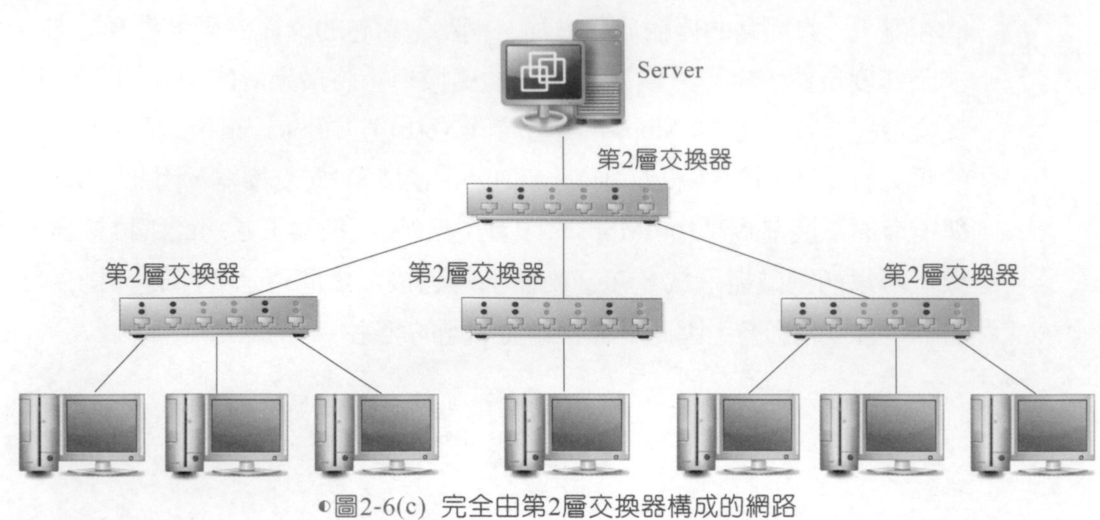

圖2-6(c) 完全由第2層交換器構成的網路

範例❷ 解釋圖2-7(a)~圖2-7(c)的碰撞區域？如何解決？

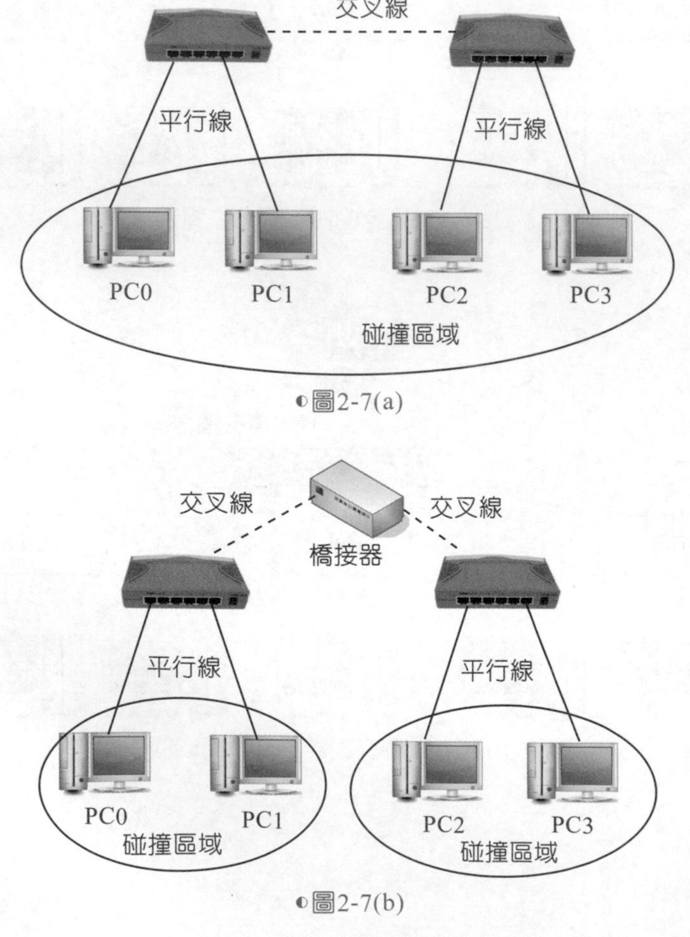

圖2-7(a)

圖2-7(b)

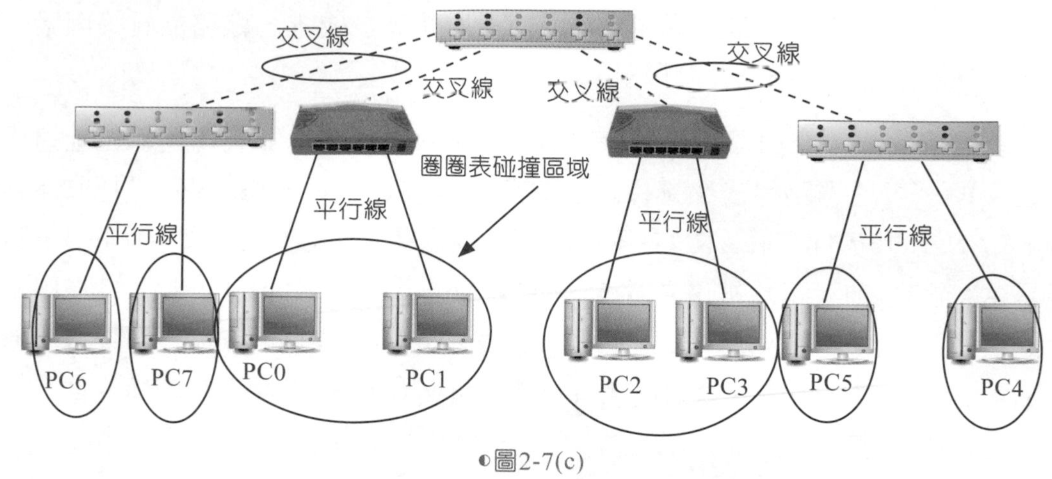

◐圖2-7(c)

解 圖2-7(a)指出，兩個集線器串接，碰撞的區域只有1個，所以PC0、PC1與PC2、PC3處在相同的碰撞區域，所以4台PC都會產生碰撞。若兩個集線器沒有串接，則PC0與PC1形成一個碰撞區域；PC2與PC3亦形成一個碰撞區域，所以PC0、PC1與PC2、PC3處在不同的碰撞區域。

為改善圖2-7(a)只有1個碰撞的區域的情況，可採用圖2-7(b)使用橋接器切割為兩個碰撞區域。注意：多埠的橋接器，也就是目前的Layer 2交換器，其功能跟橋接器一樣，用來切割碰撞區域。值得一提，在交換器上連接埠之間所傳送的資料均是各自獨立，不會互相影響。交換器上的每一個連接埠都算1個碰撞區域，換言之，交換器可以切割多個碰撞區域。以圖2-7(c)而言，PC0至PC7共有6個碰撞區域，再加上交換器跟交換器之間的連線各有1個碰撞區域，加總是8個碰撞區域。解決碰撞問題可使用CMSM/CD，將在2-3節討論。

N.O.T.E

主機至交換器或集線器；或者是路由器至交換器或集線器，則必須用平行線。而交換器至交換器、集線器至集線器、主機至主機、集線器至交換器，或路由器至主機，均採用交叉線做連接。

2-1-6 路由器

路由器顧名思義，它是運作在OSI網路層的網路設備。路由器的主要功能可解析封包上的標頭資訊，經計算並判斷找出哪條路徑最佳，封包再由來源端轉送至目的端網路。封包轉送的過程都必須個別查詢路由表（routing table），相當地沒有效率。注意：路徑選擇的判斷需考慮頻寬、成本、線路品質等因素，因此，路由器也常稱為路徑選擇器。

更詳細的說，路由器可藉由存取清單提供封包過濾，並利用邏輯位址達成封包交換，再透過路徑表來選擇適當的路徑以繞送至另一個網路。以圖2-8為例，LAN 1的資料傳到LAN 2有兩條路徑可以選擇：一路徑是由C至D；另一路徑是由A至B。前者可能被優先考慮，因2.0 Mbps比768 Kbps快。但若考慮路由器的操作及數量，A至B路徑似乎較佳。最後決定哪一條是最佳路徑還要取決於上面所說的頻寬、成本、線路品質等因素。此外，路由器會分割廣播區域，也會分割碰撞區域。

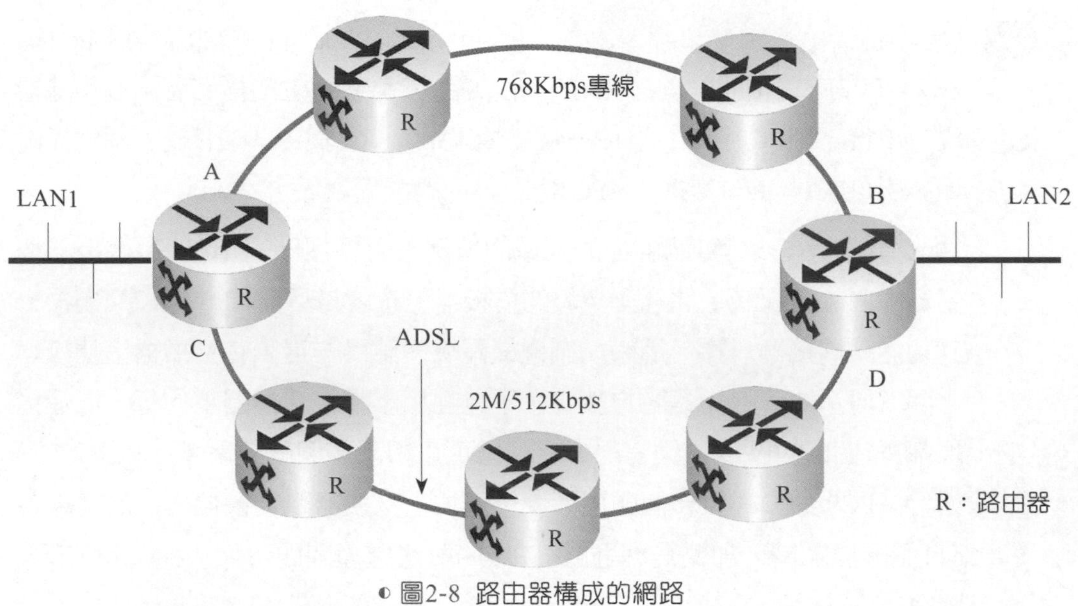

圖2-8 路由器構成的網路

在此，我們可以順便簡單比較集線器與第2層交換器和路由器間的主要不同點：

1. 第2層交換器是將訊框從一個埠交換到同一交換網路的另一個埠，主要目的是要讓LAN的使用者有較多的頻寬。而路由器是將封包繞送到另一個網路。
2. 集線器下的每部電腦都連到同一個碰撞區域與廣播區域。而第2層交換器的每個埠都各自代表一個碰撞區域，但所有電腦仍屬於同一個廣播區域。
3. 路由器上的每個LAN介面不但分割廣播區域，而且分割碰撞區域。

2-1-7 第3層交換器

第3層交換器又稱交換式路由器，它除了具有第2層交換器的功能外，還能進行路徑選擇工作。在實際應用中，爲使路徑的進行工作加速，可透過ASIC硬體技術來處理（而傳統路由器是由軟體處理路由）。

另外，第3層交換器價格又比傳統路由器便宜，因此受到很多使用者歡迎。但它並不能取代傳統路由器，因爲傳統路由器還具有第3層交換器所沒有的重要功能，如多重協定路由運算（IP、IPX、DEC Net等）；但第3層交換器通常只處理IP及IPX。此外，傳統路由器所擁有的安全管理、優先權控制等功能，第3層交換器大都不會提供，因此，第3層交換器通常與路由器一起互相配合使用。

第3層交換器雖運作於網路層通訊協定，但不需要實現太複雜的路由協定，像只著重在跨越至不同的區域網路或VLAN的IP路由；另外，如同路由器，它會分割廣播區域。

2-1-8 數據機

數據機英文簡稱爲「Modem」，全名是modulation（調變）和demodulation（解調變）兩個字的縮寫。數據機可透過電話線在電腦之間互相送收資料。簡言之，數據機就是用來將發送端（電腦）送出去的數位訊號轉換成類比訊號，並經由電話線傳送出去，以能完成遠距離的傳輸；接收端（電腦）再將電話線傳過來的類比訊號轉換成數位訊號。一旦電腦連上數據機之後，我們就可以利用電話線傳輸數據資料。

數據機的傳輸速率以bps來表示每秒可以傳送多少位元資料。目前市面上，窄頻用的數據機的速率是56,000 bps（即56 K）。數據機的種類可分爲外接式、內接式（亦稱數據卡）兩種。外接式數據機可分爲連接到電腦的RS-232埠（又稱爲COM連接埠），或PCMCIA Modem，但近年來的個人電腦，都配有通用序列匯流排（Universal Serial Bus；USB）介面。目前外接式寬頻上網用的纜線數據機（Cable Modem）和ADSL數據機，則是透過網路卡和主機連接，如圖2-9及圖2-10所示；數據卡則安裝在主機板上的PCI插槽。另外，有的數據機是將數據晶片內建於主機板上。

圖2-9 ADSL Modem　　圖2-10 Cable Modem

2-1-9 閘道器

閘道器用來連結兩個或多個不同網路系統的裝置，並做通訊協定轉換的工作。例如：兩個不同網路系統，一在Internet，使用IP協定；另一在Novell Network，使用IPX協定，當閘道器從一方收到IP協定格式的封包，必須在閘道器先轉換成IPX協定格式的封包，然後再轉送出去；反過來，當閘道器從另一方收到IPX協定格式的封包，必須在閘道器先轉換成IP協定格式的封包，然後再轉送出去。

閘道器是運作在OSI模型中七個層的網路設備。它和路由器均能連接多個LAN與WAN，但路由器只可以使用相同的通訊協定。

2-1-10 CSU/DSU與DTE/DCE

CSU/DSU通常包裝成在同一個裝置，主要提供WAN與LAN間的介面，並提供傳輸資料所需要的時脈。CSU負責向WAN發送、或從WAN接收訊號，也可以測試迴路連線是否正常；DSU則用來管理傳輸資料線路功能與偵測。

若有一路由器作爲連接至WAN的端點，此情況中，路由器角色被看成爲DTE（Data Terminal Equipment）；DCE（Data Circuit Equipment）則是將來自DTE的資料轉換成提供WAN服務時所能接受的形式，如圖2-11(a)所示。注意，圖中CSD/DSU是提供訊號時脈的裝置。

注意：WAN兩端的資料傳輸同步化則與CSU/DSU有關。在一些互連網路例子中，若路由器是直接互連的情況，其中一個路由器若設定爲DTE，則另一個路由器必須設定爲DCE，且DCE這一端必須提供時脈，如圖2-11(b)所示。

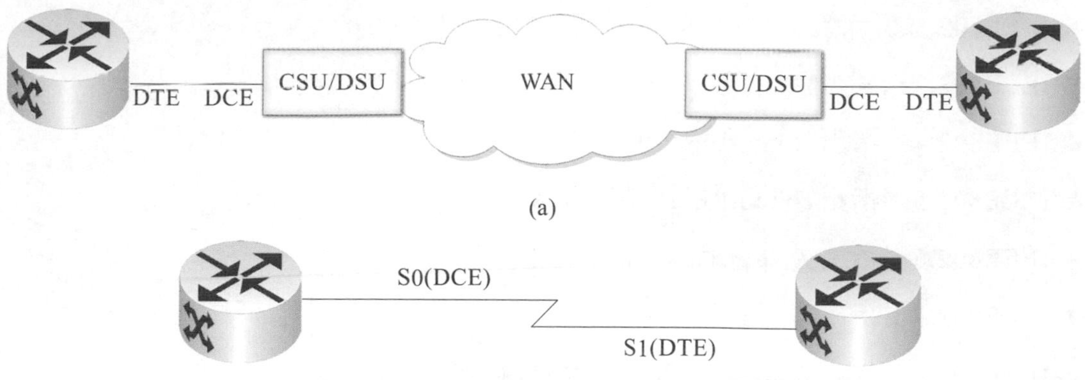

S0與S1為串列通訊介面

圖2-11 CSU/DSU和DTE及DCE的應用

2-2 區域網路相關標準

區域網路（Local Area Network；LAN）是指在同一個區域內所有連接的主機及網路設備。而這個範圍可能是學校、或是某一區域的大樓，在這範圍內，纜線會將電腦與網路元件或其他裝置串接起來，以便達到網路資源分享與交換。區域網路的基本元件必須有網路卡、網路線、網路作業系統，與網路裝置（包括電腦、集線器、交換器或路由器等設備）。

最常見的區域網路稱爲乙太網路（Ethernet）。IEEE 802委員會在區域網路相關標準制定上扮演著非常重要的角色。該委員會在1980年2月成立，主要負責區域網路、都會網路與高速網路等介面與協定標準的制定。其規範的內容是對照至ISO（International Standard Organization）所制定的OSI（Open System Interconnection）七層參考模型中的實體層與數據鏈路層。IEEE 802的相關標準如下所示：

- IEEE802：指出一個區域網標準系列。
- IEEE802.1A：指出區域網體系結構。
- IEEE802.1B：指出定址、網路互連與網路管理。
- IEEE802.2：指出邏輯鏈路控制（LLC）。
- IEEE802.3：指出CSMA/CD控制與規範。
- IEEE802.3i：指出10BaseT控制與規範。
- IEEE802.3u：指出100BaseT控制與規範。

- IEEE802.3ab：指出1000BaseT控制與規範。
- IEEE802.3z：指出1000BaseSX和1000BaseLX控制與規範。
- IEEE802.4：指出Token-Bus控制與規範。
- IEEE802.5：指出Token-Ring控制與規範。
- IEEE802.6：指出大都會網路控制與規範。
- IEEE802.7：指出寬頻網路傳輸控制技術與規範。
- IEEE802.8：指出光纖傳輸控制技術與規範。
- IEEE802.9：指出整合資料與話音網路。
- IEEE802.10：指出網路安全與保密。
- IEEE802.11：指出無線區域網路控制與規範。
- IEEE802.12：指出100VG-AnyLAN控制與規範。
- IEEE802.13：（未使用）。有此一說，此號碼代表不幸運，沒有人想要。
- IEEE802.14：指出有線TV規格。
- IEEE802.15：指出無線個人區域網路（Wireless Personal Area Network）控制與規範。
- IEEE802.16：指出無線寬頻網路（Broadband Wireless Access）技術。
- IEEE802.17：指出彈性封包環（Resilient Packet Ring）網路技術。
- IEEE802.18：指出無線電管理（Radio Regulatory）技術諮詢群組（Technical Advisory Group）。
- IEEE802.19：指出無線共存工作群組（Wireless Coexistence WG）。
- IEEE802.20：指出行動無線寬頻存取技術（Mobile Broadband Wireless Access）控制與規範。
- IEEE802.21：指出異質性網路自動交接技術（Media Independent Handoff）技術。
- IEEE802.22：指出無線地區性區域網路（Wireless Regional Area Network）存取技術。
- IEEE802.23：緊急服務。

N.O.T.E

IEEE802.3工作群組（Working Group；WG）如表2-1所示。

表2-1 IEEE802.3工作群組

WG名稱	內容
802.3z	Gigabit Ethernet
802.3ab	1000Base-T
802.3ae	10 Gbps Ethernet
802.3af	DTE Power via MDI
802.3ah	Passive Optical Network
802.3ak	10GBASE-CX4
802.3an	10GBASE-T
802.3aq	10GBASE-LRM
802.3at	DTE Power Enhancements
802.3av	10 Gbps PHY for EPON
802.3az	Energy-efficient Ethernet
802.3ba	40 Gbps and 100 Gbps Ethernet

2-3 CSMA/CD原理

談乙太網路之前，有必要簡述由夏威夷大學開發出來的無線網路系統，稱爲ALOHA系統。一個純ALOHA（Pure ALOHA）系統的基本工作原理簡單說明如下：

當網路節點1發送資料訊框時，若其他的訊框此時都沒有發送資料，網路節點1的發送一定成功；當數個網路節點在同一時間發送資料訊框時，則不同的網路節點，所發送的資料訊框會發生碰撞，以致碰撞的雙方，所發送的資料會有可能發生錯誤，因而必須進行重傳。爲避免繼續碰撞（collision），重傳不能立刻進行，所以ALOHA系統採用的策略是：讓各網路節點等待一段隨機的時間後，再進行重傳。如果再有碰撞出現，則需要再等待一段隨機的時間，一直到重傳成功爲止。

乙太網路正是將ALOHA系統的構思實現於有線的LAN，採用方式稱爲CSMA/CD。

CSMA/CD全名為多重存取/碰撞偵測（Carrier Sense Multiple Access/Collision Detection）。其工作原理是指：當區域網路上任一電腦（或稱主機）傳送資料時，會先偵測網路傳輸通道內是否有其他的訊號正進行傳輸，並傾聽（listen）網路上是否有其他電腦也有送出此要求的訊號。當偵測到傳輸通道是閒置的狀態，會再等待96 bits的時間才送出訊框。注意：96 bits的時間為訊框與訊框之間的間隔時間（Inter Frame Gap；IFG），主要是為了怕電腦偵測到傳輸通道雖呈現閒置的狀態，但可能剛好其他電腦正處在IFG的間隔時間內。由於乙太網路內的所有電腦均屬於同一廣播區域，並沒有優先權的問題，因此，萬一有兩部以上的電腦要傳送資料，會導致傳輸資料碰撞的發生，一旦傳送訊框的電腦偵測到碰撞，會立即停止傳送，此時會送出一個32 bits的壅塞訊號（jam signal）到整個網路，此時，網路上所有電腦都暫時停止傳輸資料，並進入等待一段任意時間後，再重新送出訊號，稱為倒退重傳時間，但重傳次數不能超過16次，如圖2-12所示。圖中倒退重傳時間可由下面公式計算：

倒退重傳時間=r×時槽

r是一個介於0與2^k-1之間的隨機整數，k是倒退重傳的參數。

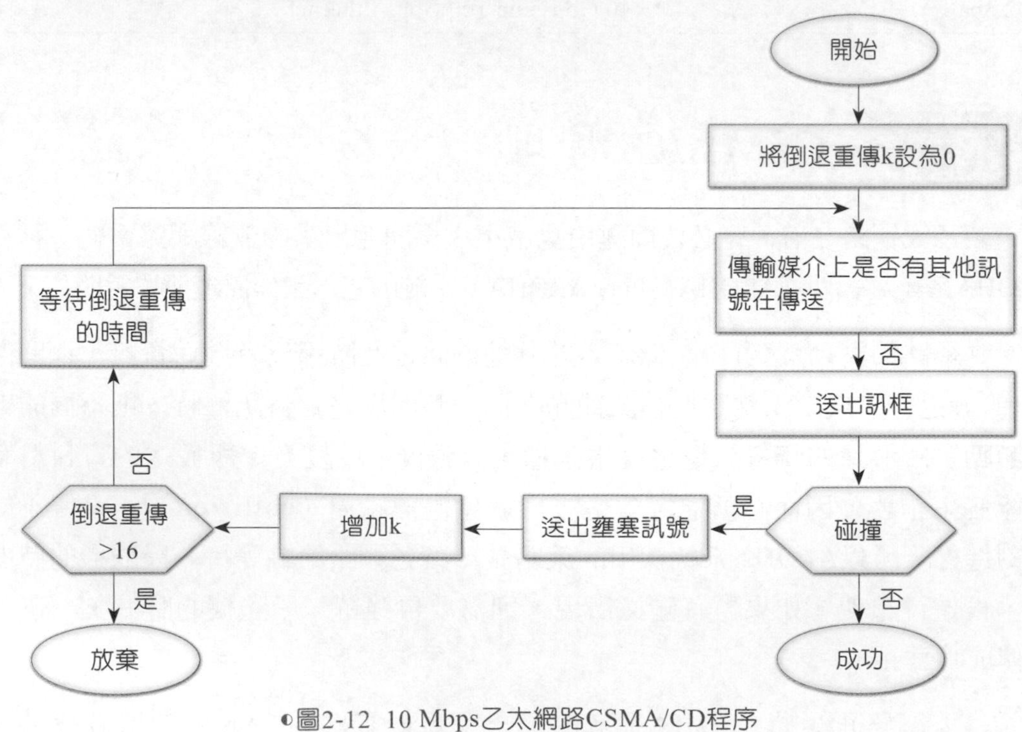

圖2-12 10 Mbps乙太網路CSMA/CD程序

範例❸ 如果一電腦感應到頻道是閒置的，該電腦就送出一個訊框，可惜不久它偵測出有碰撞發生，於是它又再試了1次，但偵測到碰撞，還好它在第2次重傳時終於成功。如果10M乙太網路的時槽是51.2 μs，那麼它的倒退重傳的時間為何？

解 在第一次碰撞之後，k=1，所以2^k-1=1。這表示說，r是在0與1之間的隨機整數；亦即0或1。如果是0，表示電腦不等待（0×51.2=0 μs）。如果是1，電腦要等待51.2 μs（1×51.2=51.2 μs）。因在第二次重傳時終於成功，所以k=2，2^k-1=3。這表示說，r是在0與3之間的隨機整數；亦即0、1、2或3；倒退重傳的時間依序為0 μs、51.2 μs、102.4 μs、153.6 μs。

2-4 乙太網路的訊框格式

OSI第二層稱為數據鏈路層，負責乙太網路定址所需要的訊框組成，而其乙太網路格式是由Intel、Xerox和Digital三家公司（稱為DIX聯盟）共同制定出來。1982年，DIX聯盟推出了Ethernet Version II（簡稱 EV2）規格；緊接著在1983年，EV2規格經IEEE 802.3委員會稍做修改，正式公佈成為802.3 CSMA/CD規格。至今，IEEE 802.3協定的網路標準幾乎已成為業界所採用的區域網路標準。而後，DIX聯盟也將專利權轉移給IEEE協會，使得乙太網路不再是某一家廠商專屬使用的專利。

數據鏈路層是負責乙太網路定址需要的訊框組成，而其格式分為Ethernet II，如圖2-13(a)所示；及IEEE 802.3，如圖2-13(b)所示兩種。兩者的格式差異不大。Ethernet II訊框格式一般已被TCP/IP網路作為LAN的介面分析。注意，Ethernet II訊框格式中的「Etype」佔2個bytes的欄位；而IEEE 802.3則是以「長度」欄位取代「Etype」。另外，IEEE 802.3添加3個bytes的LLC（Logical Link Control）標頭到資料（Data）欄位內。兩種訊框格式說明如下：

Ethernet II

前置位元 8bytes	DA 6bytes	SA 6bytes	Etype 2bytes	資料	FCS 4bytes

◐圖2-13(a) Ethernet II格式

IEEE 802.3

前置位元 7+1(SFD)bytes	DA 6bytes	SA 6bytes	長度 2bytes	資料	FCS 4bytes

802.2

DSAP	SSAP	CRTL

◐圖2-13(b) IEEE 802.3格式

- 前置位元（preamble）佔8 bytes：前者（指Ethernet II）以連續7個10101010交錯的訊號作爲發送端與接收端之間的同步，第8個byte爲10101011，代表同步結束與訊框之開始。後者（指IEEE 802.3）如同Ethernet II說明，只不過第8個byte被稱爲訊框的啓始界定（Start Frame Delimiter；SFD）。

- 目的端位址（Destination Address；DA）佔6 bytes：可能是某一主機的MAC位址，或是廣播或多點傳播的MAC位址。注意，廣播用的MAC位址的位元值全部爲1，共48 bits（0xFFFFFFFFFFFF）。

- 來源端位址（Source Address；SA）佔6 bytes：爲一主機的MAC位址，而不會是廣播位址。

- 上層類型欄位（Ether type；Etype）/長度欄位佔2 bytes：在Ethernet II訊框中用來辨識網路層協定，稱爲Ether type欄位。此欄位是對上層使用的協定類型定義，如0x0600代表XNS、0x0800代表IP、0x0806代表ARP、0x0835代表RARP、0x6003代表DECNet。而此欄位在802.3則是指長度欄位，用來指出整個乙太網路訊框總位元組數（但不包括7 bytes的Preamble及1 byte的SFD）長度，後來爲了相容於Ethernet II所定義的Etype欄位，所以只要此欄位值小於0x0600（十進位1536）就代表長度；若大於0x0600，就代表如同Ethernet II所定義的Etype欄位。注意：本書後面的例子若是以ADSL自動撥號連線作爲封包的擷取分析，則Ether type的上層協定爲IP，其欄位值爲0x0800，所以乙太標頭佔14 bytes；若以手動撥號連線作爲封包的擷取分析，就還要加上PPPoE Payload（此時Ether type欄位值爲0x8864）中的標頭（即VER、TYPE、CODE、LENGTH，佔6 bytes），及PPP封包中的標頭，稱爲「協定種類」，其欄位值佔2 bytes（用來指出支援網路層的何種協定，若是IP協定，欄位值爲0x0021），所以乙太標頭共佔22 bytes（相當於14+6+2）。

- 資料欄位：由於乙太網路在偵測碰撞信號時，其傳送訊框長度至少需64 bytes，扣掉標頭的18 bytes（不包含前置位元及SFD共8 bytes）剩下46 bytes。

此46 bytes是「資料欄位」長度的最小需求，換言之，乙太訊框的「訊框長度」最小爲64 bytes，而它的「資料欄位」長度的最小値爲46 bytes。若資料小於46 bytes，則必須塡補（padding）到46 bytes。而「資料欄位」的最大長度規定爲1500 bytes；因此，「資料欄位」長度可能從46~1500 bytes。注意：訊框長度的最大値爲1518 bytes，因此，訊框長度可能從64~1518 bytes。注意：如果使用到塡補位元，則到達對方的網路層的資訊會包含塡補位元及IP資料包，網路層會利用IP標頭長度偵測得知有塡補位元存在，而將它移除。

N.O.T.E

值得一提，乙太訊框總位元數可能介於「訊框長度」從64~1518 bytes中之一值，即使最大值為1518 bytes的16進位，也才是0x05EE。然而，上層使用的協定類型定義如0x0600代表XNS、0x0800代表IP等都大於此值，這也說明在802.3原是指長度欄位，只要此欄位值小於0x0600（10進位1536）就代表長度；若大於0x0600就代表如同Ethernet II所定義的Etype欄位。

- FCS（Frame Check Sequence）佔4 bytes：利用CRC-32方式偵測整個訊框的正確性。注意：CRC-32將利用多項式對目的端位址、來源端位址、協定類型及資料欄位（不含前置位元與SFD）進行運算。
- 802.2佔3 bytes：Ethernet II的架構對應於OSI的第一層與第二層部分，而IEEE 802.3則定義了實體層及MAC子層；至於上半部的LLC子層，則由IEEE 802.2所定義。LLC標頭可分成3個欄位，各佔1 octet（即byte），分別爲DSAP（Destination Service Access Point）、SSAP（Source Service Access Point）及HDLC控制欄。此標頭包含網路層通訊協定所需的資訊，而網路層通訊協定則是透過服務存取點（Service Access Point；SAP）做上下層的資料傳送工作。注意：LLC標頭中的DSAP或SSAP有兩個位元保留給其他用途，實際只能定義64種通訊協定。LLC子層提供三種類型服務：Type 1（不回覆，免接模式）、Type 2（連接導向模式），以及Type 3（回覆，免接模式）。

N.O.T.E

因為LLC標頭中的DSAP或SSAP只能定義64種通訊協定，為使一些專屬協定能在LLC訊框使用，所以定義出SNAP（Sub-Network Access Protocol）訊框格式，主要是用來讓乙太網路能擴充支援多類型的上層通訊協定。SNAP共佔5 octets，即3 octets的Code欄位及2 octets的Type欄位，Code欄可以讓不同廠商自行定義通訊協定。

2-5 基礎Ethernet封包的擷取分析

爲驗證Ethernet II封包的訊框組成，我們將ADSL設定成手動撥接連線。首先，開啓Wireshark，準備擷取所要的Ethernet封包。接下來，利用手提電腦（MAC位址爲00:0c:f1:0a:4b:f8）內的IE瀏覽器，隨機向Google網站下載一些資料，然後停止Wireshark的封包擷取，如圖2-14所示。注意：我們在【Filter】欄位敲入小寫的「tcp」，加速找到Google網站。

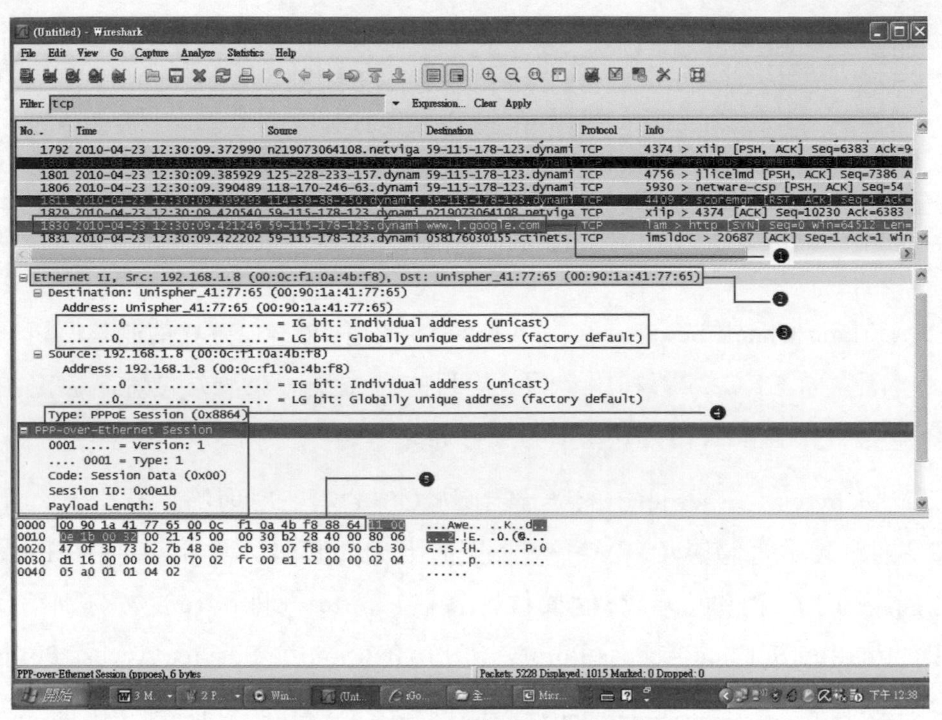

圖2-14 Ethernet封包的擷取分析

❶ 指出瀏覽器所連線到的Google網站。

❷ 及❺指出來源端MAC位址爲00:0c:f1:0a:4b:f8；目的端MAC位址爲00:90:1a:41:77:65。由於採用手動撥接連線，此時Ether type欄位值爲0x8864。注意：出現在封包位元組窗格的第1個byte位置爲目的端MAC位址的0x00，接著依序是——第2個byte爲0x90，第3個byte爲0x1a……第6個byte爲0x65；接著爲來源端MAC位址的第1個byte爲0x00，依序是——第2個byte爲0x0c，第3個byte爲0xf1……第6個byte爲0xf8；緊跟著的是0x8864。值得一提，此目的端MAC位址00:90:1a:41:77:65並非Google網站位址；而是本人的電腦所使用到的路由器位址。

N.O.T.E

Wireshark的主畫面包含3個窗格，由上往下依序是封包清單列窗格、封包內容列窗格和16位元格式列的封包位元組窗格，如圖2-14-1所示。

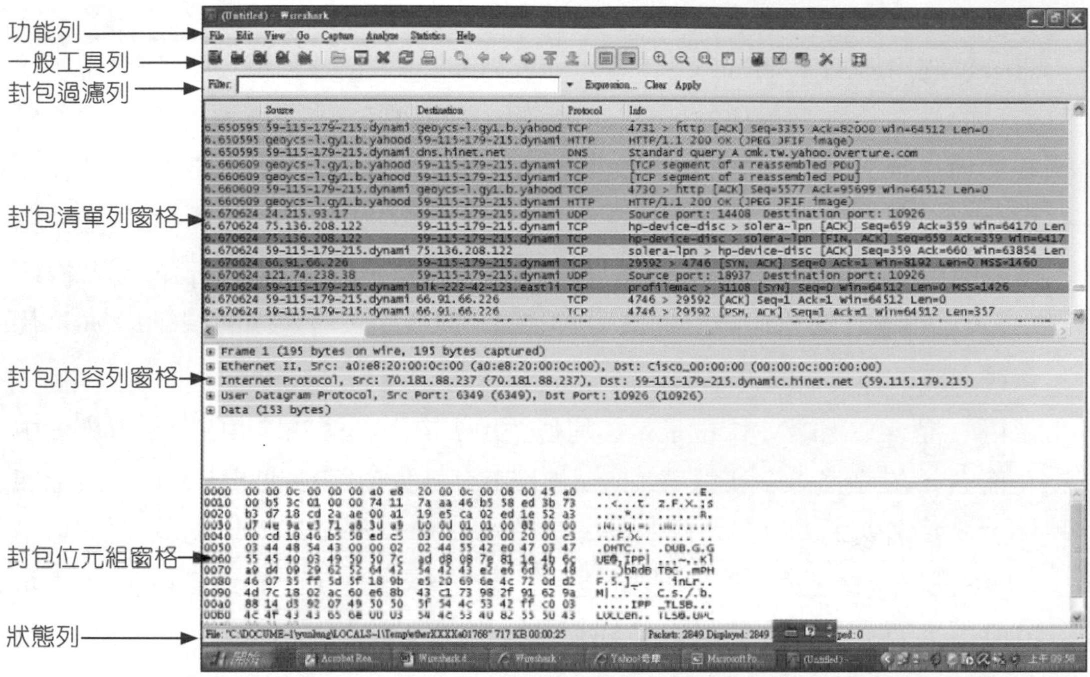

◐ 圖2-14-1 Wireshark的主畫面

❸ 指出IG位元與LG位元。在說明乙太網路訊框中的IG與LG爲0或1的意義前，必須先介紹乙太網路定址方式。如圖2-14-2所示，其指出48位元（6 bytes）由左而右，依序爲第1 byte，第2 byte……至第6 byte的MAC位址分爲兩部分（以16進位表示）：前24位元稱爲組織唯一識別碼OUI（Organizationally Unique Identifier），它可唯一地識別出一個供應商、製造商，或其他組織。IEEE在全球或世界各地，將有效地保留每個可能的類型的衍生識別符（如MAC位址、群組位址、子網路接取協定等）的獨家使用權。這些標識符最常用於NIC或一個網路協定的識別。網路產品製造業者在IEEE管理之下，接受OUI的配置與登錄，就❷來說，00:0c:f1即是OUI。後24位元即是0a:4b:f8，由實際生產該網路設備的廠商自行指定。爲說明方便，圖2-14-3由左而右，依序爲第1 byte，第2 byte……第6 byte，其中第1 byte中的最右位元（Least Significant Bit；LSB）稱爲IG（Individual/Group）位元，當IG值爲0時，代表目的端爲單播位址（unicast address）或稱單點位

址，此意謂目的端為特定裝置（電腦）的MAC位址。注意，發送端大都為特定裝置，故IG值為0，此正是❸在目的端裝置所表現的狀態；換言之，發送端與接收端間是一對一的關係。顯然地，IG值為1時，代表目的端為群播位址（multicast address）或稱多點位址，此意謂目的端為特定群體裝置（電腦）的MAC位址，在發送端與接收端間是一對多的關係。在這裡先請讀者注意，若應用於ARP（Address Resolution Protocol）位址解析，IG值為1時，代表目的端各主機為廣播位址，這也說明IG值為1時，代表目的端可能為群播或廣播位址。另外，第1 byte中的第2位元稱為LG（Local/Globally）位元。LG值為0時，代表全球唯一位址，是由IEEE統一管理的位址；LG位址值為1時，代表本地唯一位址（由本地管理）。因此，❸指出目前目的端裝置的LG=0，正是代表目的端位址為全球唯一；同樣地，發送端的LG=0，亦是代表發送端的位址為全球唯一。

值得一提，來源端MAC位址是如何傳送出去的，如圖2-14-4所示。首先，由左而右，依序為——稱為第1 byte的LSB會最先傳送（也是圖2-14-3所示的IG），接著第2 bit（也是圖2-14-3所示的LG），……至第8 bit表示已傳送第1 byte完畢；接下來依序傳送第2 byte、第3 byte……，一直到第6 byte，表示MAC位址傳送完畢，如圖2-14-5所示。

❹ 指出網路連線型態是以ADSL手動撥接時，則Ether type的欄位值為0x8864。

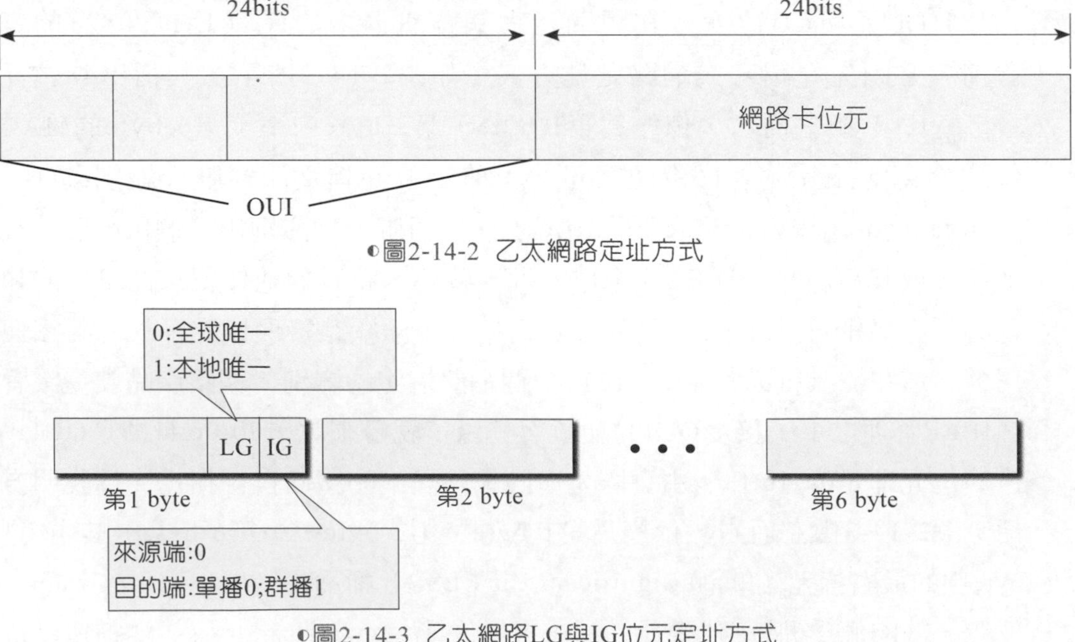

圖2-14-2 乙太網路定址方式

圖2-14-3 乙太網路LG與IG位元定址方式

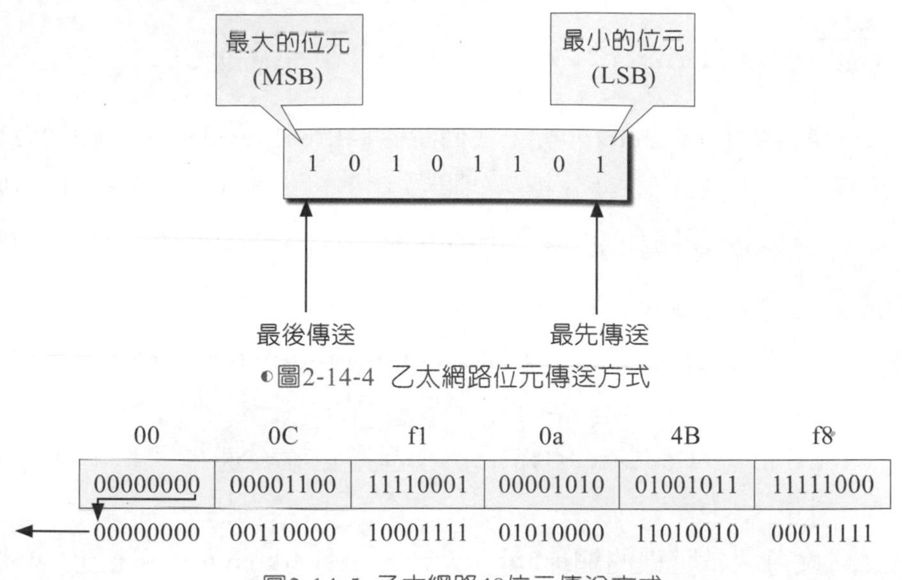

◐圖2-14-4 乙太網路位元傳送方式

◐圖2-14-5 乙太網路48位元傳送方式

N.O.T.E

由於乙太網路訊框的訊框長度最小為64 bytes（包含4 bytes的FCS）。若你是使用Windows作業系統，當用戶端的瀏覽器傳送資料至伺服端方向時，Wireshark擷取出來的乙太網路訊框，是在FCS產生前的乙太網路訊框，稱為Outbound Frame；一旦資料傳送到伺服端後（FCS已產生），再由伺服端回送至用戶端的瀏覽器方向時，Wireshark擷取出來的乙太網路訊框會事先抽離（stripped off）FCS，稱為Inbound Frame。不管哪一種方向，Wireshark所擷取出來的乙太網路訊框是60 bytes，這也是為什麼Wireshark擷取封包後，在封包內容窗格是看不到FCS的內容。值得一提，若乙太網路訊框中的「資料欄位」長度小於46 bytes，就Inbound Frame來說，則發送端系統必須填補（padding）到46 bytes，再加上乙太網路的訊框格式中的標頭佔14 bytes（包括目的端位址DA佔6 bytes、來源位端位址SA佔6 bytes、上層類型欄位Etype佔2 bytes），共60 bytes；就Outbound Frame來說，Wireshark看到的部分是填補前的訊框（亦即封包位元組窗格不會有填補的位元組），所以再加上乙太網路的訊框格式中的標頭（佔14 bytes）後，得出的值會小於60 bytes。

2-6 Wireshark實作分析與討論

下面介紹2個實作Case的分析，我們將擷取Ethernet訊框，並較細微觀察封包變化及分析。若已在圖2-1分析過的欄位就不再重複分析（除非有必要再衍生）。現在，我們就說明實作Case的操作步驟。

1. 首先先確定IE瀏覽器的快取（Cache）是完全清除狀態，可選擇工具→網際網路選項→在瀏覽歷程記錄選「刪除」。若用Firefox，可選擇工具→清除專屬資料（Clear Private Data）。
2. 開啓Wireshark→Capture→Options→選擇正確介面卡，準備擷取所要的Ethernet封包。
3. 進入IE，並敲入欲連線的網址http://www.wireshark.com，然後停止Wireshark封包的擷取。
4. 我們可在【Filter】欄位敲入小寫的「http」，加速找到目的端wireshark.com，如圖2-15(a)所示的紅框部分。點選封包No 18，指出HTTP GET request（要求）訊息，此要求訊息是由用戶端的電腦傳送至wireshark.com。有關GET訊息與Ethernet訊框的關係，會在圖2-16做一番說明。在正常情況下，有要求就有回覆，所以可得出相關的wireshark.com response封包（封包No 19與封包No 20），它是由wireshark.com回覆給用戶端。我們可由封包No 20找到200 OK response（回覆）訊息，如圖2-15(b)所示。

◈實作Case 1的分析

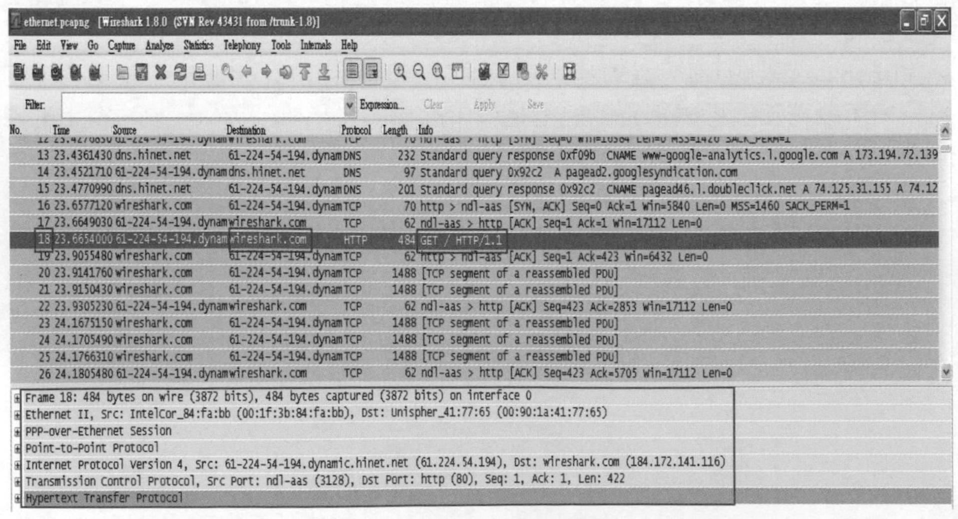

◐圖2-15(a) 用戶端的電腦傳送至www.wireshark.com的封包No 18（GET / HTTP/1.1 request訊息）

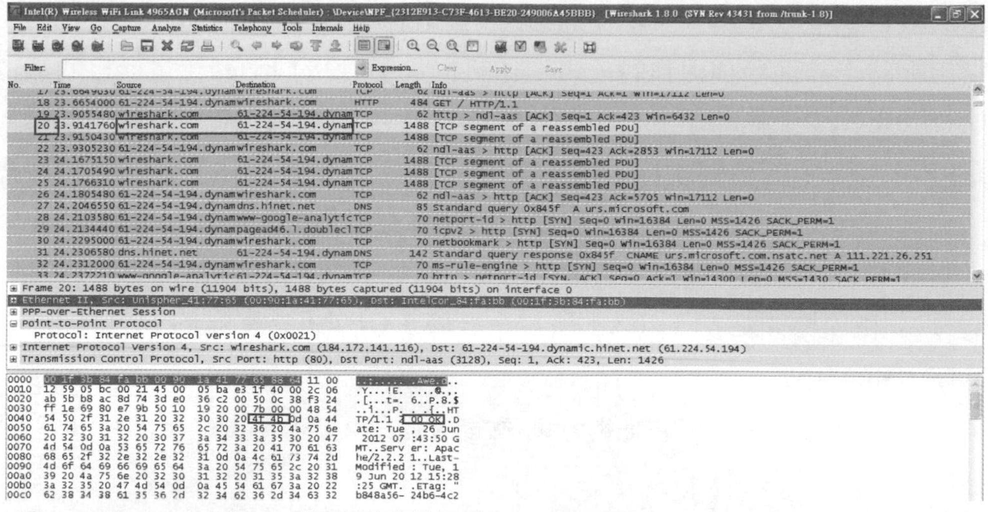

圖2-15(b) wireshark.com回覆用戶端的封包No 20（HTTP/1.1 200 OK response訊息）

5. 本節主要焦點是研究Ethernet訊框，因而可以讓圖2-15(a)及圖2-15(b)中的IP層以上的協定，暫時不要出現在Wireshark視窗畫面。那又要如何設定呢？現在就請讀者在Wireshark視窗畫面中的封包清單列窗格（Packet List Panc）點選Analyze→Enable Protocol→IP勾格狀態（不要打勾）→OK，之後可以得出只呈現出封包No 18（即Frame 18）的GET request乙太網路資訊，如圖2-16所示。有關GET request乙太網路資訊，以及它的回覆訊息（即200 OK）將在下面討論。

◈實作Case 2的分析

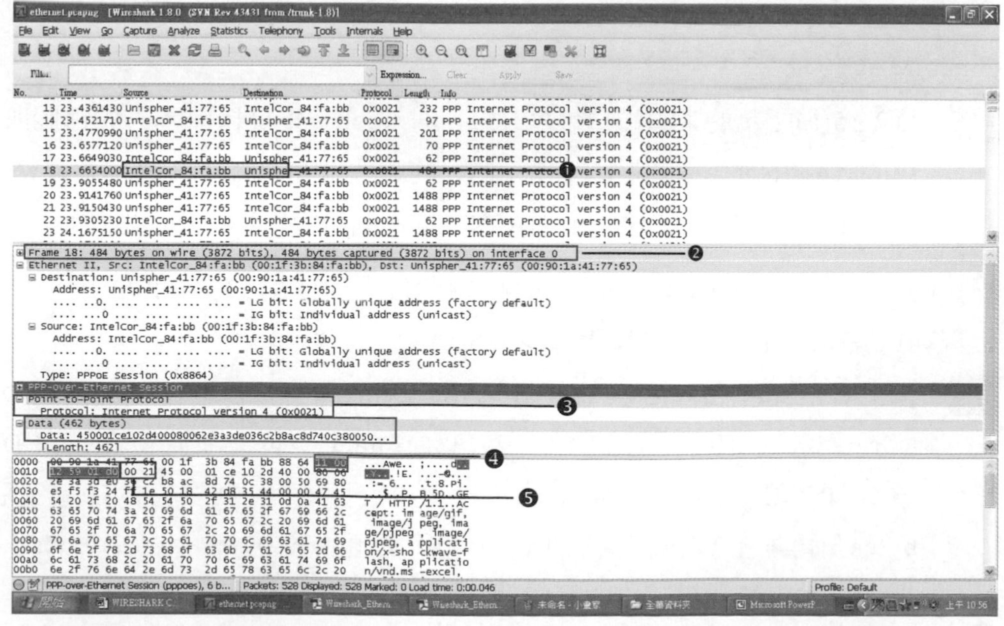

圖2-16 只呈現出封包No 18（即Frame 18）的GET request乙太網路資訊

❶ 指出封包No 18以Frame 18方式呈現來源端位址與目的端位址。

❷ 指出網路卡介面所捕捉到的Frame 18訊框長度爲484 bytes（包括目的端位址DA佔6 bytes，來源端位址SA佔6 bytes，上層類型欄位Etype佔2 bytes，還有PPPoE Session佔6 bytes，以及PPP標頭中的協定種類佔2 bytes，這些標頭共佔22 bytes。因此，圖中藍色框中的Data長度爲462 bytes（484-22），此長度亦是乙太網路訊框資料欄位長度，但此資料長度仍包含TCP標頭佔20 bytes，和IP標頭佔20 bytes，所以，HTTP GET訊息實際的資料長度爲422 bytes（462-40）。注意：若網路設定自動撥號連線，則PPPoE Session與PPP標頭中的協定種類欄位共佔8 bytes就不會產生，亦即標頭只有14（即22-8）bytes。

❸ 指出0x0021代表PPP所支援的網路層協定是IP協定，這也意謂著，PPPoE Payload格式內的資料欄位中，包含一個PPP的封包格式。

❹ 指出代表PPPoE Session（佔6 bytes）的16進位對應值爲0x1100125901d0。

❺ 指出PPP所接收到的封裝資料屬IP協定，亦即IP（0x0021），參考RFC 1661。讀者可參考第1章圖1-4(a) PPP封包格式中的協定種類。

2-6-1 問題討論

1. 圖2-15(a)所示的來源端位址00:1f:3b:84:fa:bb，是否就是你自己電腦所使用的MAC位址？所示的目的端位址00:90:1a:41:77:65，是否就是www.wireshark.com的MAC位址？

   解：圖2-15(a)所示的來源端位址00:1f:3b:84:fa:bb，正是目前本人的電腦所使用的MAC位址；而圖2-15(a)所示的目的端位址00:90:1a:41:77:65並非www.wireshark.com的MAC位址，而是本人的電腦所使用到的路由器位址。

2. 根據圖2-15(a)所示的GET request訊息，我們如何判斷GET / HTTP/1.1資訊將出現在Ethernet Frame 18資料欄的哪些位置？

   解：由於Ethernet Frame 18總長度爲484 bytes（不包含前置位元及SFD共8 bytes），扣除標頭的DA、SA及Etype（不包含前置位元及SFD）還有PPPoE Session佔6 bytes，以及用來指出PPP所支援的IP協定佔2 bytes，再加上TCP標頭佔20 bytes和IP標頭佔20 bytes，共62 bytes。所以，在封包位元組窗格的第63個byte就是ASCII碼「G」出現的位置。從

ASCII查表，其16進位值爲0x47；接著依序爲ASCII碼「E」，其16進位值爲0x45；ASCII碼「T」，其16進位值爲0x54；以及/HTTP/1.1\r\n的ASCII，16進位值爲0x202f20485454502f312e310d0a（如圖2-17中粉紅色框內訊息）。注意：在封包位元組窗格的最左邊0x0030，代表第48個byte的位置，所以粉紅框內的0x47即是位元組窗格的第63個byte；往右邊粉紅框看過去，正是它們的16進位值。注意，16進位值中的0d0a對應的ASCII碼是\r\n，分別代表歸位（Carriage Return；CR）及換行（Line Feed；LF）。

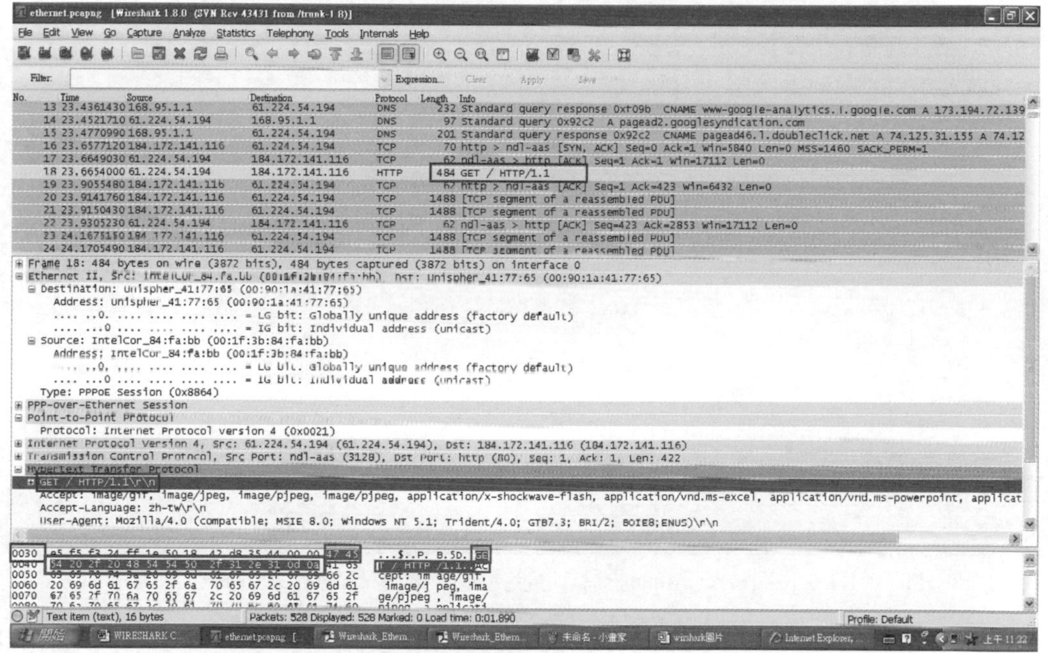

圖2-17 GET / HTTP/1.1 request訊息中的封包位元組窗格的16進位值與對應的ASCII碼

3. 圖2-15(a)最下面紅框部分代表意義爲何？

解：從圖2-15(a)的最下面紅框部分得到——位於數據鏈路層上面有PPPoE；PPP則位於IP層的下面，不管是PPPoE或PPP協定，它們都仍屬第2層。

4. 根據圖2-15(b)所示的HTTP/1.1 200 OK response訊息，我們如何判斷此資訊出現在Ethernet Frame 20資料欄的哪些位置？其所示的來源端位址與目的端位址代表意義爲何？

解：如圖2-18所示，只呈現出封包No 20（即Frame 20）的200 OK response的乙太網路資訊。如同前面說明，在封包位元組窗格的粉紅色框部分正是這些16進位值對應的ASCII碼（即HTTP/1.1 200 OK）。圖

2-7所示的來源端位址00:90:1a:41:77:55並非www.wireshark.com的MAC位址，而是本人的電腦使用到的路由器位址；而目的端位址00:1f:3b:84:fa:bb，正是目前本人的電腦所使用的MAC位址。注意：在封包位元組窗格的第76個byte就是ASCII碼「O」出現的位置，從ASCII查表，得知其16進位值爲0x4f；接著第77個byte就是ASCII碼的「K」，其16進位值爲0x4b。

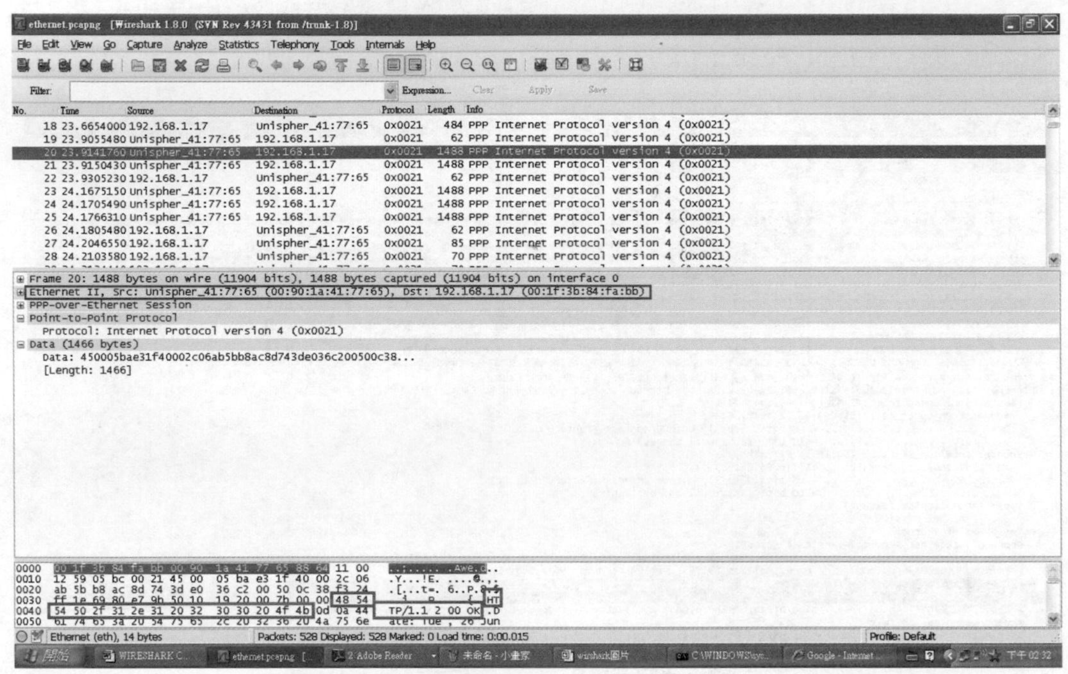

圖2-18 HTTP/1.1 200 OK response訊息中的封包位元組窗格的16進位值與對應的ASCII碼

5. 現在我們將ADSL設定成自動撥號連線，試問網路封包擷取後的乙太網路訊框標頭長度爲何？Etype又是何種類型的通訊協定？

解：ADSL設定成自動撥號連線後，乙太網路訊框的標頭僅需14 bytes，再加上IP標頭佔20 bytes，TCP標頭佔20 bytes，共54 bytes。所以在封包位元組窗格的第55個byte就是「G」的ASCII碼出現的位置，從ASCII查表，得知其16進位值爲0x47，接著第56個byte就是「E」的ASCII碼，其16進位值爲0x45，第57個byte就是「T」的ASCII碼，其16進位值爲0x54。此時的Etype值爲IP（0x0800）協定，如圖2-19所示。有關各層標頭相互之間關係，請參考下面註解。

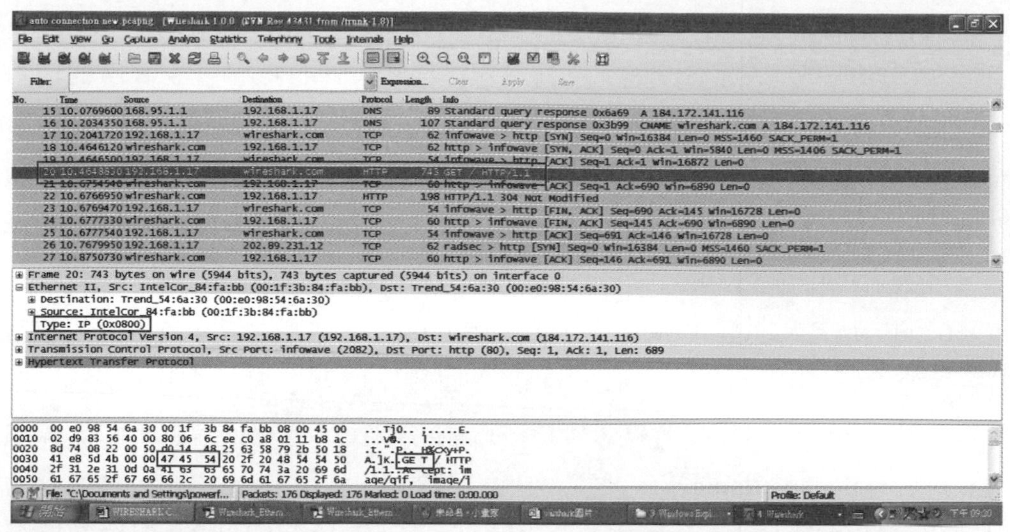

◐圖2-19 ADSL設定成自動撥號連線後，封包位元組窗格的16進位值與對應的ASCII碼

N.O.T.E

OSI參考模型，被用來描述多層通訊架構，模型中將網路的架構定義成7個層次，每一層皆定義了該層使用的協定。協定用來提供該層特有的服務，並且透過位於其下層的協定與對方相同的協定溝通，即稱為對等通訊（peer-to-peer）。這種堆疊式的多層模型稱為協定堆疊（protocol stack）。

OSI模型可分成爲兩組：位於下層，稱爲網路群組（第1層至第3層），分別對應至實體層、數據鏈路層和網路層；與位於上層，稱爲使用者群組（第4層至第7層）分別對應至傳輸層、交談層、表現層和應用層，如圖2-20所示。

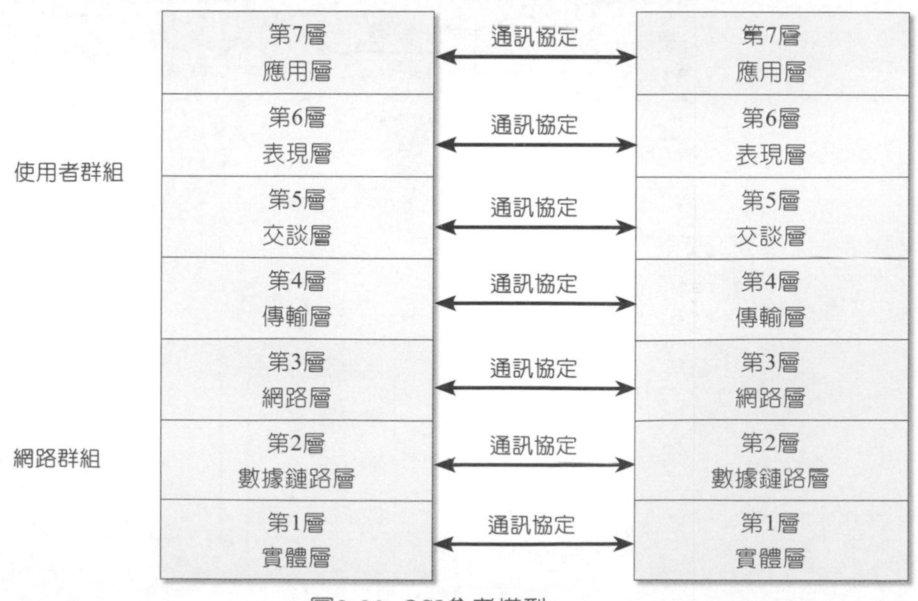

◐ 圖2-20 OSI參考模型

七層由下而上分別是實體層（physical layer）、數據鏈路層（data link layer）、網路層（network layer）、傳輸層（transport layer）、交談層或稱對話層（session layer）、表現層（presentation layer）及應用層（application layer）。然而，一般在討論Internet上的協定堆疊只包含5個層，如圖2-21所示，除實體層仍沿用協定資料單元（Protocol Data Unit；PDU）外，其他4層的封包由最上層往下算下去，PDU所對應的名稱分別為訊息（message）、區段（segment）、資料包（datagram）及訊框（frame），但圖中的應用層為交談層、表現層和應用層之整合。當發送端由上而下方向送出訊息，每經一層就增加一標頭，這種方式也是所謂封裝（encapsulation）概念；接收端剛好相反，每經一層就棄除一標頭，稱為解封裝（decapsulaion）。注意，在圖2-15(a)，Wireshark中的封包內容窗格出現的協定堆疊由上往下依序為——Ethernet II、PPPoE與PPP（對應數據鏈路層）、Internet Protocol Version 4（對應網路層）、Transmission Control Protocol（對應傳輸層）、Hypertext Transfer Protocol（對應應用層）。

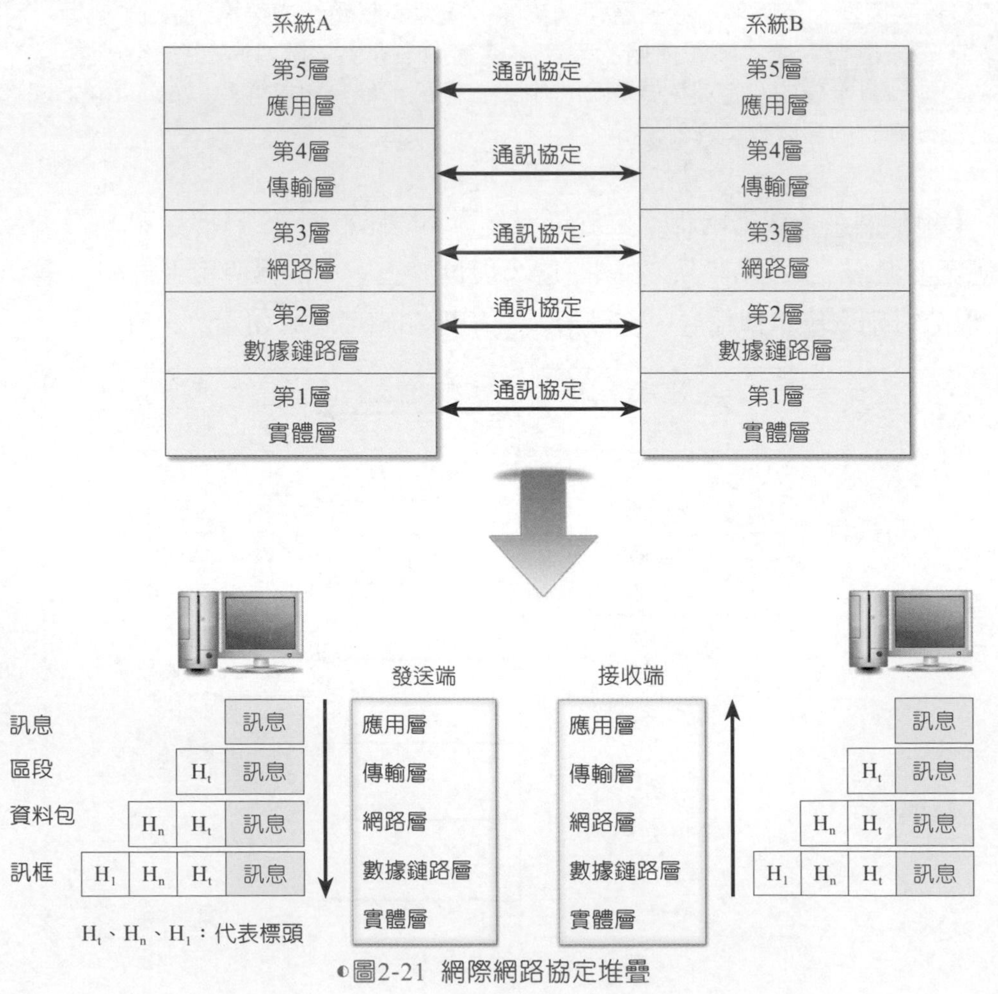

圖2-21 網際網路協定堆疊

6. 圖2-22爲用戶端的電腦傳送至Google網站得出封包No 47的Length=292（bytes），所以應用層的資料量爲何？並解釋出現在封包位元組窗格中的紅色框及棕色框代表的含義？判斷ADSL設定成自動撥接連線或手動撥接連線？

解：紅色框佔54 bytes，代表乙太網路訊框的標頭14 bytes（即爲封包位元組窗格中左邊的位址0x0000~0x000d範圍）、IP標頭佔20 bytes（即爲封包位元組窗格中的位址0x000e~0x0022範圍），再加上TCP標頭佔20 bytes（即爲封包位元組窗格中的位址0x0023~0x0036範圍），共54 bytes。棕色框代表應用層的資料量爲238 bytes，即爲封包位元組窗格中左邊的位址0x0037（等於十進位55）~0x0124（等於十進位292），所以應用層的資料量292-55+1=238（bytes）被算出。將封包位元組窗格中的上紅色框54 bytes及下棕色框238 bytes相加，得出封包No 47中的Length=292（bytes），即爲封包位元組窗格中的位址0x0000~0x0124。

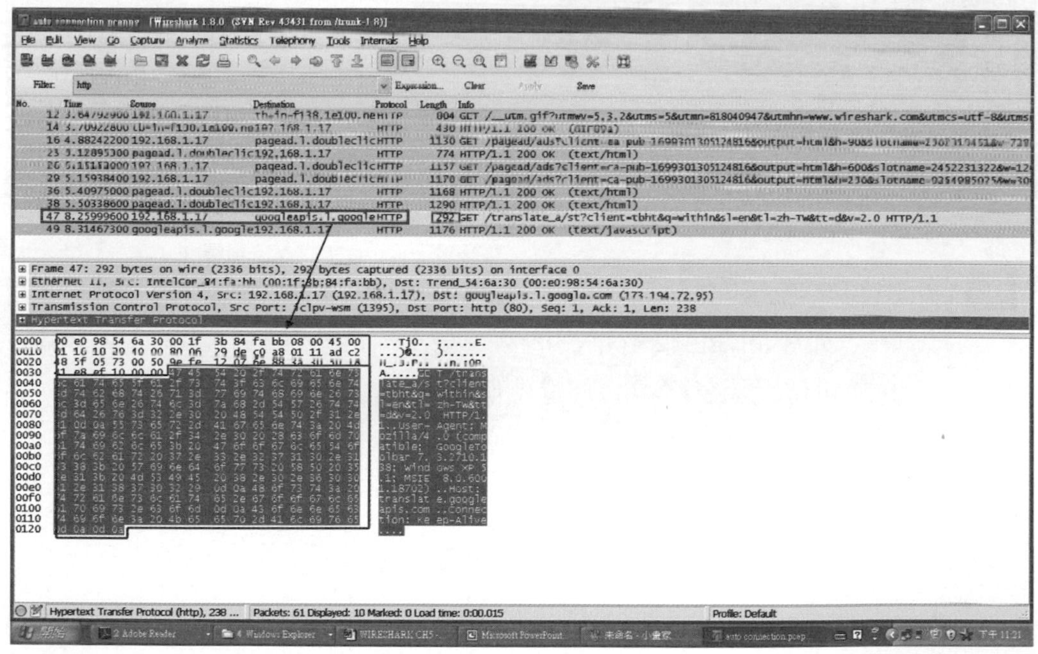

圖2-22 封包No 47中的組成

7. 延伸問題討論中的第6題，若點選Analyze→Enable Protocol→IP勾格狀態（不要打勾）→OK後，可以得出只呈現出封包No 47（即Frame 47）的GET request 乙太網路資訊。封包No 47（即Frame 47）的乙太網路資訊如圖2-23所示，指出訊框中的資料欄位內的資料量為何？

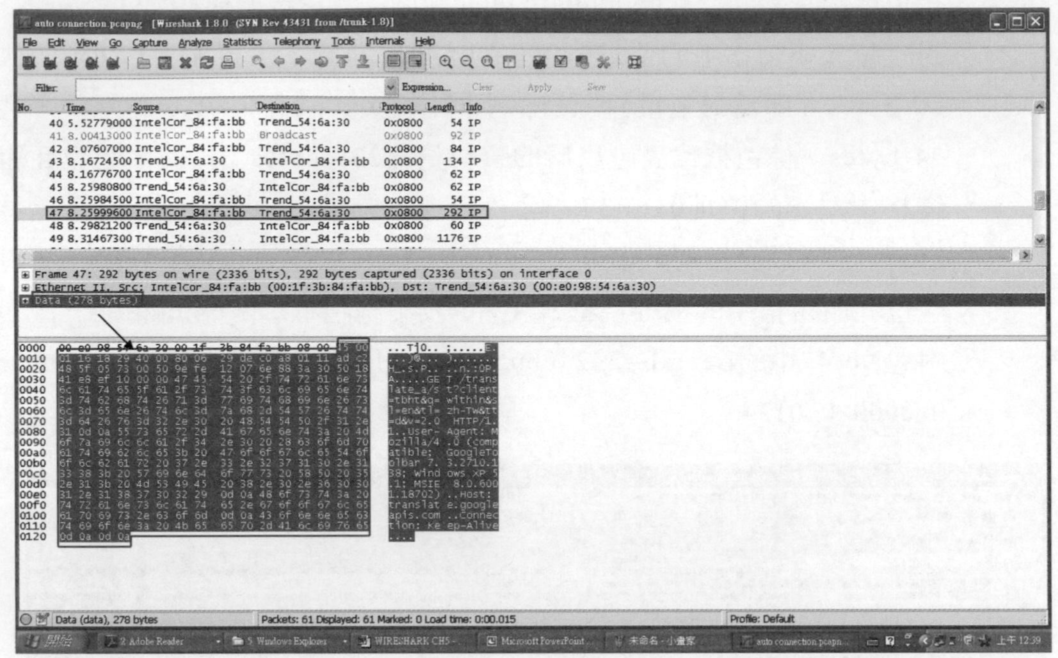

圖2-23 只呈現出封包No 47（即Frame 47）的乙太網路資訊

解：可由238+20+20=278（bytes）或292-14=278（bytes）得出DATA爲278 bytes，如中間紅色框所指出的值。最下方的紅色框指出278 bytes所代表的封包位元組窗格中的16進位值。

重點整理

- Ethernet II訊框格式中的「Etype」佔2個bytes的欄位；而IEEE 802.3則是以「長度」欄位取代「Etype」。
- 802.3欄位值小於0x0600（十進位1536）就代表長度；若大於0x0600，就代表如同Ethernet II所定義的Etype欄位。
- 乙太網路的「資料欄位」長度可能從46~1500 bytes。「訊框長度」可能從64~1518 bytes。
- MAC位址分為兩部分（以16進位表示）：前24位元稱為組織唯一識別碼（OUI；Organizationally Unique Identifier），是由IEEE指定給各組織；後24位元是由實際生產該網路設備的廠商自行指定。
- MAC位址第1 byte中的最右位元（LSB）稱為IG位元，當IG值為0時，代表目的端為單點位址（unicast address）；注意，發送端大都為特定裝置，故IG值亦為0；IG值為1時，代表目的端為多點位址（multicast address）。
- MAC位址第1 byte中的第2位元稱為LG位元，LG值為0時，代表全球唯一位址；LG值為1時，代表本地唯一位址（由本地管理）。同樣地，發送端的LG=0亦是代表發送端的位址為全球唯一。
- ADSL自動撥號連線作為封包的擷取分析，乙太網路標頭佔14 bytes；若為手動撥號連線作為封包的擷取分析，則乙太網路標頭佔22 bytes。

本章習題

選擇題

( )1. 乙太網路是將ALOHA系統的構思實現於有線的LAN，採用方式稱為
(1)CSMA/CA (2)CDMA (3)CSMA/CD (4)CWDM

( )2. CSMA/CD控制與規範為何類標準
(1)IEEE 802.2 (2)IEEE 802.3 (3)IEEE 802.5 (4)IEEE 802.11

( )3. 乙太網路定址的訊框組成格式分為IEEE 802.3及
(1)IEEE 802.3 (2)Ethernet II (3)LLC (4)以上皆是

( )4. IEEE 802.3添加3個bytes的標頭到資料（Data）欄位內，稱為
(1)MAC (2)LLC (3)DA (4)SA

( )5. 在Ethernet II的訊框中，作為發送端與接收端之間的同步交錯的訊號為
(1)連續7個10101010 (2)連續8個10101010 (3)連續7個10101011 (4)連續8個10101011

( )6. 在Ethernet II的訊框中，「資料欄位」的最大長度規定為
(1)1280 bytes (2)1440 bytes (3)1500 bytes (4)以上皆可

( )7. 在Ethernet II的訊框中，「資料欄位」的最小長度規定為
(1)46 bytes (2)48 bytes (3)56 bytes (4)64 bytes

( )8. 乙太網路在偵測碰撞信號時，其傳送訊框長度至少需
(1)46 bytes (2)48 bytes (3)56 bytes (4)64 bytes

( )9. 乙太網路利用CRC-32方式偵測整個訊框進行運算時，不含
(1)目的端位址 (2)來源端位址 (3)資料欄位 (4)前置位元與SFD

( )10. MAC位址會最先傳送第1 byte的
(1)MSB (2)LSB (3)0 (4)1

簡答題

1. 若範例3改為在第3次重試時終於成功。如果10M乙太網路的時槽是51.2 μs，那麼它的倒退重傳的時間為何？

實作分析習題

1. 如何印出Wireshark視窗所追蹤出來的乙太網路資訊封包？
2. 開啓電子檔，只呈現出封包No 37（即Frame 37）的乙太網路資訊，指出訊框中的資料欄位內的資料量為何？

CHAPTER 03

IP協定Wireshark實作分析

3-1 IPv4簡介

ISO所制定的OSI七層參考模型中，網際網路協定（Internet Protocol；IP），相當於第三層的「網路層（Network Layer）」。IP協定的主要功能包括IP定址（IP Addressing）及封包的路徑選擇。IP爲免接式連接（Connectionless；CL），是一種不可靠的通訊協定。所謂CL，是指IP封包傳送之前，不需要與對方先連線，就可即刻將封包傳送出去的傳輸方式；反之，與對方通訊之前，必須先完成連線後，才進行通訊的，稱爲連線導向（Connection Oriented ；CO）的傳輸協定，例如TCP。

本節所談的IP稱爲IPv4（版本4）。接著我們將焦點集中於此版本，至於IPv6（版本6），後面會簡單說明。在IPv4，TCP/IP通訊中的每個主機都需要唯一的IP位址，每台主機都透過邏輯IP位址來識別，此位址是屬於網路層位址。假設您使用的是Windows XP作業系統，現在請您按【開始】，然後【執行】，並用鍵盤輸入「cmd」，這時可能會出現C:\Document and Setting\>，然後輸入「ipconfig」，再按【Enter】。此時您會看到一個視窗跑出來，如圖3-1所示的框框出現IP Address，其代表您目前在網路卡設定的IP位址號碼，即192.168.1.17。這4組號碼即代表IP位址，它是用「.」來分開這4組的十進位數字，每組數字都是由一個8 bits的二進位數字組成，亦即IP位址總共由32 bits組成。如圖3-2所示，IP位址共包含網路識別號碼（Network ID；Net ID。也稱爲網路位址），用來識別所屬的網路；和主機識別號碼（Host ID。也稱爲主機位址），用來識別連至網路上的主機，包括網路中的用戶端電腦、伺服器或路由器。注意：Net ID在網路中必須是唯一的，而Host ID對該Net ID亦必須是唯一的。換言之，您可以指派多個唯一的主機位址給同一個Net ID；但是在同一個Net ID，同一個主機位址卻不能同時指定給兩個（或以上）的網路裝置。

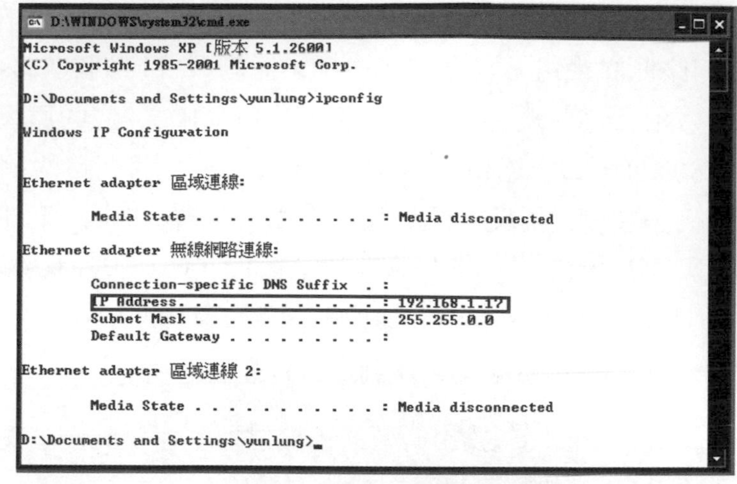

◐圖3-1 使用的IP位址號碼

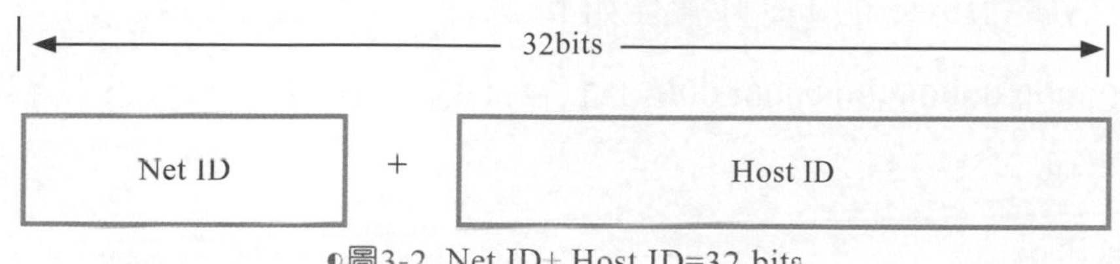

◐圖3-2 Net ID+Host ID=32 bits

3-1-1 IP Class分類

接著，讓我們認識一下IP各等級的分類說明，如圖3-3(a)~(b)所示。

- 如果IP位址最左邊是以“0”開頭的數字，此IP是一個Class A。
- 如果IP位址最左邊是以“10”開頭的數字，此IP是一個Class B。
- 如果IP位址最左邊是以“110”開頭的數字，此IP是一個Class C。
- 如果IP位址最左邊是以“1110”開頭的數字，此IP是一個Class D。
- 如果IP位址最左邊是以“11110”開頭的數字，此IP是一個Class E。

◈Class A

第一個較高位元組為Net ID，後面三個較低位元組為Host ID。Net ID中的最高位元（即最左第一個位元）固定為0，其他7個位元以xxxxxxx（代表位址在0000000至1111111之間做變化）表示。因此，Class A的Net ID範圍在00000000至01111111之間做變化，轉換為十進位，得出0至127，代表27–2=126個不同的Class A網路。注意：減2代表0和127這個Net ID不能算進來，0（即二進位的

00000000）的網路位址是保留給預設路徑之用；而127（即二進位的01111111）是保留給本機回路測試使用。實際上，最多只能劃分成126個Class A的網路。而每個網路可以分配到$2^{24}-2$（=16,777,214）個Host ID。減2的原因是二進位數字不可以全部為0或1，當主機位址全為0，代表「某一個網路的網段位址」。例如：10.0.0.0代表該網段位址。主機位址全為1代表網路中的全部主機，意謂著「廣播」之意。例如：某一網路的網段位址為10.0.0.0，若網路中有一部電腦送出封包的IP位址是10.255.255.255，即代表該電腦對10.0.0.0這個網路送出廣播封包，所有位於該網路上的電腦都會收到此封包並做處理。

當您想在1.x.x.x~126.x.x.x找出有效的主機位址，在「x.x.x」範圍中，只要不全部為0或全部為1，其他都可以是有效的主機位址。注意：每一個Class A的網路，包括佔3個bytes的Host ID範圍如下：

00000000.00000000.00000000~11111111.11111111.11111111以十進位表示成0.0.0~255.255.255。

◈ Class B

前2個較高位元組為Net ID，後面2個較低位元組為Host ID。Net ID中的最高位元與次高位元依序為10，其他6個位元以xxxxxx（代表位址在000000至111111之間做變化）表示。因此，Class B的Net ID在10000000.00000000至10111111.11111111之間做變化，轉換為十進位得出128.0至191.255，代表有2^{14}=16,384個不同的Class B網路。而每個網路可以分配2^{16}=65,536個Host ID，也就是IP位址是介於128.0.0.0與191.255.255.255之間。如同Class A所述，因為Host ID的16 bits不可以全部為0或1，所以65,536必須減2，實際能用的Host ID只有65,534個。注意：每一個Class B的網路，包括佔2個bytes的Host ID範圍如下：

00000000.00000000~11111111.11111111以十進位表示成0.0~255.255。

◈ Class C

前3個較高位元組為Net ID，後面1個較低位元組為Host ID。Net ID中的最高位元與下2次高位元依序為110，其他5個位元以xxxxx（代表位址在00000至11111之間做變化）表示。因此，Class C的Net ID在11000000.00000000.00000000至11011111.11111111.11111111之間做變化，轉換為十進位得出192.0.0至223.255.255，代表有2^{21}=2,097,152個不同的Class C網路。而每個網路可以分配2^{8}=256個Host ID，也就IP位址是介於192.0.0.0與

223.255.255.255之間。如同Class A所述，因為Host ID的8 bits不可以全部為0或1，所以256必須減2，實際能用的Host ID只有254個。注意：每一個Class C的網路，包括佔1個byte的Host ID範圍如下：

00000000~11111111以十進位表示成0~255。

◈ Class D

前面4個最高位元固定為1110，此類型的位址是特別留給群播（Multicasting）時所使用的群播位址。它並沒有分成Net ID+Host ID的組合，而是整個32位元全部用來定義給不同的群播位址。Class D的Net ID範圍在11100000至11101111之間做變化，轉換為十進位得出224至239。注意：每一個Class D的網路，包括的IP範圍為224.0.0.0~239.255.255.255。

◈ Class E

前面4個最高位元固定為1111，此類型的位址是被保留給網路實作分析用。Class E的Net ID範圍在11110000至11111111之間做變化，轉換為十進位得出240至255。注意：每一個Class E的網路，包括的IP範圍為240.0.0.0~255.255.255.255 。

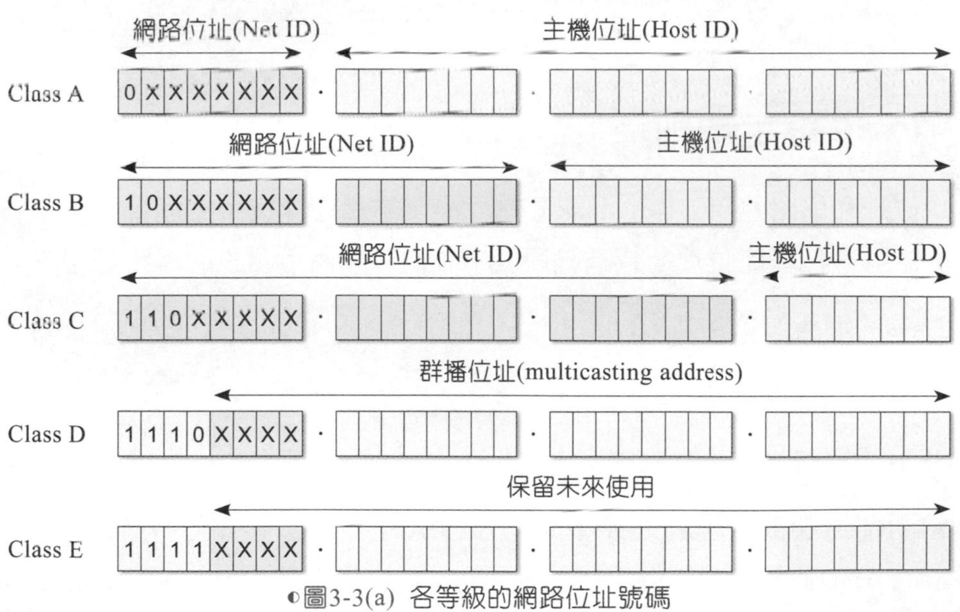

圖3-3(a) 各等級的網路位址號碼

等級	開首	網路數目	主機數目	申請領域
A	0	126	16,777,214	國家級
B	10	16,384	65,534	跨國組織
C	110	2,097,152	254	企業組織
D	1110	-	-	特殊用途
E	1111	-	-	保留範圍

等級	IP範圍	網路位址說明(即網路位址範圍)
A	1.0.0.0～126.255.255.255	1.0.0.0～126.0.0.0
B	128.0.0.0～191.255.255.255	128.0.0.0～191.255.0.0
C	192.0.0.0.～223.255.255.255	192.0.0.0～223.255.255.0
D	224.0.0.0～239.255.255.255	X
E	240.0.0.0～255.255.255.255	X

圖3-3(b) IP各等級的網路

N.O.T.E

全球分配IP位址的機構稱為ICANN（Internet Corporation for Assigned Names and Numbers），其相關資訊可至http://www.icann.org網站查詢。經ICANN授權，在台灣是由TWNIC（Taiwan Network Information Center，稱為財團法人臺灣網路資訊中心）所負責，網址為http://www.twnic.net。

3-1-2 IP設定規則

IP位址和網路遮罩（Net mask）執行AND邏輯運算後，才能得知某一個IP位址是屬於哪一個網路位址（或稱網段），我們可以使用預設的網路遮罩：

- A Class的網路遮罩是255.0.0.0。
- B Class的網路遮罩是255.255.0.0。
- C Class的網路遮罩是255.255.255.0

當兩部電腦欲透過網路連接來互相通訊時，兩部電腦各將其IP位址與Net mask執行AND運算，分別得出Net ID之後，再檢查它們各自的Net ID是否相同，如果相同，代表兩部電腦屬於同一個網段，則在此網段內的所有電腦傳送IP封包時不需使用路由器（router）就可以直接互相傳遞；反之，知道兩部電腦分屬不同網段，就要透過路由器才能互相通訊。

如圖3-4所示，若網路遮罩爲255.255.0.0，則141.35.57.38的電腦A和141.36.96.21的電腦D不在同一個網段。亦即網段依序分別是141.35.0.0及141.36.0.0，因此，就一定要使用路由器才能傳遞封包。

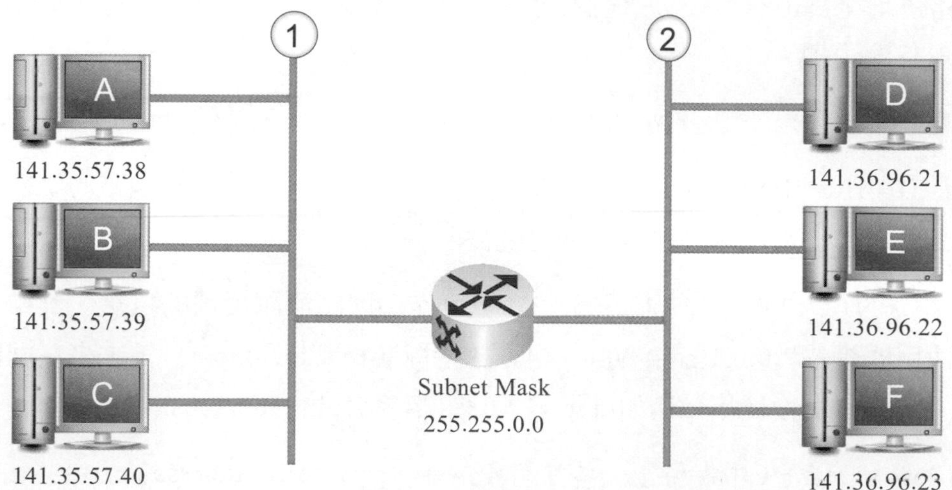

圖3-4 不同網段需使用路由器才能傳遞IP封包

範例① 若IP位址爲194.33.53.22，網路遮罩是255.255.255.0，請求出此IP位址的網路位址。

解 方法如下說明。

1. 先寫出194.33.53.22的二進位是11000010.00100001.00110101.00010110

   然後將IP位址的二進位值和網路遮罩255.255.255.0做AND運算：

   11000010.00100001.00110101.00010110

   AND

   11111111.11111111.11111111.00000000

   得出

   11000010.00100001.00110101.00000000

2. 再將得出的二進位值轉換成十進位，就可得到Net ID=194.33.53.0。換言之，這部電腦所屬的網路位址就是194.33.53.0。

3-1-3 特殊用途之IP位址

有些Net ID與Host ID在實際應用上會有特殊的用途，如下所示：

- 網路位址全為0，代表屬於這個網路的主機。例如：0.0.0.18代表這個網路Host ID為18的主機。
- 主機位址全為0，代表這個網路。例如：220.12.112.0代表這個Class C網路位址。
- Net ID與Host ID皆為1（即為255.255.255.255），代表區域性網路的廣播，只有在此網路位址上的裝置可收到此廣播。
- Class A的127.0.0.0~127.255.255.255皆可作為回路測試使用的位址，其中最常被使用的是127.0.0.1。127.0.0.1相等於主機名稱「localhost」，未來在回路測試，它們可交換使用。例如ping 127.0.0.1相等於ping localhost。
- 在Class A、B、C中保留了一些私有IP位址（private IP address），這些私有IP位址不能直接與外部的網路位址進行通訊，也因而無需擔心會和其他也使用相同位址的網路相衝。由於只允許用於內部私有網路中，故對外不必註冊。負責分配IP位址的IANA（Internet Assigned Number Authority）指定的私有IP位址如下所示（可參考RFC1597）：

  10.0.0.0 - 10.255.255.255

  172.16.0.0 - 172.31.255.255

  192.168.0.0 - 192.168.255.255

  注意：當您使用私有IP位址時會受到限制，如以下情況：

  1. 私有位址的路由資訊不對外散播。
  2. 使用私有位址的封包，不能在Internet轉送。
  3. 只能使用於內部網路。

範例2 請您試著對本機電腦上的TCP/IP網路設定是否正確做測試。

解 請按【開始】，然後【執行】，並用鍵盤輸入cmd。這時可能會出現C:\Document and Setting\>，然後用鍵盤輸入ping 127.0.0.1再按【Enter】。此時您會看到一個視窗跑出來，如圖3-5所示。圖中顯示4個「Replay from....TTL=128」，表示本機電腦上的TCP/IP網路設定一切正常。

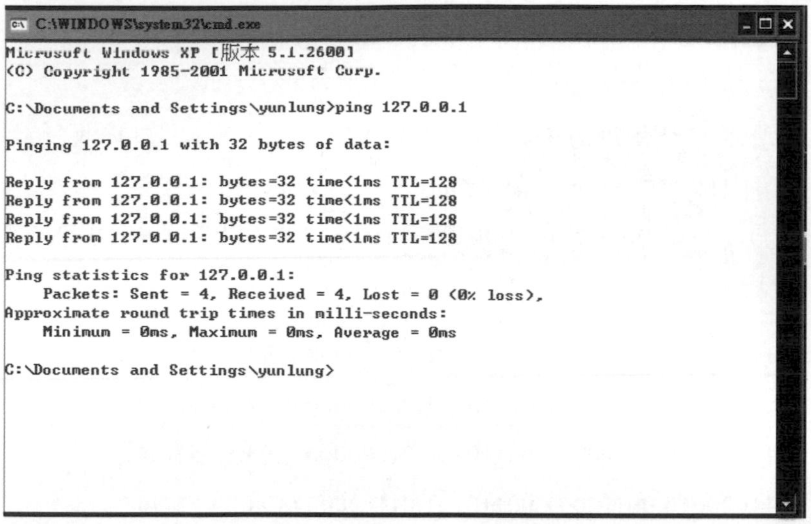

```
C:\WINDOWS\system32\cmd.exe
Microsoft Windows XP [版本 5.1.2600]
(C) Copyright 1985-2001 Microsoft Corp.

C:\Documents and Settings\yunlung>ping 127.0.0.1

Pinging 127.0.0.1 with 32 bytes of data:

Reply from 127.0.0.1: bytes=32 time<1ms TTL=128
Reply from 127.0.0.1: bytes=32 time<1ms TTL=128
Reply from 127.0.0.1: bytes=32 time<1ms TTL=128
Reply from 127.0.0.1: bytes=32 time<1ms TTL=128

Ping statistics for 127.0.0.1:
    Packets: Sent = 4, Received = 4, Lost = 0 (0% loss),
Approximate round trip times in milli-seconds:
    Minimum = 0ms, Maximum = 0ms, Average = 0ms

C:\Documents and Settings\yunlung>
```

◐圖3-5 ping 127.0.0.1本機回路測試

3-1-4 子網路遮罩（Subnet Mask）

IP位址等級所碰到的問題是：規劃時沒有什麼彈性。舉例來說，假設一個企業公司分配到Class C的IP位址可連接254部電腦，但若網路中只需連接幾十部電腦，這就會讓很多IP位址閒置。解決方法是可將網路切割爲子網路（Subnet）。

接著我們要討論Subnet Mask，其原則是：Net ID按規劃將原本屬於Host ID的一些位元借用過來，借用多少位元，則依據欲切割成多少的子網路數目而定。以IP 194.33.53.22/24（24表示24個”1”，代表網路遮罩255.255.255.0中的前3個位元組255.255.255）爲例，若欲將網路切割爲8個子網路，因而Net ID向Host ID借用3個bits過來，代表將原來網路再切割成8個（2^3=8）子網路。注意：也就是將預設的Net Mask的“1”逐漸地往右增加（由24增加至27），此時可用194.33.53.22/27表示。換言之，您可以將一個大的IP網路切割成更多的子網路，而每一個子網路的主機數目卻相對減少。此例中，Host ID變成33-27=5（bits），故主機數目由254減爲2^5–2=30。注意：Host ID借出去的bit最多使Net mask的“1”爲/30，超過30就無意義。

範例❸ 說明IP 194.33.53.22/27子網路切割後的1. 子網路遮罩爲何？2.有多少子網路？3. 每個子網路有多少主機？4. 有效的子網路爲何？5. 有效主機位址爲何？6. 每個子網路的廣播位址爲何？

解 1. 27個”1”轉換成十進位後，可寫出子網路遮罩爲255.255.255.224。

2. 因為借用3個bits，所以切割成8個子網路。
3. 每個子網路最多只能有$2^5-2=30$部主機。
4. 想要求出有效的子網路，就是要找出8個子網路的網路位址為何。這可由他們的Subnet ID分別從000到111這8個組合，再加上原來的Net ID（11000010.00100001.00110101.00000000）得出各子網路的網路位址。

11000010.00100001.00110101.00000000 (194.33.53.0)
11000010.00100001.00110101.00100000 (194.33.53.32)
11000010.00100001.00110101.01000000 (194.33.53.64)
11000010.00100001.00110101.01100000 (194.33.53.96)
11000010.00100001.00110101.10000000 (194.33.53.128)
11000010.00100001.00110101.10100000 (194.33.53.160)
11000010.00100001.00110101.11000000 (194.33.53.192)
11000010.00100001.00110101.11100000 (194.33.53.224)

Subnet ID

我們也可更快速寫出子網路的實際網路：首先將子網路遮罩255.255.255.224中的第4個位元組224用256(=2^8)去減，則區塊大小為256–224=32，從0開始是第1個子網路，接著以區塊大小為32做遞增，因而下一個子網路就是32，依此類推，得出0、32、64、96、128、160、192及224。我們也可依序寫出各子網路的網路位址為：194.33.53.0、194.33.53.32、194.33.53.64、194.33.53.96、194.33.53.128、194.33.53.160、194.33.53.192、194.33.53.224。

5. 有效主機位址分別為：194.33.53.1~194.33.53.30；194.33.53.33~194.33.53.62；194.33.53.65~194.33.53.94；194.33.53.97~194.33.53.126；194.33.53.129~194.33.53.158；194.33.53.193~194.33.53.222；194.33.53.225~194.33.53.254。
6. 廣播位址分別為：194.33.53.31；1194.33.53.63；194.33.53.95；194.33.53.127；194.33.53.159；194.33.53.223；194.33.53.255。

從範例中的4~6子題可以歸納以下說明：

一旦原始的網路經過子網路切割後，

- 8個子網路的網路位址，即是各子網路第一個IP位址，它們被保留作爲「網路位址」。
- 有效主機位址，即是可用的IP位址，我們可以在這些IP位址中選出一個作爲該子網路的「預設閘道位址（Default Gateway Address）」。
- 每個子網路的最後一個IP位址保留作爲網路的「廣播位址」。

3-1-5 CIDR

前面已說明，將各等級網路中的Class A、Class B或是Class C切割成多個子網路的過程稱爲「Subnetting」，其主要目的是解決分級網路的IP位址分配所造成很多IP位址的浪費。另一種解決分級網路的IP位址造成浪費的方法稱爲「Supernetting」，它剛好與「Subnetting」相反，不但不切割成多個子網路，反而是將分級網路合併成一個更大的網路。不論是「Subnetting」或「Supernetting」都稱爲無等級域間路由（Classless Inter-Domain Routing；CIDR），亦稱爲無等級（classless）的IP位址劃分方式。

CIDR是一種分配IP位址給用戶，以及在網際網路上對IP位址進行規劃的方法。例如：A公司有700台主機，申請一個C Class網路不夠A公司的需求，看來需申請一個B Class網路，但此級可用的主機遠大於所需求，又似乎太浪費。要解決這個問題，便產生所謂的不分等級IP的指配方式，亦即無等級（classless）的IP位址劃分方式。使用CIDR的時候，一個C Class的網路，也可以使用255.255.0.0或其他值的子網路遮罩，由於其具較短的網路位址，針對此類型的CIDR稱爲Supernet；反之，Subnet具有較長的網路位址。舉例來說，135.123.163.26/16和211.163.62.21/24，假如使用了2個bits的Subnet，/16將增加成/18；/24增加成/26。同樣地，如果是使用了2個bits的Supernet，則/16將減少成/14；/24減少成/22。

N.O.T.E

Cisco公司在2005年以前的CCNA教材中，IP Subnet Zero命令規定不能使用（亦即此命令被關閉），以致不能使用第1個及最後1個子網路，以上例而言，子網路0及224就不能用，但從Cisco IOS 12.X版開始，此命令預設值是開啓的，所以從0,32,64...224所有的子網路都可被使用。

範例❹ 某一A公司需要1600個IP位址，數量介於Class B與Class C的範圍之間。請利用8個Class C的IP位址合併，再分配給A公司。

解 不採用CIDR時，每一個Class C的網路，輸入端共需8個ports的路由器做介接，使得成本很高，如圖3-6(a)所示。注意：每一個網路的網路遮罩為255.255.255.0。若現在要藉由CIDR的方式，需分配一個長度為21bits的Network ID給A公司。因此，Host ID將會有2048個IP位址，說明如下。

1. 首先寫出8個Class C的網路位址，如下所示。

192.170.22.0（11000000 10101010 00010110 00000000）
192.170.23.0（11000000 10101010 00010111 00000000）
192.170.24.0（11000000 10101010 00011000 00000000）
192.170.25.0（11000000 10101010 00011001 00000000）
192.170.26.0（11000000 10101010 00011010 00000000）
192.170.27.0（11000000 10101010 00011011 00000000）
192.170.28.0（11000000 10101010 00011100 00000000）
192.170.29.0（11000000 10101010 00011101 00000000）

2. 接著利用子網路遮罩為255.255.248.0（也可表示成192.170.22.0/21）比預設遮罩（/24）少3個，可使網路的空間愈來愈大。亦即將192.170.22.0開始至192.170.29.0共8個Class C的網路位址空間合併起來，形成一個Supernet，得到如圖3-6(b)。注意：子網路遮罩為255.255.248.0，只需1個port的路由器做介接。

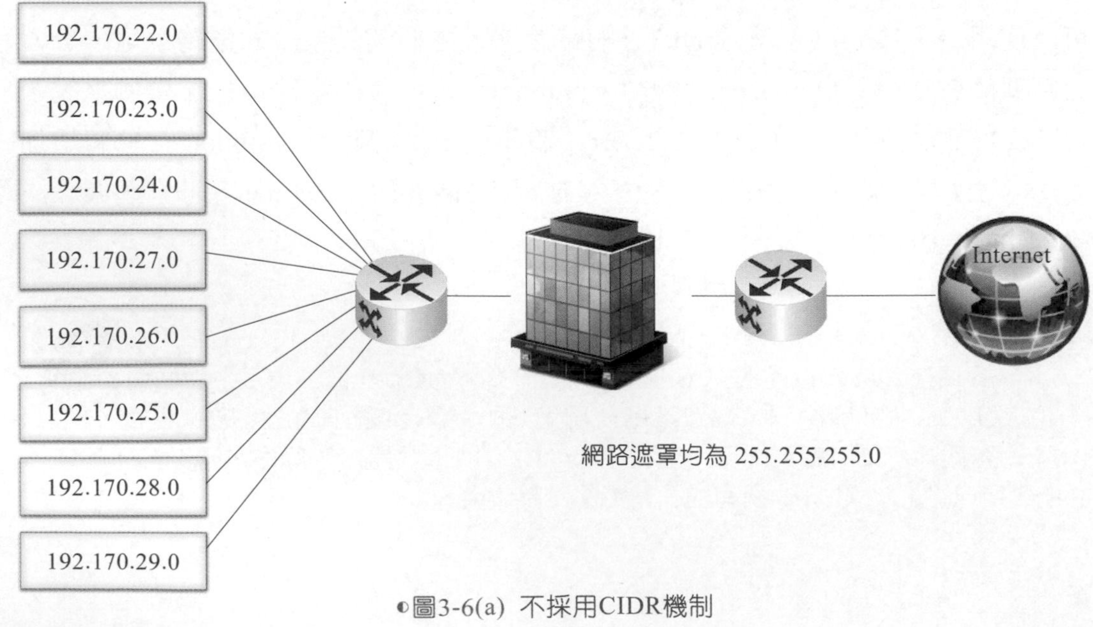

圖3-6(a) 不採用CIDR機制

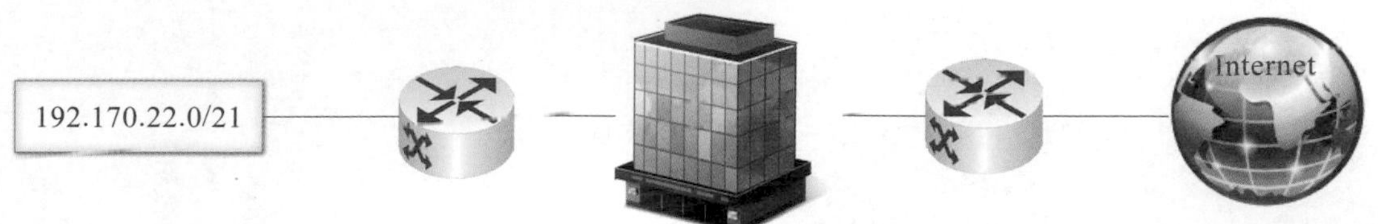

圖3-6(b) 採用CIDR機制

3-2 NAT簡介

由於Internet使用者愈來愈普及，相對可使用的IP位址也愈來愈吃緊。加上IPv4的位址欄位長度已經固定，因此，解決的替代方案紛紛出籠，主要是以節省位址空間爲前提。較常用的解決方案是1994年發表的網路位址轉換（Network Address Translator；NAT）技術。NAT是在路由器中進行一個交換IP標頭（header）的動作，以使多台電腦能共用一個IP連線至Internet的技術，這也使IP位址不足之問題帶來新的突破。NAT（參考RFC 2663與RFC 3022）分成3種方式，說明如下。

◈靜態NAT

此類型是在內部網路中的每個主機都被固定映射至外部網路中的某個合法的位址。一個私有IP位址對應一個固定的合法IP位址。私有的IP位址個數與合法的IP位址個數一樣。

◈動態NAT

此類型是在外部網路中定義了一些合法IP位址，每個使用者上網連線時會先向NAT主機取得一個對應的合法IP位址，其採用動態分配的方法映射到內部網路。動態NAT只是對IP位址做轉換，每一個內部的IP位址會分配到一個暫時的外部IP位址。注意：同時連至外界網路的使用者個數將受限於合法的IP位址個數。當私有的IP位址個數大於合法的IP位址個數時，一旦所有合法的IP位址被分配完畢後，任何的位址轉換會被NAT路由器拒絕。

◈NAPT

NAPT（Network Address Port Translation）是動態NAT的改良版，簡單的說，它是把內部位址映射到外部網路的一個IP位址的不同埠上。

3-2-1 NAPT動作原理

NAPT動作原理如圖3-7所示，共分4個步驟。

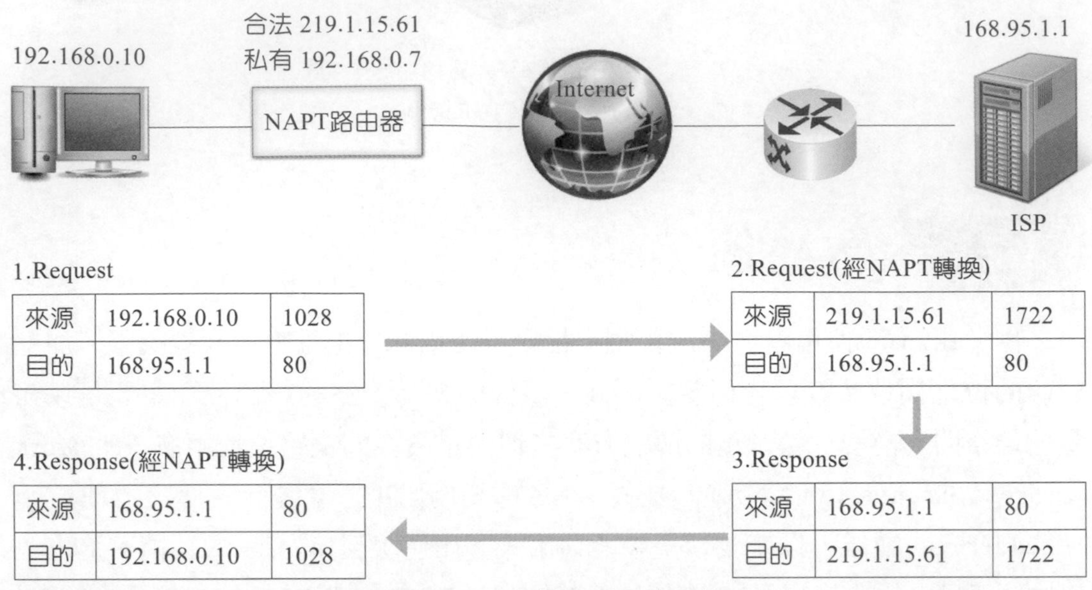

1.Request

來源	192.168.0.10	1028
目的	168.95.1.1	80

2.Request(經NAPT轉換)

來源	219.1.15.61	1722
目的	168.95.1.1	80

3.Response

來源	168.95.1.1	80
目的	219.1.15.61	1722

4.Response(經NAPT轉換)

來源	168.95.1.1	80
目的	192.168.0.10	1028

◐圖3-7 NAPT轉換原理的過程

步驟1：假設內部網路中某一部電腦使用的私有IP爲192.168.0.10，要連線至中華電信的網站168.95.1.1，因此送出Request訊息，包含來源端的IP 192.168.0.10、隨機產生的連接埠1028、目的端的IP 168.95.1.1，與連接埠80。此也代表Request封包送入LAN端。

步驟2：當Request封包經過NAPT路由器時，來源端的IP 192.168.0.10會改爲它本身WAN端的IP 219.1.15.61與隨機產生的連接埠1722，NAPT路由器收到並記錄此Request封包，然後轉換至目的端的IP 168.95.1.1，此也代表NAPT路由器收到Request封包。

步驟3：ISP伺服器Response封包回傳至NAPT路由器。注意：封包包含來源端的IP 168.95.1.1與連接埠80，目的端爲NAPT路由器的IP 219.1.15.61與連接埠1722。注意，NAPT路由器竟然也使用到目的端的連接埠來查詢NAT轉換表。

步驟4：NAPT路由器將依據記錄，將目的端的IP轉換爲192.168.0.10與連接埠1028，這表示來源端電腦收到ISP伺服器Response過來的訊息。

N.O.T.E

NAT仍是具有爭議性的，主要理由如下：

1.埠號應使用於行程定址，而非主機定址；換言之，路由器應只處理到第三層即可。

2.NAT協定違反端點到端點的主張，主機之間通訊應是直接通訊，而不是透過中介節點修改IP位址及埠號。

3.位址不足的問題，應該留給IPv6來解決。

3-3 IPv4封包格式

IP封包（又稱資料包）由IP標頭及Data欄位中的IP Payload組成（請參考RFC791），如圖3-8所示的各欄位。除了Data欄位外，其餘就是IP標頭，用來記錄有關IP位址、路由、封包識別等資訊，長度以32 bits爲單位；IP Payload就是用來承載上層協定的封包（如TCP封包），長度最長可達65,536 bytes。

<table>
<tr><td>Version(4)</td><td>IHL(4)</td><td>Type of Service(8)</td><td colspan="2">Total Length(16)</td></tr>
<tr><td colspan="3">Identification(16)</td><td>Flags(3)</td><td>Fragment Offset(13)</td></tr>
<tr><td colspan="2">Time to Live(8)</td><td>Protocol(8)</td><td colspan="2">Header Checksum(16)</td></tr>
<tr><td colspan="5">Source Address(32)</td></tr>
<tr><td colspan="5">Destimation Address(32)</td></tr>
<tr><td colspan="5">Options(變動長度)</td></tr>
<tr><td colspan="5">Padding(變動長度)</td></tr>
<tr><td colspan="5">Data</td></tr>
</table>

圖3-8 IP封包格式

- Version佔4 bits：記錄IP的版本編號。目前爲IP Ver. 4，即第4版，欄位值爲4（十進位）或0100（二進位）。後續版本爲IP Ver. 6，亦即第6版，但目前仍不普及。

- IP標頭長度（IP Header Length；IHL）佔4 bits：長度不定，預設值爲20 bytes。有些會加上Options欄位，則值會大於20 bytes。在IP標頭中，除了Options與Padding欄位爲非固定長度外，其他的欄位都是固定長度。注意：因

IP標頭長度欄位值是以4 bytes爲單位，所以20 bytes在Wireshark中的封包位元組窗格值是以16進位0x05表示（20÷4=5）。

- 服務類別（Type of Service；TOS）佔8 bits：包含了6個參數。第1個參數Precedence（佔3 bits）是用來決定IP封包的優先等級，參數值愈大，代表優先等級愈高（7表最高）。接下來4個參數Delay（0爲normal delay；1爲low delay）、Throughput（0爲normal throughput；1爲high throughput）、Reliability（0爲low reliability；1爲high reliability）、Cost（0爲一般成本；1爲高成本）是用來提供路由器選擇路徑時的參考。最後一個參數（設爲0）未定義，保留未使用，如圖3-9所示。

Precedence (3)	D (1)	T (1)	R (1)	C (1)	保留 (1)

◐圖3-9 服務類別（TOS）

後來IETF將TOS欄位的位元定義成差異性的服務（Differentiated Service；DS；參考RFC 2474），這對寬頻網路的分析很重要。DS由DSCP及ECN組成，共佔8 bits。圖3-10指出寬頻網路的QoS（Quality of Service）及優先權定義就是以DSCP（佔6 bits）來區分，其中左邊3 bits定義優先權；右邊3 bits定義服務品質QoS。注意：當DSCP右邊3 bits等於000時，左邊3 bits的定義就如同TOS所定義的優先權；ECN則是網路服務遇壅塞時的指示。

DSCP(佔6bits)	ECN(2bits)

101110代表Expedited Forwarding (EF)。
001010/001100/001110依序代表AF 1(Assured Forwarding Class 1)的低中高優先權等級。
010010/010100/010110依序代表AF 2(Assured Forwarding Class 2) 的低中高優先權等級。
011010/011100/011110依序代表AF 3(Assured Forwarding Class 3) 的低中高優先權等級。
100010/100100/100110依序代表AF 4(Assured Forwarding Class 4) 的低中高優先權等級。
ECN(Explicit Congestion Notification)=01 or 10 指具壅塞指示能力，由來源端設定(參考RFC3168)。
ECN=11 通知端點發生壅塞，由路由器設定。
ECN=00 未用ECN。

◐圖3-10 DSCP欄位定義與壅塞時的指示

N.O.T.E

在網路中提供服務品質的機制主要有2種：一是Intserv（Integrated Service），屬傳統網際網路所提供的服務方式，或稱為盡可能服務（Best Effort Service；BES）。Intserv品質只能在某種程度上提供保證，其是利用「資源保留協定（RSVP；Resource Reservation Protocol）」來預留網路資源，以達到端點對端點的服務品質。另一種是DiffServ（Differentiated Services），它是利用將封包分類，分別給予不同的處理來達成服務品質。

雖然IntServ能提供高速傳輸，但無法滿足用戶對不同等級服務品質的要求，主要原因是它在網路傳輸與交換過程中，對每個資訊流（flow）提供個別服務，這很容易造成中繼間的交換設備有沈重負擔，對於網路規模之延展性有一定限制。由於不同QoS等級的網路服務越來越頻繁，所要求的語音品質需要非常小的延遲及變化；數據則必須有非常少的資料遺失；影像亦是需要較小的延遲及非常少的遺失。因此，高速傳輸網路就有QoS的要求出現。例如：配合近年正發展中的MPLS（Multiprotocol Label Switching）網路交換技術，正是採用DiffServ技術，此技術就可確保整個網路端對端的QoS傳輸品質。DiffServ以單次轉送（Per Hop）為基礎，搭配一個等級分類的邊緣路由器，稱為MPLS LER（Label Edge Router）及有單次轉送行為PHB（Per-Hop Behavior）等級分類的核心路由器（Label Switching Router），即可構成一個提供差異性服務的MPLS DiffServ網路。根據RFC 2475，支援於MPLS LER（Label Edge Router）系統網路內部的DiffServ模式可提供4種服務：金牌級的服務（Gold service）即EF、銀牌級的服務（Silver service）即AF1、銅牌級的服務（Bronze service）即AF2（若有必要，又可細分成AF3及AF4），及最陽春等級的BES。MPLS由「shim」標頭中的標記來區別傳輸的服務等級，也就是佔3個位元的Exp欄位，標示出每個封包服務等級。MPLS shim標頭格式如圖3-11(a)所示。

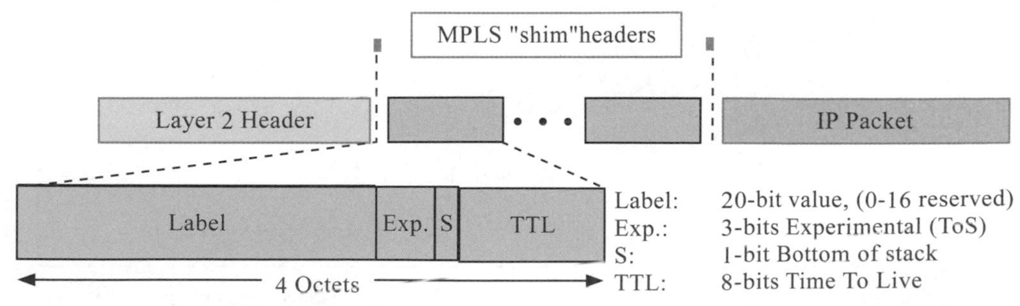

圖3-11(a) 位於Layer 2及Layer 3中的shim標頭

欄位說明如下：如圖3-11(b)指出，在MPLS Diffserv中所定義的DSCP欄位，對應到Exp欄位，這也就是所謂的服務分級（Class of Services；CoS）值，它可以使MPLS路由器提供優先權佇列（Priority Queue）、封包排程（Scheduling）及封包丟棄策略（Drop Policies）等功能，而達到QoS的保證。

那MPLS上的CoS又是如何運作？首先，當IP封包進入MPLS網路時，LER會將IP封包中的DSCP值，對應到MPLS的CoS欄位，然後再根據MPLS所建立好的路徑把封包傳送出去。在MPLS中的路由器會根據CoS值來對封包做不同的處理，這些處理包括：優先權佇列的選擇、優先權佇列不同的排程，及不同的封包丟棄策略。經過這些程序，MPLS就可以把不同服務等級的封包放在不同的路徑裡，並在路徑中可再根據封包特性，再細分不同的優先等級。

一般的MPLS網路最高可以有8個服務等級，假使超過8個以上，就必須擴充MPLS的標記（label）及Exp欄位。值得一提的是，圖3-11(b)中，欄位S是當MPLS網路規模處在多個MPLS標記（包含頂部標記：top label、標記，以及最底層的標記或稱標記堆疊：label stack）時，IP封包標頭會緊跟隨在最底層的MPLS標記，並將它的S設定爲1，如圖3-11(c)所示。

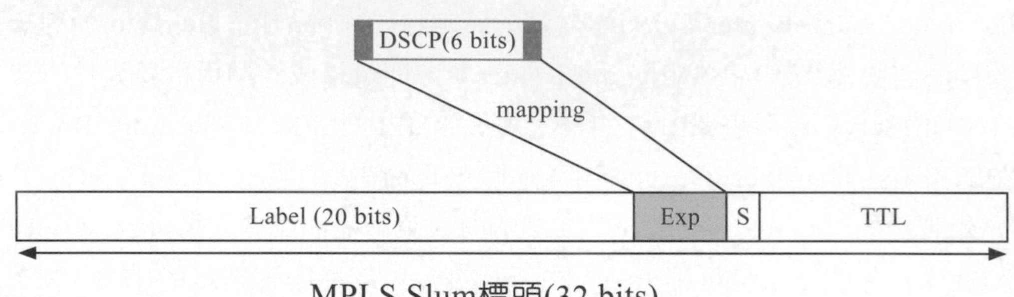

◐圖3-11(b) DSCP與Exp的對應

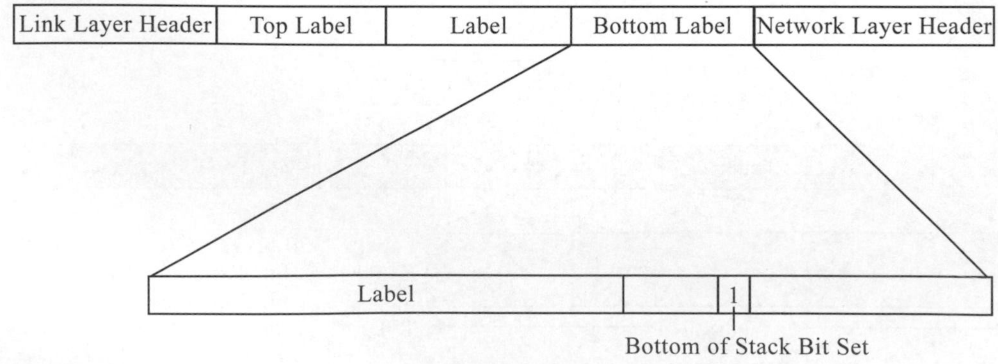

◐圖3-11(c) 最底層的MPLS標記，它的S=1

- 封包總長度（Total Length）佔16 bits：以乙太網路爲例，整個IP封包最大傳輸單位（Maximum Transmission Unit；MTU）可達1,500 bytes。注意：在RFC 791規定，任一主機接收到的資料包，不管來的封包是整個或IP Fragment，應該至少要能達到576 octets。576 octets的IP資料包包含64 octets的標頭，加上典型的512 octets的資料塊大小。注意：IP標頭長度預設值爲20 octets；但IP標頭長度最大值爲60 octets，並允許來自上層協定標頭的一些差量（margin）值。注意：IP資料封包長度理論值可到65,535 bytes。

- Fragment Offset（FO）佔13 bits：當一個網路層收到上層送來較大的位元組資料封包（如TCP封包），並加上20 bytes的IP標頭，一旦此IP封包（即IP資料包）太大，就需要切割產生好幾個IP Fragment（分割段）。Fragment Offset（分割段位移值）就是用來記錄各IP Fragment是屬哪一個原始資料封包的位置。假設原始IP封包長度爲5,000 bytes（包括IP標頭的長度爲20 bytes，加上IP Payload長度爲4,980 bytes），欲進行傳送到達路由器，這也意謂著4,980 bytes必須切割成4個IP Fragment，每個IP Fragment也分別形成一個IP資料包。由於乙太網路的「資料欄位」的最大長度（MTU）爲1,500 bytes，故4,980 bytes切割後的前3個IP Fragment的長度均爲1,480 bytes（1500-20=1480），但第4個IP Fragment的長度爲540 bytes（4980-1480-1480-1480=540）。切割出來的4個IP Fragment中，第1個Fragment Offset=0，此時Flag=001，故出現在封包位元組窗格對應的16進位值爲0x2000，表示資料應該放入位元組0開始的位置；第2個Fragment Offset=1480（因Fragment Offset是以8 bytes爲單位，所以1480此數值會出現在封包內容窗格的值爲1480÷8=185）；注意，此時Flag=001，故出現在封包位元組窗格對應的16進位值爲0x20b9，表示資料應該放入位元組1480開始的位置；第3個Fragment Offset=2960，表示資料應該放入位元組2960開始的位置（同理，2960此數值會出現在封包內容窗格的值爲2960÷8=370）；注意，此時Flag=001，故出現在封包位元組窗格對應的16進位值爲0x2172；第4個Fragment Offset=4440，表示資料應該放入位元組4440開始的位置（同理，4440÷8=555）；注意，此時Flag=000，故出現在封包位元組窗格對應的16進位值爲0x022b，如圖3-12(a)所示。上述16進位值計算如下說明：

圖3-8所示的IP封包格式中的Flag（佔3 bits）與FO（佔13 bits）共佔16 bits。每個FO與Flag互相有關連，這些Flag值依序分別是001，001，001，000，則Flag與FO共佔16 bits，可以寫成：

```
0010 0000 0000 0000 (0) =0x2000
0010 0000 1011 1001 (185) =0x20b9
0010 0001 0111 0010 (370) =0x2172
0000 0010 0010 1011 (555) =0x022b
```

上述的0x2000、0x20b9、0x2172與0x022b這些16進位值只出現在封包位元組窗格，但封包內容列窗格出現的FO（Fragment Offset）值卻仍是以0、1480、2960與4440表示，如圖3-12(b)~(e)所示。再提醒一下，前3個IP資料包的Total Length均為1500 bytes，但第4個IP資料包的Total Length則為560（540+20）bytes。注意，封包內容列窗格的Length長度值等於Total Length再加上自動撥號連線產生的14 bytes標頭，例如：圖3-12(b)~(c)所示的1514（1500+14） bytes及3-12(e)所示的574（560+14） bytes。另外值得一提，圖3-12(b)~(e)所示的IP Fragment長度為1480 bytes；但根據筆者經驗，某些網路卡能容納切割後的每一個IP Fragment長度，會落在1440 bytes至1480 bytes之間，如圖3-13所示，Wireshark的封包內容列窗格顯示Fragment Offset欄位值就只有1440。1440這個數值顯示在封包位元組窗格則為1440÷8=180，並將Flag（此時它的值是000）包含進來，以16進位表示，可寫成0x00b4。

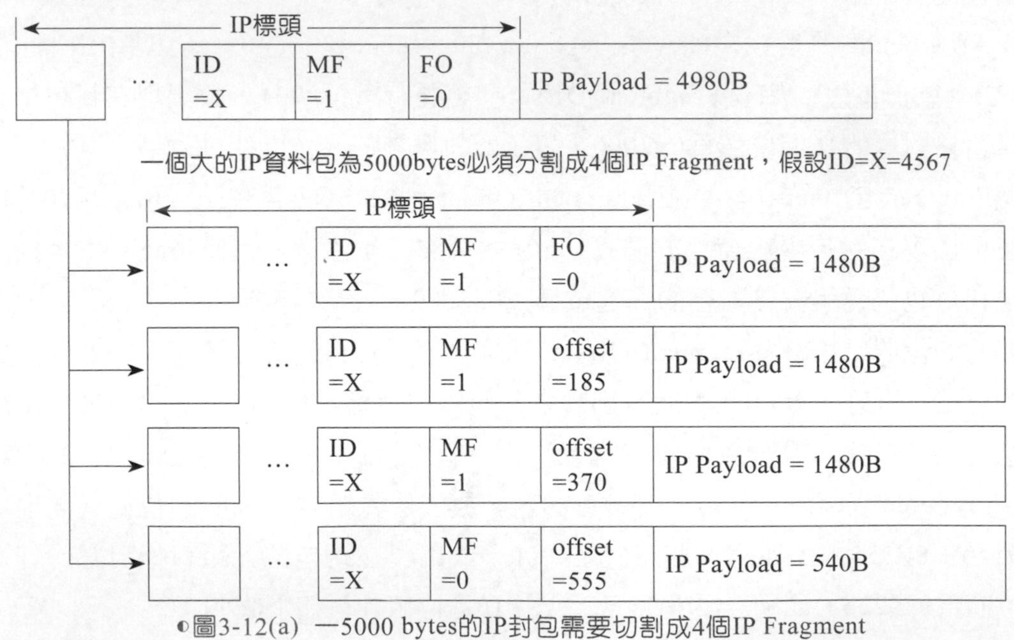

圖3-12(a) 一5000 bytes的IP封包需要切割成4個IP Fragment

N.O.T.E

圖3-12(b)～(e)的封包擷取必須使用到traceroute軟體，才可得出相關連的Fragment Offset，而實作的軟體，作者採用pingplotter pro（可參考3-6節）。

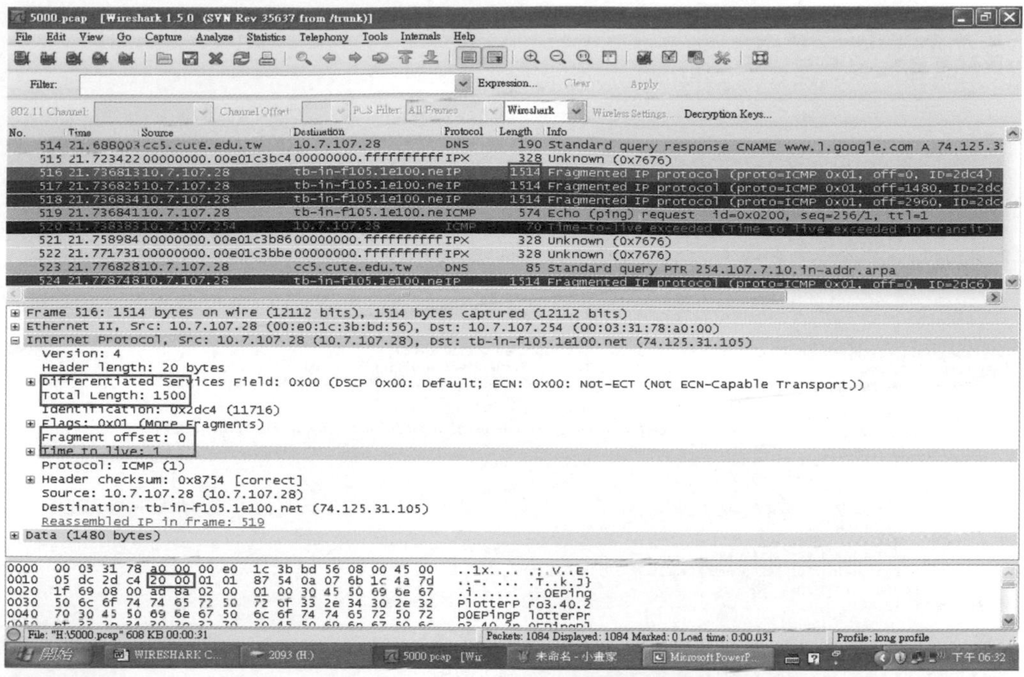

◐圖3-12(b) 一個4980 bytes的IP Payload，切割產生第1個IP Fragment（FO=0）

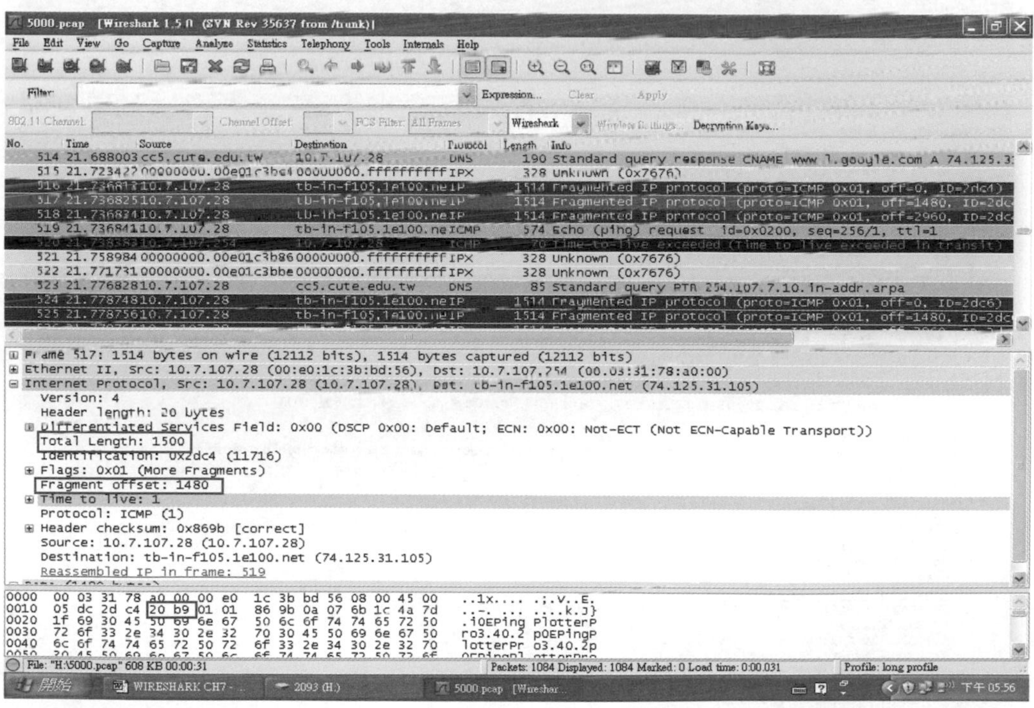

◐圖3-12(c) 一個4980 bytes的IP Payload，切割產生第2個IP Fragment（FO=1480）

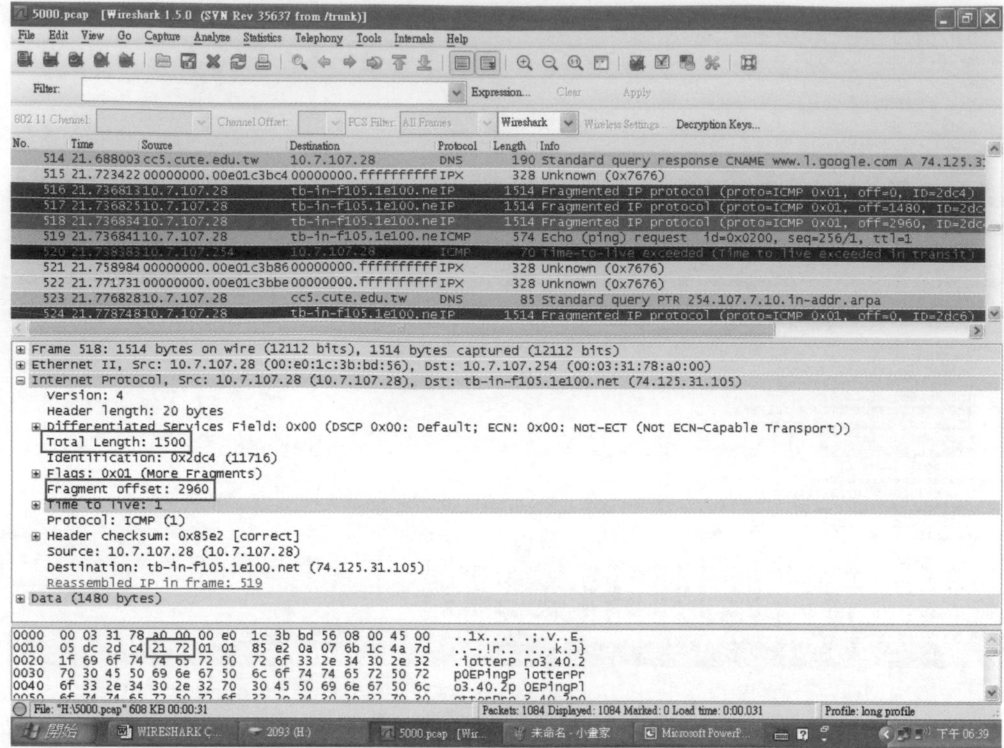

圖3-12(d) 一個4980 bytes的IP Payload，切割產生第3個IP Fragment（FO=2960）

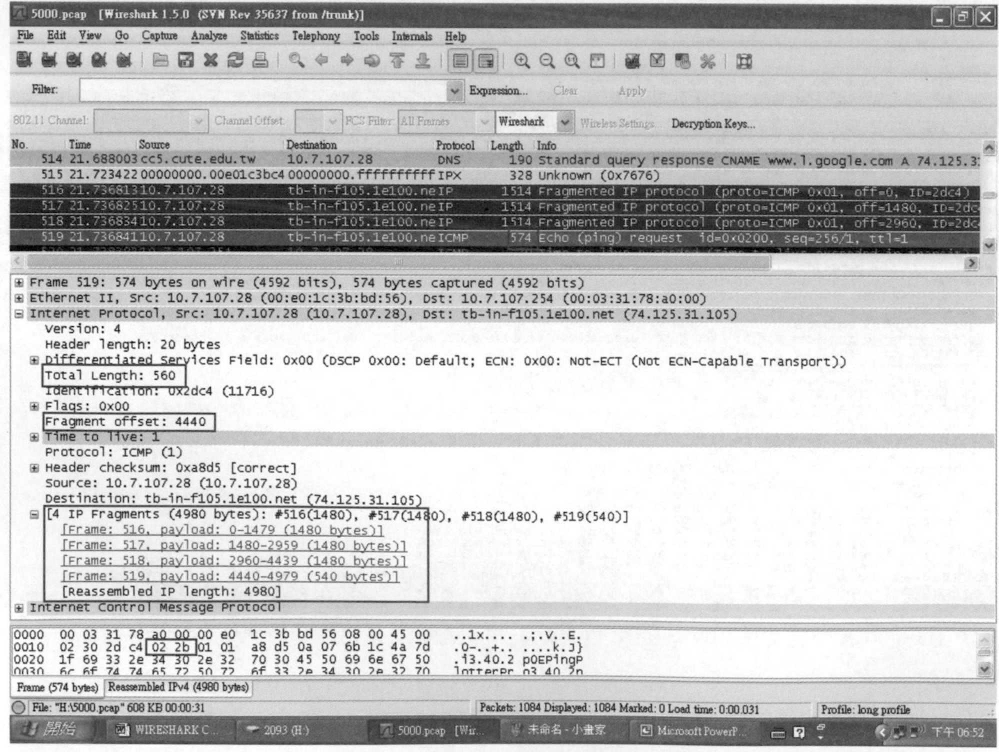

圖3-12(e) 一個4980 bytes的IP Payload，切割產生第4個IP Fragment（FO=4440）

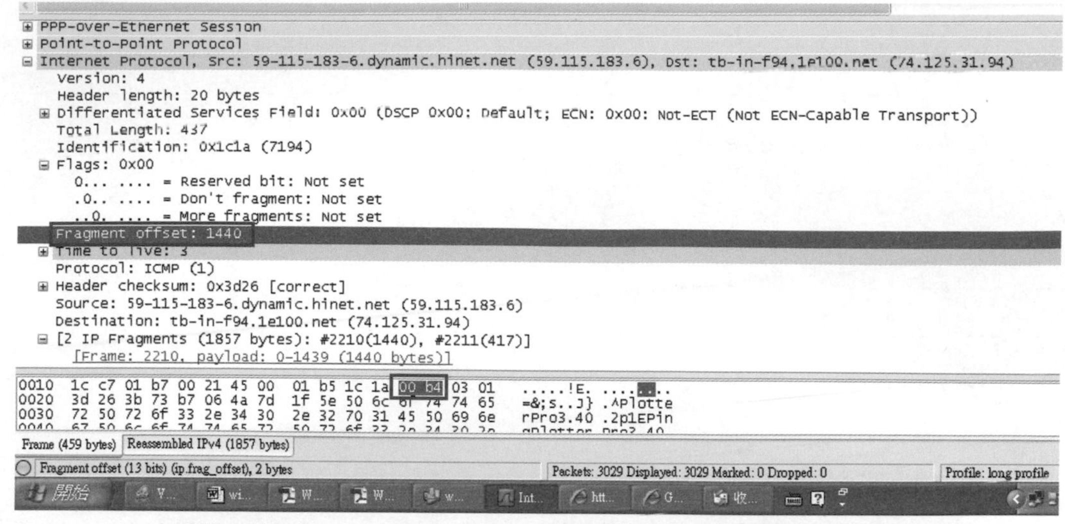
```
⊞ PPP-over-Ethernet Session
⊞ Point-to-Point Protocol
⊟ Internet Protocol, Src: 59-115-183-6.dynamic.hinet.net (59.115.183.6), Dst: tb-in-f94.1e100.net (74.125.31.94)
    Version: 4
    Header length: 20 bytes
  ⊞ Differentiated Services Field: 0x00 (DSCP 0x00: Default; ECN: 0x00: Not-ECT (Not ECN-Capable Transport))
    Total Length: 437
    Identification: 0x1c1a (7194)
  ⊟ Flags: 0x00
      0... .... = Reserved bit: Not set
      .0.. .... = Don't fragment: Not set
      ..0. .... = More fragments: Not set
    Fragment offset: 1440
  ⊞ Time to live: 3
    Protocol: ICMP (1)
  ⊞ Header checksum: 0x3d26 [correct]
    Source: 59-115-183-6.dynamic.hinet.net (59.115.183.6)
    Destination: tb-in-f94.1e100.net (74.125.31.94)
  ⊟ [2 IP Fragments (1857 bytes): #2210(1440), #2211(417)]
      [Frame: 2210, payload: 0-1439 (1440 bytes)]
```

◐圖3-13 Fragment offset:1440，相當於封包位元組窗格值0x00b4

- Flag（旗標）佔3 bits：共有3個參數，每參數由1 bit來表示。第1個參數爲保留（以0表示），第2個參數爲DF（以0表示封包可切割，1表封包不可切割），MF（More Fragment）爲1，表示資料包切割後的其中一個封包；MF爲0，表示資料包切割後的最後一個封包。

- Identification（ID）佔16 bits：記錄IP封包的識別碼。識別碼由來源主機決定，按照IP封包發出的順序遞增1。由於每個IP封包所走的路徑可能不一樣，因此，到達目的端主機的先後順序可能與出發時的順序也會不同。目的端主機可利用Identification（識別）欄位判斷IP封包，並組合成原來的順序。注意，資料包經Fragment後具有相同的ID。

- 生存期（TTL；Time to Live）佔8 bits：爲了避免IP封包會有意外，到達不了目的端，因此TTL欄位會記錄IP封包的存活時間，它限制IP封包在路由器之間轉送的次數，時間單位以秒計算，可以爲0~255。最大初值設定爲255（相當於255秒，約爲4.25分鐘），每經過一部路由器時，路由器便會將TTL欄位值減1，一直到TTL=0。若封包未達目的端就丟棄，並透過ICMP將此錯誤通知發送端。

- 協定（PROT；Protocol）佔8 bits：用來記錄上層所使用的協定種類。例如：常見的Protocol識別值如表3-1所示，可參考RFC1700。

表3-1 協定識別值

識別值	協定
1	ICMP
2	IGMP
3	GGP
6	TCP
8	EGP
9	IGP
17	UDP
41	IPv6
47	GRE
50	ESP
51	AH
88	EIGRP
89	OSPF

- 標頭檢查和（Header Checksum；HC）佔16 bits：用以檢查標頭內容是否正確。IP標頭檢查和計算過程如下說明。

  發送端先在此欄位全部填入0，並對IP標頭以16 bits爲單位，經過檢查碼演算法進行加總，再將得出的結果取1的補數值，正是所要找出的HC。當接收端收到此IP封包時，就進行如同在發送端的計算方式，但此時標頭檢查和欄位不再全部填入0，而是填入剛從發送端計算出來的HC之值，再進行加總，得到的結果值若爲0，表示該IP封包從發送端送到接收端沒有發生錯誤；反之，IP封包發生問題。

- 來源端位址（Source Address；SA）佔32 bits：是用來記錄來源端主機的IP位址。

- 目的端位址（Destination Address；DA）佔32 bits：是用來記錄目的端主機的IP位址。

- Options與Padding：長度不定，此欄位可進行偵錯與測試。Options大都用在除錯或量測。IP封包有幾個不同的選項（Options），例如安全標記（Security Label）、鬆散來源以及記錄路由（Loose Source and Record Route；LSRR）、嚴密來源以及記錄路由（Strict Source and Record Route；SSRR）、串流識別

器（Stream Identifier），及Internet時間戳記（Timestamp）。因應Options長度不是4 bytes的倍數，而設計Padding欄位，讓Options與Padding加起來剛好是4 bytes的倍數。Padding欄位不管長度爲何，資料填補時一律填入0。

範例❺ 以圖3-12(a)來說明圖3-14的ID、MF及FO之間的關係。

解 以圖3-12(a)來說，假設其ID等於4567，因原始的IP資料包佔5000 bytes（超過乙太網路的MTU=1500 bytes），必須切割成4個IP Fragment，而每一個IP Fragment的ID均同爲4567。至於4個MF依序爲1、1、1、0；FO值依序爲0、185、370、555。注意：ID、MF、FO爲IP封包切割與重組時所需的重要參數，藉由這3個參數值，目的端主機可判斷IP封包原來的順序。一旦上層（指TCP層）參考ID值後，可將被Fragment後的封包重組成原始的IP資料包。注意：資料包經Fragment後具有相同的ID。

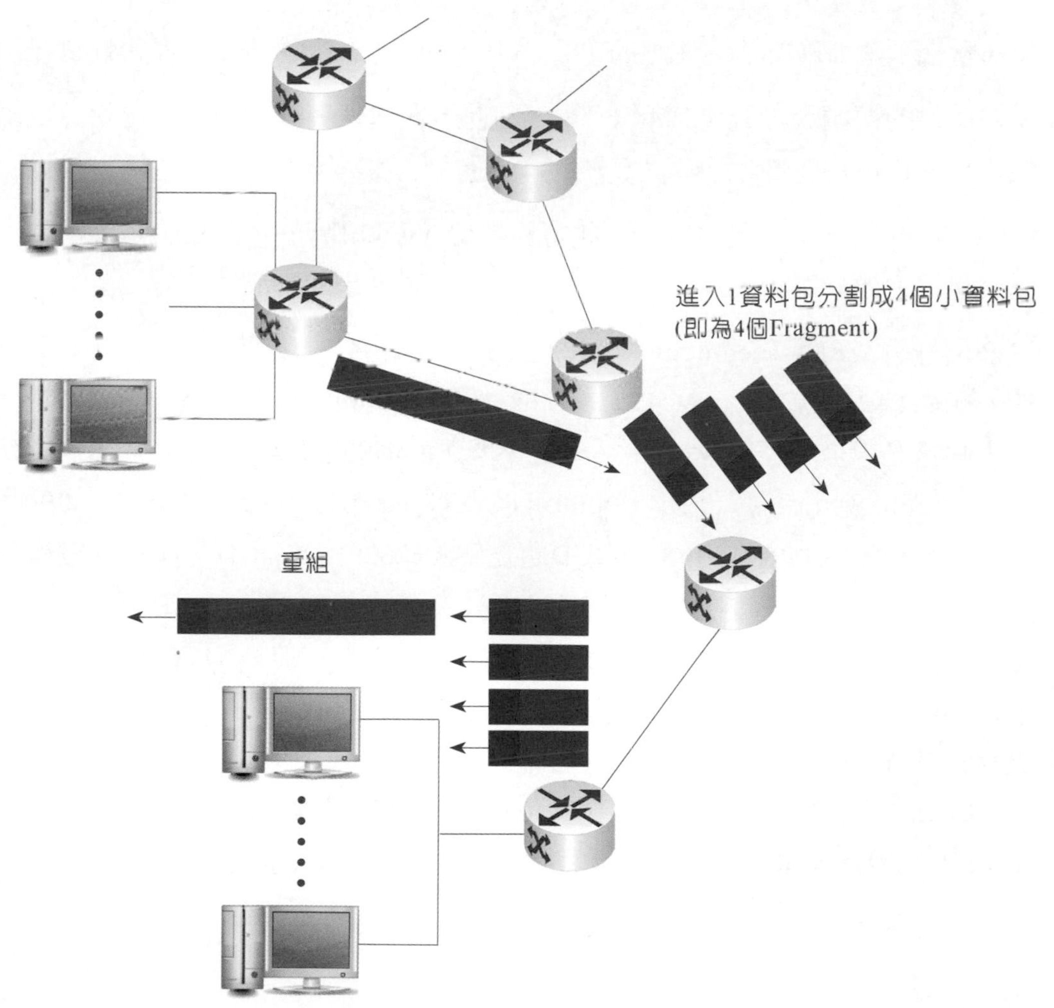

◐圖3-14 IP資料包切割與重組

3-4 IPv6簡介

由於現實情況對於IP位址的需求愈來愈多，在可預見的未來，IPv4位址的數量恐怕會不夠用。特別是近年來，寬頻電信及網路服務量不斷提升，加上無線網路技術、4G等應用，IP位址的需求量更加速成長。爲了解決這個惱人的問題，再加上各方面的考量，下一版的IP版本—IPv6就被發展出來。改用IPv6的主要理由如下：

- IPv6的位址是由128 bits所組成，2^{128}比IPv4位址增加79個千的9次方。有興趣的讀者請參考RFC 2373。
- IPv6在不需人爲設定的情形下，可以讓電腦向路由器取得IPv6位址的自動定址（auto-configuration）機制。
- IPv6整合了當前廣泛爲人使用的IPSec（IP Security）加密協定，保密性很好。
- IPv6封包的標頭長度固定爲40 bytes，因此，在處理與轉送上可以更快速；標頭的改良也增加QoS功能。
- IPv6有IPv4所無法滿足的技術，如可移動性（mobility）、階層性位址架構、高封包轉送效能等。
- IPv6位址分成8段（segment），每段由16 bits組成，各段間以冒號（：）隔開。例如1A25：23CB：2C45：ED11：3FD2：0000：A012：89AB，各數字代表16進位。爲了方便表示IPv6位址，開頭的0可以不寫，例如0A1B簡化爲A1B；000C簡化爲C。另外，0000可以省略掉，例如A123：0000：0000：0000：0000：0000：0005：00CD簡化爲A123：：5：CD。注意，雙冒號表示連續、數個不固定的0。假如位址爲2A35：：A126：：AB22，有可能是2A35：0：0：0：A126：0：0：AB22或2A35：0：0：A126：0：0：0：AB22；爲避免使用者錯誤解讀，故只能限用1次雙冒號。另一種IPv6位址表示爲「IPv6位址/首碼長度」，如圖3-15所示。在128位元的長度中，首碼（prefix）佔有N bits，首碼長度則依位址的類型分爲Unicast、Multicast和Anycast三種位址類型。例如1234：：2ADC：9A1B/8，首碼長度佔8 bits。

IPv6位址的類型如下說明：

1. Unicast（單播位址）：適用於單一節點間的資料傳送。單播位址可標示一個網路介面，透過通訊協定會把送往位址的封包送給該介面。這種類型的IPv6位址又區分爲Global、Site-Local、Link-Local和IPv4-Compatible4種型態。
2. Multicast（群播位址）：適用於單一節點對多個節點間的資料傳送。群播位址也被指定到一群不同的介面，送到群播位址的封包會被傳送到所有的位址。群播位址使用前8 bits爲首碼，例如：FE00::/8。
3. Anycast（任播位址）：它是IPv4的Unicast與Broadcast（多點廣播）的綜合。前者在來源端和目的端之間直接進行通訊；後者以多點廣播方式，可使單一來源端和多個目的端之間進行通訊。因此，Anycast介於兩者之間，它如同多點廣播一樣，會有一組接收節點的位址表格。一旦指定爲Anycast的封包，只會傳送給距離最近或傳送成本最低（根據路由表來判斷）的其中一個接收位址，該接收位址收到封包後會跟著回應，並且加入後續的傳輸作業。此時其他節點得知某個節點位址已經回應，就不再加入後續的傳輸。目前的應用中，Anycast位址只能分配給路由器使用。

圖3-15 另一種IPv6位址格式表示

[註解]自動定址機制包括全狀態自動配置（Stateful Auto-configuration）及無狀態自動配置（Stateless Auto-configuration）。前者如同在IPv4中，主機由DHCP伺服器獲得IP位址；後者無需用到DHCP伺服器，也無需手動，就能夠改變網路中所有主機的IP位址。

3-4-1 IPv6封包的標頭欄位

IPv6封包如同IPv4封包，也是由標頭（如圖3-16所示）和Payload兩部分所組成。相較於IPv4，IPv6刪除了幾個在IPv4之欄位，如IP標頭長度、服務型式、ID、旗標、Fragment Offset、標頭檢查和。

Version (4 bytes)	Traffic Class (8 bytes)	Flow Label (20 bytes)
Payload Length (16 bytes)	Next Header (8 bytes)	Hop Limit (8 bytes)
Source Address (128 bytes)		
Destination Address (128 bytes)		

圖3-16 IPv6封包的標頭欄位

- Version佔4 bits：表示Internet Protocol的版本號碼。
- 訊務等級（Traffic Class）佔8 bits：表示封包的類別或優先權，如同IPv4的TOS的功能。
- 資料流標記（Flow Label）佔20 bits：用來識別資料封包的資料流。
- 酬載長度（Payload Length）佔16 bits：記錄資料封包的長度，它位於固定的40 bytes標頭長度之後。
- 內層標頭（Next Header）佔8 bits：此欄位能識別在IPv6標頭之後是哪一種型態的標頭，這如同IPv4標頭中的協定（PROT）欄位代表的功能。例如6代表TCP，17代表UDP等。換言之，可辨識資料的上層協定。若是在TCP或UDP這些上層協定的標頭之前，還有其他標頭，系統便會依序呼叫該標頭所對應的協定來處理。
- Hop Limit佔8 bits：每一路由器轉送一個資料封包時，欄位內容就減1，直到0時封包就會被丟棄。
- 來源端位址佔128 bits：是用來記錄來源主機的IP位址。
- 目的端位址佔128 bits：用來記錄目的端主機的IP位址。

N.O.T.E

IPv6不允許中間路由器進行IP Fragment與重組操作，為減少操作時間及增加效能，這些操作只能在來源端主機與目的端主機進行。若路由器收到的資料包太大，無法透過輸出鏈路轉送，就丟棄資料包，然後送出ICMPv6錯誤訊息給發送端。發送端會調整一個最合適的MTU重送該筆資料。IPv6標頭為增加效能，完全地移除檢查和的計算，以減少每一站的處理時間。換言之，只依賴TCP/UDP層和數據鏈路層來執行檢查和，以保證數據傳輸的可靠性。至於選項欄位，如同TCL/UDP協定標頭，可以透過IP封包的內層標頭指出來。

3-4-2 IPv4和IPv6間的轉換

目前有許多關於IPv4與IPv6之間的轉換技術與過渡性策略的研究。IETF提出3種IPv4與IPv6轉換技術，分別是雙重堆疊架構（dual-stack）、隧道（tunneling）技術，與網路位址與協定轉換（Network Address Translation-Protocol Translation；NAT-PT）。

◈雙重堆疊架構

在RFC 4213規定，節點同時能傳送與接收IPv4/IPv6兩種封包；即IPv4/IPv6節點與IPv4節點互動時，可以使用IPv4協定；若與IPv6節點互動時，IPv4/IPv6節點可以使用IPv6協定。然而，若送收其中一方只能使用IPv4，則這類型的架構即使中間某兩節點是使用IPv6，最後還是得到IPv4資料包，如圖3-17所示。圖中節點A至節點B是交換IPv6封包，節點B必須產生IPv4封包至節點C（亦即將IPv6封裝至IPv4，但前者獨有的欄位無法對應至IPv4，像資料流標記就遺失了）；同理，節點D至節點E也是交換IPv4封裝至IPv6這個封包，最後雖然節點E至節點F是交換IPv6資料包，但只能得自D傳送到的IPv4資料包。注意，並不會包含原由節點A送出的IPv6封包欄位，故圖的最右邊的資料流以「?」表示。

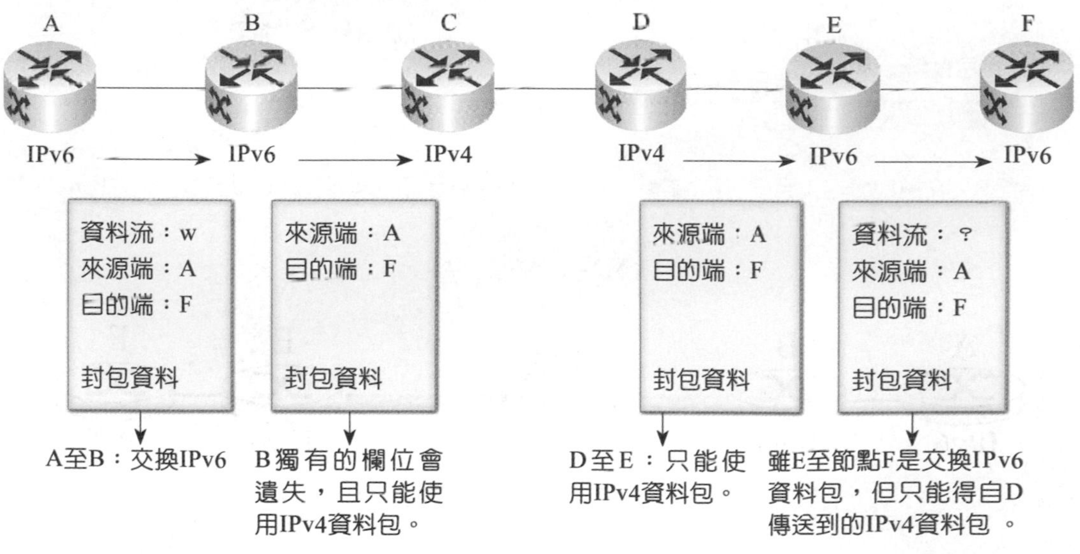

◎圖3-17 雙重堆疊架構

◈隧道技術

圖3-17的問題可利用隧道技術解決。即當節點B的IPv6封包進入節點C（即IPv4協定的網域）時，將IPv6封包當作資料，並在前面加上IPv4標頭，再送入節點D的IPv4網域。當資料包由節點D的IPv4網域離開，進入節點E的IPv6網域時，再將IPv4的標頭移除，並還原爲原來的IPv6封包，像這樣的情形稱爲隧道技術，即網路的兩端是IPv6協定網域，而中間節點（節點C與節點D）都是IPv4協定的網域，正是所謂的隧道，如圖3-18所示。執行隧道技術的節點C與節點D並不知道IPv4資料包本身包含來自節點B整個的IPv6資料包，如圖3-19所示。

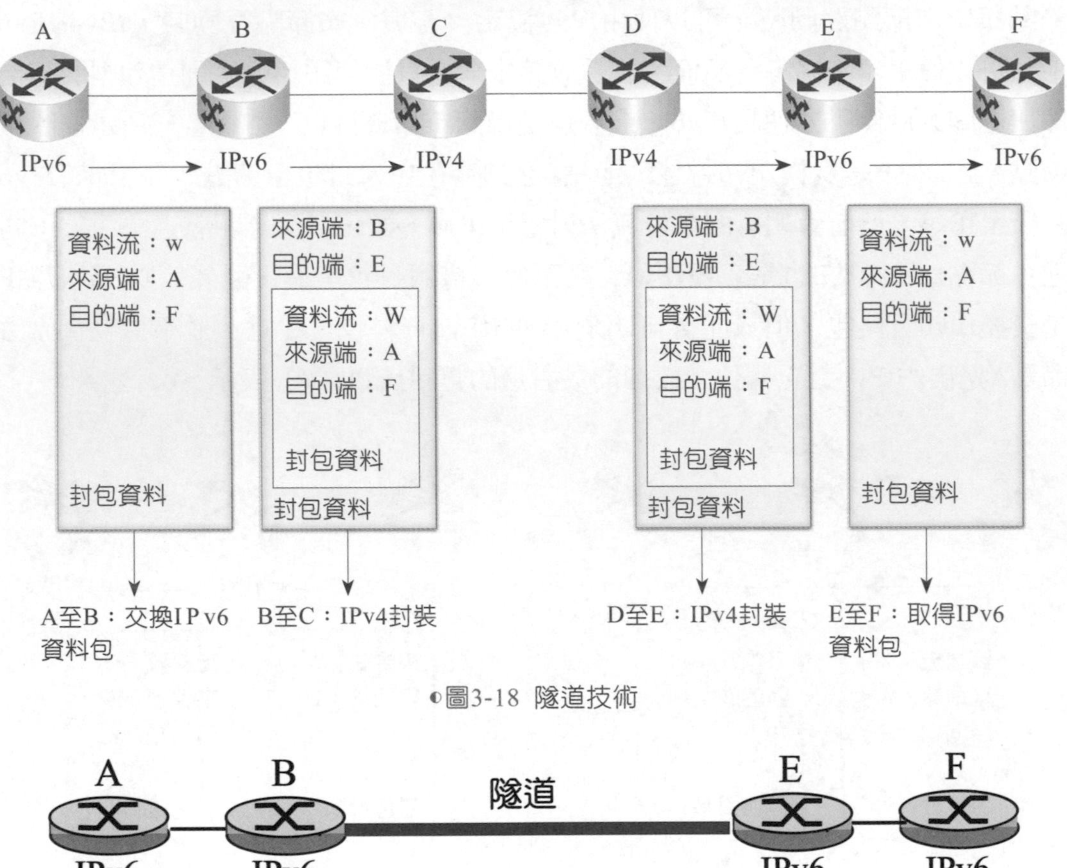

◐圖3-18 隧道技術

◐圖3-19 隧道技術

◈NAT-PT

此技術必須將封包的欄位做相對應的轉換。例如：當資料包是IPv6協定時，其資料包的欄位會對應到IPv4資料包的欄位，並因而轉換成IPv4資料包。同樣的，IPv4的資料包要轉換成IPv6的資料包，亦是透過欄位相對應的轉換方法。

NAT-PT技術也可使用於純IPv6與純IPv4網域的連結，透過通訊協定的完全轉換，使得封包可以在完全的IPv4網域或IPv6網域傳送。有關NAT-PT可參考RFC 2766。

一個NAT-PT的裝置都擁有一些眞實的IPv4位址，當IPv6網路與IPv4網路通訊連線介接時，它將以動態方式提供IPv6連結點所需的位址資訊，並在每一次連結通訊期間做記錄，如IPv4和IPv6位址之間的對應關係。

更進一步，NAT-PT可延伸爲NAPT-PT（Network Address Port Translation-Protocol Translation），其將藉由埠號的轉換來達到與位址轉換相同的功效，這可使IPv4位址又可重複使用，而且一個IPv4的位址又可對應至多個IPv6主機。

3-5 基礎IP封包的擷取分析

此分析主要驗證上一節所敘述的IP封包格式。爲說明方便，建立網路連線後，利用IE瀏覽器向Google網站下載一些資料，然後開啓Wireshark工具程式抓取所要的IP封包，再進行對IP標頭欄位分析如圖3-20所示。注意，Wireshark所擷取的IP封包，其標頭並不會含有網路遮罩的資訊，這樣的原因大可以從CIDR第4個字母"R"字義上去瞭解。因CIDR主要動作是執行路徑選擇，而此正是路由器的任務，路由器會將路由資訊（包含網路相關資訊及網路遮罩）儲存於資料庫以進行IP路由。

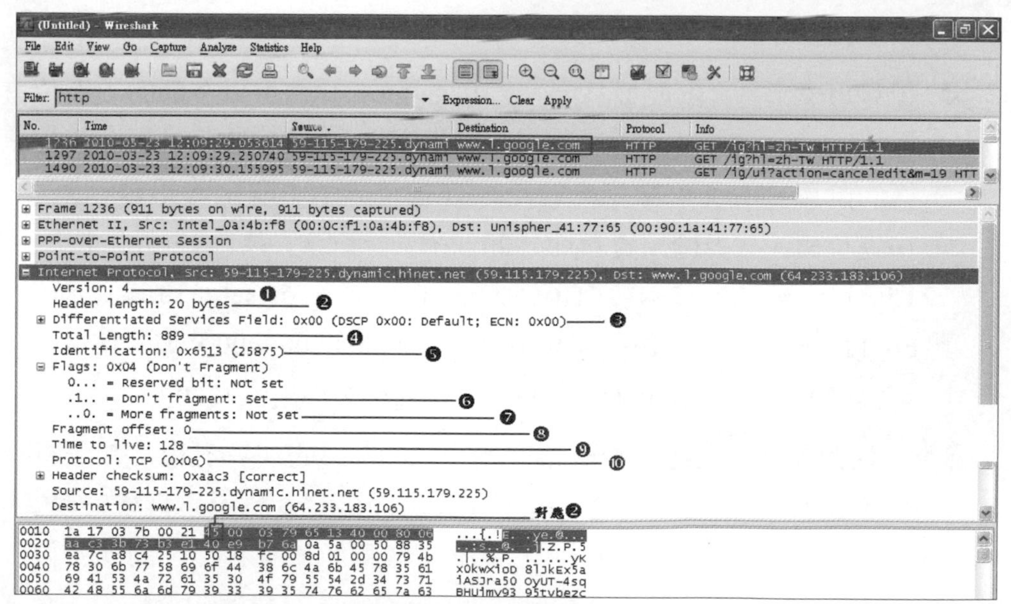

◐圖3-20 IP標頭欄位分析

❶ 指出Version的值爲4，代表此IP封包採用IPv4版本。

❷ 指出此封包的IP標頭長度爲20 bytes。注意：因IP標頭長度欄位值是以4 bytes爲單位，故封包位元組窗格欄位值爲5。

❸ 指出DSCP加上ECN的值均爲0x00，代表目前使用爲最低優先權與最基本的品質服務等級（即BES）；網路並未使用壅塞指示。

❹ 指出此IP封包的總長度889 bytes，則IP Payload（扣除IP標頭長度20 bytes）爲869 bytes。

❺ 指出目的端主機可利用Identification（識別）欄位，判斷IP封包原來的順序。

❻ 指出DF爲1，表示此封包在傳送過程中是不可切割的。

❼ 指出MF爲0，表示此封包後面沒有IP Fragment。

❽ 指出此封包是一個未被切割過的完整的IP封包，所以FO爲0。

❾ 指出IP封包的存活時間。

❿ 指出上一層所使用的通訊協定爲TCP，其值是0x06；若爲UDP，此值是0x11（十進位17）。

N.O.T.E

圖3-20可由❶及❷對應的封包位元組窗格顯示值0x45，其前面值為0x0021（代表PPP協定），可判斷出ADSL是設定成手動撥號連線。

範例❻ 說明圖3-20中的第❻～❽對應的16進位值爲何是4000；另外，驗證標頭檢查和值等於0xaac3的演算過程。

解 圖3-20標頭長度爲典型長度，佔20 bytes；我們可以在❶的上面位置點選「Internet Protocol」，就可以得出20 bytes的標頭長度如圖中最下窗格的陰影部分反白數字，它是以16進位表示；圖中的第❻~❽對應的16進位值，代表標頭資料「4000」，其「Flag」共3個位元，依序爲bit 15、bit 14、bit 13等於010，加上「Fragment offset」13個位元依序爲bit 12、bit 11、bit 10……bit 0，等於0000000000000，總共16個位元。可寫成0100000000000000，轉換成16進位值得出0x4000。

接著，我們要計算發送端標頭檢查和等於0xaac3的演算過程：首先將16進位表示的IP標頭長度每2 bytes爲一組，共分爲10組的資料，再轉成2進位，如圖3-21(a)所示。注意：在圖3-21(a)中的第6組（標頭檢查和欄位的初始值）必須先全部填入0。一旦求出標頭檢查和等於0xaac3後，它會隨IP資料包一起被傳送出去；當接收端收到此IP封包時，就進行如同在發送端的計算方式，但此時第6組的標頭資料計算檢查和欄位不再全部填入0，而是填入剛從發送端計算出來的0xaac3之值，再進行加總，得到的結果值等於0，表示沒有發生錯誤，如圖3-21(b)所示。

組別	標頭資料(16進位)	運算	2進位表示
1	45 00		0100 0101 0000 0000
2	03 79	+	0000 0011 0111 1001
			0100 1000 0111 1001
3	6513	+	0110 0101 0001 0011
			1010 1101 1000 1100
4	40 00	+	0100 0000 0000 0000
			1110 1101 1000 1100
5	80 06	+	1000 0000 0000 0110
		產生溢位1	0110 1101 1001 0010
		加1	0110 1101 1001 0011
6	00 00	+	0000 0000 0000 0000
			0110 1101 1001 0011
7	3b 73		0011 1011 0111 0011
		+	1010 1001 0000 0110
8	b3 e1		1011 0011 1110 0001
		產生溢位1	0101 1100 1110 0111
		加1	0101 1100 1110 1000
9	40 e9		0100 0000 1110 1001
			1001 1101 1101 0001
10	b7 6a		1011 0111 0110 1010
		產生溢位1	0101 0101 0011 1011
		加1	0101 0101 0011 1100
標頭檢查和	aac3	取1's補數	1010 1010 1100 0011

◐圖3-21(a) 發送端標頭檢查和等於0xaac3的演算過程

組別	標頭資料(16進位)	運算	2進位表示
1	45 00		0100 0101 0000 0000
2	03 79	+	0000 0011 0111 1001
			0100 1000 0111 1001
3	6513	+	0110 0101 0001 0011
			1010 1101 1000 1100
4	40 00	+	0100 0000 0000 0000
			1110 1101 1000 1100
5	80 06	+	1000 0000 0000 0110
		產生溢位1	0110 1101 1001 0010
		加1	0110 1101 1001 0011
6	aac3	+	1010 1010 1100 0011
		產生溢位1	0001 1000 0101 0110
		加1	0001 1000 0101 0111
7	3b 73	+	0011 1011 0111 0011
			0101 0011 1100 1010
8	b3 e1	+	1011 0011 1110 0001
		產生溢位1	0000 0111 1010 1011
		加1	0000 0111 1010 1100
9	40 e9		0100 0000 1110 1001
			0100 1000 1001 0101
10	b7 6a		1011 0111 0110 1010
			1111 1111 1111 1111
標頭檢查和		取1's補數	0000 0000 0000 0000

◐圖3-21(b) 接收端標頭檢查和的演算過程

3-6 Wireshark實作分析與討論

為了可以進一步追蹤IP資料包的變化，下面實作分析Case中，我們是利用traceroute軟體程式來產生一系列不同大小的IP資料包長度至相同的目的端，而典型使用於Microsoft Windows traceroute程式的軟體稱為pingplotter pro。注意：IP標頭中的TTL值會隨著traceroute程式所產生的第一個IP資料包送出設定為1；第二IP資料包送出去則TTL值設定為2；換言之，依此類推，TTL值會隨送出去的IP資料包增加1。注意：此時每一部路由器接收到IP資料包時，TTL值便會減1，一直到TTL=0時，若封包未到達目的端就丟棄，並透過ICMP（Internet Control Management Protocol）將此錯誤（type 11–TTL-exceeded）訊息通知發送端，而這樣的結果，使得在發送端與目的端之間的路由器，可以被識別出來，像這樣子的過程稱為traceroute。現在我們就說明實作Case 1~3的操作步驟。

1. 開啓Wireshark工具程式→Capture→Options→選擇正確的介面卡，準備擷取所要的IP封包。
2. 以手動撥接連線開啓網路中的電腦。
3. 啓動pingplotter pro軟體來產生一系列不同大小的IP資料包。此Case中設定的資料包長度分別為packet size（bytes）100、1700和3900，如圖3-22(a)所示。顧名思義，pingplotter軟體就是用來產生ICMP echo request的封包。如果你已經安裝好pingplotter軟體，接下來可在它的Address to Trace輸入目的端網址www.google.com.tw，然後在#of times to trace輸入3（選3以避免太多的資料量）→Edit→Options→Engine→Packet size (in bytes)輸入100→OK→點選Trace，得到如圖3-22(b)與經過各hops的軌跡路線，如圖3-22(c)；重複上述程序，網址仍維持www.google.com.tw，回到Packet size (in bytes)輸入1700→OK→Resume與Packet size (in bytes)輸入3900→OK→Resume，如圖3-22(d)；然後Stop Wireshark Tracing，得出實作Case 1~3待分析的檔案。
4. 接下來分別對IP資料包長度實作Case 1:100 bytes，實作Case 2:1700 bytes，和實作Case 3:3900 bytes做詳盡分析（若已在圖3-20分析過的IP標頭欄位就不再重複，除非有必要再衍生)。注意：在繁雜的Wireshark畫面要快速抓取所要擷取的檔案，可在filter欄位輸入「icmp」。在下列要說明的3種Case，所擷取的Wireshark畫面大都以TTL= 1做描述；當然，如果要以TTL=2，3…或128也OK。以實作Case 1來說，可以找出封包No 235，它是我們利用pingplotter pro送出100 bytes的IP資料包。以實作Case 2來說，可以找出被切割成2個IP Fragments，即封包No 307及封包No 308，它們是我們利用pingplotter pro送出1700 bytes的IP資料包。以實作Case 3來說，可以找出封包被切割成3個IP Fragments，即封包No 572、封包No 573，及封包No 574，它們正是我們利用pingplotter pro送出3900 bytes的IP資料包。

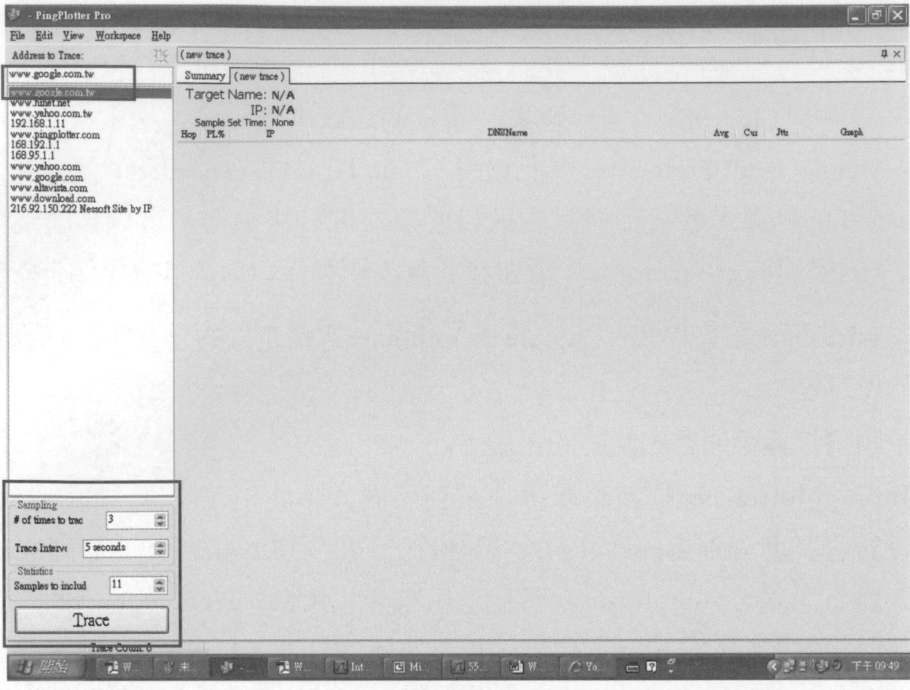
PingPlotter Pro
File Edit View Workspace Help
Address to Trace:
(new trace)
www.google.com.tw
Summary
Target Name: N/A
IP: N/A
Sample Set Time: None
www.yahoo.com.tw
192.168.1.11
www.pingplotter.com
168.192.1.1
168.95.1.1
www.yahoo.com
www.google.com
www.altavista.com
www.download.com
216.92.150.222 Nessoft Site by IP
Sampling
# of times to trac 3
Trace Interv 5 seconds
Statistics
Samples to includ 11
Trace

◐圖3-22(a)

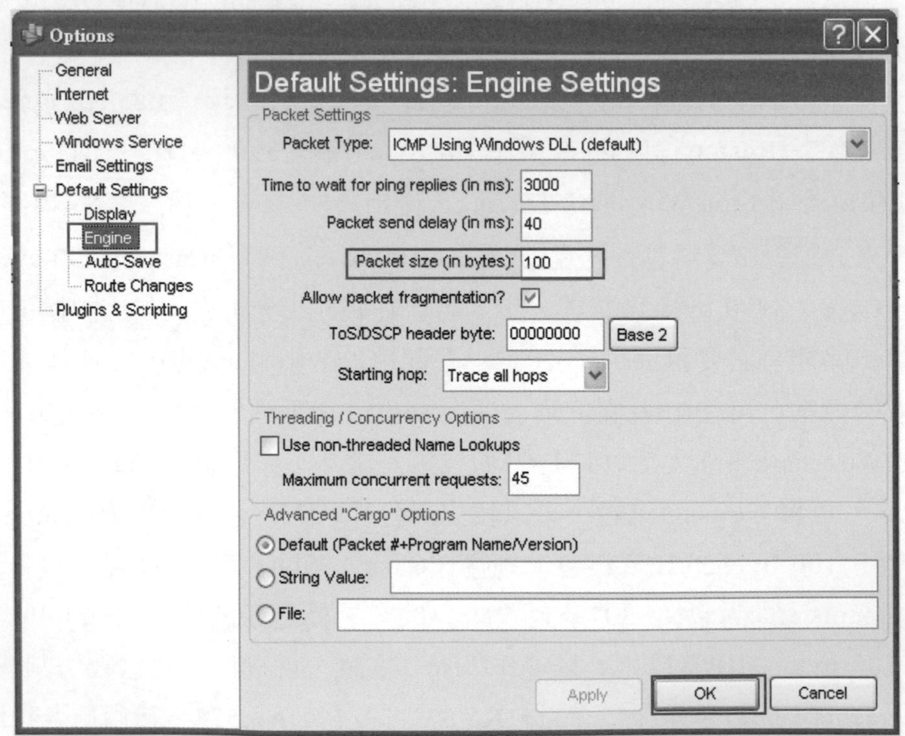
Options
General
Internet
Web Server
Windows Service
Email Settings
Default Settings
Display
Engine
Auto-Save
Route Changes
Plugins & Scripting
Default Settings: Engine Settings
Packet Settings
Packet Type: ICMP Using Windows DLL (default)
Time to wait for ping replies (in ms): 3000
Packet send delay (in ms): 40
Packet size (in bytes): 100
Allow packet fragmentation?
ToS/DSCP header byte: 00000000 Base 2
Starting hop: Trace all hops
Threading / Concurrency Options
Use non-threaded Name Lookups
Maximum concurrent requests: 45
Advanced "Cargo" Options
Default (Packet #+Program Name/Version)
String Value:
File:
Apply
OK
Cancel

◐圖3-22(b)

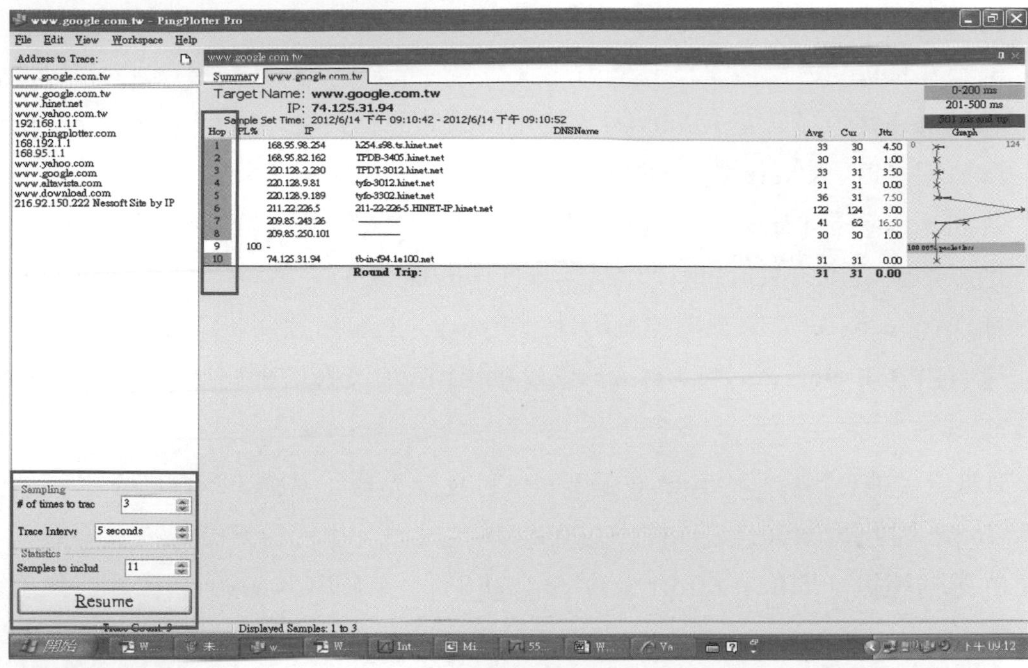

◐圖3-22(c)

◈實作Case 1的分析

如圖3-23(a)所示。

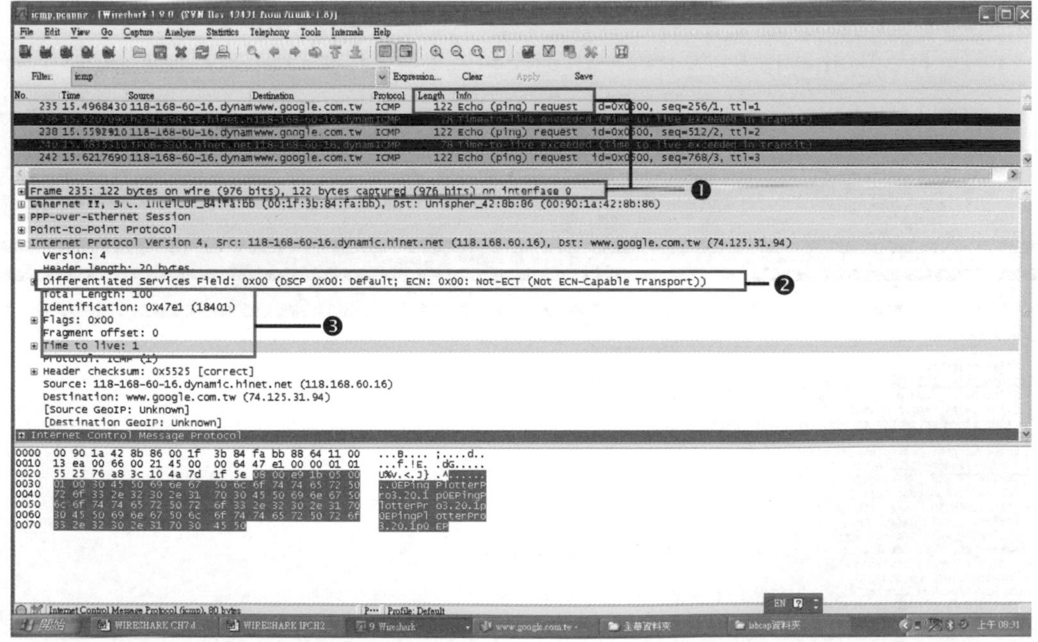

◐圖3-23(a) 100 bytes的IP資料包經Wireshark所擷取的檔案畫面（TTL=1，FO=0）

❶ 圖3-23(a)指出，封包No 235中的Length欄位值為122 bytes（此值是IP封包總長度100bytes及標頭22 bytes的總和）。封包No 235亦稱為Frame 235；它的Length欄位值等於122 bytes，也是所謂的訊框長度（Frame Length）或稱為捕捉長度（Capture Length）；Frame 235還包含封包到達時間以及長週期時間（Epoch Time），如圖3-23(a)-1所示。再強調一次，Case1因網路連線是以手動撥接，故Frame 235訊框長度中的標頭為22 bytes，共包含目的端位址DA佔6 bytes；來源端位址SA佔6 bytes；上層類型欄位Etype佔2 bytes；還有PPPoE Session佔6 bytes，以及指出PPP所支援的網路層協定欄位值佔2 bytes。

❷ DSCP（佔6 bits），其中左邊3 bits定義優先權；右邊3 bits定義服務品質QoS。因此，0x00代表DSCP=000000為預設值，也代表無優先權及只有基本的服務等級（即Best Effort Service；BES）。至於ECN=0x00指出網路無壅塞指示。

❸ IP資料包總長度為100 bytes，也意謂著IP payload佔80 bytes；目的端的主機可利用ID=0xf1e2識別碼來重組IP資料包。由於IP資料包長度僅為100 bytes，故它的Fragment Offset=0。注意，此實作分析得出的Flag=0x00（佔3bits，即000）中，第2個參數DF=0，代表它的IP資料包100 bytes是在切割狀態得到的；第3個參數MF為0，表示此封包為切割後的最後一個封包；至於TTL=1代表pingplotter送出第一IP資料包其TTL值設定為1。

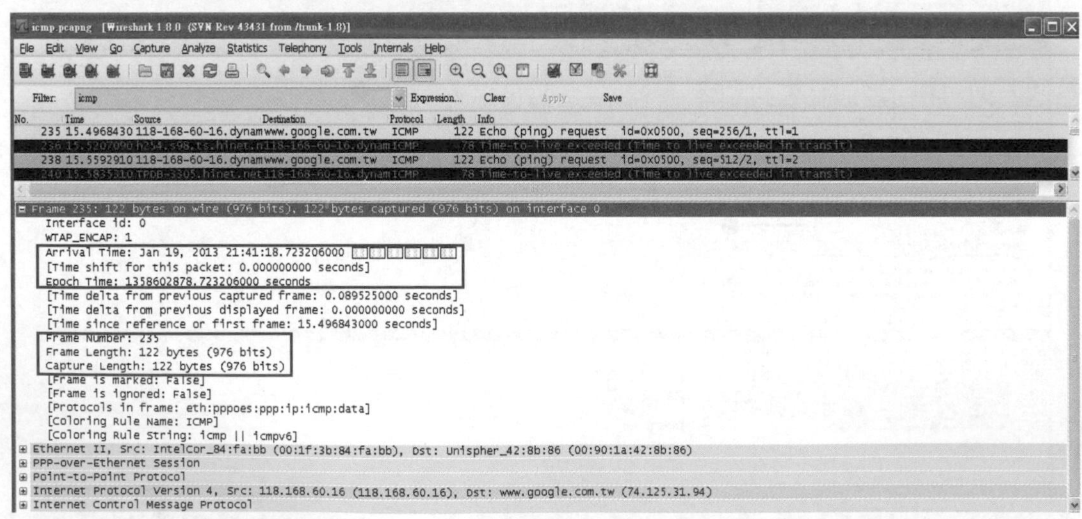

圖3-23(a)-1 Frame 235的到達時間以及長週期時間內容

◈實作Case 2的分析

如圖3-24(a)與圖3-24(b)所示。

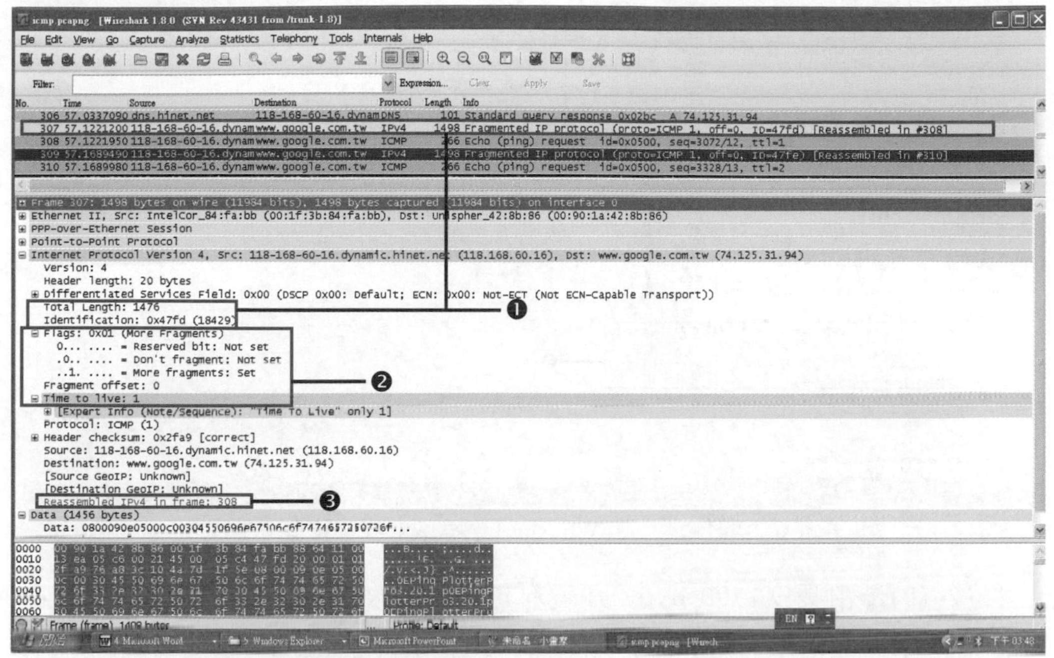

◎圖3-24(a) 1700 bytes的IP資料包，經Wireshark所擷取的檔案畫面（TTL=1，FO=0）

❶ 由於IP資料包長度爲1700 bytes（所以IP Payload=1700-20=1680 bytes），顯然已大於乙太網路的資料欄位最大長度1500 bytes的限制，故圖3-24(a)長度1700 bytes的IP資料包會切割成2個IP Fragment，一爲1456 bytes（可由圖中Total Length 1476-20=1456得出），另一IP Fragment爲224 bytes（可由1680-1456=224得出）。注意：前面已提過，某些網路卡能容納切割後的每一個IP Fragment的長度會落在1440 bytes至1480 bytes之間。另一方面，封包No 307中的Length欄位值爲1498 bytes，如同前面提過，此值是IP封包總長度1476 bytes及標頭22 bytes的總和。

❷ 指出Flag=001，其中DF=0，代表它的資料包1700 bytes是在可切割狀態，第3個參數MF=1，代表該筆資料外，也意謂著還有下一筆資料包，此時它的Fragment Offset=0。

❸ 指出要重組的IP封包編號要從Frame 307算到Frame 308。

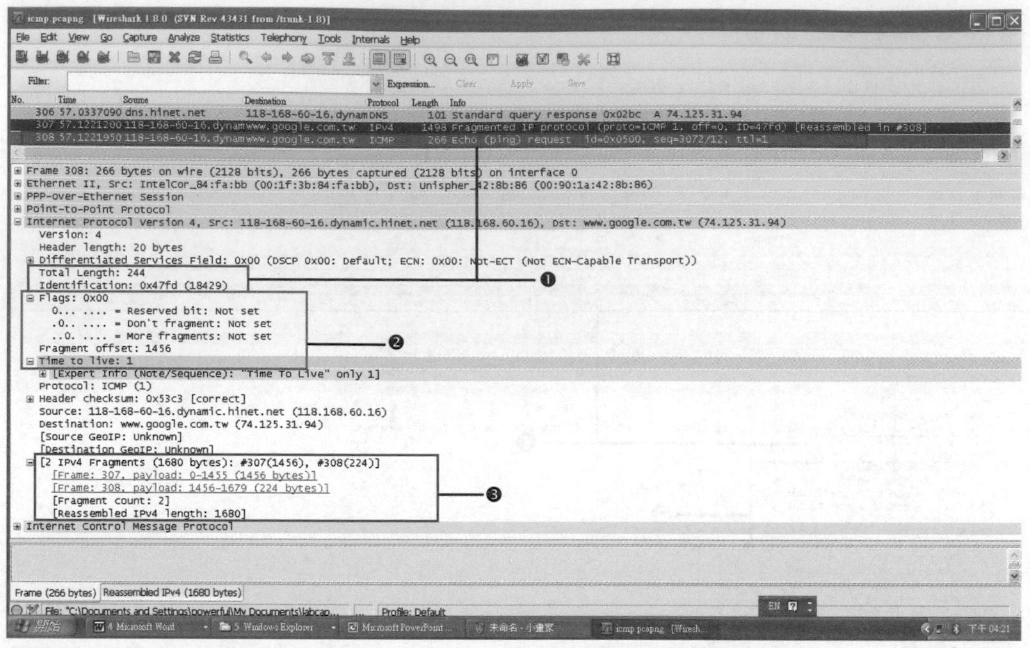

◐圖3-24(b) 1700 bytes的IP資料包，經Wireshark所擷取的檔案畫面（TTL=1，FO=1456）

❶ 圖3-24(b)是由長度1700 bytes IP資料包切割出來的第2個IP Fragment，其值爲224 bytes（相當於244-20），則封包No 308中的Length欄位值爲266 bytes（相當於224+20+22=266；其中20 bytes爲第2個IP資料包的標頭長度）。注意：封包No 307與封包No 308是來自同一個IP的資料包，所以Identification同爲0x47fd。

❷ 指出Flag=000，其中DF=0，代表它的IP資料包1700 bytes是在可切割狀態，第3個參數MF=0，代表該筆IP資料包是最後一筆。注意：此時它的封包內容列窗格中的Fragment Offset（簡稱FO）欄位值爲1456，但在封包位元組窗格則以8 bits爲單位，可寫成1456÷8=182，16進位表示寫成0x00b6。

❸ 指出1700 bytes的IP資料包，它的IP Payload=1700-20=1680 bytes，即#307（1456）與#308（224）兩個IP Fragment的總和。值得一提的是，第1個IP資料包的Total Length爲1476（1456+20）bytes，但第2個IP資料包的Total Length爲244（224+20）bytes。

◈實作Case 3的分析

如圖3-25(a)、圖3-25(b)與圖3-25(c)所示。

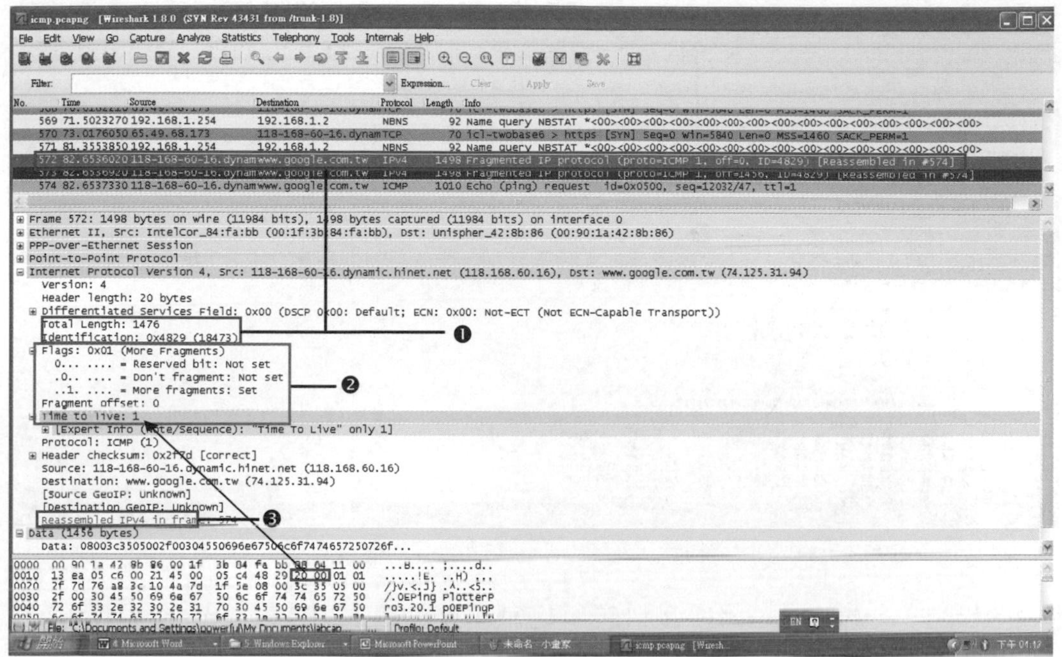

◐圖3-25(a) 3900 bytes的IP資料包，經Wireshark所擷取的檔案畫面（TTL=1，FO=0）

❶ 指出長度3900 bytes的IP資料包所切割出來的第1個IP Fragment，其值爲1456 bytes，則封包No 572中的Length欄位值爲1498 bytes（相當於1456+20+22=1498）。此時Fragment Offset的值爲0。注意：封包No 572、封包No 573與封包No 574是來自同一個IP的資料包，所以Identification同爲0x4829。

❷ 指出Flag=001，其中DF=0，代表它的資料包3900 bytes是在可切割狀態，第3個參數MF=1，代表該筆資料外，也意謂著還有下一筆資料包，此時，代表它的Fragment Offset=0。注意：圖中所示的Flag=001加上Fragment Offset欄位值（佔13 bits）相當0000000000000；因此顯示在封包位元組窗格Flag與Fragment Offset（佔16 bits）可以寫成2進位0010000000000000；以16進位表示寫成0x2000。

❸ 指出要重組的IP資料包編號從Frame 572算到Frame 574。

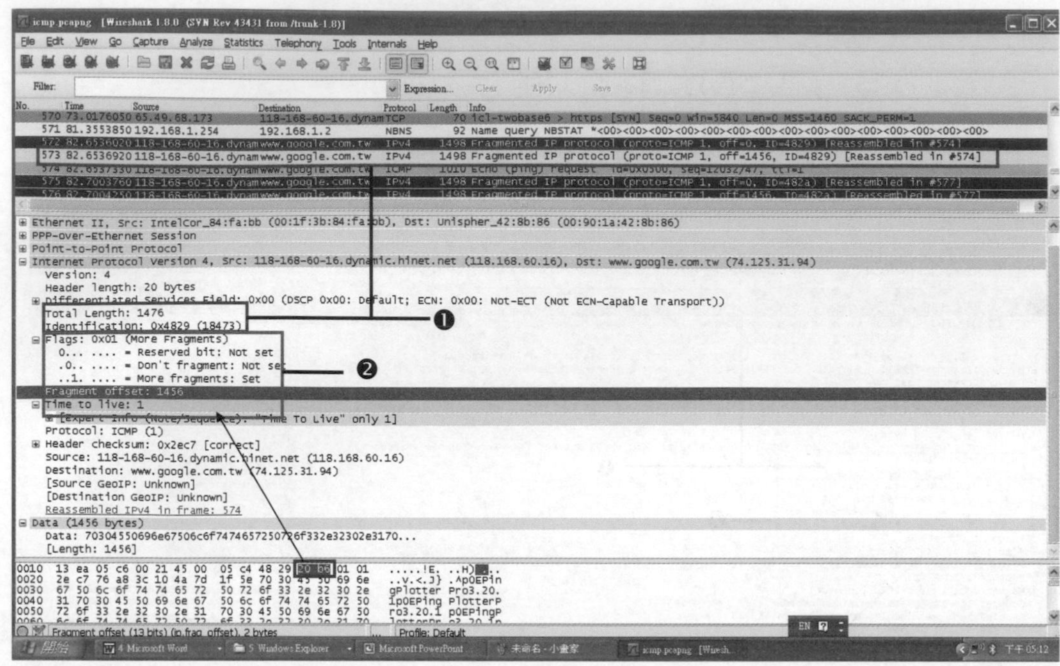

圖3-25(b) 3900 bytes的IP資料包，經Wireshark所擷取的檔案畫面（TTL=1，FO=1456）

❶ 指出長度3900 bytes的IP資料包所切割出來的第2個IP Fragment，其值仍爲1456 bytes，則封包No 573中的Length欄位值亦爲1498 bytes。注意：封包No 572、封包No 573與封包No 574是來自同一個IP的資料包，所以Identification同爲0x4829。

❷ 指出此時Fragment Offset的值爲0+1456=1456。注意：圖中所示的Flag=001加上Fragment Offset欄位值（佔13 bits）爲1456（記得FO以8 bytes爲單位，故1456÷8=182，相當0000010110110）；因此顯示在封包位元組窗格中的Flag與Fragment Offset（佔16 bits）可以寫成2進位0010000010110110；以16進位表示寫成0x20b6。

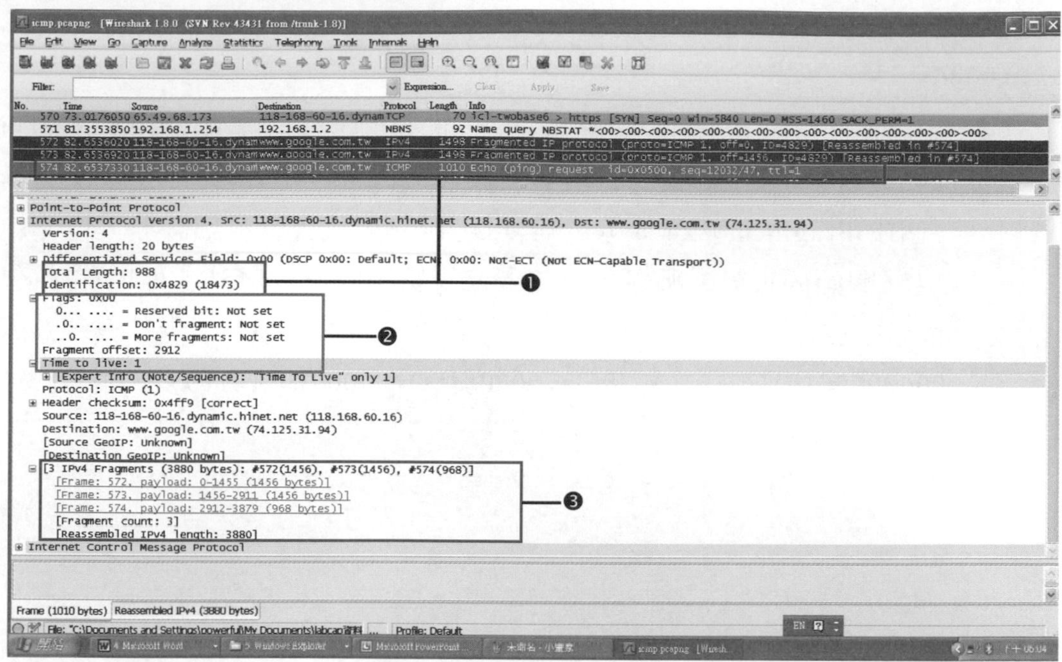

圖3-25(c) 3900 bytes的IP資料包，經Wireshark所擷取的檔案畫面（TTL=6，FO=2912）

❶與❷指出3900 bytes的IP資料包所切割出來的第3個IP Fragment，此時，Fragment Offset的值爲1456+1456=2912。Flag第3個參數MF=0，代表該筆資料（指Total Length 988 bytes）爲最後一筆的IP封包。

❸指出IP Payload爲3900-20=3880 bytes，切割出來的3個IP Fragment，依序分別爲Frame 572（1456 bytes）、Frame 573（1456 bytes）及Frame 574（其値爲3880-1456-1456=968 bytes），這也是所需要重組的IP封包編號（即從Frame 572算到Frame 574）。値得一提的是，前2個IP資料包的Total Length均爲1476（1456+20）bytes，但第3個IP資料包的Total Length僅爲988（968+20）bytes。

3-6-1 問題討論

1. 爲何在圖3-23(a)中的Flag=000；而圖3-20中的Flag=010？

   解：在圖3-23(a)中的IP資料包100 bytes是在切割狀態所得到的，故Flag=000。而圖3-20中的IP資料包爲單一筆資料，則Flag=010，其中DF=1，代表它的資料包889 bytes是在不可切割狀態（參考圖3-19中的❻），第3個參數MF=0，代表該筆資料是第一筆也是最後一筆，故它的Fragment Offset=0。

2. 說明圖3-24(b)的封包內容視窗中的FO=1456，在封包位元組窗格則為0x00b6。

解：由於1680 bytes切割成2個IP Fragment的長度，分別為第1個IP Fragment 1456 bytes，且FO=0，代表資料應該放入位元組0開始的位置；與第2個IP Fragment 224 bytes，且FO=1456，代表資料應該放入位元組1456開始的位置，所以，封包內容視窗中的FO=1456。但FO在封包位元組窗格則以8 bytes為單位，可寫成1456÷8=182，2進位表示寫成0000000010110110（包括Flag=000與FO=0000010110110），相當於16進位值0x00b6。

重點整理

- IP位址共包含Net ID（即Network ID；網路識別號碼）和Host ID（主機識別號碼）。
- 如果IP位址最左邊是以“0”開頭的，此IP是一個Class A的IP。如果IP位址最左邊是以“10”開頭的，此IP是一個Class B的IP。如果IP位址最左邊是以“110”開頭的，此IP是一個Class C的IP。
- Class A的IP範圍為1.0.0.0～126.255.255.255。Class B的IP範圍為128.0.0.0～191.255.255.255。Class C的IP範圍為192.0.0.0～223.255.255.255。
- 使用預設的Net mask：
Class A的Net mask是255.0.0.0
Class B的Net mask是255.255.0.0
Class C的Net是255.255.255.0
- 194.33.53.22/24（24表示24個”1”，亦即原網路遮罩是255.255.255.0中前3個位元組255.255.255）。
- 迴路測試使用的位址，其中最常被使用為127.0.0.1。私有IP位址如下所示（可參考RFC 1597）：
10.0.0.0 - 10.255.255.255
172.16.0.0 - 172.31.255.255
192.168.0.0 - 192.168.255.255
- 使用CIDR的時候，一個Class C的網路也可以使用255.255.0.0或其他值的Subnet Mask，由於其具較短的網路位址，針對此類型的CIDR稱為Supernet。反之，Subnet具有較長的網路位址。
- 以乙太網路為例，整個IP封包最大傳輸單位（Maximum Transmission Unit；MTU）可達1500 bytes。
- IP資料包佔5000 bytes（超過乙太網路的MTU= 1500 bytes），而其IP Payload長度為4980 bytes，必須切割成4個IP Fragment，而每一個IP Fragment的ID均相同。
- IPv6的位址是由128 bits所組成；IPv6封包的標頭長度固定為40 bytes。
- IPv4允許中間路由器進行IP Fragment與重組操作，而IPv6不允許中間路由器進行IP Fragment與重組操作，這些操作只能在來源端主機與目的端主機進行。

本章習題

選擇題

(　　) 1. 判斷IP位址193.56.7.2為分級網路中的
(1)Class A　(2)Class B　(3)Class C　(4)Class D

(　　) 2. 有一個網路為196.165.11.25/24，其中的24代表
(1)24部電腦　(2)24個1　(3)24個0　(4)24部伺服器

(　　) 3. 有一個網路為194.53.17.11/27，代表可切割成多少個子網路
(1)2　(2)3　(3)4　(4)8

(　　) 4. Class C最左邊的最高位元固定為
(1)0　(2)10　(3)110　(4)1110

(　　) 5. 197.43.16.22/26的主機數目有
(1)510　(2)254　(3)62　(4)126

(　　) 6. 一個網路為196.165.11.25/X，表示有510個主機位址，請問X的數值為
(1)20　(2)21　(3)22　(4)23

(　　) 7. 一個網路位址為176.16.0.0，在一個Class B中切割子網路有1024個，請問子網路遮罩為
(1)255.255.0.0　(2)255.255.255.0　(3)255.255.255.128　(4)255.255.255.192

(　　) 8. 一個網路位址為176.16.0.0，在一個Class B中切割子網路有2048個，請問有幾個主機位址
(1)14　(2)30　(3)62　(4)126

(　　) 9. IP封包長度為5000 Bytes，欲進行傳送到達路由器，可切割成幾IP Fragment
(1)1　(2)2　(3)3　(4)4

(　　) 10. 一個公司有192.170.22.0/24、192.170.23.0/24、192.170.24.0/24及192.170.25.0/24共4個網路，透過Supernet可以將這4個網路合併為一個較大網路為
(1)192.170.22.0/21　(2)192.170.22.0/22　(3)192.170.22.0/23
(4)192.170.22.0/24

(　　) 11. IPv6的位址是由多少bits所組成
(1)32 bits　(2)40 bits　(3)64 bits　(4)128 bits

本章習題

(　)12. IPv6的標頭長度固定為

(1)32 bytes　(2)40 bytes　(3)64 bytes　(4)128 bytes

簡答題

1. 若一個Class C切割成每個子網路有28個可用IP，請問子網路主機位址的部分佔多少位元？子網路數目為何？
2. 若要將192.165.16.0/24平均分配給4個部門，請列出使用的子網路遮罩、子網路、每一個子網路的第1個位址與最後位址，以及每個子網路的廣播位址。
3. IPv4進行IP Fragment與重組操作與IPv6有何差異？
4. IPv6標頭如何執行檢查和？

實作分析習題

1. 請試著啓動pingplotter pro軟體，產生IP資料包長度為packet size（bytes）:500，並輸入目的端網址www.yahoo.com.tw，列印經過各hops的軌跡路線。
2. 請分別對IP資料包長度圖E-1：100 bytes、圖F-2：1700 bytes，和圖E-3：3900 bytes做詳盡分析。

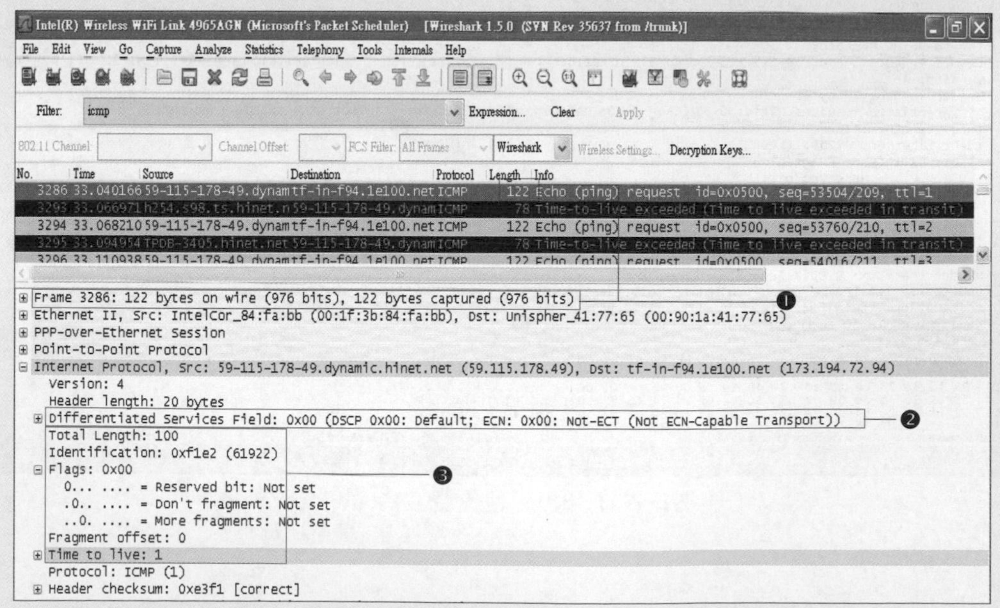

圖E-1 IP資料包長度：100 bytes

本章習題

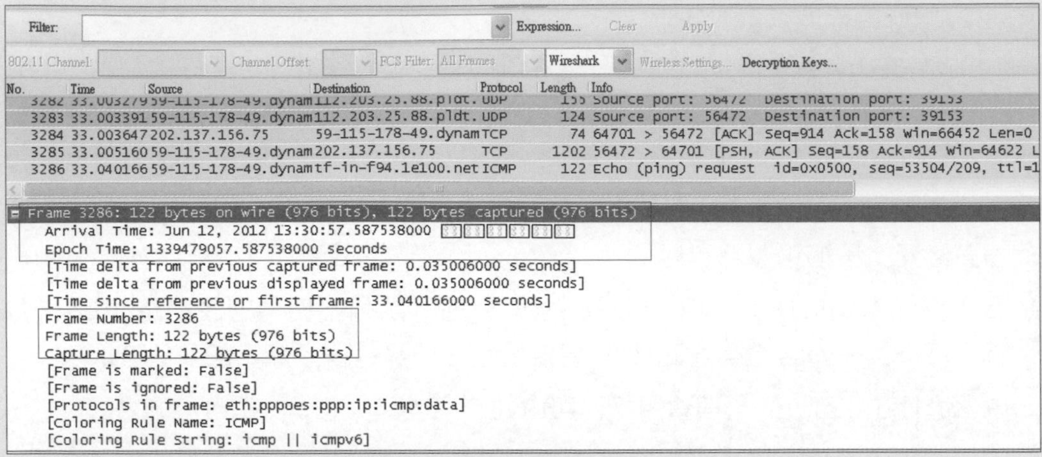

圖E-1-1 Frame 3286的內容

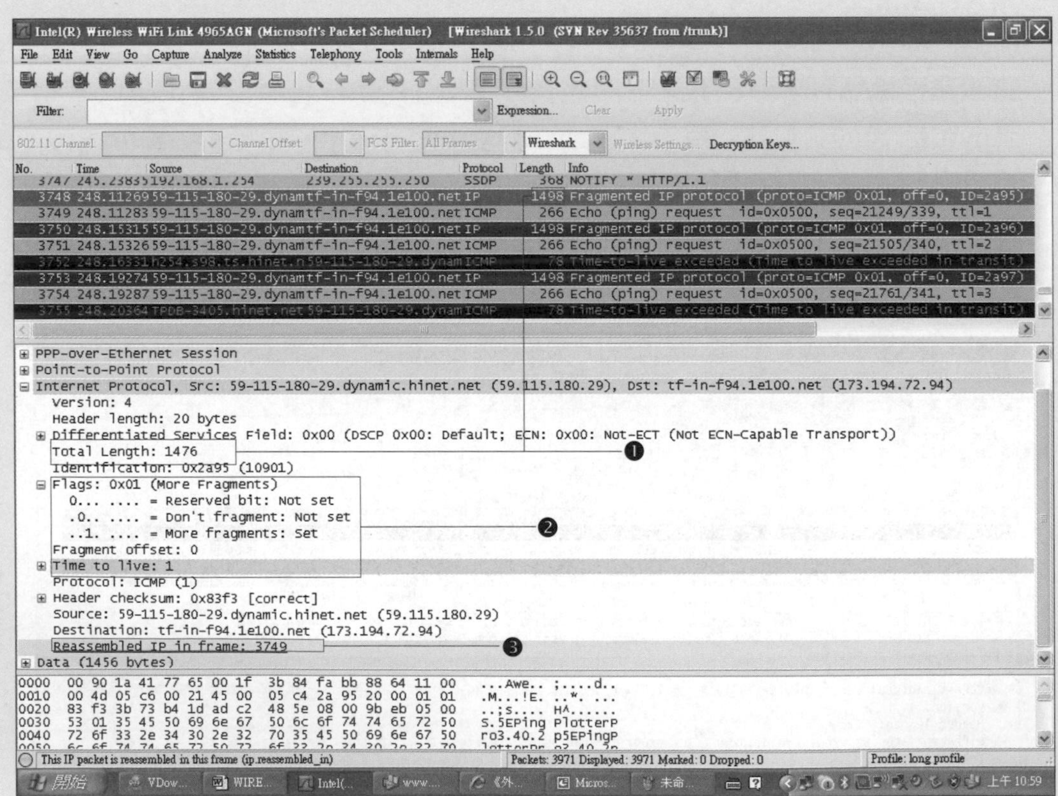

圖E-2(a) IP資料包長度：1700 bytes

本章習題

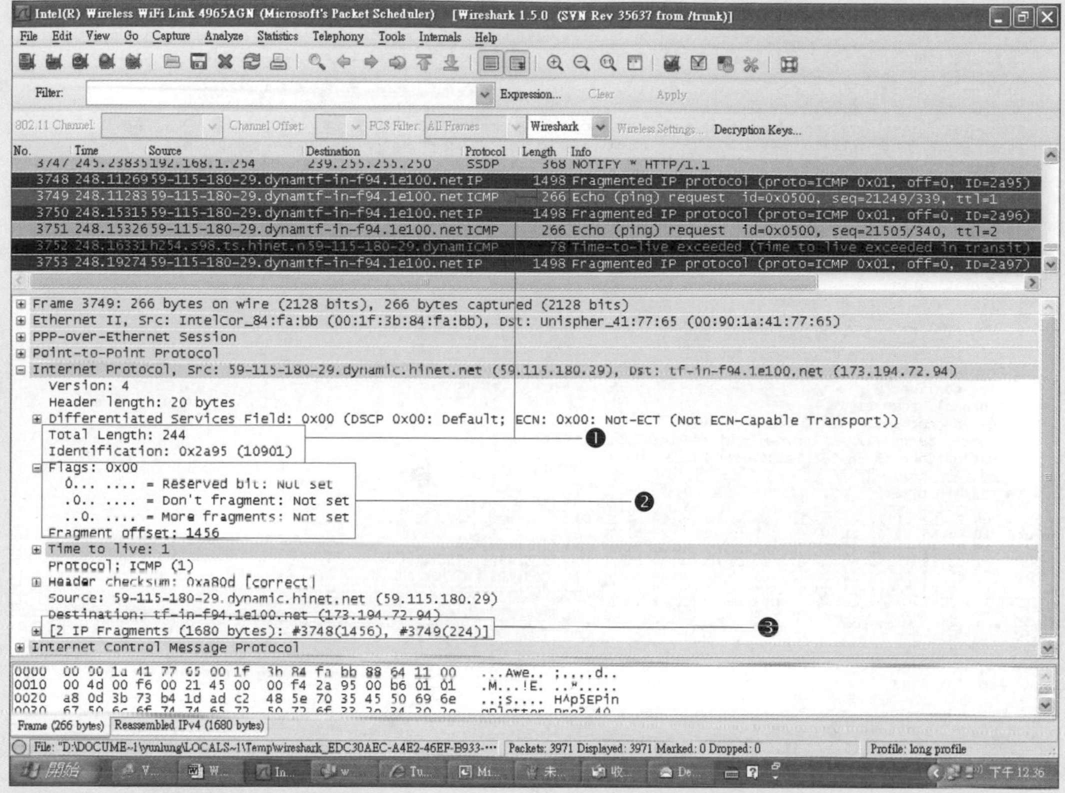

◐圖E-2(b) IP資料包長度：1700 bytes

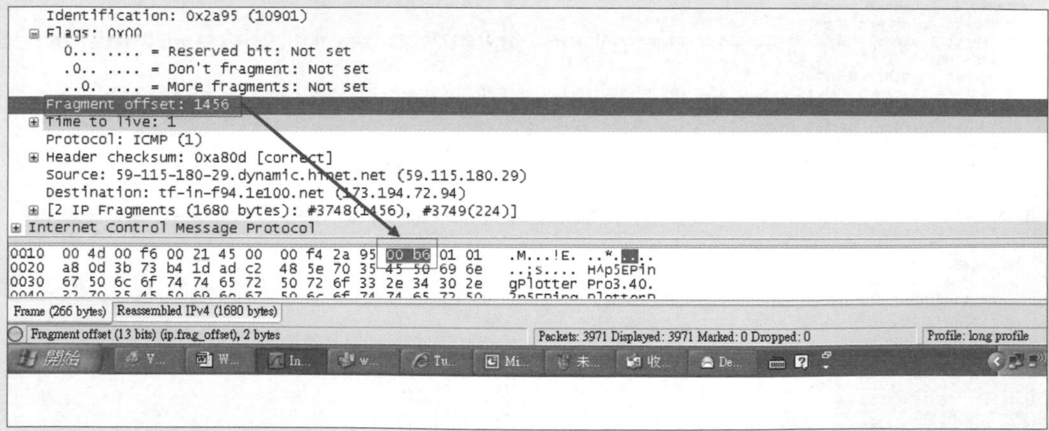

◐圖E-2(b)-1 封包內容視窗中的FO=1456，在封包位元組窗格則以16進位表示寫成0x00b6

本章習題

```
3833 326.46776 59-115-177-113.dynatb-in-f94.1e100.net IP    1498 Fragmented IP protocol (proto=ICMP 0x01, off=1456,
3834 326.46785 59-115-177-113.dynatb-in-f94.1e100.net ICMP  1010 Echo (ping) request  id=0x0500, seq=49410/705, ttl
3835 326.50849 59-115-177-113.dynatb-in-f94.1e100.net IP    1498 Fragmented IP protocol (proto=ICMP 0x01, off=0, ID
3836 326.50862 59-115-177-113.dynatb-in-f94.1e100.net IP    1498 Fragmented IP protocol (proto=ICMP 0x01, off=1456,
3837 326.50871 59-115-177-113.dynatb-in-f94.1e100.net ICMP  1010 Echo (ping) request  id=0x0500, seq=49666/706, ttl

⊞ Frame 3835: 1498 bytes on wire (11984 bits), 1498 bytes captured (11984 bits)   ❶
⊞ Ethernet II, Src: IntelCor_84:fa:bb (00:1f:3b:84:fa:bb), Dst: Unispher_41:77:65 (00:90:1a:41:77:65)
⊞ PPP-over-Ethernet Session
⊞ Point-to-Point Protocol
⊟ Internet Protocol, Src: 59-115-177-113.dynamic.hinet.net (59.115.177.113), Dst: tb-in-f94.1e100.net (74.125.31.94)
    Version: 4
    Header length: 20 bytes
  ⊞ Differentiated Services Field: 0x00 (DSCP 0x00: Default; ECN: 0x00: Not-ECT (Not ECN-Capable Transport))
    Total Length: 1476
    Identification: 0x2058 (8280)
  ⊟ Flags: 0x01 (More Fragments)
      0... .... = Reserved bit: Not set
      .0.. .... = Don't fragment: Not set
      ..1. .... = More fragments: Set
    Fragment offset: 0
    Time to live: 6
    Protocol: ICMP (1)
  ⊞ Header checksum: 0x1822 [correct]
    Source: 59-115-177-113.dynamic.hinet.net (59.115.177.113)
    Destination: tb-in-f94.1e100.net (74.125.31.94)
    Reassembled IP in frame: 3837   ❷
⊞ Data (1456 bytes)

0000  00 90 1a 41 77 65 00 1f  3b 84 fa bb 88 64 11 00   ...Awe.. ;....d..
0010  18 86 05 c6 00 21 45 00  05 c4 20 58 20 00 06 01   .....!E. .. X ...
0020  18 22 3b 73 b1 71 4a 7d  1f 5e 08 00 01 90 05 00   .";s.qJ} .^......
0030  c2 02 35 45 50 69 6e 67  50 6c 6f 74 74 65 72 50   ..5EPing PlotterP
0040  72 6f 33 2e 34 30 2e 32  70 35 45 50 69 6e 67 50   ro3.40.2 p5EPingP

File: "D:\DOCUME~1\yunlung\LOCALS~1\Temp\wireshark_EDC30AEC-A4E2-46E... 4193 Marked: 0 Dropped: 0   Profile: long profile
```

◐圖E-3(a) IP資料包長度：3900 bytes的IP資料包，經Wireshark所擷取的檔案畫面（TTL=6，FO=0）

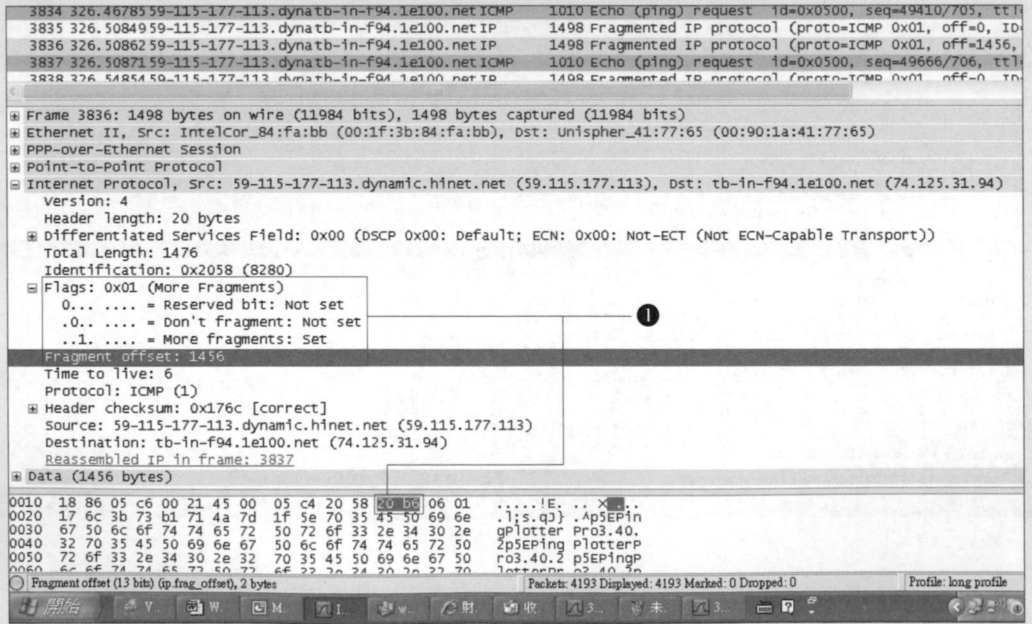

◐圖E-3(b) 3900 bytes的IP資料包，經Wireshark所擷取的檔案畫面（TTL=6，FO=1456）

本章習題

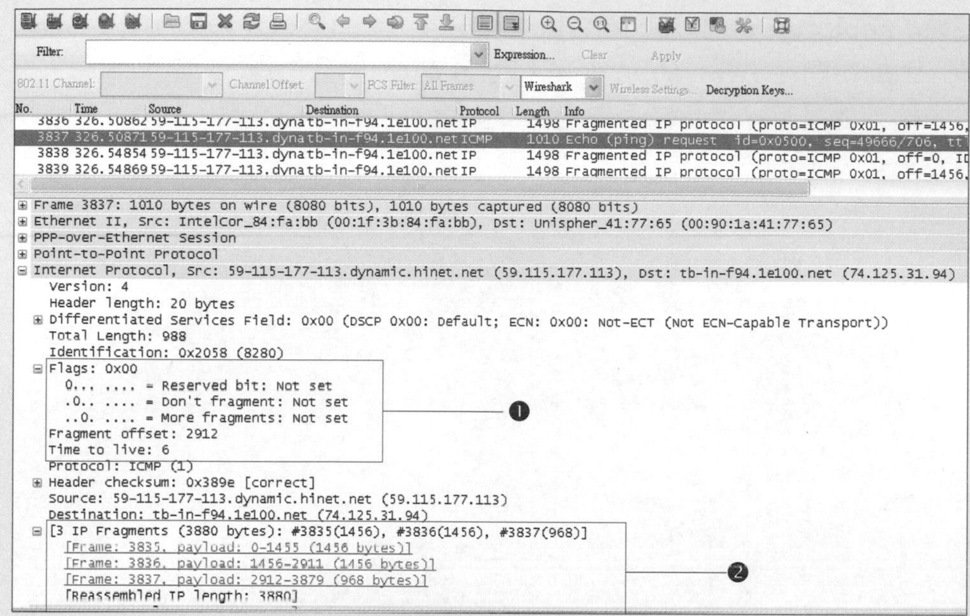

圖E-3(c) 3900 bytes的IP資料包，經Wireshark所擷取的檔案畫面（TTL=6，FO=2912）

3. 啟動Wireshark後，若擷取的IP封包分析如圖E-4所示，說明❶❷及❸。

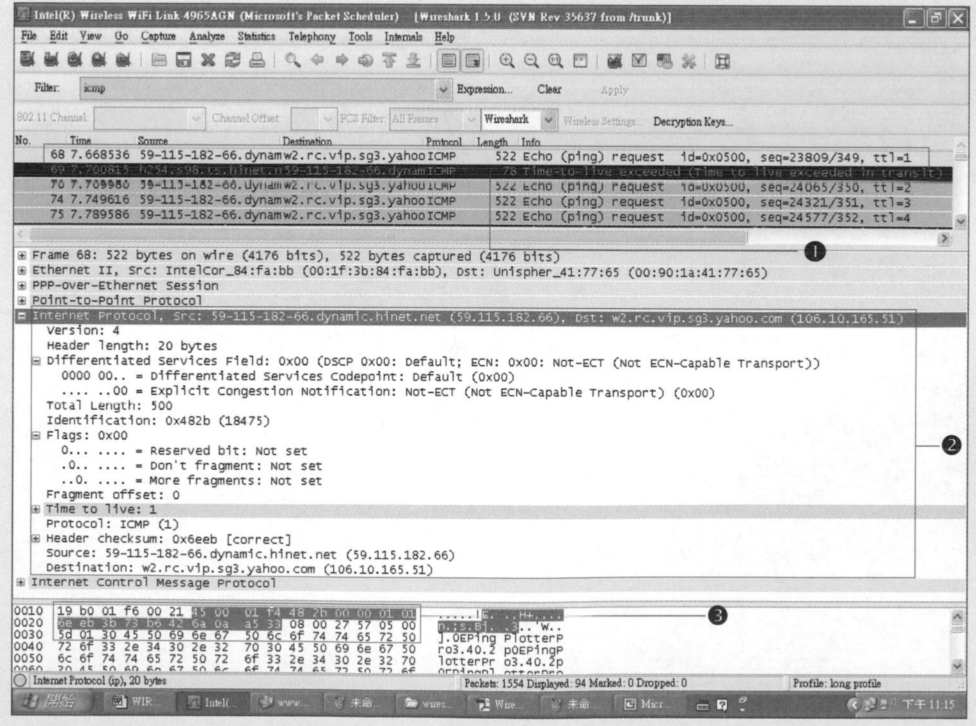

圖E-4

本章習題

4. 啓動pingplotter pro軟體，產生IP資料包長度為packet size (bytes) : 2500，並輸入目的端網址www.yahoo.com.tw，經Wireshark所擷取的封包畫面，請打開電子檔分析說明Frame 53及Frame 54紅色框內代表的意義。判斷使用何種撥號連線？

CHAPTER 04

ARP協定Wireshark 實作分析

4-1 ARP操作原理

ARP是Address Resolution Protocol的縮寫，稱為位址解析協定，定義在RFC 826標準，它在Internet協定中屬於網路層的協定，主要是用來解析IP位址，或是主機名稱所對應的實體位址（MAC位址）。換言之，ARP是將IP位址轉換成實體位址（MAC Address）的一種協定。注意：此協定只會在同一個網路上的節點（主機或路由器）解析IP位址，適合應用於區域網路；它亦是TCP/IP設計者利用乙太網路的廣播特性所設計出來的位址解析協定。或許你曾經想過，何必那麼麻煩要透過ARP將IP位址轉換成MAC位址，何不只使用IP位址來完成封包的傳送。如果是這樣的話，一台電腦的IP資料包，從某一地區傳至另一區時，可能因地點的不同區而導致該電腦的IP位址會改變，舉例來說，今天的無線行動通訊設備已非常普及於各角落，而使用的設備是使用者在行動間，透過網路連線來達到資訊的交換，如果只使用IP位址，會因使用的IP位址隨著實際不同地點的改變而有不同，以致無法識別該設備，那通訊更不用談了。換言之，每一個通訊設備必須要具備一個唯一且不會被更改的實體位址，這正是下面要談到的MAC位址。

就網路設備而言，就是利用網路介面卡（NIC）上的48 bits實體位址來達成。該設備會解決使用者因地點移動而改變IP位址，但並不會改變其MAC位址。或許你又會問，為何不單獨只使用MAC位址更方便？這是因為MAC位址的前3個位元組，代表製造NIC的廠商代號；後3個位元組，代表NIC的流水號。然而NIC販售的地點，是分散於世界任一角落，造成MAC位址階層性的混雜，無法達到辨識目的端位址的目的，因此，就需透過ARP，將IP位址轉換成實體位址。

假設在同一乙太網路中的主機A「192.168.1.8」，要向主機B「192.168.1.3」送出資料包（即IP封包），則主機A必須先透過ARP來取得主機B的MAC位址，一旦雙方都知道對方的實體位址，就開始建立通訊。ARP乃是將IP位址映射為實體位址的機制，整個操作方式，由ARP要求（ARP request）與ARP回覆（ARP reply）兩種封包所組成，前者以廣播方式傳送；後者則以單播方式回傳。注意，ARP request與ARP reply兩者所使用的封包格式是一樣的。ARP request封包除了包含本身的IP位址與MAC位址外，也會記錄所要解析對象的IP位址。

那ARP的流程是如何進行的呢？首先，解析對象有可能是本地網路主機；也可能是遠端網路主機（如路由器）。以下步驟，假設解析對象是本地網路主機，則在圖4-1中所示主機A送「ping」指令要查詢主機B的IP位址，一旦輸入「ping 192.168.1.3」指令後，ICMP會要求ARP執行主機B的MAC位址解析，因此必須先利用ARP Cache取得主機B的MAC位址，其位址爲「00:1d:92:a2:d7:3c」，它的工作原理如下面步驟說明。

步驟1：每一部主機（或稱電腦）內部都會在快取（Cache）記憶體緩衝區中建立一個ARP快取（ARP Cache）。換言之，ARP Cache爲記憶體中的一份表單，或稱ARP對照表（ARP Table），主要用來記錄IP位址和實體位址的對應關係，亦即將IP與MAC位址對應關係，記錄在本機電腦上的記憶體內。當主機A在已知道主機B的IP位址情況下，要將封包傳送給主機B時，則主機A會先檢查自己的ARP Cache中是否有該IP位址對應的MAC位址。如果有，就直接使用此位址來傳送封包，ARP 解析即大功告成；反之，主機A會廣播ARP request封包給區域網路上所有的主機，以便查詢目的端主機B的MAC位址。這個廣播封包會包含主機A本身的IP位址和實體位址，以及目的端主機B的IP位址。

步驟2：因廣播封包的關係，此時區域網路上所有的主機都會收到ARP request封包，每部主機會檢查自己的IP位址是否和廣播封包中的IP位址（指是否與IP位址「192.168.1.3」）一致。如果不是，則忽略；如果是，則會先將主機A的實體位址和IP位址資料新增到本機的ARP Cache中。以此例來說，網路內的所有主機都會處理ARP request封包，並與本身的IP位址比對，判斷出自己是否爲此ARP request所要解析的對象，結果只有B主機會產生回應的ARP reply封包。

步驟3：主機B可從ARP request封包中得知主機A的IP位址「192.168.1.8」與MAC位址「00:0c:f1:0a:4b:f8」，因此，ARP reply封包不再用廣播方式送出；而是以單播方式回傳，告知主機A關於自己的實體位址。

步驟4：當主機A收到主機B的ARP reply封包後，主機A會將主機B的IP與MAC位址之間的對應關係新增到本機的ARP Cache中，然後主機A會將ICMP封包傳送至主機B，這也代表IP與MAC位址解析已完成。反之，如果主機A沒有得到ARP reply封包，代表ARP操作過程失敗。

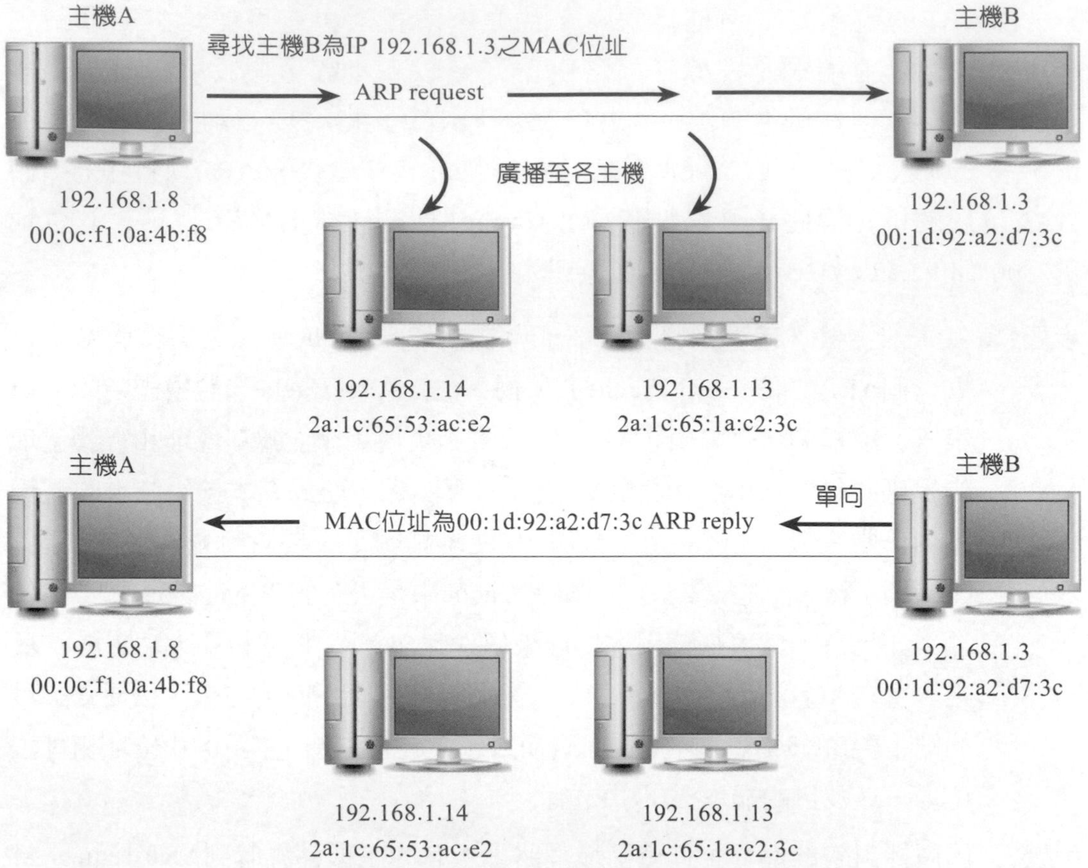

主機A
尋找主機B為IP 192.168.1.3之MAC位址
ARP request
主機B
廣播至各主機
192.168.1.8
00:0c:f1:0a:4b:f8
192.168.1.3
00:1d:92:a2:d7:3c
192.168.1.14
2a:1c:65:53:ac:e2
192.168.1.13
2a:1c:65:1a:c2:3c

主機A
主機B
單向
MAC位址為00:1d:92:a2:d7:3c ARP reply
192.168.1.8
00:0c:f1:0a:4b:f8
192.168.1.3
00:1d:92:a2:d7:3c
192.168.1.14
2a:1c:65:53:ac:e2
192.168.1.13
2a:1c:65:1a:c2:3c

圖4-1 ARP操作過程（request與reply）

N.O.T.E

ARP只會在同一個子網路上的節點（主機或路由器）進行IP位址解析；而DNS（Domain Name Server）則可對Internet上的任何地點上的主機名稱進行解析。至於ARP在不同的網路區域上如何運作，請參考範例1。

4-2 ARP Cache

4-1節的步驟1~2已大略說明ARP Cache（或稱ARP對照表；ARP table）之操作，主要用來記錄IP位址和實體位址（MAC）的對應關係，這可加速來源端主機，在ARP Cache找到目的端IP位址所對應的實體位址，接著，就可直接使用此對應的實體位址進行通訊。若在ARP Cache中找不到該IP位址與MAC位址對應的記錄，就必須送出ARP request的廣播封包。ARP Cache記錄可分爲動態與靜態兩種。當主機A經由ARP request與reply過程，而取得主機B的MAC位址後，便將主機B的IP位址與MAC位址資料儲存在主機A的ARP Cache中記錄下來。這些記錄由ARP自動產生，稱爲動態記錄。反之，經由手動的方式，將某主機的IP與MAC位址對應關係，加入至ARP快取記錄下來，稱爲靜態記錄。靜態記錄被刪除的時機有下列情形：

- 重新開機。
- 以手動的方式刪除。
- 與動態記錄互相衝突。

注意，無論是動態或靜態記錄，只要重新開機，所有資料記錄都會消失不見。由於ARP Cache的空間大小是有限的，若長時間沒有動過的資料，就必須清除並更新資料。這意謂著，存在Cache中的每筆資料，都不是永久保存的；一旦資料在一個生存期（TTL）倒數計時時間到達時，該資料就會被清除掉。反之，若資料在倒數時間到達之前被使用過，則重新給予新計時值。注意，ARP對照表亦包含有TTL數值。

N.O.T.E

ARP Cache的記錄，大都透過動態模式來學習並更新ARP Cache內的項目，即發送端送出ARP request封包，一旦目的端透過ARP reply封包告訴發送端自己的MAC位址，並隨時更新發送端的ARP Cache內的記錄。惡意攻擊者即利用此特性，在LAN內不斷地送出偽造的ARP request與reply來干擾正常的ARP操作，以致ARP Cache的記錄整個亂掉，稱為ARP poisoning或稱為ARP spoofing。

4-3 RARP操作原理

RARP（Reverse ARP）是來源端已知自己的MAC位址，但不知自己的IP位址時，可藉由RARP request封包向RARP伺服器查自己的IP位址。RARP主要是應用在一些無磁碟機電腦或工作站上。由於無磁碟電腦除了必要的開機程式外（通常以ROM開機），電腦本身並沒有硬碟機，無法進行IP位址儲存，因此，爲了要獲得自己的IP位址，可經由RARP request封包廣播至LAN上所有的主機、路由器來進行查詢。圖4-2指出，RARP的操作方式和ARP非常相似。注意，收到RARP request封包的主機中，只有RARP伺服器會向主機A送出RARP reply封包，其中包含主機A所要求的IP位址。

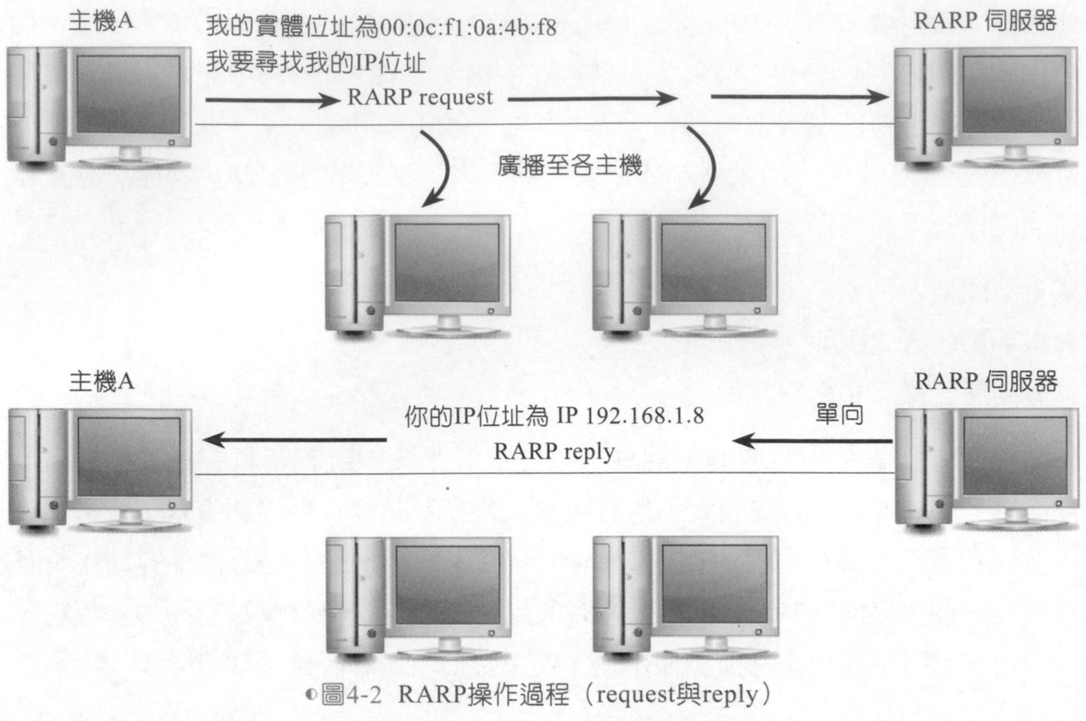

圖4-2 RARP操作過程（request與reply）

4-4 ARP與RARP封包格式

除了操作欄位值不同外，ARP與RARP封包格式是一樣的。IP位址與MAC位址的相關資訊都是記錄於ARP與RARP封包內，如圖4-3所示。ARP封包的長度並不會固定，因為不同的網路層與數據鏈路層，所使用的位址長度都不會相同。ARP封包的格式說明如下。

硬體類型(16)		通訊協定類型(16)
硬體位址長度(8)	通訊協定位址長度(8)	操作(16)
送端硬體位址(長度不定)		
送端硬體位址		送端通訊協定位址(長度不定)
送端通訊協定位址		收端硬體位址
收端硬體位址(長度不定)		
收端通訊協定位址(長度不定)		

圖4-3 ARP與RARP有相同的封包格式

- 硬體類型（hardware type）佔16 bits：指出數據鏈路層所用的技術，如果值爲1，表示爲乙太網路；Token Ring値爲16；Frame Relay値爲15；ATM値爲16。
- 通訊協定類型（protocol type）佔16 bits：指出網路層所使用的協定，若爲IP則欄位值爲2048，以16進位表示爲0x0800。
- 硬體位址長度（hardware address length）佔8 bits：指出MAC位址的長度。以乙太網路爲例，其MAC位址長度爲48 bits，因此硬體位址長度欄位值爲6（代表8 bits×6=48 bits）。
- 通訊協定位址長度（protocol address length）佔8 bits：指出網路層協定所用的位址長度。若通訊協定類型爲0x0800（IP），則長度欄位值爲4（代表8 bits×4=32 bits）。
- 操作（operation）佔16 bits：指出封包類別，一共有4種——即ARP request（欄位值爲1）與ARP reply（欄位值爲2）。RARP request（欄位值爲3）與RARP reply（欄位值爲4）。
- 發送端硬體位址（sender HA）：長度不定，表示來源端的實體位址，若是乙太網路，此欄位值爲6（代表8 bits×6=48 bits）。
- 發送端協定位址（sender protocol address）：長度不定，表示ARP封包來源端使用的協定位址，以IP爲例，其長度爲32 bits的IP位址。
- 接收端硬體位址（target HA）：長度不定，表示目的端的實體位址，若是乙太網路，此欄位值爲6（代表8 bits×6=48 bits）。當傳送ARP request封包時，由於目的端的MAC位址尚未知，因此，此欄位內容爲000000000000。
- 接收端協定位址（target protocol address）：長度不定，表示ARP封包目的端使用的協定位址，以IP爲例，爲其長度爲32 bits的IP位址。

N.O.T.E

若網路層是使用IP協定，而數據鏈路層是使用乙太網路，則從圖4-3可計算ARP封包的長度為28 bytes（4+4+6+4+6+4）。根據Ethernet II的封包格式，規定資料欄位內的長度最短必須是46 bytes，因此，ARP封包在封裝成乙太網路封包時，必須再填補46-28=18 bytes。

N.O.T.E

從圖4-3-1得知，Ethernet II標準的乙太網路訊框，其資料欄位長度可從46至1500 bytes，如果這是一個ARP request封包時，那該資料欄位空間就用來封裝整個ARP request封包。注意，此時ARP request封包的訊息類型（佔2 bytes）Etype欄位為0x0806；如果為RARP封包，則Etype欄位為0x0835。

前置位元	DA	SA	Etype	ARP	FCS
(8bytes)	(6bytes)	(6bytes)	(2bytes)	request封包	(4bytes)

圖4-3-1 ARP request封包之封裝

4-5 ARP工具程式

ARP Cache內的項目（entry）記錄有兩種不同的類型：一是「動態類型（dynamic type）」，它是透過ARP request自動去詢問，並動態地改變項目。另一是「靜態類型（static type）」，它是透過人工方式新增ARP Cache內的項目。當然，Cache內的項目記錄也可以透過ARP指令進行刪除的操作。作業系統如Windows XP/Vista或Linux都提供ARP.EXE工具程式，現在，你可以在C\>Documents and Settings\yunlung>敲入arp –a以便檢視ARP Cache的內容（換言之，此指令可用來顯示ARP對照表），如圖4-4(a)所示。換一個角度來說，其實想要知道在一辦公室或校園中的LAN實驗室有多少主機正被使用著，就可敲入arp –a得知，如圖4-4(b)所示。若要刪除ARP Cache某一筆記錄，可敲入arp –d IP 位址 MAC位址；若要全部刪除，則敲入arp –d *。若要新增一筆靜態記錄，則敲入arp –s IP 位址 MAC位址後，再敲入arp –a看出結果，如圖4-5所示。

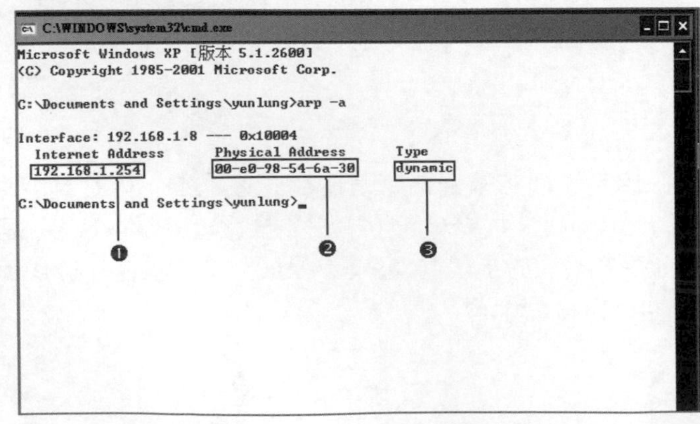

圖4-4(a) arp –a（動態記錄）

❶指出被解析主機的IP位址。

❷指出經ARP解析後得到的MAC位址。

❸指出屬動態記錄。

```
C:\WINDOWS\system32\cmd.exe
C:\Documents and Settings\M91P>arp -a

Interface: 10.6.118.1 --- 0x2
  Internet Address      Physical Address      Type
  10.6.118.4            00-e0-4c-4e-7b-e8     dynamic
  10.6.118.11           00-e0-4c-4e-7b-e4     dynamic
  10.6.118.14           00-e0-4c-4e-6a-db     dynamic
  10.6.118.16           00-e0-4c-4e-6b-7d     dynamic
  10.6.118.17           00-e0-4c-4e-6b-09     dynamic
  10.6.118.20           00-e0-4c-4e-7c-89     dynamic
  10.6.118.22           00-e0-4c-4e-6b-0e     dynamic
  10.6.118.24           00-e0-4c-4e-81-3a     dynamic
  10.6.118.30           00-e0-4c-4e-80-6d     dynamic
  10.6.118.31           00-e0-4c-4e-6a-ab     dynamic
  10.6.118.34           00-e0-4c-4e-80-e5     dynamic
  10.6.118.43           00-e0-4c-4e-6a-76     dynamic
  10.6.118.45           00-e0-4c-4e-6a-a4     dynamic
  10.6.118.54           00-e0-4c-4e-6a-a2     dynamic
  10.6.118.70           00-e0-4c-4e-7c-8a     dynamic
  10.6.118.71           00-e0-4c-4e-7b-d0     dynamic
  10.6.118.74           00-e0-4c-4e-81-3f     dynamic
  10.6.118.75           00-e0-4c-4e-83-b8     dynamic
  10.6.118.254          00-22-55-50-01-00     dynamic

C:\Documents and Settings\M91P>_
```

◐圖4-4(b) 利用arp –a得知正使用IP與MAC位址的主機

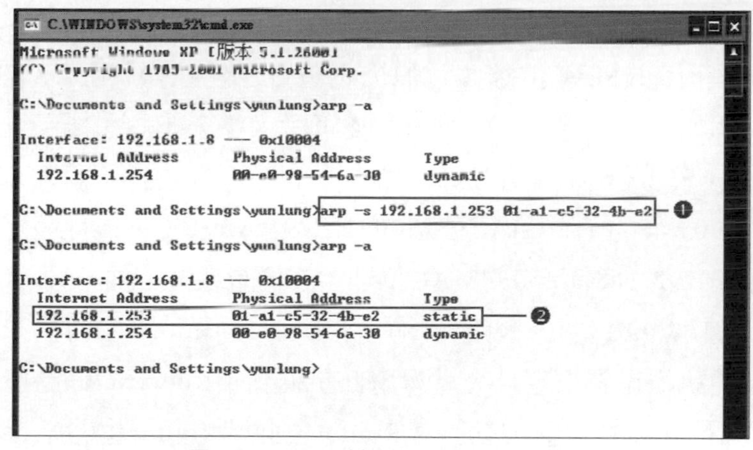

◐圖4-5 arp –s（新增一筆靜態記錄）

❶ 指出新增一筆靜態記錄。

❷ 指出經ARP解析後得到的這一筆靜態記錄，其IP位址爲192.168.1.253，MAC位址爲01-a1-c5-32-4b-e2。注意，此記錄不會因逾期而被刪除；若要刪除可敲入arp -d 192.168.1.253。

範例❶ 當主機A與主機B分別爲兩個不同的子網路，如圖4-6所示，依序分別爲LAN1:192.168.0.0/24與LAN2:172.16.0.0/16，中介含一個路由器（Router）。請問，當主機A敲入ping 主機B時的連線通訊，是否能得知主機B的MAC位址？請詳細說明。

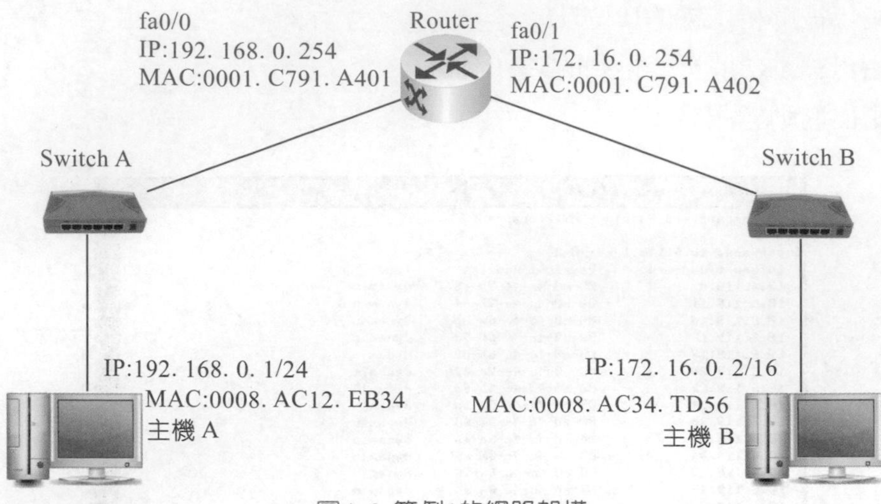

圖4-6 範例1的網路架構

解 如圖4-6-1所示，主機A透過ping171.16.0.2後，再透過arp –a的指令查知ARP Cache內的資訊，其可得知IP位址與MAC位址對照表。值得一提的是，ARP Cache內的資訊只有主機A的預設閘道IP 192.168.0.254，及其MAC位址0001.c791.a401（此實驗是由Cisco packet tracer實現出來），並無主機B的MAC位址，這原因也證實ARP只操作於LAN內。更詳細的說明如下：主機A 192.168.0.1想傳送IP資料包給主機B 172.16.0.2，但因ARP的範圍限制在LAN區域，所以發送端會將IP資料包送至Router的fa 0/0介面（它的MAC位址0001.C791.A401），一旦發送端利用ARP取得IP 192.168.0.254的MAC位址，它便會建立訊框，並將此訊框送入至192.168.0.0這個子網路LAN1，當LAN1的Router的轉接卡看到這個鏈路層的訊框是對它定址，就會將此訊框交給Router的網路層，這也代表主機A的IP資料包已成功到達Router，此時Router也開始接手，透過路由表知道IP資料包應該由fa 0/1介面的IP 172.16.0.254轉送出去，因此此介面會將IP資料包交給它的轉接卡，轉接卡再將此資料包封裝到新的訊框，然後訊框才送入LAN2:172.16.0.0子網路上，此時訊框的目的端MAC位址0008.AC34.TD56終於被找到；接著，Router再透過ARP取得此MAC位址。

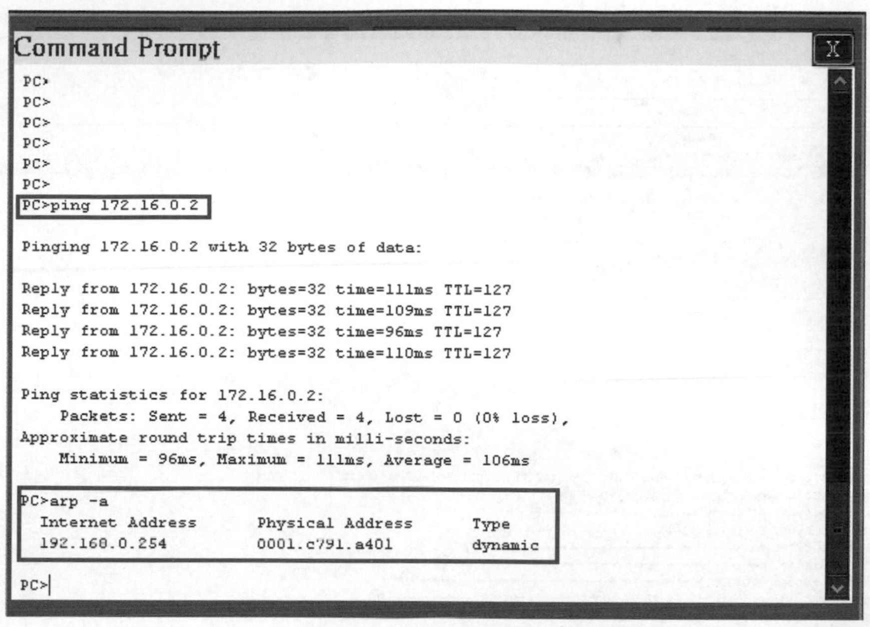

◐圖4-6-1 範例1得到ARP Cache內的資訊

4-6 基礎ARP封包的擷取分析

首先，我們由2部電腦各利用手動撥接連線建立一LAN（先參考下面註解及圖4-8的步驟1），其中一台電腦（主機A）擔任發送端，其IP位址為192.168.1.8，MAC位址為00:0c:f1:0a:4b:f8；另一台電腦（主機B）擔任接收端，其IP位址為192.168.1.3，MAC位址為00:1d:92:a2:d7:3c。現在你可以先開啓Wireshark，然後在C>敲入ping 192.168.1.3，利用Wireshark對ARP request與ARP reply做封包的擷取分析。注意，我們在【Filter】欄位敲入小寫的「arp」，可以加速找到ARP request與ARP reply的封包，如圖4-7(a)與圖4-7(b)所示。

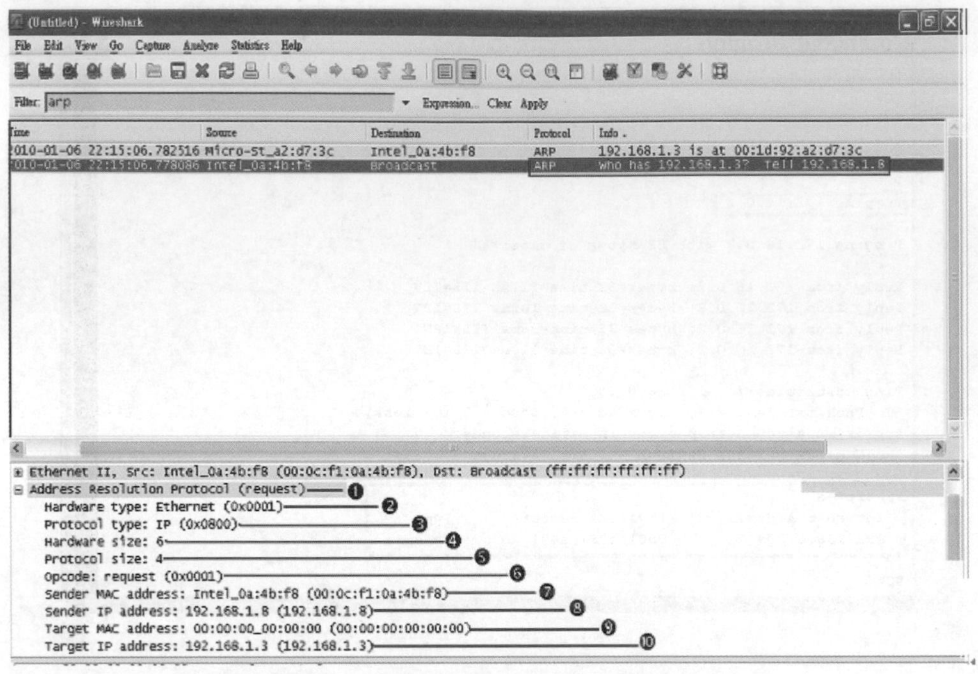

圖4-7(a) ARP request封包的擷取分析

❶ 指出主機A向主機B送出ARP request封包。

❷ 指出值爲0x0001，表示爲乙太網路。

❸ 指出網路層所使用的協定爲IP，則欄位值爲0x0800。

❹ 指出MAC位址長度爲48 bits，因此硬體位址長度欄位值爲6（代表8 bits×6=48 bits）。

❺ 指出IP協定所用的位址長度，因此長度欄位值爲4（代表8 bits×4=32 bits）。

❻ 指出封包類別爲ARP request（欄位值爲0x0001）。

❼ 指出來源端主機A的實體位址爲00:0c:f1:0a:4b:f8。

❽ 指出來源端主機A的IP位址爲192.168.1.8。

❾ 指出主機A傳送ARP request封包時，由於還不知道目的端主機B的MAC位址爲何，因此，此欄位內容先設爲000000000000。

❿ 指出目的端主機B的IP位址爲192.168.1.3。

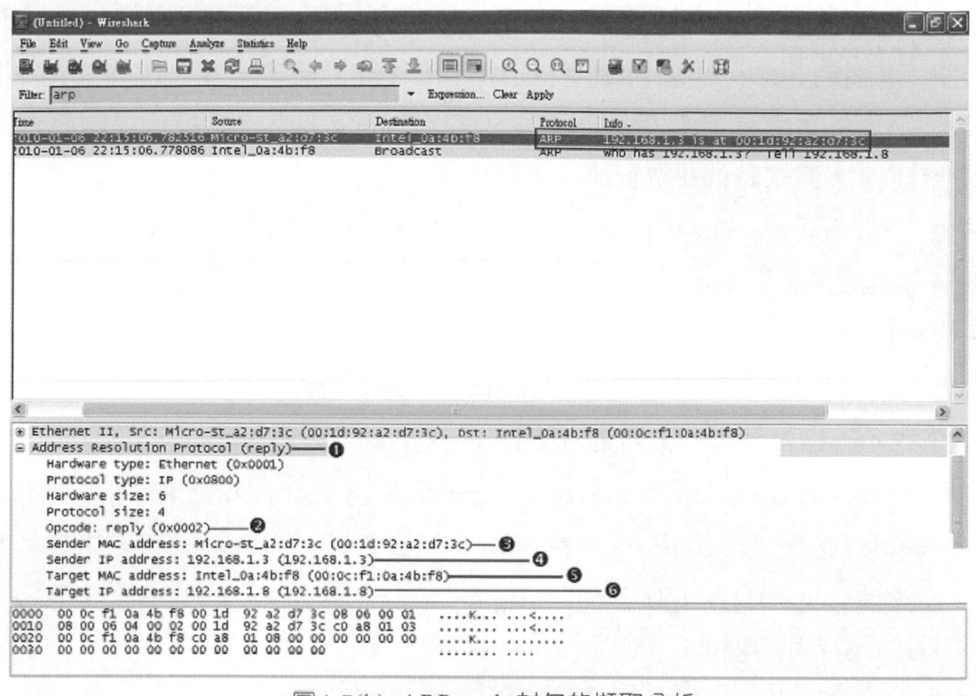

◐圖4-7(b) ARP reply封包的擷取分析

❶ 指出主機B回覆主機A送出ARP reply封包。

❷ 指出封包類別為ARP reply（欄位值為0x0002）。

❸ 指出主機B會以單向（或稱單播）方式將自己的實體位址00:1d:92:a2:d7:3c通知主機A。

❹ 指出來源端為主機B的IP位址192.168.1.3。

❺ 指出目的端為主機A的實體位址00:0c:f1:0a:4b:f8。

❻ 指出目的端為主機A的IP位址192.168.1.8。

4-7 Wireshark實作分析與討論

下面實作Case分析將更進一步擷取ARP request及ARP reply封包做分析。現在，我們就說明進行此Case的操作步驟。

1. 首先，筆者使用上述註解建立一區域網路。為方便未來說明，只由兩部電腦構成，一為書房的Notebook電腦擔任主機A，是以WiFi 802.11g無線網路連線做連接；另一為客廳的桌上型電腦擔任主機B。此Case中，網路裡的兩部電腦全部設定自動撥接連線。注意，圖4-8中，虛線位置為WAN Port，表自動撥接連線；若實線位置為LAN Port，表手動撥接連線。下面實作Case 1是設定自動撥接連線，連線時的IP位址為自動取得，接下來進入IE→工具→網際網路選項→連線→永遠不撥號連線。實作Case 2則將自動撥接連線改為手動撥接連線，連線時的IP位址改為手動設定。

2. 在C:\Documents and Setting\>敲入arp –d *，使ARP Cache是完全清除狀態，若要確定已完全清除，可以敲入arp –a得出No ARP Entries Found，如圖4-9所示。
3. 開啓IE，確定IE瀏覽器的快取（Cache）是完全清除狀態，可選擇工具→網際網路選項→在瀏覽歷程記錄選「刪除」。
4. 開啓Wireshark→Capture→Options→選擇正確介面卡，準備擷取所要的Ethernet封包。
5. 敲入欲連線的網址，此例是開啓http://www.wireshark.com的網頁，然後停止Wireshark封包的擷取。
6. 我們可在【Filter】欄位敲入小寫的「arp」，加速找到ARP request與ARP reply封包。

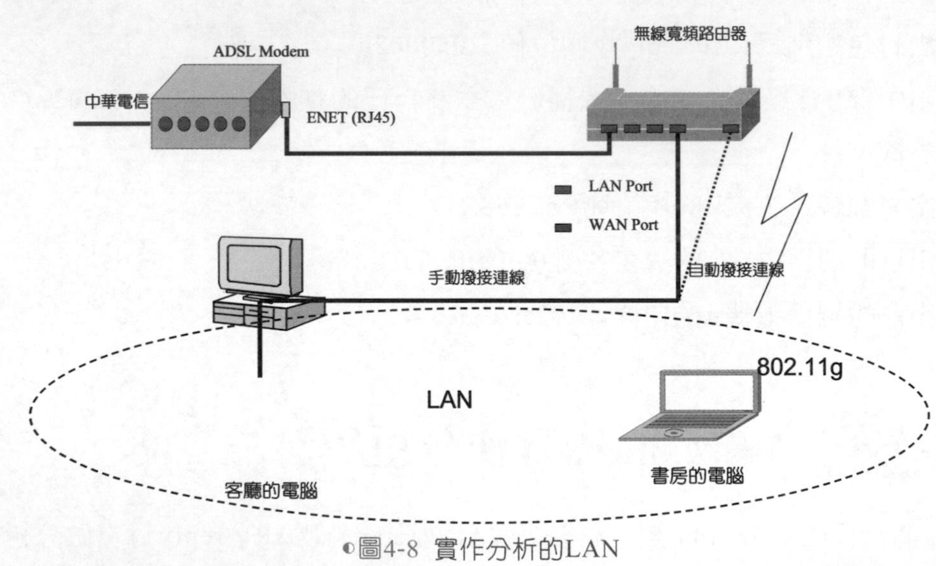

圖4-8 實作分析的LAN

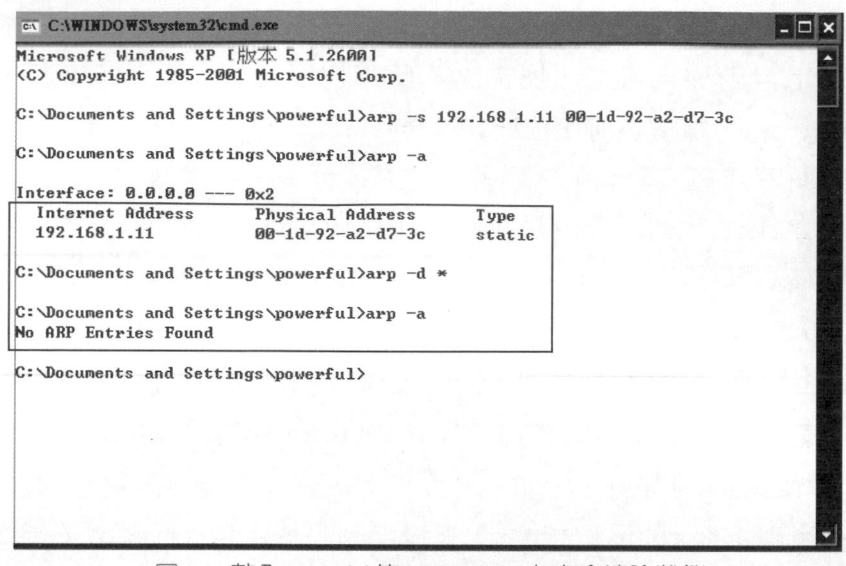

圖4-9 敲入arp –d *使ARP Cache在完全清除狀態

7. 本節主要焦點是研究ARP request封包，所以讓IP層以上的協定不要出現在Wireshark視窗畫面，可點選Analyze→Enable Protocol→IP的勾格不要打勾→OK後，可以得出ARP request封包（指封包No 1）如圖4-10(a)所示。點選封包No 1，就知道ARP request封包的訊息，是透過用戶端的電腦傳送至wireshark.com。注意：有關ARP request與reply封包與Ethernet訊框之間的關係，為本實作Case分析的重點，下面會再做一番分析說明。

實作Case 1的分析

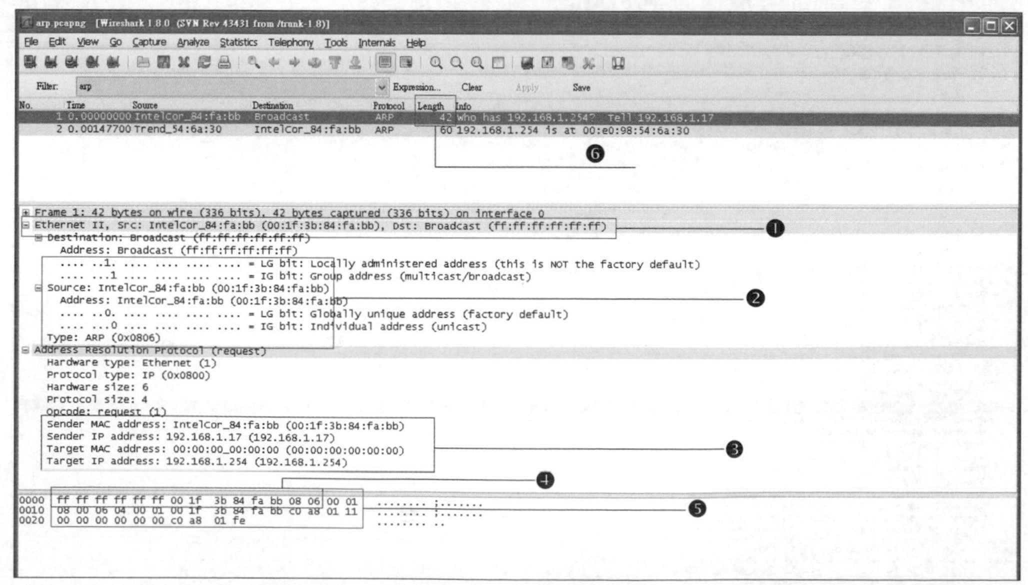

圖4-10(a) ARP request封包實作Case 1的分析

❶ 與❸指出區域網路上來源端主機A的IP位址192.168.1.17是以動態主機配置協定自動取得產生，換言之，此時你可在命令提示字元模式下敲入ipconfig /all，瞭解目前IP位址192.168.1.17的租約期限共3天（有關IP租約將在後面章節專章討論）。首先，主機A會送出廣播封包，其廣播位址爲ff:ff:ff:ff:ff:ff，以便查詢目的端主機B（IP 192.168.1.254）的MAC位址。這個廣播封包，包含來源端主機A本身的IP位址192.168.1.17和實體位址00:1f:3b:84:fa:bb，以及目的端主機B的IP位址192.168.1.254。由於還不知道目的端主機B的MAC位址爲何，因此，MAC欄位內容先設爲000000000000。注意：封包位元組窗格的第13及第14 bytes的16進位值0x0806，代表ARP request封包的訊息類型。

❷ 指出來源端主機A的IG值爲0，以及目的端主機B的IG值爲1，代表發送端與接收端間是一對多的關係（因目的端主機B爲廣播位址）；而來源端的LG值爲0，代表主機A的位址爲全球唯一；而目的端的LG值爲1，代表主機B的位址本地唯一（由本地管理）。

❹ 指出ARP request封包封裝在乙太網路訊框時的標頭佔14 bytes（包括目的端位址DA 0xff:ff:ff:ff:ff:ff佔6 bytes，來源位端位址SA是0x00:1f:3b:84:fa:bb佔6 bytes；以及上層類型欄位Etype是0x0806（代表ARP封包）佔2 bytes。

❺ 指出主機A送出ARP request封包所對應的封包位元組窗格的16進位值，佔28 bytes，亦即從0x0001…c0a801fe。

❻ 指出網路卡介面所捕捉到的Frame 1訊框長度爲爲42 bytes（包括❹指出的標頭佔14 bytes）。

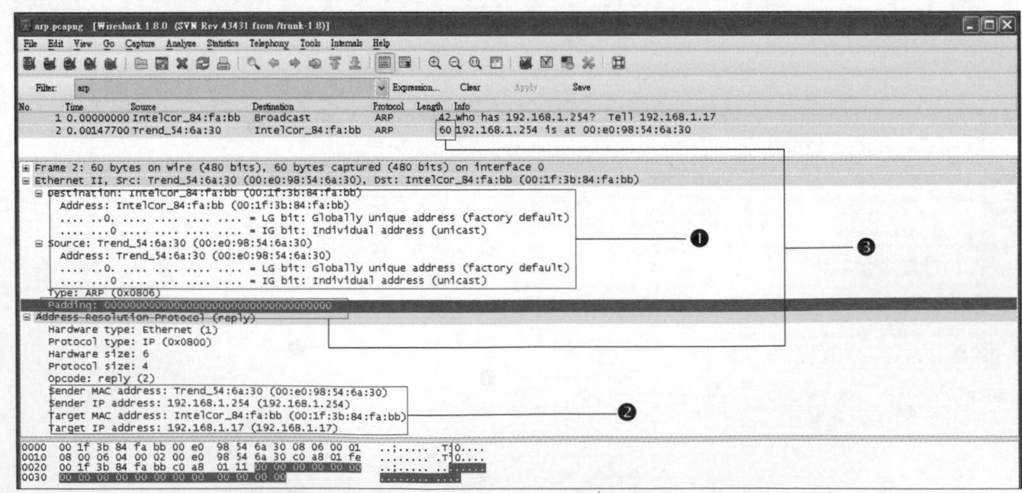

◐圖4-10(b) ARP reply封包實作Case 1的分析

❶ 與❷指出，主機B會以單播方式告知主機A關於自己的實體位址為00:e0:98:54:6a:30。這也可以從它們的IG均為0得知，發送端與接收端間是一對一的關係；它們的LG也均為0，代表發送端與接收端均為全球唯一位址。

❸ 指出在網路卡介面所捕捉到的Frame 2訊框長度為60 bytes（包括目的端位址DA佔6 bytes，來源位端位址SA佔6 bytes，上層類型欄位Etype佔2 bytes，這些標頭共佔14 bytes及36個0填補（padding））。為何必須填補36個0？其實在圖4-10(a)的❻指出，Frame 1訊框長度為為42 bytes（包括目的端位址DA佔6 bytes，來源位端位址SA佔6 bytes，上層類型欄位Etype佔2 bytes，這些標頭共佔14 bytes），故其「資料欄位」的資料長度只有42-14=28 bytes，因Ethernet II訊框中，「資料欄位」長度若資料小於46 bytes，則以0填補（padding），故在ARP reply封包內必須填補36個0（每2個0代表1 byte，相當於18 bytes）。

N.O.T.E

圖4 10(a)指出，ARP request封包中的「資料欄位」只有28（42-14）bytes，雖然小於46 bytes，但0填補（padding）是在ARP reply封包中進行處理與完成。

接下來，實作Case 2分析的重點，是將自動撥接連線改為手動撥接連線，重複圖4-10(a)與圖4-10(b)分析過程，我們將發現0填補是在ARP request封包中進行處理與完成，如圖4-11(a)與圖4-11(b)所示，我們只標示一些相異處做說明，其他分析過程大同小異，不再詳述。

◈實作Case 2的分析

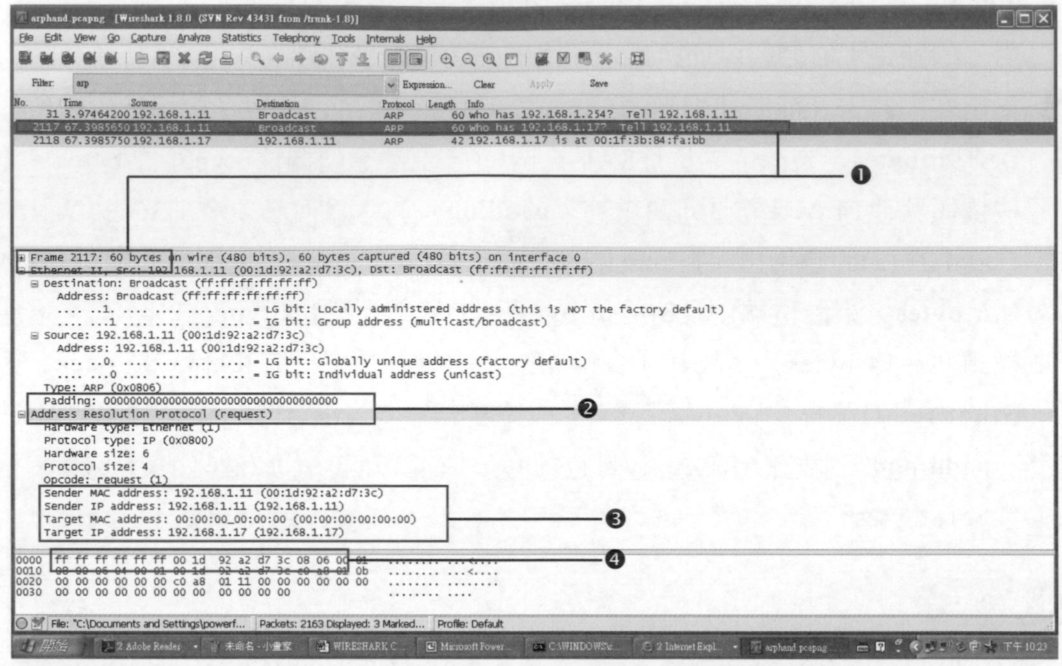

◐圖4-11(a) ARP request封包實作Case 2的分析

❶ 與❸指出來源端主機A的IP位址192.168.1.11（注意，此位址是以手動設定）與MAC位址00:1d:92:a2:d7:3c送出廣播封包至目的端主機，找尋誰是192.168.1.17（注意，此位址是以手動設定），請通知192.168.1.11，這可從在❶中出現Who has 192.168.1.17? Tell 192.168.1.11得到驗證。因目前只知道目的端主機B的IP位址爲192.168.1.17，但還不知道目的端主機B的MAC位址爲何，因此，MAC欄位內容先設爲000000000000。注意，Frame 2117訊框長度爲60 bytes。

❷ 指出ARP request封包及有36個0的填補。注意，Frame 2117訊框長度爲60 bytes，包括標頭佔14 bytes，加上28 bytes的資料，以及36個0（相當46-28=18 bytes的填補）。

❹ 指出Frame 2117訊框長度中的標頭佔14 bytes，包括目的端位址DA 0xff:ff:ff:ff:ff:ff佔6 bytes，來源端位址SA是0x00:1d:92:a2:d7:3c佔6 bytes，及上層類型欄位Etype是0x0806（ARP封包）佔2 bytes。

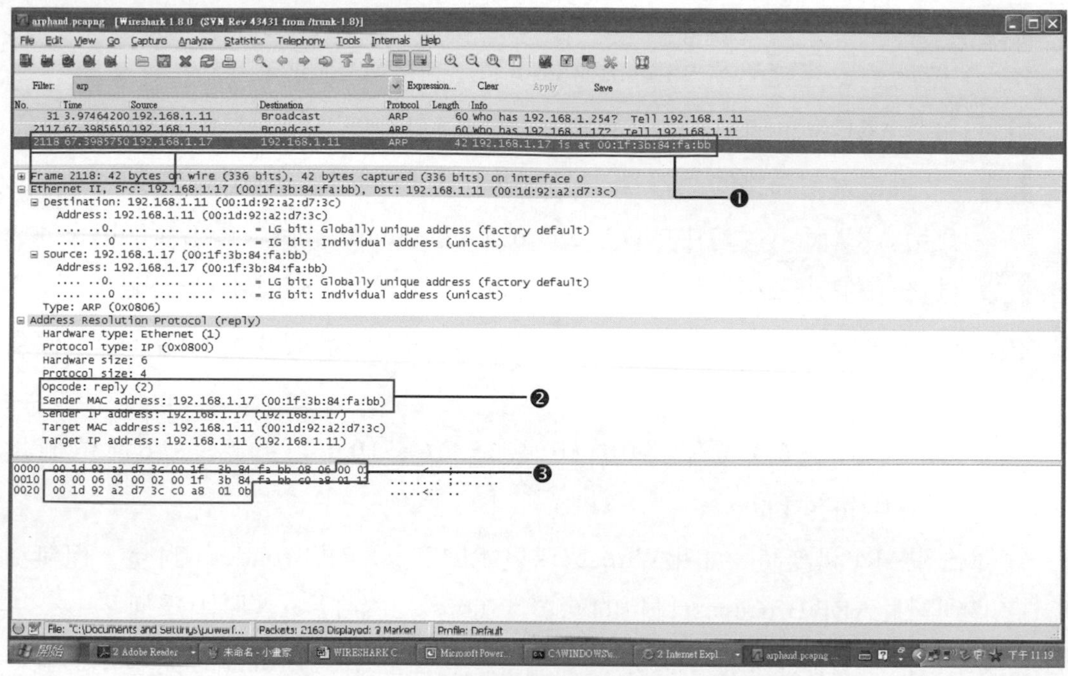

圖4-11(b) ARP reply封包實作Case 2的分析

❶ 指出主機B（IP位址爲192.168.1.17）以單播方式，將它的實體位址00:1f:3b:84:fa:bb告知主機A。

❷ 指出主機B將它的IP位址192.168.1.17及它的實體位址00:1f:3b:84:fa:bb回送至主機A。並指出封包類別爲ARP reply（欄位值爲0x0002）。

❸ 指出Frame 2118中的「資料欄位」對應的16進位值的資料佔有28 bytes（會先棄除接收到的佔18 bytes的0塡補）。

4-8 問題討論

1. 圖4-10(a)中，ARP request封包中的目的端主機B的IP位址192.168.1.254，是否爲眞實的位址？

   解：目的端主機B的IP位址192.168.1.254並非www.wireshark.com網站位址，而是這次實作電腦所設定的預設閘道（路由器）IP位址。這也證實如同範例1所述，ARP只操作於LAN內。

2. 重複上題，ARP request封包中的目的端主機B的MAC位址是否爲眞實的www.wireshark.com位址？

解：00:e0:98:54:6a:30是這次實作電腦所設定的預設閘道（路由器）的MAC位址，並非屬www.wireshark.com網站的MAC位址。

3. 圖4-10(a) ARP request封包中的OP Code位於從Frame 1開始算起第幾個byte？

解：封包位元組窗格的第21個~第22個byte是0x0001，為OP Code值。

4. 圖4-10(b) ARP reply封包中的OP Code位於從Frame 2開始算起第幾個byte？

解：封包位元組窗格的第21個~第22個byte是0x0002，為OP Code值。

5. 在圖4-10(b) Frame 2中的ARP reply封包包含的來源端與及目的端16進位值為何？

解：來源端的16進位值為00:e0:98:54:6a:30；目的端的16進位值為00:1f:3b:84:fa:bb。

6. 當你檢視ARP訊務時，如果Wireshark只能擷取到ARP Broadcast封包，但無法擷取到對此ARP Broadcast封包的回覆（reply）封包時，其原因為何？

解：這情況有兩種可能：一是來源端主機送出的ARP Broadcast封包是透過一交換網路將它轉送（forward）出去（參考實作分析題2）；另一是ARP Broadcast封包正是gratuitous ARP封包，此時若看不到對ARP Broadcast封包有所回應，代表IP位址衝突沒有發生（參考實作分析題3）。

7. 簡單說明gratuitous ARP封包的功能為何？

解：gratuitous ARP封包主要的功能是，用來判定在網路上的另一主機，是否有和發送端主機相同的IP位址。一般來說，通常都是發生在系統啓動時；或是將網路卡重新啓動時（所以，若你在Windows中設定與別台主機相同的IP位址時，就會出現警告訊息，這就是gratuitous ARP的功能）。不管IP位址是靜態或動態指定，網路上所有的主機都會送出gratuitous ARP封包，Wireshark也能識別出，並擷取到gratuitous ARP Broadcast封包。當一個新的主機在網路上被啓動（boot up），並且從DHCP伺服器得到一個動態IP位址，或由手動得到一個靜態IP位址，這個主機至少會送出一個gratuitous ARP request封包，而且會等個差不多一秒，看對方是否有所回應。有關gratuitous ARP封包，將在第9章的問題討論第5題與第6題會有描述。

重點整理

- 主機A必須先透過ARP來取得主機B的MAC位址，一旦雙方都知道對方的實體位址，就開始建立通訊。
- ARP乃是將IP位址映射為實體位址的機制，整個操作方式由ARP要求（ARP request）與ARP回覆（ARP reply）兩種封包所組成。
- ARP request與ARP reply所使用的封包格式是一樣的。
- ARP Cache為記憶體中的一份表單，或稱ARP對照表（ARP table），主要用來記錄IP位址和實體位址的對應關係。
- RARP（Reverse ARP）是來源端已知自己的MAC位址，但不知自己的IP位址時，可藉由RARP request封包向RARP伺服器查自己的IP位址。
- ARP request封包的訊息類型（佔2 bytes）Etype欄位為0x0806；如果為RARP封包，則Etype欄位為0x0835。
- 主機A傳送ARP request封包時，由於還不知道目的端主機B的MAC位址為何，因此，此欄位內容先設為000000000000。

本章習題

選擇題

(　　)1. ARP協定的操作範圍

(1)LAN　(2)MAN　(3)WAN　(4)任何一種網路均可

(　　)2. ARP request是一種什麼樣的封包

(1)unicast　(2)multicast　(3)broadcast　(4)anycast

(　　)3. ARP reply是一種什麼樣的封包

(1)unicast　(2)multicast　(3)broadcast　(4)anycast

(　　)4. 用來記錄IP位址和實體位址的對應關係，稱為

(1)路由表　(2)ARP Cache　(3)DNS　(4)DHCP

(　　)5. 什麼樣的協定則藉由查詢網路上其他主機而得到自己的IP位址

(1)ARP　(2)RARP　(3)ICMP　(4)DHCP

(　　)6. ARP會在哪一種網路上的節點進行IP位址解析

(1)LAN　(2)MAN　(3)WAN　(4)無限制

(　　)7. ARP Cache中找不到IP位址與MAC位址對應的記錄，就必須送出ARP request的哪一種封包

(1)unicast　(2)multicast　(3)broadcast　(4)anycast

(　　)8. 來源端主機在ARP Cache找到目的端IP位址所對應的實體位址，就可直接使用哪一種位址進行通訊

(1)IP位址　(2)MAC位址　(3)broadcast位址　(4)anycast位址

簡答題

1. 說明ARP與DNS進行解析的對象有何不同？
2. ARP解析對象為何？
3. ARP的流程是如何進行？
4. 說明ARP Cache動態記錄與靜態記錄。
5. 如何在Window XP作業系統下，新增一筆靜態記錄的ARP項目：IP位址為201.34.56.21，MAC位址為1a-22-5c-30-b5-6a。

本章習題

實作分析題

1. 校園的區域網路為一標準LAN，請利用Wireshark擷取ARP request封包與ARP reply封包，並請打開電子檔做分析說明。

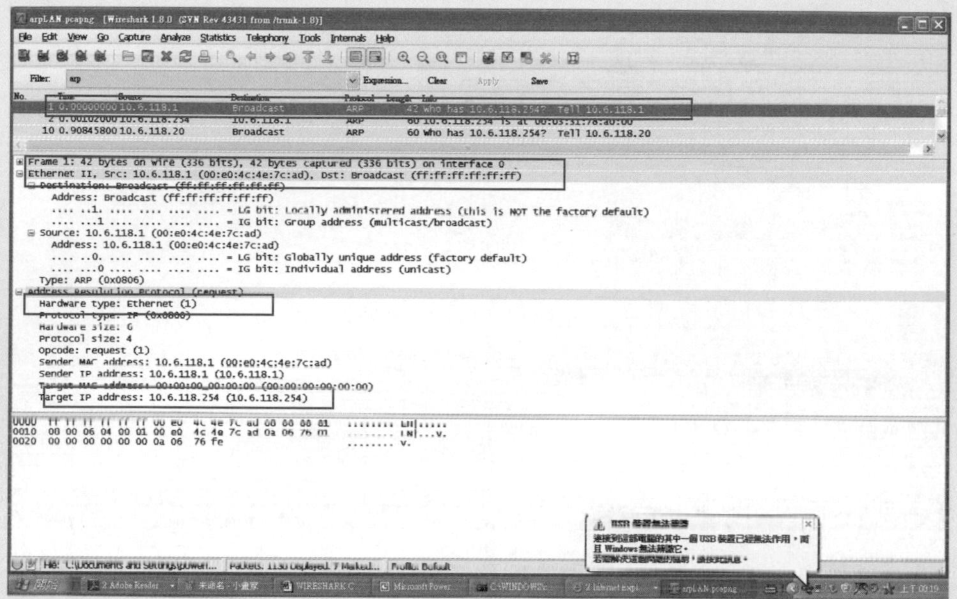

◐圖E-1(a)

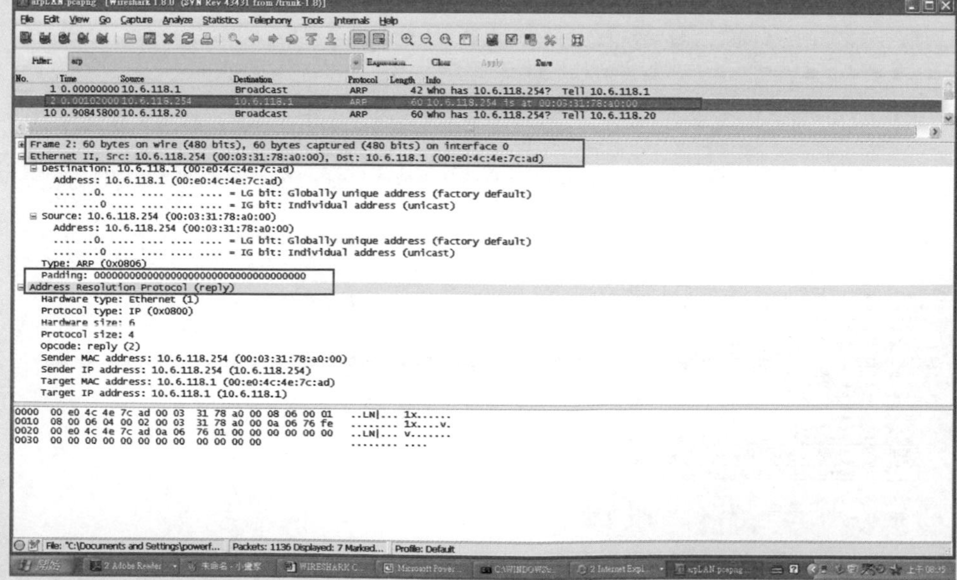

◐圖E-1(b)

本章習題

2. 當你檢視ARP訊務時，只能看到ARP Broadcast封包，而無法看到對ARP Broadcast封包的回應，為什麼？請打開電子檔做分析說明。

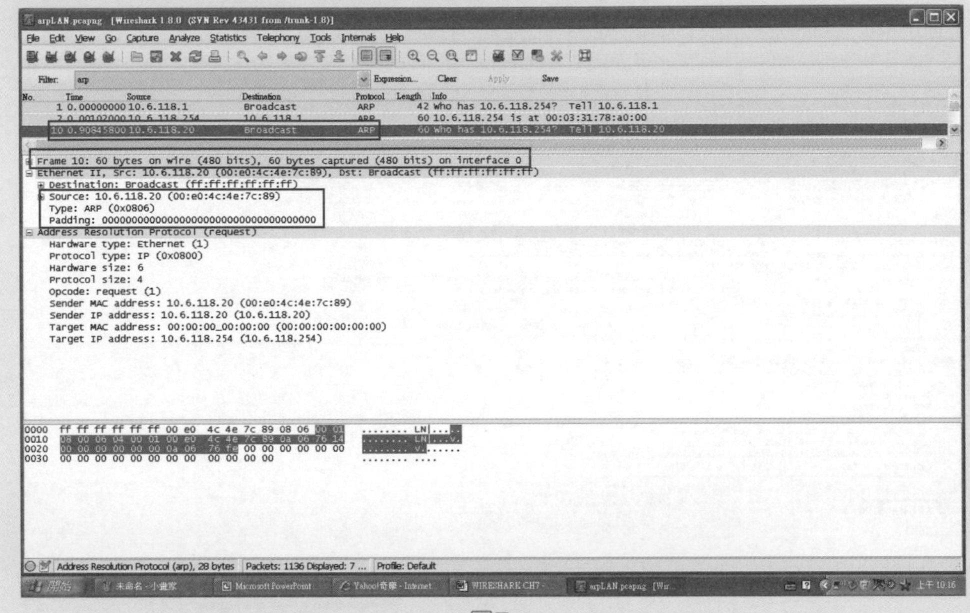

圖E-2

3. 利用Wireshark擷取gratuitous ARP request封包，並請打開電子檔做分析說明。

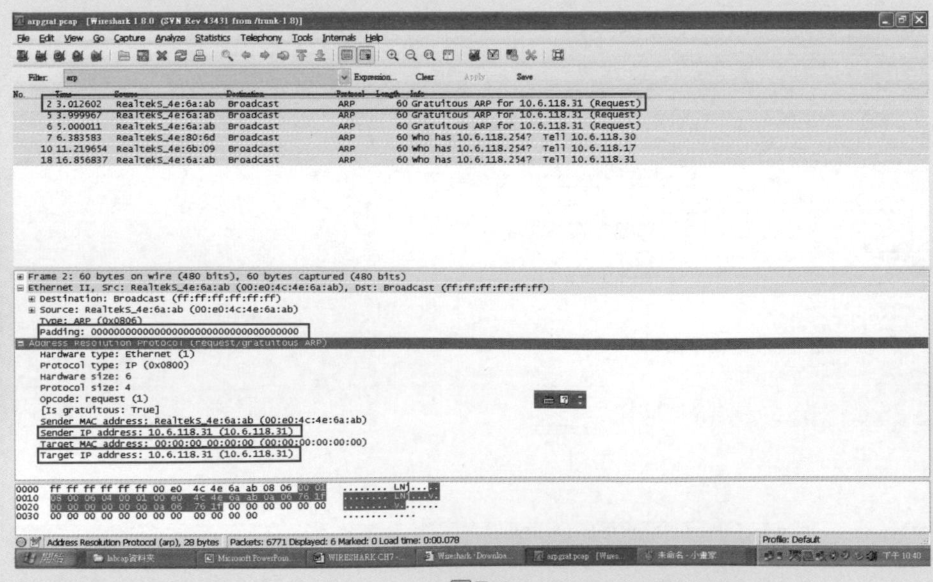

圖E-3

本章習題

4. 如何在Wireshark得出圖E-4，設定ARP重複IP位址及ARP request封包發生風暴（storm）時可以被偵測出來？

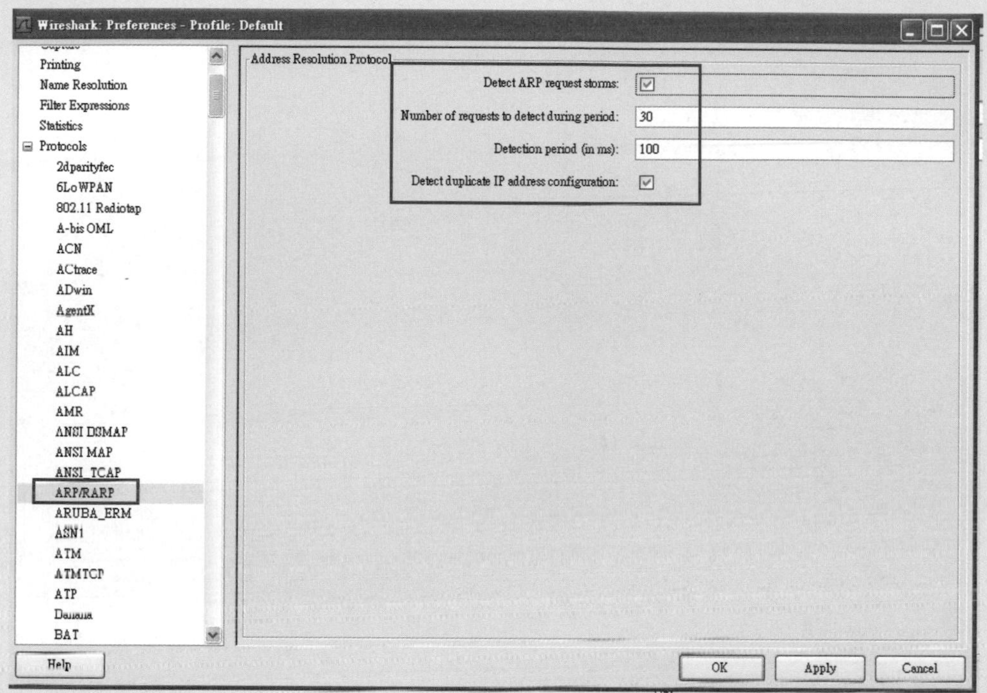

◐圖E-4

'N 'O 'T 'E

CHAPTER 05

ICMP協定Wireshark實作分析

5-1 ICMP簡介

在第3章所談的IP協定中的IP封包若發生問題，其內部並沒有提供錯誤回報或錯誤校正機制，這就有待ICMP來傳送相關的資訊，但它只負責回報出現的問題，有關問題的解決，則交給TCP來處理。ICMP稱爲網際網路控制訊息協定，英文全名是Internet Control Message Protocol。ICMP其實就是一個錯誤偵測與回報機制，主要包括能夠檢測網路的連線情況、偵測遠端主機存在與否，和建立及維護IP路由資料等功能。

ICMP同ARP，屬網路層協定，一旦IP路由出現問題，就需利用此協定傳送並報告相關的資訊。ICMP無法獨立操作，它必須與IP協定標頭一起搭配使用，此時IP協定標頭內的PROT的值爲1（即0x01），如圖5-1(a)所示。注意：ICMP標頭的位置是位於IP標頭的後面。像ping、tracert或pathping命令，都是用來測試網路連線的情況，而所用的協定正是ICMP。ICMP封包在網路上是如何傳送？其實，ICMP封包（即ICMP標頭加上ICMP Payload）是封裝在IP封包中儲存資料的地方，稱爲IP Payload，並經IP路由傳送到目的端。值得一提的是，ICMP Payload（也是ICMP封包放資料的部分）是隨著ICMP封包的類型而有所不同。雖然ICMP封包是位於IP標頭的後面，但仍屬於網路層，如圖5-1(b)所示。

圖5-1(a) 代表ICMP封包時IP標頭內的PROT

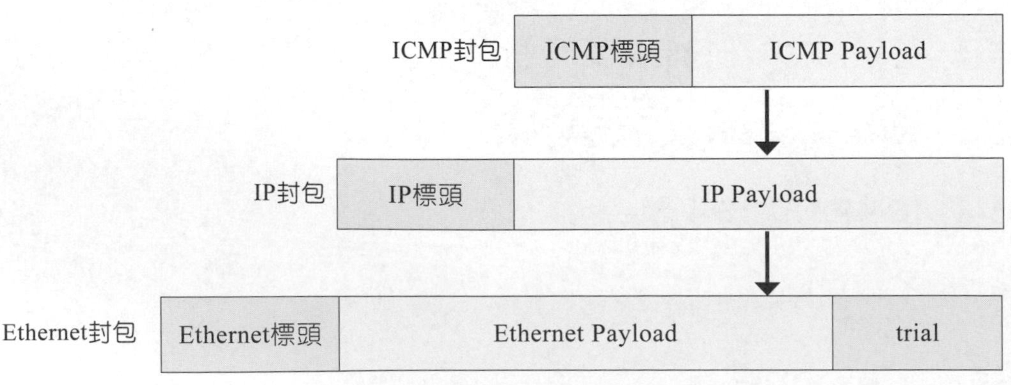

圖5-1(b) ICMP封包的封裝方式

5-2 ICMP訊息格式

ICMP訊息（亦稱ICMP封包）分成兩部分，即ICMP標頭及ICMP資料（或稱ICMP Payload）。前者包含一個8位元組的標頭，雖然不同的訊息有不同的標頭格式，但前4個位元組都是一樣的；後者是一個非固定長度的ICMP資料，換言之，隨著ICMP訊息類型的不同，每一個封包欄位長度與內容也跟著不同，如圖5-2所示。ICMP標頭前4個位元組包含3個固定長度的欄位：類型（Type）佔1 byte，代碼（Code）佔1 byte，與檢查和（Checksum）佔2 bytes。Type定義出各類的ICMP訊息類型，如表5-1所示。ICMP可分為兩大訊息類型，分別為「查詢」（Query）與「錯誤回報」（Error-Reporting）。「查詢」的訊息類型，它的Type值有4組，分別為8/0、10/9、13/14和17/18共4組，每組分別代表request/reply。查詢的主要功能是協助一部主機或網路管理者取得另一部主機或路由器的相關訊息，查詢訊息可由一個主機送出，目的端主機再以各自獨特格式回應。錯誤回報訊息共5種，它的Type值分別為3、4、5、11和12，主要功能是回報路由器或目的端主機在處理IP封包時可能遭遇到的一些問題。

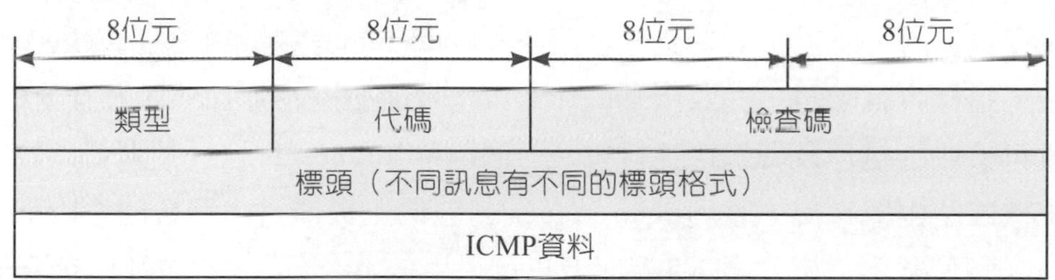

圖5-2 ICMP訊息格式

表5-1 ICMP訊息的類型與說明

類型	訊息功能
0	Echo reply
3	Destination unreachable
4	Source quench
5	Redirection
8	Echo request
9	Router advertisement
10	Router solicitation
11	Time exceeded

類型	訊息功能
12	Parameter problem
13	Timestamp request
14	Timestamp reply
17	Address mask request
18	Address mask reply

5-2-1 ICMP的查詢訊息

本節針對「查詢」的4組訊息類型做說明，茲說明如下：

- Echo request與Echo reply：它們的Code欄位值爲0。Echo request封包（亦稱Echo request訊息）與Echo reply封包（亦稱Echo reply訊息）常用來偵測兩主機間是否可以通訊。首先，Echo request主要目的就是要求對方回應此封包，Echo reply封包內的資料將拷貝Echo request封包中的資料，就可以確定對方目前存在與否。換言之，它們可決定IP層是否可以通訊，因爲ICMP訊息是封裝在IP資料包內，所以當某主機一旦接收到Echo request封包並回送Echo reply封包後，這樣也就驗證，送收兩端的IP資料包可開始進行通訊，則路徑上的路由器就可接收、處理及轉送IP資料包。一個Echo request封包（類型號碼爲8）可由主機或路由器送出，收到Echo request封包的主機或路由器會回送Echo reply封包（類型號碼爲0）。網路管理者也可以用Echo request封包及Echo reply封包檢查IP協定的運作。有關Echo request封包及Echo reply封包格式如圖5-3所示。注意：接收Echo request封包的主機只要將類型值改寫成Echo reply封包的類型值（即0x08改寫成0x00），並計算檢查和，就可直接回送訊息。Echo request封包及Echo reply封包可以透過ping命令測試能否到達某一部電腦，每一次執行ping命令就會有不同識別碼，以便對應出Echo request及它的Echo reply；若Echo request封包發送至被測試的節點，則由節點回應的Echo reply封包內的資料（若有的話）將拷貝Echo request封包中的選項資料；每一個Echo request會有不同的序號，然而，此序號也將複製至Echo reply的序號欄位值。換言之，透過識別碼與序號，可提供給來源端主機，確認哪一個發送出去的要求訊息被對方回應。可參考RFC 792。

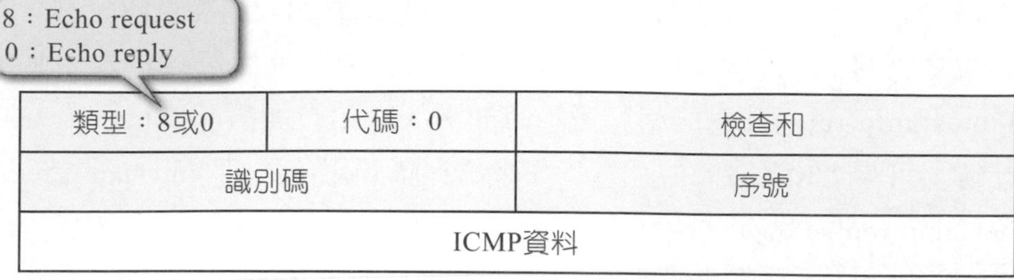

圖5-3 Echo request及Echo reply訊息格式

範例❶ 請利用圖5-4的ICMP Echo request封包訊息內容來計算檢查和（或稱錯誤檢查和）。注意，ICMP資料的內容為ABCD。

解 ICMP檢查和是以整個訊息（包括標頭與資料）來計算。其過程是先將整個訊息分成很多組的16 bits，再將它們加總起來後，求1的補數得出檢查和。注意：一開始的檢查和填入0。ICMP資料的內容值可由附錄C ASCII表查知。

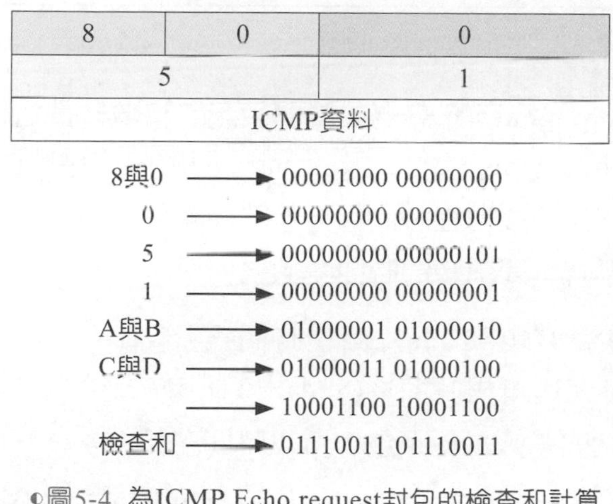

圖5-4 為ICMP Echo request封包的檢查和計算

- 時間戳記要求（Timestamp request）與時間戳記回覆（Timestamp reply）：它們的Code欄位值為0。主要功能是在兩部主機間進行系統時間同步的調整，即使兩部主機的時間不同步，時間戳記要求訊息與時間戳記回覆訊息，仍可以計算資料包在來源端與目的端主機之間的傳輸延遲。而時間計算是以格林威治時間（Universal Time；UT）為基準，由格林威治時間午夜零時零分起算，時間戳記欄位佔32 bits，時戳訊息以ms為單位。Timestamp request（類型號碼為13）與Timestamp reply（類型號碼為14）訊息格式如圖5-5所示。來源端建立Timestamp request訊息，並以送出訊息時的格林威治時間填入開始時間戳記欄位內，其他兩個欄位填0。目的端會將接收到的Timestamp request訊息中的開始時間戳記拷貝到其所建立Timestamp reply訊息的相同欄位內；另一方面，目的端會將接收到訊息的格林威治時間填入接收時間戳記欄位內，並會將送出Timestamp reply訊息的格林威治時間填入送出時間戳記欄位內。有關時間的計算，可參考RFC 792。注意：如果單程時間正確，則Timestamp request與Timestamp reply訊息可以用來同步雙方主機時鐘的時間。

13：要求
14：答覆

類型：13或14	代碼：0	檢查和
識別碼		序號
開始時間戳記		
接收時間戳記		
送出時間戳記		

◐圖5-5 Timestamp request與Timestamp reply訊息格式

範例❷ 當Timestamp request訊息開始時間戳記、接收時間戳記及送出時間戳記欄位值依序為50 ms、58 ms及71 ms；而封包到達時間值為75 ms，則來回時間為何？假設單程時間為去程時間與回程時間的平均值，則兩台主機間進行系統時間同步的時間差值為何？

解 去程時間為58-50=8 ms；回程時間為75-71=4 ms；所以來回時間為8+4=12 ms。因單程時間為(8+4)÷2=6 ms，為同步雙方主機的時間，必須計算時間差值以便調整，所以時間差值=58-(50+6)=2 ms。利用這2 ms，可以讓Timestamp request訊息與Timestamp reply訊息同步雙方主機的時間。

- 位址遮罩要求（Address mask request）與位址遮罩回覆（Address mask reply）：它們的Code欄位值為0。若已知路由器的位址，為取得網路遮罩訊息，主機可送出Address mask request（類型號碼為17）訊息給LAN上的路由器；反之，就將Address mask request訊息廣播出去，路由器收到此訊息就回應Address mask reply（類型號碼為18）訊息，以提供網路遮罩訊息給要求的主機，如圖5-6所示。注意：一開始尚未知道網路遮罩訊息，所以位址遮罩欄位填入0；一直到路由器送出Address mask reply訊息給主機時，欄位才填入遮罩值。可參考RFC 950。

17：Address mask request
18：Address mask reply

類型：17或18	代碼：0	檢查和
識別碼		序號
位址遮罩		

◐圖5-6 Address mask request與Address mask reply訊息格式

- 路由器要求（Router solicitation）與路由器通知（Router advertisement）：它們的Code欄位值為0。ICMP路由器發現訊息（Router Discovery Messages）是使用Router solicitation（類型號碼為10）及Router advertisement（類型號碼為11）兩訊息，以便找出子網路上的路由器操作位址。當一台主機送資料到另一台主機時，必須知道路由器的位址以準備轉址（Redirection），並且該台主機也要確定路由器是否在正常狀況，所以需要Router solicitation及Router advertisement訊息。不管是否有主機詢問，每一個路由器會由它的群播介面定期送出Router advertisement訊息，通知該介面的IP位址。主機也可以透過Router advertisement訊息得知鄰居路由器的位址。當一個群播鏈路的主機啟動時，它可能將Router solicitation群播出去，並要求立即通知，而不是等待下一個週期的出現；換言之，為瞭解路由器相關的資訊，主機以群播或廣播送出一個Router solicitation訊息，如圖5-7所示，所有路由器收到此詢問訊息時，就用Router advertisement訊息（預設值為7~10分鐘）如圖5-8所示，廣播它們的路徑訊息出去，這不但代表自己存在，並提供該主機週邊相關路由器設定訊息。注意，圖5-8中的存活期間記錄訊息的有效時間（預設值為30分鐘），以秒為單位；另外，每一個路由器至少有路由器位址及位址優先權兩欄位，各佔32 bits。位址優先權指出路由器等級，它是以帶有符號的2補數定義等級，值越高，表路由器有較高等級，例如：優先權等級為0時，代表預設路由器；而最小值（0x80000000）代表路由器不能被挑選為預設路由器，它僅使用於特定IP目的地。可參考RFC 1256。

類型：10	代碼：0	檢查和
保留		

◐圖5-7 Router solicitation訊息格式

類型：9	代碼：0	檢查和
位址數目	位址項目大小	存活期間
路由器位址1		
位址優先權1		
路由器位址1		
位址優先權2		
⋮		

◐圖5-8 Router advertisement訊息格式

5-2-2 錯誤回報訊息

在第3章已談過，IP為免接式連接（Connectionless；CL），是一種不可靠的通訊協定；換言之，IP並沒有TCP具有的流量與錯誤控制。ICMP的設計也就是為了補救這些缺點。然而，ICMP並不校正錯誤，而只是回報錯誤的問題類型，錯誤的校正就留給TCP層的通訊協定來處理。注意，錯誤回報訊息不會有查詢訊息所呈現出request與reply的對應，而是一旦錯誤發生時，會由該位置直接送出一個訊息通知來源端主機，並不要求回覆，所以訊息皆各自獨立。圖5-9指出錯誤訊息發生時，ICMP封包如何構成。說明如下。

首先，某主機接收到的資料包是由原始的（original）IP資料包標頭及原始的IP資料欄位構成，一旦資料包有錯誤發生，所有錯誤訊息放資料的地方稱為ICMP資料，它是由原始的（original）IP資料包標頭及原始的IP資料欄位最前面的64 bits的資料形成。接著，ICMP標頭加至於原始的IP資料包標頭前面，形成ICMP封包。注意：原始的IP資料包標頭用來告知發送端此錯誤訊息為哪一資料包所造成，而原始的IP資料欄位最前面的64 bits的資料內容，是指主機發送出去的ICMP (ping) request訊息。如果接收到的資料包上層有傳輸層（如TCP/UDP），則64 bits的資料將包括來源端與目的端的埠號、總長度、檢查和及序號等訊息。接下來，在ICMP封包（或稱ICMP資料包）前面加上ICMP資料包的IP標頭形成的IP資料包會被送出。ICMP共有5種錯誤回報訊息，它們的Type值分別為3、4、5、11和12，說明如下。

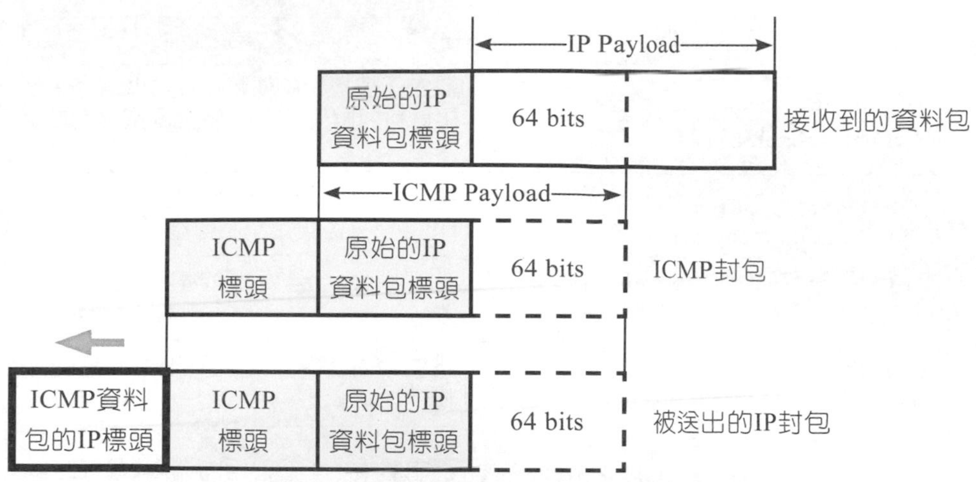

圖5-9 錯誤訊息發生時的ICMP封包構成

- 目的地無法到達（Destination unreachable）：它的Code欄位值爲0~15。當IP資料包無法到達目的端時，主機或路由器將根據ICMP的錯誤訊息發送Destination unreachable訊息（類型號碼爲3）給來源端。圖5-10指出Type=3，代碼爲0~15，加上檢查和，共佔4 bytes，再加上未使用部分（佔4 bytes）形成ICMP標頭。緊接著爲ICMP Payload，是由原始的IP資料包標頭及原來的IP資料欄位最前面的64 bits構成，這樣一來，才形成錯誤類型3的ICMP訊息格式，亦即Destination unreachable的訊息格式。另一方面，利用不同代碼可分別出不同的錯誤訊息，如表5-2所示。可參考RFC 792和RFC 1812。

<table>
<tr><td>類型：3</td><td>代碼：0到15</td><td>檢查和</td></tr>
<tr><td colspan="3">未使用（全部為0）</td></tr>
<tr><td colspan="3">原始的IP資料包標頭及原始的IP資料欄位最前面的64 bits</td></tr>
</table>

圖5-10 Destination unreachable訊息格式

表5-2 在不同代碼分別出不同的「目的端無法到達」原因說明

Code	原因說明	補充敘述
0	網路無法到達 (Network unreachable)	可能硬體發生問題，此訊息由路由器產生。注意，路由器知道目的端網路存在。
1	主機無法到達 (Host unreachable)	可能硬體發生問題，此訊息由路由器產生。注意，路由器知道目的端主機存在。
2	協定無法到達 (Protocol unreachable)	發生在被指定的傳輸協定不支援時，此訊息由目的端主機產生。

Code	原因說明	補充敘述
3	埠無法到達 (Port unreachable)	發生在被指定的傳輸層(例如UDP)，無法將IP資料包解多工，也沒有協定機制能通知發送端。
4	資料包太大 (The datagram is too big)	IP封包太大必須分割，但是在IP封包內的DF位元又被設定為不可以分割(即DF=1)。
5	來源路徑失敗 (Source route failed)	來源端路徑選項中的某些路由器經過失敗。
6	目的端網路不明 (Destination network unknown)	路由器根本不知道目的端網路的相關資料。
7	目的端主機不明 (Destination host unknown)	路由器根本不知道目的端主機存在。
8	來源端主機被隔離 (Source host isolated)	
9	與目的端網路的連線被禁止 (Communication with destination network is administratively prohibited)	
10	與目的端主機的通訊被禁止 (Communication with destination host is administratively prohibited)	
11	網路無法到達所指定的服務型態 (The network is unreachable for Type Of Service)	
12	主機無法到達所指定的服務型態 (The host is unreachable for Type Of Service)	
13	通訊因管理而被禁止 (Communication Administratively Prohibited)	當一個路由器因管理需要而過濾資料包，導致無法轉送被過濾掉的資料包造成通訊禁止。
14	違反主機優先權的設定 (Host precedence violation)	因違反主機優先權的設定，而使主機無法到達，此訊息由路由器送出，表示到達此目的端的資料包其要求的優先權不被允許。
15	優先權被中止 (Precedence cutoff in effect)	資料包優先等級低於管理者設定的優先等級。

- 來源放慢（Source quench）：它的Code欄位值爲0。IP協定爲免接式連接，由於沒有TCP具有的流量控制機制，主機必須依賴佇列儲存等待要被處理的封包。當路由器過載，無法處理太多的IP封包（即資料包）時，必須丟棄某一個資料包，並送出Source quench訊息（類型號碼爲4）給資料包發送者，通知它網路已發生壅塞，應該降低發送資料包的速度。Source quench訊息格式如圖

5-11所示。一旦Source quench訊息通知發送者放慢送出資料包的速度，資料包也因爲某一個路由器或目的端主機發生壅塞而被丟棄。發送放慢傳送的速度一直到壅塞情況有改善才停止。可參考RFC 792。

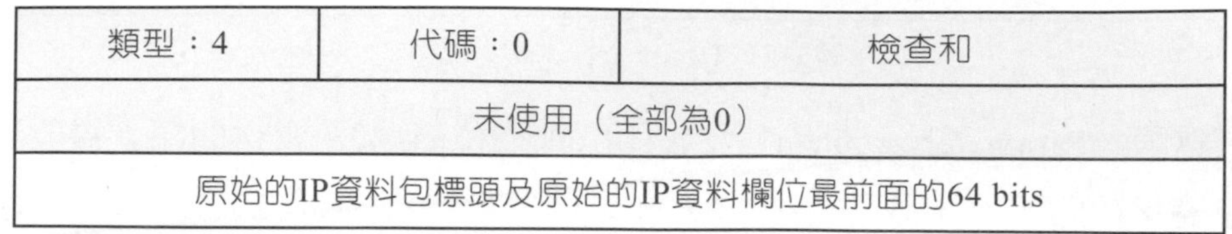

類型：4	代碼：0	檢查和
未使用（全部為0）		
原始的IP資料包標頭及原始的IP資料欄位最前面的64 bits		

圖5-11 Source quench訊息格式

- 重新導向（Redirection）：它的Code欄位值爲0~3。當主機A透過閘道器1要傳送資料包給主機B時，如果閘道器1由本身的路由表發現有更佳路徑，便會發送Redirection（轉址）訊息（類型號碼爲5）給來源端主機A，此訊息將透過另一個閘道器2轉送至另一個路徑，訊息格式如圖5-12所示。可參考RFC 792。

  至於Redirection代碼0~3代表意義如下：

  代碼0：特定網路路徑的重新導向。

  代碼1：特定主機路徑的重新導向。

  代碼2：指定服務種類的特定網路路徑的重新導向。

  代碼3：指定服務種類的特定主機路徑的重新導向。

類型：5	代碼：0～3	檢查和
目的端路由器的IP位址		
原始的IP資料包標頭及原始的IP資料欄位最前面的64 bits		

圖5-12 Redirection訊息格式

- 時間逾時（Time exceeded）：它的Code欄位值爲0或1。爲避免網路因壅塞或其他因素造成IP資料包無法到達目的端，並可能無窮盡地在網路中傳送造成負擔，因此，IP資料包每經過一個路由器，IP資料包中的TTL值減1；直到TTL=0時，路由器立刻放棄該IP資料包，並送出Time exceeded訊息（類型號碼爲11）給來源端主機。Time exceeded訊息格式如圖5-13所示，圖中Code 0代表路由器接收到一個TTL=0的資料包時，路由器就移除這個資料包，並送出一個Time exceeded訊息給原始的發送端。Code 1表示目的端主機在預設的時間內沒有完全收到IP Fragment時，則目的端主機會丟棄已收到的IP Fragment，並送出Time exceeded訊息給IP資料包來源端主機。可參考RFC 792。

類型：11	代碼：0或1	檢查和
未使用（全部為0）		
原始的IP資料包標頭及原始的IP資料欄位最前面的64 bits		

◐圖5-13 Time exceeded訊息格式

- 參數錯誤（Parameter problem）：它的Code欄位值爲0。當目的端主機收到的IP封包欄位內的值不正確時，Parameter problem訊息（類型號碼爲12）會送給來源端主機。例如：一閘道器（Gateway）或主機發現處理資料包有問題而必須棄除，這可能的原因是資料包中的選項不正確造成；換言之，只要資料包必須棄除，閘道器或主機就透過Parameter problem訊息通知來源端主機。Parameter problem訊息格式如圖5-14所示。至於代碼0，表示資料包標頭的位元組錯誤被偵測出來。至於錯誤的位置，可藉由「指標」指出來。可參考RFC 792。

類型：12	代碼：0	檢查和
指標	未使用（全部為0）	
原始的IP資料包標頭及原始的IP資料欄位最前面的64 bits		

◐圖5-14 Parameter problem訊息格式

5-3 ICMP工具程式測試

一般網路使用者可透過ping工具程式來測試網路連線是否正常。ping的語法與參數可寫成：

```
ping [參數] [網址或IP位址]
```

要查詢有關參數種類，可在命令提示字元，例如C:\Documents and Settings\yunlung>敲入單一命令ping，可得出表5-3說明。接著將參數加進來，例如：敲入ping –n 2 –w 5000 www.yahoo.com.tw或ping –n 2 –w 5000 119.160.246.23，可得出如圖5-15所示的結果。注意：–n後面的2表示Echo request只設定2次；若-n 2不寫，則Echo request 預設值爲4次。若要執行DNS反向查詢，可敲入ping –a IP位址，如ping –a 203.66.88.89，可反向查詢得知爲www.hinet.net，如圖5-16所示。另外，可透過tracert工具程式找出至目的端IP位址所經過的路由器。注意：

在Linux作業系統則使用traceroute工具程式。tracert的語法與參數可寫成：

```
tracert [參數] [網址或IP位址]
```

有關參數種類，可在命令提示字元例如C:\Documents and Settings\yunlung> 敲入單一命令tracert，如表5-4說明。接著將參數加進來，例如：若要追蹤從這部電腦到www.hinet.net的連線路由，請在命令提示字元敲入：tracert www. hinet. net或61.219.38.89；如果要加速顯示至www.hinet.net的路徑，而不顯示路由器名稱，請在命令提示字元中敲入下列命令：tracert -d www. hinet.net。注意，tracert每送出一個Echo request封包，它的TTL值就得加1，以便取得路徑資訊；另一方面，也將封包傳送至目的端主機61.219.38.89，首先，會經過路徑上的路由器61.224.52.254，此時路由器會將收到的封包的TTL值減1，一直到TTL=0，就停止轉送封包，並回覆Timc exceeded訊息給來源端，如圖5-17所示。注意：圖中tracerting route......over a maximum of 30 hops表示封包每轉送一次，代表經過1個hop，上限值爲30個hops。值得一提，在圖5-17中的來源端主機至目的端主機61.219.38.89必須經過4部路由器。由於tracert每次會連續送出3個Echo request訊息給每部路由器，若網路狀態正常，應該收到3個回應時間。有關tracert [參數] [網址或IP 位址]在Wireshark上的ICMP封包的擷取分析，將在5-5節探討。

接下來，介紹兼具ping與tracert兩工具程式的特性，稱爲pathping。其語法與參數如表5-5說明，可寫成：

```
pathping [參數] [網址或IP位址]
```

pathping工具程式會依序對每部路由器送出100個Echo request封包並做統計，再由封包遺失情況偵測路由器是否正常，現在若在命令提示字元敲入：pathping www.hinet.net可得到連線時封包的統計，如圖5-18所示。

表5-3　ping的參數種類說明

-t	ping到指定的主機，會連續送出Echo request封包，直到按「Ctrl+C」才停止；按「Ctrl+Break」則出現統計結果並繼續下去。
-a	將位址解析為主機名稱。
-n count	傳送Echo request封包數，預設值為4。
-l size	使用緩衝器的大小。
-f	傳送封包中的Don't Fragment旗標。

-i TTL	設定TTL所指定的值。
-v TOS	將服務類型欄位設定為TOS所指定的值。
-r count	記錄封包的路由。
-s count	指定count所指定的跳躍數(hops)的時間戳記。
-j host-list	host-list所指定的主機清單的路徑(使用鬆散路由來源)來傳送封包。
-k host-list	host-list所指定的主機清單的路徑(使用嚴密路由來源)來傳送封包。
-w timeout	等待Echo reply的時間(單位以毫秒計)。

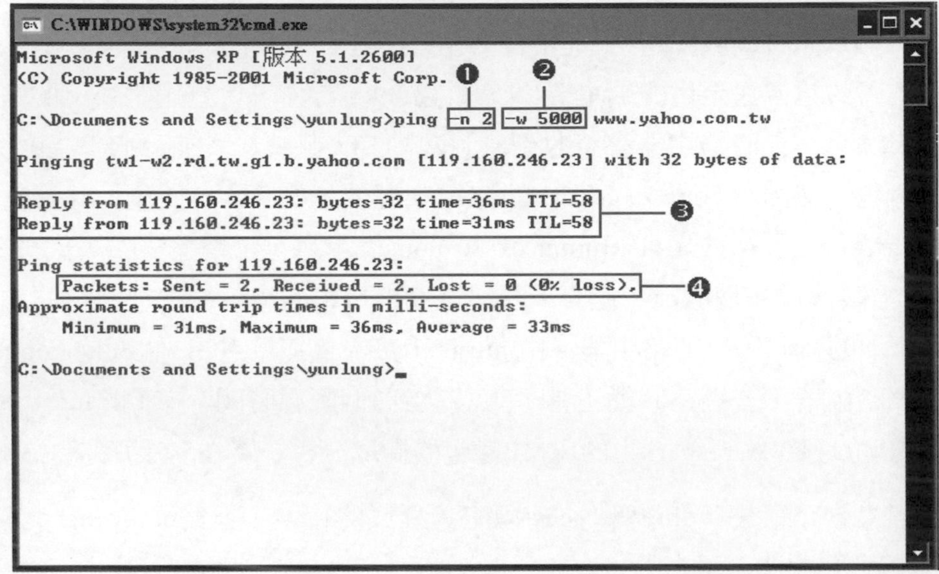

◐圖5-15 ping –n 2 –w 5000 www.yahoo.com.tw的結果

❶ 指出-n 2表示發出Echo request訊息只設定2次。

❷ 指出-w 5000表示等待時間延長5秒。

❸ 指出回覆自119.160.246.23:位元組=32 時間=36ms TTL=58及回覆自119.160.246.23:位元組=31 時間=36ms TTL=58。

❹ 指出Echo request訊息（或稱ICMP Echo request封包）送出2個，收到也是2個。

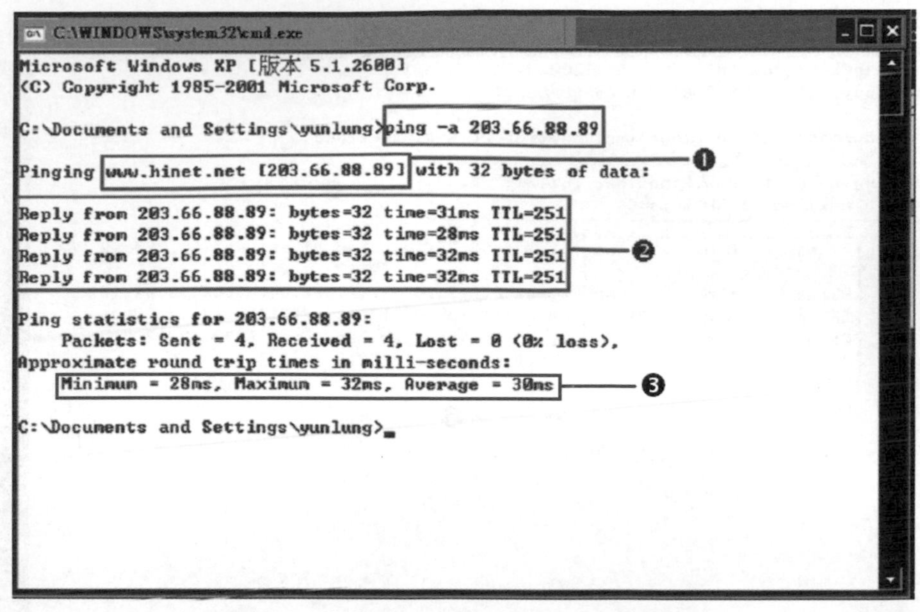

圖5-16 利用ping –a 203.66.88.89反向查詢

❶ 指出ping –a 203.66.88.89可反向查詢DNS，得知爲www.hinet.net。

❷ 指出Echo request訊息的基本設定爲4次。這4次的回覆封包（即Echo reply封包）都來自目的端主機www.hinet.net所對應的IP位址203.66.88.89之回應。

❸ 指出發出4個Echo request封包，其中最大來回時間值是32ms，最小來回時間值是28ms，平均來回時間值是30ms。所謂來回時間（Round Trip Time）指發出Echo request封包至目的端的時間，加上回應Echo reply封包至發送端的時間。

表5-4 tracert的參數種類說明

-d	不執行位址至主機名稱的解析。
-h maximum_hops	搜尋目標最大限制的跳躍數。
-j host-list	用host-list所指定的主機清單的路徑(鬆散路由來源)來傳送封包。
-w timeout	等待Echo reply的時間(單位以毫秒計)。

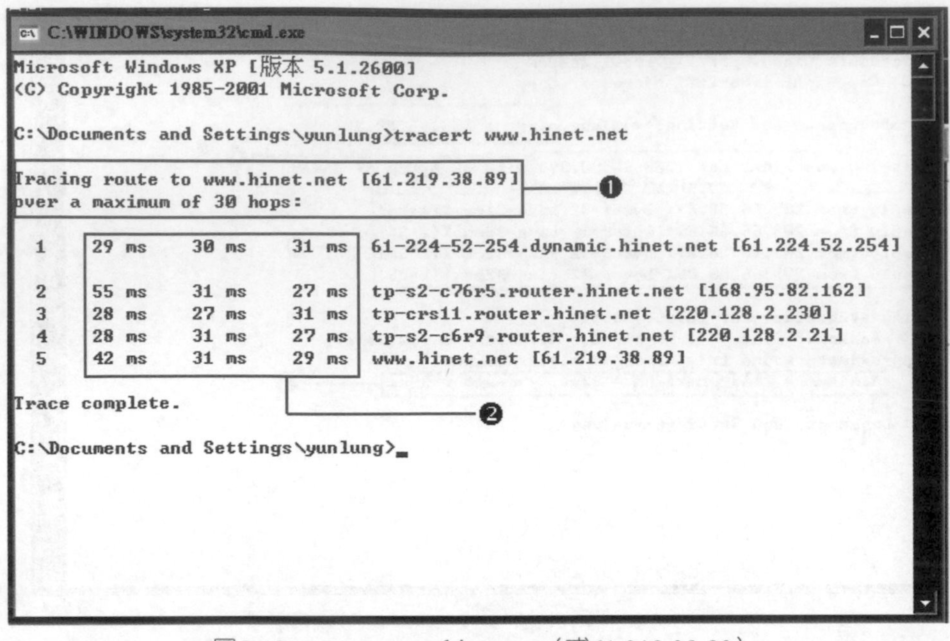

◐圖5-17 tracert www.hinet.net（或61.219.38.89）

❶ 指出追蹤www.hinet.net（或61.219.38.89）的路徑，最大hops值爲30。

❷ 指出每部路由器會回應3次，所以有3次回應時間。例如：編號1的路由器3次回應時間分別爲29ms、30ms和31ms；注意，從來源端主機至目的端主機www.hinet.net（61.219.38.89）主機必須經過4部路由器，亦即編號5爲目的端主機。

表5-5　pathping的參數種類說明

-g host-list	host-list所指定的主機清單的路徑(使用鬆散路由來源)來傳送封包。
-h maximum_hops	搜尋目標最大限制的跳躍數。
-i address	指定來源位址。
- n hostnames	不執行位址至主機名稱的解析。
-p period	Echo request封包之間的時間間隔(毫秒計)。
-q num_queries	每個跳躍點的查詢數。
-w time-out	等待Echo reply的時間(單位以毫秒計)。
-P	測試RSVP path的連線。
RSVP	協定允許主機為資料流保留一定量的頻寬。
-T	利用第2層優先級標記測試每一跳躍點的連線。
-R	確定路徑中的每個路由器是否支援RSVP。

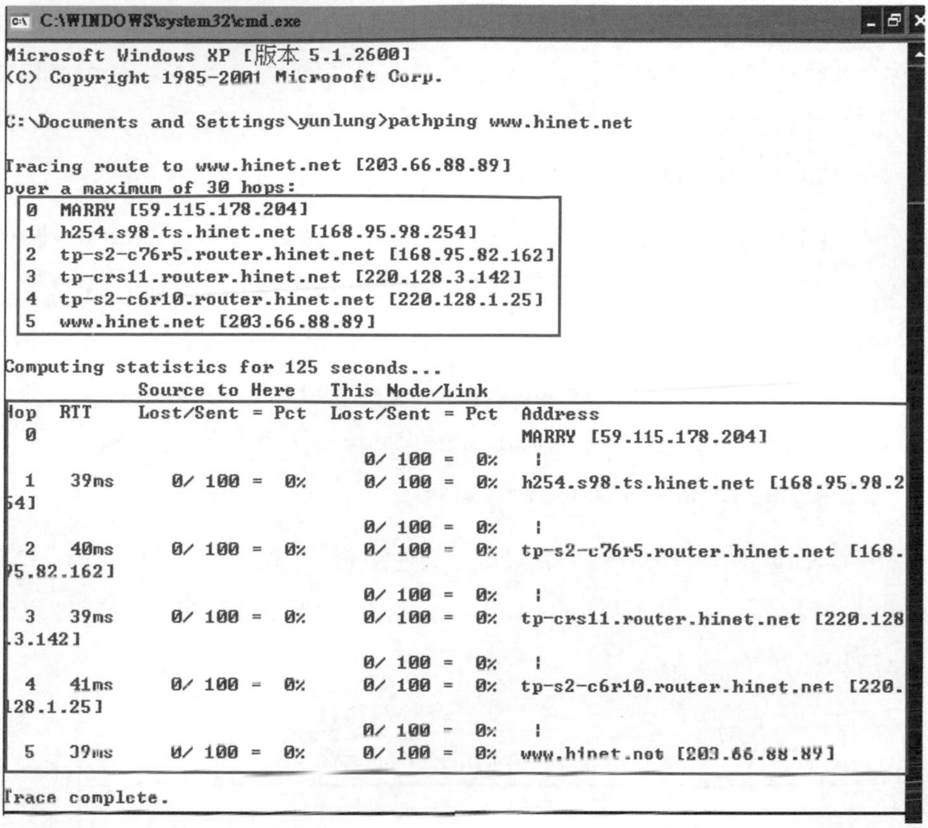

```
C:\WINDOWS\system32\cmd.exe
Microsoft Windows XP [版本 5.1.2600]
(C) Copyright 1985-2001 Microsoft Corp.

C:\Documents and Settings\yunlung>pathping www.hinet.net

Tracing route to www.hinet.net [203.66.88.89]
over a maximum of 30 hops:
  0  MARRY [59.115.178.204]
  1  h254.s98.ts.hinet.net [168.95.98.254]
  2  tp-s2-c76r5.router.hinet.net [168.95.82.162]
  3  tp-crs11.router.hinet.net [220.128.3.142]
  4  tp-s2-c6r10.router.hinet.net [220.128.1.25]
  5  www.hinet.net [203.66.88.89]

Computing statistics for 125 seconds...
            Source to Here   This Node/Link
Hop  RTT    Lost/Sent = Pct  Lost/Sent = Pct  Address
  0                                           MARRY [59.115.178.204]
                                0/ 100 =  0%   |
  1   39ms     0/ 100 =  0%     0/ 100 =  0%  h254.s98.ts.hinet.net [168.95.98.2
54]
                                0/ 100 =  0%   |
  2   40ms     0/ 100 =  0%     0/ 100 =  0%  tp-s2-c76r5.router.hinet.net [168.
95.82.162]
                                0/ 100 =  0%   |
  3   39ms     0/ 100 =  0%     0/ 100 =  0%  tp-crs11.router.hinet.net [220.128
.3.142]
                                0/ 100 =  0%   |
  4   41ms     0/ 100 =  0%     0/ 100 =  0%  tp-s2-c6r10.router.hinet.net [220.
128.1.25]
                                0/ 100 =  0%   |
  5   39ms     0/ 100 =  0%     0/ 100 =  0%  www.hinet.net [203.66.88.89]

Trace complete.
```

圖5-18 pathping www.hinet.net

5-4 基礎ICMP封包的擷取分析

5-2節談過，ICMP中的查詢訊息類型共4組，最常使用的查詢類型則是Echo request與Echo reply，也就是來源端主機發送Echo request的ICMP封包給目的端主機，再由目的端主機回應Echo reply的ICMP封包給來源端主機。我們沿用圖4-8所示的2部電腦建立一LAN，其中一部主機A的IP位址爲192.168.1.8，另一部主機B的IP位址爲192.168.1.3。首先，開啓Wireshark，並選擇正確介面卡準備擷取所要的封包。接著敲入ping 192.168.1.3，然後停止Wireshark封包的擷取，只要網路在正常狀態，主機A主動會送出Echo request封包給主機B，主機B收到後，會回送Echo reply封包給主機A，如圖5-19(a)所示。圖5-19(b)則指出Echo request封包與Echo reply封包中的ICMP Payload架構，其包含了識別值（Identifier）、序號（Sequence Number）、選項資料（Option Data）3個欄位：

- Identifier佔16 bits：作爲識別之用。Identifier欄位值可由主機A裝置的程式決定出來。以Windows XP的ping工具程式爲例，它所送出Echo request的預設值爲4。當主機B收到Echo request封包後，回送Echo reply封包的Identifier欄位值必須與收到的Echo request封包一樣。
- Sequence佔16 bits：用來記錄ICMP封包的序號。Sequence Number欄位值由主機A裝置的程式所決定。以Windows XP的ping工具程式爲例，它每送出1個Echo request封包，其Sequence Number值就會加1，依此類推。當主機B收到Echo request封包後，回送的Echo reply封包其Sequence Number值必須與收到的Echo request封包一樣。透過Identifier與Sequence Number兩欄位，可識別出特定一組的Echo request與Echo reply封包。

接下來，透過Wireshark中設定過濾條件功能，在【Filter】欄位敲入「icmp」，我們將檢視第1對的Echo request與Echo reply封包，並加以分析如圖5-20(a)-(b)所示。

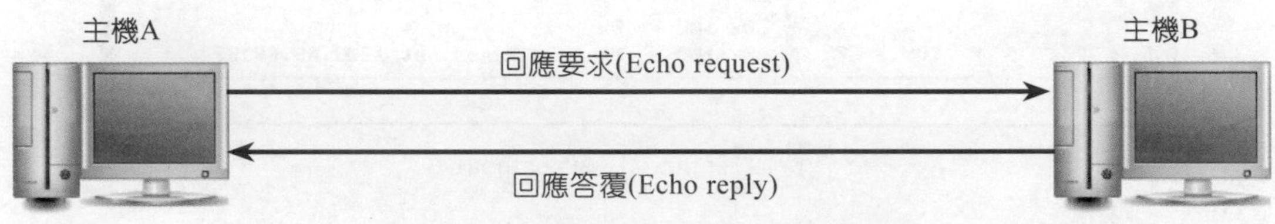

圖5-19(a) 主機A與主機B之間的Echo request與Echo reply封包

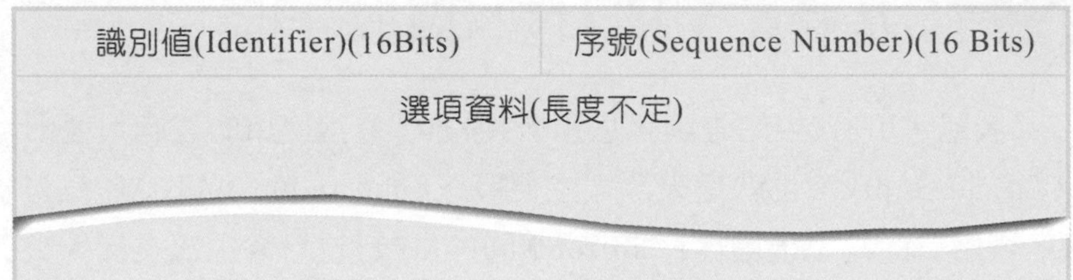

圖5-19(b) ICMP Echo request與Echo reply封包中的ICMP Payload的架構

N.O.T.E

本書中的Echo request與Echo reply訊息就是指ICMP Echo request與Echo reply封包。另外，如Time exceeded訊息也是指Time exceeded封包，在書中將交替輪用。

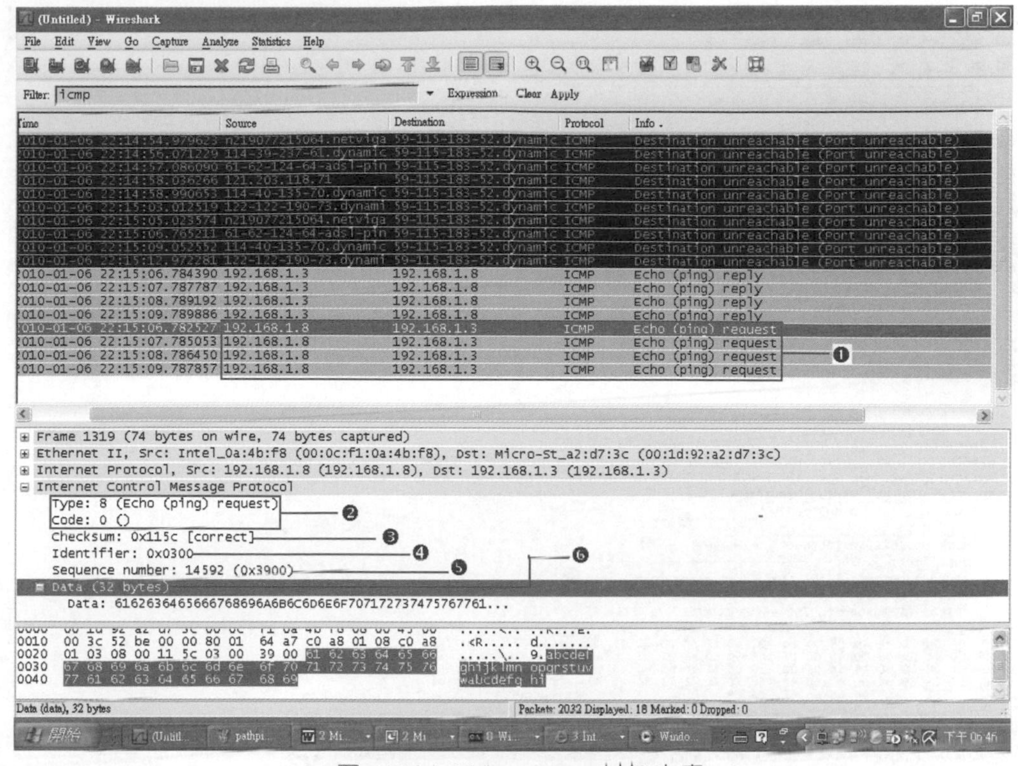

圖5-20(a) Echo request封包內容

❶ 指出第1對的Echo request（預設值共4對Echo request）封包。

❷ 指出Echo request封包的Type=8，Code為0。

❸ 指出錯誤檢查和。注意：主機B只要將主機A傳送過來的Echo request封包中的類型值Type=8改寫成Echo reply封包的類型值Type=0（即0x08改寫成0x00），並計算出檢查和，就可直接回覆訊息給主機A。

❹ 指出Echo request訊息的識別值：0x0300。若採用Wireshark較新版本，將出現兩個識別值，稱為BE（Big Endian）及LE（Little Endian）將在後面討論。

❺ 指出第1對的Echo request封包所記錄的序號是14592（0x3900）。注意，每個Echo request封包（共有4個Echo request封包）的序號都不一樣，每送出1個Echo request封包，序號就增加1，所以第2個Echo request封包的序號應是14593（0x3901）；第3個Echo request封包的序號應是14594（0x3902）；第4個Echo request封包的序號應是14595（0x3903）。若採用Wireshark較新版本，也會出現兩個序號，稱為BE及LE，將在後面討論。

❻ 指出欄位32 bytes所記錄的選項（option）資料。

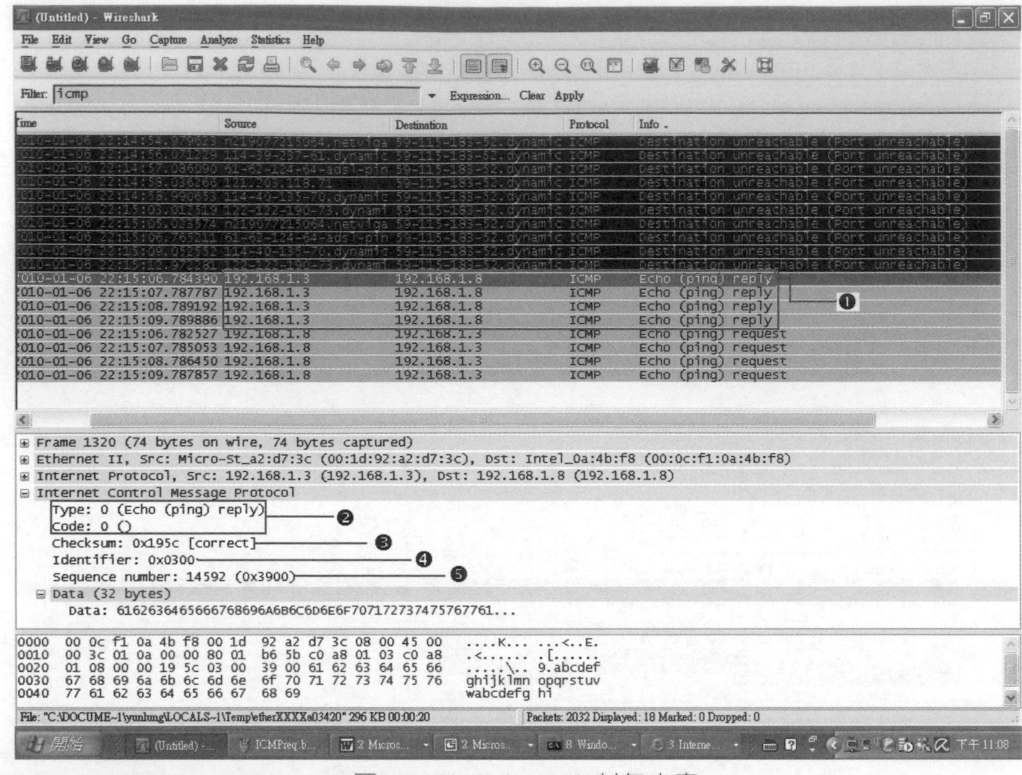

◐圖5-20(b) Echo reply封包內容

❶ 指出第1對的Echo reply（預設值共有4個Echo reply）封包。

❷ 指出Echo reply封包的Type=0，Code為0。

❸ 指出錯誤檢查和。

❹ 指出Echo reply訊息的識別值:0x0300，由於它與第1個Echo request封包配成一對，故兩者的識別值全為0x0300。

❺ 指出如同圖5-20(a)的❺所述，第1個Echo request封包所記錄的序號值為14592（0x3900），故Echo reply封包所記錄的序號值也為14592（0x3900）。換言之，第1對的Echo request與Echo reply封包所記錄的序號值必須一樣，其值均為14592（0x3900）。

N.O.T.E

圖5-20(a)中的Echo request封包欄位32 bytes所記錄的選項資料與對應的圖5-20(b)中的Echo reply封包所記錄的選項資料完全相同。注意，當ping進行Echo request和Echo reply兩動作時，必須要透過ARP找出IP與MAC位址之間的對應關係，以便傳送ICMP訊息（參考第4章的4-1節中的步驟4），我們會在後面5-5節針對此部分再分析討論。

5-5 Wireshark實作分析與討論

本節共有兩個實作Case。Case 1主要焦點是研究執行ping指令時將進行4個基本動作：前2個動作爲ARP協定；後2個動作爲ICMP協定，依序爲ARP request封包（採用廣播方式）、ARP reply封包（採用單播方式）、ICMP Echo request封包與ICMP Echo reply封包。但ICMP預設値爲4對的ICMP Echo request與ICMP Echo reply封包，我們將檢視ARP request與ARP reply封包，與4對的ICMP Echo request與ICMP Echo reply封包間的關係，並利用Wireshark加以分析，如圖5-21(a)~(b)所示。Case 1將更進一步擷取ICMP request及ICMP reply封包做其他分析，說明如下。

◈Case 1的操作步驟

- 首先，沿用前面章節說明，以手動撥接連線建立一區域網路（如圖4-8所示），一爲書房的電腦（手提電腦）擔任主機A，是以802.11g無線連接，IP位址設定爲192.168.1.17；另一爲客廳的電腦擔任主機B，IP位址設定爲192.168.1.11。注意，爲方便說明，本Case的主機只有2台，但實際主機可能有2台以上。
- 開啓Wireshark→Capture→Options→選擇正確介面卡準備擷取所要的封包。
- 主機A敲入ping 192.168.1.11，Wireshark將擷取ICMP Echo request與reply封包，然後停止Wireshark封包的擷取。

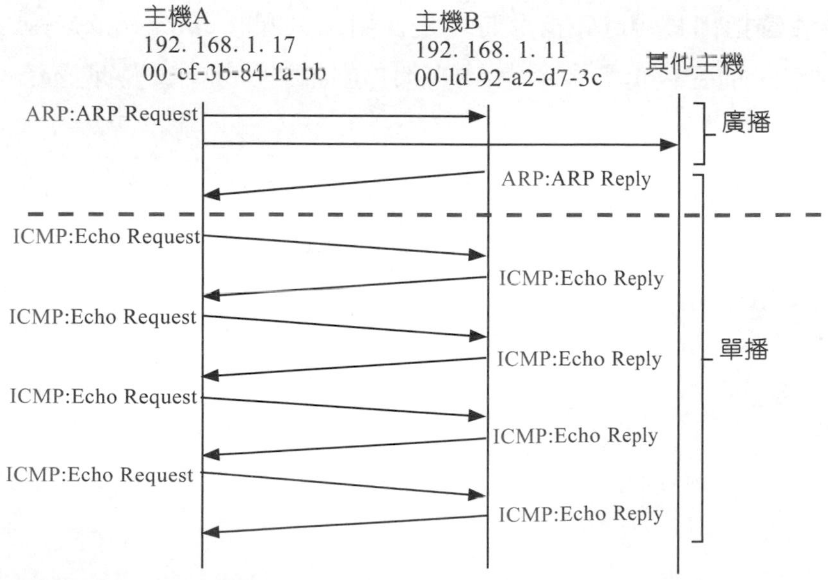

◎圖5-21(a) 檢視ARP request與ARP reply封包以及ICMP Echo request與ICMP Echo reply封包

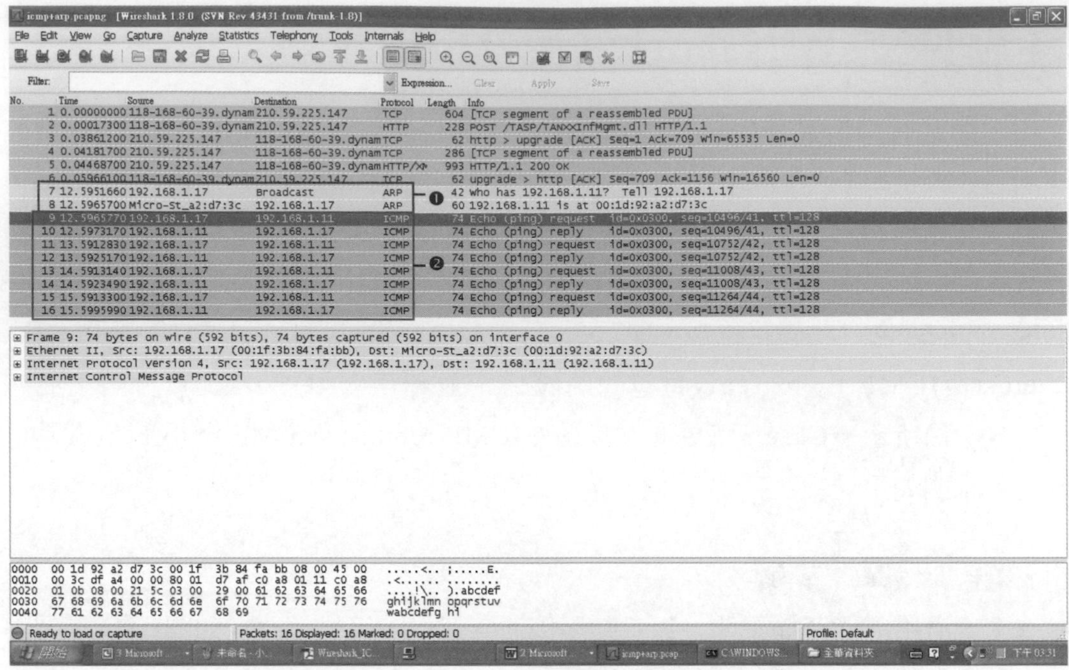

◐圖5-21(b) 執行ping指令時將進行ARP request與ARP reply以及ICMP request與ICMP reply 4個基本動作

❶ 指出主機A（192.168.1.17），透過無線寬頻路由器，以廣播方式送出ARP request封包至LAN內的所有主機，而只有被ping的目的端主機B（192.168.1.11），採用單播方式對主機A回送ARP reply封包。

❷ 接著，主機A（192.168.1.17）連續送出4個ICMP的Echo request封包給主機B，主機B（192.168.1.11）也會連續回送4個ICMP的Echo reply封包給主機A。❶與❷指出實現ping指令時，是使用ICMP的Echo request與Echo reply兩個封包，而它們仍需要透過ARP將IP位址轉換成MAC位址來傳送ICMP封包。

接著透過Wireshark中設定過濾條件功能，在【Filter】欄位敲入「icmp」，我們將檢視第1對與第2對的ICMP Echo request與ICMP Echo reply封包並加以分析，如圖5-22(a)~(d)所示。

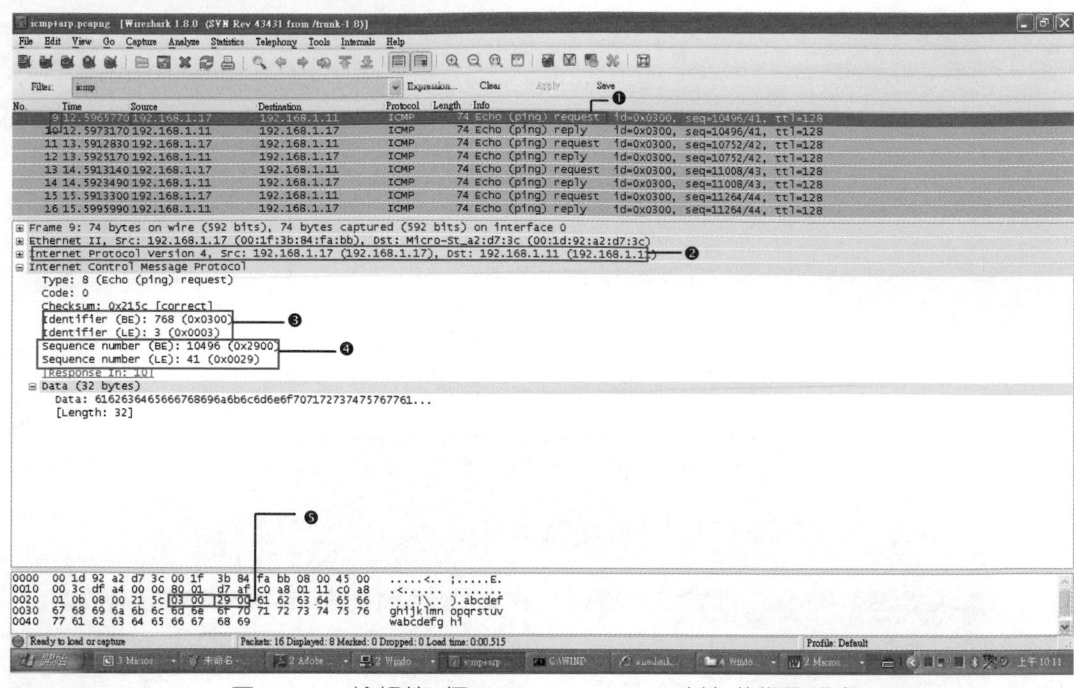

◐圖5-22(a) 檢視第1個ICMP Echo request封包的擷取分析

❶❷指出，送出的第1個的ICMP Echo request爲封包No 9，執行ping指令時的來源端爲主機A的IP位址192.168.1.17；而目的端爲主機B的IP位址192.168.1.11。

❸❹指出Echo request封包的識別值及序號值。由於是採用Wireshark較新版本，各出現兩個識別值及序號值，稱爲BE（Big Endian）及LE（Little Endian）。如果資料是從其最低位元位置開始儲存，稱爲Little Endian；如果是從資料的最高位元位置開始儲存，稱爲Big Edian。例如：0x0003的LE；若是BE則是0x0300。或許你會問，爲何各需要兩個序號值及識別值？其實它依序是被用來檢查封包的序號是否遺失，以及透過識別值讓封包更加容易處理。到底要使用BE或LE，則跟所使用電腦的作業系統有關，例如：Windows爲LE，而Linux則爲BE。Wireshark新版本則乾脆兩個值都顯示出來（參考http://en.wikipedia.org/wiki/Endianness），以便檢查出特定一組的Echo request與Echo reply封包。如下標示：

```
> Identifier (BE): 768 (0x0300)
> Identifier (LE): 3 (0x0003)
> Sequence number (BE): 10496 (0x2900)
> Sequence number (LE): 41 (0x0029)
```

N.O.T.E

BE的byte數值順序正是LE的byte數值的反向，如圖5-22(a)-1。

Identifier (BR): 768 (0x03 00)

Identifier (LE): 3 (0x00 03)

Sequence number (BE): 10496 (0x29 00)

Sequence number (LE): 41 (0x00 29)

◐圖5-22(a)-1 BE與LE的byte數值順序

❺ 指出識別值及序號值在封包位元組窗格是以BE的16進位值顯示。

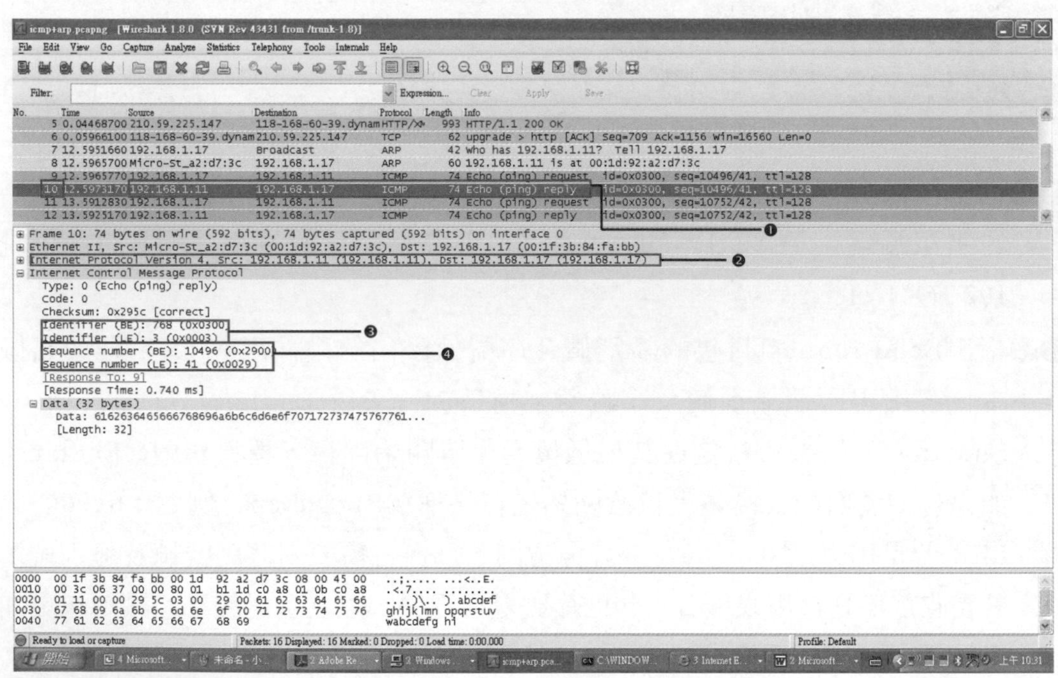

◐圖5-22(b) 檢視第1個ICMP Echo reply封包的擷取分析

❶❷指出對圖5-22(a)ping命令的回應，所產生第1個ICMP Echo reply爲封包No 10，此時來源端爲主機B的IP位址192.168.1.11；而目的端爲主機A的IP位址192.168.1.17。

❸❹指出Echo reply封包的識別值及序號值。主機B收到Echo request封包後，回送Echo reply封包的Identifier值與Sequence Number值必須與收到圖5-21(a)的Echo request封包的Identifier值與Sequence Number值一樣（參考圖5-22(a)-1）。

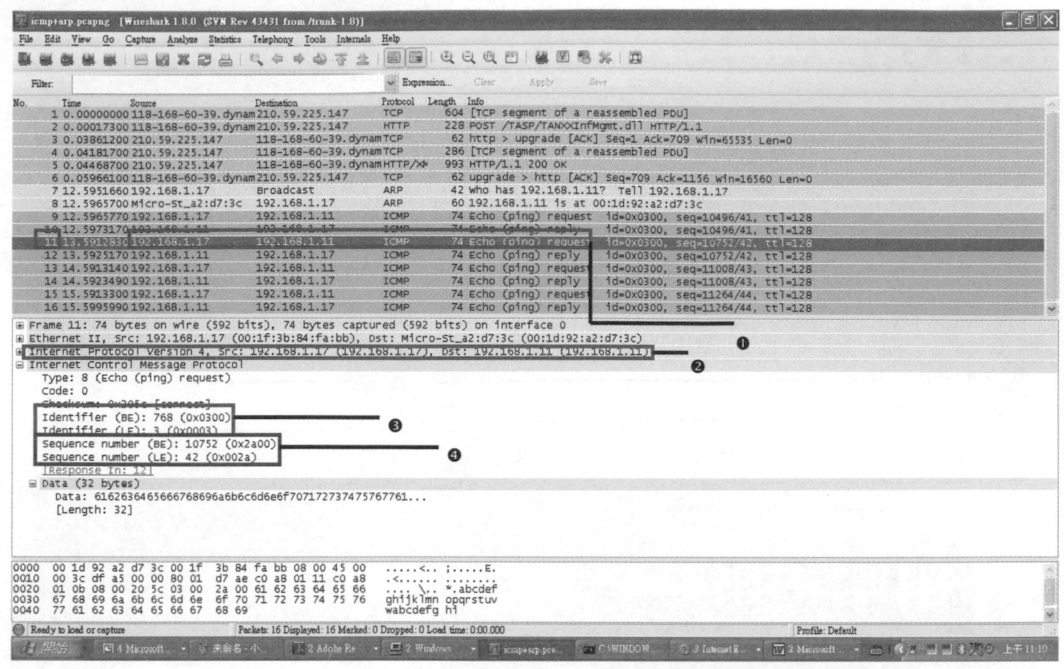

◐圖5-22(c) 檢視第2個ICMP Echo request封包的擷取分析

❶❷指出，送出第2個的ICMP Echo request爲封包No 11，執行ping指令時的來源端爲主機A的IP位址192.168.1.17；而目的端爲主機B的IP位址192.168.1.11。

❸❹指出Echo request封包的識別值及序號值。注意，主機A收到第1個Echo reply封包後，接著，送出第2個ICMP Echo request封包，其Identifier欄位值仍然不變。但它送出第2個Echo request封包，其Sequence Number值就會加1，依此類推，可得出第3個ICMP Echo request封包中的Identifier欄位值及Sequence Number欄位值。

如下標示。

> Identifier (BE): 768 (0x0300)
>
> Identifier (LE): 3 (0x0003)
>
> Sequence number (BE): 10752 (0x2a00)
>
> Sequence number (LE): 42 (0x002a)

顯然地，將圖5-22(a)中的Sequence Number值加1，若是以LE爲基準，則Sequence Number值會由0x0029的「29」加1，得出0x002a，相當十進位42。若是以BE爲基準，則Sequence Number值會由0x2900的「29」加1，得出0x2a00，相當十進位10752。

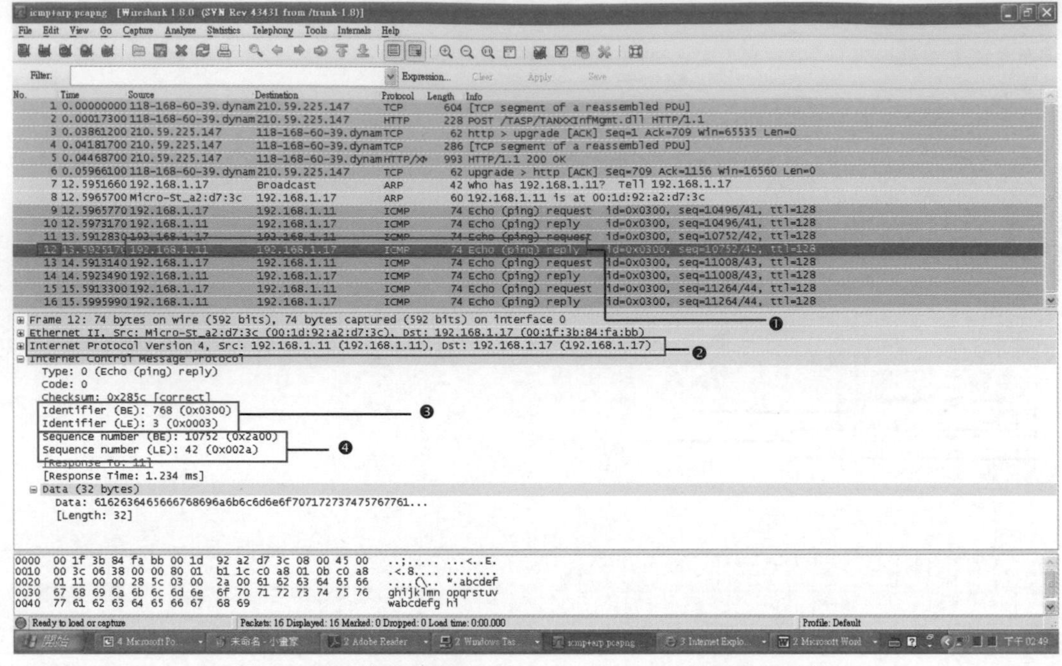

◐圖5-22(d) 檢視第2個ICMP Echo reply封包的擷取分析

❶❷指出對圖5-22(c)ping命令的回應，所產生第2個ICMP Echo reply爲封包No 12，此時來源端爲主機B的IP位址192.168.1.11；而目的端爲主機A的IP位址192.168.1.17。

❸❹指出Echo reply封包的識別值及序號值。主機B收到Echo request封包後，回送Echo reply封包的Identifier值與Sequence Number值必須與收到圖5-21(c)的Echo request封包的Identifier值與Sequence Number值一樣。

接著，我們要探討Case 2有關tracert [參數] [網址或IP 位址]在Wireshark上的ICMP封包的擷取分析。

Case 2主要焦點是探討：

1. 封包從192.168.1.17送出，到達目的端主機www.yahoo.com.tw所經過的路由器。
2. 由於tracert每次會連續送出3個ICMP Echo request封包給每部路由器，若網路狀態正常，應該會收到3個對應的回應時間。我們將檢視第1個ICMP Echo request封包，與第1個Time exceeded封包，以及最後1個ICMP Echo request封包與ICMP Echo reply封包做分析。說明如下。

◈Case 2的操作步驟

- 首先，採用WiFi 802.11g無線連接的書房的電腦改成自動撥接連線，並擔任主機A，IP位址爲192.168.1.17。
- 開啓Wireshark→Capture→Options→選擇正確介面卡，準備擷取所要的封包。
- 現在請你在命令提示字元模式下敲入tracert www.yahoo.com.tw，可先得到如圖5-23(a)所示，封包從192.168.1.17的主機A送出，到達目的端主機www.yahoo.com.tw，必須經過6部路由器，編號1~6代表路由器，編號7代表目的端主機。另一方面，前面已提過，tracert會對每部主機（在此指路由器）都送發出3個ICMP Echo request封包，目前因網路在正常狀態，故也收到3個對應的回應時間。

接著，Wireshark擷取ICMP Echo request與ICMP reply封包，如圖5-23(b)~(e)所示，然後停止Wireshark封包的擷取。

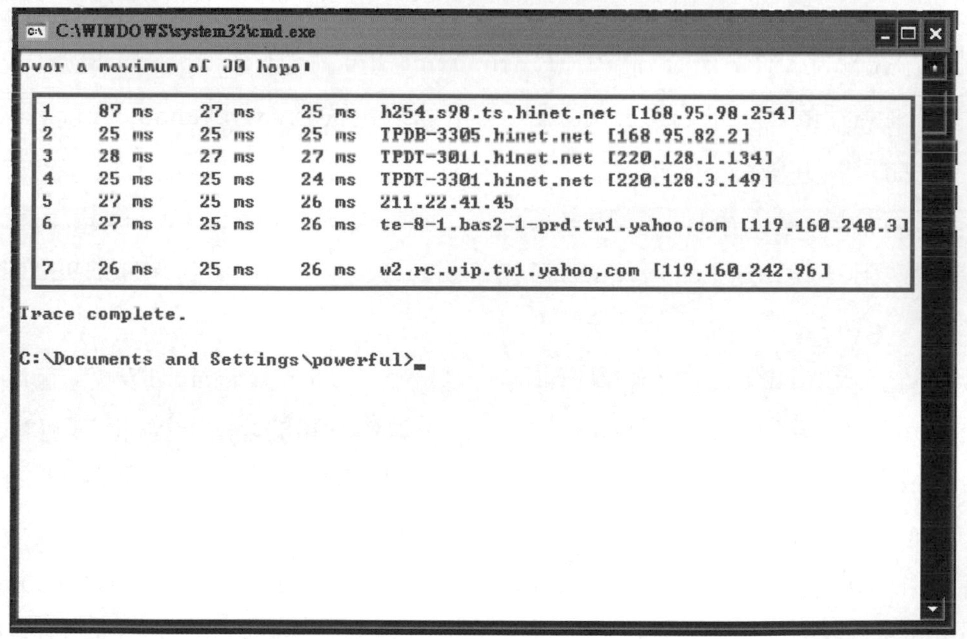

◐圖5-23(a) tracert www.yahoo.com.tw的結果

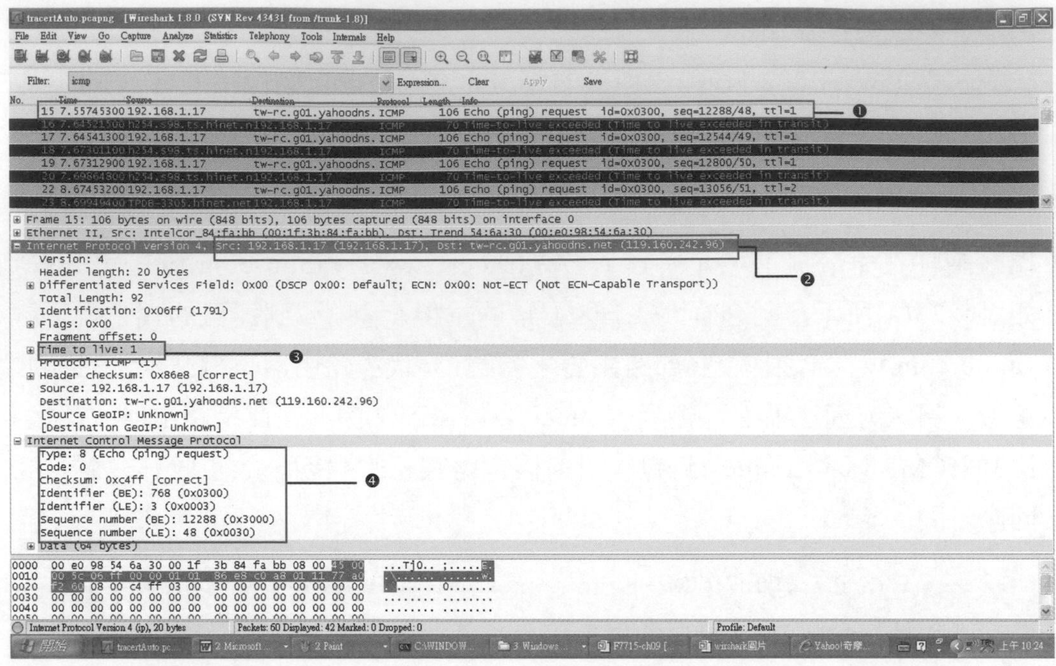

◐圖5-23(b) tracert www.yahoo.com.tw中第1個ICMP Echo request封包

❶ 指出主機A第1次送出第1個ICMP Echo request為封包No 15。

❷ 指出來源端的IP位址為192.168.1.17，目的端主機為www.yahoo.com.tw，其IP位址為119.160.242.96。

❸ 指出因第1次送出第1個ICMP Echo request封包，所以TTL=1。注意：每次會連續送出3個ICMP Echo request封包，因此，封包No 17與封包No 19的TTL皆等於1。

❹ 如同圖5-22(a)的敘述。值得一提，在封包No 15、封包No 17與封包No 19的Identifier (BE):768(0x0300)及(LE):3(0x0003)均相同；但封包No 15的Sequence number (BE): 12288 (0x3000)及Sequence number (LE): 48 (0x0030)；因Sequence number會隨ICMP Echo request封包送出1個其byte值就加1，所以封包No 17的Sequence number (BE): 12544 (0x3100)及Sequence number (LE): 49 (0x0031)；同理，得出封包No 19的Sequence number (BE): 12800 (0x3200)及Sequence number (LE): 50 (0x0032)。

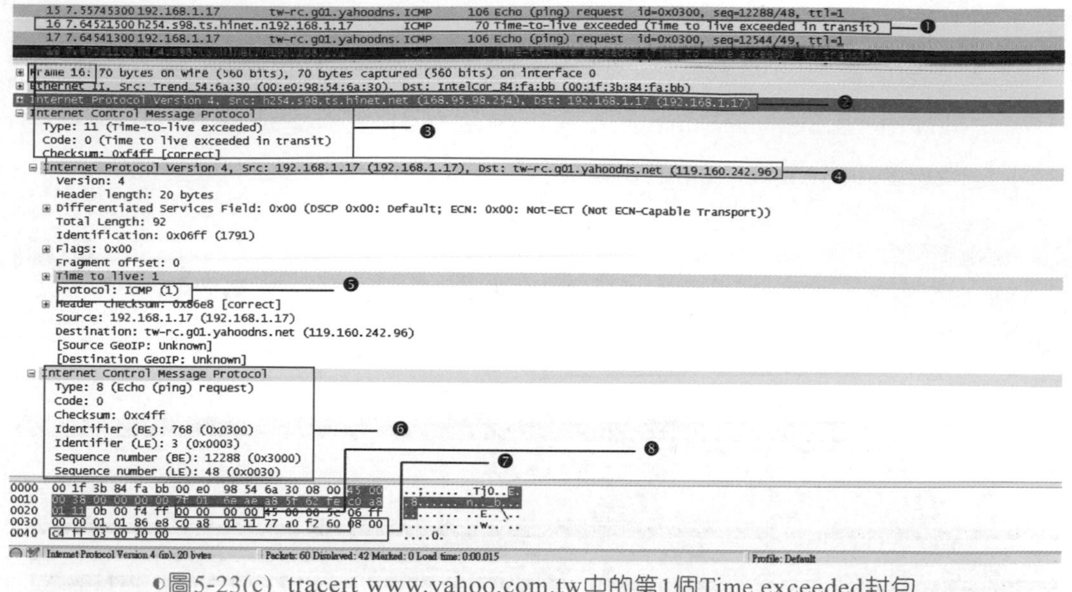

◐圖5-23(c) tracert www.yahoo.com.tw中的第1個Time exceeded封包

❶ ❷指出，封包No 16是由第1部路由器送出，它的來源端位址所記錄的內容是h254.s98.ts.hinet.net，即是路由器的IP位址爲168.95.98.254；而路由器要送達目的端的主機，正是執行tracert的主機A，其IP位址爲192.168.1.17。

❸ 指出ICMP資料包的IP標頭（參考圖5-9中的最下方），它的Code欄位值爲0（Time to live exceeded in transist），代表當路由器接收到一個TTL=0的資料包時，路由器就移除這個資料包，並送出一個Time exceeded訊息，類型號碼爲11（Time-to-live exceeded）給來源端主機。

❹ 代表原始的IP資料包標頭（參考圖5-9錯誤訊息發生時的ICMP資料包的IP標頭）；它的來源端位址正是主機A的IP位址192.168.1.17；目的端位址則是www.yahoo.com.tw主機的IP位址119.160.242.96。

❺ 此時標頭內的Protocol:ICMP(1)代表使用的協定類型爲ICMP，而其代號爲0x01。

❻ 指出的ICMP訊息內容爲原始的Echo request封包，而它的ICMP標頭佔8 bytes，分別爲Type:8，Code:0，Checksum:0xc4ff佔4 bytes，其他4 bytes爲Identifier (BE): 768 (0x0300)，Identifier (LE): 3 (0x0003)、Sequence number (BE): 12288 (0x3000)、Sequence number (LE): 48 (0x0030)。注意，❸中的ICMP資料包的IP標頭佔8 bytes，分別爲Type:11，Code:0，Checksum:0xf4ff共佔4 bytes，其他4 bytes皆補0，如❽所示。

❼ 可對應至圖5-9所談的原始資料最前面的64 bits的資料，此64 bits的資料即是❻所代表原始的Echo request封包所對應至封包位元組窗格的16進位值。注意，Identifier與Sequence number在封包內容列窗格的16進位值均以BE表示，分別是Identifier (BE): 768 (0x0300)與Sequence number (BE): 12288 (0x3000)。

N.O.T.E

在圖5-23(c)❻中所指的ICMP封包純粹是Echo request訊息。而❸中所指的ICMP封包內部包含有❹所指的IP標頭，以及❻代表的ICMP訊息。

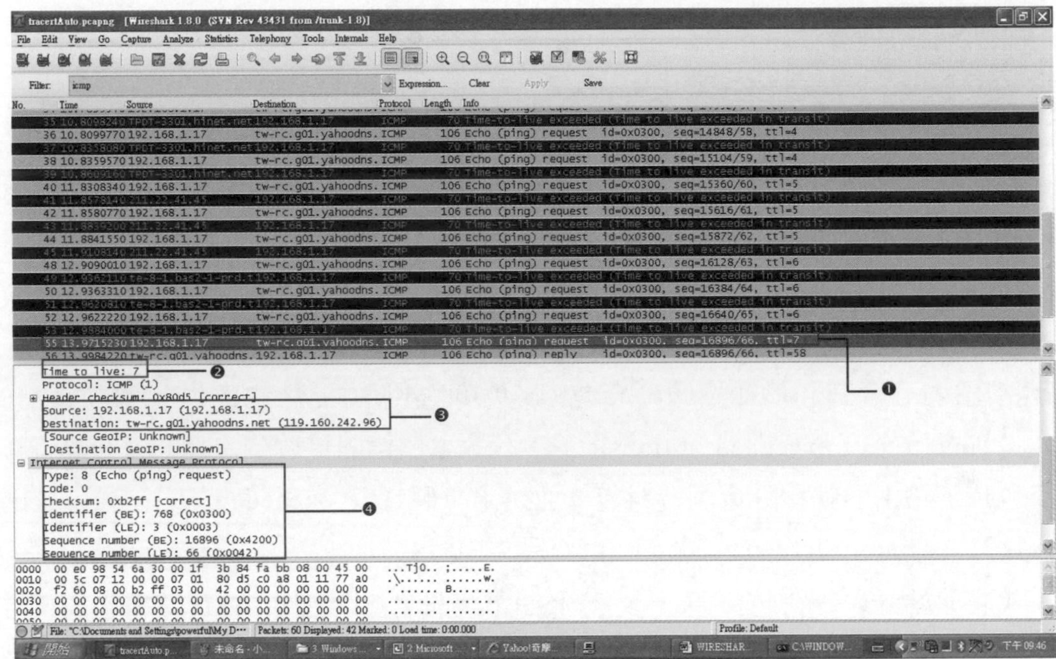

◐ 圖5-23(d) tracert www.yahoo.com.tw中的最後1個ICMP Echo request封包

❶ 指出主機A送出最後1個ICMP Echo request封包為No 55。

❷ 指出主機A第7次（代表最後到達目的端）送出第1個ICMP Echo request封包，所以TTL=7。注意，因會連續送出3個ICMP Echo request封包，因此，封包No 57與封包No 59的TTL皆等於7。

❸ 指出來源端的IP位址為192.168.1.17，目的端主機為www.yahoo.com.tw，其IP位址為119.160.242.96。

❹ 如同圖5-22(a)的敘述。值得一提，封包No 55、封包No 57與封包No 59的Identifier (BE):768(0x0300)及(LE):3(0x0003)均相同；但封包No 55的Sequence number (BE): 16896 (0x4200)及Sequence number (LE): 66

(0x0042)；因Sequence number會隨ICMP Echo request封包送出1個其byte值就加1，所以封包No 57的Sequence number (BE): 17152 (0x4300)及Sequence number (LE): 67 (0x0043)；同理，得出封包No 59的Sequence number (BE): 17408 (0x4400)及Sequence number (LE): 68 (0x0044)。

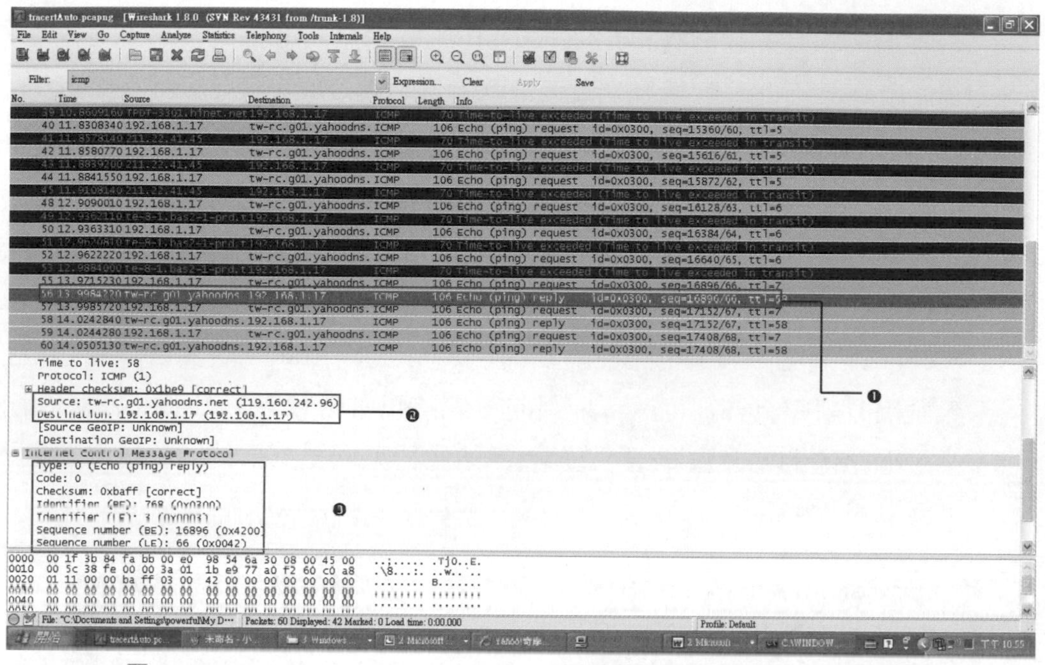

圖5-23(e) tracert www.yahoo.com.tw中的最後1個ICMP Echo reply封包

❶ ❷指出對封包No 55的回覆是封包No 56的ICMP Echo reply，此時來源端主機的IP位址爲119.160.242.95；而目的端爲主機A的IP位址192.168.1.17。

❸ 指出Echo reply封包的識別值及序號值。Echo reply封包的Identifier欄位值與Sequence Number值必須與收到的封包No 55中的Echo request封包一樣。再提醒一下，Identifier與Sequence Number在封包內容列窗格的16進位值是以BE表示。

如下標示。

> Identifier (BE): 768 (0x0300)

> Identifier (LE): 3 (0x0003)

> Sequence number (BE): 16896 (0x4200)

> Sequence number (LE): 66 (0x0042)

5-5-1 問題討論

1. 爲什麼ICMP封包不需要來源端埠號（port number）與目的端埠號？

   解：由於主機與路由器間的ICMP封包通訊是在網路層處理，每一個ICMP封包會結合它的Type與Code，以便識別出接收到的訊息，因爲在網路層上，本身的軟體就足以解釋ICMP所有訊息，並導引這些至應用層上做處理，因此，不需要來源端埠號與目的端埠號。

2. 如圖5-24(a)所示，若我們在命令提示字元模式下敲入tracert www.yahoo.com.tw，發現圖中的回應時間以*表示，這代表什麼意義？

   解：若我們在命令提示字元模式下，敲入tracert www.yahoo.com.tw，可觀察得到封包從192.168.1.17的主機A送出，到達目的端主機www.yahoo.com.tw，必須經過6部路由器。前面已提過，tracert會對每部路由器都發出3個ICMP Echo request封包，網路正常時會有3個回應時間，目前因網路剛開始有點狀況，在第1部路由器只回覆2個，少掉的第2個回應時間是以*表示。

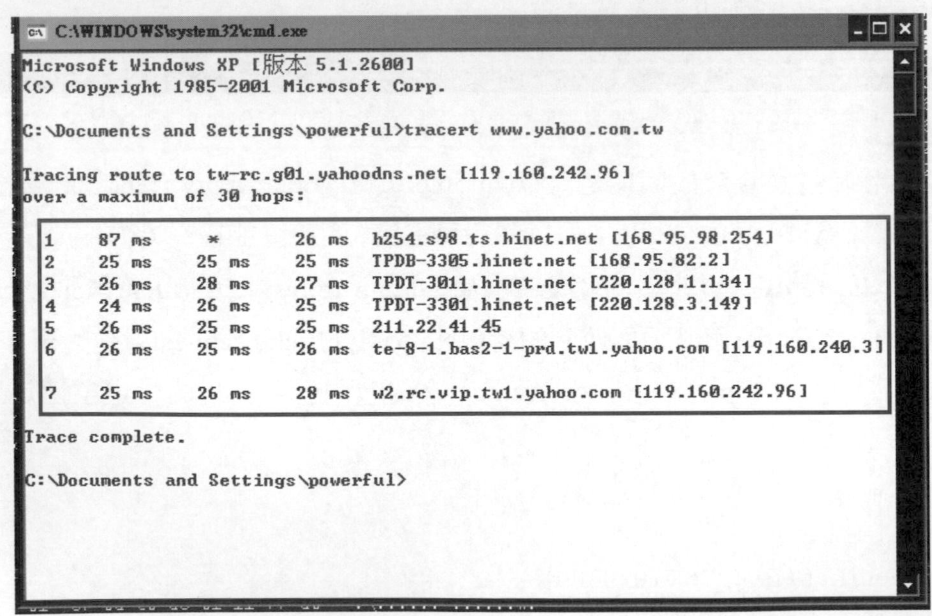

◐圖5-24(a) tracert www.yahoo.com.tw時，少1個回應時間

3. 圖5-24(a)的Wireshark封包的擷取有何種狀況發生？

解：由於第1部路由器只回覆2個回應時間，所以在封包No 18的後面少1個Time-to-live exceeded（Time to live exceeded in transist）訊息，如圖5-24(b)所示。

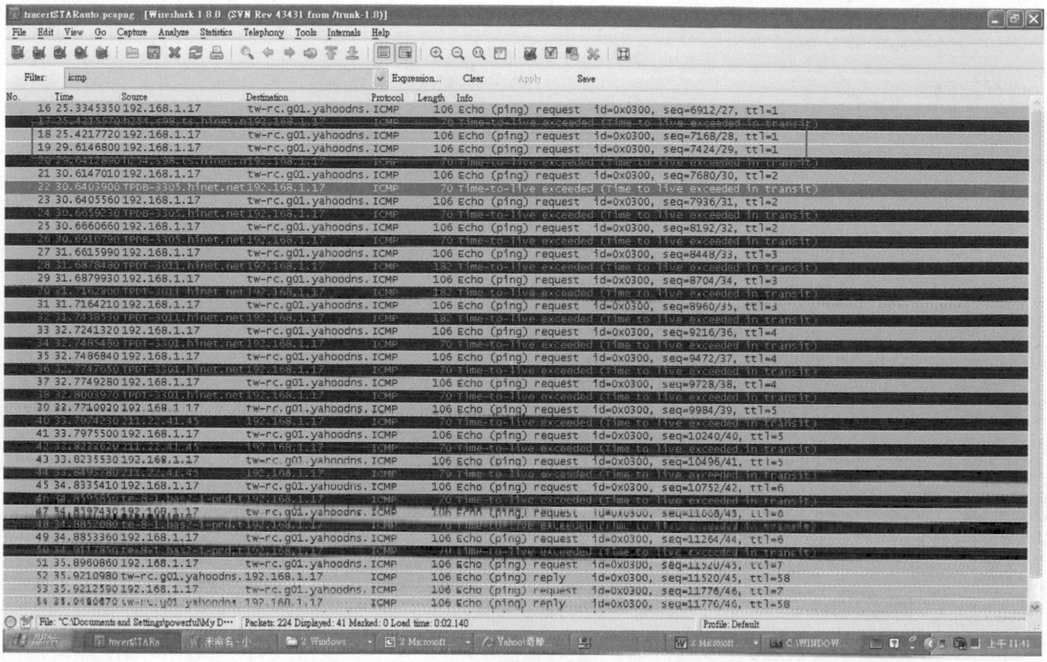

圖5-24(b) 少1個回應時間的Wireshark封包的擷取

4. 說明網路主機在使用過程中，常會遇到目的端主機的通訊被管理者禁止（host is administratively prohibited），造成IP資料包無法到達目的端。

解：在主機A（IP 爲10.6.118.1）的命令提示字元敲入：ping www.cute.edu.tw（IP爲192.192.78.40），執行時，網路因目的端主機（指192.192.78.40）被禁止，造成IP資料包無法到達目的端，因此，目的端主機將根據ICMP的錯誤訊息，會發送Destination unreachable訊息（類型號碼爲3）給來源端主機A。詳細說明如圖5-25所示。

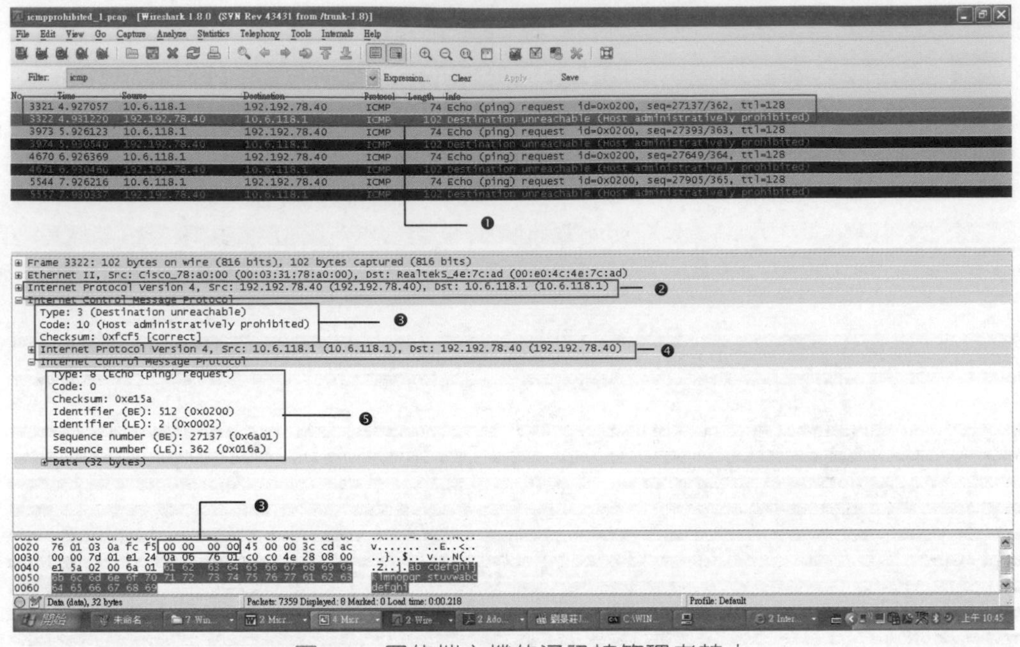

◐圖5-25 目的端主機的通訊被管理者禁止

❶ 指出封包No 3322爲主機A送出第1個的ICMP Echo request封包，當主機A（IP 爲10.6.118.1）敲入ping www.cute.edu.tw時，由於目的端主機的通訊被管理者禁止，造成IP資料包無法到達目的端，因此，目的端主機（IP 爲192.192.78.40）將根據ICMP的錯誤訊息，會發送Destination unreachable（host administratively prohibitied）訊息給來源端主機A。

❷ 指出ICMP資料包的IP標頭。

❸ 指出ICMP資料包的錯誤訊息：它的Code欄位值爲10，代表目的端主機被管理者禁止；類型號碼爲3，代表Destination unreachable，檢查和0xfcf5。注意，ICMP標頭原佔8 bytes，分別爲：Type:3，Code:10，Checksum:0xfcf5，共佔4 bytes；其他4 bytes皆補0。

❹ 主機A（IP爲10.6.118.1）敲入：ping HYPERLINK "http://www.cute.edu.tw" www.cute.edu.tw（IP爲192.192.78.40）時，它的原始資料包的IP標頭。此時標頭內的Protocol:ICMP(1)，代表使用的協定類型爲ICMP，而其代號爲0x01。

❺ 指出原始的Echo request訊息。

5-6 ICMP的DoS攻擊

DoS攻擊主要分為4大類：包括TCP DoS攻擊、UDP Flood DoS攻擊、DDoS攻擊，以及ICMP DoS攻擊等。所謂DoS（Denial of Service）稱為「阻絕服務攻擊」。DoS是利用TCP/IP網路協定本身的一些漏洞與特性，讓攻擊者（attacker）有機會傳送或偽造巨量的垃圾封包給受攻擊的主機（例如伺服器），伺服器因瞬間湧入超大量封包，使得伺服器可能當機或停擺，無法提供正常服務給客戶端。像這樣的服務被阻斷，稱為DoS。有一種攻擊是攻擊者間接對受害主機採取攻擊，像這樣利用一些中間主機對受害主機進行多對一的攻擊方式，稱為DDoS（Distributed Denial of Service）。DDoS的攻擊者利用分散於網路所有的中間主機，同一時間對受害主機進行連線，造成受害主機無法同時處理這些暴量的連線與封包數目，而使服務被阻絕。ICMP DoS攻擊方式主要有兩種手法：

◈ Ping of Death（POD）

或稱Ping炸彈。我們已知道ICMP在測試主機本身與某目標主機間的連線是否正常，此時發送端主機會送出ICMP type 8的Echo request封包給另一方主機；當對方收到Echo request封包後，IP層會送出一個插斷（interrupt）訊號給作業系統，要求系統回送一個ICMP type 0的Echo reply封包。當發送端收到回覆封包後，其IP層亦會插斷作業系統，並由作業系統將此訊息傳送給曾由系統中發出ICMP Echo request的行程。因為ICMP訊息是封裝在IP資料包內，所以ICMP Echo request與reply的封包格式包含有Option欄位的資料。

記得嗎？當Echo request封包含有Option欄位部分的資料時，接收端也必須將這些資料拷貝至Echo reply封包中，回送給發送端。注意：Option欄位的資料在ICMP的訊息格式中雖為可變動長度，但無法處理大於IPv4最大封包大小（65,535 bytes）的ping封包。因此，居心不良的人就利用此安全漏洞，故意在Option欄位內塞入大於65,535 bytes的大量資料，當這些大量資料送至被攻擊的主機時，因作業系統無法處理這種已變種的封包，導致主機癱瘓。現在，新版OS都已經針對這個問題做改善。

◈Smurf攻擊

「Smurf」字義是藍色小精靈，名字很可愛，但是可愛臉孔隱藏著最令人可怕的DoS攻擊，因爲它可以在非常短的時間內造成巨大的資料流，而使被攻擊目標的主機服務暫停，並且造成目標所在的網段整個癱瘓。如圖5-26所示，攻擊者主機A會先將自己的來源位址僞裝成受害者主機B，再利用ping的指令不斷發送ICMP Echo request封包（封包中的Option會塞入大量的資訊）至一個中介區域網路（intermediate LAN）192.168.1.0 / 24的廣播位址。舉個例子，就192.168.1.0這個網段來說，其廣播位址即爲192.168.1.255。當ICMP Echo request封包的目標IP位址爲192.168.1.255時，該封包會透過實體網路（以Ethernet爲例）介面的廣播位址0xffffffffffff被傳送出去，而所有連接此網路的網路卡的主機都會收到此封包，並對此封包進行回應或處理。相對地，座落於192.168.1.0/24網段上的所有主機收到攻擊者的ICMP Echo request封包時，會對來源主機（亦即被假冒的攻擊目標）回送ICMP Echo reply封包。這個時候，所有的ICMP封包在非常短的時間內進入目標主機內，目標主機因爲無法處理這麼多的系統插斷，最後主機整個當機、對客戶端正常的服務也被迫暫停。

萬一運氣很背，遇到一連串的ICMP broadcast封包流（packet flood）流至目標網段的話，將會造成網路訊務長時間的黑暗期，並使該網段域上的所有電腦都成爲攻擊的受害者。Smurf攻擊的可怕在於：它利用網管人員難以察覺到的低速率封包，但瞬間可產生超大量的封包流。舉例來說，假設目標網段中有500台電腦，攻擊者只需要送出10K bps的ICMP封包流，可瞬間產生高達5 Mbps的資料量進入目標主機；若目標主機是採用T1（1.544 Mbps）連結網路，Smurf攻擊可以立刻耗盡T1的頻寬資源。因此，看似簡單的ICMP通訊協定，在安全上的漏洞防範不可輕忽。

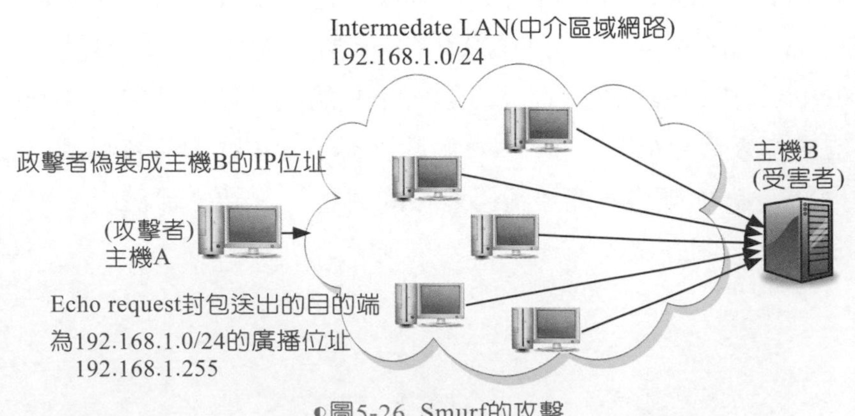

◐圖5-26 Smurf的攻擊

重點整理

- ICMP其實就是一個錯誤偵測與回報機制，主要包括能夠檢測網路的連線情況，偵測遠端主機存在與否，及建立與維護IP路由資料等功能。
- ICMP可分為兩大訊息類型，分別為「查詢」（Query）與「錯誤回報」（Error-Reporting）。ICMP訊息（亦稱ICMP封包）分成兩部分，即ICMP標頭及ICMP Payload。前者包含一個8位元組的標頭，由於不同訊息有不同的標頭格式，但前4個位元組都是一樣的。
- 錯誤回報訊息不會有查詢訊息所呈現出request與reply的對應，而是一旦錯誤發生時，會由該位置直接送出一個訊息通知來源端主機，並不要求回覆，所以訊息皆各自獨立。
- ICMP標頭包含3個固定長度的欄位：類型（Type）、代碼（Code）與檢查和（Checksum）。
- 一般網路使用者可透過ping工具程式來測試網路連線是否正常。
- 利用tracert工具程式可找出至目的端IP位址所經過的路由器。
- tracert每次會連續送出3個Echo request訊息給每部路由器，若網路狀態正常，應該收到3個回應時間。tracert每送出一個Echo request封包，它的TTL值得就加1，以便取得路徑資訊。
- 兼具ping與tracert兩工具程式的特性稱為pathping。
- 執行ping指令時將進行4個基本動作：前2個動作為ARP協定；後2個動作為ICMP協定。

本章習題

選擇題

(　　)1. 以下何者其實就是一個錯誤偵測與回報機制

(1)IP　(2)MAC　(3)DHS　(4)ICMP

(　　)2. ICMP必須與IP協定標頭一起搭配使用，此時IP協定標頭內的PROT的值為

(1)1　(2)2　(3)3　(4)4

(　　)3. ICMP預設值為幾對的ICMP Echo request/Echo reply封包

(1)1　(2)2　(3)3　(4)4

(　　)4. 何種工具程式會依序對每部路由器送出100個Echo request封包，並做統計，再由封包遺失情況偵測路由器是否正常

(1)ping　(2)pathping　(3)tracert　(4)traceroute

(　　)5. tracert每次會連續送出幾個Echo request訊息給每部路由器

(1)1　(2)2　(3)3　(4)4

(　　)6. tracert每送出一個Echo request封包，它的TTL值得就如何處理以便取得路徑資訊

(1)加1　(2)加2　(3)減1　(4)減2

(　　)7. 在IP路由的過程中若發生問題，需將此狀況通知IP封包的來源端，此時會用到什麼樣的協定

(1)ARP　(2)RARP　(3)DHCP　(4)ICMP

(　　)8. Echo request與Echo reply是屬什麼樣的封包

(1)ARP　(2)RARP　(3)DHCP　(4)ICMP

(　　)9. ICMP的時間逾時封包會發生在何處

(1)終端節點　(2)中間節點　(3)任何節點　(4)只發生最前端與終端節點

(　　)10. 什麼樣的工具程式可找出至目的端IP位址所經過的路由器

(1)ping　(2)tracert　(3)DHCP　(4)任何一種均可

本章習題

簡答題

1. 說明ICMP封包格式？
2. 從request與reply的對應關係而言，ICMP中的錯誤回報訊息與查詢訊息有何差異？
3. 試問ICMP在何種情況下，會送出時間逾時（Time exceeded）訊息？
4. 時間逾時（Time exceeded）訊息的Code欄位值為0或1各代表什麼意義？
5. 說明執行ping指令時將進行哪4個基本動作？

實作分析習題

1. 打開電子檔，此檔是筆者在命令提示字元敲入C:\Documents and Settings\yunlung> ping –n 5 www.hinet.net時，得出如圖E-1所示封包No 42的Echo request 訊息（如紅色框部分）。請依紅色框部分推算寫出封包No 43的Echo reply訊息。

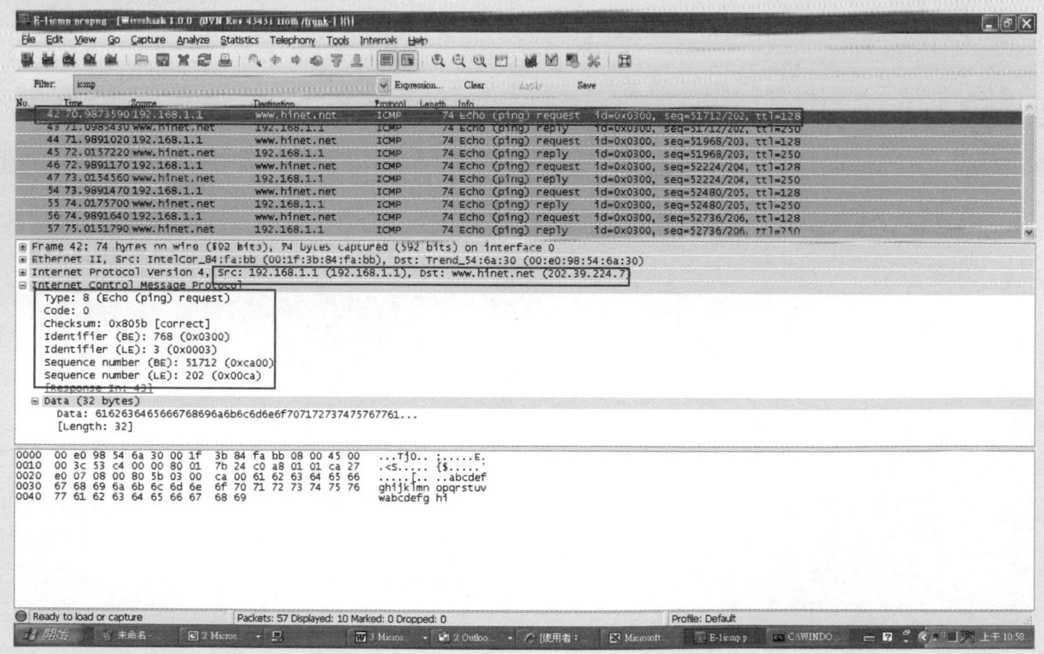

◐圖E-1

本章習題

2. 如上題圖E-1，打開電子檔，請依紅色框部分推算寫出封包No 46的Echo request訊息。

3. 打開電子檔，圖E-2是利用Wireshark擷取的Time-to-live exceeded(Time to live exceeded in transist)訊息，請寫出❶~❽的意義說明。

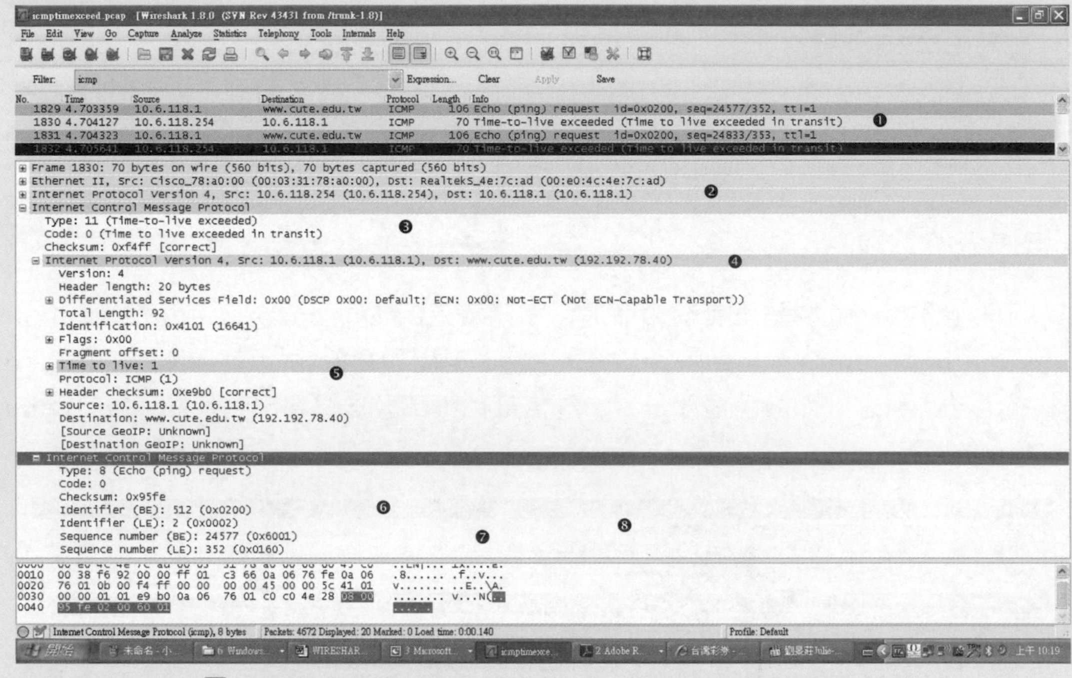

◐圖E-2 Time-to-live exceeded(Time to live exceeded in transist)

4. 打開電子檔，分析封包No 5557中的訊息。

CHAPTER 06

UDP協定Wireshark實作分析

6-1 TCP/UDP簡介

傳輸層位於網路層與應用層之間，主要的功能是用來維持電腦之間資料傳輸應用程式之間的通訊，如圖6-1(a)所示。像連接埠（port）管理、流量控制、壅塞控制、資料傳輸錯誤的處理與資料重送，都是傳輸層的工作。傳輸層協定如TCP（Transmission Control Protocol）與UDP（User Datagram Protocol）是一種端點對端點（End to End）的通訊協定，亦稱爲主機對主機（Host to Host）或程序對程序（Process to Process）的通訊協定，如圖6-1(b)所示，它的特點是：傳輸層位於網路層上面，所以中間的路由器並不會影響到兩端的通訊。換言之，兩端主機之間的協定溝通方式是透通的（transparent），與中間的節點如路由器或交換器無直接關聯。

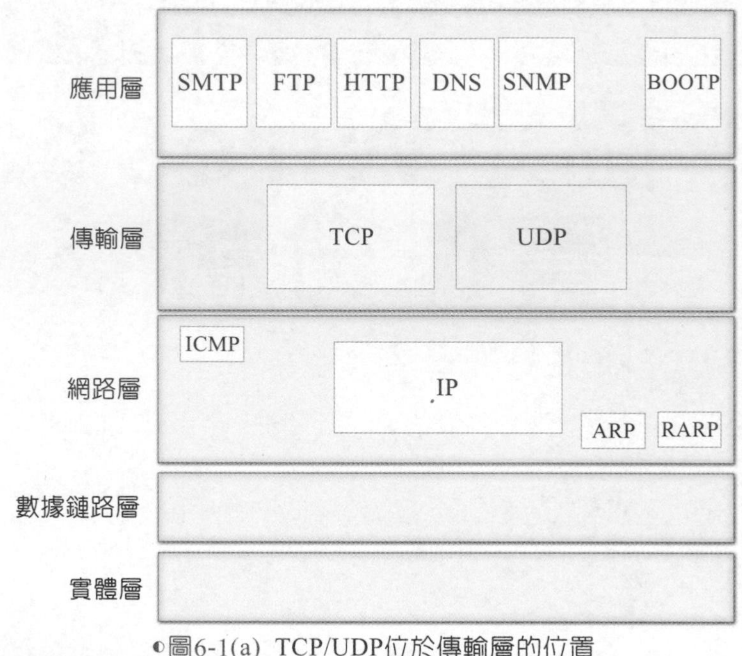

圖6-1(a) TCP/UDP位於傳輸層的位置

UDP是一個相當簡單的協定，其僅提供連接埠處理的功能。UDP標頭可記錄訊息來源端與目的端的連接埠資訊，以使訊息能正確地送達目的端的應用程式。反之，TCP是一個較UDP複雜的協定，TCP提供一個連接導向（Connection Oriented；CO）的可靠傳輸服務，其保證發送端至接收端的資料傳送順序一致、具有流量控制及壅塞控制，因此具有可靠性的資料傳送；而UDP則提供免接式（Connectionless；CL）的不可靠傳輸服務，它並不具有TCP的確認機制來保證資料是否正確的被接收、也不會重傳遺失的資料、資料的接收也不必照順序進行、也不提供流量控制及壅塞控制來控制資料量的變動，但UDP訊息也因無這些機制，而使訊息傳送速度加快，對於某些訊息量較大、即時性（如影音通訊）優於可靠性傳輸的考量下，UDP是常被考慮的。

1980年發佈的UDP協定，其文件規範可參考RFC768；TCP可參考RFC 793。

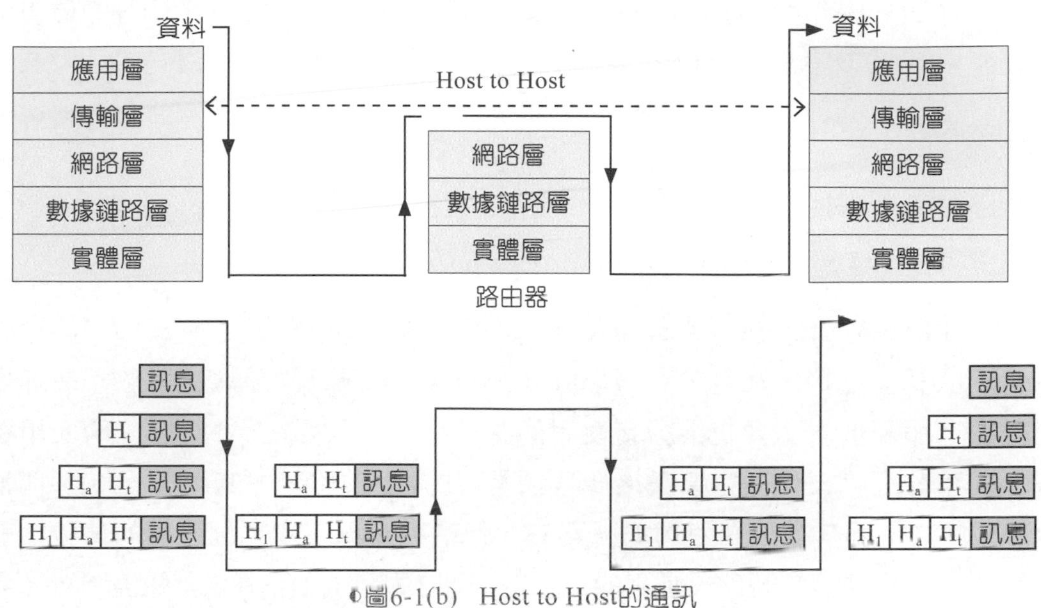

圖6-1(b)　Host to Host的通訊

6-2 連接埠的編號

從前面章節已經知道，網路IP層的功能是要將封包正確地送達目的端。然而，當IP封包送達目的端時，電腦若只執行一個應用程式就還好；但為了提高可用性（availability），電腦必須同時執行兩個以上的應用程式，例如：使用者同時開啓IE與Windows Media Player，那收到的IP封包應該送至哪一個應用程式呢？為了提高可用性，TCP與UDP傳輸層均提供連接埠的概念，以具備解決網路多工處理之能力。簡單的說，利用連接埠可以讓不同的應用，保有各自的資料傳輸通道。例如：UDP就是利用連接埠來解決這個問題；換言之，當電腦收到IP封包後，會藉由連接埠的編號判讀要將封包送給哪一個應用程式來處理，此機制可在同一時間內進行多個應用程式資料的發送和接收。發送端將這些資料透過來源連接埠送出去；接收端則透過目標連接埠接收這些資料。像這樣將連接埠的編號與IP位址結合起來，稱為Socket位址，或簡稱為Socket。有關Socket將在6-5節有更詳細說明。

在Internet的通訊中，可透過IP位址來識別電腦（或稱主機）；而主機所使用的應用程式，則透過連接埠的編號來識別。注意：每個連接埠的的編號是記錄於TCP/UDP的標頭內。

連接埠的編號是由16位元所組成的數字，簡稱為埠號（port number）。UDP與TCP的埠號數目有0~65,535（$=2^{16}$）個，而UDP與TCP是各自分開使用這些埠號。埠號可根據用途有所分類，分別為：

- 公認埠號（well-known ports）
- 註冊埠號（registered ports）
- 動態與私有埠號（dynamic and/or private ports）

根據IANA（Internet Assigned Numbers Authority）規定，0~1023的埠號稱為「公認」連接埠（可參考網址http://www.iana.net），常使用於一般通用的標準「服務」，主要提供服務使用的應用程式。只要在IANA登錄的應用程式，就可分配到一個固定埠號。像我們常用的HTTP協定，其埠號為80，傳輸協定為TCP；而DNS服務使用埠號為53，傳輸協定為UDP。伺服端的埠號一般都屬「公認埠號」的號碼，常用的「公認埠號」如表6-1所示。有關埠號可參考RFC 1700。但若有需要，還是可更改成其他埠號，例如將HTTP的埠號80改成埠號6688，只要在URL上的IP位址之後加上要變更的埠號即可，例如：

```
http://x.x.x.x.: 6688
```

另外，1024~49151的連接埠號稱為「註冊埠號」，這些埠號提供給各軟體公司向IANA申請註冊用。49152~65535稱為「動態與私有連接埠」，留給用戶端連線至伺服端時，隨機取得的連接埠號；或作為個人開發軟體測試用的連接埠號。例如：當你使用IE連線上網時，IE會隨機從系統分配得到一個動態連接埠的編號使用。值得一提的是，表6-1指出DNS使用UDP的連接埠編號為53，是代表典型使用方式；然而，就網路安全考慮，也可以指定DNS使用TCP的連接埠編號為53。例如：從效率上考量，當你的主機送出DNS query，一般都會先採用UDP 53；若因封包遺失回傳失敗，或對方因安全考慮不接受，也可改用TCP 53。

表6-1 常用的「公認連接埠號」

協定	連接埠編號	應用程式
UDP	53	DNS
UDP	67	DHCP Server
UDP	161	SNMP
UDP	520	RIP
TCP	19	NNTP
TCP	20	FTP資料連線
TCP	21	FTP控制連線
TCP	23	Telnet
TCP	25	SMTP
TCP	80	HTTP
TCP	179	BGP

若你在電腦安裝XP作業系統後，「Well-Known Ports」會儲存在一個「services」的檔案內。現請敲入C:\Windows\System32\drivers\etc\services，如圖6-2所示。

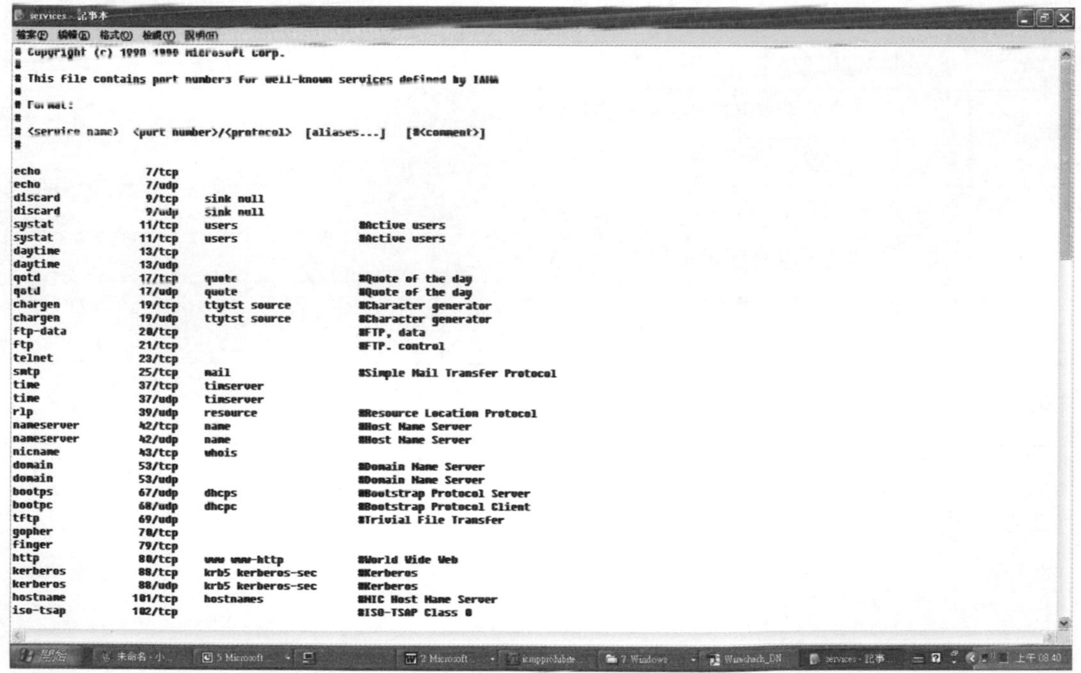

```
# Copyright (c) 1993-1999 Microsoft Corp.
#
# This file contains port numbers for well-known services defined by IANA
#
# Format:
#
# <service name>  <port number>/<protocol>  [aliases...]   [#<comment>]
#

echo                7/tcp
echo                7/udp
discard             9/tcp    sink null
discard             9/udp    sink null
systat             11/tcp    users                  #Active users
systat             11/tcp    users                  #Active users
daytime            13/tcp
daytime            13/udp
qotd               17/tcp    quote                  #Quote of the day
qotd               17/udp    quote                  #Quote of the day
chargen            19/tcp    ttytst source          #Character generator
chargen            19/udp    ttytst source          #Character generator
ftp-data           20/tcp                           #FTP, data
ftp                21/tcp                           #FTP. control
telnet             23/tcp
smtp               25/tcp    mail                   #Simple Mail Transfer Protocol
time               37/tcp    timserver
time               37/udp    timserver
rlp                39/udp    resource               #Resource Location Protocol
nameserver         42/tcp    name                   #Host Name Server
nameserver         42/udp    name                   #Host Name Server
nicname            43/tcp    whois
domain             53/tcp                           #Domain Name Server
domain             53/udp                           #Domain Name Server
bootps             67/udp    dhcps                  #Bootstrap Protocol Server
bootpc             68/udp    dhcpc                  #Bootstrap Protocol Client
tftp               69/udp                           #Trivial File Transfer
gopher             70/tcp
finger             79/tcp
http               80/tcp    www www-http           #World Wide Web
kerberos           88/tcp    krb5 kerberos-sec      #Kerberos
kerberos           88/udp    krb5 kerberos-sec      #Kerberos
hostname          101/tcp    hostnames              #NIC Host Name Server
iso-tsap          102/tcp                           #ISO-TSAP Class 0
```

◐圖6-2 Windows XP的「services」檔案部分內容

6-3 netstat命令用法

當TCP / IP網路連線時，可以透過工具程式netstat檢視目前主機上的連線狀態，與封包的統計資訊，以便使用者可以知道自己電腦目前與誰連線、自己與他人開啓的連接埠號，都可一目瞭然。表6-2所示爲netstat的命令功能。例如：在範例1所示的圖6-3，其中的Proto欄位，指出目前連線所使用的通訊協定；Local Address欄位指出本機名稱與所開啓的連接埠號。Foreign Address指出遠端的IP位址、網域名稱及所開啓的連接埠號，當此位址爲「*.*」，代表任何位址及任何連接埠。State欄位則指出目前的連線狀態，一旦連線建立後，State欄位會出現ESTABLISHED，代表連線開啓，資料開始傳送。netstat可搭配一些特定參數，使輸出有更多的功能。

表6-2　netstat的指令功能

netstat [-a] [-b] [-e] [-n] [-o] [-p proto] [-r] [-s] [-t] [-v] [interval]	
-a	顯示所有TCP/IP連線以及連接埠。
-b	顯示建立各連線或接聽連接埠的可執行檔。
-e	顯示乙太網路封包的統計資料。
-n	以數字形式顯示網路位址與連接埠號。
-o	指出與各連線有關的處理程式。
-p	顯示所指定的通訊協定連線。
-r	顯示路由表資訊。
-s	顯示TCP、UDP、ICMP等每一個通訊協定統計資料。
-t	指出目前的連線為卸載狀態。
-v	與-b搭配使用時，可顯示建立所有可執行檔之連線或接聽連接埠(listening port)的元件組成。
interval	重新顯示已選出的統計資料，並在每次顯示的間隔暫停數秒。若按下「Crtl+C」可以停止顯示統計資料。如果省略此步驟，則netstat只列印目前的組態資訊。

範例❶ 觀察自己電腦所開啓TCP與UDP的連接埠號，請在C:\Documents and Setting\yunlung>敲入netstat –a，並以圖6-3說明。

解

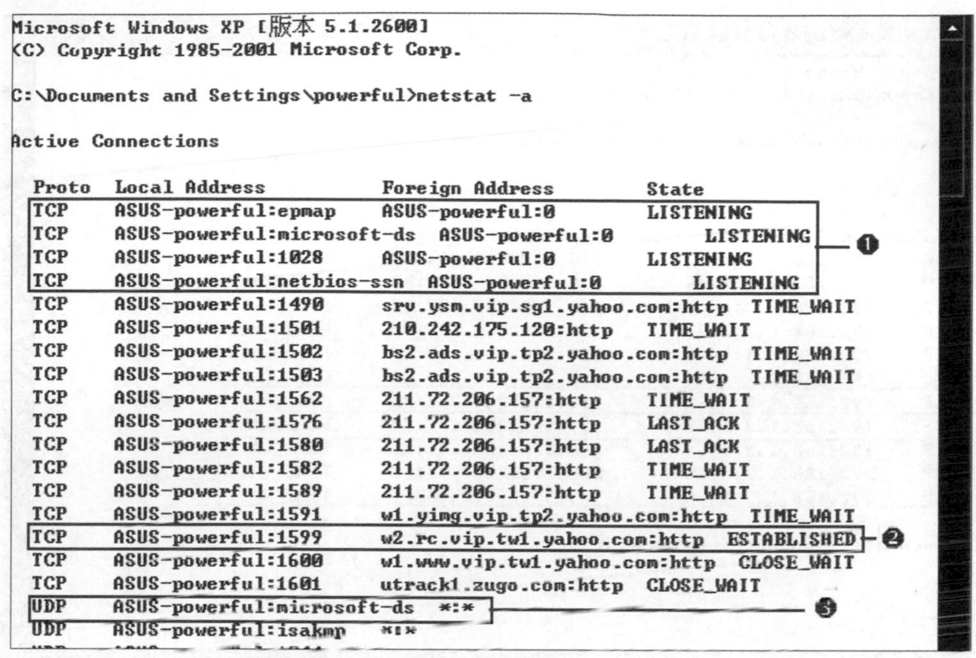

圖6-3 netstat –a

❶ 指出目前電腦開啓連線所使用的通訊協定爲TCP；State欄位指出目前處在接聽狀態，以監聽是否有連線要求。像圖中ASUS-powerful是作者自己設定的電腦名稱。

❷ 指出Local Address的埠號1599是動態取得；Foreign Address指出該連線是由作者開啓IE，連線至www.yahoo.com.tw所形成的；而遠端主機的埠號則爲http協定，也就是「公認」埠號80；由於埠號間的TCP連線已建立，資料也開始傳送，故State欄位會出現ESTABLISHED。

❸ 「*.*」代表任何位址及任何連接埠。

範例❷ 請在C:\ Documents and Setting\yunlung敲入netstat –n，並以圖6-4說明。

解

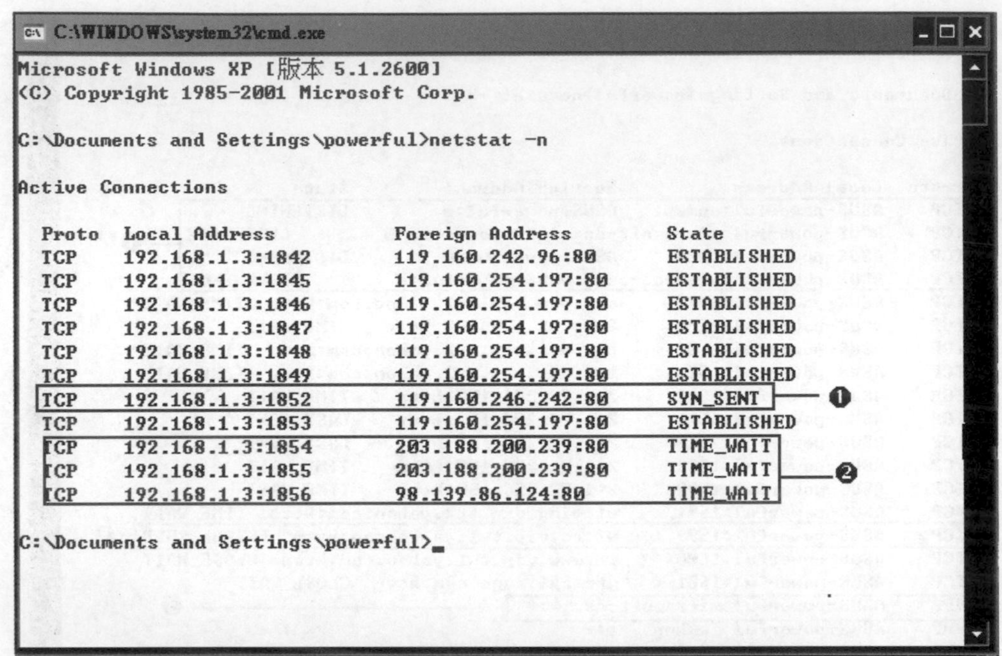

◐圖6-4 netstat –n

❶ 指出目前連線所使用的通訊協定爲TCP；Local Address爲192.168.1.3，埠號爲1852；Foreign Address指出網域名稱的IP位址119.160.246.242，埠號爲80；SYS-SENT代表接收到連線要求後送出同步訊號。

❷ 指出回覆連線要求後必須等待一些時間，稱爲TIME_WAIT，以確定遠端收到回覆封包。

範例❸ 請在C:\ Documents and Setting\yunlung敲入netstat –r，並以圖6-5說明。

解

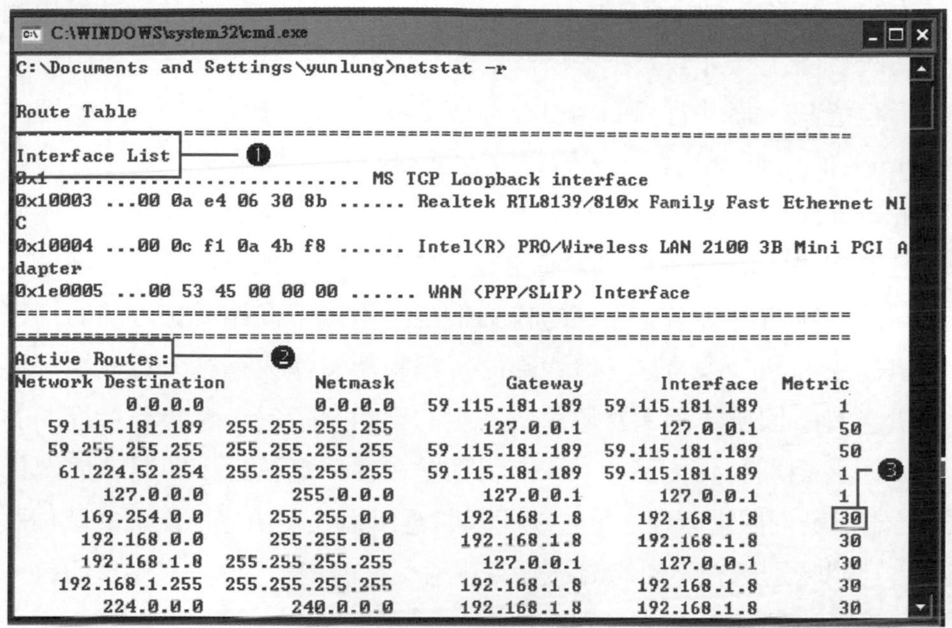

圖6-5 netstat –r

❶ 指出主機包括有線、無線LAN介面及WAN介面清單。

❷ 指出主機經過的路由表資訊。

❸ 指出「Metric=30」代表抵達目的端所需要的權值，Metric代表最小路徑成本，當值愈小，表路徑愈佳。注意：採用不同的路徑協定，Metric可能有不同的意義，如OSPF（Open Shortest Path First）協定會以頻寬、延遲等因素計算Metric值；而RIP（Resource Information Protocol）協定會以路徑距離作爲計算Metric值。

N.O.T.E

圖6-5亦可在C:\ Documents and Setting\yunlung敲入route print得出相同結果。

6-4 行程通訊

廣義的作業系統可分爲內核（kernel）和系統用程式。因此，計算機網路上的作業系統實際上並非只是一般所認爲的軟體通訊程式；較爲貼切的說法，應是一種行程通訊。而「行程」爲何方神聖？我們可以想成在端系統（即主機）上跑（run）的一個應用程式，若行程通訊是在相同端系統上進行，則各行程之間（interprocess）的通訊規則，是由端系統上的作業系統來操控；然而，在Internet上的行程通訊，我們只對發生在不同端系統上的行程通訊有興趣。基本上，不同端系統也意謂著有不同的作業系統，兩個不同端系統之間的行程是透過交換訊息來通訊。換言之，發送端的行程將訊息送入網路，接收端行程會對收到之訊息有所回應；而網路應用所採用的應用層協定，會定義行程間的訊息格式及順序與相關動作。例如：Web瀏覽器在客戶端執行，即屬客戶端行程；Web伺服器則是伺服端行程。這也說明網路應用程式是由客戶端程式及伺服端程式構成，它們分別處在不同的端系統。注意：以P2P檔案分享之應用而言，其應用程式可以同時具有客戶端行程以及伺服端行程。

6-5 Socket通訊概念

在兩個不同主機上的網路應用程式共需兩個行程，送收兩端相互通訊時均需經過Socket。顧名思義，Socket可稱爲插座或承孔，它位於應用層與傳輸層之間的介面。就行程通訊機制的觀點而言，Socket如同一行程的門，亦即發送端行程是將訊息從它的門傳送出去，並與另一端的門構成連線，訊息會透過此連線送到接收端行程的門（即接收端行程的Socket）。圖6-6就指出，Socket上面兩端的TCP連線是經過三方交握程式，來實現兩行程間的通訊。圖中Socket爲主機應用層及傳輸層之間的介面，此稱爲應用程式介面（Application Programming Interface；API），主要用來協調Internet上兩端的行程通訊。値得一提，Socket上端的應用層所有事情是由應用發展器（application developer）來控制；Socket下端的傳輸層則由作業系統控制，但也有一小部分是由應用發展器來控制，如協定的選取、TCP參數確定（包括最大緩衝空間、最大區段大小等）。

例如：當客戶端的主機A要與伺服端的主機B進行行程通訊時，則主機A建立其Socket時，必須知道主機B的IP位址及主機B行程的埠號，像Web伺服器行程

（若使用HTTP協定）可由埠號80識別出來；郵件伺服器（若使用SMTP協定）則可由埠號25識別出來。一旦TCP連線建立後，就代表伺服端專門爲客戶端建立一新的TCP Socket，接下來，主機A就可將任何位元組資料送至它的Socket；伺服端的主機B也會透過TCP連線收到客戶端傳送過來的位元組資料。因此，TCP在客戶端和伺服端行程之間，提供可靠的有順序的位元組串流傳輸。反過來，主機A也可以接收來自伺服端傳送過來的位元組資料。另一方面，UDP也能讓兩個不同的主機各執行其行程，但由於UDP屬免接式的不可靠服務，雖省掉三方交握程式，但發送端主機必須在每次送出去的位元組資料外，還必須附上目的端行程的位址（即IP位址）以及連接埠號；此外，就Socket的觀點而言，UDP並沒有TCP Socket所具有可靠位元組串流之特性，有關目的端IP位址，將牽涉到UDP封包的虛擬標頭，6-8節會再說明。

圖6-6 在Internet上兩端的TCP連線來實現兩行程間的通訊

6-6 多工與解多工簡介

緊接著，我們要說明接收端主機如何將進來的傳輸層封包（又稱區段）送到正確的Socket，像這樣就牽涉到多工與解多工。多工即是來源端主機收集到來自多個Socket的資料塊（data chunk），並用標頭將每個資料塊封裝起來形成區段，然後將這些區段送至網路層的過程，稱爲多工（Multiplexing, MUX）。多工時的Socket必須有唯一的識別數值。接收端將收到的這些區段資料再送給正確的Socket的過程，稱爲解多工（Demultiplexing, DeMUX）。

爲了更清楚了解，我們以圖6-7作爲多工與解多工過程之說明。首先，若來源端的主機（例如行程3或行程4）會對來自不同Socket所送出來的資料做收集，以形成傳輸層區段，並將該區段送到下層的網路層，此動作稱爲多工。另一方面，接收端（即指中間的主機）會將來自下層（即網路層）的區段進行解多工，以便送給行程1或行程2。換言之，當區段到達中間的主機時，接收端的傳輸層會檢查區段中的目的端埠號，並將此區段送到相對應的Socket，然後區段的資料會透過該Socket送給相對應的行程，這樣的動作稱為解多工。

反過來，中間主機的傳輸層也可以收集到來自多個Socket的資料塊，並建立傳輸層區段，然後往下送至網路層。注意：接收端主機可能有多個Socket，每一個Socket均有一識別數值，其欄位格式依TCP Socket及UDP Socket而有不同。

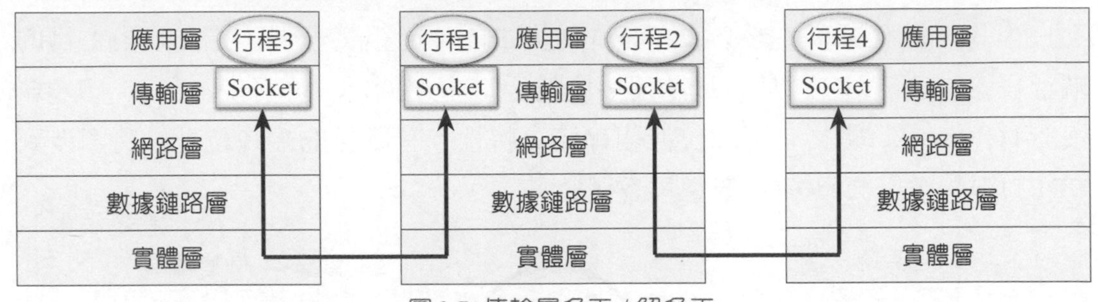

●圖6-7 傳輸層多工／解多工

6-6-1 UDP多工與解多工

UDP Socket只需要目的端IP位址及目的端埠號就可以被識別出來，像這樣子又稱為two-tuple。如果兩個UDP區段具有不同的來源端IP位址和來源端埠號，但卻有相同的目的端IP位址，以及目的端埠號，則這兩個UDP區段會透過相同的目的端Socket，被轉交給相同的目的行程。這裡你可能會有一個問題產生，就是來源端埠號功能是在做什麼？簡單的說，主機A或主機B至伺服端的區段，來源端埠號的功能是作為下次伺服端至主機A或主機B的區段時的目的端埠號，如圖6-8所示的UDP多工與解多工交換過程。

假設客戶端主機A與客戶端主機B的目的端IP位址同為12.2.3.55。例如：客戶端主機A使用IP位址為10.1.2.3和UDP埠號22311（來源端埠號）的行程傳送應用程式資料給伺服端上的UDP埠號35676，於是，客戶端的傳輸層會建立一個區段；同樣地，客戶端主機B使用IP位址為10.1.2.5和UDP埠號22222（來源端埠號）的行程傳送應用程式資料給伺服端上的UDP埠號35676，於是客戶端的傳輸層會建立另一個區段。然後，將這兩個區段多工起來，送至網路層；網路層會將這兩個區段封裝於IP資料包中，並採用無保證服務機制，即所謂「盡最大努力」，將該區段送至伺服端。當這兩個區段到達伺服端的主機時，傳輸層會檢查區段中的目的端埠號35676，並將此區段送到以埠號35676作為識別的Socket

（位於圖中的伺服器）。換言之，利用目的端IP位址及目的端埠號的數值，可以識別出某個行程用的UDP Socket。

伺服端的主機要回傳區段給客戶端主機A時，目的端埠號變成22311，而來源端埠號變成35676；而回傳區段給客戶端主機B時，目的端埠號變成22222，來源端埠號也是35676。這說明兩個不同的UDP區段各自擁有來源端IP位址及來源端埠號，但有相同目的端IP位址及目的端埠號。因此，在本例中，這兩個不同的UDP區段會透過相同目的端的UDP Socket被轉送到同一個行程。

再強調一下，若伺服端的主機同時有兩個行程要運作，每個行程有各自的Socket及對應的埠號，當UDP區段抵達伺服端時，各區段會經過解多工，並被轉送到適當的UDP Socket。

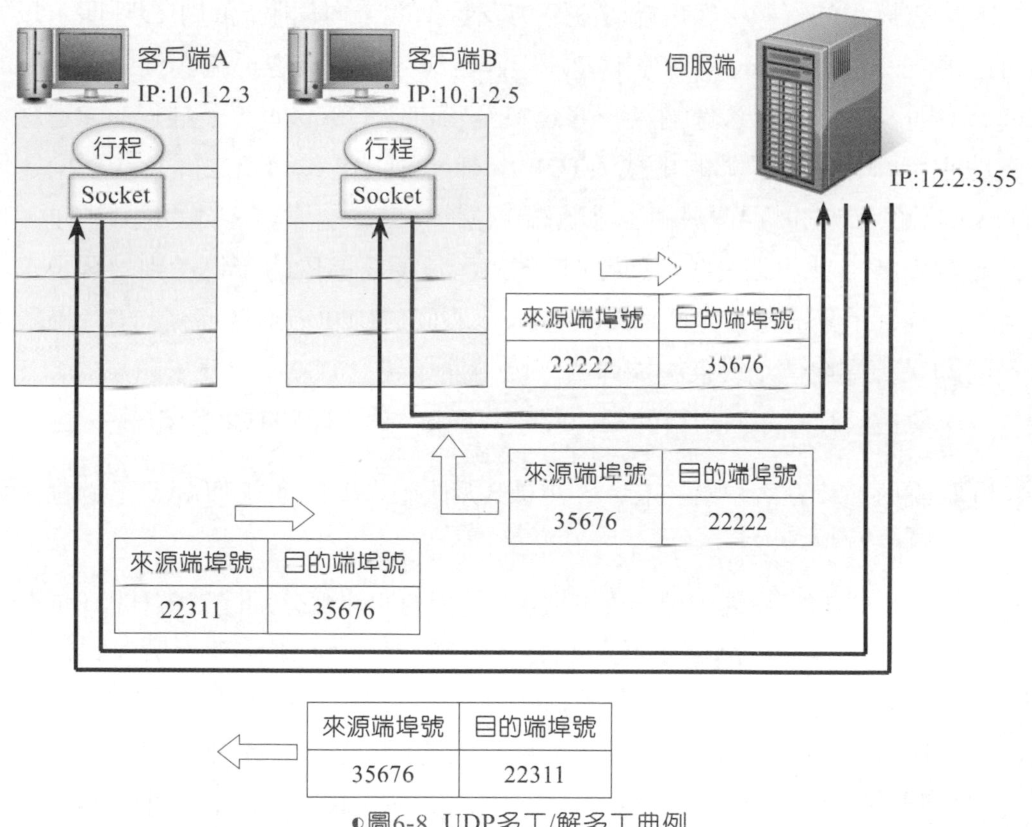

◐圖6-8 UDP多工/解多工典例

6-6-2 TCP多工與解多工

在說明TCP多工與解多工之前，我們還是要對TCP做必要敘述。TCP服務模型就是包含連接導向服務及可靠性服務。從應用程式的觀點而言，TCP在客戶端和伺服端行程之間提供可靠的有順序的位元組串流傳輸。本節簡單說明客戶端與伺服端之間的通訊過程是如何進行。

- 先執行伺服端的行程。
- 伺服端必須具有能讓客戶端建立連線要求的Socket。
- 客戶端會指定伺服端行程的IP位址、連接埠號，來建立與伺服端的TCP連線（此連線是利用「三方交握」達成）。
- 一旦客戶端要求建立TCP連線時，伺服端會因此產生新的Socket，可用來與客戶端通訊；萬一要與多個客戶端通訊，可由來源端埠號區分客戶端。

基本上，客戶端與伺服端TCP應用程式語言大部分爲C語言或Java語言，使用後者可有較少的行數。客戶端會在三方交握期間，向伺服端的主機呼叫，以便爲自己建立一個新的Socket，當TCP連線建立後，會連接客戶端與伺服端之間的Socket；則客戶端可以透過輸入一些資料至它自己的Socket，並經過TCP連線，依序地將資料傳給伺服端的主機。TCP Socket與UDP Socket之間有些不同，像TCP Socket的識別包含4個數值：來源端IP位址、來源端埠號、目的端IP位址，以及目的端埠號。接收端主機利用這4種數值，以便將區段的資料送到（解多工）適當的Socket，像這樣子又稱爲four-tuple。不同於UDP，兩個進來的TCP區段若有不同的來源端IP位址或來源端埠號（除一開始建立TCP連線要求訊息的TCP區段外），會被轉交給不同的目的Socket。接下來，舉例說明TCP多工/解多工。

範例❹ 說明TCP在客戶端主機A、主機B與伺服端間的多工與解多工過程，如圖6-9所示。

解 當兩端的客戶端主機A與主機B，透過TCP連線分別開啓與HTTP伺服器通訊，連線的兩端都必須包含來源端IP位址、來源端埠號、目的端IP位址及目的端埠號共4種數值。圖中的客戶端主機A可以同時開啓2筆與HTTP伺服器的會談，主要利用相同的IP 196.33.45.21，但不一樣的埠號「13228」及「25835」，分別建立2條TCP連線，以開啓同一個HTTP伺服器「埠號80，IP位址218.12.23.7」會談。另外，主機B則利用不同的IP 196.33.45.22，但一樣的埠號（13228）建立一條TCP連線，以開啓同一個HTTP伺服器「埠號80，IP位址爲218.12.23.7」會談。值得一提，HTTP伺服端的主機在它的傳輸層將對這3個行程進行解多工，亦即當TCP區段抵達伺服端時，各區段會經過解多工，送到適當的TCP Socket。

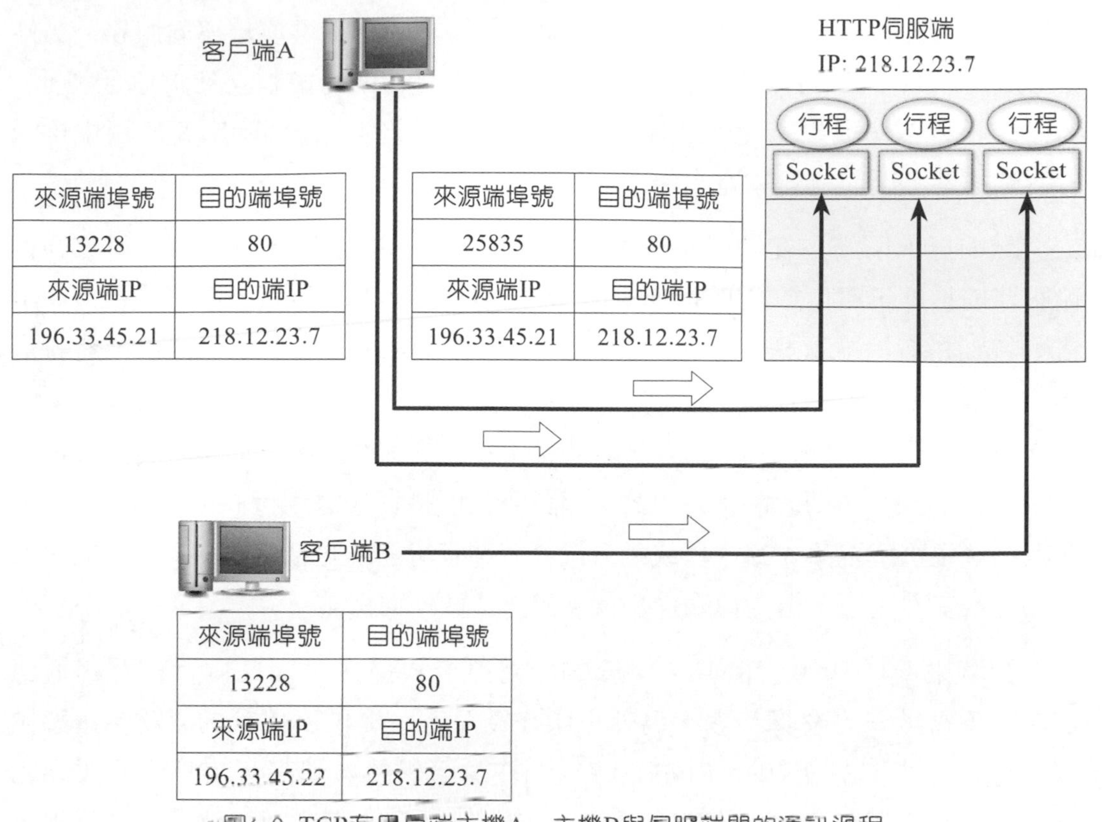

▪圖6-9 TCP在用戶端主機A、主機B與伺服端間的通訊過程

6-7 採用TCP或UDP

UDP是一個很簡單的傳輸層協定，僅提供兩端主機之間的通訊。由於UDP採用免接式的不可靠傳輸服務方式來傳送封包，使得可靠性較差，且不具有重送、確認等機制，而必須仰賴應用層協定來幫忙。但相對地，不需要事先連線、確認等工作，在傳輸時會較有效率。使用TCP或UDP的時機可依可靠性或傳輸效率等考量；像在Internet中的應用種類很多，到底選用TCP或UDP，是和所要求的應用服務有關，如果只考慮TCP可靠性服務，而忽略可能帶來的時間延遲，倒不如選用UDP來得適當。例如：即時影音服務常採用UDP，也就是這個道理。

一般而言，TCP連線建立之前，先要進行三方交握，一旦完成，則兩Socket之間的TCP連線就會建立產生。由於連線爲全雙工連接，因此兩行程間可同時進行可靠性的通訊；換言之，當一端的應用將位元組串流送至它的Socket，經TCP

連線可靠近地將該資訊流送往收端的Socket，以使TCP提供連接導向服務。另外不要忘記，TCP也含有壅塞機制，只要網路遇壅塞，則此機制立刻做必要處理。然而，在壅塞過程中難免對行程有所影響，最明顯的是在即時影音應用中會減低傳輸速率，因而會對頻寬及所要的品質大打折扣。

誠如以上所談，在即時應用可容忍對資訊的一些遺失，且不需太可靠的傳輸服務前提下，寧可放棄TCP而選用UDP。事實上，TCP也有一些無法提供的服務，特別是發送端行程，並不允許以任何速率傳送的情況下，無法保證能有最小的傳輸速率。另一方面，TCP的壅塞機制會對發送端速率調整，致使發送端的平均速率降低；此外，TCP也無法提供對任何延遲做保證，例如：在發送端行程將資料送至TCP Socket時，TCP並不保證多久可將資料送到接收端的Socket，只要網路發生壅塞現象，幾十秒或幾分鐘等待都有可能。總括來說，TCP只能保證全部資料安然到家，但對傳輸速率或延遲無法做任何保證。

接著來看UDP服務模型。由於UDP為免接式連接，因此兩行程互相通訊之前，不需做三方交握步驟；另外，UDP資料傳送提供不保證的服務。這意謂著，行程送一訊息至UDP Socket時，UDP並不保證該訊息可安然送達收端的Socket，到達資訊也可能會有所損失。UDP不含有壅塞機制，故發送端行程可以任何速率將資料送入UDP Socket。雖然UDP不能保證所有資料送到收端的Socket，但其仍為即時影音應用的最愛。注意：UDP與TCP一樣，仍對延遲問題無法做出具體保證。表6-3列出TCP/UDP應用類型，以及應用層協定在Internet上的關聯性。值得一提的是，目前Internet對時間靈敏度及頻寬並不保證，但現有的服務（指與時間靈敏度有關的應用）尚令人滿意。

表6-3 TCP/UDP應用類型及應用層協定

應用	應用層協定	選用TCP或UDP
電子郵件	SMTP	TCP
遠端存取	Telnet	TCP
Web	HTTP	TCP
檔案傳送	FTP	TCP
遠端檔案伺服器	NFS	UDP
串流多媒體	專屬性	UDP/TCP
Internet電話	專屬性	UDP/TCP
網路管理	SNMP	UDP
路由協定	RIP	UDP
位址名稱轉換	DNS	UDP

6-8 UDP標頭格式

UDP封包包含UDP的標頭格式及UDP酬載（Payload），前者格式共佔8 bytes，包括來源端埠號、目的端埠號、封包的長度以及錯誤檢查和，主要記錄封包來源端與目的端的連接埠資訊，以使封包內的應用程式能正確地送達目的端；後者爲應用層的資料，稱爲UDP Payload，也常稱爲UDP Data，如圖6-10所示。如下說明。

- 來源端連接埠佔16 bits：記錄來源端的連接埠號，其範圍爲0~65535。若目的端應用程式收到封包後必須回覆時，由此欄位知道來源端應用程式所用的埠號。
- 目的端連接埠佔16 bits：記錄目的端應用程式所用的連接埠號。
- 封包長度佔16 bits：代表UDP封包的長度，包括UDP標頭與UDP酬載的資料；若整個封包只有UDP標頭（沒有載送任何UDP酬載資料），則此欄位爲最小值8；最大值則依據IP酬載資料的長度而定。
- 錯誤檢查和佔16 bits：UDP錯誤檢查和的計算如同IP標頭檢查和的計算過程，但有點不一樣是，爲了要檢查UDP封包是否能送達正確的目的端，所以計算錯誤檢查和要加上虛擬標頭。以圖6-10(a)來說，除了圖中所示的UDP標頭與UDP酬載資料外，還需要包含虛擬標頭。就來源端主機來說，UDP計算錯誤檢查和會先將虛擬標頭加至UDP封包。錯誤檢查和計算完畢後，立即將虛擬標頭與Padding移除。因此，虛擬標頭與Padding不會出現於IP Payload，也就不會傳送到目的端。另一方面，目的端收到UDP封包後，就會從IP標頭讀取相關資訊，並再次產生虛擬標頭與Padding，然後計算錯誤檢查和，得出後會與UDP標頭中的錯誤檢查和比對。

另外，爲了讓UDP封包的總長度能滿足2 bytes的倍數，故需要Padding欄位元，如圖6-10(b)所示。UDP不一定要執行錯誤檢查，若爲了減少運算資源，可以省掉此錯誤檢查，此時欄位元可全部填入0。注意，虛擬標頭包括以下5種欄位，在虛擬標頭中的來源端位址、目的端位址，與上層協定欄位的資訊，並不包含在UDP封包中，而是屬於IP標頭的一部分。

- 來源端位址：指IP標頭中來源端的IP位址。
- 目的端位址：指IP標頭中目的端的IP位址。

- 未用欄位佔8 bits：全部填入0。
- 協定欄位：位於IP標頭中，記錄IP上一層所使用的協定。以UDP來說，值為17。
- 封包長度：UDP標頭中的封包長度。

來源端埠(16)	目的端埠(16)
封包長度(16)	錯誤檢查和(16)
UDP 酬載(Payload)	

◐圖6-10(a) UDP封包格式

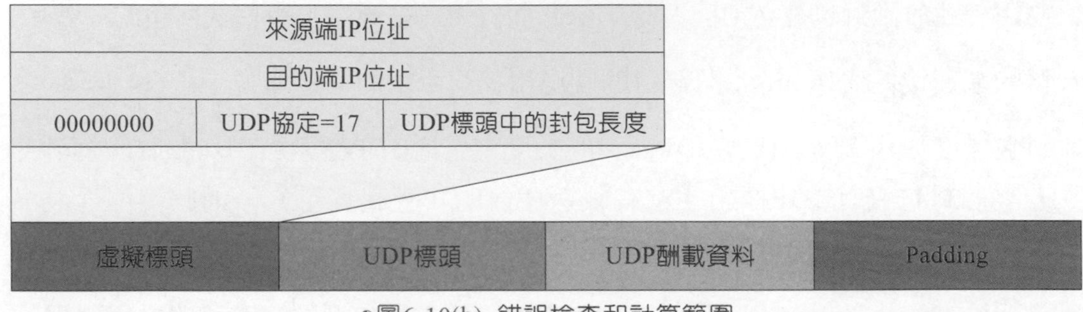

◐圖6-10(b) 錯誤檢查和計算範圍

接下來說明在UDP封包傳送過程中，錯誤檢查和的計算過程。步驟分述如下。

發送端依下列8個步驟，可計算出錯誤檢查和：

步驟1：把虛擬標頭加到UDP封包。

步驟2：檢查和欄位先填入0。

步驟3：把所有位元以16位元做切分。

步驟4：如果得出的位元組數目不是偶數，則填補一個全為0位元的位元組。

步驟5：以1的補數將所有16位元字相加起來。

步驟6：將第5步驟的計算結果寫出1的補數值，並放入檢查和的欄位。注意，在這之前，檢查和的欄位值全為0。

步驟7：棄除虛擬標頭及填補的位元組。

步驟8：將UDP封包透過IP軟體封裝起來。

接收端也分下列6個步驟計算錯誤檢查和：

步驟1：把虛擬標頭加到UDP封包。

步驟2：必要時需填補內容為0的位元組。

步驟3：把所有位元以16位元做切分。

步驟4：以1的補數將所有16位元字相加起來。

步驟5：寫出1的補數值。

步驟6：如果第5步驟的計算結果為0，則將虛擬標頭及任何填補的位元組棄除，並接收此UDP封包；反之，結果不是0，則棄除該UDP封包。

N.O.T.E

錯誤檢查和若不包含虛擬標頭，還是可以使IP資料包安全到達目的端；但遇IP標頭遭損，那IP資料包可能會送到另一部主機。

範例5 如圖6-11所示，計算發送端UDP錯誤檢查和。

虛擬標頭	193.21.5.123			
	195.22.35.225			
	全部填0	17	7	
標頭	1028		23	
	7		全部填0	
	C	U	T	E
	I	N	G	全部填0 (Padding)

```
11000001  00010101  ──────→  (193.21)
00000101  01111011  ──────→  (5.123)
11000011  00010110  ──────→  (195.22)
00100011  11100001  ──────→  (35.225)
00000000  00010001  ──────→  (0和17)
00000000  00000111  ──────→  (7)
00000100  00000100  ──────→  (1028)
00000000  00010111  ──────→  (23)
00000000  00000111  ──────→  (7)
00000000  00000000  (檢查和先填入0)
01000011  01010101  ──────→  (C和U)
01010100  01000101  ──────→  (T和E)
01001001  01001110  ──────→  (I和N)
01000111  00000000  ──────→  (G和0)
─────────────────────────────────────
進位10 ←── 11011001  10101001
        +                 10  (進位)
        ─────────────────────
           11011001  10101011
取1的補數得出檢查和
           00100110  01010100
```

圖6-11 發送端UDP錯誤檢查和

解 因UDP Payload只有7個位元組資料，所以圖6-11中的UDP標頭及虛擬標頭中的數字7代表資料內容「CUTEING」共7個bytes。爲了讓UDP封包的長度爲2個bytes的倍數，故Padding填補爲0。接下來，開始做檢查和計算：

我們可以由右往左逐行加總，得出11011001 10101001及總進位值10，兩者再相加，得出總和爲11011001 10101011；取1的補數，則錯誤檢查和爲00100110 01010100，即0x2654。若接收端也進行檢查和的計算，一旦結果爲0，則可將虛擬標頭及任何填補的位元組移除，並接收該UDP封包；反之，丟棄此封包。

6-9 UDP Flood DoS攻擊

DoS攻擊的另一種手法爲UDP Flood DoS攻擊。這類型的攻擊又稱爲Fraggle攻擊，其方式是攻擊者送出大量隨機選出來埠號的UDP封包到遠端主機；當目的端主機收到UDP封包後，需先檢查埠號上的應用程式，並交由它來處理此封包。一旦目的端主機無法處理該封包，將根據ICMP的錯誤訊息發送Destination unreachable訊息（Type 3）給僞造的來源端位址。如果有大量的UDP封包同時傳送到這個目的端主機，將導致該主機無法正常提供服務，而達到DoS攻擊的效果。一般而言，要降低UDP Flood DOS攻擊，可在防火牆設定每秒允許通過數目的UDP封包。

6-10 基礎UDP封包的擷取分析

當瀏覽器連上某一網站前，一般都會要求執行名稱解析（即進行DNS查詢）。由表6-1知，DNS連接埠號爲53，且採用UDP協定，我們可利用Wireshark實際擷取UDP封包做說明，如圖6-12所示。

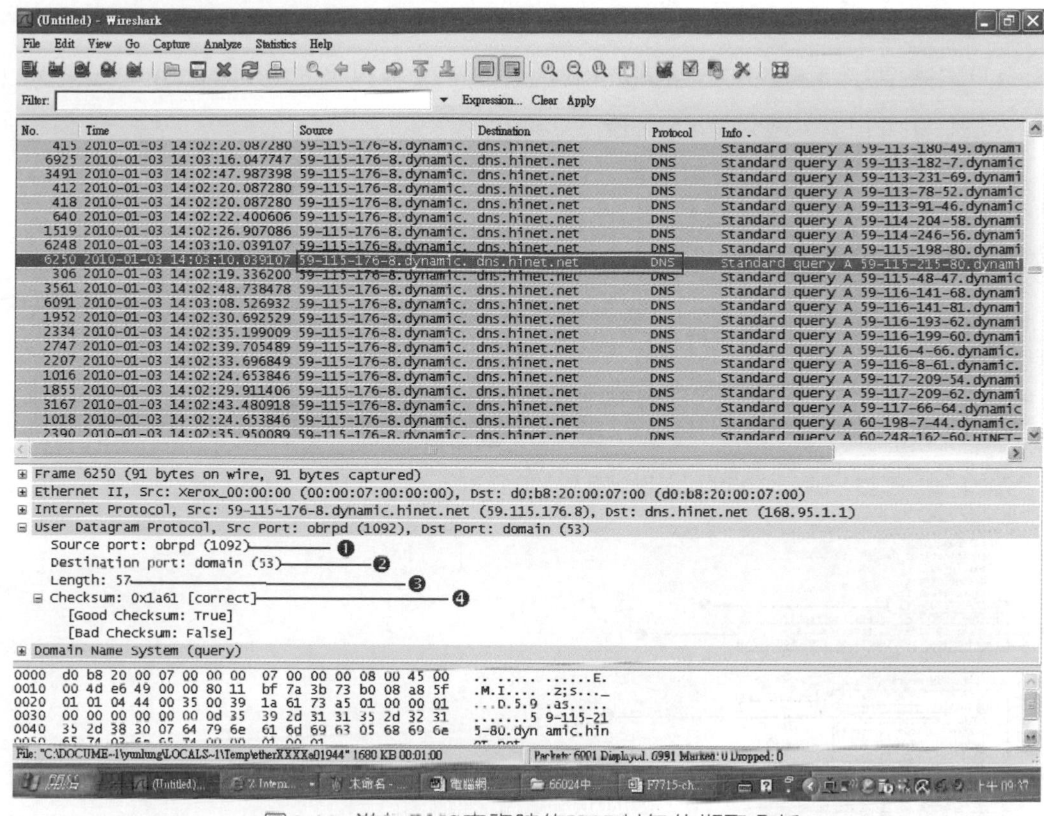

圖6-12 進行DNS查詢時的UDP封包的擷取分析

❶ 指出客戶端的連接埠號爲1092，屬「註冊埠號」。

❷ 指出伺服端的連接埠號爲53，屬「公認埠號」。

❸ 指出UDP封包總長度爲57 bytes。

❹ 指出錯誤檢查和。

6-11 Wireshark實作分析與討論

下面是Wireshark實作Case 1與Case 2的分析，它們是在DNS進行查詢與回覆時，利用Wireshark擷取UDP封包做更進一步的分析。現在我們就說明此Case的操作步驟。

1. 開啓Wireshark→Capture→Options→選擇正確介面卡，準備擷取所要的封包。
2. 進入IE，並敲入欲連線的網址http://www.yahoo.com.tw，然後停止Wireshark封包的擷取。

3. 我們可在【Filter】欄位敲入「udp」加速找到主機發送的UDP封包，並進行DNS查詢（query），如圖6-13(a)所示；及來自www.yahoo.com.tw主機回送的UDP封包，進行DNS回覆（response）的分析，如圖6-13(b)所示。另外，有關UDP錯誤檢查和為實作Case 1分析的延伸重點，會再進一步說明。

◈實作Case 1的分析

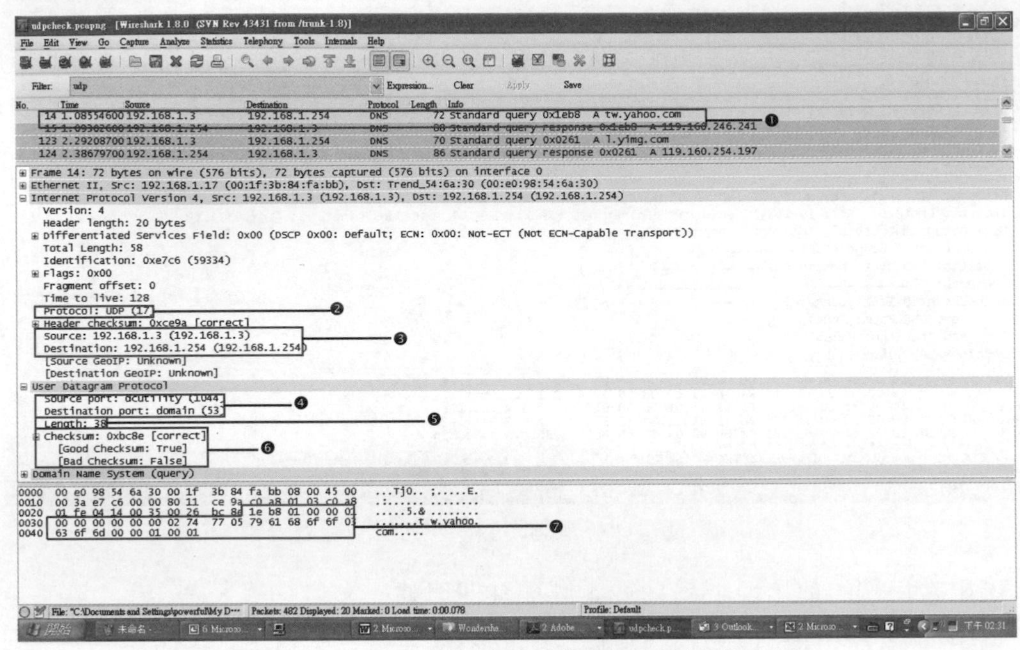

◐圖6-13(a) 進行DNS查詢時擷取UDP封包的分析

❶ 指出主機（IP位址192.168.1.3）連線至網址http://www.yahoo.com.tw，並進入IE。注意，目的端IP位址為192.168.1.254，此位址非http://www.yahoo.com.tw的網址)。

❷ 與❸所指出的內容將填入虛擬標頭與標頭相關的欄位。

❹ 指出來源端的埠號為1044，目的端的埠號為53。

❺ 指出UDP封包總長度為38 bytes，包括UDP標頭佔8 bytes與UDP酬載的資料佔30 bytes。

❻ 指出Wireshark有設定錯誤檢查和的計算，其值0xbc8e是正確的。注意：此時UDP錯誤檢查和Validate the UDP checksum possible右邊的小框是有勾選，如圖6-13(a)-1所示，所以在圖6-13(a)紅色框中會出現Checksum: 0xbc8e [correct]，[good checksum:True]，[bad checksum:False]代表錯誤檢查和的值是經過計算得出。如果想在Wireshark取消設定錯誤檢查和的計算，可以進入

Wireshark→Edit→Preferences→Protocols→選擇UDP→取消Validate the UDP checksum possible右邊的勾選→OK。

所以，在紅色框中會出現Checksum: 0xbc8e [validation disabled]，[good checksum: False]，[bad checksum:False]，代表Wireshark不執行錯誤檢查和的計算，如圖6-13(a)-2所示。注意：當Wireshark取消設定錯誤檢查和的計算，這只是不執行錯誤檢查和的計算，錯誤就不會出現，有點「眼不見爲淨」，消極些！

指出的16進位值代表UDP酬載（Payload），是用來計算錯誤檢查和。計算過程包含UDP標頭與UDP酬載資料外，還需要包含虛擬標頭。這些值將對應在發送端錯誤檢查和整個過程的計算，發送端計算過程將留給問題討論。

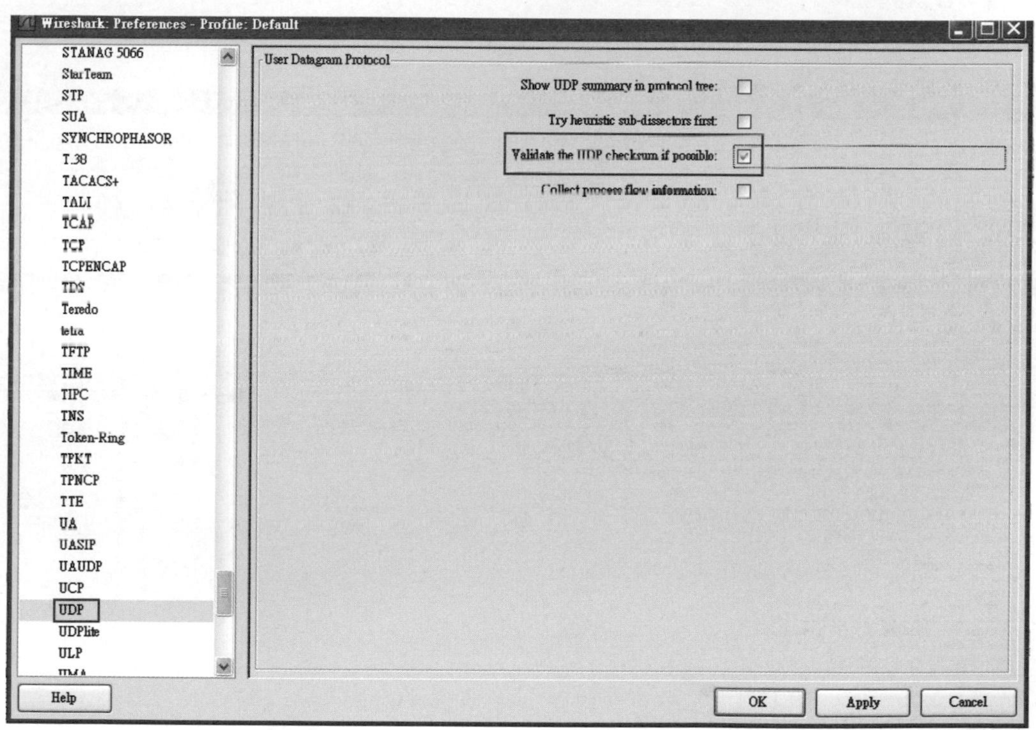

◐圖6-13(a)-1 Wireshark執行錯誤檢查和的勾選

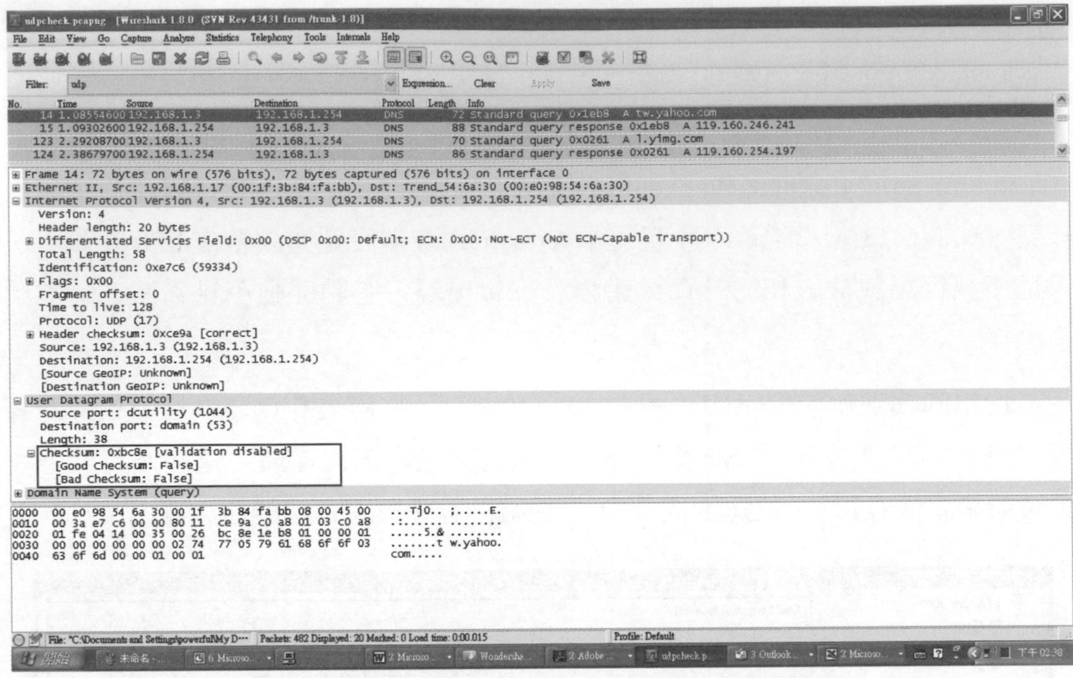

◐圖6-13(a)-2 Wireshark不執行錯誤檢查和的勾選結果

◈實作Case 2的分析

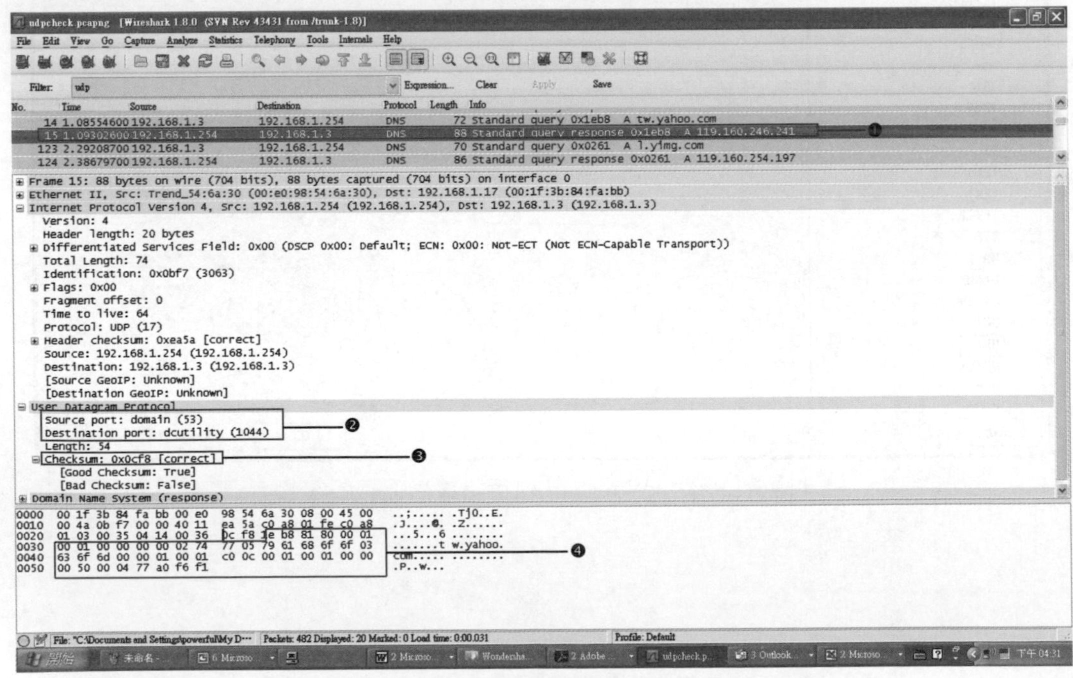

◐圖6-13(b) 進行DNS回覆時擷取UDP封包的分析

❶ 指出IP位址192.168.1.254對來源端主機（IP位址為192.168.1.3）送出連線至網址http://www.yahoo.com.tw的回應。

❷ 指出來源端的埠號為53，目的端的埠號為1044。

❸ 指出Wireshark執行錯誤檢查和的計算，其值0x0cf8是正確的。

❹ 指出的16進位值將呈現並應用在接收端錯誤檢查和的計算過程。

6-11-1 問題討論

1. 虛擬標頭中的來源端位址、目的端位址與上層協定欄位的資訊是由IP層提供，請問UDP如何取得在IP層的資訊？

   解：根據RFC（Request for Comment）規定，UDP與IP層之間的介面必須能讓資訊互相交換。所以，UDP在錯誤檢查和的計算，就可以透過UDP與IP層之間的介面取得上述3個欄位的資訊。同樣的情況也發生在TCP與IP層之間的介面。

2. 當UDP封包中的錯誤檢查和值為0x0000代表什麼意義？

   解：UDP不一定要執行錯誤檢查，若為了減少運算資源，可以省掉此檢查和的計算，此時欄位元可全部填入0。

3. 請動手計算UDP發送端圖6-13(a)的錯誤檢查和值為0xbc8e。

   解：利用圖6-13(a)的資料，再搭配圖6-10(a)-(b)，可得出圖6-14的錯誤檢查和值為0xbc8e。注意，UDP酬載（Payload）：1eb8~0001來自6-13(a)的❼。

虛擬標頭	192.168.1.3		
	192.168.1.254		
	全部填0	17	38
標頭	1044	53	
	38	全部填0	
	1eb8 0100 0001 0000 0000 0000 0274 7705 7961 686f 6f03 636f 6d00 0001 0001		

11000000	10101000	→	(192.168)
00000001	00000011	→	(1.3)
11000000	10101000	→	(192.168)
00000001	11111110	→	(1.254)
00000000	00010001	→	(0和17)
00000000	00100110	→	(38)
00000100	00010100	→	(1044)
00000000	00110101	→	(53)
00000000	00100110	→	(38)
00000000	00000000	(檢查和先填入0)	
00011110	10111000	→	(1eb8)
00000000	00000001	→	(0100)
00000000	00000001	→	(0001)
00000000	00000000	→	(0000)
00000000	00000000	→	(0000)
00000000	00000000	→	(0000)
00000010	01110100	→	(0274)
01110111	00000101	→	(7705)
01111001	01100001	→	(7961)
01101000	01101111	→	(686f)
01101111	00000011	→	(6f03)
01100011	01101111	→	(636f)
01101101	00000000	→	(6d00)
00000000	00000001	→	(0001)
+ 00000000	00000001	→	(0001)
進位100 ← 01000011	01101101		
+	100	(進位)	
和01000011	01110001		
取1的補數得出檢查和10111100	10001110	即為0xbc8e	

◐圖6-14 計算圖6-13(a)發送端的錯誤檢查和值

4. 利用Wireshark擷取封包，檢視UDP標頭時發現Checksum:顯示[incorrect]，即代表[good checksum: False]，[bad checksum: True]；雖然Checksum指出有錯誤，但通訊也沒有問題，原因爲何？

解：有可能是有一些的網路卡的硬體具有計算「checksum」的功能。現在你可以進入XP→我的電腦並按右鍵→內容→硬體→裝置管理員→網路介面卡→進階網路卡，如圖6-15所示。若你使用的網路卡可以設定offload checksum爲「有效(enable)」的話，則UDP封包的「checksum」計算功能代表可直接在網路卡的驅動程式進行，這會減輕CPU的負荷，所以Wireshark擷取的封包內容是網路卡進行計算前的封包，所以會出現錯誤顯示。注意：有的網路卡並不具可以設定offload checksum爲「有效(enable)」的功能。

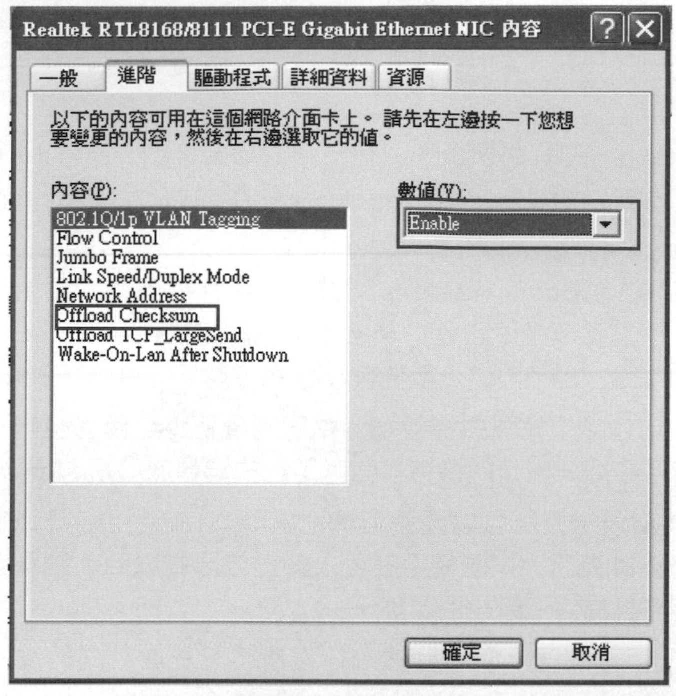

圖6-15 網路卡設定offload checksum

重點整理

- UDP（User Datagram Protocol）是一種端點對端點（End to End）的通訊協定，亦稱為主機對主機（Host to Host）或程序對程序（Process to Process）的通訊協定。
- UDP提供免接式（Connectionless；CL）的不可靠傳輸服務，它並不具有TCP的確認機制來保證資料是否正確的被接收、也不會重傳遺失的資料、資料的接收也不必照順序進行、也不提供流量控制及壅塞控制。
- 當電腦收到IP封包後，會藉由連接埠的編號判讀要將封包送給哪一個應用程式來處理，此機制可在同一時間內進行多個應用程式資料的發送和接收。
- 當TCP / IP網路連線時，可以透過工具程式netstat進行檢視目前主機上連線狀態，與封包的統計資訊，以便使用者可以知道自己電腦目前跟誰連線，自己與他人開啓的連接埠號為何，都一目了然。
- Socket如同一行程的門，亦即發送端行程是將訊息從它的門傳送出去，並與另一端的門構成連線，訊息會透過此連線送到接收端行程的門（即接收端行程的Socket）。
- TCP Socket的識別包含4個數值：來源端IP位址、來源端埠號、目的端IP位址及目的端埠號共4種；接收端主機使用這4種數值以便將區段的資料送到（解多工）適當的Socket，像這樣子又稱為four-tuple。UDP Socket只需要目的端IP位址及目的端埠號就可以被識別出來，像這樣子又稱為two-tuple。
- UDP不一定要執行錯誤檢查，若為了減少運算資源，可以省掉此錯誤檢查，此時欄位元可全部填入0。
- 在虛擬標頭中的來源端位址、目的端位址與上層協定欄位的資訊並不包含在UDP封包中，而是為IP標頭的一部分。

本章習題

選擇題

(　　) 1. 下列何者提供一個免接式（Connectionless；CL）的不可靠傳輸服務
(1)IP　(2)TCP　(3)UDP　(4)MAC

(　　) 2. 連接埠號數目923是屬
(1)動態與私有連接埠號　(2)註冊連接埠號
(3)公認連接埠號(well-known ports)　(4)上述任何一種均可

(　　) 3. 連接埠號80代表的應用程式是屬
(1)TCP　(2)IP　(3)DNS　(4)HTTP

(　　) 4. 當TCP/IP網路連線時，可以透過以下何者進行檢視目前主機上連線狀態與封包的統計資訊等
(1)ping　(2)cd　(3)arp　(4)netstat

(　　) 5. 稱為主機對主機（Host to Host）或程序對程序（Process to Process）的通訊協定為
(1)IP　(2)TCP　(3)UDP　(4)MAC

(　　) 6. UDP標頭的長度為多少bytes
(1)20　(2)32　(3)8　(4)24

(　　) 7. 要將封包送給哪一個應用程式來處理可藉由以下何者判讀出來
(1)IP　(2)tracert　(3)連接埠號　(4)MAC

(　　) 8. 下列何者指令可觀察自己電腦所開啓TCP與UDP的埠
(1)ipconfig/all　(2)tracert -j　(3)netstat -a　(4)ping –r

(　　) 9. UDP計算錯誤檢查和時，除了UDP標頭與UDP酬載資料外，還需要包含
(1)IP標頭　(2)乙太標頭　(3)TCP標頭　(4)虛擬標頭

(　　) 10. TCP連線建立之前，先要進行多少方交握，一旦完成，則兩Socket之間的TCP連線就會建立產生
(1)1　(2)2　(3)3　(4)4

本章習題

簡答題

1. 就Socket的識別而言，UDP與TCP Socket有何不同？
2. UDP標頭錯誤檢查和的計算與IP標頭檢查和有何不同？
3. 在Internet的通訊中，主機如何被識別，而主機所使用的應用程式又是透過什麼識別出來？
4. UDP Socket如何被識別？
5. UDP Socket中的來源端埠號功能為何？

實作分析習題

1. 利用netstat命令顯示乙太網路封包統計資料。
2. 如圖6-11所示，計算接收端UDP錯誤檢查和。
3. 請動手計算圖6-13接收端的錯誤檢查和值。
4. 由圖E-4(a)的封包No 6，若此時為發送端，填入圖E-4(b)的空白欄位。

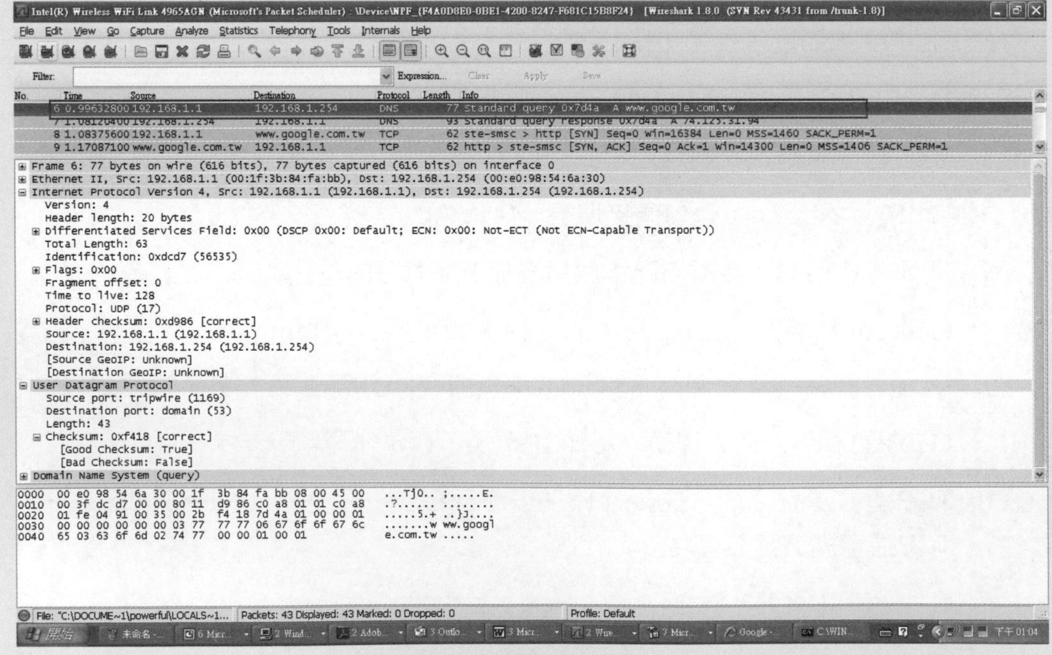

◐圖E-4(a)

本章習題

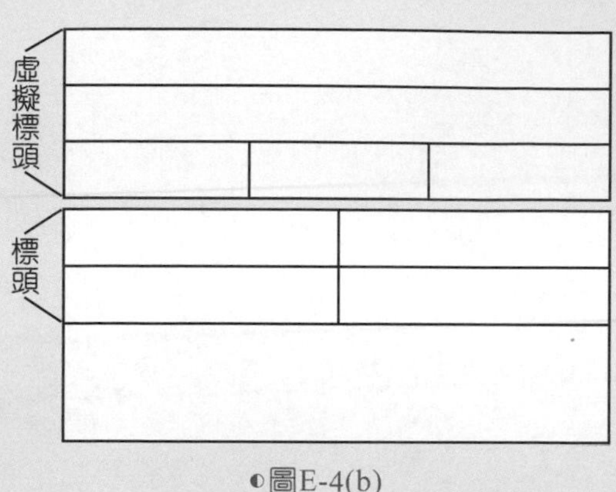

◐圖E-4(b)

4. 由圖E-4(a)的封包No 6，若此時為接收端，填入圖E-4(b)的空白欄位。
5. 試計算出圖6-13(b)中的發送端錯誤檢查和為0x0cf8。
6. 打開電子檔，分析封包No 123與封包No 124中的訊息。

'N'O'T'E

CHAPTER 07

TCP協定Wireshark實作分析

- 7-1 TCP淺談
- 7-2 資料確認與重送
- 7-3 滑動視窗（Sliding Window）的技術
- 7-4 TCP標頭格式
- 7-5 TCP連線建立
- 7-6 TCP連線結束
- 7-7 TCP DoS攻擊
- 7-8 基礎TCP封包的擷取分析
- 7-9 Wireshark實作分析與討論

7-1 TCP淺談

前一章已談過傳輸層協定如TCP是一種端點對端點的通訊協定，亦常稱爲主機對主機（Host-to-Host）或稱爲程序對程序（Process-to-Process）的傳輸協定。TCP與UDP一樣，具有處理連接埠的功能，但是TCP提供了可靠的傳送機制。這裡所謂「可靠」的傳送機制又指什麼？我們必須記著，來源端封包在網路層的IP網路或數據鏈路層的乙太網路傳送時，並不知道目的端的狀況，這時候目的端可能因故或忙碌而無法處理封包；可能收到的封包已經損壞；也可能接收端根本就有問題，這些狀況對來源端而言都無法得知，唯一會知道就是不斷地發送封包。所以，在應用程式所提供的服務，TCP必須是可靠的傳輸方式，而它的服務要求，簡單說明如下：

- 資料封包流必須具連接導向，這樣主機雙方的位元資料流才會具有整體性。
- 一旦電路連接建立，封包資料於傳送期間必須驗證，並可進行錯誤偵測。
- 資料必須有緩衝處理，這樣如果主機送出的資料量太小時，就可以等到蒐集到一定大小的封包資料量後，才進行傳送。
- 應用程式在建立TCP連線之前，必須先了解資料內容與格式。
- 提供全雙工通訊。

此外，只要TCP連線建立起來，TCP不但能對資料確認與重送，而且適時地能調整發送資料的流量速度、處理資料壅塞控制之能力。如同UDP協定一樣，TCP也是透過IP位址與TCP連接埠形成一個Socket，來源端透過它的Socket與目的端的Socket形成一個「Socket Pair」進行通訊，也就是所謂的TCP連線。

7-2 資料確認與重送

在這裡我們還是要對TCP提供可靠的傳送做說明。其確認與重送的基本原理如圖7-1(a)~(b)所示。圖7-1(a)中，假設主機A傳送Packet 1給主機B，利用定時器開始計時，並等待主機B的回應。主機B收到Packet 1後會傳回ACK 1給主機A。ACK 1封包的內容代表「主機B已收到Packet 1」。若主機A在預定的時間內收到ACK 1封包，便可確認Packet 1安全到達目的端。接著主機A傳送Packet 2封包給主機B，並重複上述動作。若主機A的封包在傳送的過程中出現錯誤，例如

圖7-1(b)中，Packet 2不知為何原因在傳送過程途中不見了，此時主機B不會發出ACK 2給主機A。主機A在預訂的時間內沒有收到ACK 2，就判定主機B沒有收到Packet 2，因此，主機A會重送Packet 2給主機B。注意：有了定時器的機制，可使封包在傳送逾時後重新傳送，以維持資料的正確性與完整性。

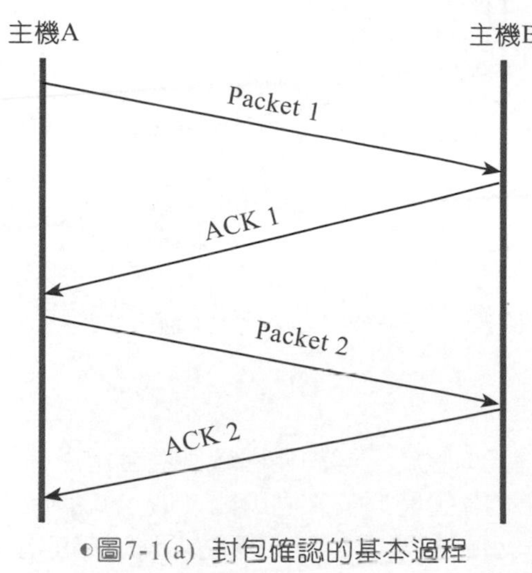

圖7-1(a) 封包確認的基本過程

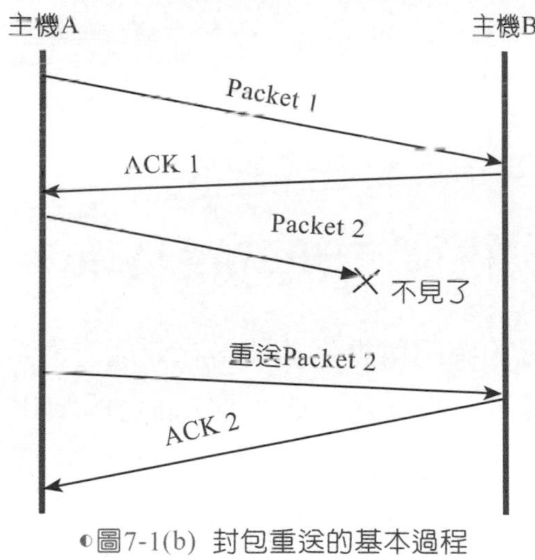

圖7-1(b) 封包重送的基本過程

範例❶ 說明圖7-2的Packet 1的發送與接收過程。

解 主機A在送出Packet 1封包後，會啓動一個計時器，如果Packet 1因網路層的一些因素，致使封包不能在預定時間內取得接收端主機B的確認訊息，則主機A會斷定Packet 1封包可能在傳送過程中遺失，然後會重送Packet 1封包，並同時重設計時器；如果主機B傳送的ACK 1在逾時前被接收到，則取消該封包的計時器，並開始進行下一封包的傳送。

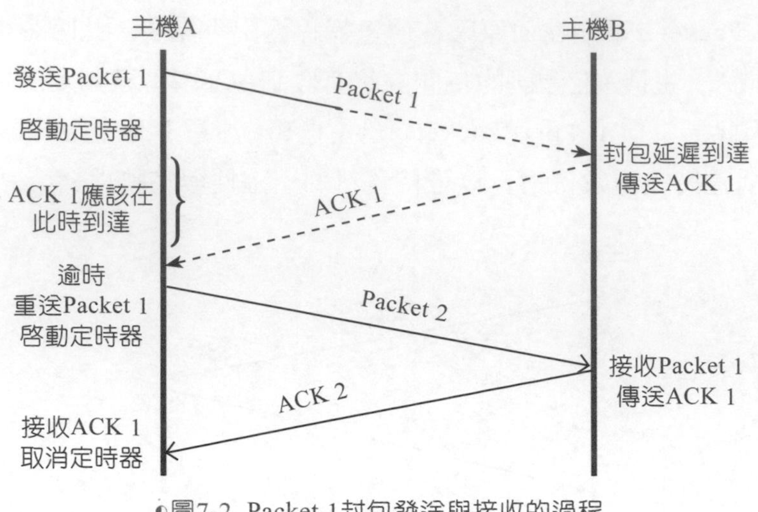

圖7-2 Packet 1封包發送與接收的過程

> **N.O.T.E**
>
> 當一個封包從用戶端送達伺服端，再由伺服端回覆至用戶端，這樣所花費的時間稱為封包在網路上的延遲時間或來回時間（Round Trip Time：RTT）。RTT包含封包各種不同型式的延遲，亦即節點處理造成的延遲、佇列延遲、傳輸延遲及傳播延遲（更詳細參考問題討論1）。在範例1，只要Packet 1送出去後超過一個RTT，就稱為「逾時」（timeout），則發送端會判定該封包已遺失，並重送Packet 1封包。

7-3 滑動視窗（Sliding Window）的技術

上面所談封包傳送的確認與重送功能，在效能方面是不彰的，這是由於主機A每送出一個封包後，再來就是要等主機B回送的ACK封包，然後才傳送下一個封包。這樣一來，在整個傳送過程中，大部分時間都浪費在等待ACK封包。爲了讓傳輸更有效率，可使用「滑動視窗」（Sliding Window）技術，它可用來控制封包的流量，接收端不會因爲接收太多的封包而產生壅塞。注意，滑動視窗是以位元組爲計算單位。滑動視窗也可以被想成多重發送和多重確認的技術，它允許發送端在接收到確認訊息之前，可以同時發送多個封包，這使網路頻寬達到充分利用，並加速資料封包量的傳送。如圖7-3(a)指出，Window size=3個封包（嚴格來說是不正確的，實際上的單位應是位元組），主機A一次送出3個封包，編號分別是Packet 1、Packet 2和Packet 3，然後分別對這些封包開始計時，並等待主機B的回覆。當主機B收到封包後，會依封包編號回送對應的ACK封包給主機A，亦即主機B收到Packet 1會回覆ACK 1封包給主機A。一旦主機A收到ACK 1封包後，便將Packet 1註明爲「已完成」（如Packet 1以黃色表示），並將Sliding Window往右滑動1格，如圖7-3(b)所示，然後將位於Sliding Window窗格最右邊新出現的Packet 4發送出去。接下來，主機A會收到ACK 2，並將Packet 2註明爲「已完成」，然後將Sliding Window往右滑動1格，此時Sliding Window內的封包編號爲Packet 3、Packet 4與Packet 5，接著將位於Sliding Window窗格最右邊新出現的Packet 5發送出去；同樣方式，主機A會收到ACK 3，並將Packet 3註明爲「已完成」，然後將Sliding Window往右滑動1格，此時Sliding Window內的封包編號爲Packet 4、Packet 5與Packet 6，接著將位於Sliding Window窗格最右邊新出現的Packet 6發送出去。

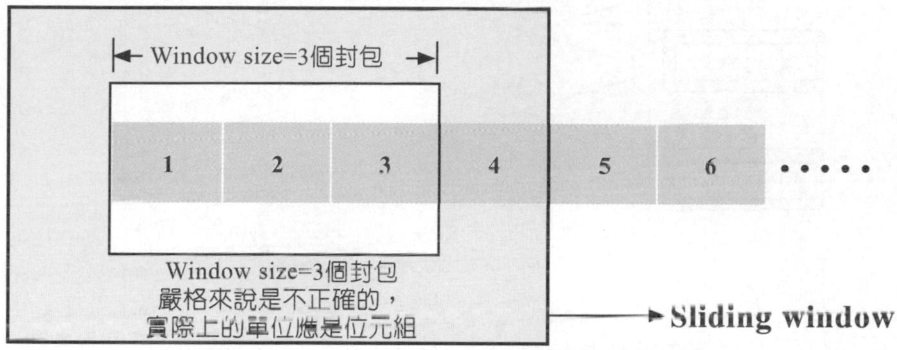

圖7-3(a) 指出Window size=3個封包原始狀態

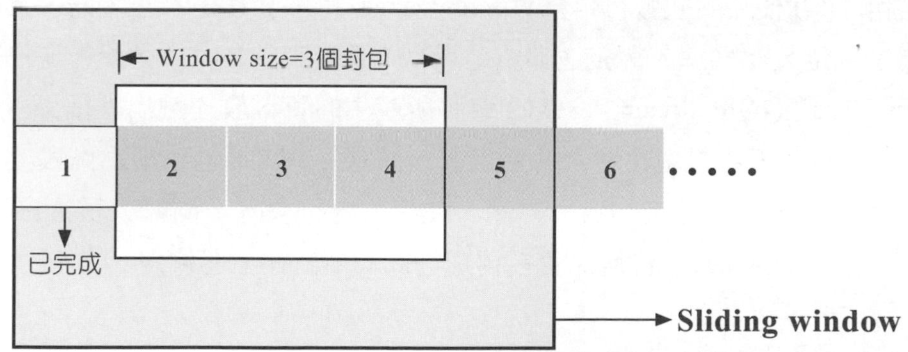

圖7-3(b) 指出Window size=3個封包的滑動窗（往右滑動1格）

後面接續來的封包會重複上述執行過程，如圖7-3(c)所示。根據上述，透過Sliding Window的技巧，主機A可以快速送出多個封包，由於不必每送出一個封包便要等待回覆的ACK封包，顯然Sliding Window的傳輸效率較佳。我們可以更簡化描述圖7-3(a)~(c)：主機A一次傳送3個封包，分別爲Packet 1、Packet 2與Packet 3；當主機B收到Packet 1並回覆ACK 1後，主機A立即送出Packet 4；當主機B收到Packet 2並回覆ACK 2後，主機A立即送出Packet 5；當主機B收到Packet 3並回覆ACK 3後，主機A立即送出Packet 6。

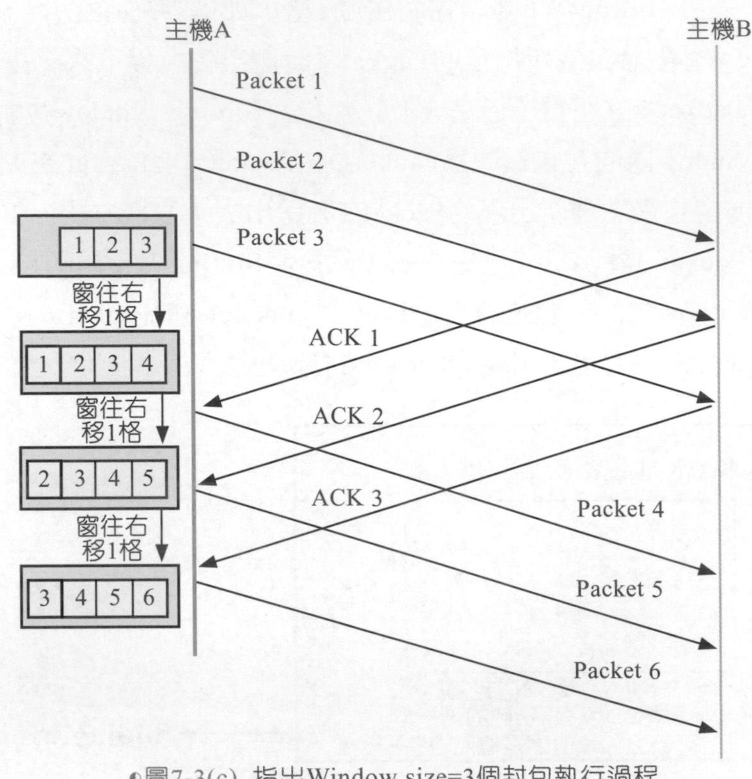

◎圖7-3(c) 指出Window size=3個封包執行過程

[註解]TCP使用封包數目作爲Window size的單位其實是不正確的，實際上的單位應是以位元組爲準。當發送端要透過TCP傳輸資料之前，必須先進行編碼成爲位元組串流（byte stream）。TCP會將所產生的資料放在輸出緩衝區（Output Buffer），資料再由這個緩衝區傳送出去。注意：TCP封包也稱爲區段，一個區段可以載送很多個位元組；另一方面，在接收端也會有一個輸入緩衝區（Input Buffer）用來接受進來的資料，資料再透過此緩衝區往上層傳送。

7-3-1 Send/Receive Window

爲說明方便，圖7-3(c)所談到的Sliding Window好像只有主機A才有Sliding Window；實際上，在TCP的來源端與目的端皆會有自己的Sliding Window。我們常將來源端的Sliding Window稱爲Send Window；目的端的Sliding Window則稱爲Receive Window。當主機A傳送一堆封包給主機B時，這些封包不一定會照原來的順序編號到達主機B，故主機B必須透過Receive Window記錄哪些是收到的連續編號封包，以及哪些是不連續的編號封包。主機B只會將連續編號的封包轉至上層應用程式；也只對連續編號的封包送出ACK。另一方面，Receive Window會隨著收到的連續編號封包做滑動，或稱移動。換句話說，就Send Window而言，我們可將要傳送的封包依序地移入Window，一直等到收到接收端的ACK後，就會將這些連續編號的封包移出Window。至於不連續編號的封包，仍舊留在Window內；就Receive Window而言，會將陸續進來的封包移入Window，若收到的這些封包是依照順序編號時，最後也會移出Window。

範例❷ 爲說明方便，Send Window、Receive Window及Window Size都設定爲3時，在理想情況，發送出去的封包依原順序編號到達目的端，仍以圖7-3(c)爲基礎，請說明主機A與主機B間的滑動視窗變化過程。

解 如圖7-4所示，分2個步驟說明。

步驟1：主機A一次送出封包編號1、2與3，亦即Packet 1、Packet 2與Packet 3封包，當主機B收到主機A送過來的封包時，會有下列動作：

1. 首先收到Packet 1封包時，會標示「已收到」。
2. 由於收到的Packet 1封包目前位置爲Window的最左邊，所以就回覆ACK 1封包，並將Receive Window從初始狀態往右滑動1格，如圖右❶。接著主機B依序回覆確認訊息ACK 2，則Receive Window會再往右滑動1格，如圖右❷。同樣地，遇ACK 3，Receive Window會再往右滑動1格，如圖右❸，接下來等待後面到達的封包。

步驟2：當主機A分別收到主機B的確認封包後，也會將Send Window從初始狀態往右移動1格共3次，如圖左❶~❸，然後分別送出封包編號4、5與6，亦即Packet 4、Packet 5與Packet 6封包，並重複上述步驟。值得一提，就Send Window而言，我們可將要傳送的封包編號1、2與3依序地移入Window，一直等到收到接收端的ACK 1、ACK 2與ACK 3後，就會將這些連續編號的封包（亦即封包編號1~3）陸續移出Window，如圖左❶~❸所示；就Receive Window而言，會將陸續進來的封包移入Window，若收到的這些封包是依照順序編號時（亦即封包編號1~6），最後也會移出Window，如圖右❹~❻所示。

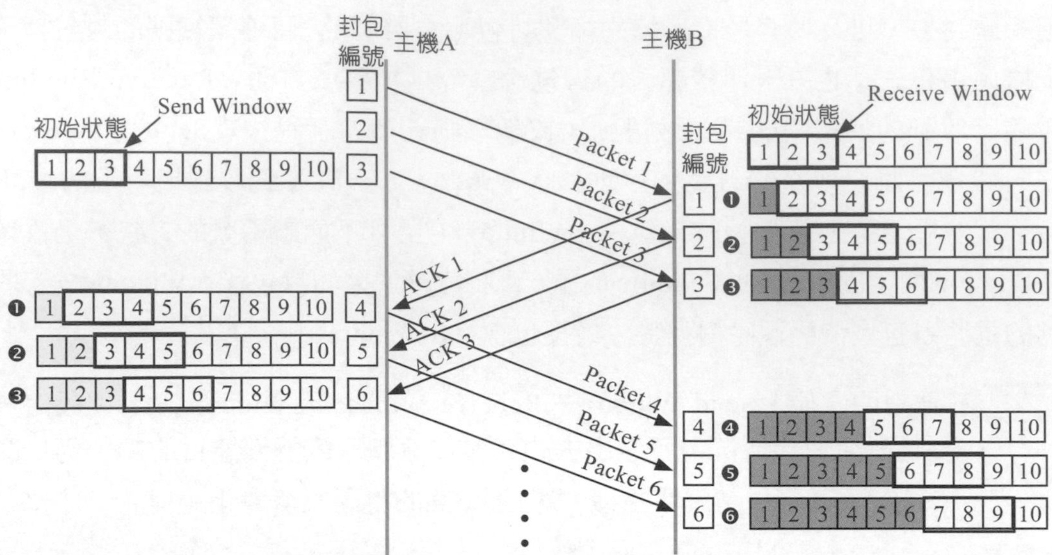

◐圖7-4 指出Send Window、Receive Window及Window Size都設定為3時的執行過程

範例❸ 如圖7-5(a)所示，若Send Window、Receive Window及Window Size都設定爲4時，主機A是以Packet 1、Packet 2、Packet 3與Packet 4的順序發送，而主機B是以Packet 4、Packet 2、Packet 3與Packet 1的順序到達。請說明主機A與主機B間的滑動視窗變化過程。

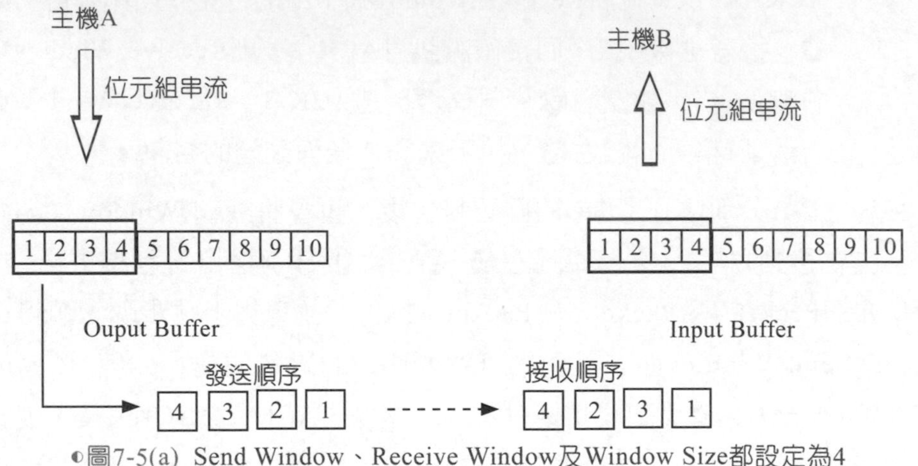

◐圖7-5(a) Send Window、Receive Window及Window Size都設定為4

解 如圖7-5(b)所示，我們亦可以7-5(c)表示。

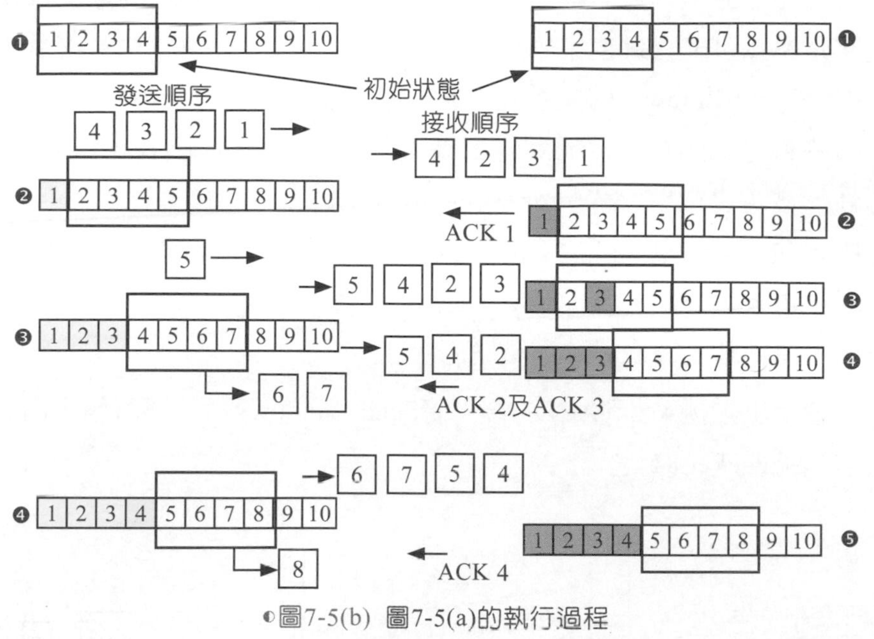

圖7-5(b) 圖7-5(a)的執行過程

步驟1：左❶指出主機A送出封包編號Packet 1、Packet 2、Packet 3與Packet 4。右❶指出主機B的Receive Window開始傳送時的初始狀態。

步驟2：右❷指出，當主機B收到Packet 1封包後，會將收到的封包標示爲「已收到」，如圖中紫色的❶。由於收到的封包位於Window的最左邊，則立即回應ACK 1確認封包，並將Receive Window往右滑動1格。

步驟3：左❷指出主機A收到ACK 1後，將Send Window往右滑動1格，同時送出封包編號Packet 5封包。

步驟4：右❸指出主機B收到Packet 3封包時，會被標示爲「已收到」；由於Packet 3並非Window最左邊的封包，所以不必送出ACK，也不會滑動。換言之，在Packet 3封包的前面還有封包編號Packet 2尚未到達，所以Receive Window不滑動，只會先將它標示爲「已收到」，如圖中紫色的❸。

步驟5：右❹指出收到Packet 2封包時，會連續送出ACK 2與ACK 3給主機A，並將Receive Window往右滑動2格。注意：此時「已收到」的封包如圖中紫色的❶❷❸。

步驟6：左❸指出，當主機A收到ACK 2與ACK 3的確認封包，也會將Send Window往右滑動2格，並送出封包編號Packet 6與Packet 7封包。

步驟7：右❺指出主機B收到Packet 4封包後，會將收到的封包標示為「已收到」，如圖中紫色的❹。由於收到的封包位於Window的最左邊，則立即回應ACK 4確認封包，並將Receive Window往右滑動1格。注意，此時，Receive Window已將主機A陸續送進來的封包移入Window，雖然收到的這些封包未照順序編號到達主機B，但最後也都能順利移出Window。另外，當封包從Send Window最左邊依序送出封包後，在Receive Window中，也會送出對應的ACK封包，再來的工作就交給上層應用程式去處理。再強調一次，為提高處理效率，主機B先將進來的封包放在輸入緩衝區，直到緩衝區滿載才送給應用程式。

步驟8：左❹指出主機A收到ACK 4後，將Send Window往右滑動1格，同時送出封包編號Packet 8封包。

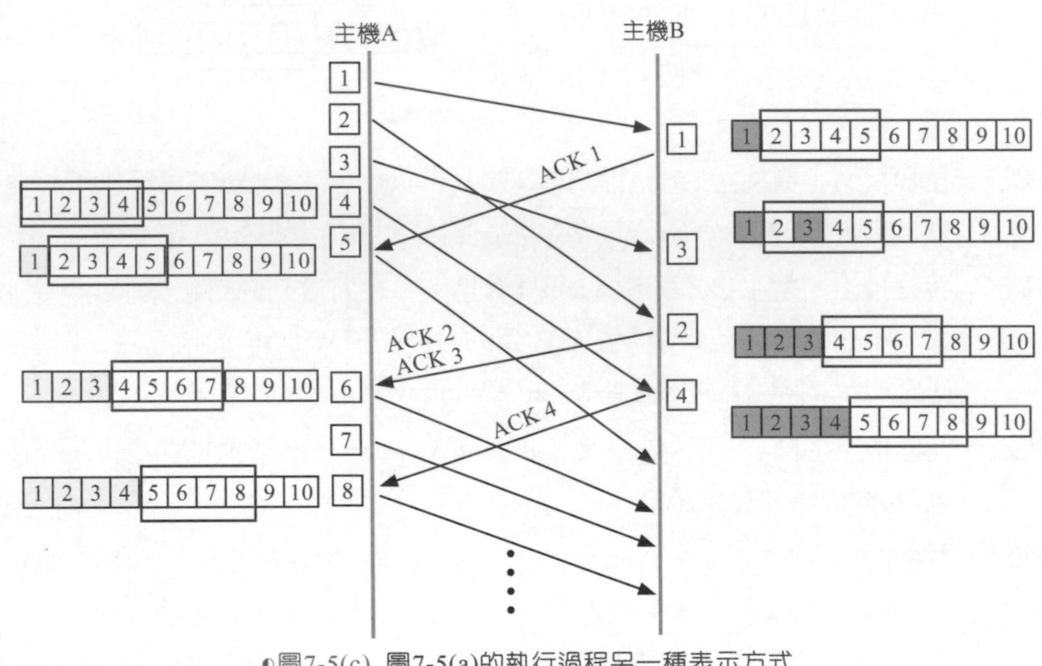

◐圖7-5(c) 圖7-5(a)的執行過程另一種表示方式

7-3-2 選擇性重複（Selective Repeat）

圖7-5(c)中的Packet 1到達目的端後，主機B立即回應ACK 1封包，如果ACK 1封包因故無法送達主機A，此時主機B無法知道ACK 1封包是否到達，但還是會將Receive Window往右滑動1格。當Packet 2封包到達目的端後，主機B立即回應ACK 2，緊接著是ACK 3，並都正確回應至主機A，此時雖然主機A無法收

到ACK 1封包，如圖7-5(d)所示，但因已收到ACK 3，主機A會認為Packet 3之前的封包都已正確無誤到達主機A。簡單說，TCP提供累積性確認（Cumulative Acknowledgement），只要確認封包回應給發送端時，該封包編號之前的所有封包，皆被認為已正確無誤到達接收端的主機B。但這裡有可能會發生一個問題，就是在封包編號N之前（即N-1個），若有幾個封包還是未能在預定時間（即逾時）到達目的端，使得原本已到達的封包又要由主機A重送一次，也造成網路會負擔一些不必要的流量。針對此點，TCP提供一種解決方式，稱為選擇性重複（Selective Repeat；SR），它具備下列幾個特點：

- 接收端分別確認所有正確接收到的封包，並暫存這些封包，最終再依序傳送到上一層。換言之，只對已到達的封包編號進行確認動作，稱為「選擇性確認」（Selective Acknowledgement；SACK）。所以，SACK並不具有「累積性」的確認。以圖7-6來說，主機A送出的Packet 1、Packet 2與Packet3在傳送中遺失，Packet 4及Packet 5則成功送達主機B，若主機B在預定時間沒有送出（亦即逾時）ACK 4及ACK 5的確認封包，假設此時採用累積性確認，則封包編號1～5都必須重新傳送一次，造成網路上不必要的流量。如果改採SR方式，它僅對已到達的Packet 4及Packet 5進行確認動作，因而產生ACK 4+SACK 4及ACK 5+SACK 5。發送端只重送沒有收到ACK的封包。所以只重送封包編號1～3即可。

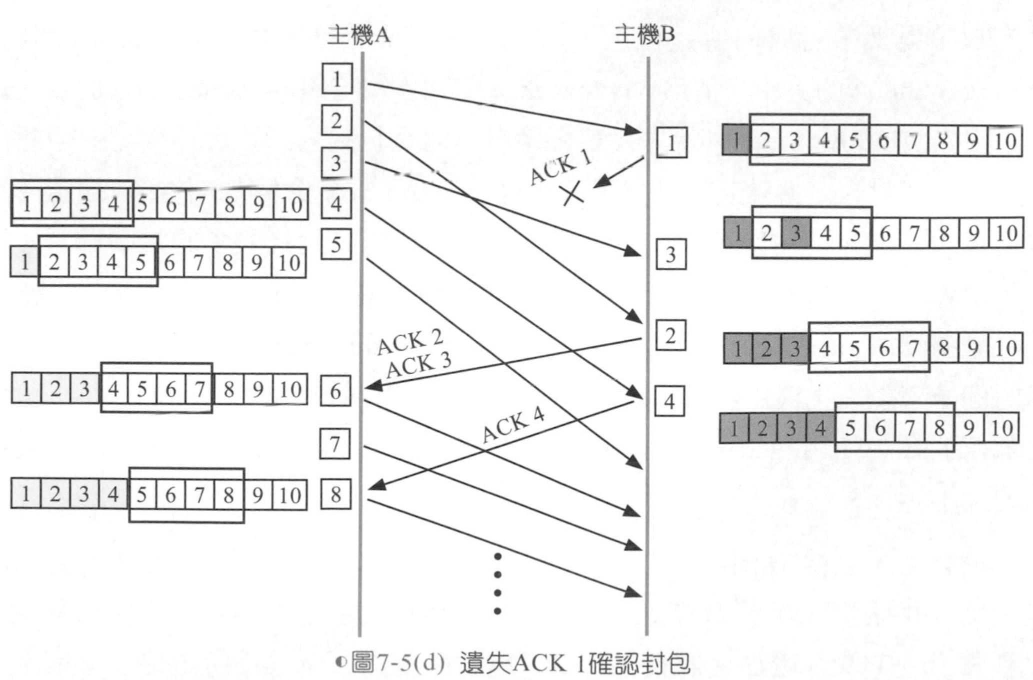

圖7-5(d) 遺失ACK 1確認封包

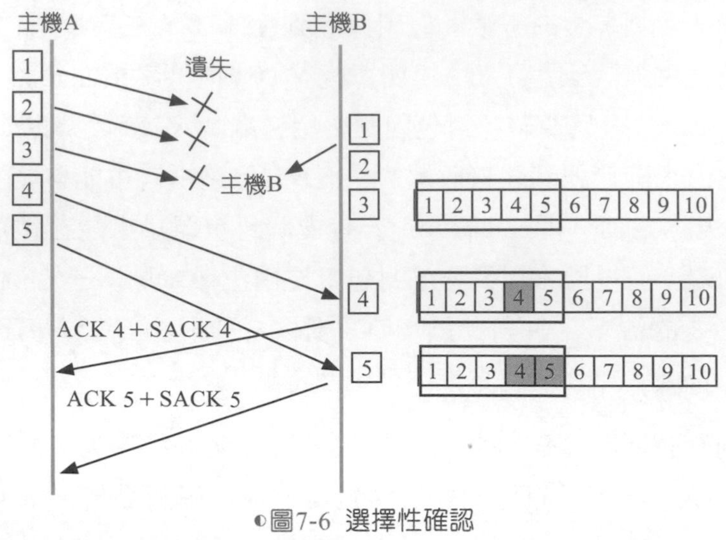

圖7-6 選擇性確認

N.O.T.E

累積性確認與SACK兩者可以同時存在，但SACK Permitted的機制必須在TCP建立連線時，雙方要先互相溝通是否要使用SACK功能。一旦確定使用SACK功能，則在連線建立後的傳送過程中，亦是用來告知對方不必重送哪些封包。有關SACK的相關訊息，將在後面介紹TCP封包中的Options記錄時談到。

7-3-3 流量控制

TCP提供了可靠的傳送機制，而其中一項功能是流量控制。流量控制和Sliding Window的大小（稱爲Window Size）有關。Window Size是由目的端決定出來，當Window Size爲1時，代表每送出一個封包就立即要等待確認，才能再送出下一個封包，傳輸效率當然不好。當Window Size變大時，代表可連續送出多個封包，流量也會隨著變快，但是要付出的代價是消耗較多的電腦資源。反之，當Window Size變小時，流量也會跟著變慢，適用於配備等級不高的主機，或者是遇到主機非常忙碌時，都會使用較小的Window Size來傳輸資訊。就以前面的例子來說，主機B會依本身當時狀況隨時決定Receive Window的大小，再將此數值放在ACK封包中通知主機A，主機A再利用此數值調整Send Window爲相同的大小。

換言之，主機B藉由ACK封包，可隨時告知主機A如何調整送出來的封包流量速度。再強調一次，爲方便說明，談到這裡我們都是以「封包」作爲單位。但事實上，TCP在處理送收資料時是以byte爲單位，也就是所謂位元組串流。

例如：主機B收到兩個訊息，一個是500 bytes，另一個是300 bytes；就主機B來說，只關心共收到了800 bytes，但不理會800 bytes是由幾個訊息構成；也許是由250與550 bytes兩個訊息構成，或是由100、300、400三個訊息構成。換言之，TCP通訊協定是以byte stream計量，而非以訊息計量。

7-4 TCP標頭格式

TCP封包格式由TCP標頭加上TCP Payload組成，我們也可以稱一個TCP封包就是一個區段（Segment）。當TCP在接收到應用層傳送過來的訊息，放在TCP Payload後，再將傳輸層相關資訊的標頭（即TCP標頭）結合起來，形成區段（即TCP封包）。特別注意，這裏所稱的TCP封包是以位元組串流來傳輸。TCP標頭格式如圖7-7所示。

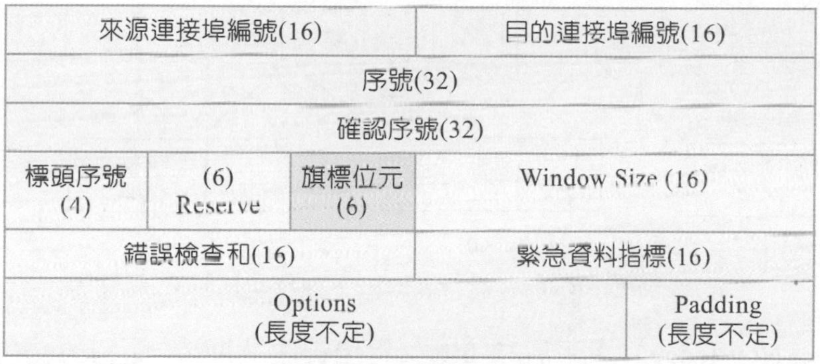

來源連接埠編號(16)			目的連接埠編號(16)	
序號(32)				
確認序號(32)				
標頭序號(4)	(6) Reserve	旗標位元(6)	Window Size (16)	
錯誤檢查和(16)			緊急資料指標(16)	
Options (長度不定)				Padding (長度不定)

圖7-7 TCP標頭格式

- 來源連接埠編號佔16 bits：記錄來源端上層應用程式使用的TCP埠號。
- 目的連接埠編號佔16 bits：記錄目的端上層應用程式使用的TCP埠號。
- 序號（Sequence Number；SN）佔32 bits：指出當資料要從主機A傳送至主機B時，發送端會為TCP封包建立起一個起始序號（Initial Sequence Number；ISN），ISN是由主機隨選的一個數字編號；然後再依據所傳送的資料長度（TCP Payload的位元組數值），依序的遞增上去，遞增後的值就作為下一個TCP封包的序號。注意：TCP封包內所記錄的序號是指TCP Payload的第1個byte的編號，而這第1個byte的序號值為初始序號的值再加1。例如：當主機A送出3個TCP Payload的長度依序為60、73、88 bytes的Packet 1、Packet 2、Packet 3給主機B時，若主機A的ISN為300，則各個TCP封包的序號值可得出：Packet 1

是301（ISN+1），Packet 2是361（301+60），亦即Packet 1的序號（=301）加Packet 1的TCP Payload（=60）；Packet 3是434（361+73），亦即Packet 2的序號（=361）加Packet 2的TCP Payload（=73）。換言之，當主機A傳送TCP封包給主機B時，可以標示所載送資料的第1個byte的編號，如圖7-8所示。我們曾在圖7-2談到，主機A不能在預定時間內取得接收端主機B的確認訊息，就判斷封包遺失必須重送。但現在有一種可能，是因爲網路延遲造成封包未能在預定時間到達，但卻在發送端重送後到達，這樣一來，接收端就有可能接收到重複的封包。爲了解決這個問題，發送端的每一個封包會分配到一個序號，接收端會按封包序號回送確認訊息。換言之，接收端可依序號判斷封包是否被重複傳送，如果是重複就丟棄它不做任何處理，同時也能正確的重組封包順序；發送端也可以根據確認封包的序號來判斷封包是否已被正確接收。

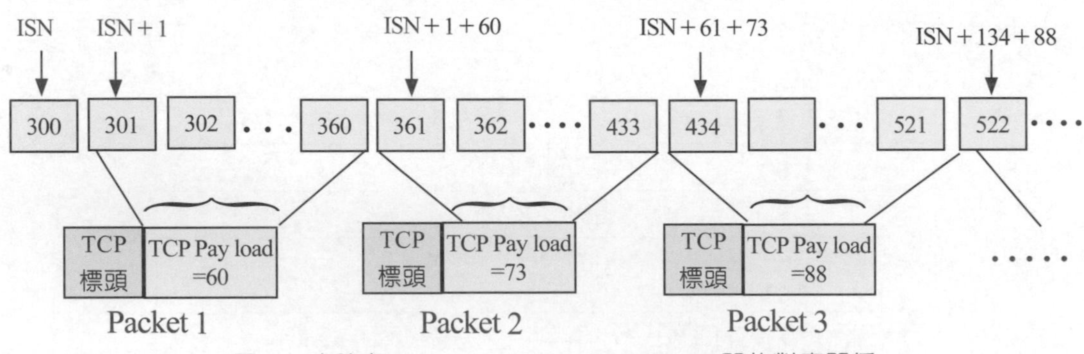

圖7-8 序號與Packet 1、Packet 2、Packet 3間的對應關係

- 確認（AckNowledge）序號佔32 bits：指出接收端期待自己下一次收到的封包序號；這也可以解釋成：代表確認序號N之前的封包已經收到，而目的端也會通知來源端，它收到TCP封包的序號也會被記錄下來。例如：沿用Packet 1 301（ISN+1）、Packet 2 361（301+60）、Packet 3 434（361+73），則主機B送回ACK 1封包給主機A時，ACK 1的確認序號記錄著361，也指出主機B期待主機A下次送來的Packet 2封包所載送資料的第1 byte的編號是361。依此類推，確認序號ACK 2的值正是Packet 3的序號值434。簡單的說：

Packet 1的序號=ISN+1=301
Packet 2的序號=ACK 1的確認序號=361
Packet 3的序號=ACK 2的確認序號=434

注意，當主機A收到ACK 1封包後，它的Send Window是以byte stream來表示，Window中的最左邊編號正是ACK 1封包的確認序號361；而Window的寬度則由ACK 1封包的Window Size定義出來，如圖7-9所示。同樣地，Receive Window是以byte stream來表示。例如：主機B收到Packet 2封包並回送ACK 2封包後，Receive Window是以如圖7-10所示中的Window最左邊編號，指出主機B期待主機A下次送來的Packet 3封包所載送資料的第1 byte的編號是434，此值亦是ACK 2封包的確認序號；至於Window的寬度，則由主機B根據本身當時狀況決定Window Size。

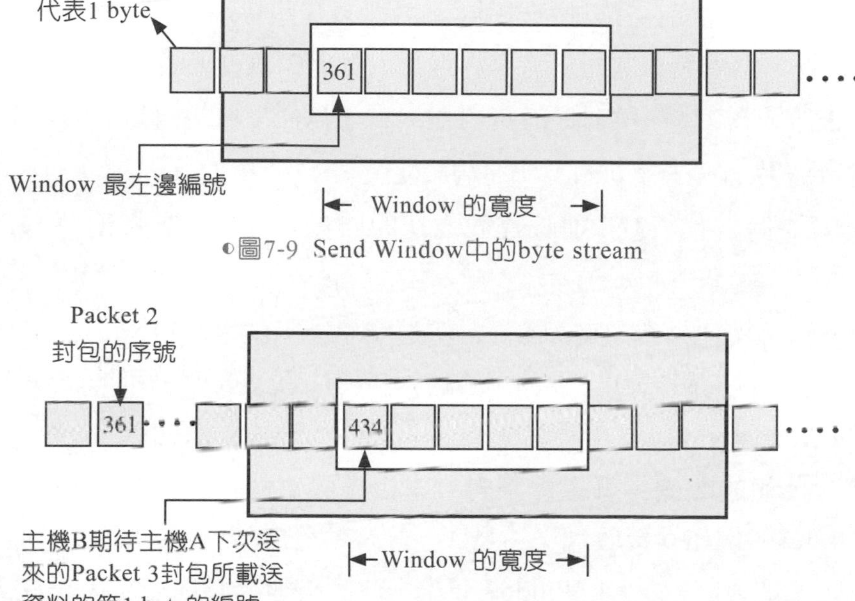

圖7-9 Send Window中的byte stream

圖7-10 Receive Window中的byte stream

N.O.T.E

TCP連線是全雙工的。全雙工的意思是：當主機A與主機B之間建立連線後，雙方隨時可以同時傳送資料給對方。因為TCP是全雙工，每一條連線兩端都必須各擁有1個Send Window與Receive Window，亦即每一條TCP連線同時使用到4個Window。由於主機A與主機B各有一組序號與確認序號，以及Send Window與Receive Window，當雙方互相送收封包時，若主機B要送ACK封包給主機A時時，可以將要傳給主機A的資料順便夾帶過來，這種方式稱為「piggyback」；同時也通知發送端，接收端還可以接收多少位元組的資料。

- 資料位移（data offset）佔4 bits：用來記錄TCP標頭的長度，以4 bytes為計量單位。若data offset欄位是5，代表TCP標頭的長度為20 bytes。

- Reserve佔6 bits：保留用。
- 旗標佔6 bits：共有URG（Urgent）、ACK（Acknowledge）、PSH（Push）、RST（Reset）、SYN（Synchronize）與FIN（Finish）共6種旗標，每一旗標佔1 bit。說明如下：
  1. URG爲1時：代表有緊急資訊的封包需要優先處理。當對方收到此種類型封包時，不必再依序排隊。接收端的主機必須立即處理此封包的資料。
  2. ACK爲1時：代表此封包帶有確認訊息。
  3. PUSH爲1時：基本上，TCP的傳輸方式是以byte stream方式進行，資料在傳輸前，會先儲存在一個緩衝區。然而，有些特別情況，緩衝區的資料尚未滿載，應用程式立即要將資料送出，此時PSH就要設爲1。換言之，TCP封包被要求立即將所攜帶的資料送出去，以使接收端可以立即收到資料。
  4. RST爲1時：代表重新對TCP連線設定。
  5. SYN爲1時：代表TCP連線建立之初的同步訊息，用來指出雙方進行同步溝通。
  6. FIN爲1時：代表當主機A將資料傳送完畢後，就會將FIN設定爲1，以通知對方已傳送完畢，自己不會再傳送資料。注意：對方仍可繼續傳送資料。
- Window Size佔16 bits：用來告知對方，我的Receive Window可接受的窗口大小的值。此値的改變，可以控制對方送出來的資料量。最大窗口的大小值是65535 bytes。例如：接收端（主機A）非常忙碌或無力處理主機B傳送進來的大量封包，則會將Receive Window變小，直到有能力處理爲止，這樣才不會使資料被棄除（discard）；反之，主機A有足夠的時間處理主機B傳送來的資料時，則會將Receive Window調大。再強調一次，Window Size值是由接收端決定出來。
- 錯誤檢查和佔16 bits：如同UDP檢查和的計算方式，但在TCP虛擬標頭中的協定欄位應填入6，如圖7-11所示。注意：錯誤檢查和的機制在UDP是可用，也可以不用。然而，TCP則是強制使用。

來源端位址		
目的端位址		
00000000	TCP協定=6	TCP標頭中的封包長度

圖7-11 TCP虛擬標頭

- 緊急資料指標佔16 bits：當URG爲1時，此欄位才會發生作用；例如：欄位值爲4時，代表TCP Payload的前面5個bytes（即從第0到第4個byte）爲要處理的緊急資料。
- Options（選項）：它的欄位長度不定，如圖7-12所示；Options用來擴充TCP的功能。共有3種常見的擴充功能，分別爲MSS（Maximum Segment Size）、SACK-Permitted和SACK。如下說明：

1. MSS：指出在建立TCP連線（此時SYN=1）時，能傳送TCP Payload最大的長度。以乙太網路來說，MTU爲1500 bytes，減掉IP標頭的最小長度（20 bytes），再減掉TCP標頭的最小長度（20 bytes），則MSS預設值爲1460 bytes。MSS選項各欄位值如下：

   a. Option Kind：長度爲1 byte，MSS代碼值爲2。

   b. Option Length：MSS選項總長度爲4 bytes，因此欄位值爲4。

   c. Option Data：長度爲2 bytes，指出所記錄的MSS值，單位爲byte。

2. SACK-Permitted：此功能是TCP在連線建立時（此時SYN=1），主機A與主機B雙方溝通決定是否要使用SACK功能。若主機A在TCP連線建立時決定使用SACK-Permitted，這代表主機A具有SACK的功能；這也意謂著，主機B在TCP連線過程中可以傳送具有SACK功能的ACK封包給主機A。

   SACK-Permitted選項各欄位值如下：

   a. Option Kind：長度爲1 byte，SACK-Permitted代碼值爲4。

   b. Option Length：SACK-Permitted選項總長度爲2 bytes，因此欄位值爲2。

   c. Option Data：長度爲0（即沒有Option Data）。

3. SACK：一旦有SACK（Selective Acknowledgement）功能（此時ACK旗標=1），則在TCP連線建立後的傳送過程中可以通知對方不必重送哪些封包。例如：某主機A送出ACK封包給主機B時，萬一遺失某一部分的封包必須重送，此時主機B可用SACK通知主機A已收到序號，只需要重送哪些沒有收到的封包，而這些封包的內容可在Option Data欄位中定義。

   a. Option Kind：長度爲1 byte，SACK代碼值爲5。

   b. Option Length：SACK選項總長度不定。

   c. Option Data：若要告知的封包內容分爲很多段，則可在Option Data欄位中定義每段資料的起始與結束序號，它們的長度各爲4 bytes。

N.O.T.E

上述Options的形式具有三個欄位，包括Option Kind、Option Length及Option Data。但Options的另一種形式，則僅有一個欄位，亦即單一個Octet長度的Option-Kind（沒有Option Length和Option Data）。例如：

1.End of option list：因為Options可以包括多個Option所組成的表列，最後必須要用到一個Option List的結束符號，Option Kind代碼值為0，就表示Option List的結束。

2.No-Operation：此選項是用在區分不同的Options，本身不需任何的操作。

Option Kind (8 bits)	Option Length (8 bits)	Option Data (長度不定)

圖7-12 Options欄位

- Padding：由於Option的欄位長度不定，但一定爲4 bytes的倍數，若不是，則需以Padding塡補。

範例❹ 如圖7-13所示，假設主機A送出5筆長度分別爲序號0~199、200~299、300~449、450~799與800~949 bytes的封包給主機B。因爲主機B在收到序號0~199與200~299的封包後；再來一直都未收到序號300~449的封包，雖然序號450~799與800~949的封包資料已送達主機B，但仍無法送出ACK封包給主機A。在此種狀況，TCP未採用SACK功能，和採用SACK功能，結果會有何差異？

解

1. 未採用SACK功能：當主機A收不到ACK封包時，判斷必須重送，所以就必須再次重新開始送，這樣一來，上次已送達主機B的序號0~199與200~299的封包資料又需要重送1次，實在沒有效率。
2. 採用SACK功能：可以通知對方不必重送哪些封包。換言之，只重送那些沒有收到的封包，亦即只重送未收到序號300~449的封包資料就可以了。

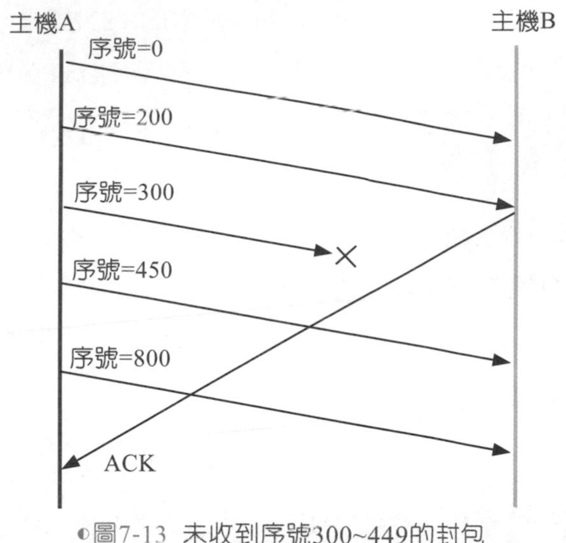

◐圖7-13 未收到序號300~449的封包

7-5 TCP連線建立

由於TCP是一個連接導向的傳輸協定，所以兩端使用者在傳送資料前必須經過交握的動作，以便達到資訊交換，這樣的動作稱爲「三方交握」（3 way handshake）。TCP連線可分成主動端啓動與被動端啓動；如果三方交握程序由伺服端程式啓動，告知其已經準備好接受來自任何裝置的TCP連線，換言之，伺服端是被動的，並非由自己建立TCP連線。如果由用戶端程式要求建立與伺服端的一個連線，稱爲主動式開啓，用戶端欲與某一特定的伺服器建立連線，接著TCP就可以開始三方交握的程序。如圖7-14所示，用戶端的主機A送出主動要求連線，與被動要求連線的伺服端的主機B，經過三次的封包交換所達成出來的連線協商，包括以下三個基本步驟。

步驟1：用戶端A主動向伺服端B送出連線用的第1個TCP封包，稱爲SYN（同步）封包。此封包除了包括用戶端A與伺服端B的連接埠號外，必須包含以下資訊：

- 序號（SN）：指由用戶端A隨機產生的一個ISN值爲X（寫成SN1=X；1在此代表用戶端A向伺服端B送出去的方向），主要目的是讓用戶端與伺服端達到同步。在實作上，有些作業系統對ISN值會選擇0作爲初始序號。
- 確認序號：由於是最早送出來的TCP封包，沒有確認序碼，且用戶端A目前仍不知對方的ISN爲何值，所以確認序號先設爲ACK=0。

- SYN1旗標：在TCP封包中的旗標（6 bits）中的SYN旗標位元會被設定為1，如圖7-13(a)中所示的SYN1（1在此代表用戶端A向伺服端B送出去的方向），代表此TCP封包是同步封包。注意，同步封包本身並沒有Payload；還有，它的序號就代表起始序號（ISN）。
- Window Size：用戶端A用來告訴伺服端B，我自己可接受的Receive Window窗口大小的值，以便控制伺服端B送出來的資料量。換言之，它可用來控制伺服端B的Send Window大小，以達成伺服端B至用戶端A方向的流量控制。注意，最大窗口的大小值是65,535 bytes。

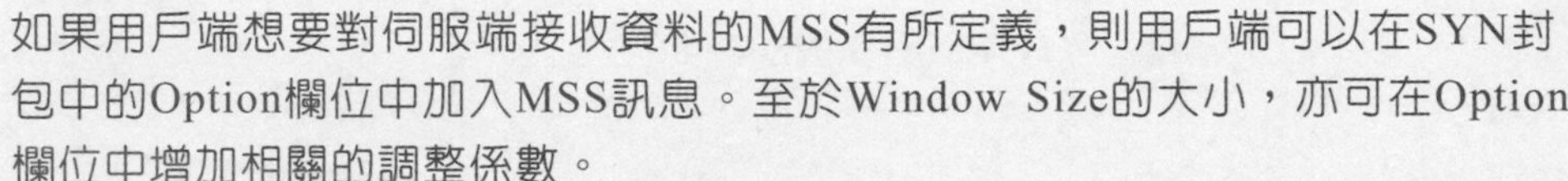

N.O.T.E

如果用戶端想要對伺服端接收資料的MSS有所定義，則用戶端可以在SYN封包中的Option欄位中加入MSS訊息。至於Window Size的大小，亦可在Option欄位中增加相關的調整係數。

步驟2：伺服端B被動收到SYN封包後，會回應SYN+ACK封包給用戶端A，包含以下資訊：

- 序號：此值由伺服端B隨機產生的ISN值為Y（我們寫成SN2=Y；2在此代表伺服端B向用戶端A送出去的方向），代表伺服端B和用戶端A達到同步作用。在實作上，有些作業系統對ISN值亦會選擇0作為初始序號。
- 確認序號：此值等於從步驟1得知的ISN序號再加上1（我們寫成ACK1=X+1），代表伺服端B期待用戶端A在下次送來的TCP Payload是以此序號為第1個byte的編號。
- SYN2+ACK1旗標：此時在TCP封包中的旗標（6 bits）中的SYN旗標位元與ACK旗標位元會被設定為1，代表TCP封包是送出SYN2+ACK1旗標的資訊；注意SYN2中的2在此代表伺服端B向用戶端A送出去的方向。
- Window Size：指伺服端B用來告訴用戶端A，它（指伺服端B）能接受封包的數量大小，藉由Receive Window大小的值來控制用戶端A的Send Window大小，以達成用戶端A至伺服端B方向的流量控制。

步驟3：用戶端A收到SYN+ACK封包後，接著送出一個ACK封包給伺服端B，並包含以下資訊：

- 序號：此值也正是SYN+ACK封包的確認序號值，即等於ISN加1（我們寫成SN1=X+1）。
- 確認序號：此值即等於伺服端B至用戶端A的ISN加1（我們寫成ACK2=Y+1）。它代表用戶端A期待伺服端B在下次送來的TCP Payload是以此序號爲第1個byte的編號。
- ACK2旗標：此時在TCP封包中的旗標（6 bits）中的ACK旗標位元會被設定1。
- Window Size：如同步驟1所述。

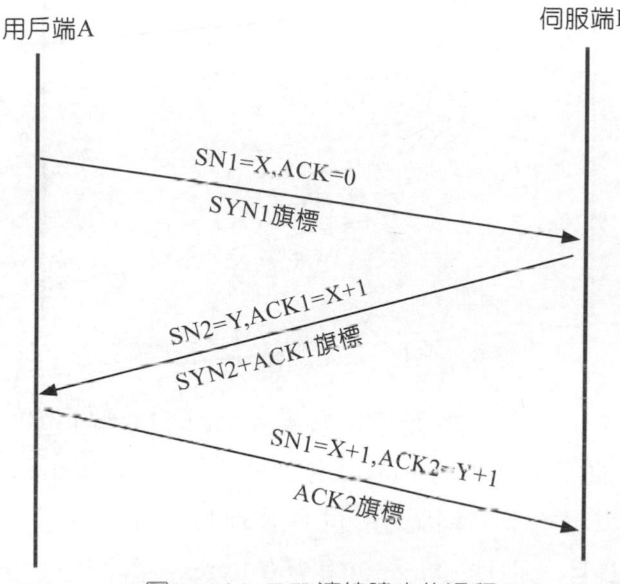

圖7-14(a) TCP連線建立的過程

N.O.T.E

在圖7-14(a)中的三個基本步驟（亦即三方交握步驟），可以知道用戶端A與伺服端B兩方皆有SYN（如第1及第2步驟）及ACK（如第2及第3步驟），這代表在一條TCP的識別（包括來源端IP位址、來源端埠號、目的端IP位址與目的端埠號）的連線中，就可以達到雙向的全雙工傳輸。注意：UDP在同一時間只能做單一方向的半雙工傳輸。值得一提，當TCP完成三方交握步驟後，圖中的每一個序號代表TCP Payload中的第1個byte的編號，則下一個發送的序號，等於「TCP Payload的長度+此次的序號」值，故對方的確認訊息也正是此值。這也意謂著，期待下次收到的序號值亦等於「TCP Payload的長度+此次的序號」值。我們曾在前面提到，TCP使用封包數目作為Window Size的單位，實際上的單位是以位元組為準。當發送端要透過TCP傳輸資料之前，必須先進行編碼成為位元組串流後，再進行資料傳輸，而每一個位元組都會有一個編號。注意：每一個TCP封包的TCP Payload可以攜帶多個位元組，但僅會以第一個位元組的編號表示出來。

範例❺ 如圖7-14(a)所示，假設用戶端A的ISN=1000，伺服端B的ISN=1500，繪出三方交握的基本步驟。

解 如圖7-14(b)所示。

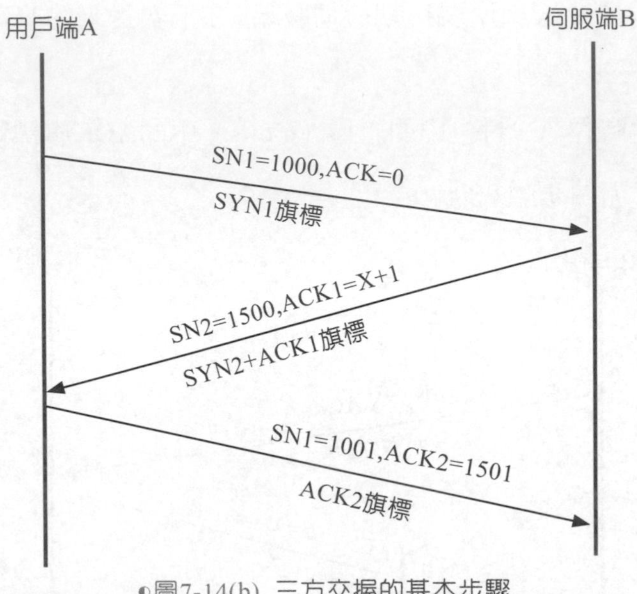

圖7-14(b) 三方交握的基本步驟

範例❻ 如圖7-15(a)所示，假設用戶端A傳送3個TCP封包（亦稱區段）給伺服端B，而其TCP Payload長度分別爲100、300和500 bytes；同時，如圖7-15(b)所示，伺服端B也傳送3個TCP封包給用戶端A，而其TCP Payload長度分別爲200、500和700 bytes。說明並繪出TCP資料傳輸的過程。

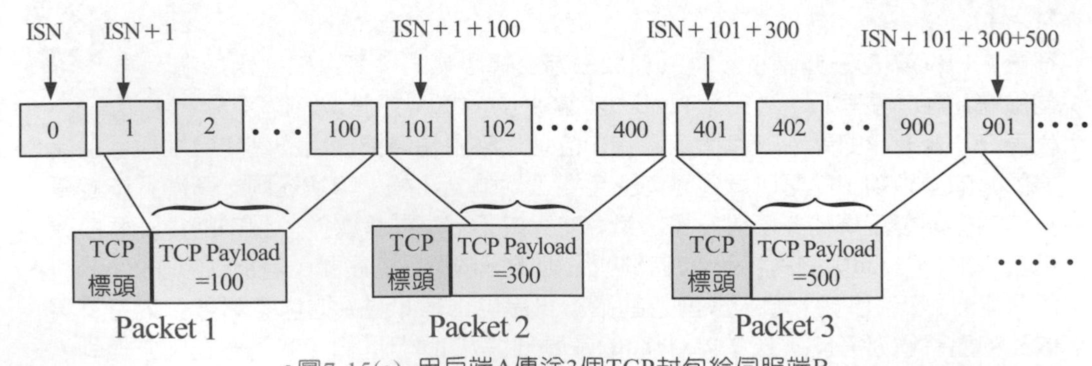

圖7-15(a) 用戶端A傳送3個TCP封包給伺服端B

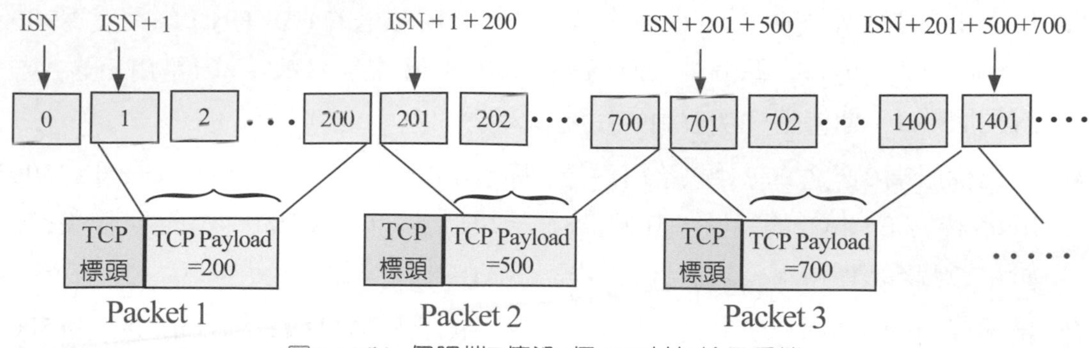

◐圖7-15(b) 伺服端B傳送3個TCP封包給用戶端A

解 在圖7-16中，當TCP完成三方交握建立TCP連線後，可以知道用戶端A與伺服端B是以全雙工傳輸。若兩方的ISN皆由0開始，參考圖7-14(a)中的三個基本步驟，我們很容易得出❶~❸。接下來❹~❾指出用戶端A與伺服端B進行資料的雙向傳輸。

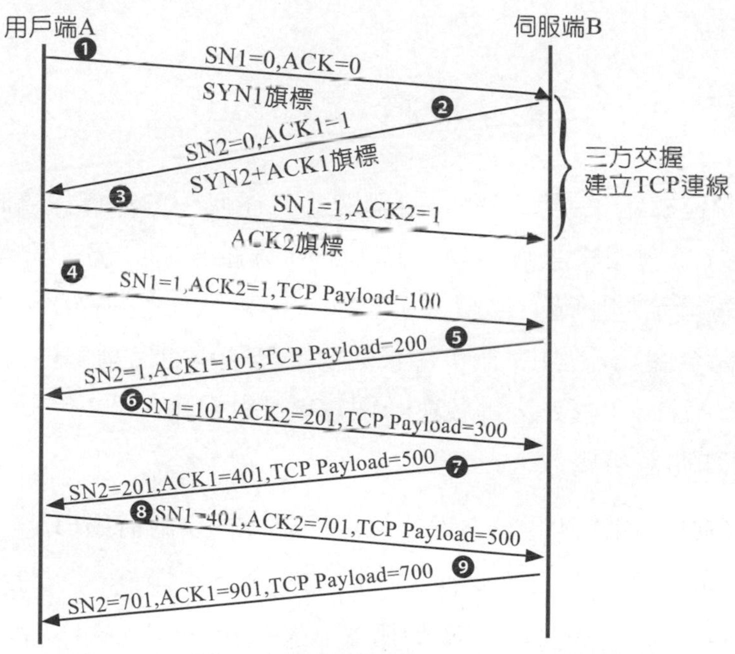

◐圖7-16 用戶端A與伺服端B進行TCP資料的雙向傳輸

❹ 指出用戶端A傳送TCP封包給伺服端B時，它所載送的TCP Payload長度爲100 bytes時的第1 byte的編號，其值爲SN1=1；另外，ACK2=1是用戶端A告訴伺服端B，期待下一次收到的序號爲SN2=1。

❺ 指出伺服端B傳送TCP封包給用戶端A時，它所載送的TCP Payload長度爲200 bytes時的第1 byte的編號，其值爲SN2=1；另外，ACK1=101是伺服端B告訴用戶端A，期待下一次收到的序號爲SN1=101。

❻ 指出用戶端A傳送TCP封包給伺服端B時，它所載送的TCP Payload長度爲300 byte時的第1 byte的編號，其值爲SN1=101；另外，ACK2=201是用戶端A告訴伺服端B，期待下一次收到的序號爲SN2=201。

❼ 指出伺服端B傳送TCP封包給用戶端A時，它所載送的TCP Payload長度爲500 bytes時的第1 byte的編號，其值爲SN2=201；另外，ACK1=401是伺服端B告訴用戶端A，期待下一次收到的序號爲SN1=401。

❽ 指出用戶端A傳送TCP封包給伺服端B時，它所載送的TCP Payload長度爲500 bytes時的第1 byte的編號，其值爲SN1=401；另外，ACK2=701是用戶端A告訴伺服端B，期待下一次收到的序號爲SN2=701。

❾ 指出伺服端B傳送TCP封包給用戶端A時，它所載送的TCP Payload長度爲700 bytes時的第1 byte的編號，其值爲SN2=701；另外，ACK1=901是伺服端B告訴用戶端A，期待下一次收到的序號爲SN1=901。

7-6 TCP連線結束

欲使TCP連線結束（或稱終止或關閉），任何一方都可以隨時主動提出要求，當某一方（例如伺服端至用戶端）的連線結束時，另一方可以在不同方向（例如用戶端至伺服端）繼續傳送資料。若某一方主動提出終止TCP連線，一直到兩方完全關閉需經由4個步驟來完成，其過程也常稱爲四方交握（4 way handshake）。注意：每一步驟各與一個TCP封包相關。圖7-17是由伺服端主動提出連線結束的4個步驟：

步驟1：伺服端B送出第1個TCP封包給用戶端A，我們稱爲FIN+ACK（FIN是Finish的縮寫）封包，並包含以下資訊：

- 序號（SN2）：此值爲前一個伺服端B送至用戶端A的序號，加上其TCP Payload的長度。因爲伺服端B至用戶端A的傳輸即將終止，故此序號又稱爲FSN，所以序號值SN2=Y=FSN（Final Sequence Number，最終序號）。
- 確認序號（ACK1）：此值爲前一個用戶端A送至伺服端B的序號值，可以寫成ACK1=B←A的序號。

- FIN2+ACK1旗標：FIN2旗標表示伺服端B至用戶端A的傳輸已經完成，故在TCP標頭中的FIN旗標，會被設定爲1；ACK1旗標表示伺服端B確認收到資訊，故在TCP標頭中的ACK旗標會被設定爲1。
- Window Size：如同前述。

步驟2：用戶端A收到TCP封包後，回送ACK封包給伺服端B，並包含以下資訊：

- 序號（SN1）：等於步驟1中的B←A的序號，在此稱爲SN1=X。
- 確認序號（ACK2）：此值等於步驟1的SN2=Y再加上1，所以ACK2=Y+1。
- ACK2旗標：ACK2旗標表示用戶端A確認收到資訊，故在TCP標頭中的ACK旗標會被設定爲1。

此步驟結束後，代表成功終止伺服端B至用戶端A的傳輸通道。注意，用戶端A至伺服端B的方向可能還有資料繼續傳送，一直到傳送完畢才進入步驟3。

步驟3：當用戶端A至伺服端B方向的資料傳送完成後，會送出FIN+ACK封包，並包含以下資訊：

- 序號（SN1）：同步驟2的序號，因爲已傳輸完成，所以稱爲FSN（B←A），亦即SN1=X。
- 確認序號（ACK2）：由於步驟1結束後，伺服端B不再傳送資料給用戶端A，所以此處的確認序號同步驟2的值，所以ACK2=Y+1。
- FIN1+ACK2旗標：FIN1旗標代表用戶端A至伺服端B方向的資料已經傳輸完畢，故在TCP標頭中的FIN旗標會被設定爲1；ACK2旗標表示用戶端A確認收到資訊，故在TCP標頭中的ACK旗標會被設定爲1。

步驟4：伺服端B送出ACK封包給用戶端A，並包含以下資訊：

- 序號（SN2）：此值等於步驟3確認序號值Y+1；或也可看成步驟1的FSN值(=Y)再加1，所以SN2=Y+1。
- 確認序號（ACK1）：此值等於步驟3的序號SN1=X再加上1，所以ACK1=X+1。
- ACK1旗標：表示伺服端B確認收到資訊，故在TCP標頭中的ACK旗標會被設定爲1。

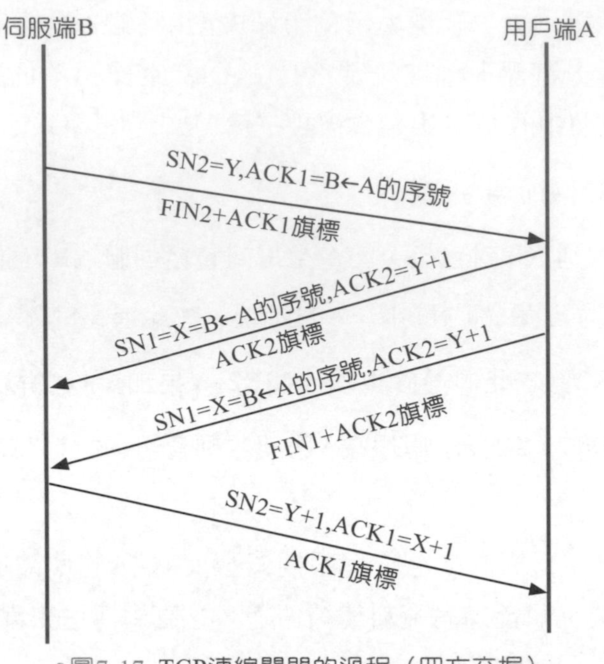

圖7-17 TCP連線關閉的過程（四方交握）

範例❼ 如圖7-18所示為四方交握的典例（將在基礎TCP封包的擷取分析會驗證）。若前一個伺服端B送至用戶端A封包的確認序號值等於1557。另外，伺服端B至用戶端A的傳輸即將終止，此時的FSN值等於923。

解

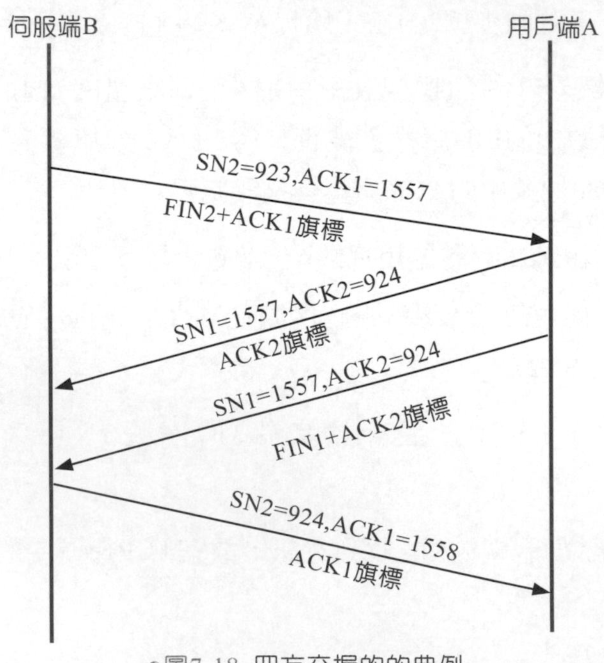

圖7-18 四方交握的的典例

7-7 TCP DoS攻擊

TCP DoS攻擊途徑主要有TCP SYN攻擊、Land攻擊與Teardrop攻擊3種。一般而言，攻擊主機的方式是發送巨量的或不正常的TCP封包，造成被攻擊的目標主機會產生死機、重新啓動，或是目標網段的交通整個打結、壅塞，導致該主機無法提供正常服務。如下說明。

◈TCP SYN攻擊

此攻擊就是來自於同步（SYN）攻擊。正常情況下，TCP行程通常包括發送端和接收端之間，在資料包發送之前會建立的完全訊號交換，亦即TCP必須進行三方交握過程以建立連線。攻擊者就會利用三方交握過程中的第一步驟，惡意地送出許多TCP SYN封包給被攻擊者。更進一步的說，攻擊者利用發送端與接收端進行之間的三方交握訊號交換時，發送大量欺騙性的TCP SYN封包給被攻擊者。到頭來，大量TCP SYN攻擊封包要求會反覆發送出去，導致受害系統記憶體和處理器資源耗盡，致使其無法處理任何合法使用者的請求。最後，由於大量攻擊要求的TCP SYN封包接連不斷的反覆發送，但後續的交握訊號之交換並無法完成，加上被攻擊端的SYN佇列（queue）會因儲存太多正在等待連結的資訊，而不堪負荷超過其容許量，以及系統記憶體和處理器資源耗盡，因而導致暫停服務。當用戶端向伺服器發送SYN封包後突然當機，就算伺服器回送在SYN+ACK封包，但還是無法收到用戶端的ACK封包，這也代表三方交握無法完成，這種情況下，伺服器端會重試發送SYN+ACK封包給用戶端，並等待一段時間後，才丟棄這個未完成的連接，這段時間的長度稱爲SYN Timeout，一般來說，這個時間大約爲30秒~2分鐘。如果惡意的攻擊者大量讓這種情況同時發生，那伺服器將耗盡非常多的資源。

◈Land攻擊

此攻擊發生的情況是：攻擊者發送僞造的TCP SYN封包，將接受的主機（例如伺服器）上設定成具有相同IP來源端位址、目的端位址以及相同的來源端與目的端TCP埠號。如圖7-19指出，它的來源端位址、目的端位址均爲IP 73.22.33.21，來源端與目的端TCP埠號均爲1038，結果將導致伺服器就會對它自己的位址73.22.33.21發送SYN+ACK封包，結果這個位址又回送ACK封包，並建立一個空連接，每一個這樣的連接都將保留直到逾時發生才會被終止。由於

Land攻擊常發現在各類型系統，包括Windows XP、Sun和Mac等系統。一般對這種攻擊的防範，大都是在邊緣路由器的進入連接埠上，安裝篩檢程式，對所有進入的資料包的IP來源端位址進行檢查，以阻止LAND攻擊的發生。

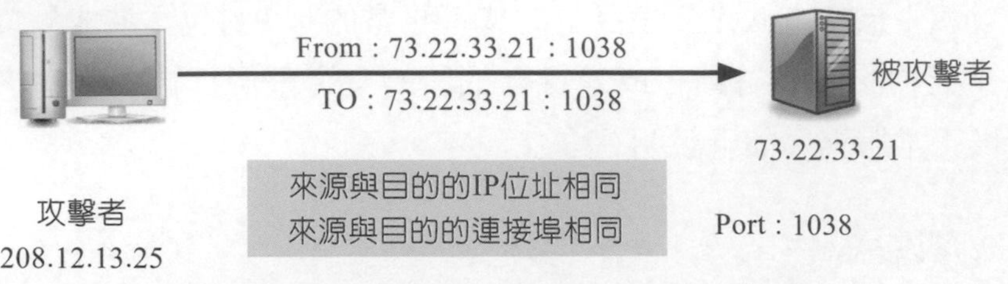

圖7-19 偽造的TCP SYN封包造成的Land攻擊

Teardrop攻擊

以乙太網路爲例，整個IP封包最大傳輸單位（Maximum Transmission Unit；MTU）可達1500 bytes。在RFC 791規定，IP層中定義分割後的封包，其大小必須小於MTU，Teardrop攻擊就是利用這種分割與重組間的漏洞所產生的攻擊方式。我們已在前面提過，TCP在客戶端和伺服端行程之間提供可靠的有順序的位元組串流傳輸，在正常情況下，TCP區段應該是以一個接一個的方式，傳送至目的端主機，再由主機的IP層將其重組回原來的資料包。但如果惡意攻擊者發送一些經刻意設計過的TCP區段到目的端主機，這些區段包含了封包大小改變、重疊的位移值（Offset）等，這使得封包重組成原來的IP封包時，會造成該主機當機或暫停服務，如圖7-20所示。

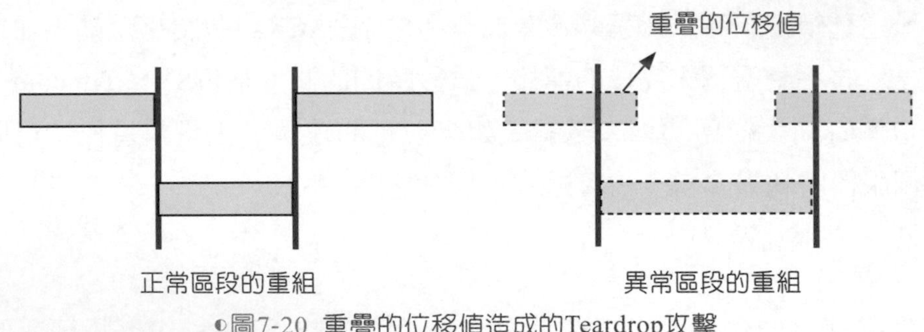

圖7-20 重疊的位移值造成的Teardrop攻擊

7-8 基礎TCP封包的擷取分析

接下來我們先開啓Wireshark軟體，接著開啓IE，就可擷取TCP連線建立時的封包，並在Wireshark的主畫面中的【Filter】欄位敲入「tcp」。由於在線上（本例利用IE向Google網站連線）擷取的一瞬間可能出現一大堆要求及回應的TCP封包，TCP連線建立的3步驟過程有可能會分散在不同位置，以本例來說，分別是封包No 1780、1802與1803，分析前先要耐心找到如圖7-14(a)所敘述的3步驟。如果要迅速過濾找到此時的三方交握的過程，可以進入Wireshark→選擇功能表列的「Analyze」→「Display Filters」→選取表單中的「TCP or UDP port is 80 (HTTP)」→「OK」或「Apply」。假如你已找到TCP連線建立過程所說的3步驟，我們就可以開始分析了！

首先，我們先分析用戶端A的瀏覽器向Google網站要求建立連線的SYN封包，如圖7-21(a)所示；接著Google網站回應用戶端A的瀏覽器的SYN+ACK封包，如圖7-21(b)所示；最後則是用戶端A的瀏覽器回應Google網站的ACK封包，如圖7-21(c)所示。

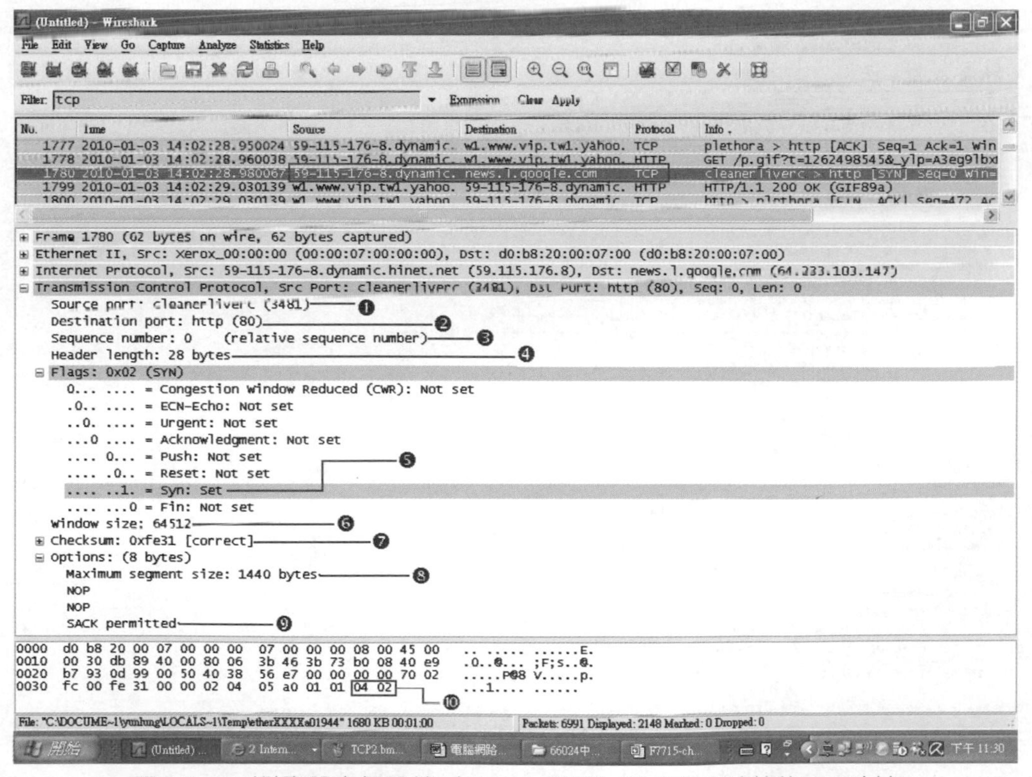

圖7-21(a) 瀏覽器向伺服端（Google網站）要求建立連線的SYN封包

❶ 指出用戶端A的瀏覽器所用的TCP連接埠號，此埠號是系統隨機產生出來的動態連接埠。

❷ 指出伺服端B（此時爲Google）所用的連接埠號爲「公認埠號」80。

❸ 指出由瀏覽器的端系統隨機選取的ISN（即SN1=X），一般以0開始。

❹ 指出TCP標頭的長度爲28 bytes。此值包括標頭中固定長度20 bytes，並加上長度8 bytes的Options。

❺ 指出TCP標頭中的SYN旗標，會被設定爲1。

❻ 指出用戶端A的瀏覽器能接受封包的數量大小爲64,512 bytes。換言之，瀏覽器可藉由Receive Window大小的值來控制伺服端B的Send Window大小，以達成伺服端B至瀏覽器方向的流量控制。注意，最大窗口的大小值是65,535 bytes。

❼ 指出錯誤檢查和是正確的。

❽ 指出在乙太網路上時的MSS值爲1440 bytes。

❾ 指出瀏覽器此端可接受具有SACK選項的ACK封包。

❿ 指出MSS代碼值爲2，選項總長度值爲4 bytes。

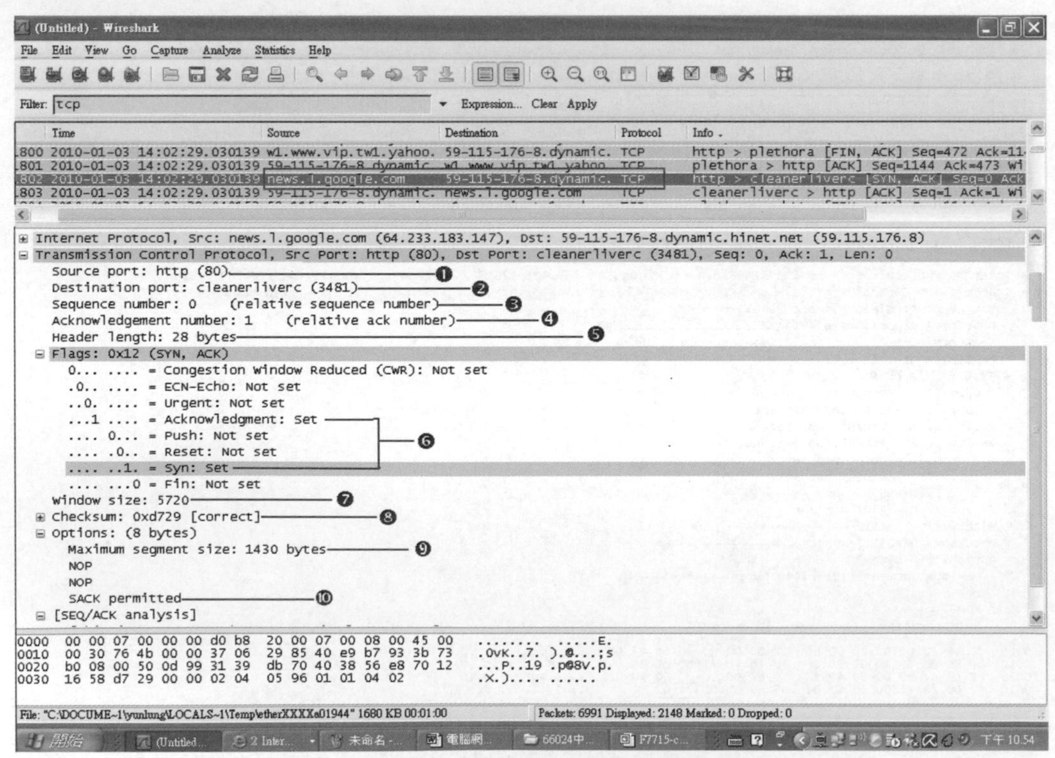

◐圖7-21(b) 伺服端（Google網）回應瀏覽器的SYN+ACK封包

❶ 指出伺服端B的連接埠號。

❷ 指出用戶端A的瀏覽器的連接埠號。

❸ 指出伺服端B隨機選取的ISN（亦即SN2=Y），一般以0開始。

❹ 指出確認序號（亦即ACK1=X+1），此值等於從SYN封包已經得知的ISN序號再加上1，即0+1=1。

❺ 指出TCP標頭的長度爲28 Bytes，此值包括標頭中固定長度20 bytes，並加上長度8 bytes的Options。

❻ 指出確認收到SYN封包，因此SYN旗標以及ACK旗標位元都會被設定爲1。

❼ 指出伺服端B能接受封包的數量大小爲5720 bytes。注意，此時伺服端B可能非常忙碌或無力處理進來的大量封包，所以將Receive Window調小爲5720 bytes，直到有能力處理爲止，這樣才不會使資料被棄除；換言之，伺服端B可藉由Receive Window大小的值，來控制用戶瀏覽器的Send Window大小，以達成用戶端A瀏覽器至伺服端B方向的流量控制。

❽ 指出錯誤檢查和是正確的。

❾ 指出在乙太網路上時的MSS值爲1430 bytes。

❿ 指出伺服端B可接受具有SACK選項的ACK封包。

N.O.T.E

伺服端B將依據本身當時的狀況而決定Receive Window大小，然後將此資訊放置於ACK封包中，並告知用戶端A；用戶端A再根據此資訊將Send Window設定為相同大小。例如：伺服端B無法處理用戶端A送過來的資料時，就會將Receive Window變小。注意，伺服端B是透過ACK封包通知用戶端A，必須調整封包的傳送速度。

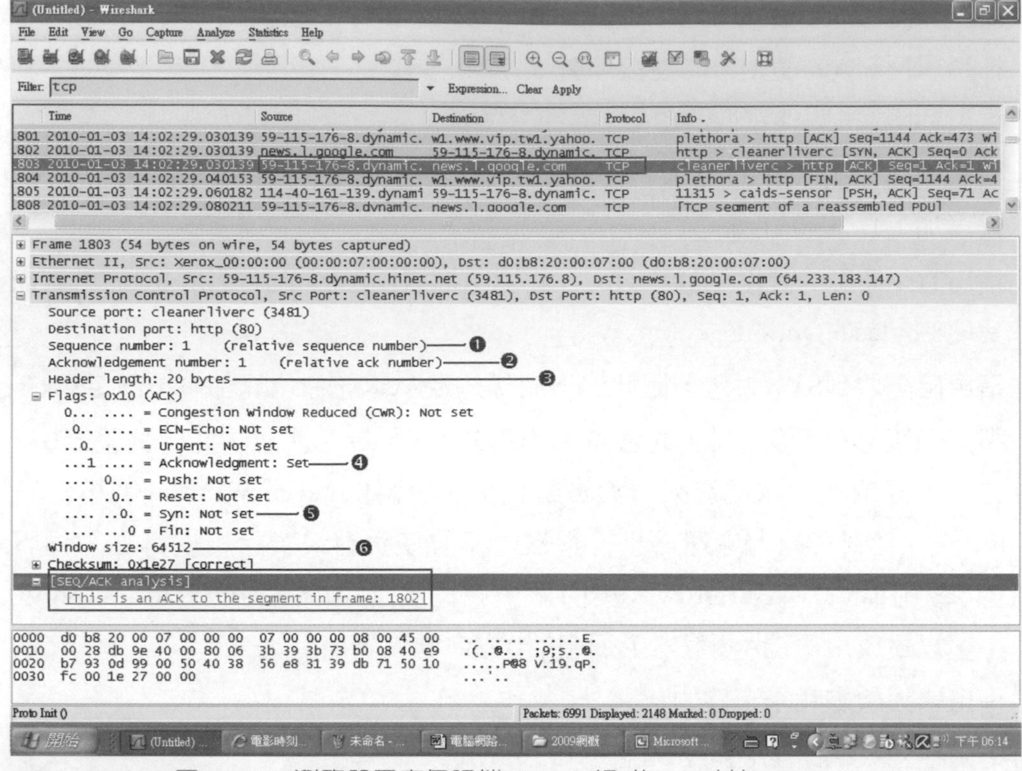

◐圖7-21(c) 瀏覽器回應伺服端(Google網)的ACK封包

❶ 指出瀏覽器收到SYN+ACK封包後，接著送出一個ACK封包，並送出SN序號（亦即SN1=X+1）給伺服端：此值也正是圖7-21(b) SYN+ACK封包的確認序號值，即等於ISN加1（由0+1=1）。

❷ 指出此時伺服端至瀏覽器的確認序號（亦即ACK2=Y+1）變爲1（由0+1=1）。

❸ 指出TCP標頭的長度爲20 bytes（沒有Options）。

❹ 指出此時ACK旗標位元被設定爲1。

❺ 指出此時SYN旗標會由1變爲0。

❻ 指出用戶端的瀏覽器能接受封包的數量大小，亦即瀏覽器的Receive Window大小。

假如用戶端A建立TCP連線後，進入IE敲入欲連線的網址http://www.yahoo.com.tw，並利用Wireshark擷取封包，現在將IE關閉，然後停止Wireshark封包的擷取。接著，在【Filter】欄位敲入「tcp」加速找到TCP封包，運氣不錯，我們很快找出如範例7所示的圖7-18四方交握的的典例所示的封包No 651~封包No 654，如圖7-22所示；接著搭配四方交握的4個步驟得出如圖7-22(a)~(d)。

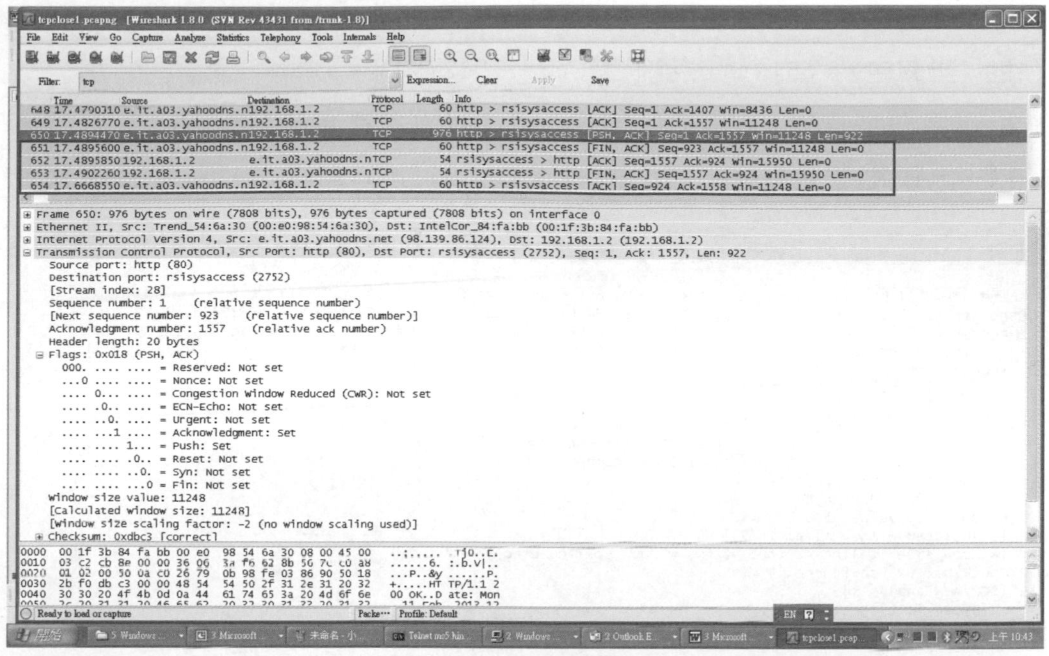

◐圖7-22 四方交握的典例所示的封包No 651~封包No 654

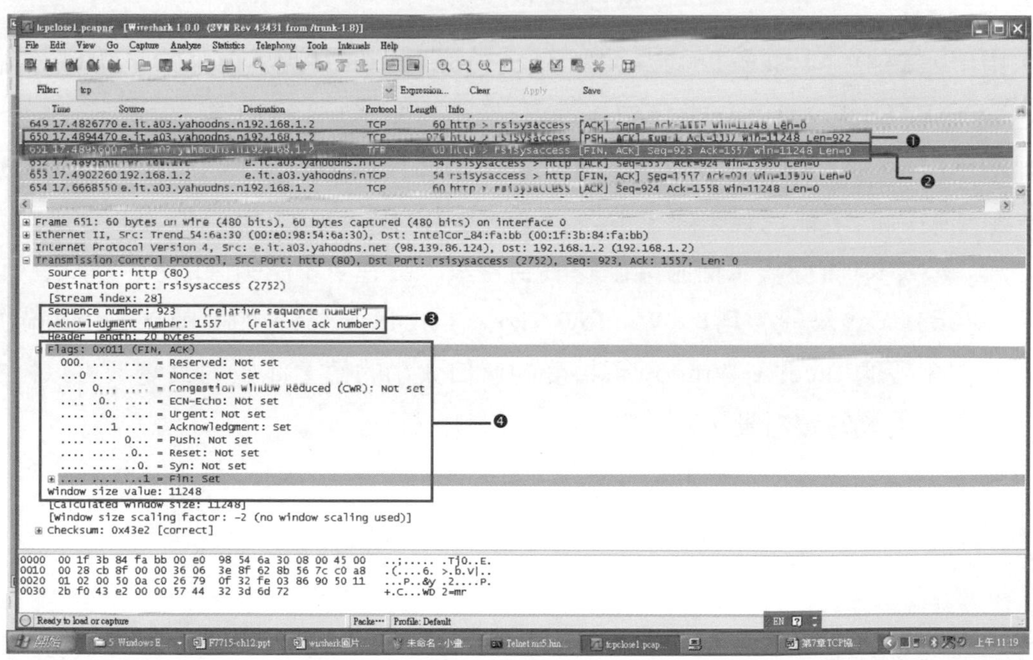

◐圖7-22(a) 四方交握（步驟1）的封包No 651的分析

❶ 指出四方交握在步驟1發生之前的封包No 650當時狀態：其由伺服端送至用戶端192.168.1.2封包時的Seq=1，Ack=1557，Win（亦即Window Size）=11248 bytes，以及Len=922。打開圖7-22(a) Wireshark中的封包No 650電子檔，可以得知，Ack=1557代表對封包No 623的確認，如圖7-22(a)-1所示；另

外，從封包No 650的Seq=1及Len=922，可以推知下一個伺服端送至用戶端封包（指封包No 651）的序號將是Seq=1+922=923。

❷ 指出封包No 651是由伺服端送出第1個TCP封包給192.168.1.2，稱爲FIN2+ACK1封包。

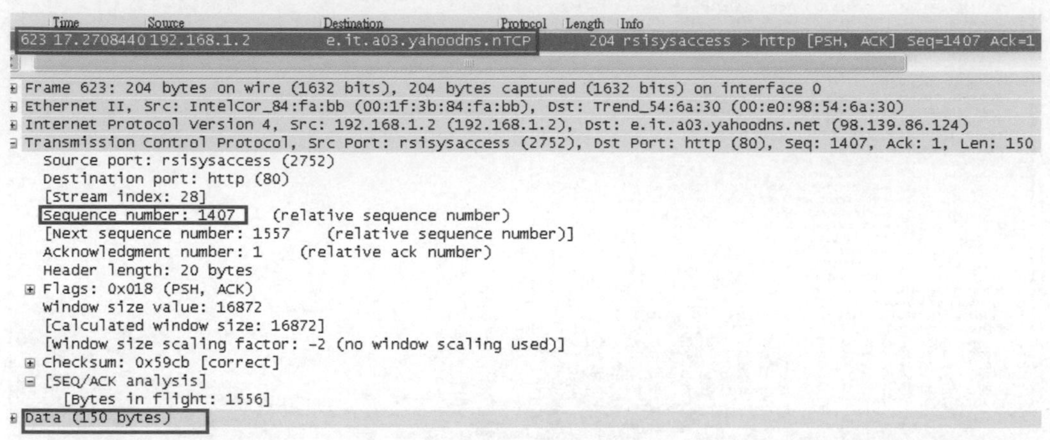
```
   Time         Source          Destination         Protocol  Length  Info
623 17.2708440 192.168.1.2     e.it.a03.yahoodns.nTCP         204 rsisysaccess > http [PSH, ACK] Seq=1407 Ack=1

⊞ Frame 623: 204 bytes on wire (1632 bits), 204 bytes captured (1632 bits) on interface 0
⊞ Ethernet II, Src: IntelCor_84:fa:bb (00:1f:3b:84:fa:bb), Dst: Trend_54:6a:30 (00:e0:98:54:6a:30)
⊞ Internet Protocol Version 4, Src: 192.168.1.2 (192.168.1.2), Dst: e.it.a03.yahoodns.net (98.139.86.124)
⊟ Transmission Control Protocol, Src Port: rsisysaccess (2752), Dst Port: http (80), Seq: 1407, Ack: 1, Len: 150
    Source port: rsisysaccess (2752)
    Destination port: http (80)
    [Stream index: 28]
    Sequence number: 1407    (relative sequence number)
    [Next sequence number: 1557    (relative sequence number)]
    Acknowledgment number: 1    (relative ack number)
    Header length: 20 bytes
  ⊞ Flags: 0x018 (PSH, ACK)
    Window size value: 16872
    [Calculated window size: 16872]
    [Window size scaling factor: -2 (no window scaling used)]
  ⊞ Checksum: 0x59cb [correct]
  ⊟ [SEQ/ACK analysis]
      [Bytes in flight: 1556]
⊞ Data (150 bytes)
```

圖7-22(a)-1 封包No 623的Seq=1407及Data=150將在封包No 650得到確認(亦即Ack=1407+150=1557)

❸ 指出如❶所述，Seq=1+922=923；Ack=1557。Seq在圖7-18中的步驟1是寫成SN2=Y=FSN=923；Ack=1557在步驟1是寫成ACK1=1557。

❹ 指出FIN2+ACK1的旗標值：0x000000010001=0x011：FIN2旗標表示伺服端至用戶端的傳輸已經完成，故在TCP標頭中的FIN旗標（佔1位元）會被設定爲1；ACK1旗標表示伺服端確認收到資訊，故在TCP標頭中的ACK旗標（佔1位元），會被設定爲1。Window Size：11,248 bytes，如同前述，用來告知對方，我的Receive Window可接受的窗口大小的值，此值的改變，可以控制對方送出來的資料量。

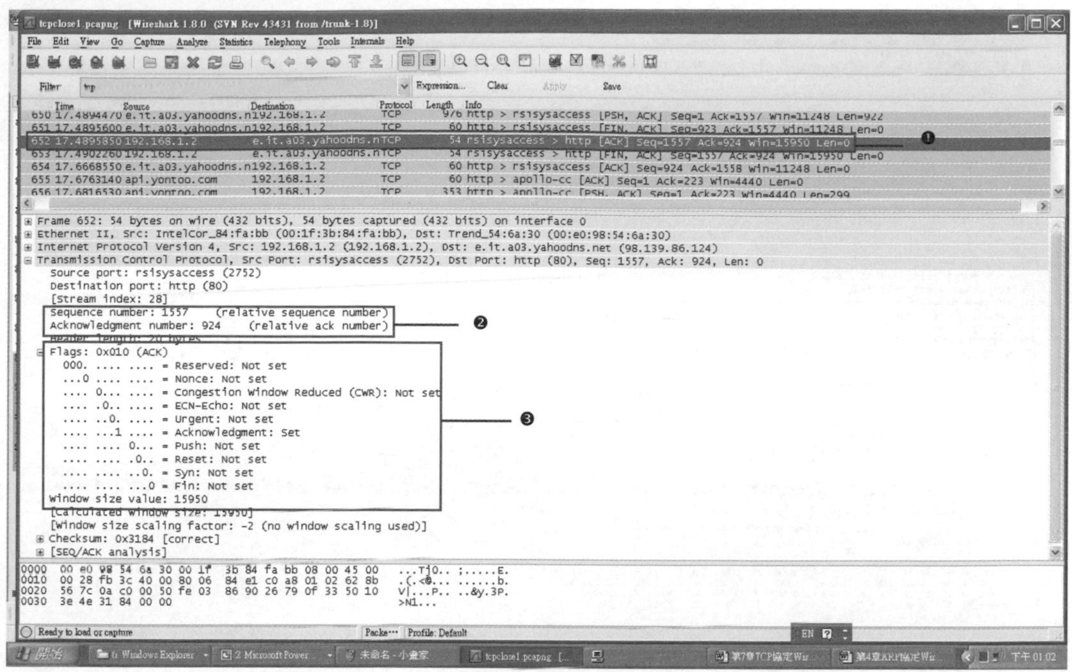

◐圖7-22(b) 四方交握（步驟2）的封包No 652的分析

❶ 指出用戶端192.168.1.2送出ACK2封包給伺服端，此時它的TCP Payload的長度=0 byte。

❷ 指出用戶端送出ACK封包給伺服端，包含以下資訊：

1. 序號（SN1）：等於圖7-22(a)中❸的Ack確認序號值，所以SN1=X=1557。
2. 確認序號（ACK2）：此值等於圖7-22(a)中❸的序號再加上1，所以ACK2=923+1=924。

❸ 指出ACK2的旗標值：0x00000001000=0x010：ACK2旗標表示用戶端確認收到資訊，故在TCP標頭中的ACK旗標（佔1位元）會被設定爲1。Window Size：15,950 bytes，如同前述用來告知對方，我的Receive Window可接受的窗口大小的值，此值的改變，可以控制對方送出來的資料量。

此步驟結束後，代表成功終止伺服端至用戶端192.168.1.2的傳輸通道。注意：用戶端192.168.1.2至伺服端的方向可能還有資料繼續傳送，一直到傳送完畢才進入圖7-22(c)。

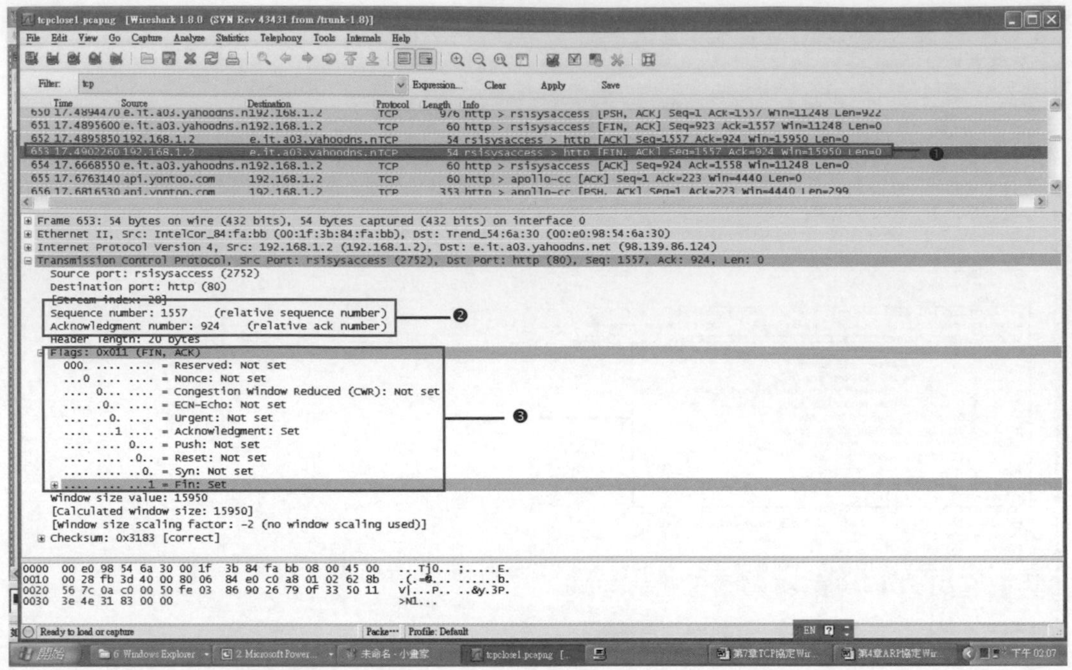

◐圖7-22(c) 四方交握（步驟3）的封包No 653的分析

❶ 指出當用戶端至伺服端的方向的資料傳送完成後，會送出FIN1+ACK2封包，此時它的TCP Payload的長度=0 byte。

❷ 指出FIN1+ACK2封包包含以下資訊：

1. 序號（SN1）：等於圖7-22(b)中❷的序號，因爲已傳輸完成，所以稱爲FSN（用戶端至伺服端的方向），亦即SN1=X=1557。
2. 確認序號（ACK2）：由於圖7-22(a)結束後，伺服端B不再傳送資料給用戶端，所以此處的確認序號同圖7-22(b)中❷的確認序號值。所以ACK2=Y+1=924。

❸ 指出FIN1+ACK2的旗標值：0x00000001001=0x011：FIN1旗標代表用戶端至伺服端方向的資料已經傳輸完畢，故在TCP標頭中的FIN旗標會被設定爲1；ACK2旗標表示用戶端確認收到資訊，故在TCP標頭中的ACK旗標（佔1位元）會被設定爲1。

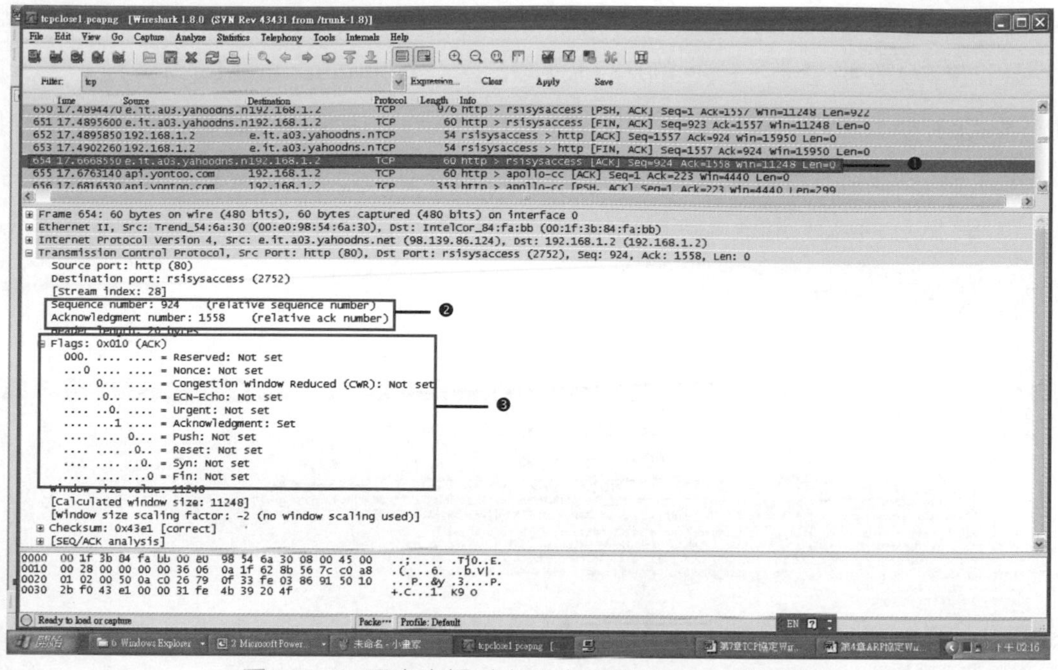

◐圖7-22(d) 四方交握（步驟4）的封包No 654的分析

❶ 指出伺服端送出ACK1封包給用戶端192.168.1.2。

❷ 指出ACK1封包包含了以下資訊：

1. 序號（SN2）：此值等於步驟1的SN2=Y=923再加上1。所以SN2=Y+1−924。
2. 確認序號（ACK1）：此值等於步驟3的序號SN1=X=1557再加上1，所以ACK1=X+1=1558。

❸ 指出ACK1的旗標值0x00000001000=0x010：表示伺服端確認收到的資訊，故在TCP標頭中的ACK旗標（佔1位元），會被設定為1。

7-9 Wireshark實作分析與討論

下面實作Case 1與Case 2的分析，將更進一步擷取TCP封包做分析。現在我們就說明Case1的操作步驟。

1. 首先，我們將網路連線設定成自動撥接，接著開啓Wireshark→Capture→Options→選擇正確介面卡準備擷取所要的封包。
2. 進入IE，並敲入欲連線的網址http://www.cute.edu.tw，然後停止Wireshark封包的擷取。

3. 我們可在【Filter】欄位敲入「tcp」加速找到TCP封包；主要目標是找出一個HTTP POST訊息及一系列的HTTP連續訊息（Continuation Message）。
4. 本節主要焦點是找出包含在HTTP POST訊息中的TCP區段（或稱TCP封包），接著再找出此TCP封包內的序號爲何。注意，你必須花費一些時間搜尋POST位在何處，建議可由封包位元組窗格的ASCII內容得出，如圖7-23所示。

◈實作Case 1的分析

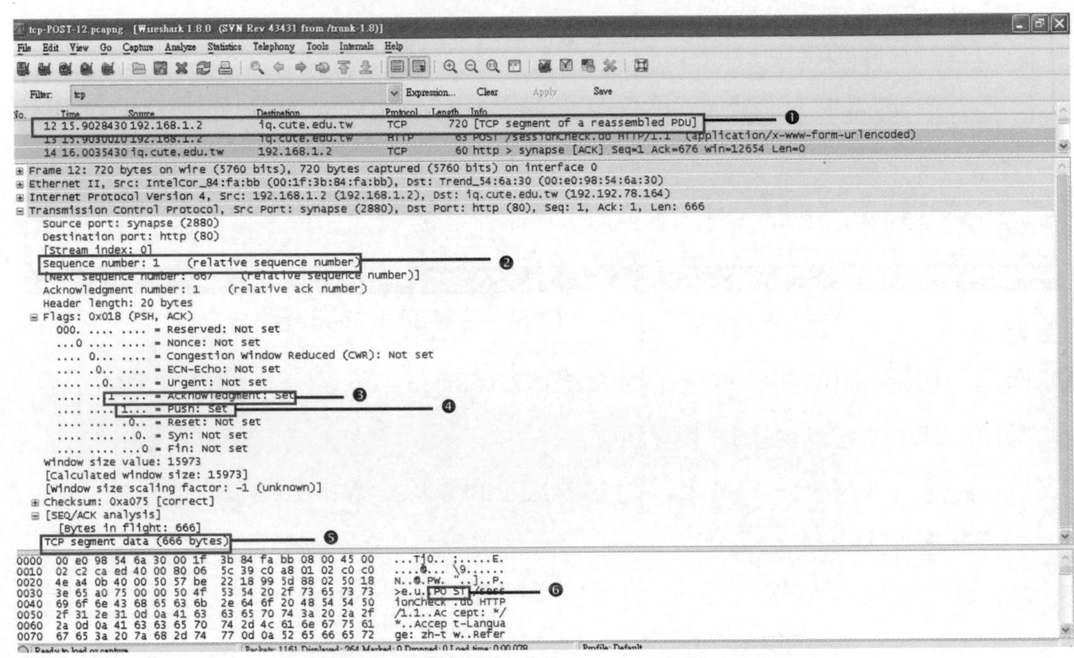

◐圖7-23 包含在HTTP POST訊息中的TCP區段

❶ 與❻指出封包No 12是包含在HTTP POST訊息中的TCP區段。

❷ 指出此TCP區段的序號值爲1。

❸ 指出此封包帶有確認訊息，所以ACK旗標會被設定爲1。

❹ 指出此時PSH旗標（佔1位元）被設定爲1，代表TCP封包被要求立即將所攜帶的資料送出去，以使接收端可以立即收到資料。

❺ 指出TCP區段內的資料佔666 bytes。

接下來的Case 2實作，是將HTTP訊息的焦點轉移至TCP封包，我們可以在Wireshark視窗畫面中的封包清單列窗格點選Analyze→Enable Protocol→HTTP勾格狀態不要打勾→OK後，可以看到出現在Wireshark視窗畫面中的「Protocol」標示變爲TCP，如圖7-24(a)所示中的封包No 30。注意，如果將封包清單列窗格點選中的HTTP勾格狀態恢復打勾，則封包No 30出現在Wireshark視窗畫面中的「Protocol」標示會變回HTTP，如圖7-24(b)所示。簡單的說，在圖7-24(b)中的封包No 30、封包No 32的「Protocol」欄位內容爲HTTP，但在圖7-24(a)中的「Protocol」欄位內容則爲TCP。讓我們開始進行實作Case 2的分析。

```
Filter: tcp                                   Expression...  Clear  Apply  Save
No. Time            Source           Destination      Protocol Length Info
 13 15.9030010 192.168.1.2      iq.cute.edu.tw   TCP      63 synapse > http [PSH, ACK] Seq=667 Ack=1 Win=15973 Len=9
 14 16.0035430 iq.cute.edu.tw   192.168.1.2      TCP      60 http > synapse [ACK] Seq=1 Ack=676 Win=12654 Len=0
 15 16.0057700 iq.cute.edu.tw   192.168.1.2      TCP     338 http > synapse [PSH, ACK] Seq=1 Ack=676 Win=12654 Len=284
 16 16.1542430 192.168.1.2      iq.cute.edu.tw   TCP      54 synapse > http [ACK] Seq=676 Ack=285 Win=15689 Len=0
 29 45.9064220 192.168.1.2      iq.cute.edu.tw   TCP     720 ndsp > http [PSH, ACK] Seq=1 Ack=1 Win=16304 Len=666
 30 45.9065740 192.168.1.2      iq.cute.edu.tw   TCP      63 ndsp > http [PSH, ACK] Seq=667 Ack=1 Win=16304 Len=9
 31 45.9480650 iq.cute.edu.tw   192.168.1.2      TCP      60 http > ndsp [ACK] Seq=1 Ack=676 Win=13986 Len=0
 32 45.9500610 iq.cute.edu.tw   192.168.1.2      TCP     338 http > ndsp [PSH, ACK] Seq=1 Ack=676 Win=13986 Len=284
 33 46.1294520 192.168.1.2      iq.cute.edu.tw   TCP      54 ndsp > http [ACK] Seq=676 Ack=285 Win=16020 Len=0
  Source port: ndsp (2881)
  Destination port: http (80)
  [Stream index: 1]
  Sequence number: 1    (relative sequence number)
  [Next sequence number: 667    (relative sequence number)]
  Acknowledgment number: 1    (relative ack number)
  Header length: 20 bytes
  Flags: 0x018 (PSH, ACK)
    000. .... .... = Reserved: Not set
    ...0 .... .... = Nonce: Not set
    .... 0... .... = Congestion Window Reduced (CWR): Not set
    .... .0.. .... = ECN-Echo: Not set
    .... ..0. .... = Urgent: Not set
    .... ...1 .... = Acknowledgment: Set
    .... .... 1... = Push: Set
    .... .... .0.. = Reset: Not set
    .... .... ..0. = Syn: Not set
    .... .... ...0 = Fin: Not set
```

◐圖7-24(a) 出現在Wireshark視窗畫面中的「Protocol」標示為TCP

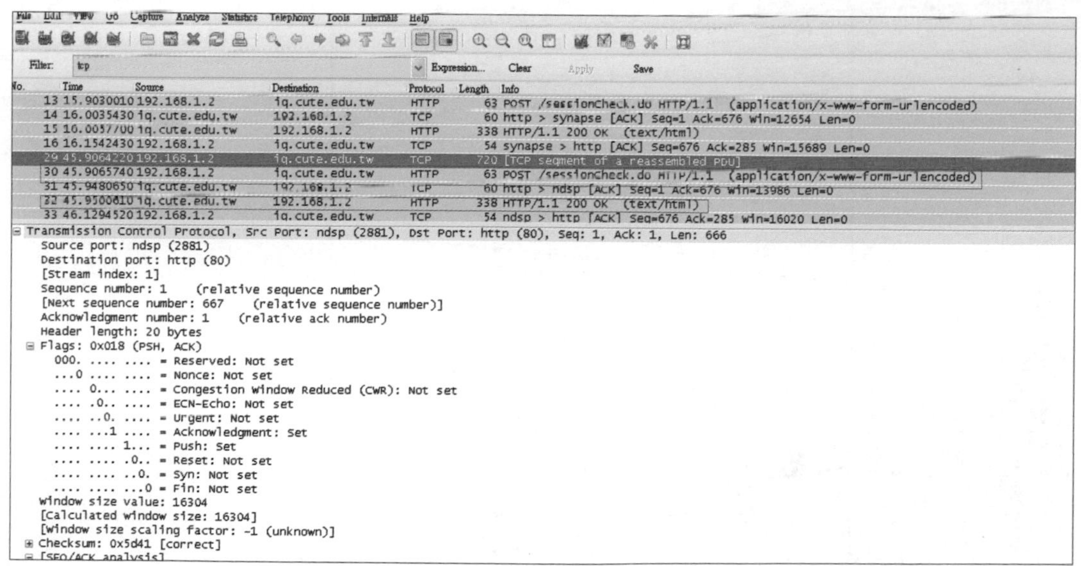

◐圖7-24(b) 出現在Wireshark視窗畫面中的「Protocol」標示為HTTP

◈實作Case 2的分析

Case 2是圖7-24(a)所示的延伸分析，我們更將封包的分析範圍擴大爲從封包No 29~封包No 50，如圖7-25(a)所示。我們將探討每一個TCP區段發送出去的時間爲何？哪一封包是對收到的TCP區段做確認？每一個TCP區段間的RTT爲何？更進一步要探討收到每一個ACK後的Estimated RTT爲何？如果讀者已對圖7-15(a)~(b)所示的說明充分瞭解，則可以從圖7-25(a)中的紅色框所示封包No 29~封包No 50的相關數據，繪出用戶端A的瀏覽器與伺服端www.cute.edu.tw進行資料的雙向傳輸，如圖7-25(b)所示。說明如下。

```
13 15.9030010 192.168.1.2      iq.cute.edu.tw  TCP   63 synapse > http [PSH, ACK] Seq=667 Ack=1 Win=15973 Len=9
14 16.0035430 iq.cute.edu.tw   192.168.1.2     TCP   60 http > synapse [ACK] Seq=1 Ack=676 Win=12654 Len=0
15 16.0057700 iq.cute.edu.tw   192.168.1.2     TCP  338 http > synapse [PSH, ACK] Seq=1 Ack=676 Win=12654 Len=284
16 16.1542430 192.168.1.2      iq.cute.edu.tw  TCP   54 synapse > http [ACK] Seq=676 Ack=285 Win=15689 Len=0
29 45.9064220 192.168.1.2      iq.cute.edu.tw  TCP  720 ndsp > http [PSH, ACK] Seq=1 Ack=1 Win=16304 Len=666
30 45.9065740 192.168.1.2      iq.cute.edu.tw  TCP   63 ndsp > http [PSH, ACK] Seq=667 Ack=1 Win=16304 Len=9
31 45.9480650 iq.cute.edu.tw   192.168.1.2     TCP   60 http > ndsp [ACK] Seq=1 Ack=676 Win=13986 Len=0
32 45.9500610 iq.cute.edu.tw   192.168.1.2     TCP  338 http > ndsp [PSH, ACK] Seq=1 Ack=676 Win=13986 Len=284
33 46.1294520 192.168.1.2      iq.cute.edu.tw  TCP   54 ndsp > http [ACK] Seq=676 Ack=285 Win=16020 Len=0
46 75.9041530 192.168.1.2      iq.cute.edu.tw  TCP  720 synapse > http [PSH, ACK] Seq=676 Ack=285 Win=15689 Len=666
47 75.9043020 192.168.1.2      iq.cute.edu.tw  TCP   63 synapse > http [PSH, ACK] Seq=1342 Ack=285 Win=15689 Len=9
48 75.9466110 iq.cute.edu.tw   192.168.1.2     TCP   60 http > synapse [ACK] Seq=285 Ack=1351 Win=13986 Len=0
49 75.9663360 iq.cute.edu.tw   192.168.1.2     TCP  338 http > synapse [PSH, ACK] Seq=285 Ack=1351 Win=13986 Len=284
50 76.1046530 192.168.1.2      iq.cute.edu.tw  TCP   54 synapse > http [ACK] Seq=1351 Ack=569 Win=16872 Len=0
70 105.907131 192.168.1.2      iq.cute.edu.tw  TCP  720 ndsp > http [PSH, ACK] Seq=676 Ack=285 Win=16020 Len=666
⊞ Frame 29: 720 bytes on wire (5760 bits), 720 bytes captured (5760 bits) on interface 0
⊞ Ethernet II, Src: IntelCor_84:fa:bb (00:1f:3b:84:fa:bb), Dst: Trend_54:6a:30 (00:e0:98:54:6a:30)
⊞ Internet Protocol Version 4, Src: 192.168.1.2 (192.168.1.2), Dst: iq.cute.edu.tw (192.192.78.164)
⊟ Transmission Control Protocol, Src Port: ndsp (2881), Dst Port: http (80), Seq: 1, Ack: 1, Len: 666
    Source port: ndsp (2881)
    Destination port: http (80)
    [Stream index: 1]
    Sequence number: 1    (relative sequence number)
    [Next sequence number: 667    (relative sequence number)]
    Acknowledgment number: 1    (relative ack number)
```

◐圖7-25(a) 前述圖7-24(a)所示的延伸分析

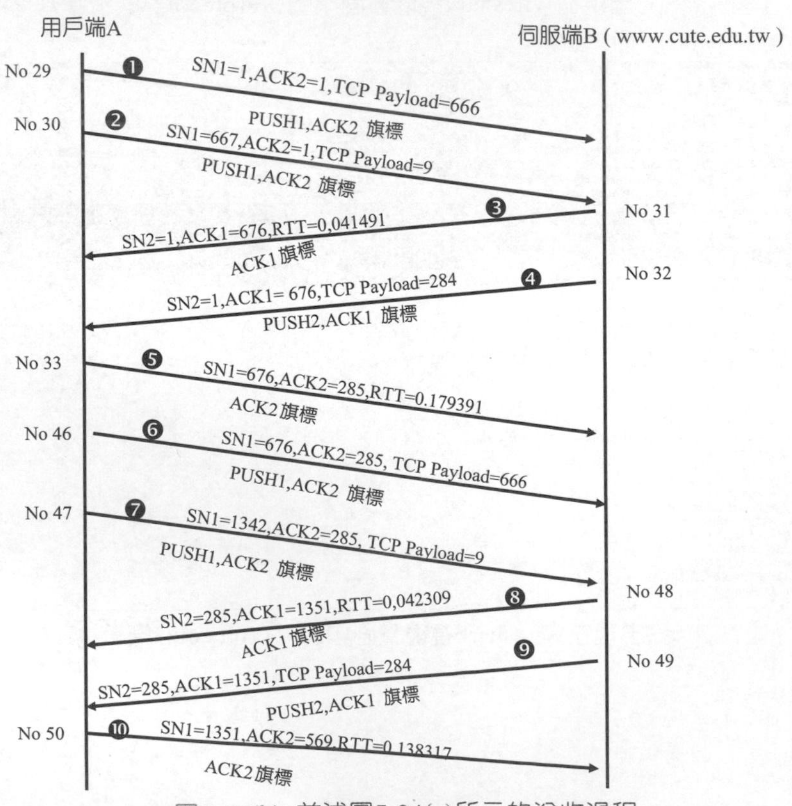

◐圖7-25(b) 前述圖7-24(a)所示的送收過程

❶ 指出用戶端A的瀏覽器傳送給伺服端www.cute.edu的TCP包稱爲封包No 29，它所載送的TCP Payload長度爲666 bytes，而此時的第1 byte的編號爲SN1=1（暗示瀏覽器下一次送出的序號值將是1+666=667）；另外，ACK2=1是瀏覽器告訴伺服端www.cute.edu，期待下一次收到的序號爲SN2=1；此時PUSH旗標及ACK旗標設定值等於1，如圖中箭頭下面文字，寫成「PUSH1, ACK2旗標」。注意，「PUSH1旗標=1」，代表瀏覽器的TCP封包被要求立即將所攜帶的資料送出去，以使伺服端www.cute.edu可以立即收到資料；而「ACK2旗標=1」代表用戶端A的瀏覽器回送來自伺服端訊息的確認。再強調一次，阿拉伯數字「1或2」是作者爲使讀者更易明瞭，自己加入代表不同方向，例如：1代表用戶端A的瀏覽器至伺服端的方向；2代表伺服端至用戶端A的瀏覽器的方向。爲更透徹分析，我們將所擷取的Wireshark封包No 29展開，並加以說明，如圖7-26所示。

❷ 指出用戶端A的瀏覽器續送給伺服端www.cute.edu的TCP封包，稱爲封包No 30，它所載送的TCP Payload長度爲9 bytes，而此時第1 byte的編號爲SN1=1+666=667；ACK2爲1，如同❶所述，指出瀏覽器告訴伺服端www.cute.edu，期待下一次收到的序號爲SN2=1；此時的旗標可寫成「PUSH1, ACK2旗標」。爲更透徹分析，我們將所擷取的Wireshark封包No 30展開，並加以說明，如圖7-27所示。

❸ 指出伺服端www.cute.edu傳送給瀏覽器的TCP封包稱爲封包No 31，它是對瀏覽器發送出來的No 30封包做確認，所以伺服端www.cute.edu回送ACK1=667+9=676，用來告訴瀏覽器，期待下一次收到的序號爲SN1=676，這也意謂著，已收到瀏覽器送出2筆的TCP Payload（即666+9=675 bytes或由676-1=675 bytes）。另一方面，此時伺服端www.cute.edu送出的序號SN2=1，正是用戶端A的瀏覽器所期待的序號；此時的旗標僅需要設定「ACK1旗標」。注意，RTT的時間爲45.9480650-45.9065740=0.041491秒。爲更透徹分析，我們將所擷取的Wireshark封包No 31展開，並加以說明，如圖7-28所示。

❹ 指出伺服端www.cute.edu續送給瀏覽器的TCP封包稱爲封包No 32，它所載送的TCP Payload長度爲284 bytes，而此時的第1 byte的編號是SN2=1（暗示伺服端www.cute.edu下一次送出的序號值將是1+284=285）；如同上述，此時ACK1=676，用來告訴瀏覽器，期待下一次收到的序號爲SN1=676；此時的旗標可寫成「PUSH2, ACK1旗標」。爲更透徹分析，我們將所擷取的封包No

32展開，並加以說明，如圖7-29所示。

❺ 指出用戶端A的瀏覽器續送給伺服端www.cute.edu的TCP封包稱爲封包No 33，它是對伺服端www.cute.edu發送出來的封包No 32做確認，所以瀏覽器回送ACK2=285，用來告訴伺服端www.cute.edu，期待下一次收到的序號爲SN2=285，這也意謂著，已收到伺服端www.cute.edu送出1筆的TCP Payload（即284 bytes），此時用戶端A的瀏覽器送出序號正是❹所期待的SN1=676；同樣地，此時的旗標僅需要設定「ACK2旗標」。注意，RTT的時間爲46.1294520-45.9500610=0.179391秒。爲更透徹分析，我們將所擷取的Wireshark封包No 33展開，並加以說明，如圖7-30所示。

接下來，❻~❿又重複❶~❺的過程，至於❻~❿Wireshark的分析將留給習題完成。

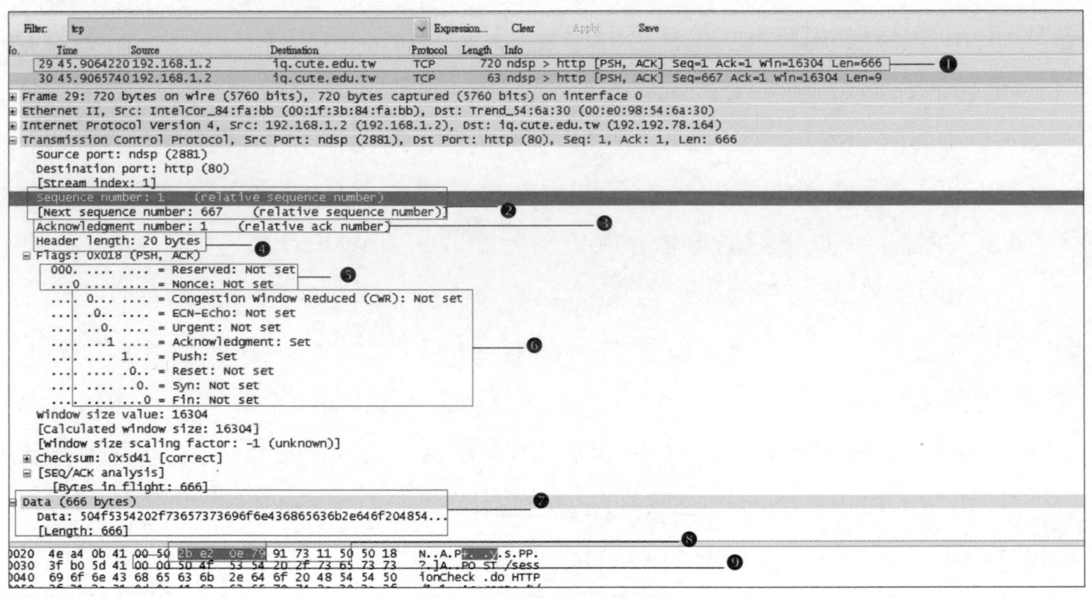

圖7-26 封包No 29的分析

❶ 中的「Length=720」亦是乙太網路的訊框Frame 29的長度，可由TCP Payload=666加上20 bytes的TCP標頭長度及20 bytes的IP標頭長度，再加上乙太網路的訊框格式中的標頭佔14 bytes（包括目的端位址DA佔6 bytes，來源位端位址SA佔6 bytes，上層類型欄位Etype佔2 bytes），亦即「Length=666+20+20+14=720」。

❷ 指出序號值SN1=1，亦即Sequence Number:1(relative sequence number)。這裡要注意到，由於序號（Sequence Number；SN）佔32 bits，所以對應至封

包位元組窗格的16進位值應是0x00000001，但在❽卻指出爲0x2be20e79，這不禁要問why？其實0x2be20e79正是所謂的相對序號（relative sequence number）。另外，當資料要從用戶端A的瀏覽器傳送給伺服端時，發送端會爲TCP封包建立一個起始序號（Initial Sequence Number；ISN），ISN是由主機隨選的一個數字編號；然後再依據所傳送的資料長度（TCP Payload的位元組數值），依序的遞增上去，所以瀏覽器期待下一送出的封包序號值應爲1+666=667，即Next Sequence Number:667(relative sequence number)。

❸ 指出確認序號值ACK2=1，亦即Acknowledgement number:1(relative ack number)。這裡要注意到，用戶端A的瀏覽器期待自己下一次收到的封包序號值SN2=1。如同❷所述的理由，相對的確認序號值在封包位元組窗格的16進位值被選擇爲0x91731150，如圖中的❽所指出。

❹ 指出TCP標頭長度爲20 bytes。

❺ 的4個bits與❻的前2個bits共佔6 bits，通常設定0。至於後面爲旗標欄位，也佔6 bits，其中，Wireshark畫面中的Acknowledgement:set亦是圖7-25(b)箭頭下面標示的ACK2旗標，會被設定爲1，用來表示封包No 29帶有確認訊息；Wireshark畫面中的Push: set亦是圖7-25(b)中標示的PUSH1旗標，會被設定爲1，用來表示此TCP封包被要求立即將所攜帶的資料送出去，以使接收端（指伺服端www.cute.edu）可以立即收到資料。上述說法，亦是圖7-25(b)箭頭下面標示的「PUSH1, ACK2旗標」。注意，從❺的4個bits與❻的8個bits加總，共佔12 bits，因此，旗標欄位值可寫出0x000000011000=0x018（如Wireshark畫面標示的Flags:0x018）。

❼ 指出TCP Payload的長度爲666 bytes。

❾ 指出緊急資料指標佔16 bits的值爲0x0000。注意，當URG旗標爲1時，此欄位才會發生作用。

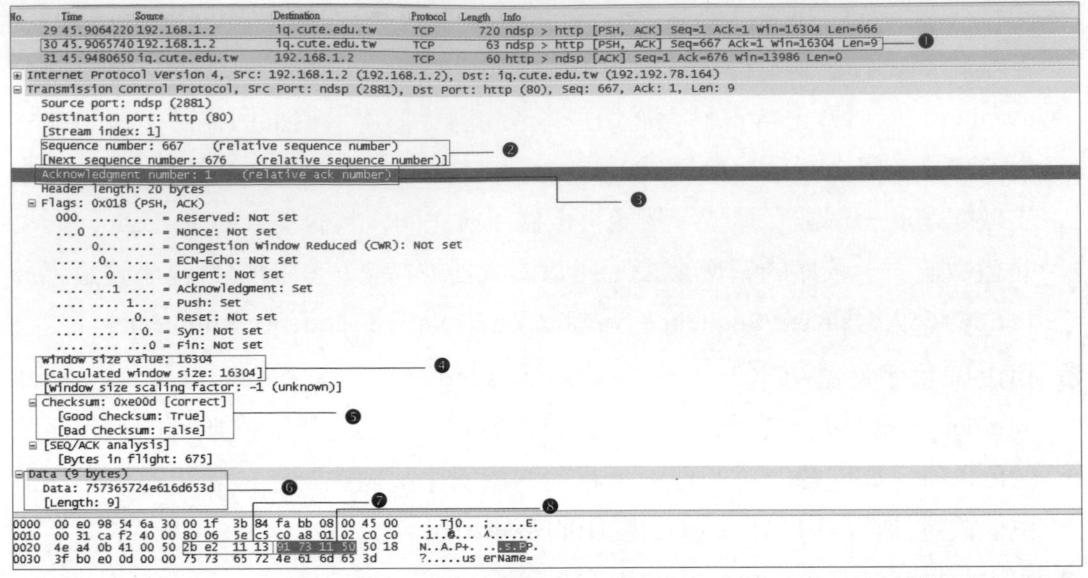

◐圖7-27 封包No 30的分析

❶ 中的「Length=63」是乙太網路的訊框Frame 30的長度，可由TCP Payload=9 bytes加上20 bytes的TCP標頭長度及20 bytes的IP標頭長度，再加上乙太網路的訊框格式中的標頭佔14 bytes得出，亦即「Length=9+20+20+14=63」。

❷ 指出序號值SN1=667，亦即Sequence Number:667 (relative sequence number)。我們已在前面提過，當TCP完成三方交握步驟後，下一個發送的序號，等於「TCP Payload的長度+此次的序號」值。所以，「此次的序號」值可以從圖7-26的❷指出Sequence Number:1 (relative sequence number)所對應至封包位元組窗格的16進位值是0x2be20e79；至於TCP Payload的長度也已知是666 bytes（相當16進位值0x029A），所以序號值667對應至封包位元組窗格的16進位值的計算，是將0x2be20a79+0x029A=0x2be21113，如圖7-27中的❼所指出的16進位值。注意，由❻知道TCP Payload的長度爲9 bytes，所以瀏覽器期待自己下一次送出的封包序號值SN1將爲667+9=676，即Next Sequence Number:676(relative sequence number)。

❸ 指出確認序號值ACK2=1，亦即Acknowledgement number:1(relative ack number)，如同在圖7-26的❸所述，用戶端A的瀏覽器期待自己下一次收到的封包序號值SN2=1。而其相對的確認序號值在封包位元組窗格的16進位值亦爲0x91731150，此值亦是圖7-27的❽所指出的16進位值。注意，此時Wireshark畫面中的Push:set及Acknowledgement:set依序代表PUSH1旗標會被設定爲1及ACK2旗標會被設定爲1，亦是圖7-25(b)箭頭下面標示的「PUSH1, ACK2旗標」。

❹ 指出經過計算得出的Window Size=16304 bytes，代表用戶端A告訴伺服端B，它（指用戶端A）能接受封包的數量大小，藉由Receive Window大小的值來控制伺服端B的Send Window大小，以達成伺服端B至用戶端A方向的流量控制。注意，若用戶端A有足夠的時間處理伺服端B送過來的資料時，用戶端A的Receive Window可調整變大；反之，Receive Window會調整變小。

❺ 指出在紅色框中會出現Checksum: 0xe00d [correct]，[good checksum:True]，[bad checksum:False]，代表錯誤檢查和的值是經過計算後正確得出。

❻ 指出TCP Payload的長度爲9 bytes。

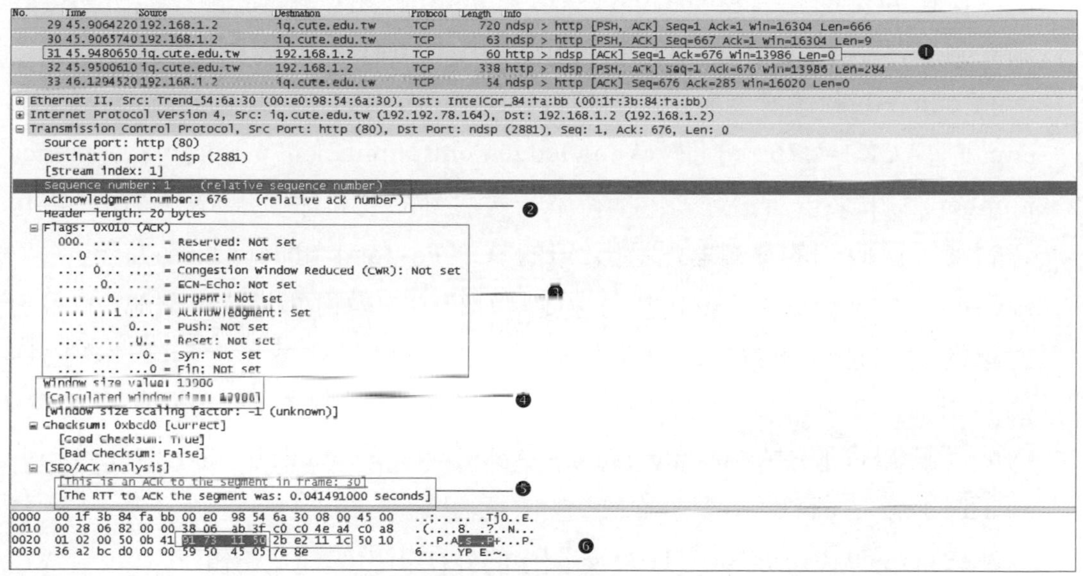

◐圖7-28 封包No 31的分析

❶ 中的「Length=60」是乙太網路的訊框Frame 31的長度。注意，此時TCP Payload=0，加上20 bytes的TCP標頭長度及20 bytes的IP標頭長度，再加上乙太網路的訊框格式中的標頭佔14 bytes，以及6 bytes的填補（padding）位元組，得出如圖7-28-1所示，亦即「Length=20+20+14+6=60」。注意，由於Frame 31中的「資料欄位」長度只有40 bytes（亦即20 bytes的TCP標頭長度及20 bytes的IP標頭長度）小於46 bytes，則必須填補到46 bytes，這6 bytes的填補位元組，一旦到達對方的網路層，就會被IP標頭長度偵測得知有填補位元存在，而被移除。

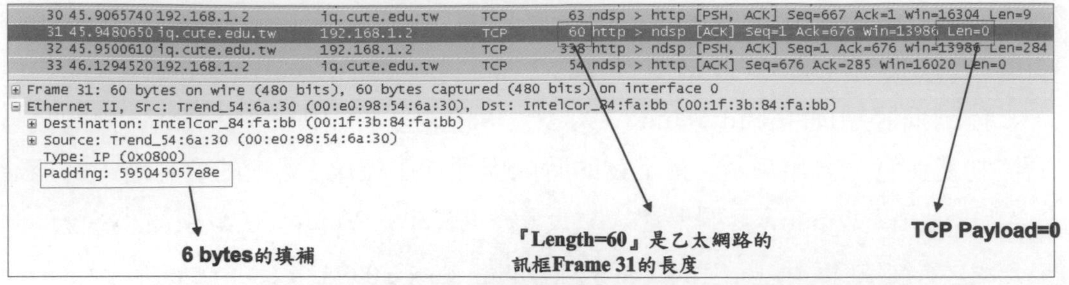

圖7-28-1 Frame 31中的資料長度小於46 bytes，必須填補到46 bytes

❷ 指出序號值SN2=1，亦即Sequence Number:1 (relative sequence number)。而其對應至封包位元組窗格的16進位值應是0x91731150，如圖中的❻所指出，此值亦是回應封包No 30（或稱Frame 30）用戶端A的瀏覽器所期待收到的封包序號值，如圖7-27中的❽所指出的16進位值。另一方面，伺服端www.cute.edu對瀏覽器發送出來的封包No 30做確認，所以伺服端www.cute.edu回送ACK1=676，亦即Acknowledgement Number:676(relative sequence number)，用來告訴瀏覽器，期待下一次收到的封包序號爲SN1=676，這也意謂著，已收到的瀏覽器已送出2筆的TCP Payload（即666+9=675 bytes或由676-1=675）。注意，我們已經從圖7-27中的❷得知封包序號值667，它對應的封包位元組窗格的16進位值爲0x2be21113。換言之，「此次的序號」值爲0x2be21113；且由圖7-27中的❽得知，TCP Payload的長度爲9 bytes；所以伺服端www.cute.edu回送Acknowledgement Number:676(relative sequence number)對應的封包位元組窗格的16進位值計算，是將0x2be21113+0x09=0x2be2111c，如圖中的❻所指出的16進位值。

❸ 中的紅色框指出保留位元與旗標位元共佔12 bits，因此，旗標欄位值可寫出0x000000010000=0x010（如Wireshark畫面標示的Flags:0x010）。此時Wireshark畫面中的旗標僅Acknowledgement:set，代表ACK旗標會被設定1，亦是圖7-25(b)箭頭下面標示的「ACK1旗標」。

❹ 指出經過計算得出的Window Size=13986 bytes，代表伺服端B告訴用戶端A，它（指伺服端B）能接受封包的數量大小，藉由Receive Window大小的值來控制用戶端A的Send Window大小，以達成用戶端A至伺服端B方向的流量控制。

❺ 由於伺服端www.cute.edu對瀏覽器發送封包No 30做確認，所以RTT的時間可經計算45.9480650-45.9065740=0.041491秒。

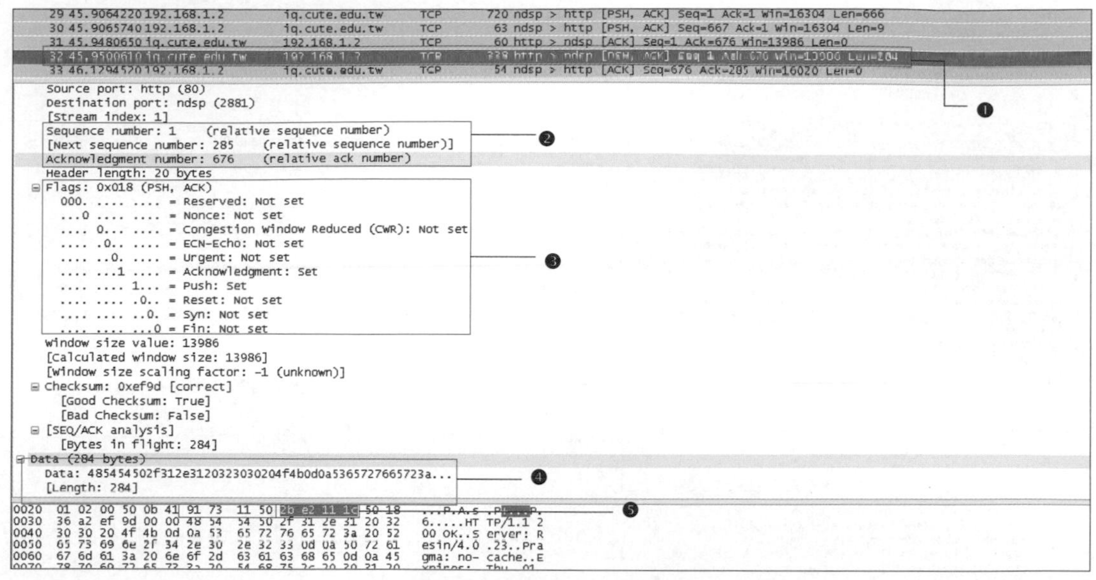

◐圖7-29 封包No 32的分析

❶ 中「Length=338」是乙太網路的訊框Frame 32的長度。注意，此時TCP Payload=284，加上20 bytes的TCP標頭長度及20 bytes的IP標頭長度，再加上乙太網路的訊框格式中的標頭佔14 bytes得出，亦即「Length=20+20+14+284=338」。

❷ 指出序號值SN2=1，亦即Sequence Number:1 (relative sequence number)。如同在圖7-28的❷所述，其相對的封包序號值在封包位元組窗格的16進位值是0x91731150。同樣的，ACK1=676，亦即Acknowledgement Number:676(relative sequence number)，伺服端www.cute.edu期待下一次收到的封包序號爲SN1=676，且對應的封包位元組窗格的16進位值計算，是將0x2be21113+0x09=0x2be2111c，如圖中的❺所指出的16進位值。注意，由❹知道TCP Payload的長度爲284 bytes，所以伺服端www.cute.edu期待下一次送出的封包序號值SN2=1+284=285，亦即Next Sequence Number:285 (relative sequence number)。

❸ 指出Wireshark畫面中的Acknowledgement:set，代表ACK旗標會被設定爲1，亦是圖7-25(b)箭頭下面標示的「ACK1旗標」，用來表示封包No 32帶有確認訊息；Wireshark畫面中的Push:set，代表PUSH旗標會被設定爲1，亦是圖7-25(b)箭頭下面標示的「PUSH2旗標」，用來表示此TCP封包被要求立即將所攜帶的資料送出去，以使接收端（指伺服端www.cute.edu）可以立即收到資料。上述說法，在圖7-25(b)中寫成「PUSH2, ACK1旗標」。注

意，❸中的紅色框指出保留位元及旗標共佔12 bits，因此，旗標欄位值可寫出0x000000011000=0x018（如Wireshark畫面標示的Flags:0x018）。

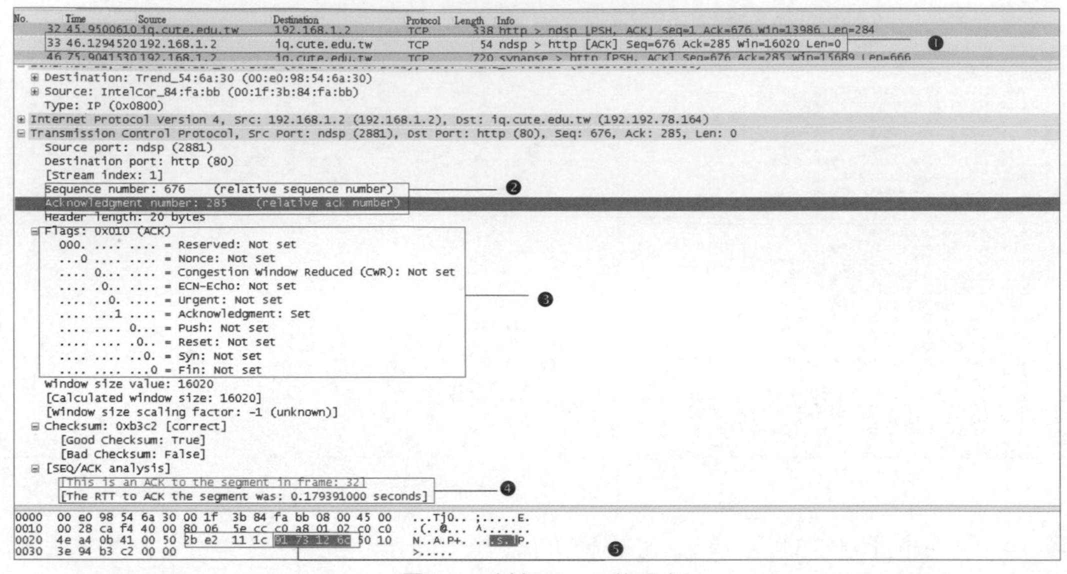

◐圖7-30 封包No 33的分析

❶ 中的「Length=54」是乙太網路的訊框Frame 33的長度。注意，此時TCP Payload=0，加上20 bytes的TCP標頭長度及20 bytes的IP標頭長度，再加上乙太網路的訊框格式中的標頭佔14 bytes，亦即「Length=20+20+14=54」。注意，讀者一定會問Frame 33中的「資料欄位」長度只有40 bytes（亦即20 bytes的TCP標頭長度及20 bytes的IP標頭長度）小於46 bytes，照理必須填補達到46 bytes。為何沒有加入填補？為何在圖7-28-1就要填補（padding）？一堆的問題常困惑著讀者。

解答此問題必須先確定此題屬性是Inbound Frame（伺服端進入用戶端方向的訊框）或Outbound Frame（離開用戶端至伺服端方向的訊框）？答案是Outbound Frame就不需填補（padding）；而圖7-28-1的屬性是Inbound Frame就要填補。請回憶第5章事先已在「註解」說明：當乙太訊框中的資料小於46 bytes，就Inbound Frame來說，則發送端系統必須填補到46 bytes，再加上乙太網路的訊框格式中的標頭佔14 bytes（包括目的端位址DA佔6 bytes，來源位端位址SA佔6 bytes，上層類型欄位Etype佔2 bytes）共60 bytes，如圖7-28-1所示；就Outbound Frame來說，Wireshark只看到填補前的訊框（亦即封包位元組窗格不會有填補的位元組），所以，再加上乙太網路的訊框格式中的標頭佔14 bytes後，為54 bytes（<60 bytes）。

❷ 指出序號值SN1=676，亦即Sequence Number:676 (relative sequence number)，且對應的封包位元組窗格的16進位值爲0x2be2111c，如圖中的❺所指出的16進位值，此值亦是回應封包No 32（或稱Frame 32）它的伺服端www.cute.edu所期待收到的封包序號值。另一方面，用戶端A的瀏覽器會對伺服端www.cute.edu發送出來的封包No 32做確認，所以瀏覽器回送ACK2=285，亦即Acknowledgement Number:285(relative sequence number)，用來告訴伺服端www.cute.edu，期待下一次收到的封包序號將爲SN2=285，這也意謂著，已收到的伺服端www.cute.edu已送出1筆的TCP Payload（285-1=284 bytes）。

❸ 中的紅色框指出，保留位元及旗標共佔12 bits，因此，旗標欄位值可寫出0x000000010000=0x010（如Wireshark畫面標示的Flags:0x010）。此時，Wireshark畫面中的旗標僅Acknowledgement:set，代表ACK旗標會被設定爲1，亦是圖7-25(b)箭頭下面標示的「ACK2旗標」。

❹ 由於瀏覽器對伺服端www.cute.edu發送出來的封包No 32封包做確認，所以RTT的時間經計算爲46.1294520-45.9500610=0.179391000秒。

❻ 指出確認序號值ACK2=285，其相對的確認序號值在封包位元組窗格的16進位值爲0x9173126c。注意，我們已經從圖7-26中的❸指出確認序號值ACK2=1，相對的，確認序號值在封包位元組窗格的16進位值爲0x91731150，且由圖7-29中的❹得知，封包No 32的TCP Payload長度爲284 bytes（亦即16進位值爲0x11c），所以用戶端A的瀏覽器回送ACK2=1+284=285，其對應的封包位元組窗格的16進位值計算，是將0x91731150+0x11c=0x9173126c。

7-9-1 問題討論

1. TCP的逾時值與RTT的關係爲何？

解：談它們的關係爲何之前，我們先對RTT做詳細說明。當封包從用戶端主機A傳送至伺服端主機B時，沿途會經過路由器（在此稱爲節點），節點上的封包將遭遇到各種不同型式的延遲，這些延遲即所謂的節點處理延遲（d proc）、佇列延遲（d queue）、傳輸延遲（d trans）及傳播延遲（d prop）之總和。如圖7-31所示，路由器A會檢查進來的封包標頭，以便決定封包所要送出的鏈路，並引導封包至此鏈路，若此時鏈路上並沒有在傳送封包，且緩衝器內部並沒有其他封包，則被引導的封包就可直接送出去；反之，會被引入緩衝器暫存。由此就可以定義出d proc，此延遲封包括封包標頭之檢查、指引封包至何處，有時候還包含封包從主機A傳送至路由器A時，執行位元偵錯所需的時間。d proc是以us爲單位值。另外，路由器A也會引入所謂的佇列（queue）延遲，其主要原因是路由器A內部含有很多緩衝器（輸入端與輸出端均有）。輸入緩衝器用來存放進入的封包；輸出緩衝器則執行封包交換角色。若某一輸出鏈路正忙著處理其他封包，則原要送出的封包必須先在輸出緩衝器等待，因此，封包也必須承受一些佇列延遲。舉例說明，若主機A欲送一封包（L bits之長度）經分封交換網路至另一主機B，如果兩主機之間具有Q個鏈路，且不需事先建立連線，則整個延遲（先不考慮其他尚未討論的延遲，如傳播延遲）爲QL/R加上佇列延遲。一般而言，緩衝器空間有限，故進來的封包一旦發現空間已滿，則封包遺失也跟著發生（封包遺失也可能發生在原等待於緩衝器內的封包，因某些因素不得不棄除一些封包）。只要緩衝器（即佇列）內部無封包暫存時，則d queue=0；反之，佇列中的封包愈多，則佇列延遲d queue愈長，其值大約爲~us或~ms。至於d trans就是所謂的Store-and-Forward延遲，分封交換網路欲傳送資訊時，會先將所要送出的訊息，在來源端就切換成較小封包，然後再將每一封包送至通訊鏈路，並經路由器A做必要處理。這裡談的路由器是以儲存轉送（Store-and-Forward）方式來傳送這些封包，其方法是路由器A在送出封包第一位元至輸出鏈路前，必須先將進入輸入端鏈路之所有封包完全接收完成，才進行封包轉送（forwarding），因此，引入了一些延遲，這些延遲隨著封包長度成正比增加，即U/R；U表封包長度，R表封包轉送速度，典型值是以us爲單位。注意，經過d trans後，就表示封包在鏈路上發送之前已完全到達，接下來封包位元將傳送至路由器B，其傳播（propagate）速度將依所使用傳輸媒介而有不同。例如：雙絞線或多模／單模光纖，範圍值約2×10^8 米／秒至3×10^8 米／秒，因此，路由器A至B的距離除以傳播速度就得出d prop。d prop典型值以ms爲單位，一旦封包所有的位元到達路由器B後就執行轉送。

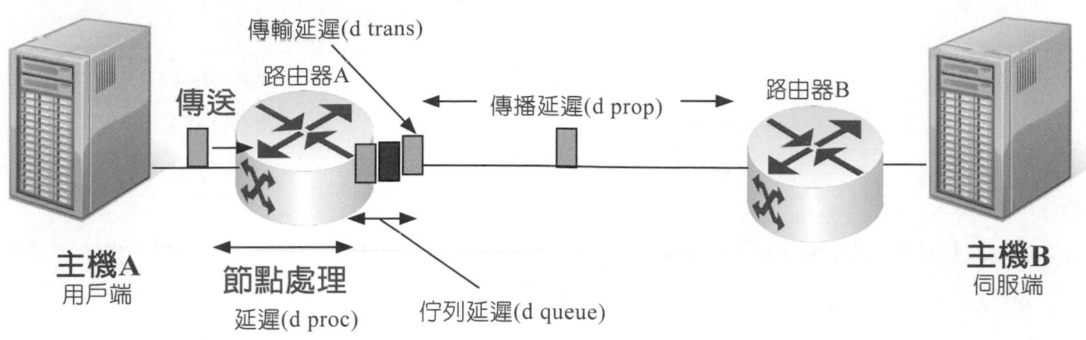

圖7-31 主機A傳送至伺服端主機B時，各種不同型式的延遲

一旦瞭解RTT，接著說明TCP的逾時值與RTT有何關係。若TCP設定的逾時值太短，不會有封包重送的問題；太長時，會造成TCP封包遺失時所做出來的反應會太慢。所以TCP的逾時值比RTT稍長就可以，但是RTT並不是固定值。接下來，TCP是如何估計發送端與接收端來回所花費的時間，在此稱爲EstimatedRTT，公式如下：

EstimatedRTT = (1- a)*EstimatedRTT + a*SampleRTT

上式（左邊）可以看成較新的EstimatedRTT值是等於（右邊）舊的EstimatedRTT值加上新的SampleRTT值。SampleRTT代表某個TCP封包的取樣；而SampleRTT的平均值正是所謂的EstimatedRTT。注意，各區段的SampleRTT會變動，這是來自路由器的壅塞或終端系統負載的變化造成。建議值：a=0.125。

N.O.T.E

TCP的逾時間隔（Timeout Interval）如何設定？基本上，逾時間隔應大於等於EstimatedRTT，否則會有重送發生；但逾時間隔大於EstimatedRTT太長時，會造成TCP封包遺失，且因反應太遲，以致無法快速重送該TCP封包。TimeoutInterval公式如下：

TimeoutInterval = EstimatedRTT + 4*DevRTT

SampleRTT與EstimatedRTT的差距稱為DevRTT。DevRTT=(1-b)*DevRTT+b*|SampleRTT-EstimatedRTT|。建議值：b=0.25。

2. 根據封包No 31及封包No 33，計算EstimatedRTT爲何？

解：根據圖7-26~圖7-30，可以整理出封包No 29~33的發送時間、ACK接收時間及RTT一些相關值，如表7-1所示。

表7-1 封包No 29~33的相關值

	發送時間	ACK接收時間	RTT(秒)
No 30~31封包	45.9065740	45.9480650	0.041491
No 32~33封包	45.9500610	46.1294520	0.179391

首先計算封包No 30~31的RTT=45.9480650-45.9065740=0.041491秒，所以先設定此RTT等於最初的（舊的）EstimatedRTT=0.041491秒；此時，新的SampleRTT值即爲封包No 33的RTT=0.179391秒，所以較新的EstimatedRTT值可以從EstimatedRTT公式得出：

EstimatedRTT=(1-a)*EstimatedRTT+a*SampleRTT

=0.875*EstimatedRTT+0.25*SampleRTT

計算得出

EstimatedRTT=0.875*0.04191+0.125*0.179391=0.03667125+0.02242387=0.05909512秒（亦即接收到封包No 33的EstimatedRTT值）；其他接續來的封包算法依此方式可以得出。

3. 請利用Wireshark繪出封包No 29的RTT與其序號的關係。

解：開啓Wireshark→Statistics→TCP Stream Graph→ Round Trip Time Graph，如圖7-32所示。

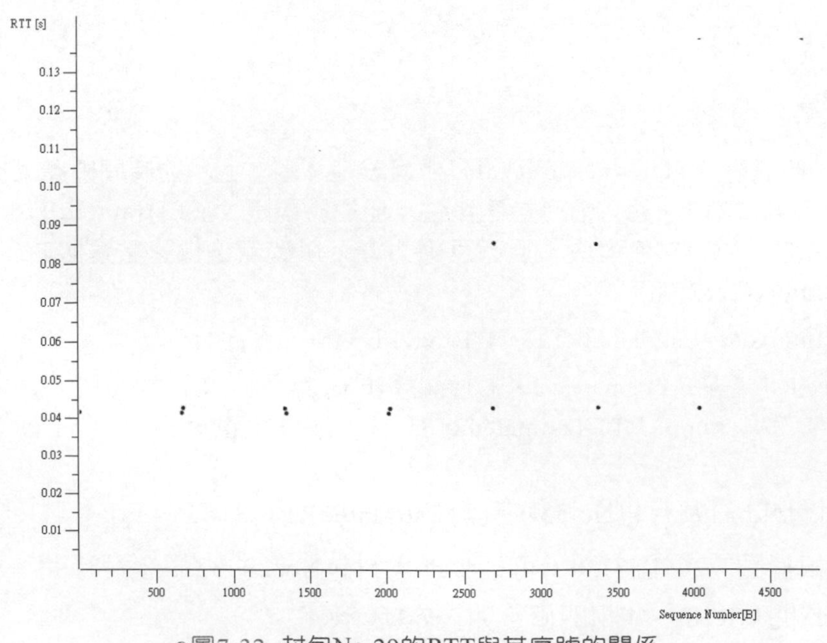

圖7-32 封包No 29的RTT與其序號的關係

4. 圖7-26~圖7-30是否有重送的區段？

解：是否有重送的區段開啓，可以檢查要追蹤檔案中的所有TCP區段的序號，故開啓Wireshark→Statistics→TCP Stream Graph→Time Sequence Graph(Steven)，得出如圖7-33所示。圖中的序號從來源端192.168.1.2至目的端191.192.78.164（即www.cute.edu.tw）是隨時間單調遞增（increasing moNotonically），所以無重送的區段。如果有重送的區段發生，則重送區段的序號值將比其相鄰的序號值小。

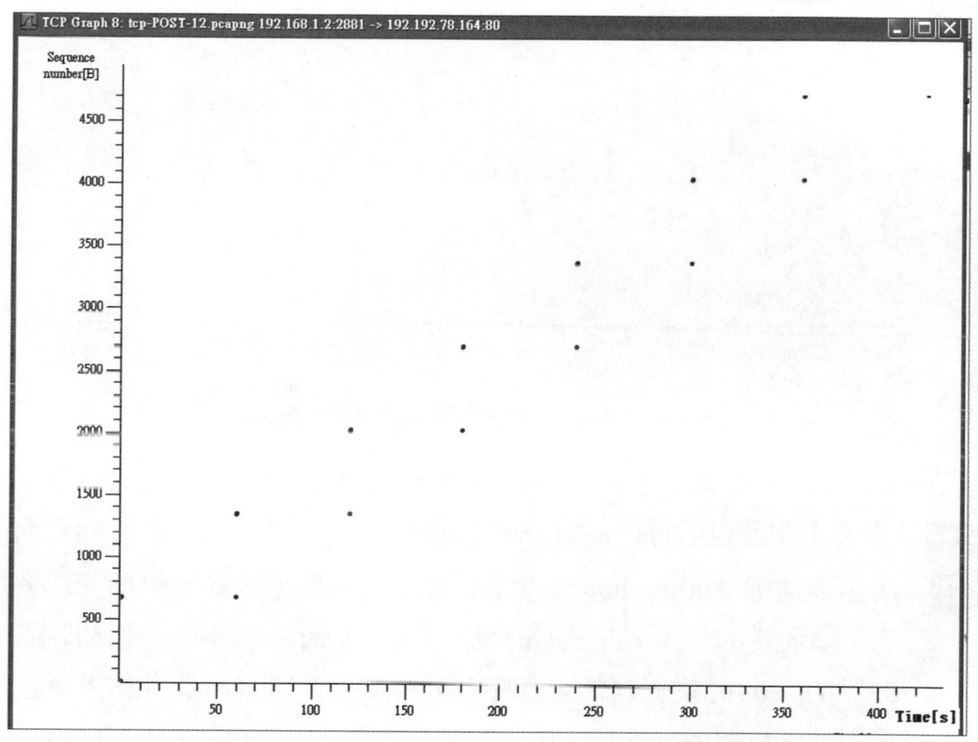

圖7-33 從來源端192.168.1.2至目的端191.192.78.164間的相關區段與序號關係

5. 請利用Wireshark繪出封包No 30的序號與其時間的關係。

解：開啓Wireshark→Statistics→TCP Stream Graph→Time Sequence Graph(tcptrace)。Time Sequence Graph將以陡峭的斜率（steep slope）由左下角往右上角變化，如圖7-34所示。注意，理想的Time Sequence Graph正是圖7-34所示的波形。

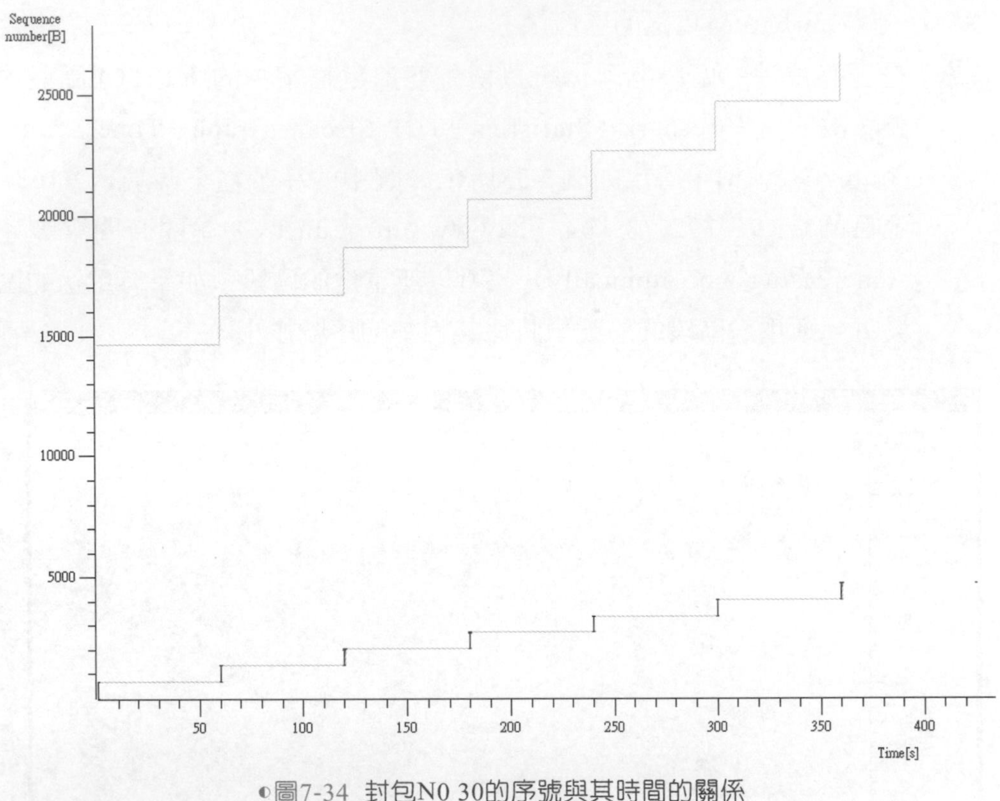

◐圖7-34 封包N0 30的序號與其時間的關係

6. 若在線上Youtube擷取封包No 22 ~No 200在一單位時間所通過的封包位元組數量，計算TCP連線中的封包的平均輸通量？

解：所謂輸通量（throughput）是在一單位時間所通過的封包位元組數量。TCP輸通量的計算，是依據所選定的平均時間週期，在此，即封包No 22 ~No 200的整個TCP連線時間。然後，平均輸通量可利用傳送的資料總量除以整個TCP連線時間得出。例如：圖7-35(a)指出封包No 22封包的第1 byte的序號（亦即Sequence number:1）至封包No 200的最後一個確認序號（亦即Acknowledgement number:33784），如圖7-35(b)所示，則傳送的資料總量即是33784-1=33783 bytes；另外，整個TCP連線時間可由封包No 200的瞬時間（instant time）減去封包No 22的瞬時間得出，即8.662737-6.923621=1.739116秒。所以平均輸通量爲33783÷1.739116秒=19.425k bytes/s。

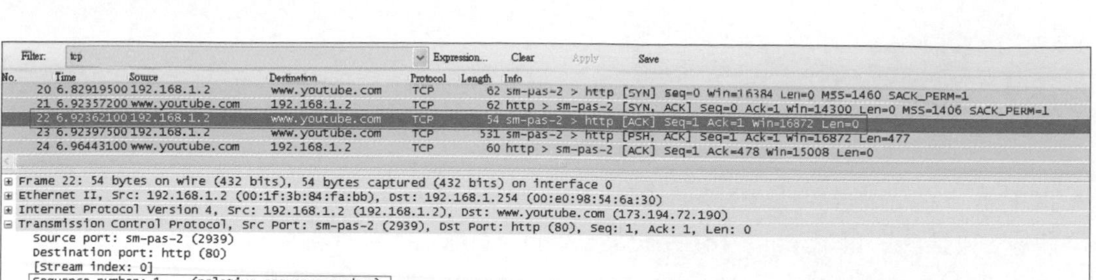

◐圖7-35(a) 封包No 22的最初序號值=1

```
Filter: tcp                                   Expression...  Clear  Apply  Save
No.  Time        Source           Destination      Protocol Length Info
198 8.65820300 www.youtube.com 192.168.1.2      TCP   1460 http > sm-pas-5 [ACK] Seq=30972 Ack=234 Win=15008 Len=1406
199 8.66267500 www.youtube.com 192.168.1.2      TCP   1460 http > sm-pas-5 [ACK] Seq=32378 Ack=234 Win=15008 Len=1406
200 8.66273700 192.168.1.2     www.youtube.com  TCP     54 sm-pas-5 > http [ACK] Seq=234 Ack=33784 Win=16872 Len=0
201 8.66658400 www.youtube.com 192.168.1.2      TCP   1460 http > sm-pas-5 [ACK] Seq=33784 Ack=234 Win=15008 Len=1406
202 8.67068700 www.youtube.com 192.168.1.2      TCP   1460 http > sm-pas-5 [ACK] Seq=35190 Ack=234 Win=15008 Len=1406

⊞ Frame 200: 54 bytes on wire (432 bits), 54 bytes captured (432 bits) on interface 0
⊞ Ethernet II, Src: 192.168.1.2 (00:1f:3b:84:fa:bb), Dst: 192.168.1.254 (00:e0:98:54:6a:30)
⊞ Internet Protocol Version 4, Src: 192.168.1.2 (192.168.1.2), Dst: www.youtube.com (173.194.72.190)
⊟ Transmission Control Protocol, Src Port: sm-pas-5 (2942), Dst Port: http (80), Seq: 234, Ack: 33784, Len: 0
    Source port: sm-pas-5 (2942)
    Destination port: http (80)
    [Stream index: 3]
    Sequence number: 234    (relative sequence number)
    Acknowledgment number: 33784    (relative ack number)
    Header length: 20 bytes
```

◐圖7-35(b) 封包No 200的最後確認序號值=33784

重點整理

- TCP是一種端點對端點的通訊協定，亦常稱為主機對主機（Host-to-Host）或稱為程式對程式（Process-to-Process）的傳輸協定。
- 當一個封包從用戶端送達伺服端，再由伺服端回覆至用戶端，這樣所花費的時間稱為封包在網路上的延遲時間或來回時間（Round Trip Time；RTT）。
- 為讓傳輸更有效率，可使用稱為滑動視窗（Sliding Window）技術，它可用來控制封包的流量，接收端不會因為接收太多的封包而產生壅塞。
- 只對已到達的封包編號進行確認動作，稱為「選擇性確認」（Selective Acknowledgement；SACK）。
- TCP在處理送收資料時是以byte為單位，也就是所謂位元組串流。
- 流量控制跟Sliding Window的大小（稱為Window Size）有關。
- 主機A與主機B各有一組序號與確認序號，以及Send Window與Receive Window，當雙方互相送收封包時，若主機B要送ACK封包給主機A時，可以將要傳給主機A的資料順便夾帶過來，這種方式稱為piggyback。
- TCP是一個連接導向的傳輸協定，所以兩端使用者在傳送資料前必須經過交握的一些動作，以便達到資訊交換，這樣的動作稱為「三方交握」（3 way handshake）。
- 若用戶端A主動提出關閉TCP連線為例，一直到兩方完全關閉，需經由4個步驟來完成，其過程也常稱為四方交握（Four-way Handshakeing）。

本章習題

選擇題

(　　)1. 下列何者提供一個連接導向的可靠傳輸服務

(1)IP　(2)TCP　(3)UDP　(4)MAC

(　　)2. 能對資料確認與重送，而且適時地調整發送資料的流量速度、處理資料壅塞控制之能力的是

(1)MAC　(2)IP　(3)TCP　(4)HTTP

(　　)3. 當一個封包，從用戶端送達伺服端，再由伺服端回覆至用戶端，這樣所花費的時間稱為

(1)1RTT　(2)2RTT　(3)3RTT　(4)4RTT

(　　)4. RTT包含封包幾種不同型式的延遲

(1)1　(2)2　(3)3　(4)4

(　　)5. TCP在接收到應用層訊息後，再將傳輸層相關資訊的標頭與這些訊息結合起來形成

(1)Message　(2)Segment　(3)Datagram　(4)Frame

(　　)6. TCP標頭的長度為

(1)20　(2)32　(3)8　(4)24 bytes

(　　)7. 滑動視窗是以為計算單位

(1)封包　(2)位元　(3)位元組　(4)字元

(　　)8. 若主機B要送ACK封包給主機A時，可以將要傳給主機A的資料順便夾帶過來，這種方式稱為

(1)SACK　(2)SR　(3)重送　(4)piggyback

(　　)9. TCP連線建立的過程中的3個順序步驟為

(1)SYN，SYN+ACK，ACK　(2)SYN+ACK，SYN，ACK
(3)SYN，ACK，SYN+ACK　(4) ACK，SYN+ACK，SYN

(　　)10. TCP封包是同步封包，哪一位元會被設定為1

(1)FIN　(2)FO　(3)ACK　(4)SYN

本章習題

簡答題

1. 主機A在送出Packet 1 封包後如何判斷封包可能在傳送過程中遺失？
2. 何謂累積性確認？
3. 何謂「選擇性確認」？
4. 說明使用較大及較小的Window Size有何差異。
5. 何謂SACK？

實作分析題

1. 打開電子檔，並參考圖7-25(b)的‘，指出用戶端A的瀏覽器續送給伺服端www.cute.edu的TCP包稱為封包No 46，它所載送的TCP Payload如同封包No 29的TCP Payload，長度為666 bytes，但此時的第1 byte的編號是SN1=676及ACK2=285；其他如同圖7-25(b)的描述。我們將封包No 46對應的Wireshark展開，如圖7-36所示。圖中的紅色框指出序號值SN1=676，亦即Sequence Number:676(relative sequence number)。序號676所對應至封包位元組窗格的16進位值應被選擇為0x57be24bb；另外，指出確認序號值ACK2=285，亦即Acknowledgement number:285(relative ack number)。這裡要注意到，用戶端A的瀏覽器期待自己下一次收到的封包序號值SN2=1342（注意，TCP Payload的長度為666 bytes）。確認序號285所對應至封包位元組窗格的16進位值應被選擇為0x995d891e。請參考圖7-26～圖7-30所述。請計算封包No 47～封包No 50所對應至封包位元組窗格的16進位值及對應的RTT。另一方面，指出哪個封包的訊框必須填補，以及為何Frame 50的封包位元組窗格不會有填補的位元組。

本章習題

```
Filter: tcp                                    Expression...  Clear  Apply  Save
No.  Time        Source           Destination      Protocol Length Info
32 45.9500610 iq.cute.edu.tw   192.168.1.2      TCP   338 http > ndsp [PSH, ACK] Seq=1 Ack=676 Win=13986 Len=284
33 46.1294520 192.168.1.2      iq.cute.edu.tw   TCP    54 ndsp > http [ACK] Seq=676 Ack=285 Win=16020 Len=0
46 75.9041530 192.168.1.2      iq.cute.edu.tw   TCP   720 synapse > http [PSH, ACK] Seq=676 Ack=285 Win=15689 Len=666
⊞ Frame 46: 720 bytes on wire (5760 bits), 720 bytes captured (5760 bits) on interface 0
⊞ Ethernet II, Src: IntelCor_84:fa:bb (00:1f:3b:84:fa:bb), Dst: Trend_54:6a:30 (00:e0:98:54:6a:30)
⊞ Internet Protocol Version 4, Src: 192.168.1.2 (192.168.1.2), Dst: iq.cute.edu.tw (192.192.78.164)
⊟ Transmission Control Protocol, Src Port: synapse (2880), Dst Port: http (80), Seq: 676, Ack: 285, Len: 666
    Source port: synapse (2880)
    Destination port: http (80)
    [Stream index: 0]
    Sequence number: 676    (relative sequence number)
    [Next sequence number: 1342    (relative sequence number)]
    Acknowledgment number: 285    (relative ack number)
    Header length: 20 bytes
  ⊟ Flags: 0x018 (PSH, ACK)
      000. .... .... = Reserved: Not set
      ...0 .... .... = Nonce: Not set
      .... 0... .... = Congestion Window Reduced (CWR): Not set
      .... .0.. .... = ECN-Echo: Not set
      .... ..0. .... = Urgent: Not set
      .... ...1 .... = Acknowledgment: Set
      .... .... 1... = Push: Set
      .... .... .0.. = Reset: Not set
      .... .... ..0. = Syn: Not set
      .... .... ...0 = Fin: Not set
    Window size value: 15689
    [Calculated window size: 15689]
    [Window size scaling factor: -1 (unknown)]
  ⊟ Checksum: 0x9dd2 [correct]
      [Good Checksum: True]
      [Bad Checksum: False]
  ⊟ [SEQ/ACK analysis]
      [Bytes in flight: 666]
⊟ Data (666 bytes)
0020  4e a4 0b 40 00 50 57 be  24 bb 99 5d 89 1e 50 18   N..@.PW. $..]..P.
0030  3d 49 9d d2 00 00 50 4f  53 54 20 2f 73 65 73 73   =I....PO ST /sess
0040  69 6f 6e 43 68 65 63 6b  2e 64 6f 20 48 54 54 50   ionCheck .do HTTP
```

◐圖7-36　封包No 46的分析

2. 請利用Wireshark繪出封包No 46的RTT與其序號的關係。

3. 請利用Wireshark繪出封包No 47的序號與其時間的關係。

'N 'O 'T 'E

CHAPTER 08

DNS協定Wireshark實作分析

8-1 DNS簡介

前面幾章已陸續介紹了電腦網路中第2~4層的協定，依序爲數據鏈路層、網路層、傳輸層的協定，從本章開始，將介紹應用層的協定，包括DNS、DHCP、SMTP、HTTP等。首先介紹DNS（Domain Name System），稱爲網域名稱系統。當拜訪某公司時，警衛會要求證件，這時您可能會拿出身分證、駕照或行照；在國外也會以社會安全號碼來代表個人身分。總之，識別身分有很多方式，在台灣使用身分證的內容常爲大家所認可，至少可讓對方知道您的大名和相關資料。但您可否想過，當您告訴別人「我的名字是55-231-66」，相信對方一定會流露出迷惑的眼神，這是可想而知的，因此，必須找出一種適合身分的識別方式。

同樣情形也發生在Internet的主機，當您想要連上中華電信的網站，可在瀏覽器的網址列輸入「www.cht.com.tw」，或許您會輸入「XX.XX.XX.XX」的IP位址，雖然一樣連線至同樣地方，但後者要記住的網址號碼若超過幾十個，腦袋就不太容易記住。因此，將數字式的IP位址轉換成容易記住的、有意義的英文名稱，亦即「www.cht.com.tw」，所帶來的方便就可想而知，這也正是DNS的主要任務。簡單的說，就是以較容易記住的FQDN（即Fully Qualified Domain Name）轉換成電腦使用的IP位址，而避免一長串需記住的數字號碼。

回顧Internet初期，其互連的主機數量不多，故只要藉由主機檔案（Host file）來轉換主機的完整網域名稱，就可解決對應的IP位址問題。換言之，就是IP位址和FQDN直接的對應。然而，Internet成長速度實在太快，網路上的主機數量實在太多，使用主機檔案對應FQDN的轉換就不再那麼簡單，這也是後來需要DNS的原因。事實上，在Internet中的任何一部主機，若要有一個容易記住的名稱，必須在一特定功能的伺服器內註冊相對應的資料，稱爲「授權」（Authorize），則此部伺服器稱爲DNS伺服器（DNS Server）。注意，所有DNS伺服器爲提高效能，在建構時，不建議集中在同一地點，而是採用樹狀階層式（Hierarchy）的架構。

DNS伺服器可能會有多部共同分工運作，形成所謂的網域名稱「系統」。而DNS伺服器之間的連繫，主要是透過網域的階層性來達成，像透過這樣的系統，我們可以由一部主機的FQDN查詢到對應的IP位址；反過來，也可以由IP位址查詢到該主機的網域名稱。換言之，網域名稱系統是一個「系統」，也可看成一個分散式資料庫系統。既然DNS是一個分散式資料庫系統，每一部伺服器只要管理自己本身所管轄的資料，再經過伺服器之間的資料交換，就可達成網路名稱的查詢功能。

DNS是採用主從系統，由DNS伺服器和DNS客戶端組成。當客戶端輸入一個FQDN後，會向DNS伺服器要求查詢此FQDN的IP位址，稱為前向名稱查詢（Forward Name Query）或稱前向查詢。伺服器會至資料庫找出對應的IP位址，並回覆給客戶端，稱為前向名稱解析（Forward Name Resolution）。DNS為了有較高的查詢效率，採用UDP的傳輸方式，例如：由www.hinet.net可查詢對應到的IP位址61.224.52.23；當然也可以透過IP位址查詢所對應的FQDN，稱為反向名稱查詢（Reverse Name Query）或稱反向查詢，即由IP位址61.224.52.23查詢對應到的www.hinet.net。注意，要瞭解FQDN與對應的IP位址；或IP位址與FQDN名稱對應的主機呼叫，可應用DNS客戶端的程式，稱為DNS解析器（DNS Resolver）。

FQDN是由特定的主機加上網域名稱，再加上根網域「.」所組成，以「www. google.com.tw.」為例，www代表這部Web伺服器的主機名稱；google.com.tw.則代表此部Web伺服器的網域名稱，其中最後的那一點「.」代表在整個DNS架構中位於樹狀階層中的最上層的根網域。注意：整個FQDN的長度（包含「.」）最大長度為255個字元，而網域名稱的字元最多為63個字元。或許您會問，我上網從來也沒敲入最後的那一點「.」，還不是可以正常上網？這是由於網路應用程式在解讀名稱時，會在網域名稱的尾巴自動補上「.」。注意，DNS系統如同一樹狀結構，每一個分支以「.」分隔，其限制最多127層。值得一提，FQDN有時也被稱為「絕對網域名稱」，像網域名稱敲入最後的那一點「.」作為終點，就是絕對網域名稱。FQDN從邏輯上可以表示出主機是在什麼位置。換言之，FQDN也就是所謂主機名稱（Hostname）的一種完全表示形式。例如：flg.enterprise.com、www.google.com.tw等。

範例❶ 若FQDN為「www.google.com.tw」所對應的IP位址為「61.224.52.23」，說明查詢過程。反過來，說明反向名稱查詢過程。

解 DNS客戶端會依據FQDN向DNS伺服器要求查詢此FQDN的IP位址。因此，伺服器會去對照其資料庫內的資料，若FQDN為「www.google.com.tw」，則會在「.google.com.tw」網域內的DNS伺服器內找到一筆

www的主機，對應到IP位址爲「61.224.52.23」的記錄。DNS處理反向查詢時，是在「52.224.61.in-addr.arpa」的網域伺服器內有一對應表，可查到有一筆記錄23對應到www.google.com.tw的記錄；它的表示方式爲「23.52.224.61.in-addr.arpa」。

8-2 DNS的架構

當今網路上的主機數量非常龐大，FQDN不可能只靠集中式的DNS伺服器來完成IP位址的轉換，否則用來查詢資料庫必須等待的時間，一定會讓人不耐煩！不採用集中式的DNS原因如下：

- 萬一故障，那整個系統全遭殃。
- 大量的訊務集中，易造成網路流量壅塞。
- 集中式資料庫有可能在很遠距離，對訊務延遲造成很大影響。
- 擴充性有限。

因此，集中式的DNS伺服器在解析FQDN時很沒效率，這也造就分散式的資料庫的建立，並以樹狀階層式的架構建立起來。如圖8-1中的DNS系統，基本上是採用樹狀階層式的架構。圖中指出，DNS的根部在最上面，下面延伸出樹枝，樹枝的分支點就稱爲節點（node），每一節點都有節點名稱，由於名稱以樹狀階層來管理，故就整個樹狀階層架構稱爲網域名稱空間，此空間的部分樹狀就是網域。換言之，樹的每一個分支點稱爲網域，並且都給予一個名字，而此分支點的網域名稱即等於由這個分支點一直到根的所有名字連串起來，並且在每一節點各名字（由左至右）之間加一個點「.」。每個網域的名字在它的上一層網域裡，必須是唯一的名字。DNS是由許多的網域所組成，每個網域下面又可不斷地分出更多的網域。每個網域最少都有一部DNS伺服器，來儲存其管轄網域內的資料。DNS伺服器可依據網域名稱，將網路上的主機劃分成很多個邏輯群組，每個群組中的DNS伺服器，負責維護自己網域中所有主機名稱與IP位址的資訊，並向上層網域的DNS伺服器註冊。例如：管轄「.google.com.tw」的DNS伺服器就要向管轄「.com.tw」的伺服器註冊，一直到樹狀階層最高點的DNS伺服器爲止。

DNS架構分爲4層，由上而下分別是根網域（root domain）、頂層網域（top level domain）、第二層網域（second level domain）和主機。根網域位於DNS架構的最上層，當下層的任何一部DNS伺服器無法解析某個DNS名稱時，就會向根網域的DNS伺服器求助，只要所要搜尋的主機有照規定在伺服器內註冊，則從根網域的DNS伺服器往下層搜尋，必定可以解析出它的IP位址。

根網域所管理的下一層稱爲頂層網域（Top Level Domain；TLD），TLD又分爲通用頂層網域稱爲gTLD（generic TLD）及國碼頂層網域稱爲ccTLD（country code TLD）。前者的名稱是以組織性質來區分，例如com（商業）、edu（教育）、gov（政府）、int（國際組織）、mil（軍方）、net（網路中心）、org（組織機構）等，如表8-1及圖8-2所示；後者是以國家爲分類的，例如cn代表中國大陸、tw代表台灣、jp代表日本、ca代表加拿大，如圖8-3所示；另外還有kr代表韓國、eu代表歐盟、au代表澳洲、fr代表法國、uk代表英國等。注意：美國可用us，但很少用來當成頂層網域。就以「.tw」來說，此層只記錄下一層那些主要網域的主機，至於再下一層，則直接授權給下層的某部主機來管理！例如：「edu.tw」下層還有「cute.edu.tw」這部主機，則直接授權交由「edu.tw」這部主機去管理。換言之，上層的DNS主機所記錄的資訊，其實只針對其下一層的主機而已！這樣設計的優點是，可減少一些管理上的困擾！

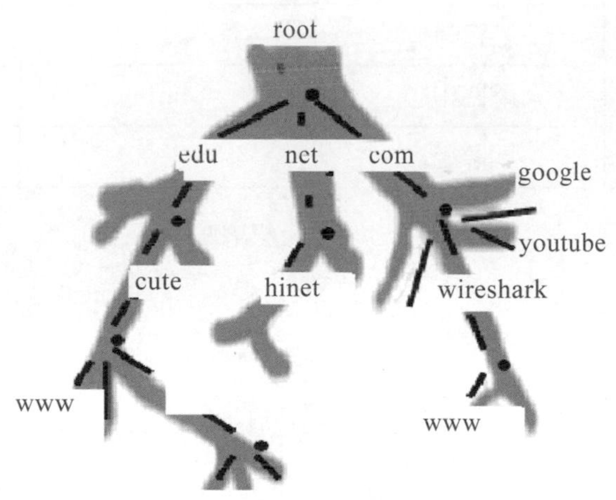

圖8-1 DNS樹狀階層式的架構

台灣在2000年5月推出中文網域名稱和個人網域名稱供人申請，前者像商業.tw、網路.tw、組織.tw、教育.tw和政府.tw共5種；個人網域名稱則爲idv.tw。在2000年11月，ICANN也通過了7個新的TLD網域名稱；像.aero（航空公司）、.biz（公司行號）、.coop（合作社型態）、.museum、.info（資訊服務提供者）、.name（個人）、.pro（專業機構）。另一方面，也分別在2000年10月，在台灣開放「.台灣」頂級中文網域名稱註冊服務，凡是註冊「中文.台灣」域名，即可自動取得相同價值的「中文.tw」。例如：TWNIC（Taiwan National Network Information Center）網站的中文網址「http://台網中心.台灣」與「http://台網中心.tw」。2005年11月，更進一步開放直接隸屬於ccTLD的英文網域名稱。例如：pchome.tw省略了中間的.com網域名稱。

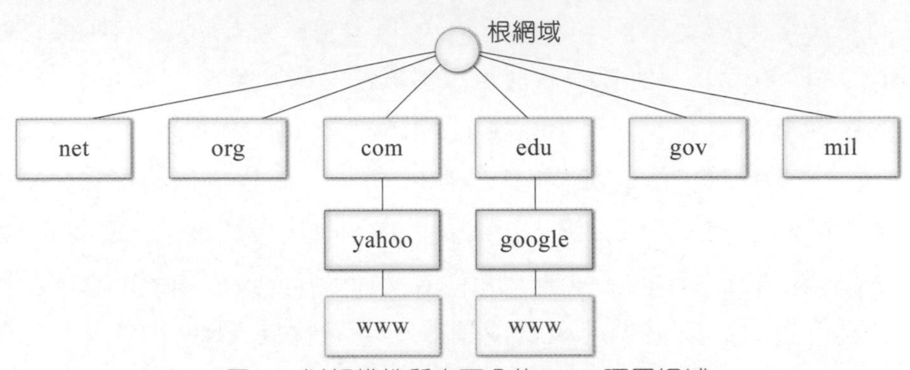

圖8-2 以組織性質來區分的gTLD頂層網域

表8-1 一般網域之標記

名稱	代表意義	名稱	代表意義
com	公司、企業	org	非營利組織、機構
edu	教育單位	gov	政府單位
net	網路中心	mil	軍事單位
int	國際組織		

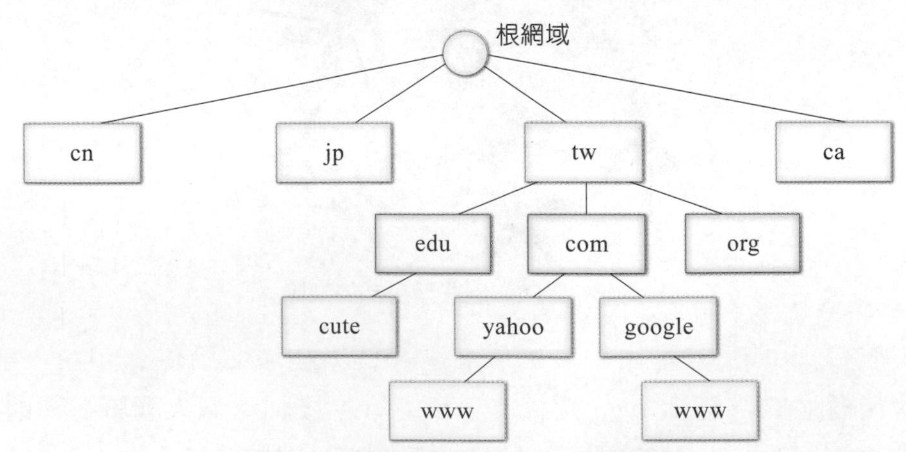

圖8-3 以國碼來區分的ccTLD頂層網域

ICANN第41屆新加坡會議也正式宣布新頂層域名（NewgTLD）開放，並於2012年1月12日起開始接受收件申請，任何法人組織皆可申請，以前皆爲企業或品牌申請網路中文.tw這類網址；從2013年起，將可申請公司品牌當網址結尾，以達到容易記憶、行銷的正面效果。相信新的網域名稱命名以後會有新的持續出現。

8-2-1 第二層網域

在台灣採用的頂層網域是依據ccTLD方式來命名，即「.tw」網域；第二層網域則以組織性質區分的.com、.org等網域，再細分下去的網域也全都歸類在第二層網域。例如「.com.tw.」是屬於第二層網域；再細分下去的網域「.yahoo.com.tw.」、「.google.com.tw.」均同屬於第二層網域。一般用的屬性型英文網域名稱是指edu.tw.、gov.tw.、com.tw.、net.tw.、org.tw.等網域名稱，例如twnic.net.tw.。至於最後一層是主機，也是屬於第二層網域的主機，其網域的管理及名稱可自己決定，無需要向管理網域名稱的機構註冊，像www.cute.edu.tw.、ftp.cute.edu.tw.等。

N.O.T.E

ICANN是一個非營利性的國際組織，負責IP位址的分配、gTLD與ccTLD，以及根伺服器（root server）系統的管理。TWNIC為台灣網路資訊中心，屬非營利性之財團法人機構，同時也是中國互聯網路資訊中心（CNNIC）、日本網路資訊中心（JPNIC）、韓國網路資訊中心（KRNIC）等網際網路組織之對口單位。

8-2-2 DNS Zone

前面已提過，DNS伺服器會負責維護網域中所有FQDN與IP位址對應關係的資料。而DNS Zone則是用來儲存這些資料的資料庫，每一個Zone中的資料，都會由一部指定的DNS伺服器負責維護管理，因而，Zone正是DNS伺服器實際的管轄範圍。若網域還有子網域時，可以委派（delegate）另一部DNS伺服器負責維護子網域中的管理。例如：以www.cute.edu.tw來說，若網域的下層無子網域，那Zone的管轄範圍就等於網域的管轄範圍，如圖8-4所示的「cute網域」等於「cute Zone」。若網域的下層有子網域，假設爲data、cook和math，則每個Zone都會有一部DNS伺服器負責管理。再強調一下，基本上，每個網域至少有一部DNS伺服器負責管理，但其管轄範圍並非以網域爲單位，而是以Zone爲單位。

然而，為了避免只有一部伺服器發生故障，以致Zone的用戶端無法執行解析與查詢，所以較保險是交給多部DNS伺服器來負責。注意，圖8-5指出，同一個Zone的網域必定有上下層緊鄰的關係；另一方面，也指出Zone是小於或等於網域。例如：在DNS伺服器建立cute網域，而cute Zone管轄範圍包含了3個Zones，亦即是data Zone，cook Zone和math Zone。所以，「cute網域」中的管轄範圍大於「cute Zone」的管轄範圍。

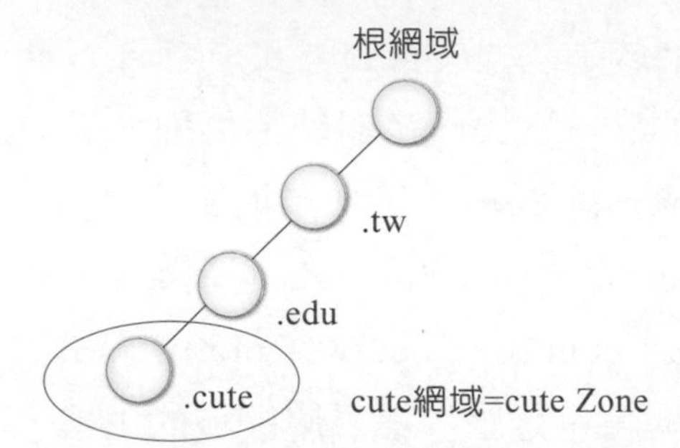

圖8-4　網域的管轄範圍等於Zone的管轄範圍

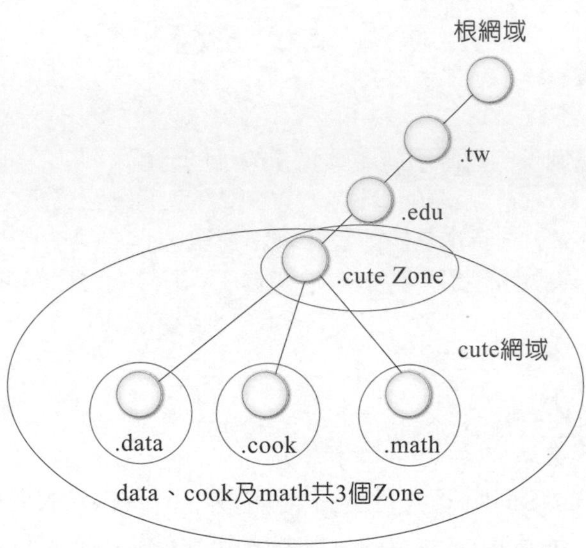

圖8-5　網域的管轄範圍包含3個Zone的管轄範圍

8-3 DNS伺服器的種類

在8-2-2節已說明，當每個Zone只由一部DNS伺服器負責的話會有一個問題：即一旦DNS伺服器發生故障，可能會造成Internet上其他使用者沒有辦法取得這個Zone的資料（指FQDN和IP對應關係）。因此，為了避免這種情形發生，我們可以把這個Zone的資料同時交給多部DNS伺服器負責。DNS伺服器的種類可分為3種：有主要名稱伺服器（Master Name Server），也簡稱為Master DNS伺服器、次要名稱DNS伺服器（Slave Name Server），簡稱為Slave DNS伺服器，以及快取伺服器（Cache Server）。說明如下：

◈主要名稱伺服器

此伺服器在一個Zone中只能有一部，除了可以註冊主機的FQDN之外，其最主要的工作是提供DNS客戶端查詢的工作，還要維護Zone內的資料庫資料的正確性。萬一這個Zone內的資料有變化時，也是直接寫入至這台伺服器的資料庫，此資料庫稱為Zone檔案（Zone file）。

◈次要名稱伺服器

為了容錯（fault tolerance）與負載平衡（load balance）的考量，才會有次要名稱伺服器。此伺服器並不擔負註冊新的主機FQDN及資料庫的維護，但它的資料庫內的全部資料均來自於主要伺服器，亦是主要伺服器的備份資料庫；另外，它也協助DNS客戶端提出查詢時，所想要找到的資料。注意，DNS客戶端必須事先設定可使用多部DNS伺服器，這樣的話，若遇到主要名稱伺服器無法提供服務時，會自動轉至次要名稱伺服器。

◈快取伺服器

它本身並沒有管理任何的Zone，但DNS客戶端還是可以向它要求查詢。由於此伺服器本身沒有Zone檔案，所以都向指定的DNS伺服器查詢，並將查詢到的相關資料，暫時儲存於自己的快取記憶體內，以便爾後還有相同的FQDN查詢時，可以立刻從快取記憶體提供客戶端想要的資料。有關Zone檔案可參考8-7節。

8-4 階層且分散式的資料庫

由於集中式的DNS資料庫，其擴充性非常有限，因此，Internet上的DNS伺服器是採用一個階層且分散式的資料庫，它儲存著Internet上伺服器名稱解析與IP對應表、郵件路由資訊，以及其他Internet應用程式所使用的資訊。伺服器的資料庫必須以分散且階層式的方式來配置，這表示Internet的主機無法完全只由單一的伺服器來達成FQDN與IP位址之轉換服務。你一定會問：分散式的資料庫又是如何實作出來？簡單的說，它是利用許多階層式的名稱伺服器堆疊出來。套用8-3節說明過的3種DNS伺服器的種類，我們可以初步勾勒出DNS伺服器的種類亦可分爲3種：根DNS伺服器、頂層網域DNS伺服器，以及官方DNS伺服器（Authoritative DNS Name Server），如圖8-6所示。它們之間的關係說明如下。

例如：DNS客戶端想要知道主機名稱www.google.com的IP位址時，客戶端會與其中一台根伺服器連絡，根伺服器會傳回告知頂層網域「com」中的TLD DNS伺服器的IP位址，接著客戶端會與這些TLD伺服器其中一台連絡，此台伺服器會傳回「google.com」的官方DNS伺服器；最後客戶端會與其中一台官方DNS伺服器連絡，此台伺服器會傳回告知主機名稱「www.google.com」的IP位址。注意，當主機連線到ISP時，ISP會提供其中一台或多台本地DNS伺服器（Local DNS Server）的IP位址。一般而言，主機與本地DNS伺服器同屬在相同LAN上，一旦主機送出詢問訊息，會先送至本地DNS伺服器，以便進行與DNS伺服器階層架構做通訊。本地DNS伺服器又稱預設名稱DNS伺服器（Default Name DNS Server），如ISP、大學校園、公司或住家均有此類伺服器；嚴格來說，此伺服器並不歸列在階層式DNS的架構。

另外，頂層網域DNS伺服器負責com、org、net、edu、etc...等等，以及全部的國碼頂層網域，像uk、fr、ca、jp等等。至於官方DNS伺服器可提供管控的主機名稱到IP位址的對應。注意：一些在Internet上的著名機構大都擁有供給眾多人存取的主機，像google的官方伺服器提供給客戶存取的DNS記錄，以使主機解析的名稱對應至IP位址，該機構的官方DNS伺服器會將這些DNS記錄儲存起來。爲安全起見，還會有備用的官方DNS伺服器。

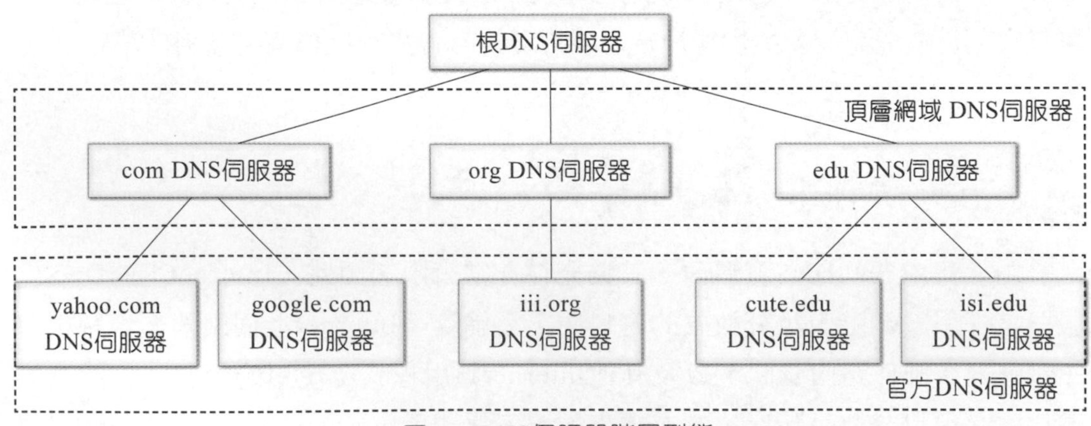

圖8-6 DNS伺服器階層型態

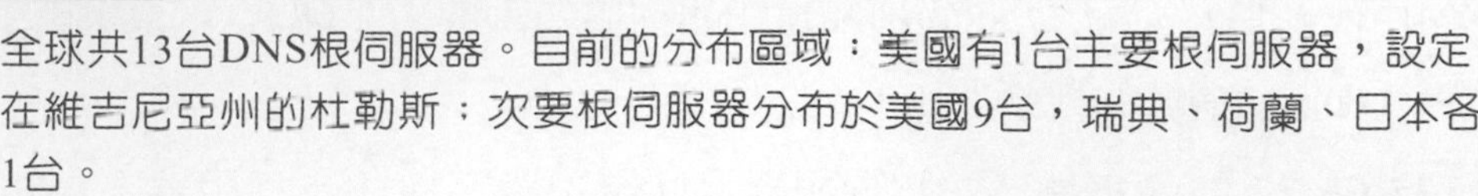

N.O.T.E

全球共13台DNS根伺服器。目前的分布區域：美國有1台主要根伺服器，設定在維吉尼亞州的杜勒斯；次要根伺服器分布於美國9台，瑞典、荷蘭、日本各1台。

8-5 DNS名稱的查詢

當我們在瀏覽器中的網址列輸入網站的FQDN後，作業系統會呼叫應用程式，稱爲DNS解析器（DNS Resolver），此解析器是客戶端需要查詢一個FQDN所對應的IP位址時的解析軟體。例如：有一客戶端的IP位址爲192.168.1.2，它的預設名稱伺服器的IP位址爲192.168.1.15，現在客戶端想查詢www.yahoo.com的IP位址。首先，DNS解析器會先到DNS解析器的快取（DNS Resolver Cache）查詢是否可以找到所要的資訊，若沒有，就到預設名稱DNS伺服器（又稱爲本地DNS伺服器）查詢，其詳細過程如圖8-7所示，共分成10步驟。

步驟1：客戶端DNS解析器會先查詢自己本身的快取（Cache）記憶體中是否存在有要查詢的資料，亦即解析程式會去檢查本身的快取記錄是否有www.yahoo.com的存在。

步驟2：如果從快取記錄可得知FQDN所對應的IP位址，此IP位址就回覆給呼叫它的應用程式。

步驟3：若客戶端DNS解析器的Cache中無法找到對應的IP位址，則會向預設名稱DNS伺服器要求查詢，此伺服器在收到要求後會先去檢查此FQDN是否爲所管轄Zone內的網域名稱，若是的話，再檢查該部伺服器內存有客戶端想要的資料，找到後會立刻回覆DNS解析器的查詢。注意，到第3步驟爲止，DNS客戶端向預設名稱DNS伺服器要求解析DNS名稱時的查詢稱爲遞迴查詢（Recursive Query）。

步驟4：萬一無法找到相對應的資料，那就必須進入圖8-6所示的DNS伺服器階層型態，以進行伺服器對伺服器之間的查詢，這樣的動作稱爲循環查詢（Iterative Query）。現在由於預設名稱DNS伺服器找不到所要解析的「www.yahoo.com」位址，此時伺服器便會向根網域的DNS伺服器查詢是否有「www.yahoo.com」的IP位址？因爲負責根網域的DNS伺服器會包括多部主機，所以預設名稱DNS伺服器會隨機向其中一部主機，例如IP位址爲135.66.77.88的根網域DNS伺服器詢問，是哪些DNS伺服器負責「com」網域的授權工作。

步驟5：135.66.77.88的根網域DNS伺服器會回覆預設名稱DNS伺服器，告知負責「com」網域的DNS伺服器是包括哪些主機。

步驟6：預設名稱DNS伺服器會從這些主機中隨機選取一部主機，例如IP位址爲192.23.6.7的com DNS伺服器，並詢問哪些DNS伺服器負責「com」網域授權工作。

步驟7：IP位址爲192.23.6.7的com DNS伺服器會回覆預設名稱DNS伺服器，告知負責「yahoo.com」網域的DNS伺服器是哪些主機。

步驟8：預設名稱DNS伺服器會從這些主機中隨機選取一部主機，例如：IP位址爲55.1.2.3的yahoo.com DNS伺服器，並詢問哪些DNS伺服器負責「yahoo.com」網域授權工作。

步驟9：如果「www.yahoo.com」是來自IP位址爲55.1.2.3的主機授權，因此，這部主機立刻回覆預設名稱DNS伺服器「www.yahoo.com」的IP位址與相關資訊。

步驟10：一旦預設名稱DNS伺服器取得「www.yahoo.com」傳送過來的資訊後，會立刻回覆給客戶端的DNS解析器，到此整個查詢動作大功告成。

N.O.T.E

當客戶端向預設名稱DNS伺服器要求名稱查詢時，若預設名稱DNS伺服器找不到所要解析的「www.yahoo.com」位址，此時伺服器便會向根網域的DNS伺服器查詢是否有「www.yahoo.com」的IP位址？但為了節省頻寬及安全上的考量，可以不去詢問根網域DNS伺服器，此時可以設定轉送程式（forwarder），將客戶端的要求優先轉送至特定的DNS伺服器。如果在規定的時間內沒有得到回覆，則預設名稱DNS伺服器可再向根網域DNS伺服器詢問，或是直接告訴客戶端無此IP位址。

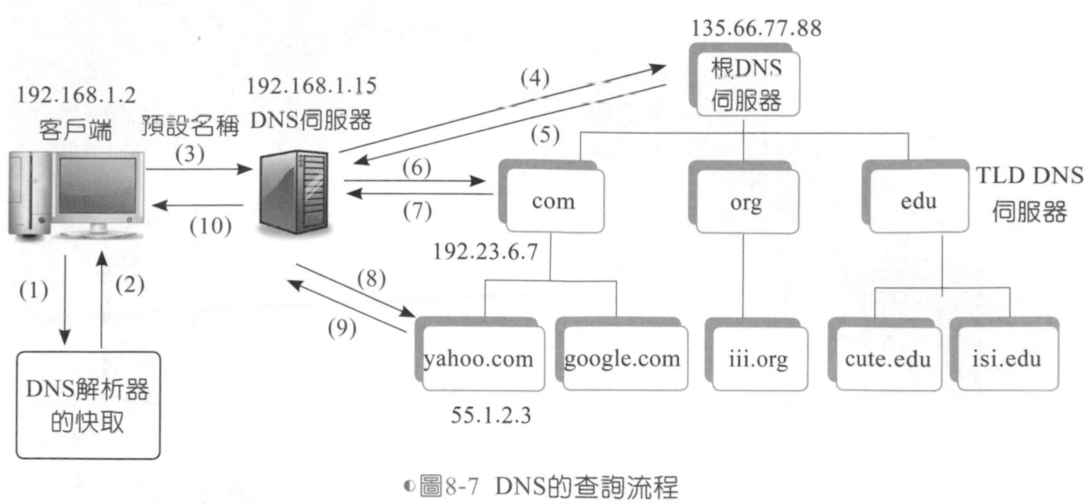

圖8-7 DNS的查詢流程

8-6 遞迴查詢與循環查詢

當預設名稱DNS伺服器接收到客戶端查詢時，必須要回覆客戶端所要查詢的主機名稱解析所對應的IP位址，若找不到對應的資料，也不會通知客戶端去查詢另一部DNS伺服器。像這種查詢就是遞迴查詢，例如：在圖8-7的步驟3與步驟10，只牽涉到IP位址192.168.1.2客戶端的主機，與IP位址192.168.1.15的預設名稱DNS伺服器之間的查詢。但接下來步驟4至步驟9都是在進行伺服器對伺服器之間的查詢動作，且回覆均直接傳回給預設名稱DNS伺服器，像這種反覆的查詢稱為循環查詢。循環查詢的過程看起來很複雜，但只要在DNS伺服器階層型態連結的主機有按規定登錄，很快的就可以完成這樣的循環查詢，當然可以很快地查出各部主機的FQDN與IP位址，或告知找不到此筆資料。

範例❷ 參考圖8-7的步驟說明。假設本地DNS伺服器是使用中華電信Hinet的IP位址168.95.1.1，現在客戶端想查詢www.abc.edu.tw的IP位址，請以圖8-8說明DNS查詢的流程。

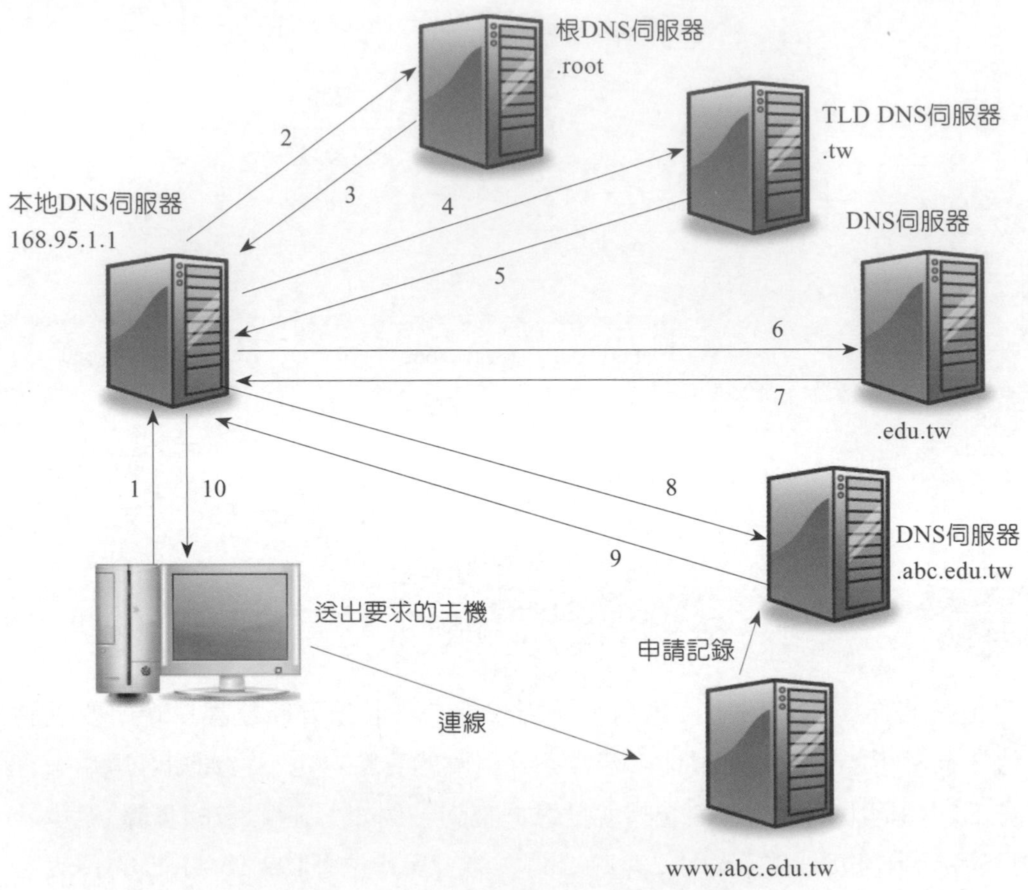

◐圖8-8 DNS查詢主機名稱的流程

解 當你在電腦瀏覽器的網址列輸入http://www.abc.edu.tw時，電腦就會依據所提供的DNS的IP去進行查詢；當本地DNS伺服器（IP位址168.95.1.1）收到要求主機送過來的連線查詢時，自己先查看本身快取記憶體中是否有這樣的記錄，若無，則向根DNS伺服器查詢（即.root）有關IP的資訊。由於中華電信Hinet伺服器發現客戶端想查詢的單位是台灣學術網路，自己沒有管理的權限，此時168.95.1.1 DNS伺服器就會向最頂層，也就是「.root」DNS伺服器查詢相關IP資訊。以下簡單說明。

1. 當本地DNS伺服器向「.root」DNS伺服器查詢www.abc.edu.tw位在何處？由於「.root」DNS伺服器只記錄了「.tw」DNS伺服器的資訊，會告知本地DNS伺服器，我不知道你要找的這部主機的IP爲何；但我可以告訴你應該去「.tw」DNS伺服器那裡詢問。
2. 本地DNS伺服器只好到根網域DNS伺服器詢問，是哪些DNS伺服器負責「.tw」網域的授權工作。當「.tw」DNS伺服器接受詢問後，

168.95.1.1的伺服器發現此層的DNS伺服器管理好幾種類型的主機，像.org.tw、.edu.tw、.com.tw、.gov.tw等多部主機，經過比對後發現，要找的是「.edu.tw」的網域，此時「.tw」會告知168.95.1.1的伺服器要它去「edu.tw」這個網域的主機那裡查詢，並告知「.edu.tw」的IP位址。

3. 同理，「.edu.tw」DNS伺服器會告知168.95.1.1的伺服器應該要去「.abc.edu.tw」這個網域的主機那裡查詢，並告知「.abc.edu.tw」的IP位址。

4. 一直到168.95.1.1 DNS伺服器找到「.abc.edu.tw」之後，「.abc.edu.tw」DNS伺服器確定這部主機名稱www.abc.edu.tw是它管理的，所以168.95.1.1的伺服器就得出www.abc.edu.tw的IP位址。

5. 一旦得到正確的IP位址後，168.95.1.1的DNS伺服器會將查詢的結果記錄在快取記憶體中，以備下次有相同的連線查詢時，能迅速透過此記錄做回覆。注意，記錄在快取記憶體中的內容是有時間性的。再強調一次，DNS系統是階層式管理，因此，「.tw」只記錄它所管理到的下一層（即「edu.tw」）這個網域的主機！同理，「edu.tw」只記錄它所管理到的「abc.cdu.tw」這個網域的主機。換言之，上一層的DNS伺服器所記錄的資訊，只包括其下一層的主機；至於再下一層，則直接授權給下層的某部主機來管理。

範例❸ 如何知道DNS解析器的Cache內容？

解 首先，先清除DNS解析器的Cache內容。例如：在C:\ Documents and Settings\yunlung\>敲入ipconfig/flushdns，然後再執行C: \ Documents and Settings\yunlung\>ipconfig/displaydns，如圖8-9所示；接著，請重新連線並進行www.isi.net的DNS查詢，可執行C: \ Documents and Settings\yunlung\> nslookup www.isi.net後，開啓www.isi.net的網頁，再執行C: \ Documents and Settings\yunlung\>ipconfig/displaydns可得出增加一筆www.isi.net記錄等相關訊息，如圖8-10所示。

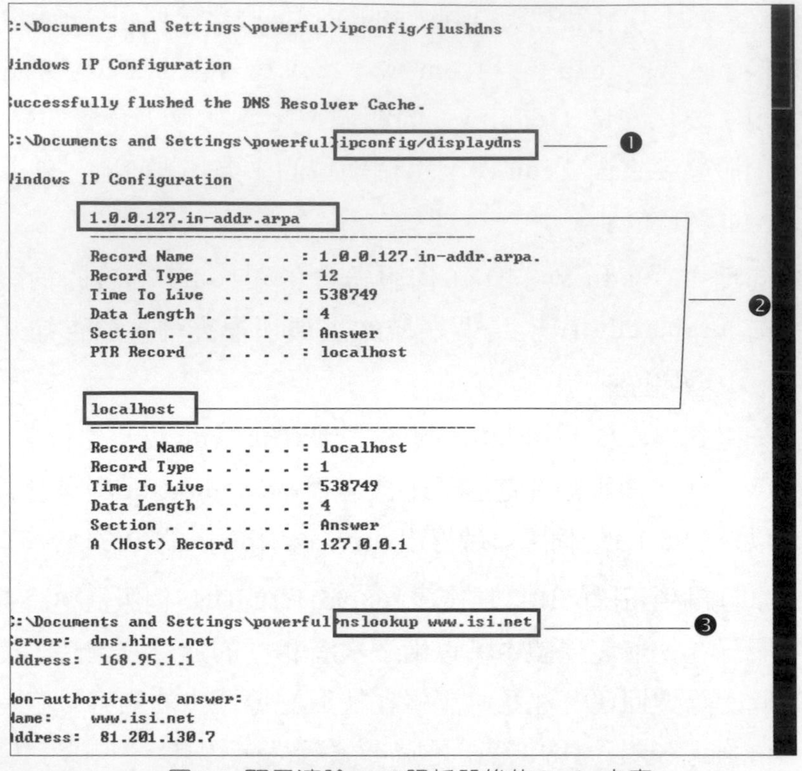

圖8-9 顯示清除DNS解析器後的Cache內容

❶ 指出敲入指令ipconfig/flushdns以進行Windows的DNS解析器Cache內容的清除動作。接著，敲入指令ipconfig/displaydns顯示出清除DNS解析器後的Cache內容。

❷ 指出目前Cache內容爲基本的本機（localhost）與反向查詢網域爲1.0.0.127.in-addr.arpa。

❸ 重新連線後，開啓www.isi.net的網頁，並進行www.isi.net的DNS查詢。最後，記得要再敲入指令ipconfig/displaydns，以顯示出清除DNS解析器後，所增加一筆的Cache內容，如圖8-10中所示的紅色框。

```
C:\Documents and Settings\powerful>ipconfig/displaydns

Windows IP Configuration

         1.0.0.127.in-addr.arpa
         ----------------------------------------
         Record Name . . . . . : 1.0.0.127.in-addr.arpa.
         Record Type . . . . . : 12
         Time To Live  . . . . : 536266
         Data Length . . . . . : 4
         Section . . . . . . . : Answer
         PTR Record  . . . . . : localhost


         www.isi.net

         Record Name . . . . . : www.isi.net
         Record Type . . . . . : 1
         Time To Live  . . . . : 1791
         Data Length . . . . . : 9
         Section . . . . . . . : Answer
         A (Host) Record . . . : B1.201.130.7


         localhost
         ----------------------------------------
         Record Name . . . . . : localhost
         Record Type . . . . . : 1
         Time To Live  . . . . : 536266
         Data Length . . . . . : 4
         Section . . . . . . . : Answer
         A (Host) Record . . . : 127.0.0.1
```

◐圖8-10 顯示連線DNS解析器後的Cache內容

8-7 DNS資源記錄

DNS伺服器內的每一個網域名稱都有自己的檔案，這個檔案即所謂的Zone檔案。一旦Zone建立起來後，就可以在Zone檔案內新增多個記錄資料，這些資料就是DNS的資源記錄（Resource Record，簡稱RR）。RR也可以看成是DNS客戶端和伺服器之間來往的資訊，像前面提到的網域均帶有和網域相關的RR，一旦解析器將網域名稱送至伺服器，正常情況可以傳回和該名稱相關的資源記錄。換言之，DNS其中之一的功能，就是將網域和資源記錄互相對應。DNS爲了對應不同的名稱轉換系統，所以在資源記錄之中包含不同類型（type）的種類，當客戶端對DNS指定類型並進行查詢時，系統會傳回和類型相符合的資源記錄。當我們在設定DNS名稱解析及管理時，就需要使用到不同類型的RR，下面所列出的RR類型是較常會用到的RR，如下說明。

◈SOA（Start Of Authority；管轄起始）

它用來定義Zone的全球參數（參考RFC 1035）。Zone檔案內的一開始就是此種記錄，每一個記錄檔只能有一個SOA，而且一定是檔案中第一個記錄。

換言之，SOA標示出一個Zone檔案的開始，它用來記錄此Zone的授權資訊，包含主要名稱伺服器，與管理此Zone的負責人（即指管理員）的電子郵件帳號、修改的版本、存放在快取記憶體中的每筆記錄時間，以及備份伺服器要備份這個Zone時的一些參數。例如：Microsoft DNS伺服器產生的SOA資源記錄，如圖8-11所示。由於SOA最主要是跟網域有關，所以一開始的RR（依序由上往下）會出現網域名稱ccc.edu.tw、主要名稱伺服器ns1.ccc.edu.tw（亦即為cc.edu.tw這個網域的主要DNS伺服器），以及發生問題時可以聯絡這個管理員的電子郵件帳號為abc.mail.ccc.edu.tw。SOA後面的兩個參數就是指這個zone file的授權主機（亦即ns1.ccc.edu.tw）和管理者信箱（亦即abc.mail.ccc.edu.tw），注意abc@mail.ccc.edu.tw是寫成abc.mail.ccc.edu.tw，因為@符號在資料庫檔案中具有特別意義：此符號代表zone file所對應的zone。接著，SOA後面會依序出現序號（Serial）、更新頻率（Refresh）、失敗重試時間（Retry）、失效時間（Expire）及生存時間值（TTL）共5個參數，說明如下。

```
ccc.edu.tw      IN      SOA     ns1.ccc.edu.tw          abc.mail.ccc.edu.tw

{
serial = 2013071015
refresh =10800 [3hr]
retry = 1800 [30min]
expire = 432000 [5day]
default TTL = 3600 [1hr]
}
```

圖8-11 SOA資源記錄

- 序號（Serial）：這個序號代表的是這個Zone檔案的版本，只要Zone檔案的內容有所變動，管理者就要記得增加這個序號。序號越大，代表檔案內容越新。因為Slave DNS伺服器以此序號是否比它的序號還要新來作為判斷是否要主動下載新的檔案資料的依據。若是，則Slave DNS伺服器會從Master DNS伺服器下載以讀取Zone檔案；反之，不下載。一般而言，序號使用格式為「YYYYMMDDnn」。例如：2013071015序號代表2013年07月10日；而至07月10日當天來說，已是第15次更新，所以數字15也意謂著進入第16次更新。不過，序號不可大於2的32次方。注意，序號時間值是無記號的32位元（參考RFC 1982）。

- 更新頻率（Refresh）：預設值爲3600，以秒爲單位。Slave DNS伺服器會以更新頻率的預設值（亦可設定，像圖8-9爲10800）向Master DNS伺服器要求資料更新。是否做更新，可依據上述說過的序號判斷，決定要不要下載資料庫檔案。注意，RFC 1912建議值爲1200~43200秒。注意，Refresh時間值是帶記號的32位元。
- 失敗重試時間（Retry）：預設值爲600，以秒爲單位。一般而言，Retry時間早於Refresh時間，如果因爲某些原因造成Slave DNS伺服器無法對Zone檔案更新，Slave DNS伺服器會以Retry的預設值（亦可設定，像圖8-9爲1800）再向Master DNS伺服器做Refresh。Retry的時間在某些情況也會變動。例如：原本設定每1800秒Slave DNS伺服器會主動向Master DNS伺服器做連線，如果該次連線失敗，接下來Retry的時間會變成900秒。若成功，則又會恢復到1800秒連線。注意，典型值爲180~900秒或更高。另外注意，Retry時間值是帶記號的32位元。
- 失效時間（Expire）：預設值爲86400，以秒爲單位。如果因爲某些原因無法繼續Refresh的話，就再繼續Retry。沿用上述，每900秒做Retry，一直到失效時間所設定的值到達後，Slave DNS伺服器將不再更新，並停止對查詢的回覆，最後只能等待系統管理員來處理。注意，Expire時間值是帶記號的32位元。RFC 1912建議值爲1209600~2419200秒（相當於2~4星期）。
- 生存時間值（TTL）：預設值爲3600，以秒爲單位。最大的TTL（max-cache-ttl）值爲604800（相當於7 days），此值（亦可設定，例如爲86400）被用來通知其他DNS伺服器應該將資料保留在快取查詢與回覆會存活的時間。注意，遇有不存在的網域名稱之查詢，也會以NXDOMAIN回覆，此結果將被任一解析器快取保持在最小TTL的時間，像這樣的情況稱爲消極快取時間（negative caching time）。根據RFC 2308，最大TTL值爲10800秒（相當於3小時）。

N.O.T.E

一般而言，如果RR資料變更很頻繁，則上述的5個參數數值可以設定小一點。如果RR是很穩定的，可以將Refresh設定較大，以節省頻寬。另一方面，5個參數數值的設定，可參考下面表示式：

Refresh >= Retry *2
Refresh + Retry < Expire
Expire >= Rrtry * 10
Expire >= 7Days

◈NS（Name Server；名稱伺服器）

負責管轄Zone的名稱伺服器，它包含了主要和次要名稱伺服器。注意，不可以IP位址表示。例如：NS用來定義兩個名稱伺服器主機名稱，分別是ns1與ns2。如圖8-12所示。

```
IN    NS    ns1
IN    NS    ns2
```

◐圖8-12 定義兩個名稱伺服器ns1與ns2

◈A（Address；位址）

記錄DNS網域名稱所對應的IPv4位址。例如：負責管轄Zone的名稱伺服器ns1與ns2的A（Address；位址）記錄，如圖8-13所示。

```
ns1    IN    A    192.168.1.3
ns2    IN    A    192.168.1.3
```

◐圖8-13 ns1與ns2的A(Address；位址)記錄

◈AAAA（Address；位址）

記錄DNS網域名稱所對應的IPv6位址。例如：網域名稱www.example.com所對應的IPv6位址為2125:cb3::7，記錄如圖8-14所示。注意，TTL的時間為172800秒。

```
www.example.com    172800    AAAA    2125:cb3::7
```

◐圖8-14 www.example.com 所對應的IPv6位址記錄

◈PTR（Pointer；反向查詢指標）

將IP位址轉換成主機的FQDN，如圖8-15所示。

```
10.1.33.36.in-addr.arpa. IN PTR paul.football.com.
```

◐圖8-15 PTR記錄典例

◈CNAME（Canonical Name：正規名稱）

使用CNAME可以爲同一部主機設定不同的別名（alias），這可使所設定的別名都會連至同一部伺服器。例如：svp.cde.abgnet.com稱爲正規名稱；而它的別名可爲www.cde.abgnet.com和ftp.cde.abgnet.com，因此，所設定的別名都會連至同一部伺服器。換言之，主機名稱如果有別名，則應用程式呼叫DNS時，可以很容易取得該主機名稱的正規名稱和它的IP位址。CNAME的寫法如圖8-16所示。

```
www.cde.abgnet.com     CNAME     svp.cde.abgnet.com

ftp.cde.abgnet.com     CNAME     svp.cde.abgnet.com
```

◐圖8-16 CNAME的記錄典例

◈MX（Mail Exchanger：郵件交換器）

MX記錄著某個網域相關郵件伺服器的FQDN和IP位址等資訊。MX記錄是設定在DNS伺服器內。當發送端要對某個網域發送信件時，發送端的郵件伺服器會先對該網域的DNS伺服器進行MX記錄的查詢。舉例來說，若你發一封信件abc@ed.com.tw出去時，則你的郵件伺服器會去查詢DNS伺服器內有沒有記錄ed.com.tw這個網域所對應的IP位址；若查不到，則會至其他DNS伺服器上查詢。一旦查到ed.com.tw所對應的IP後，會再查詢擁有MX記錄的是哪一部伺服器，最後你的郵件伺服器就會將信件送到ed.com.tw這個網域的郵件伺服器上。爲使所有郵件都能確實送給接收端，DNS伺服器最好都建立MX記錄。當MX存在多部時，必須設定優先順序的數字，像10爲一般偏好值，數字愈小，表示較高優先，像0爲最高優先。舉例來說，如果網域abc123.com包含有兩筆MX記錄：3 mail1. abc123.com和5 mail2. abc123.com，郵件將會優先傳送至3 mail1. abc123.com；如果該伺服器暫停服務，則郵件將重新被導引至5 mail2.abc123. com。MX的寫法如圖8-17所示，圖中指出yahoo.com.tw網域的MX是mx1.mail. tw.yahoo.com。

```
yahoo.com.tw    MX preference=10, mail exchanger = mx1.mail.tw.yahoo.com
```

◐圖8-17 MX的記錄典例

N.O.T.E

上述所列出的RR類型，我們可以就type、name及value再說明一下：當type=A時，name表示主機名稱，value表示IP位址；type A的記錄提供正規主機名稱與IP位址的對應。例如：asp.cde.abt.com, 175.12.33.55, A指出一筆type=A記錄。當type=NS時，則name表示網域（例如tre.com），value則表示此網域的管控名稱伺服器之主機名稱，並知道如何取得IP位址；此記錄允許DNS查詢沿著查詢鏈繞送出去，例如：tre.com, dns.tre.com, NS指出一筆Type=NS記錄。當type=CNAME時，name表示某個正規主機名稱的別名，value用來表示正規主機名稱。例如：abt.com, asp.cde.abt.com, CNAME指出一筆type=CNAME記錄。當type=MX時，name表示某個郵件伺服器的正規主機名稱的別名，value用來表示郵件伺服器的正規主機名稱。例如abt.com, mail.cde.abt.com, MX指出一筆type=MX記錄。此記錄允許郵件伺服器的主機名稱可以有別名，必要時，使用者可以用相同的別名代表郵件伺服器及其他DNS伺服器。另一方面，只要客戶端查詢MX記錄，就可以得知郵件伺服器的正規主機名稱；若要得知其他DNS伺服器的正規主機名稱，查詢CNAME記錄就對了。

8-8 DNS客戶端的驗證

若讀者想要查詢DNS上的一些資料，或要知道DNS是否有什麼樣的問題，那就必須熟練一個工具程式，稱爲nslookup。nslookup這個命令不但可以查詢不同的資料類型，而且可以指定所要使用的DNS伺服器。若我們先在自己的網路卡設定預設DNS伺服器的IP位址爲168.95.1.1，如圖8-18所示，接下來，我們可以在Windows作業系統中的命令提示字元下敲入nslookup命令後，就會顯示出電腦目前指定的DNS伺服器爲dns.hinet.net，並開始進行客戶端的驗證。接著再【Enter】，以便進入交談模式，如圖8-19所示。

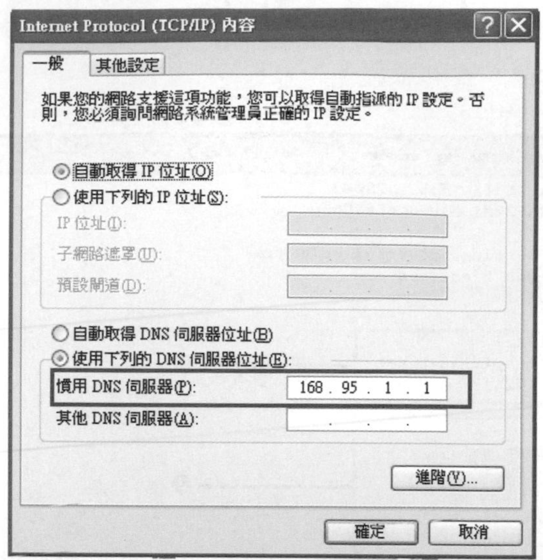

圖8-18 預設DNS伺服器的IP位址為168.95.1.1

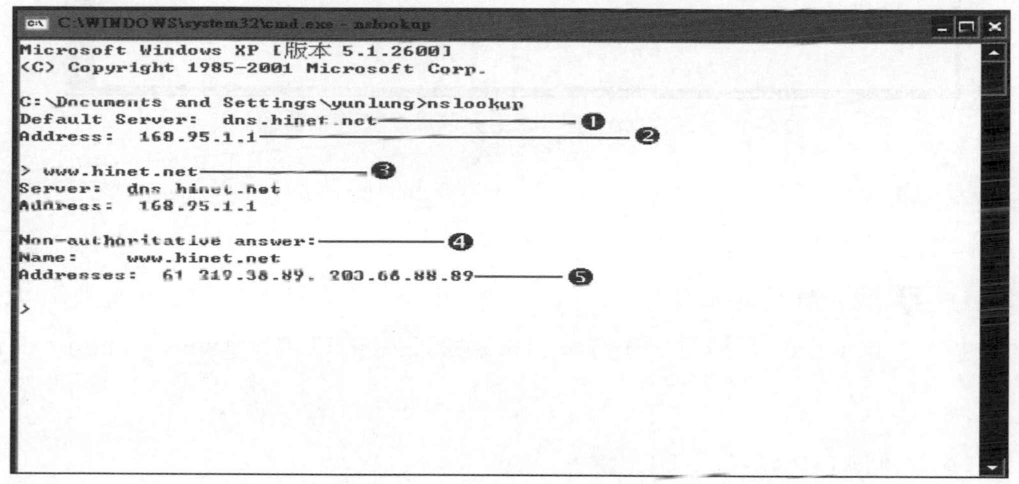

圖8-19 客戶端的DNS驗證

❶ 與❷分別代表目前電腦預設的DNS伺服器及其IP位址。

❸ 查詢www.hinet.net的IP位址。

❹ 若資料是存在快取內部的話，會附加一個Non-authoritative answer的回覆訊息，代表這個答案是由本地DNS伺服器的快取中直接得到的，而不是本地DNS伺服器向名稱伺服器詢問來的。

❺ DNS伺服器回覆的IP位址。

範例④ 在Windows作業系統中的命令提示字元下敲入nslookup命令後，說明圖8-20的❶與❷代表的意義。

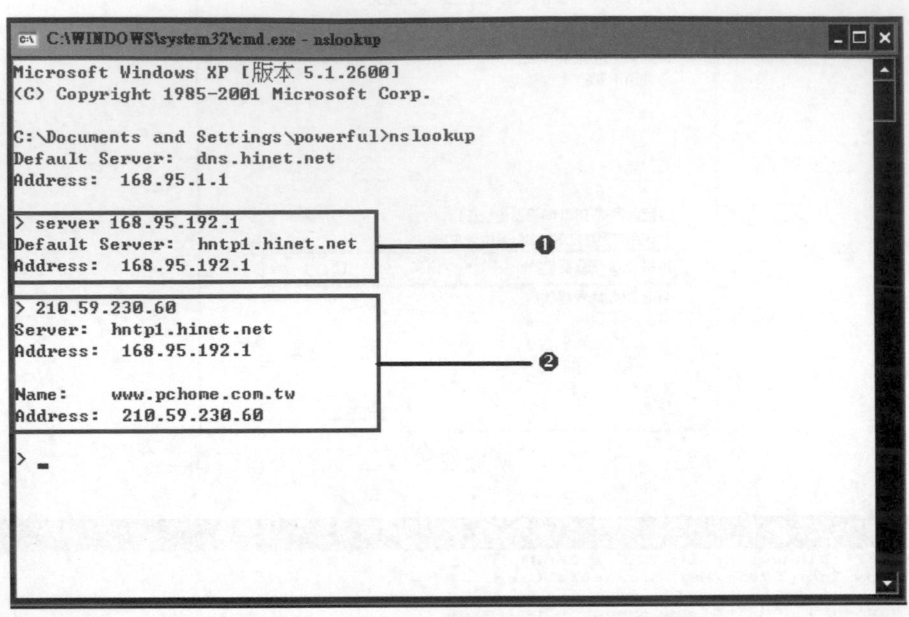

圖8-20 server指令應用與FQDN的查詢過程

解 ❶ 指出以IP位址168.95.192.1這台DNS伺服器取代電腦預設的DNS伺服器IP位址168.95.1.1。

❷ 敲入IP位址210.59.230.60，想知道它的FQDN爲何，最後由hntp1.hinet.net查詢得知IP位址210.59.230.60的FQDN是www.pchome.com.tw。

範例⑤ 如何顯示SOA的資源記錄。

解 其執行步驟爲：敲入nslookup命令後→敲入set type=SOA（或set q=SOA）→www.google.com.tw。在粉紅色框中可以看到與SOA有關的RR，像網域名稱google.com.tw、主要名稱伺服器ns1.google.com、發生問題可以聯絡這個管理員的電子郵件帳號爲dns-admin.google.com，以及SOA後面會依序出現的5個參數：serial、refresh、retry、expire與default TTL參數值，如圖8-21所示。

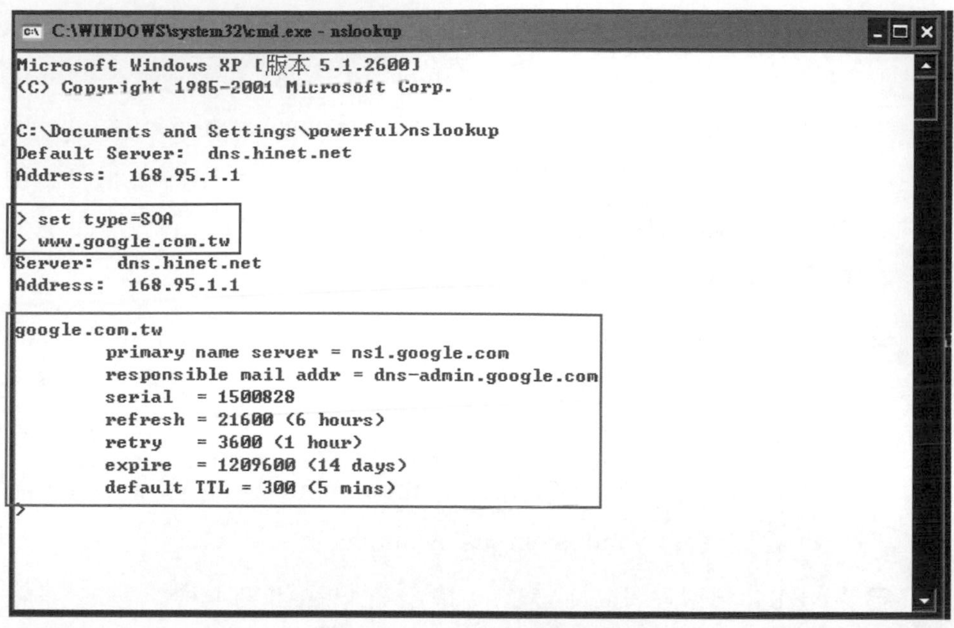

圖8-21 type=SOA的RR類型

範例6 在Windows作業系統中的命令提示字元下敲入nslookup命令後，說明圖8-22的❶~❹代表的意義。

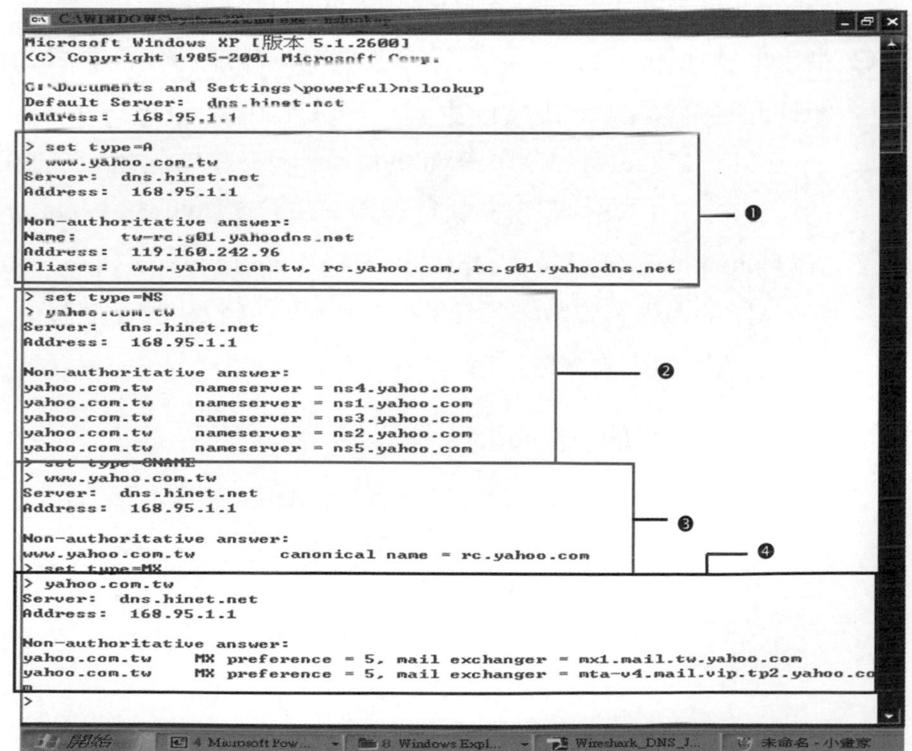

圖8-22 type=A、type=NS、type=CNAME與type=MX的RR類型

解 ❶ 指出當RR類型為「A」，是用來記錄DNS網域名稱（此例為www.yahoo.com.tw）所對應的IPv4位址。其執行步驟：敲入nslookup命令後→敲入set type =A（或set q=A）→www.yahoo.com.tw。可以得出對應的IP位址為119.160.242.96。注意，在紅色框中知道，預設的DNS伺服器的IP位址為168.95.1.1。紅色框中最底下則指出主機名稱的別名種類。

❷ 指出當RR類型為「NS」，是用來記錄負責管轄Zone的名稱伺服器，它包含了主要和次要名稱伺服器。可以得出其執行步驟：敲入nslookup命令後→敲入set type=NS（或set q=NS）→yahoo.com.tw。在粉紅色框中得出網域（亦即yahoo.com.tw）的管控名稱伺服器之主機名稱為ns1.yahoo.com~ns5.yahoo.com。

❸ 指出RR類型為「CNAME」是用來記錄如果主機名稱有別名，則應用程式呼叫DNS時，可以取得該主機名稱的正規名稱和它的IP位址。其執行步驟：敲入nslookup命令後→敲入set type= CNAME（或set q=CNAME）→www.yahoo.com.tw。在藍色框中指出正規主機名稱rc.yahoo.com，它的別名為www.yahoo.com.tw。

❹ 指出RR類型為「MX」是記錄著某個網域相關郵件伺服器的FQDN和IP位址等資訊。其執行步驟：敲入nslookup命令後→敲入set type=MX（或set q=MX）→yahoo.com.tw。在黑色框中是使用IP位址168.95.1.1 DNS伺服器來執行查詢。網域（亦即yahoo.com.tw）的MX為mx1.mail.tw.yahoo.com以及mta-v4.mail.vip.tpe.yahoo.com。注意，MX的優先設定數字都為5。在此例共使用2部郵件伺服器，可使郵件負載互相平均分擔。

範例❼ 如何知道DNS常用的一些options。

解 其執行步驟：敲入nslookup命令後→敲入set all，如圖8-23所示。

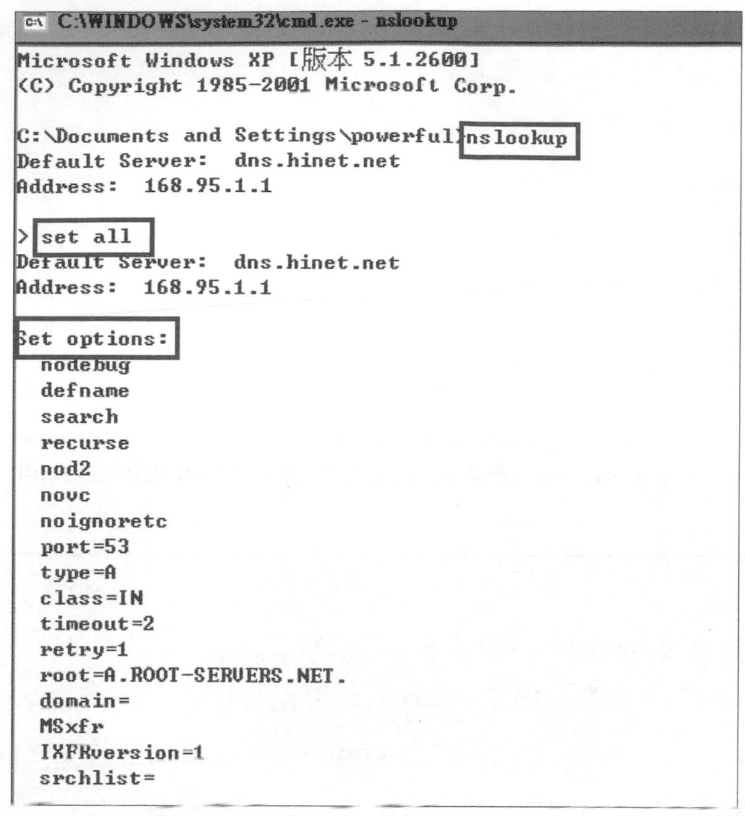

◐圖8-23 如何知道DNS常用的一些options

範例❽ 敲入nslookup命令後→set type=any指令→敲入isi.net，可獲得如圖8-24的❶-❹，說明其代表的意義。

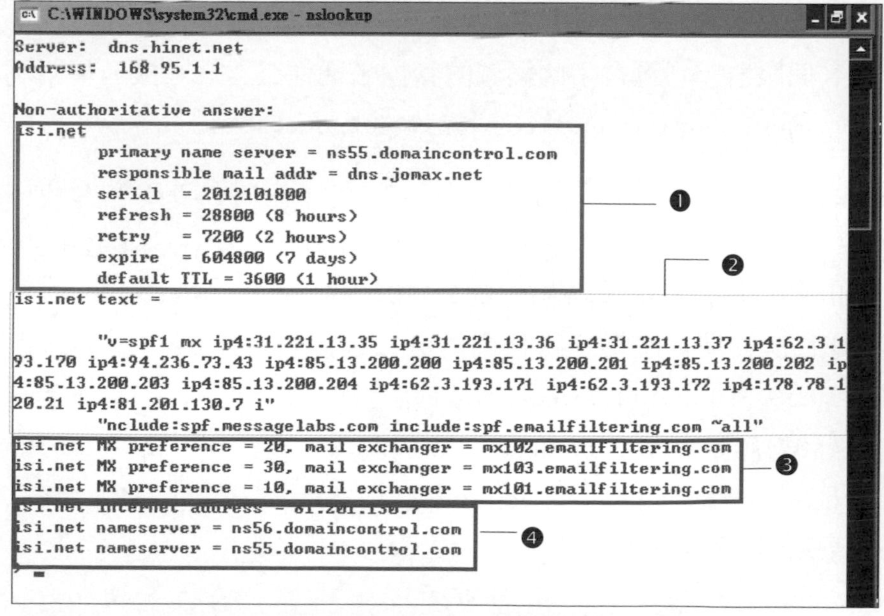

◐圖8-24 set type=any指令範例

解 ❶ 指出敲入set type=any指令後，再敲入isi.net表示在查詢www.isi.net時的網域的一些相關資料會被顯示出來。像isi.net網域上的SOA後面會依序出現5個參數：serial、refresh、retry、expire與default TTL參數值。

❷ 指出isi.net網域上的TXT記錄。TXT記錄是定義發件人策略訊框（Sender Policy Framework；SPF）的資訊記錄（參考RFC 4408）。換言之，SPF記錄包含在一個TXT記錄之中，是用來驗證來自某網域上的合法電子郵件。一般格式如圖8-25所示。

網域　TXT "v=spf1 +mx ip4: IPv4 位址或使用 ip4: IPv4/CIDR 位址~all"

圖8-25 SPF的格式

像在綠色框中"v=spf1 mx ip4:31.221.13.35 ip4:31.221.13.36……~all”。注意，TXT記錄的內容可能有2筆以上。

❸ 指出使用具有已知IP位址168.95.1.1的DNS伺服器來執行查詢。在此範例中，共有3部MX。例如：可以看到網域（亦即isi.net）的MX爲mx101.emailfiltering.com。注意，MX的優先設定數字爲10（一般偏好值）。另外，有兩個較低優先設定數字分別爲20與30，它們的MX分別爲mx102.emailfiltering.com和mx103.emailfiltering.com。

❹ 指出isi.net網域的IP位址爲81.201.130.7，以及負責管轄Zone的名稱伺服器，它包含了此網域的管控名稱伺服器之主機名稱兩個，分別爲ns55domaincontrol.com和ns56domaincontrol.com。

範例❾ 若已知PCHome的IP位址爲210.59.230.60，如何得出它的FQDN？

解 我們可以在命令提示字元下敲入nslookup命令後→set type=ptr→210.59.230.60，如圖8-26(a)所示，得出它的FQDN爲www.pchome.com.tw，稱爲反向名稱查詢。注意，紅框內的60.230.59.210.in-addr.arpa指出，在230.59.210.in-addr.arpa的網域伺服器內的對應表內，可查到有一筆記錄60對應到www.pchome.com.tw的記錄。相對地，圖8-26(b)指出，set type=ptr→www.pchome.com.tw可以得出它的IP位址爲210.59.230.60，稱爲前向名稱查詢。

```
C:\WINDOWS\system32\cmd.exe - nslookup
Microsoft Windows XP [版本 5.1.2600]
(C) Copyright 1985-2001 Microsoft Corp.

C:\Documents and Settings\powerful>nslookup
Default Server:  dns.hinet.net
Address:  168.95.1.1

> set type=ptr
> 210.59.230.60
Server:  dns.hinet.net
Address:  168.95.1.1

Non-authoritative answer:
60.230.59.210.in-addr.arpa       name = www.pchome.com.tw
>
```

8-26(a) 反向名稱查詢

```
> set type=any
> www.pchome.com.tw
Server:  dns.hinet.net
Address:  168.95.1.1

Non-authoritative answer:
www.pchome.com.tw        internet address = 210.59.230.60
> _
```

圖8 26(b) 前向名稱查詢

N.O.T.E

HINFO是用來儲存某一主機的軟硬體資料。例如：CPU為何種類型、作業系統的類型等，遇有查詢需求時，DNS會將定義的資料回覆給查詢者。

8-9 DNS的封包格式

DNS的封包格式可參考RFC 1035，如圖8-27所示。其中標頭的長度是固定的，共佔12 bytes。標頭後的部分有Question Section、Answer Section、Authoritative Section與Additional Section。各個Section除了包含多個記錄外，其長度是變動的。

更進一步說明，DNS的封包分爲兩種：一爲詢問訊息（query message），包含一個標頭及多個問題記錄（question records）；另一爲DNS的回覆訊息

（response message），包含一個標頭及多個問題記錄、多個回答記錄（answer records）、多個管轄記錄（authoritative records）及多個額外紀錄（additional records），如圖8-28所示。

Query Identifier(16)	QR(1)	OPCodes(4)	Flags(4)	Reserved(3)	RCodes(4)
Question Count(16)	Answer RR Count(16)				
Authority RR Count(16)	Aditional RR Count(16)				
Question Section(32)					
Answer Section(32)					
Authority Section(32)					
Additional Records Section(32)					

（前三列：12bytes）

◐圖8-27 DNS的封包格式

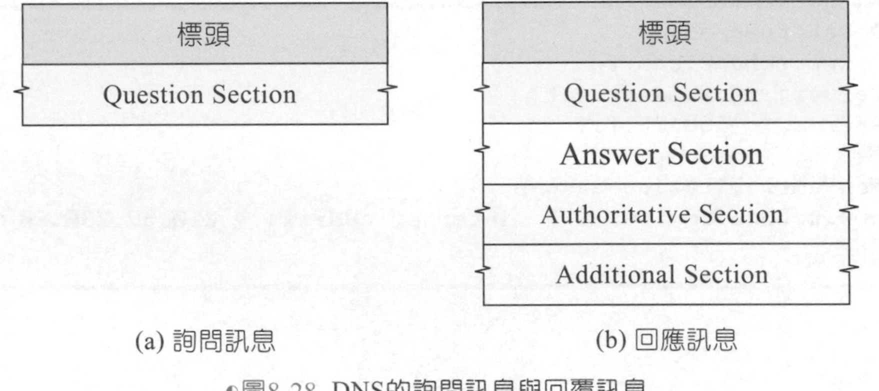

◐圖8-28 DNS的詢問訊息與回覆訊息

以下為各欄位的簡要說明：

- Query Identifier（Query ID，查詢編號）佔16 bits：用戶端每次送出要求查詢封包時，會自動產生此編號；而伺服器會拷貝此編號到要回覆的封包；收到回覆封包時，用戶端也可依此編號辨認回覆封包是回應哪一個查詢封包。
- Query/Response（QR）佔1 bit：0代表查詢封包；1代表回覆封包。
- OpCode（Operation Code，操作碼）佔4 bits：用來識別DNS封包的類型，如表8-2所示。此值會拷貝至回覆封包。

表8-2　DNS封包的類型

欄位值	DNS封包類型
0	標準查詢(Standard Query)
1	逆向查詢(Inverse Query)
2	伺服器狀態
3-15	保留未使用

- AA/TC/RD/RA共佔4 bits：由左至右各佔1 bit，分別是AA（Authoritative Answer）、TC（Truncation）、RD（Recursion Desired）、RA（Recursion Available），如表8-3所示。

表8-3　AA/TC/RD/RA代表意義

欄位名稱	代表意義
AA	DNS伺服器得知要查詢的FQDN為管轄區域內的記錄時，此欄位會設定為1；預設值為0。AA只用在回覆訊息。
TC	當欄位值為1，代表DNS封包長度大於512 bytes，此時超過的長度會被截斷，只剩下512 bytes。
RD	1代表用戶端是採用遞迴查詢模式；0代表採用循環查詢模式。RD用在詢問訊息並拷貝至回覆訊息。
RA	DNS名稱伺服器支援遞迴查詢模式時，此欄位值設定為1； 0表示不接受該查詢模式。RA只用在回覆訊息。

- Reserved佔3 bits：保留未用，欄位值全爲0。
- rCode（Response Code）佔4 bits：指出DNS查詢時所發生的錯誤訊息，如表8-4所示。注意：只有具管轄權的伺服器才具有設定表8-4所示的位元。它的值是在回覆訊息內。

表8-4　rCode代表意義

欄位值	代表意義
0	沒有錯誤
1	封包格式錯誤
2	名稱伺服器錯誤
3	查詢的FQDN不存在
4	不支援OP Code所指的DNS封包
5	DNS伺服器拒絕處理此封包
6-15	保留

N.O.T.E

我們常將QR（佔1 bit）、OpCode（佔4 bits）、AA（佔1 bit）、TC（佔1 bit）、RD（佔1 bit）、RA（佔1 bit）、Reserved（佔3 bits）及rCode（佔4 bits）定義為旗標（flags），共佔16 bits。

● Question Section：分爲Question NAME（稱爲QNAME）、Question TYPE（稱爲QTYPE），及Question CLASS（稱爲QCLASS），共3個子欄位。說明如下。

1. QNAME：長度不固定，此欄位指出所要解析的FQDN。例如：FQDN爲www.cool.ac.edu，其格式如圖8-29所示。

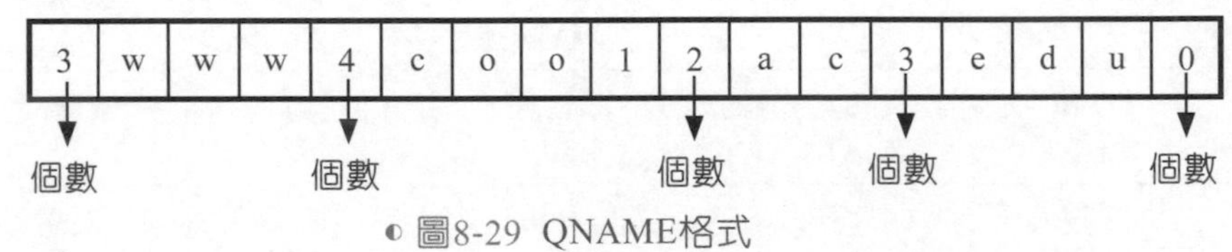

◐ 圖8-29 QNAME格式

2. QTYPE：長度佔16 bits，此欄位指出要查詢的資源記錄類型，像前面談過的RR類型即是QTYPE的子集合。表8-5列出常用的RR類型及對應欄位值，請參考RFC 1035。

表8-5 常用的RR類型及對應欄位值

欄位值	RR類型	代表意義
1	A	查詢主機位址記錄
2	NS	定義有管轄權的名稱伺服器
5	CNAME	定義主機正規名稱的別名
6	SOA	Zone檔案內的開始處
7	MB	郵箱的網域名稱（實驗用）
10	NULL	無效的RR（實驗用）
11	WKS	主機公認的服務
12	PTR	IP位址轉換成網域名稱
13	HINFO	指出主機硬體、作業系統等資訊
14	MINFO	指出郵箱或郵件列表資訊
15	MX	將電子郵件交換至某一部郵件伺服器
16	TEXT	驗證來自某網域上的合法電子郵件
255	ANY	查詢所有類型的RR

3. QCLASS：長度佔16 bits，此欄位指出要在哪一種類的網路上做DNS查詢。表8-6列出不同種類等級的網路。注意，目前僅使用IN（Internet）。

表8-6　列出不同種類等級的網路

等級	助記符號	說明
1	IN	網際網路
2	CS	CSNET(已過時)
3	CH	CHAOS等級
4	HS	與MIT Project Athena相關的Hesiod伺服器

接下來要談的Answer Section、Authority Section與Additional Section分別作爲回覆、授權、額外記錄等封包的資訊。它們都有相同的格式，如圖8-30所示。圖中包括一些不同數目的資源記錄，這些資源記錄將分別對應至標頭欄位中的Answer RR Count（佔16 bits），又稱ANCount，指出存放於Answer Section欄位的回答記錄的筆數；Authority RR Count（佔16 bits）又稱NSCount，指出存放於Authority Section欄位的名稱伺服器所管轄到的記錄的筆數；及Additional RR Count（佔16 bits）又稱AR Count，指出存放於Additional Section欄位的額外記錄的筆數。注意，Question Count又稱QDCount，指出存放於Question Section欄位的問題記錄的筆數。

0 1 2 3 4 5 6 7 8 9 10 11 12 13 14 15
NAME
TYPE
CLASS
TTL
RDLENGTH
RDATA

圖8-30 資源記錄格式

- Answer Section：存放要答覆給用戶端的資料。資源記錄中各欄位意義如下說明。

1. NAME：長度佔16 bits，用來存放用戶端查詢的FQDN。本欄的網域名稱是由Question Section中的網域名稱（即QNAME）拷貝過來。
2. TYPE：長度佔16 bits，此欄位相當於Question Section中的QTYPE欄位。

其可指出在RDATA欄位內的資料意義。

3. Class：長度佔16 bits，用來指出在RDATA欄位內的資料等級。
4. TTL：長度佔32 bits，以秒爲計量單位，用來指出資源記錄在被棄除之前，保留在DNS伺服器快取中的時間。若TTL爲0，表示RR正被使用於交易進行中，所以不能存放在快取。
5. RDLENGTH：長度佔16 bits，用來指出在RDATA欄位的長度。
6. RDATA：長度（以byte爲單位）不一定，可用來存放查詢的結果，通常是存放IP位址或FQDN。其欄位長度將視資料格式不同而改變。例如：RR中的TYPE=A與CLASS=IN，則RDATA欄位（長度佔4 bytes）存放的是ARPA Internet位址。注意，ARPA爲Advanced Research Projects Agency Network（ARPANET）的縮寫。

- Authority Section：表示在查詢FQDN時，找到可供查詢的官方（經授權或稱管控）DNS伺服器所指向的RR。其格式如同Answer Section所包括的6個欄位。注意，除了最後一個欄位RDATA存放的不是IP位址，而是DNS伺服器的FQDN之外，其餘欄位的意義皆相同。

- Additional Section：當Authority Section有存放幾筆資料時，此Section也會存有這幾筆資料。注意，此時Additional Section也包含了同樣的6個欄位，但NAME和RDATA是存放Authority Section中所記錄的DNS伺服器名稱及其IP位址。另一方面，不同的RR有的會需此Section處理。例如：被指定的郵件主機獲得交換的MX記錄時，就會導致需處理TYPE A的Additional Section；但有的不會，例如CNAME RR（參考RFC 1034）。

範例⑩ 當本地DNS伺服器收到一個詢問訊息，要求尋找主機www.cool.ac.edu的IP位址。說明詢問訊息與回覆訊息。

解 圖8-31(b)指出送出的詢問訊息。圖中的Query Identifier（Query ID）=1234（佔16 bits），代表用戶端送出要求查詢封包時，自動產生的編號；而伺服器會拷貝此編號至所要回覆的封包，因爲伺服器可能會收到用戶端傳送過來的很多詢問。Query ID將對這一堆查詢封包做排序，並得到回覆；用戶端也可依此編號辨認是哪一個查詢封包得到回覆。至於旗標，其16進位值爲0x0100，其二進位值爲0000000100000000，如圖8-31(a)指出相對應的欄位：由左至右，QR=0定義此訊息爲一查詢封包；OpCode爲0000，代表爲標準查詢。AA=0（AA只用在回覆訊息），RD=1表示用戶端採用遞迴查詢。注意，RD用在詢問訊息，但會拷貝於回覆訊息內。RA只用在回覆訊息，在此設爲0。rCode指出DNS查詢時所發生的錯誤訊息，它的值也只出現在回覆訊息，在此設爲0。由於此訊息只包含一筆問題記錄，所以Question Count=1，其他Count處於詢問訊息時值皆是0；所以在Question Section中的問題記錄的QNAME名稱爲3www4cool2ac3edu0。接下來的16個位元定義QTYPE=1，代表RR爲TYPE A，其指出要查詢的是主機位址記錄；最後的16個位元定義QCLASS=1，代表詢問等級爲Internet。

QR	OpCode	AA	TC	RD	RA	Reserved	rCode
0	0000	0	0	1	0	000	0000

◐圖8-31(a) 查詢封包（亦即詢問訊息）旗標（flag）欄位的對應值

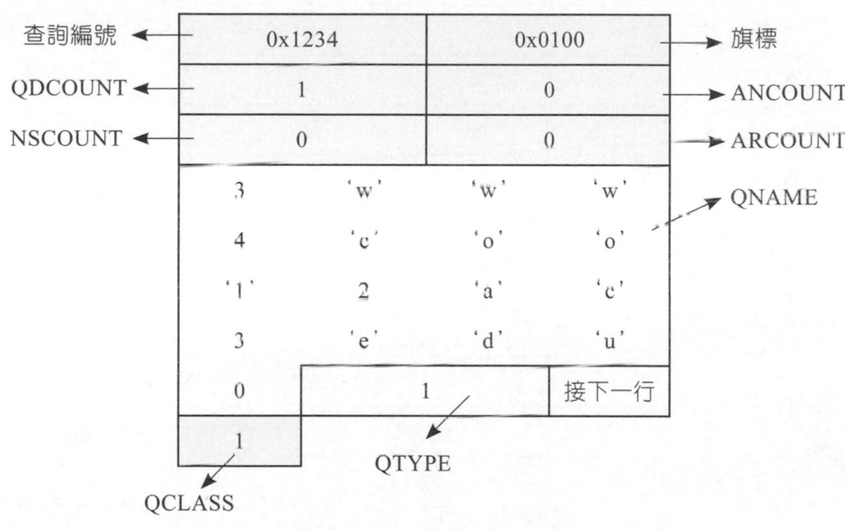

◐圖8-31(b) 詢問訊息範例

回覆訊息與詢問訊息在旗標上的值有些不同，像QR=1定義此訊息爲一回覆訊息。現在RA=1代表DNS名稱伺服器支援遞迴查詢模式，所以旗標的二進位值爲1000000110000000，相當於16進位值0x8180，如圖8-31(c)所示。

QR	OpCode	AA	TC	RD	RA	Reserved	rCode
1	0000	0	0	1	1	000	0000

◐圖8-31(c) 回覆封包（亦即回覆訊息）旗標（flag）欄位的對應值

注意，RA只用在回覆訊息。另一方面，ANCOUNT=1代表存放Answer Section欄位的資料筆數，亦即包含一筆回答記錄；當然，此時QDCOUNT也保持爲1。換言之，此回覆訊息包含一筆問題記錄及一筆回答記錄，問題記錄會重複詢問訊息，可利用一個抵補指標（offset pointer）值爲0xC00C，其二進位值爲1100000000001100，除了最高與次高2個位元固定爲11，其餘14位元代表10進位值12。注意，12代表抵補指標是指到問題記錄的第13 bytes（即圖中的紅色箭頭指出的阿拉伯數字內容爲3）的訊息位元組，以避免重複的網域名稱。再強調一下，標頭最左邊的訊息位元組是查詢編號0x1234，而其中的12正是第0 byte，34是第1 byte…，第13 byte正是阿拉伯數字3。接下來，如同上述QTYPE=1，定義詢問類別爲IP位址；QCLASS=1，代表詢問等級爲Internet。接著定義保留在DNS伺服器快取中的TTL（長度佔32 bits）時間設定爲36000秒。緊接著RDLENGTH（長度佔16 bits），用來指出在RDATA欄位的長度爲4。最後爲IP位址10.143.22.35，如圖8-31(d)所示。

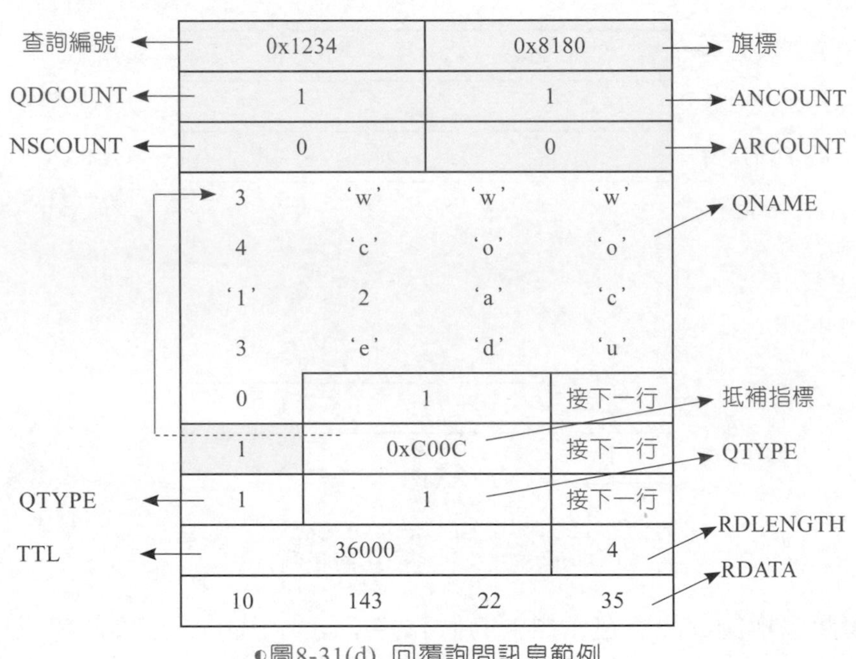

圖8-31(d) 回覆詢問訊息範例

N.O.T.E

所謂抵補指標，其格式如圖8-31(e)所示，其長度佔16 bits，最高與次高2個位元固定為11，以區分是抵補指標或是長度欄。根據RFC 1035的文件指出，DNS的網域名稱若重複出現時，就要以抵補指標（offset pointer）取代，以便指到之前網域名稱出現的位置。像這樣可減少訊息內的網域名稱重複出現，稱為壓縮（compression）。

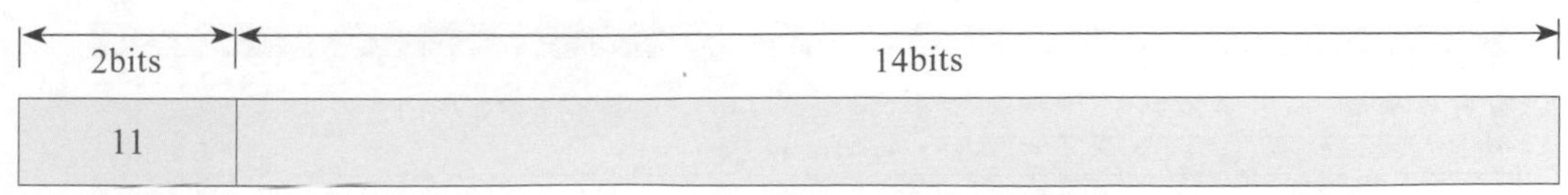

◐ 圖8-31(e) 抵補指標格式

8-10 基礎DNS封包的擷取分析

本節以Windows XP爲DNS用戶端，並以dns.hinet.net爲預設的DNS伺服器（即是本地伺服器），IP位址爲168.95.1.1。當DNS用戶端向本地伺服器查詢「www.google.com」的IP位址時，利用Wireshark所擷取到的封包，經分析得出共7對的查詢/回覆封包，如圖8-32所示u的部分。我們就以第1對的查詢與回覆封包來分析，如圖8-33(a)與圖8-33(b)~(c)所示。注意，回覆封包的分析範圍較大，其包括圖8-33(b)及圖8-33(c)。

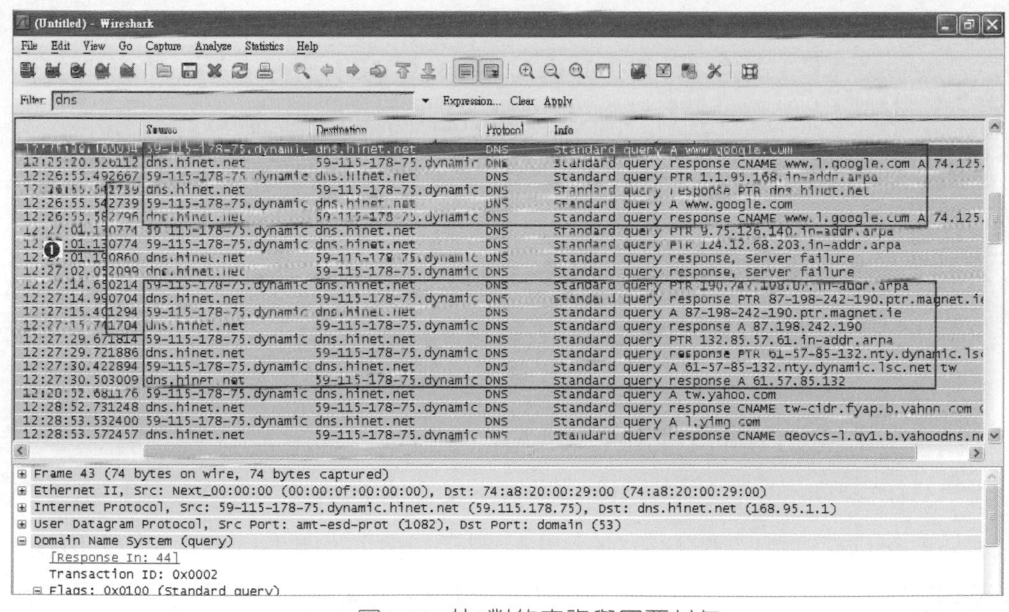

◐ 圖8-32 共7對的查詢與回覆封包

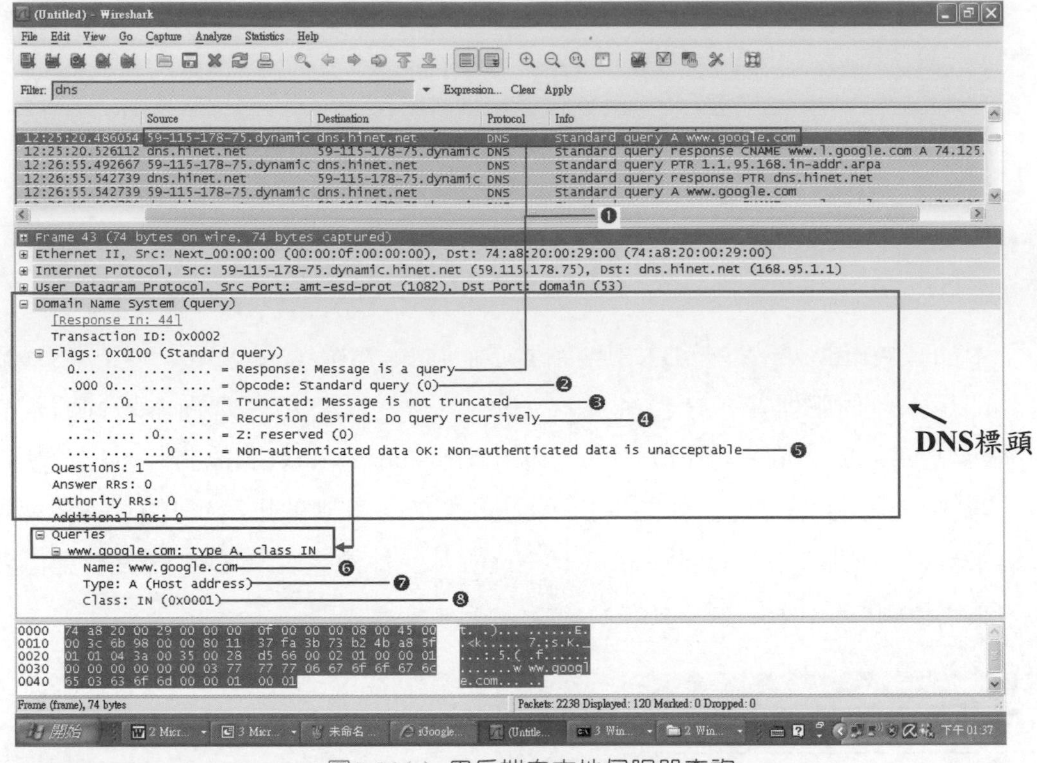

圖8-33(a) 用戶端向本地伺服器查詢

❶ 指出QR=0代表其爲查詢封包，此標準查詢屬前向查詢（Forward Query）用的封包。

❷ 指出OpCode=0000，代表標準查詢封包。

❸ 指出旗標中的TC=0，代表訊息未被縮短。注意，當DNS使用UDP服務時的訊息長度最大限制值爲512 bytes（參考RFC 1035）。

❹ 指出「Wireshark畫面中的Flags:0x0100」共佔16 bits，由左至右依序（參考圖8-31(a)）爲：QR（佔1 bit）、OpCode（佔4 bits）、AA（佔1 bit）、TC（佔1 bit）、RD（佔1 bit）、RA（佔1 bit）、Reserved（佔3 bits）及rCode（佔4 bits）。而其旗標中的RD=1，代表用戶端使用遞迴查詢。Flags:0x0100的二進位值原爲00000Δ01Δ000ΔΔΔΔ，其中由左至右的Δ分別代表AA（佔1 bit）、RA（佔1 bit）及rCode（佔4 bits），由於這些Δ只出現在回覆訊息內，所以在此不使用，一律設爲0。我們可以寫成二進位值0000000100000000，相當16進位值爲0x010。

❺ 指出rCode代表DNS查詢時所發生的錯誤訊息，但它的值應出現在回覆訊息內，所以在此不使用，設爲0。

❻ 指出所要查詢的QNAME爲FQDN（亦即www.google.com）。

❼ 指出所要查詢的QTYPE是FQDN所對應的IP位址。

❽ 指出所要查詢的QCLASS是在Internet（即以IN表示）進行。

注意，圖8-33(a)中的藍色箭頭指出詢問訊息（www.google.com.tw；Type A, Class IN）只包含一筆問題記錄，所以Question :1，亦即QDcount或稱Question Count=1，其他Answer RRs：0，亦即ANCOUNT =0；Authority RRs：0，亦即NSCOUNT=0，及Additional RRs：0，亦即ARCOUNT=0。注意，Question Section分爲Question NAME（稱爲QNAME）、Question TYPE（稱爲QTYPE）及Question CLASS（稱爲QCLASS）共3個子欄位。

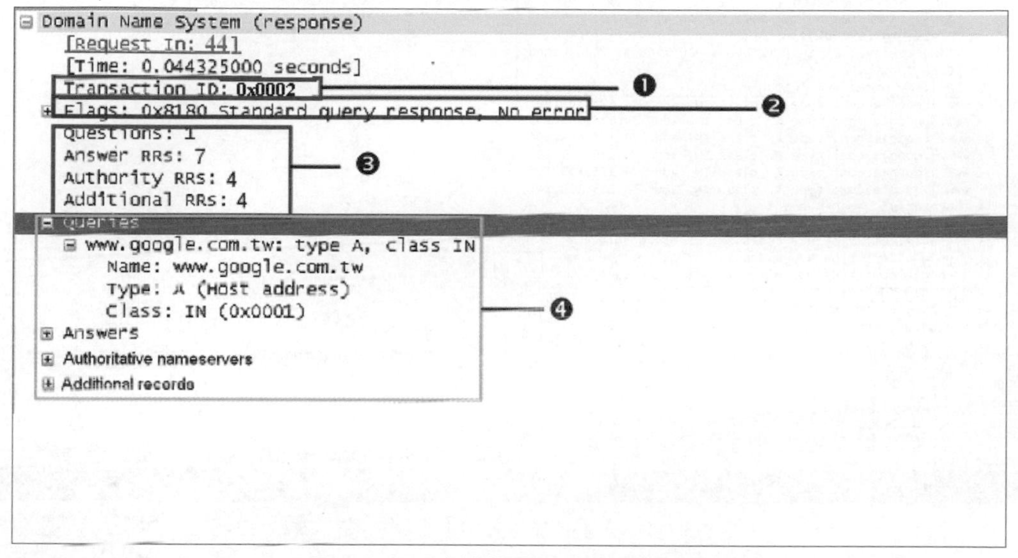

◐圖8-33(b) 本地伺服器向用戶端回覆

❶ 指出回覆封包的Transaction ID 0x0002與圖8-33(a)相同，表示兩者爲配對的查詢與回覆封包。

❷ 指出Wireshark畫面中的Flags:0x8180」共佔16 bits，由左至右依序如圖8-31(c)所示。而旗標中的QR=1，代表回覆封包；RD=1，代表用戶端使用遞迴查詢；RA=1，代表DNS名稱伺服器支援遞迴查詢模式。此回覆封包的旗標值爲0x8180（參考圖8-31(c)）。

❸ 在Answer Section、Authoritative Section與Additional Section分別有7筆記錄（亦即Answer RRs：7）、4筆記錄（亦即Authority RRs：4）與額外的4筆記錄（亦即Additional RRs：4）的資料。注意，當Authoritative Section有存放資料時（此例是4筆），則Additional Section 也相對會有4筆的資料。

❹ 指出回覆訊息包含Queries（亦即Question Section），Answers（亦即Answer Section），Authoritative namerservers（亦即Authoritative Section），Additional records（亦即Additional Section）4個部分。參考圖8-28(b)。

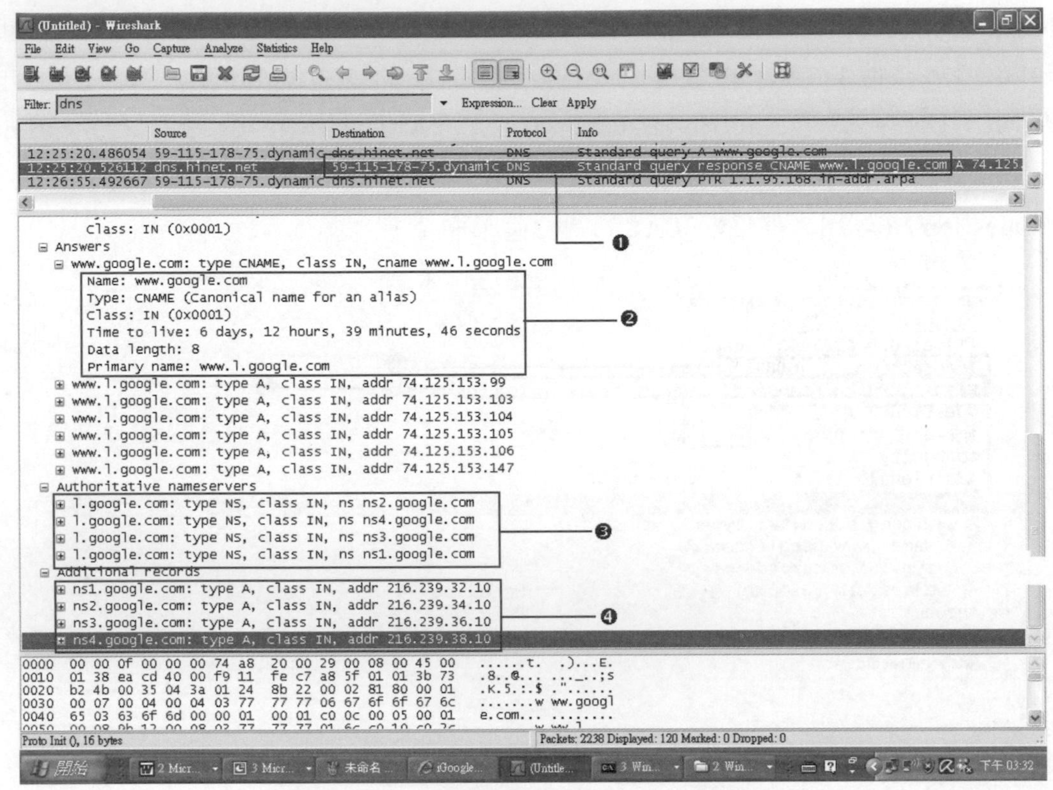

◐圖8-33(c) 本地伺服器向用戶端回覆（續）

❶ 指出此封包爲回覆封包。

❷ 指出此封包Answer Section包括6個欄位：

1. Name：指出存放查詢的FQDN爲www.google.com.tw。本欄的網域名稱是由Question Section中的網域名稱（即QNAME: www.google.com.tw）拷貝過來。
2. Type：指出存放查詢的資源記錄類型爲CNAME。
3. Class：IN(0x0001)代表查詢的FQDN所屬的網路類型爲Internet網路。
4. TTL：指出此筆資料保留在DNS伺服器快取中的生存時間爲6天12小時39分46秒。
5. Data Length（亦即RDLENGTH）：指出存放資料欄位的長度是8 bytes。

6. Primary Name（亦即RDATA）：指出存放查詢的結果爲FQDN，其名稱是www.1.google.com。

❸ 指出此封包Authoritative Section在查詢FQDN時，找到可供查詢的官方（經授權或稱管控）DNS伺服器所指向的RR。注意，此Section的最後一個欄位RDATA存放的不是IP位址，而是DNS伺服器的FQDN，例如ns2.google.com，其餘欄位意義皆相同。

❹ 指出Additional Section包括6個欄位，意義如同Answer Section所描述，但NAME和RDATA是存放Authority Section中所記錄的DNS 伺服器名稱及其IP位址。因此，以❸得知DNS伺服器的FQDN ns2.google.com爲例，請注意，後面還包括有IP位址，此時它的IP位址爲216.239.34.10。

N.O.T.E

無論你使用的是Windows主機或Linux主機，系統內部都有一個hosts檔案，它定義本機所使用的網域名稱與IP的對應表，當用戶端進行DNS伺服器的IP查詢之前，會先至hosts檔案查詢是否已經有定義過該網域名稱所對應的IP位址，若沒有，才進行DNS查詢。現在你可以在Windows下找出hosts檔案的路徑：進入Windows左下的開始（按右鍵）→檔案總管→windows→system32→drivers→etc→hosts，並用記事本開啓該檔（如圖8-34所示的最底下一行），指出唯一的預設資料，亦即是localhost對應到本機IP位址127.0.0.1，這也說明「localhost」就等於是「127.0.0.1」。例如：敲入ping 127.0.0.1跟ping localhost會得到同樣結果。如果要手動新增新的網域名稱所對應的IP位址，只要在記事本最底下內容新增一行即可。例如：先輸入IP位址，然後加些空白（至少1格），再輸入網域名稱，像10.1.2.33 test.123.com。值得一提，若遇惡意使用者，就會利用有病毒的軟體直接修改你的hosts檔案，讓你不自覺連到惡意的網站，這可能會危害你的網路系統，所以隨時檢查自己的hosts檔案是非常重要的。例如：你的hosts檔案已被若惡意使用者將你的hosts改成如下：

140.22.2.31 tw.yahoo.com

這樣日後若你欲連線至http://tw.yahoo.com，將會被連到140.22.2.31這個惡意的網站。

```
# Copyright (c) 1993-1999 Microsoft Corp.
#
# This is a sample HOSTS file used by Microsoft TCP/IP for Windows.
#
# This file contains the mappings of IP addresses to host names. Each
# entry should be kept on an individual line. The IP address should
# be placed in the first column followed by the corresponding host name.
# The IP address and the host name should be separated by at least one
# space.
#
# Additionally, comments (such as these) may be inserted on individual
# lines or following the machine name denoted by a '#' symbol.
#
# For example:
#
```

圖8-34 Windows下案的host檔案

8-11 Wireshark實作分析與討論

下面實作Case 1分析，將更進一步透過nslookup工具程式擷取DNS查詢（query）及DNS回覆（response）封包做分析，如圖8-35與圖8-36所示。注意，在C:\ Documents and Settings\yunlung\>敲入nslookup並「Enter」後，Wireshark會先擷取到用戶端與DNS伺服器的反向查詢（Reverse Query）與回覆（此部分留給實作Case 2的分析再討論）。接下來，再敲入主機名稱，例如www.youtube.com，就可得出標準查詢與回覆，亦即所謂的前向查詢（Forward Query）與回覆。現在我們就說明進行Case 1分析的操作步驟。

步驟1：首先，先清除DNS解析器的Cache內容，例如：在C:\ Documents and Settings\yunlung\>敲入ipconfig/flushdns。

步驟2：開啓IE，接著確定IE瀏覽器的快取是完全清除狀態，可選擇工具→網際網路選項→在瀏覽歷程記錄選刪除。

步驟3：開啓Wireshark→Capture→Options→選擇正確介面卡準備擷取所要的封包。

步驟4：在C:\ Documents and Settings\yunlung\>敲入nslookup，「Enter」後，再敲入www.youtube.com。或者也可以直接敲入nslookup www.youtube.com，「Enter」後，停止Wireshark封包的擷取。

步驟5：本節主要焦點是更進一步研究DNS query與DNS response封包。此次，筆者使用的主機IP位址是192.168.1.1，我們可在【Filter】欄位敲入「ip.addr == 192.168.1.1」，加速找到DNS query（封包No 921）與DNS response封包（封包No 922）。現就針對本實作Case分析的重點做一番說明。

◈實作Case 1的分析

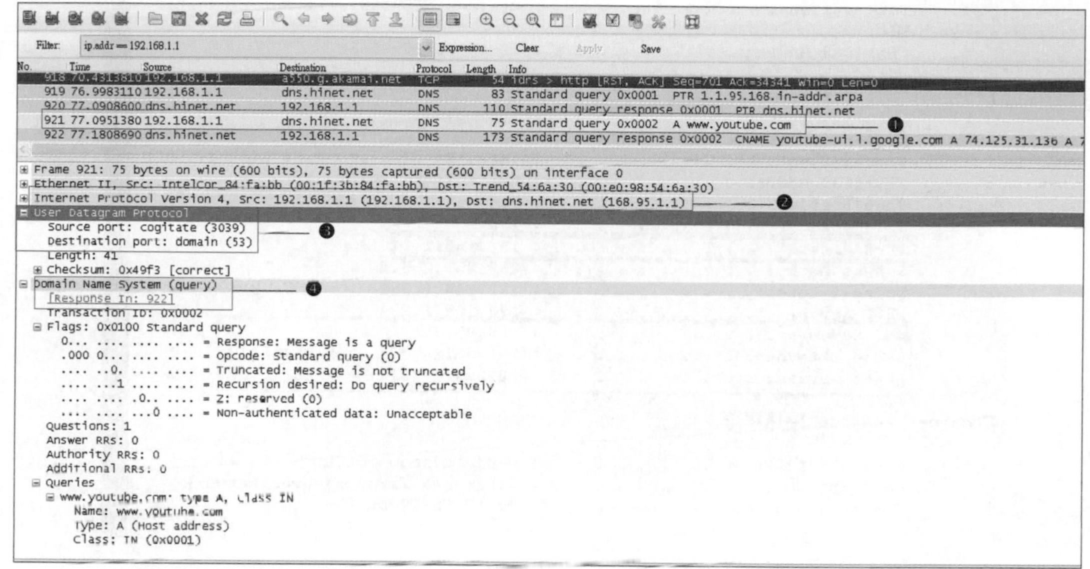

◎圖8-35 DNS查詢封包（No 921）的分析

❶ ❷指出封包No 921屬查詢封包，其來源端的主機位址192.168.1.1送出DNS query訊息，至目的端本地DNS伺服器稱爲dns.hinet.net（IP位址爲168.95.1.1）。注意，DNS query爲type=A的標準查詢。另外，圖8-35-1是用ipconfig/all指令來指出它們的IP位址。値得一提，主機位址192.168.1.1的取得，將牽涉到DHCP有關IP租約之說明，會在下章有所交待。如圖中紅色框中的Lease Obtained及Lease Expire。

❸ 指出DNS query與DNS response訊息是透過UDP傳送；另一方面，目的端本地DNS伺服器的連接埠號爲53。

❹ 指出此查詢的回覆封包爲封包No 922。

```
C:\Documents and Settings\powerful>ipconfig/all

Windows IP Configuration

        Host Name . . . . . . . . . . . . : ASUS-powerful
        Primary Dns Suffix  . . . . . . . :
        Node Type . . . . . . . . . . . . : Unknown
        IP Routing Enabled. . . . . . . . : No
        WINS Proxy Enabled. . . . . . . . : No

Ethernet adapter 區域連線:

        Media State . . . . . . . . . . . : Media disconnected
        Description . . . . . . . . . . . : Realtek RTL8168/8111 PCI-E Gigabit E
thernet NIC
        Physical Address. . . . . . . . . : 00-1F-C6-D9-86-5E

Ethernet adapter 無線網路連線:

        Connection-specific DNS Suffix  . :
        Description . . . . . . . . . . . : Intel(R) Wireless WiFi Link 4965AGN
        Physical Address. . . . . . . . . : 00-1F-3B-84-FA-BB
        Dhcp Enabled. . . . . . . . . . . : Yes
        Autoconfiguration Enabled . . . . : Yes
        IP Address. . . . . . . . . . . . : 192.168.1.1
        Subnet Mask . . . . . . . . . . . : 255.255.255.0
        Default Gateway . . . . . . . . . : 192.168.1.254
        DHCP Server . . . . . . . . . . . : 192.168.1.254
        DNS Servers . . . . . . . . . . . : 168.95.1.1
        Lease Obtained. . . . . . . . . . : 2012年11月3日 下午 08:56:10
        Lease Expires . . . . . . . . . . : 2012年11月6日 下午 08:56:10

Ethernet adapter 區域連線 2:

        Media State . . . . . . . . . . . : Media disconnected
        Description . . . . . . . . . . . : Bluetooth Personal Area Network
        Physical Address. . . . . . . . . : 00-1F-C6-79-6E-F7
```

◐圖8-35-1 ipconfig/all指令指出的IP位址

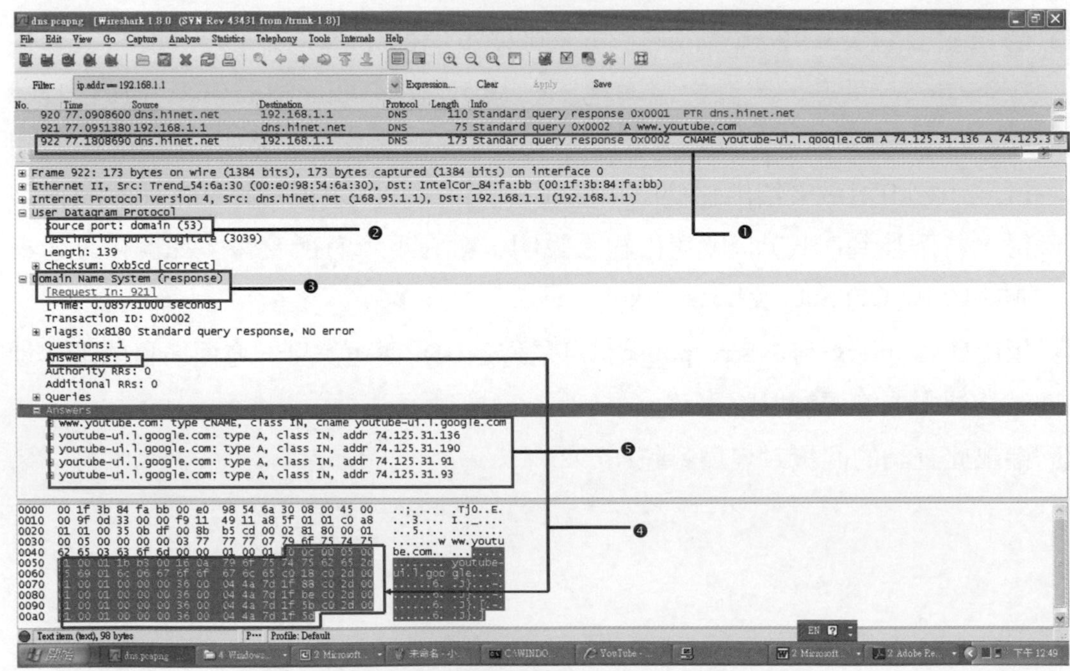

◐圖8-36 DNS回覆封包（No 922）的分析

❶ 指出DNS query標準查詢的回覆封包No 922。注意，來源端爲本地DNS伺服器，稱爲dns.hinet.net（IP位址爲168.95.1.1），目的端則是IP位址爲192.168.1.1的用戶端。

❷ 指出來源端的連接埠號爲53。

❸ 指出DNS response訊息是來自對封包No 921的回應。

❹ 指出封包No 922回覆封包中的Answer Section有5筆記錄（亦即Answer RRs：5）及其所對應的封包位元組窗格的16進位值。注意，回至圖8-35，知道DNS query爲type A標準查詢，只有1筆問題記錄。

❺ 指出Answer Section有5筆記錄：包含第1筆www.youtube.com: CNAME, class IN, cname, youtube-ui.1.google.com；第2筆youtube-ui.1.google.com: type A, class IN, addr 74.125.31.136；第3筆youtube-ui.1.google.com:type A, class IN, addr 74.125.31.190；第4筆youtube-ui.1.google.com:type A, class IN, addr 74.125.31.91；第5筆youtube-ui.1.google.com:type A, class IN, addr 74.125.31.93。

◈實作Case 2的分析

從前面一些範例已知道，nslookup可用來檢查DNS查詢、回覆等記錄結果的工具。以下將說明nslookup可利用debug模式做查詢時，更進一步會看到許多查詢時所產生的訊息，而其所產生的訊息正是DNS封包的格式，分成5部分：HEADER、QUESTIONS、ANSWERS、AUTHORITY RECORDS、ADDITIONAL RECORDS。現在我們就說明進行Case 2的操作步驟。

步驟1~3：如同Case 1的操作步驟。

步驟4：在C:\ Documents and Settings\yunlung\>敲入nslookup –debug www.yahoo.com.tw，如圖8-37所示。然後停止Wireshark封包的擷取。本節主要焦點是更進一步研究DNS query與DNS response封包。我們可在【Filter】欄位敲入「dns」，加速找到DNS query與DNS response封包。現就針對本實作Case 2分析的重點做一番說明。注意，在C:\ Documents and Settings\yunlung\>進入「debug」模式之前，會先進行反向查詢與回覆，如圖8-37(a)中的①與②；而①與②整體所對應的Wireshark封包的擷取，正是由封包No 1（如圖8-37(a)-1所示）與封包No 2封包（如圖8-37(a)-2所示）的組成。接著才進入③④⑤⑥；它們整體所對應的Wireshark封包的擷取，亦是由封包No 3與封包No 4組成的前向查詢與回覆。注意，Case 2分析是將焦點放在反向查詢與回覆的分析。

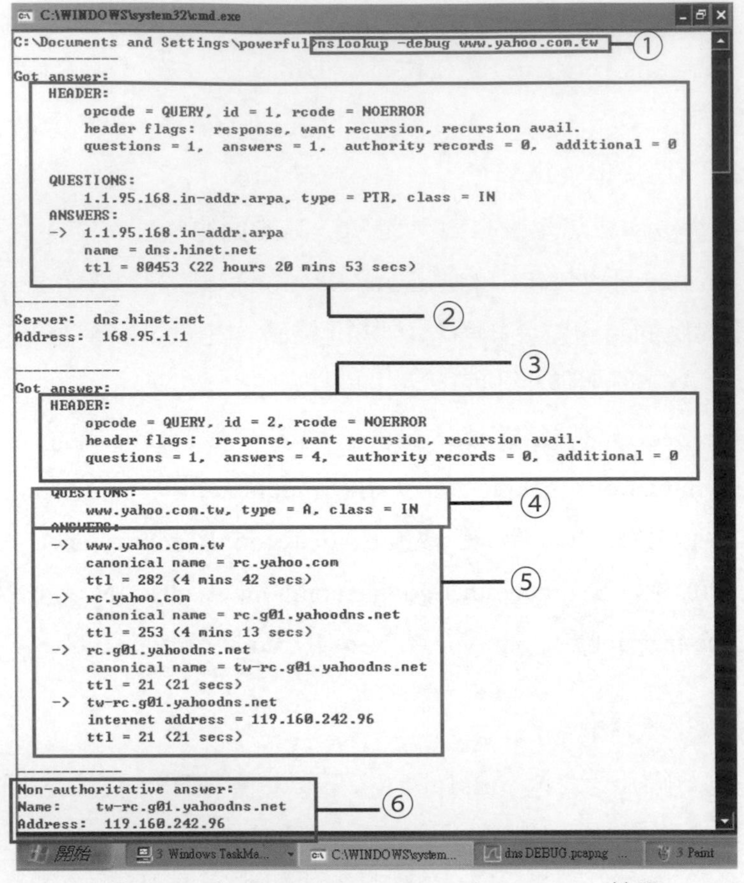

圖8-37 nslookup –debug www.yahoo.com.tw 結果

① 指出利用nslookup進入debug模式查詢www.yahoo.com.tw時，預期會看到許多查詢時所產生的訊息。

② 指出其所產生的訊息正是DNS封包格式中的HEADER、QUESTIONS、ANSWERS等3個部分。HEADER（標頭）部分指出opcode=query，注意，此時的查詢爲反向查詢。查詢編號id=1（亦即Query ID=1）代表用戶端送出查詢封包時自動產生的編號，而伺服器會拷貝此編號到要回覆的封包；收到回覆封包時，用戶端也可依此編號辨認回覆封包是回應哪一個查詢封包。標頭中指出，使用的查詢方式屬遞迴查詢。注意，rcode表示DNS查詢時無發生錯誤。

至於questions=1代表Question Count（又稱QDCount），指出存放於Question Section有1筆問題記錄。Answers=1代表Answer RR Count（又稱ANCount），指出存放於Answer Section有1筆回答記錄。值得一提，此時的Question Section中的Question TYPE（稱爲QTYPE）爲type=PTR（代表IP位址轉換成網域名稱），所以它的Question NAME（稱爲QNAME）爲

1.1.95.168-in.addr-arpa和RDATA（注意，在②中是以name表示）爲dns.hinet.net；至於class=IN代表QCLASS種類的網路使用IN（Internet）。

若要更進一步的資料分析，就要透過Wireshark，如圖8-37-(a)所示。

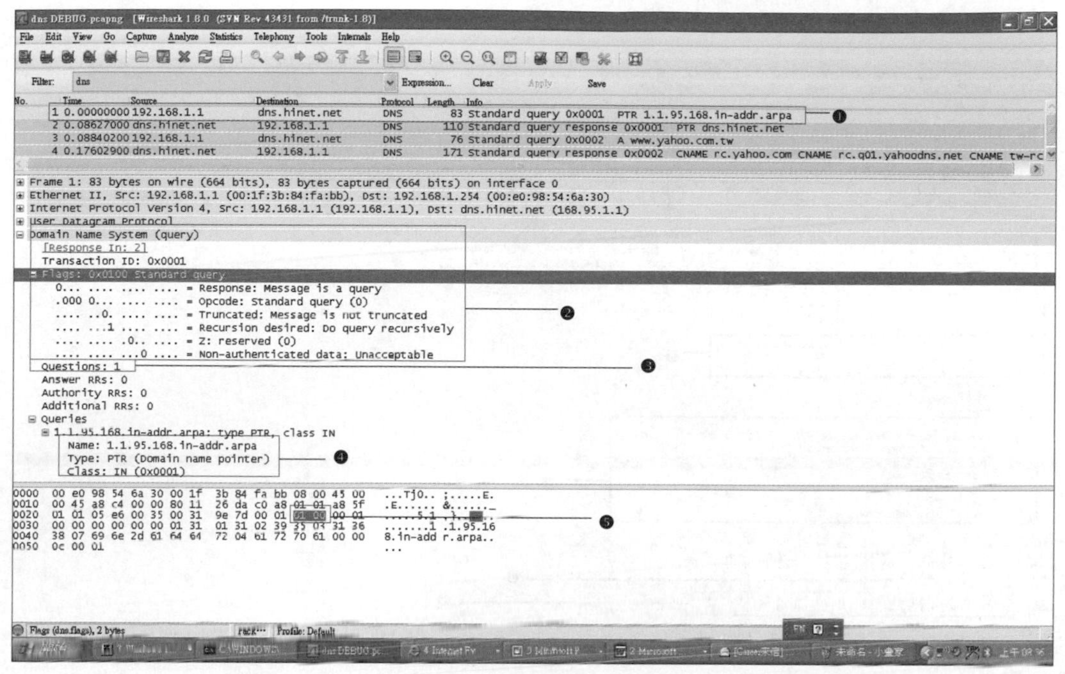

◐圖8-37-(a) 封包No 1的分析

❶ 指出此標準查詢屬反向查詢（reverse query）；亦即PTR=1.1.95.168-in.addr-arpa。

❷ 指出Tranaction ID:0x0001，也是圖8-37中的查詢編號id=1（亦即Query ID=1）。DNS標頭中的旗標（flags）值爲0x0100（二進位值爲0000000100000000），參考前面已敘述過的圖8-31(a)中的說明。注意，[藍色字response in 2]代表配對的回覆封包編號爲No 2。

❸ 指出Questions:1，代表Question Section有1筆問題記錄。注意，questions:1亦即QDcount，或稱Question Count=1，此時其他Answer RRs：0，亦即ANCOUNT =0；Authority RRs：0，亦即NSCOUNT=0，及Additional RRs：0，亦即ARCOUNT=0。

❹ 指出標準查詢封包此時的Question Section中的內容，如同上述，Question TYPE（稱爲QTYPE）爲type=PTR，所以它的QNAME爲1.1.95.168-in.addr-arpa；使用的網路等級爲class=IN，代表Internet。

❺ 指出位於封包位元組窗格的旗標值爲0x0100。

另一方面，Answer Section中應包含NAME、TYPE、Class、TTL、RDLENGTH與RDATA，共6個欄位。但圖8-37中的記錄只有NAME:: dns.hinet.net和TTL的時間為80453秒外並不完整。更進一步的資料分析就要透過Wireshark，如圖8-37-(b)所示。

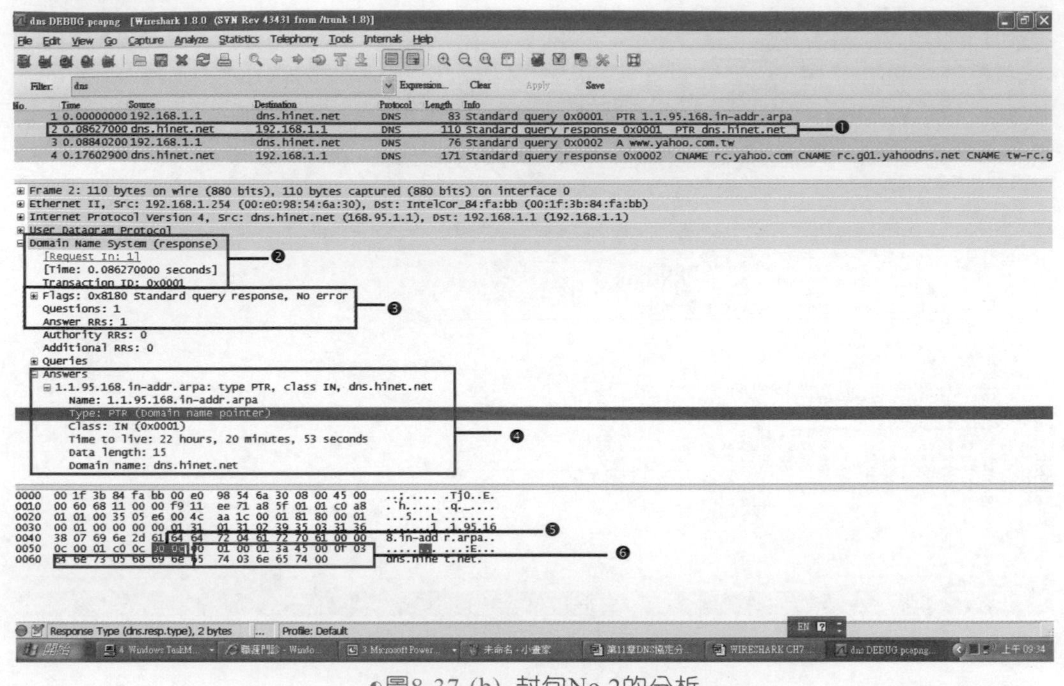

◐圖8-37-(b) 封包No 2的分析

❶ 指出此封包是回覆用戶端192.168,1,1向Local伺服器dns.hinet.net的查詢。

❷ 指出回覆封包的Transaction ID 0x0001與圖8-37-(a)相同，表示兩者為配對的查詢與回覆封包。注意，[藍色字request in 1]代表配對的查詢封包編號為No 1。request相等於query的字意。

❸ 指出DNS標頭中的Questions:1代表Question Count（又稱QDCount），指出存放於Question Section有1筆問題記錄。Answers=1代表Answer RR Count（又稱ANCount），指出存放於Answer Section有1筆回答記錄。注意，當Authoritative Section有存放資料時（此例是0筆），則Additional Section也相對應有0筆資料。旗標值為0x8180（二進位值為1000000110000000），此值同參考前面已敘述過的圖8-31(c)所示。

❹ 指出回覆訊息包含Queries（亦即Question Section）及Answers（亦即Answer Section）兩個部分。Answers指出NAME、TYPE、CLASS同Queries，不再敘述。值得注意，NAME中的網域名稱1.1.95.168.in-addr.arpa是由Question

Section中的網域名稱（即QNAME: 1.1.95.168.in-addr.arpa）拷貝過來。其中，TTL指出資源記錄在被棄除之前，保留在DNS伺服器快取中的時間爲22時20分533秒，共80453秒。另一方面，RDATA用來存放查詢的網域名稱爲dns.hinet.net。RDLENGTH則指出RDATA欄位的長度等於15 bytes。

❺ 指出PTR對應欄位值是12(0x0c)，參考表8-5。

❻ 指出❹所對應的封包位元組窗格的16進位值由左至右TTL: 00 01 3a 45，RDLENGTH: 00 0f（代表RDATA的長度是15 bytes），RDATA: 03 64 6e 73 65 68 69 6e 65 74 03 6e 65 74 00，共15 bytes。

③ 指出除了存放於Answer Section有4筆回答記錄之外，其他有關HEADER說明同②。

④ 指出Question Section中的Question TYPE（稱爲QTYPE）爲type=A，代表要查詢的是主機位址記錄（即其詢問類別爲IP位址），所以它的Question NAME（稱爲QNAME）爲www.yahoo.com.tw；至於class=IN代表QCLASS種類的網路使用IN（Internet）。注意，此時的查詢爲前向查詢（forward query）。

⑤ 指出Answers Section中的4筆記錄。各筆記錄只列出NAME、TTL與RDATA。例如：第1筆記錄的NAME爲www.yahoo.com.tw，TTL=282秒，而RDATA存放查詢的結果是canonical na= rc.yahoo.com.tw。注意，第4筆記錄RDATA存放查詢的結果，其IP位址爲119.160.242.96。

⑥ 指出Non-authoritative answer的回覆訊息，代表查詢出來的資料是由本地DNS伺服器的快取中直接得到的。得到的IP位址正是119.160.242.96。

N.O.T.E

③~⑥對應的有關封包No 3與封包No 4的Wireshark分析如同上述，在此不再贅述。

8-11-1 問題討論

1. 圖8-35指出的DNS query訊息爲何種類型？此訊息是否有包含任何答覆？

   解：DNS query訊息爲Type A類型。此訊息只有一問題（question）記錄，且不包含任何答覆（answer）。

2. 說明圖8-35中的DNS query訊息。

解：DNS query訊息如圖8-38所示。

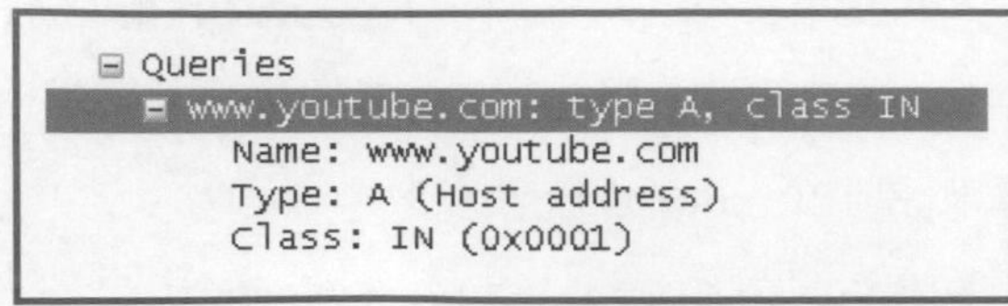

```
⊟ Queries
  ⊟ www.youtube.com: type A, class IN
      Name: www.youtube.com
      Type: A (Host address)
      Class: IN (0x0001)
```

圖8-38 顯示圖8-35中的DNS query訊息

- 指出所要解析的FQDN爲www.youtube.com。
- 指出查詢的QTYPE=A，代表查詢FQDN所對應的IP位址。
- 指出此QCLASS是在Internet（即以IN表示）進行。

3. 如圖8-37所示，當C:\ Documents and Settings\yunlung\>敲入nslookup –debug www.yahoo.com.tw時進入「debug」模式會產生哪些查詢與回覆？

解：先進行反向查詢與回覆，如圖8-37-(a)中的封包No 1與圖8-37-(b)中的封包No 2的組成。接著才進入由封包No 3與封包No 4組成的前向查詢與回覆。

4. 如圖8-39，在C:\ Documents and Settings\yunlung\>敲入nslookup –debug –class=chaos –query=txt version.bind 168.95.1.1代表意義爲何？

```
C:\Documents and Settings\powerful>nslookup -debug -class=chaos -query=txt versi
on.bind 168.95.1.1

Got answer:
    HEADER:
        opcode = QUERY, id = 1, rcode = NOERROR
        header flags:  response, want recursion, recursion avail.
        questions = 1,  answers = 1,  authority records = 0,  additional = 0

    QUESTIONS:
        1.1.95.168.in-addr.arpa, type = PTR, class = IN
    ANSWERS:
    ->  1.1.95.168.in-addr.arpa
        name = dns.hinet.net
        ttl = 6908 (1 hour 55 mins 8 secs)

------------
Server:  dns.hinet.net
Address:  168.95.1.1

------------
Got answer:
    HEADER:
        opcode = QUERY, id = 2, rcode = NOERROR
        header flags:  response, auth. answer, want recursion
        questions = 1,  answers = 1,  authority records = 0,  additional = 0

    QUESTIONS:
        version.bind, type = TXT, class = CHAOS
    ANSWERS:
    ->  version.bind
        text =
```

圖8-39 查詢使用的版本

解：BIND（Berkeley Internet Name Domain）是最常被用來建置DNS伺服器的軟體之一，其使用的版本資訊可以被任何人查詢得知，爲了避免居心不良的人根據版本資訊而找出軟體漏洞，並進行資訊安全之攻擊，也因此強烈建議DNS伺服器管理者能適當隱藏版本資訊。圖8-39指出是以中華電信的DNS伺服器爲例，所用的指令格式如上面紅色框。注意，下面紅色框BIND使用的版本是以空白隱藏的。

重點整理

- DNS（Domain Name System）的主要功能，就是以較容易記住的FQDN轉換成為電腦使用的IP位址，而避免長串需記住的數字號碼。
- FQDN是由主機名稱加上網域名稱，再加上根網域「.」所組成。
- 網域名稱系統是一個「系統」，也可看成一個分散式資料庫系統。既然DNS是一個分散式資料庫系統，每一部伺服器只要管理自己本身所管轄內的資料，再經過伺服器之間的資料交換，就可達成網路名稱的查詢功能。
- DNS架構分為4層，由上而下分別是根網域（root domain）、頂層網域（top level domain）、第二層網域（second level domain）和主機名稱。
- DNS伺服器會負責維護網域中所有主機名稱解析與IP位址對應關係的資料，而DNS Zone則是用來儲存這些資料的資料庫。
- DNS伺服器是採用一個階層且分散式的資料庫，它儲存著Internet上伺服器名稱解析與IP對應表、郵件路由資訊，以及其他Internet應用程式所使用的資訊。
- 客戶端需要查詢一個FQDN對應的IP位址時，會交由DNS解析器（DNS Resolver）來負責查詢。
- DNS的封包標頭長度佔12 bytes。
- DNS的封包分為兩種：一為詢問訊息（query message），包含一個標頭及多個問題記錄（question records）；而DNS的回覆訊息（response message）則包含一個標頭及多個問題記錄、多個回答記錄（answer records）、多個管轄記錄（authoritative records）及多個額外紀錄（additional records）。
- SOA標示出一個Zone檔案的開始，它用來記錄此Zone的授權資訊，包含主要（Master）名稱伺服器，與管理此Zone負責人（即指管理員）的電子郵件帳號、修改的版本、存放在快取記憶體中的每筆記錄時間，以及當備份伺服器要備份這個Zone時的一些參數。

本章習題

選擇題

(　)1. 當客戶輸入一個FQDN後，會向DNS伺服器送出要求查詢此FQDN的IP位址，稱為

(1)NAT　(2)前向名稱查詢　(3)反向名稱查詢　(4)DHCP

(　)2. FQDN由主機名稱加上網域名稱及「.」所組成，最後「.」代表

(1)根網域　(2)頂層網域　(3)第二層網域　(4)主機名稱

(　)3. 頂層網域是以國家為分類，稱為

(1)gTLD　(2)ccTLD　(3)sTLD　(4)bTLD

(　)4. 頂層網域是以組織性質來區分，稱為

(1)gTLD　(2)ccTLD　(3)sTLD　(4)bTLD

(　)5. acc.topic.com其中的com稱為

(1)根網域　(2)頂層網域　(3)第二層網域　(4)主機名稱

(　)6. acc.topic.com其中的com的子網域稱為

(1)acc.topic　(2)acc.topic.com　(3)topic.com　(4)主機名稱

(　)7. 若網域的下層無子網域，那Zone的管轄範圍就

(1)等於　(2)小於　(3)大於　(4)不一定　網域的管轄範圍

(　)8. 網域「.yahoo.com.tw.」、「.google.com.tw.」均同屬於

(1)根網域　(2)頂層網域　(3)第二層網域　(4)主機名稱

(　)9. 為了容錯（Fault Tolerance）與負載平衡（Load Balance）的考量，這樣的伺服器稱為

(1)主要名稱伺服器　(2)次要名稱伺服器　(3)快取伺服器　(4)以上皆可

(　)10. 當客戶端主機送出DNS詢問訊息時，就會先送至

(1)根DNS伺服器　(2)頂層網域DNS伺服器
(3)官方DNS伺服器　(4)本地DNS伺服器

本章習題

簡答題

1. 試說明若FQDN為「www.yahoo.com.tw」所對應的IP位址為「59.214.33.11」。並反過來說明反向名稱查詢過程。
2. 說明不採用集中式DNS的原因。
3. 何謂網域名稱？
4. 何謂DNS Zone？
5. 何謂遞迴查詢與循環查詢？
6. 何謂DNS解析器（DNS Resolver）？

實作分析題

1. 請依照Case 1分析的操作步驟1～3，步驟4在C:\ Documents and Settings\yunlung\>敲入nslookup命令後→敲入set type =SOA（或set q=SOA）→www.wireshark.com，如圖E-1(a)所示。然後停止Wireshark封包的擷取。打開電子檔，我們可在【Filter】欄位敲入「dns」加速找到DNS query封包（即封包No 13）如圖E-1(b)所示，與DNS response封包（即封包No 14），如圖E-1(c)所示。請對本實作分析做說明。

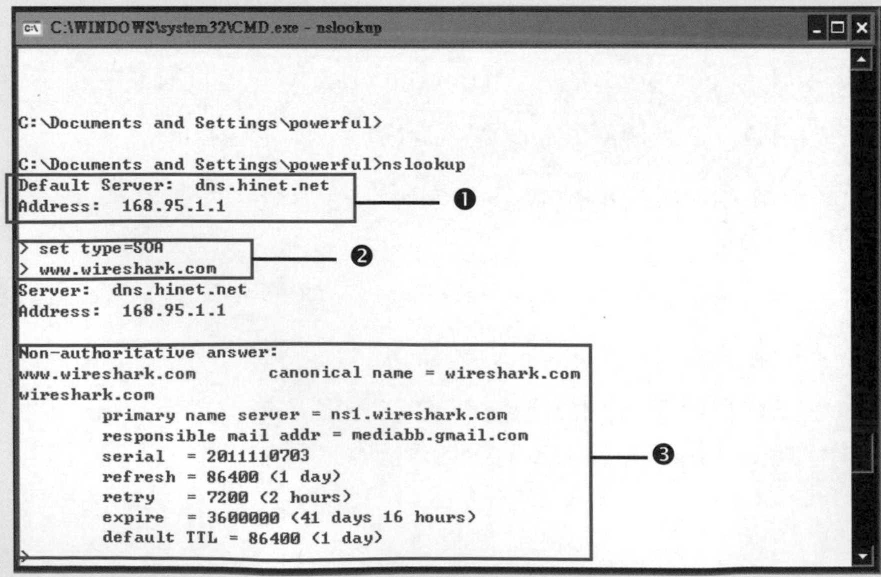

圖E-1(a)

本章習題

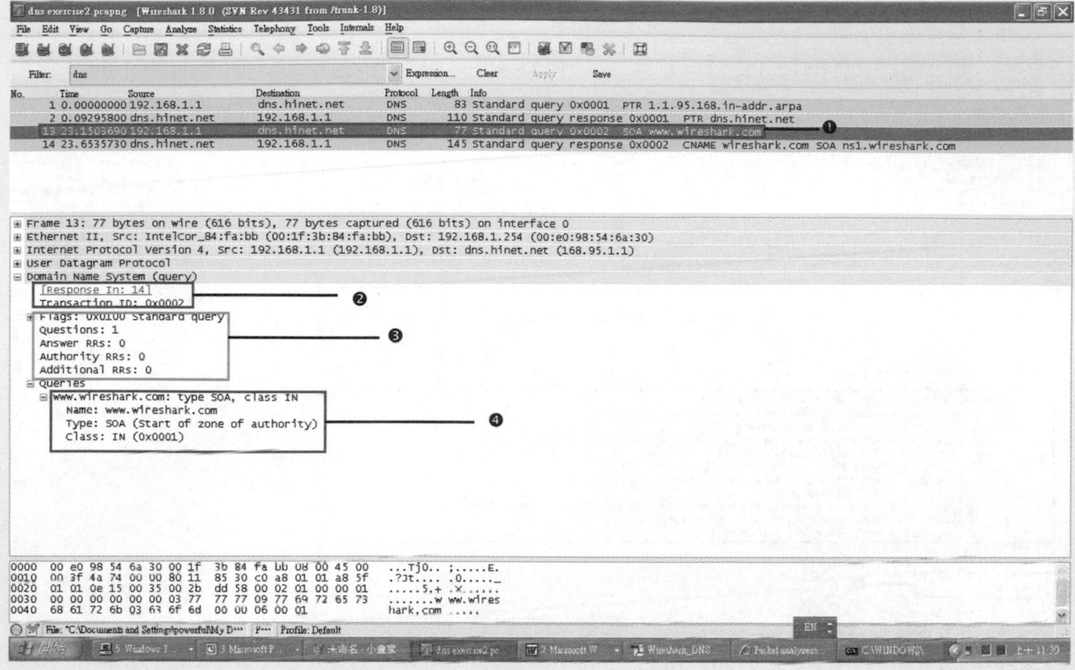

◐圖E-1(b)

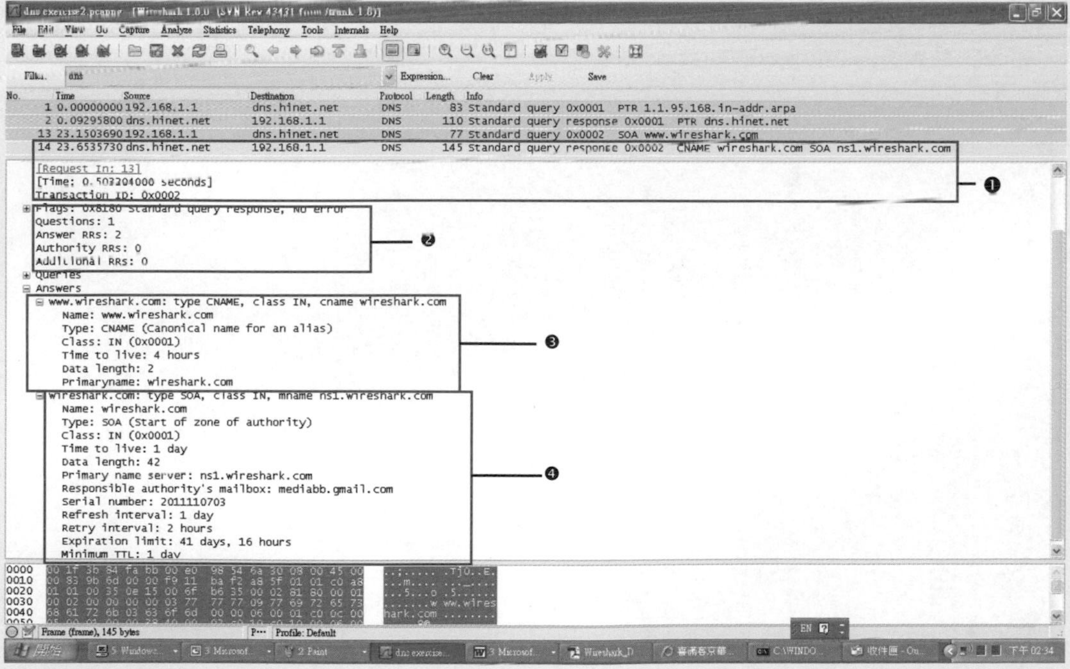

◐圖E-1(c)

本章習題

2. 打開電子檔，指出圖E-2中的❶代表的意義？及由❷看出什麼端倪？

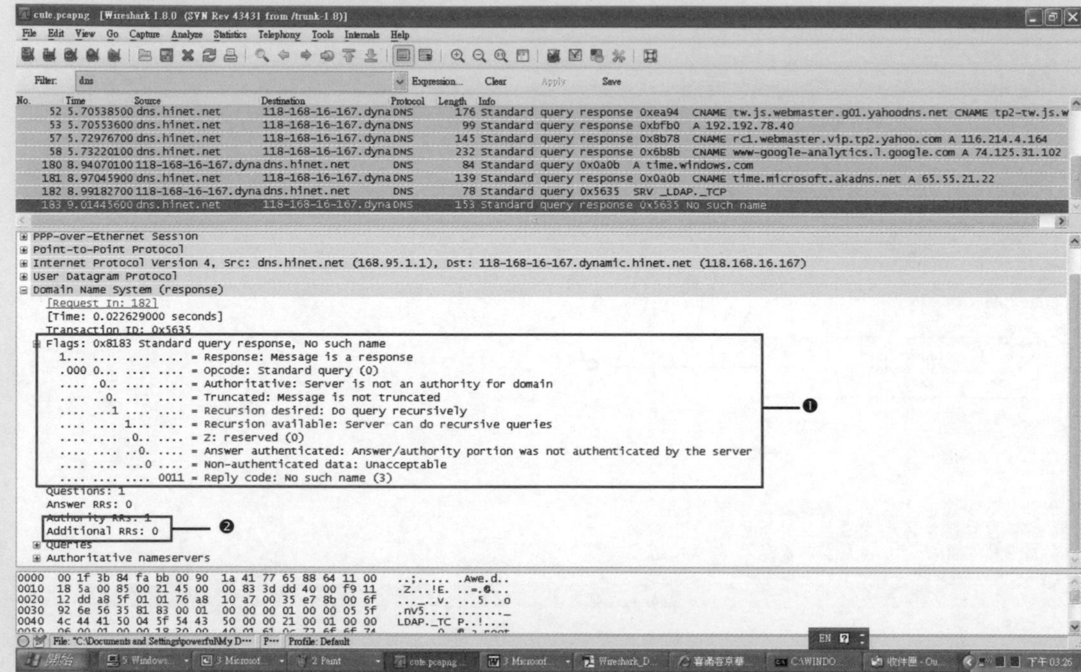

◐圖E-2

CHAPTER 09

DHCP協定Wireshark實作分析

9-1 DHCP簡介

當一部無硬碟機器在開機時，所要求的訊息不單是IP位址就可了事，它還需包括子網路遮罩、路由器的IP位址、名稱伺服器（Name Server）的IP位址。由於RARP僅能回送32 bits的IP位址，並無法滿足上述所要求的訊息，故而有BOOTP（Bootstrap Protocol）及DHCP兩種新協定的出現。DHCP是Dynamic Host Configuration Protocol之縮寫，稱爲動態主機配置協定，它的前身是BOOTP協定（RFC 951）。BOOTP原本是使用於無磁碟主機連接的網路，亦即網路主機使用BOOT ROM啓動，而不是磁碟啓動並連接上網路。BOOTP屬於一種客戶端／伺服端通訊協定，它雖可以自動地爲主機設定TCP/IP環境，但BOOTP在設定前必須取得客戶端的硬體位址，而且與IP的對應關係是靜態的，網路管理者必須針對每一裝置，建立指定參數的設定檔案，如果網路中只有幾十部電腦還可應付，一旦至幾百部電腦，如何維護每部電腦的TCP／IP設定，實是一大挑戰。換言之，BOOTP不支援動態位址指派，因此，DHCP可以說是BOOTP的增強版本，當主機連接Internet時，客戶端的主機會從DHCP伺服器以動態方式獲得它唯一的IP位址。DHCP伺服器可以方便集中管理這些IP設定資料，並負責處理客戶端的DHCP要求。

DHCP是建立在一個客戶端與伺服器模型，伺服器用來提供初始化參數；而客戶端的主機則是用來向DHCP伺服器要求初始化參數。簡單的說，當DHCP客戶端啓動時，它可從伺服器要求一個IP位址。一般而言，DHCP使用三種機制來分配IP位址給客戶端：

- 自動分配：DHCP指配一個永久的IP位址給客戶端。
- 手動分配：客戶端的IP位址是由管理員分配，而此位址將透過DHCP傳送至客戶端。
- 動態分配：客戶端由DHCP伺服器動態租用到的IP位址。而此IP位址租用的時間是有限制的。此機制爲本章的討論焦點。

當DHCP伺服器每出租一個IP位址至DHCP客戶端時，資料庫中也跟著建立一筆租用資料，這也避免IP重複租用的發生。DHCP不但可動態分配IP位址外，而且還可以指定DNS伺服器和預設閘道的IP位址所需的參數。當參數需要變更時，直接在DHCP伺服器上修改，就可以自動更新所有DHCP客戶端的參數，也節省很多維護上的成本。一旦DHCP伺服器設定成功，客戶端就可從DHCP取得IP位址，並完成TCP / IP的設定。這樣的情況下，每當DHCP客戶端開機，就可從DHCP伺服器分配到1個IP位址至DHCP客戶端。由於IP位址都有使用期限之限制（除非DHCP伺服器有特別設定），稱爲IP位址的租約期限（Lease Time）。當客戶端租約到期或取消租約，伺服器又可以將此IP位址分配給其他的客戶端使用，這也是所謂的IP位址重複使用。注意，DHCP將透過租約的概念，有效且動態的配置客戶端的TCP/IP設定（參考RFC 2131）。値得一提，當客戶端與一些DHCP伺服器剛開始接觸時，因尙不知這些DHCP伺服器的位址爲何，所以在正常情形下，DHCP訊息將由客戶端廣播出去；而伺服器可能以單播或廣播回覆送回訊息至客戶端。若是以單播方式送回，對於某一些客戶端，此方式並沒有受到他們廣泛的支持，而是支持以廣播訊息方式送回至客戶端。

9-2 DHCP工作原理

當DHCP客戶端開機時，會以廣播方式搜尋在實體子網路內全部的DHCP伺服器，並要求獲得分配一IP位址；這些伺服器也會以廣播方式傳回一個尙未被使用的IP位址及相關參數給客戶端。注意，網路管理員可以使用一個本地路由器轉送DHCP封包至另一個子網路上的DHCP伺服器。下面將描述DHCP的基本工作原理，共分成4個步驟，如下說明，並請對照圖9-1。

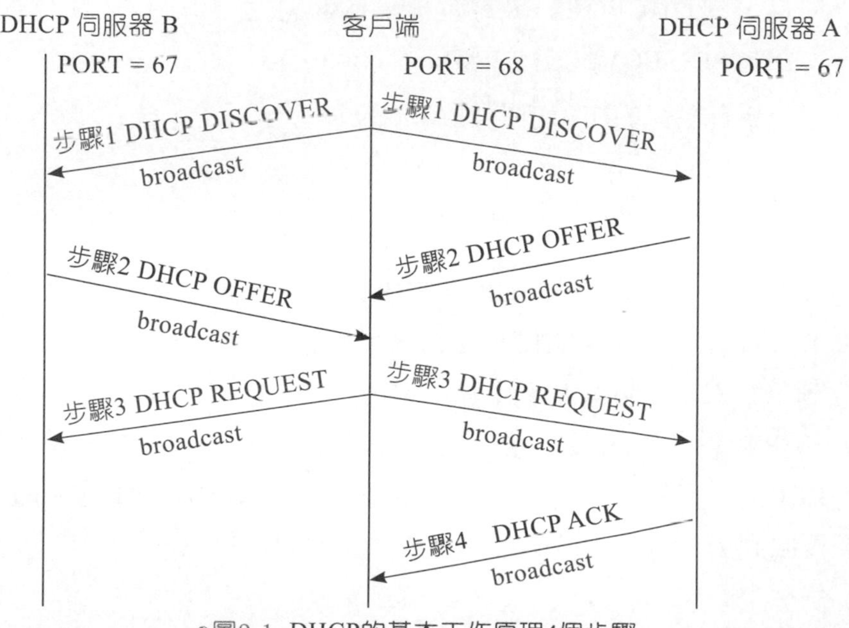

◎圖9-1 DHCP的基本工作原理4個步驟

步驟1：DHCP客戶端在事先並沒有IP的相關資料設定情況下，開機後，UDP封包是以廣播方式送出至網路上全部的DHCP伺服器（圖9-1只繪出DHCP Server A與DHCP Server B），要求任一部DHCP伺服器提供IP租約。因為客戶端還不知道本身屬於哪一個網路，所以封包的來源位址會設定成0.0.0.0，連接埠號為68；而目的端的位址則為255.255.255.255，連接埠號為67。因此，網路上所有的DHCP伺服器都會收到此訊息，並要求每一部DHCP伺服器提供IP租約。在Windows的預設環境下，DHCPDISCOVER的等待時間預設值為1秒，若訊息在1秒之內無回應時，就會進行第二次廣播，最多至第4次的DHCPDISCOVER廣播。注意，後來3次的等待時間分別是9、13、16秒。若仍然沒有得到DHCP伺服器的回應，客戶端會指出錯誤，並透過系統再重送此訊息。

步驟2：當網路中的每一部DHCP伺服器收到DHCPDISCOVER廣播封包時，會從它所管理但沒有租出去的位址範圍內找出一個可用的IP位址、設定租約期限，以及提供一些資訊給客戶端。這些資訊包括：

- 客戶端本身的MAC位址。
- DHCP伺服器所提供的IP位址。
- 子網路遮罩。
- IP位址租約期限（address lease time），亦即IP位址有效時間。DHCP伺服器通常會將租約期限設定幾小時或幾天。
- 每一筆DHCPOFFER封包提供的訊息包含DHCP伺服器所收到的DHCPDISCOVER封包的Transaction ID。
- 提供此資訊的DHCP伺服器IP的位址。
- 路由器資訊。
- 網域名稱及網域名稱伺服器。

這些資訊最後會記錄在DHCPOFFER封包內，再廣播至客戶端。由於每一部DHCP伺服器都會送出DHCPOFFER封包給客戶端，但DHCP客戶端只會對最早收到從DHCP伺服器A所送出的DHCPOFFER封包做回應，後續收到的DHCPOFFER封包（像DHCP伺服器B）則不理會。如果DHCP客戶端不接受DHCPOFFER封包所提供的資訊，就會廣播一個DHCPDECLINE封包告知伺服器，然後再回到第1步驟，重新廣播DHCPDISCOVER封包。

步驟3：當客戶端得到一個IP租約後，亦會透過255.255.255.255的廣播位址，將DHCPREQUEST的UDP封包送至網路上全部的DHCP伺服器，主要目的是讓全部的DHCP伺服器知道DHCP伺服器A所提供的IP位址已被挑選到，這樣可以避免其他的DHCP伺服器自以爲自己的IP位址已被選擇到而保留起來。換句話說，DHCP伺服器B原欲提供給客戶端租用的IP位址不用再保留，可以出租給其他客戶。

步驟4：被挑選到的DHCP伺服器A收到DHCPREQUEST封包時，若同意客戶端的要求，就會向客戶端發廣播，送出一個DHCPACK封包，以確認IP租約的正式生效，包括IP租約期限及其他要求的資訊給客戶端主機。反之，會送出DHCPNAK封包，當客戶端收到DHCPNAK封包後，會回到第1步驟重新開始。

範例❶ 若圖9-1的DHCP伺服器使用的IP位址爲192.168.1.17，現有新進來的客戶，請繪出DHCP基本工作原理的4個步驟。

解 如圖9-2所示。有關圖中的yiaddr、Xid、生存期，將在下一節說明。

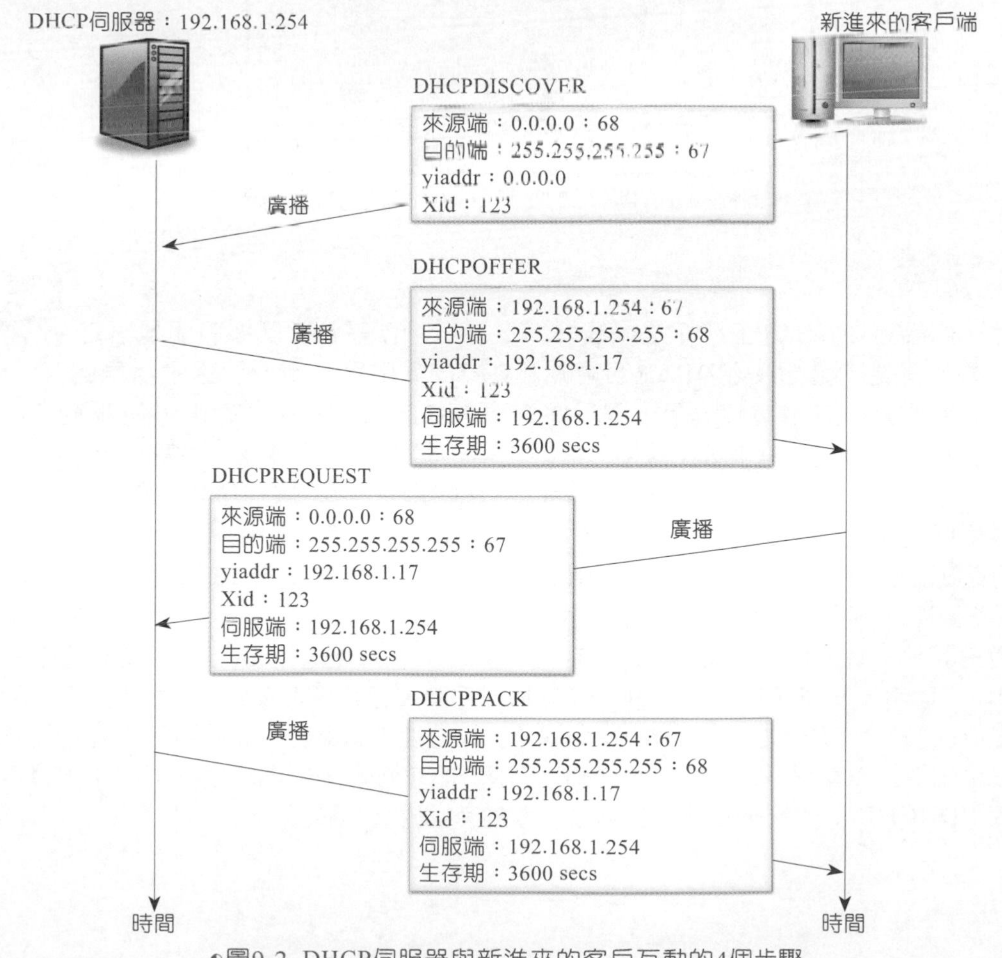

◐圖9-2 DHCP伺服器與新進來的客戶互動的4個步驟

範例❷ 欲在Windows XP設定DHCP客戶端，以透過區域網路動態取得IP位址，設定方式步驟爲何？注意，此IP位址租用的時間是有限制的。

解

步驟1：開始→連線到→選擇要設定的網路卡（筆者使用無線網路連線）→內容→Internet Protocol (TCP/IP)→內容→點選自動取得IP位址（O），以及點選自動DNS伺服器位址(B)→按下確定，如圖9-3所示。

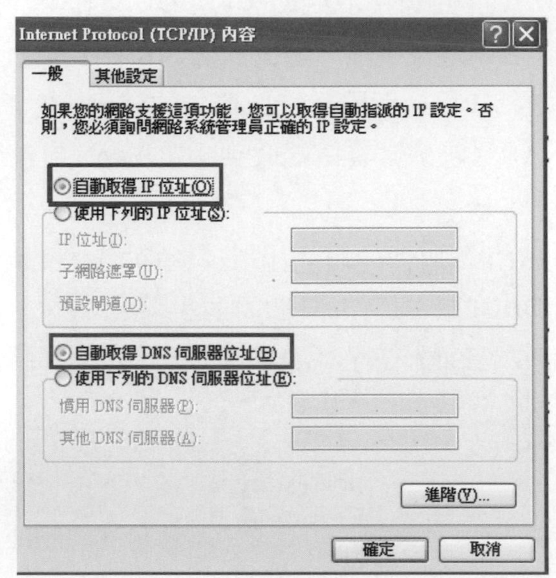

圖9-3 DHCP客戶端動態取得IP位址的設定步驟

N.O.T.E

上一節談過，DHCP的運作是以廣播方式進行，就網路的廣播範圍是限定在同一網路內進行。若DHCP客戶端和DHCP伺服器分別位於路由器兩端的區域網路，在這種情況下，客戶端送出去的DHCPDISCOVER封包並沒有辦法抵達另一端的DHCP伺服器，因為路由器也會阻擋這些廣播封包轉送出去（注意，路由器只會切割廣播網域），當然，後續動作也不用期待會發生。要克服這個問題，可以透過DHCP Relay Agent（代理器）或稱DHCP Proxy主機（具有路由能力），來接受客戶端的DHCP要求（即DHCPREQUEST）。如圖9-4所示，DHCP客戶端送出廣播封包（步驟1）至DHCP Relay Agent，代理器會記錄路由器另一端的DHCP伺服器的IP位址。當DHCP Relay Agent發現區域網路中有DHCPDISCOVER或DHCPREQUEST廣播封包時，它會接收該封包，並將封包的目的位址255.255.255.255改成DHCP伺服器的IP位址重新送出，此重新送出的封包通過路由器是以單播（unicast）方式傳送到達DHCP伺服器（步驟2）。DHCP伺服器收到DHCP Relay Agent送到的封包後，會對其回應（步驟3）。

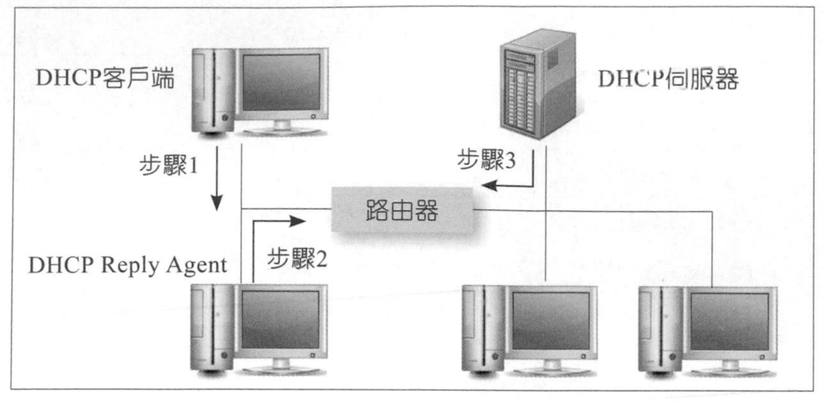

◐圖9-4 DHCP Relay Agent的運作

9-3 DHCP封包格式

DHCP封包格式如圖9-5所示，並如下說明（可參考RFC 2131和RFC 2939）。

OP(8)	HTYPE(8)	HLEN(8)	HOPS(8)
TRANSACTION ID(32)			
SECONDS(16)		FLAGS(16)	
ciaddr(32)			
yiaddr(32)			
siaddr(32)			
giaddr(32)			
chaddr(16bytes)			
sname(64bytes)			
file(128bytes)			
options(312bytes)			

◐圖9-5 DHCP封包格式

- Op（Op Code）佔8 bits：此值等於1，表示這個封包是從客戶端送至伺服端，相當Boot Request；若為2，表示此封包是由伺服端送至客戶端，相當Boot Reply。
- HTYPE（Hardware Type）佔8 bits：代表所使用的網路類型如圖9-6所示，例如：1代表乙太網路，15代表Frame Relay。參考www.iana.org。

HType Volue	Hardware Type
1	Ethernet (10Mb)
6	IEEE 802 Networks
7	ARCNet
11	LocolTalk
12	LocalNet IBM PCNet or SYTEK LOcal (NET)
14	Switched Multimegbit Data Service (SMDS)
15	Frame Relay
16	Asynchronous Transfer Mode (ATM)
17	High-Level Data Link Control (HDLC)
18	Fibre Channel
19	ATM
20	Serial Line
21	ATM

圖9-6 HTYPE值對應的網路類型

- HLEN（Hardware Address Length）佔8 bits：MAC位址的長度，以乙太網路爲例，欄位值爲6（代表48 bits）。
- HOPS佔8 bits：若封包在同一網路內傳送，此欄位設定爲0。若需透過DHCP Relay Agent才能將客戶端的DHCP要求轉送至DHCP伺服器時，此欄位值會加1。
- TRANSACTION ID（簡寫XID）佔32 bits：客戶端送出封包時，會隨機被挑選到的代碼值，一旦伺服器收到封包，就以此代碼值回覆，並會將此值寫至回覆封包，客戶端就是藉由此數值分辨出伺服器到底是回覆哪一個封包。
- SECONDS佔16 bits：客戶端啓動或更新時所花費的時間（秒），會透過客戶端寫入。
- FLAGS佔16 bits：最左「B」的位元爲1時，表示客戶端要求伺服器必須以廣播方式回應，其餘保留待使用，塡入0，如圖9-7中的「MBZ (Must Be Zero)」所示。

0 1 2 3 4 5 6 7 8 9 10 11 12 13 14 15

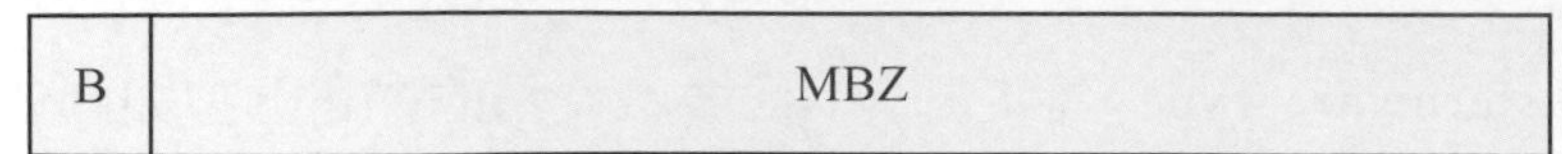

圖9-7 FLAGS格式

- ciaddr（Client IP Address）佔32 bits：目前客戶端所使用的IP位址。僅在客戶端是處於BOUND（束縛）、RENEWING（更新）或REBINDING（重新綁定）狀態，且能對ARP request有回覆時，才能進行寫入動作。
- yiaddr（Your IP Address）佔32 bits：伺服器將欲分配給客戶端的IP位址填到回覆訊息內，亦指DHCPOFFER或DHCPACK封包。
- siaddr（Server IP Address）佔32bits：指伺服器回應DHCPDISCOVER封包時，會將它本身的IP位址填入此欄位；這樣可以讓客戶端在後來的DHCPREQUEST封包中，將此IP位址填入選項（Options）中的Server Identifier欄位。
- giaddr（Relay Agent IP Address）佔32 bits：若伺服器和客戶端需透過DHCP Relay Agent來進行跨網域封包的交換時，Relay Agent在此欄位填入自己的IP位址；否則填入0。
- chaddr（Client Ethernet Address）佔16 bytes：指出客戶端的硬體位址。
- sname（Server Host Name）佔64 bytes：為DHCP伺服器的名稱，以0x00結尾。
- file（Boot File Name）佔128 bytes：當客戶端使用一部無硬碟機器開機時才會用到。此欄將指出開機程式名稱，以便讓客戶端利用檔案傳輸工具下載此程式以完成開機。
- Options佔128 bytes：為能提供更多的資訊，允許廠商定義一些選項。其長度可變，選項同時可擁有多個，每一選項由左至右依序為代碼（Code）編號；緊接為選項長度；是以byte指定的欄位；最後為項目內容，代表長度欄位所指定的資料，如圖9-8所示。DHCP的選項非常多（請查閱RFC 2131），此欄將指出先前提過的租約期限等重要資訊，請參考表9-1所示。

Code編號	長度(byte)	項目內容

圖9-8 Options欄位

表9-1 DHCP伺服端使用的Options

Option	DHCPOFFER	DHCPACK	DHCPNAK
Requested IP address	X	X	X
IP address lease time	O	O(DHCPREQUEST) X(DHCPINFORM)	X
Use 'file'/'sname' fields	V	V	X
DHCP message type	DHCPOFFER	DHCPACK	DHCPNAK
Parameter request list	X	X	X
Message	S	S	S
Client identifier	X	X	V
Vendor class identifier	V	V	V
Server identifier	O	O	O
Maximum message size	X	X	X
All others	V	V	X

X：表不要用 O：表要用 S：表應該用 V：表可以用

表9-2 DHCP客戶端使用的Options

Option	DHCPDISCOVER DHCPINFORM	DHCPREQUEST	DHCPDECLINE， DHCPRELEASE
Requested IP address	V(DHCPDISCOVER) X(DHCPINFORM)	O(在SELECTING或 INIT-REBOOT之中) X(在INBOUND或 RENEWING之中)	O(DHCPDECLINE) X(DHCPRELEASE)
IP address lease time	V(DHCPDISCOVER) X(DHCPINFORM)	V	X
Use 'file'/'sname' fields	V	V	V
DHCP message type	DHCPDISCOVER/ DHCPINFORM	DHCPREQUEST	DHCPDECLINE/ DHCPRELEASE
Client identifier	V	V	V
Vendor class identifier	V	V	X
Server identifier	X	O(在SELECTING之後) X(在INIT-REBOOT, BOUND, RENEWING， 或REBINDING之後)	O
Parameter request list	V	V	X
Maximum message size	V	V	X
Message	SN	SN	S
All others	V	V	X

X：表不要用 O：表要用 S：表應該用 SN：表不應該用 V：表可以用

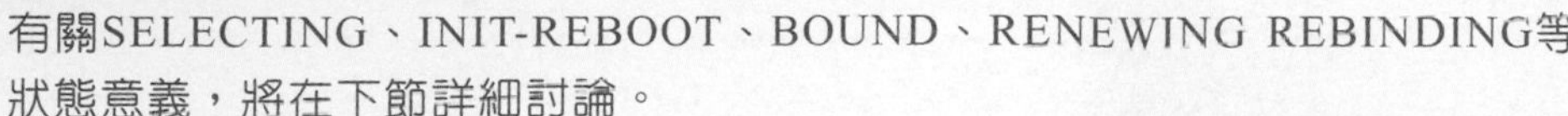
N.O.T.E

有關SELECTING、INIT-REBOOT、BOUND、RENEWING REBINDING等狀態意義，將在下節詳細討論。

Options（選項）相關欄位如下說明(參考RFC 2132)。

- Requested IP Address：指出當客戶端送出DHCPDISCOVER封包，希望獲得特定IP位址；或更新IP租約時所填入的IP位址。它的代碼是50，如圖9-9所示。

Code編號 (50)	長度 (4)	IP位址

圖9-9 Requested IP Address格式

- IP Address Lease Time：此選項使用在客戶端的要求封包，像DHCPDISCOVER，或DHCPREQUEST封包所允許的IP位址租約時間；或是伺服器回覆封包，像DHCPOFFER封包也使用此選項來指定租約時間。它的代碼是51，如圖9-10所示。租約時間為32位元的無符號整數。

Code編號 (51)	長度 (4)	租約時間 (秒)

圖9-10 IP Address Lease Time格式

- File/Sname Fields：Option欄位規定的最大長度為312 bytes，當Option資料超過此值，稱為Option overhead，可以利用此選項去設定借用「sname」和「file」這兩個欄位。它的代碼是52，如圖9-11所示。圖中Value欄位值為1時，代表借用「file」欄；欄位值為2時，代表借用「sname」欄；欄位值為3時，代表兩個欄位都借用。

Code編號 (52)	長度 (1)	Value

圖9-11 File/Sname Fields格式

- DHCP Message Type：此選項指出所使用的訊息類別及編號1至8，所代表的DHCP訊息類型如表9-3所示。注意，DHCPINFORM封包是假設客戶端事先已透過一些方法得到IP位址（例如手動設定），但其他相關的參數還是必須透過DHCP分配過程才可得到。它的代碼是53，如圖9-12所示。

Code編號 (53)	長度 (1)	DHCP訊息類型

◐圖9-12 DHCP Message Type格式

表9-3　DHCP訊息類型

編號	訊息類別
1	DHCPDISCOVER
2	DHCPOFFER
3	DHCPREQUEST
4	DHCPDECLINE
5	DHCPACK
6	DHCPNACK
7	DHCPRELEASE
8	DHCPINFORM

- Server Identifier：此選項使用於DHCPOFFER和DHCPREQUEST封包，有的還包括DHCPACK與DHCPNAK封包。由於客戶端在還沒有取得IP租約時，所有的封包都是以廣播方式傳送出去，此欄位可被用來辨識被挑選出來是哪一台DHCP伺服器。例如：當伺服器回應DHCPDISCOVER封包時，會將它本身的IP位址填入此欄位；接著客戶端以廣播方式傳送出去的DHCPREQUEST封包中，會將此IP位址填入Options欄位中的Server Identifier欄位。它的代碼是54，如圖9-13所示。注意，位址欄位爲伺服器的IP位址。

Code編號 (54)	長度 (4)	位址

◐圖9-13 Server Identifier格式

- Parameter Request List：客戶端要求伺服器提供所需要的配置參數。它的代碼是55，如圖9-14所示。圖中的參數要求清單長度最小值爲1。

Code編號 (55)	長度 (n)	參數要求的Option code

◐圖9-14 Parameter Request List格式

- Message：若伺服器接收到不正確的Requested IP Address，則客戶端送出的DHCPREQUEST封包，會使伺服器回覆DHCPNAK封包給客戶端的管理者，以告知有錯誤。這個選項可以讓客戶端送出DHCPDECLINE封包，告訴DHCP伺服器為什麼客戶端拒絕它所提供的參數。注意，Message是由n個位元組（octcct）組成的NVT ASCII文字。它的代碼是56，如圖9-15所示。

Code編號 (56)	長度 (n)	Text

◐圖9-15 Message格式

● Maximum DHCP Message Size：此選項使用於DHCPDISCOVER和DHCPREQUEST封包，但不包括DHCPDELCINE封包。客戶端用來告知伺服器它自己可以接受的封包長度。它的代碼是57，如圖9-16所示。注意，它的長度值最小是576 bytes。

Code編號 (57)	長度 (2)	長度值最小是576 bytes

◐圖9-16 Maximum DHCP Message Sizc格式

● Renewal (T1) Time Value：此選項指定的時間間隔是從位址指定算起，一直到客戶端轉換到RENEWING狀態。該值是以秒為單位，並且被指定為一個32位元的無符號整數。它的代碼是58，如圖9-17所示。

Code編號 (58)	長度 (4)	T1間隔

◐圖9-17 Renewal (T1) Time Value格式

● Rebinding (T2) Time Value：此選項指定的時間間隔從位址指定算起，一直到客戶端轉換到REBINDING狀態。該值是以秒為單位，並且被指定為一個32位元的無符號整數。它的代碼是59，如圖9-18所示。

Code編號 (59)	長度 (4)	T2間隔

◐圖9-18 Renewal (T2) Time Value格式

● Vendor Class Identifier：此選項可使DHCP客戶端識別製造商的類型和配置。製造商可以選擇定義特定的標識符來傳達特定的配置或其他客戶端的識別訊息。注意，伺服器並不具備解釋此特定的發送訊息。它的代碼是60，如圖9-19所示。

Code編號 (60)	長度 (n)	製造商等級的資訊

◐圖9-19 Vendor Class Identifier格式

- Client Identifier：此選項可使DHCP客戶端指定其獨特的標識符（即客戶端的MAC位址）。伺服器利用此獨一無二的識別資訊，可以瞭解是哪一台客戶端發出租用IP位址的要求。它的代碼是61，如圖9-20所示。注意，圖中的長度(n)，它的最小長度爲2。

Code編號 (61)	長度 (n)	類型、客戶端標識符

◐圖9-20 Client Identifier格式

N.O.T.E

客戶端收到伺服器分配的IP位址時，大都會以ARP協定檢查該IP位址是否已有人在使用（有可能使用者是利用手動設定）該位址。DHCP客戶端必須定期更新（Renew）所取得的IP租約，不然租約過期就不能再使用此IP位址。根據RFC 2131可知，每當租用時間到達租約期限的50%時，稱為T1，代表更新時間值（Renewal time value），客戶端必須送出DHCPREQUEST封包向DHCP伺服器要求更新租約；若更新租約沒有成功（一般有3次重試機會），可暫時延用此租約，一直延長到達租約期限的87.5%時，稱為T2，代表重新綁定時間值（Rebinding time value），會再度要求續約；若仍然無法續約成功，則DHCP客戶端會以廣播方式送出DHCPREQUEST封包，要求DHCP伺服器提供服務。有興趣的讀者可在下節更進一步去探討DHCP操作的狀態流程，如圖9-21所示。

DHCPDECLINE (When IP address is taken)(

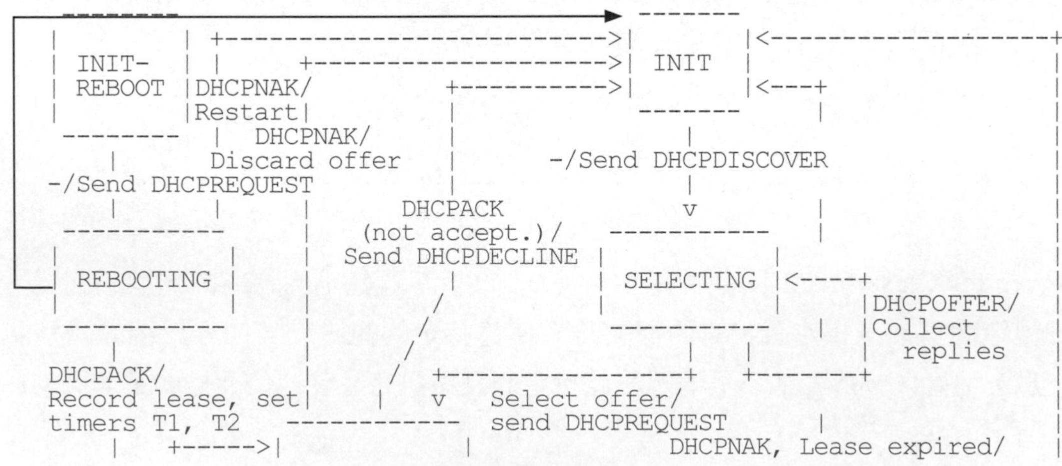

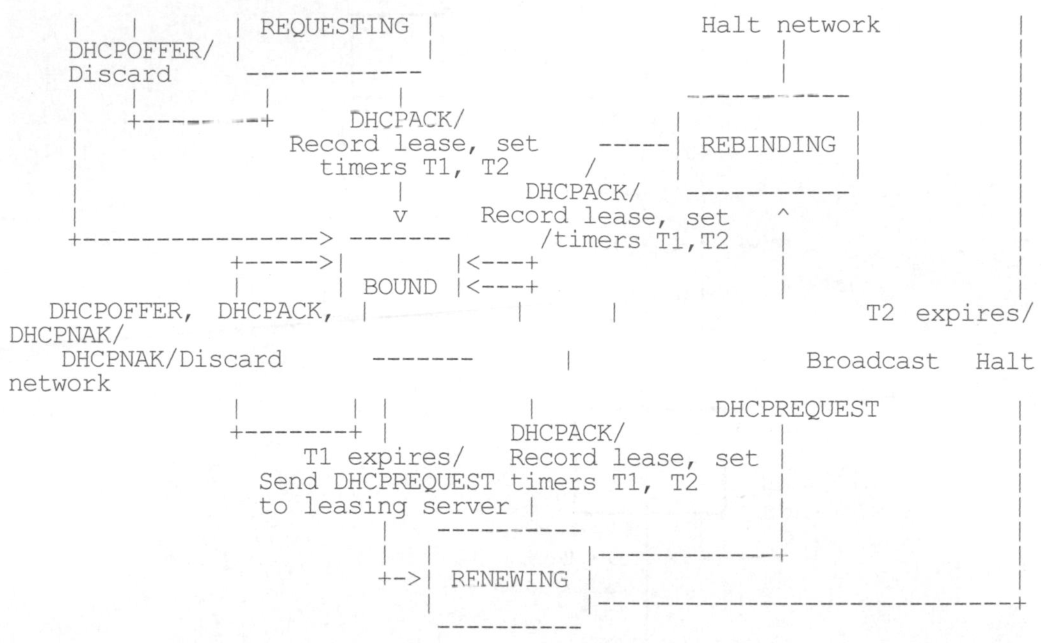

◐圖9-21 DHCP操作的狀態流程

9-4 DHCP租約分配過程

看過9-1及9-2兩節之後，您應該對DHCP已有初步瞭解。在此節將更進一步去探討圖9-21所示DHCP操作的狀態流程。爲說明方便，將它分成3個子狀態分別分析。首先，我們對租約分配（Lease Allocation）過程做說明。既然決定要實現DHCP，擔任管理員的你，必須先安置一個DHCP伺服器，以提供配置（configuration）參數和策略訊息：像IP位址範圍、租約長度規格，和DHCP主機要傳送出去的配置數據。若DHCP客戶端屬第一次啓動，或目前沒有DHCP租約，在這樣的初始狀態下，它就需要進行啓動租約分配的過程，以取得一個IP位址。以下說明如何進行租約分配的過程，如圖9-21(a)所示。

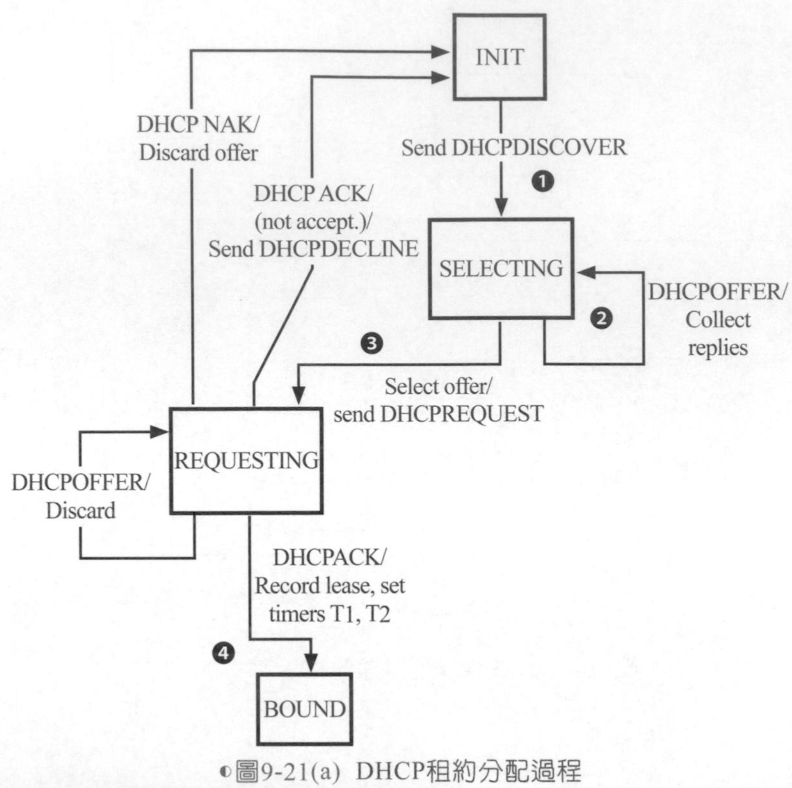

圖9-21(a) DHCP租約分配過程

步驟1：客戶端發送DHCPDISCOVER封包

一開始客戶端處在INIT（初始化）狀態。由於客戶端此時並沒有IP位址，也不知道在網路上是否有、或者何處有DHCP伺服器。因此，客戶端產生一個DHCPDISCOVER封包，其包括以下資訊：

- 其chaddr欄位值含有客戶端自己的的硬體位址。
- 客戶端產生封包時，會隨機被挑選到的Xid值，客戶端就是藉由此數值分辨出伺服器到底是回覆哪一個封包。
- 客戶端可能在DHCP Options（選項）中的Requested IP Address要求一個特定的IP位址，與IP Address Lease Time所允許的IP位址的租約時間，或Parameter Request List要求伺服器提供所需要的配置參數。接下來，客戶端廣播DHCPDISCOVER封包於本地網路上，然後轉換爲SELECTING（選擇進行中）狀態，並等待回覆。

步驟2：DHCP伺服器回送DHCPOFFER封包及相關處理。在此步驟，DHCP伺服器與客戶端之間有很多事要做。首先，在本地網路上的每個DHCP伺服器接收到客戶端的DHCPDISCOVER封包，經過檢視後，DHCP伺服器可在其資料庫查詢客戶端的硬體位址，並確定伺服器是否能夠提供給客戶租用的IP，以及與租約相關的項目。如果客戶端已經提出了一個特定的IP位址、租約時間長度，或其他參數的要求，伺服器將嘗試滿足這些要求，但它也不一定要這樣做。如果DHCP伺服器事先沒有規劃提供這樣的服務，或沒有剩餘的IP位址，或其他等因素，則它也可能決定不提供位址出租給特定的客戶端。接著，每個DHCP伺服器產生一個DHCPOFFER封包回覆給客戶端，其包括以下資訊：

- 伺服端會將配置給客戶端的IP位址填到yiaddr欄位。如果伺服器以前與這個客戶端有租約關係的情況，它會嘗試重複使用上次使用的IP位址。它會嘗試使用客戶端要求的位址（如果存在）；否則，它會選擇任何可用的位址。
- 提供租約時間的長度。
- 由客戶端要求，或已規劃在伺服器準備回送客戶端的特定配置參數。
- 回送全部客戶端的一般配置參數。
- Server identifier：此欄位可被用來辨識被挑選出來的是哪一台DHCP伺服器。
- 使用與DHCPDISCOVER封包相同的Xid值。

注意，每個伺服器發送DHCPOFFER封包時的時間不會完全相同。至於封包發送可能是單播或廣播。接下來，將注意力轉移至客戶端如何收集和處理DHCPOFFER封包。

當客戶端發送DHCPDISCOVER封包後，就開始等待DHCP伺服器回覆DHCPOFFER封包的到達。如前所述，每一台DHCP伺服器都會送出DHCPOFFER封包給客戶端；但DHCP客戶端只會對最早收到的DHCPOFFER封包做回應。另外，它也可以選擇等待一段時間去貨比三家後，再做最有利的條件判斷。若沒有DHCPOFFER封包被接收，客戶端將進入一個重傳模式，並嘗試一段時間，再次發送DHCPDISCOVER封包。

N.O.T.E

依DHCP標準規定，DHCP伺服器發送一個DHCPOFFER封包給客戶端之前，伺服器可以發送一個ICMP Echo封包給客戶端，檢查新分配的IP位址是否已經在使用中。如果伺服器探測（probe）知道這個位址正在使用中，則伺服器當然不能提供此IP位址給客戶端。像這樣的特性，亦是DHCP伺服器對衝突檢測功能的一個重要組成部分。注意，網路管理員可以選擇禁用探測新分配的IP位址。

步驟3：客戶端發送DHCPREQUEST封包。一旦客戶端選定DHCP伺服器後，會產生一個DHCPREQUEST封包。 此封包有兩個目的：它告知伺服器對客戶端的服務提供已被接受，並通知其他的伺服器，你們的服務提供已被拒絕了。在此封包中，客戶端包括以下的資訊：

- Server identifier欄位，指出被挑選出來的DHCP伺服器。
- DHCP伺服器在DHCPOFFER封包中分配給客戶端的IP位址，正是選項Requested IP Address所要求的IP位址。
- 選項Parameter Request List中所提供的配置參數。

當客戶端得到一個IP租約後，客戶端發送DHCPREQUEST封包。因爲它的目的不只是只有選定的DHCP伺服器，而是所有的伺服器，故以廣播方式進行，並轉換爲REQUESTING（要求進行）狀態。主要目的是讓全部的DHCP伺服器知道某一個DHCP伺服器所提供的IP位址已被挑選到，你們原欲提供給客戶端租用的IP位址不用保留，可以出租給其他客戶。

步驟4：客戶端敲定租約分配。在此步驟達成之前，DHCP伺服器與客戶端之間也有很多事要做。首先，我們說明伺服器如何處理DHCPREQUEST封包。當一個伺服器接收客戶端發送過來的DHCPREQUEST封包後，客戶端除了向被選定的伺服器進行申請租用IP位址之外，也讓其他伺服器知道它們所提供的訊息被拒絕。如果以前提供給客戶端的IP位址沒有保留，它必須檢查此IP位址，確定它仍然是可用的。如果不是的話，伺服器會回送一個DHCPNAK封包。在正常情況下，伺服器客戶端會發送一個DHCPACK封包給客戶端以確認租約，並包含所有相關客戶端的配置參數。如果客戶端接收的是一個DHCPNAK封包，客戶端會轉移到INIT（啓始）狀態，並回到一開始的步驟1。如果它是一個DHCPACK封包，客戶端會從yiaddr欄位讀取IP位址，並記錄租約時間長度和各種不同訊息欄位的其他參數和DHCP選項。如果兩者都不是，它可以重傳DHCPREQUEST封包一次或多次。如果繼續一直無作爲，就表示伺服器有突發狀況，並返回到步驟1。接下來，客戶端在完成租約協議之前，進行最後的檢查，以確保新的位址並沒有被使用中，這通常在本地網路上透過ARP request看看是否有任何其他設備正擁有客戶端新租用的IP位址。如果有的話，客戶端會發送一個DHCPDECLINE封包到伺服器，告知伺服器有人已經在使用該IP位址，然後又回到步驟1重新開始。假設該IP位址並不在使用中，客戶端就敲定租約，並轉換爲Bound狀態，以及設定T1和T2兩個租約計時器。並爲下一步驟做好準備。

N.O.T.E

在很多情況下，DHCP有可能遇到封包遺失，而導致分配過程的失敗，這可能需要客戶端重傳封包。這是因為DHCP使用的UDP是較不可靠的，而導致封包遺失。

9-5 DHCP租約的重新分配過程

當租約結束時，如果租約更新失敗，或一些錯誤或其他情況發生，導致客戶端需要一個新的租約，就必須進行上節所述的同樣過程。值得一提，在某些情況，客戶端啓動的時候，它仍然處在於一個租約期間，遇到這種情況，客戶端就不需要爲了分配到一個IP位址，而去進行整個分配過程及新的租約設定。相反地，它只要進行一個過程，稱爲重新分配（Reallocation）以重新建立（Re-establish）其現有的租約。

客戶端進行重新分配的時機，主要有兩種情況：一是因租約時間很短，過了使用期而被關閉，然後再重新啓動；或客戶端再次啓動時，它的租約仍有效中。另一是客戶安裝新的軟體或校正出現的問題而重新啓動。重新分配的過程可以視爲一個簡化版的分配過程，客戶端並不需要經過如租約分配所說的整個步驟。相反的，在一個有效的租約前提下，客戶端企圖找到伺服器，並把它擺在最首要的租約交易以尋求確認，並可以繼續使用以前分配的IP位址，當然，它也確認所收到的參數。以下說明如何進行租約重新分配的過程，如圖9-21(b)所示。

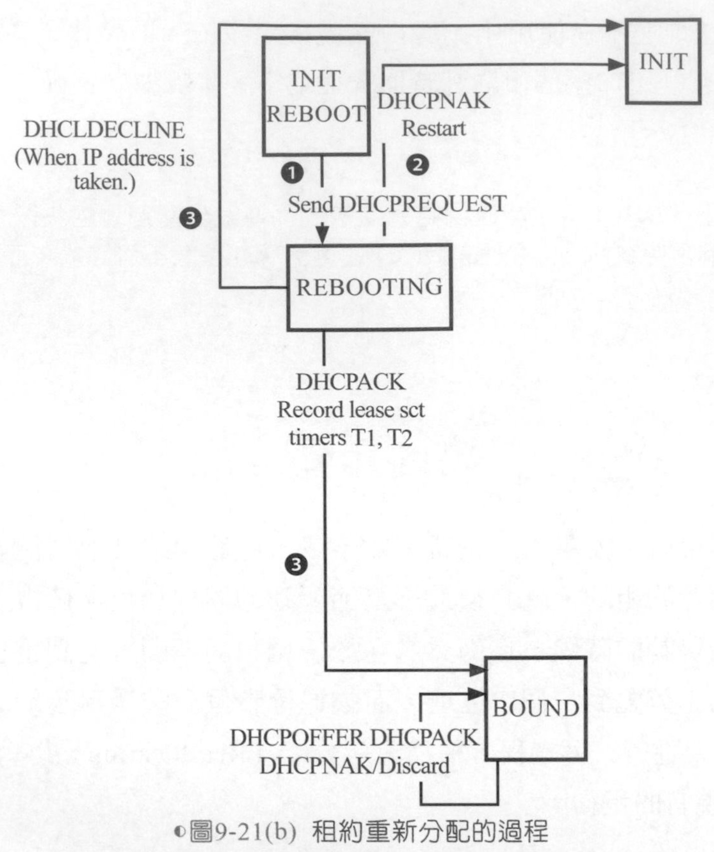

圖9-21(b) 租約重新分配的過程

步驟1： 客戶端發送DHCPREQUEST封包。

客戶端一開始會處於INIT-REBOOT狀態，而不是INIT狀態。它產生一個DHCPREQUEST封包，試圖找到它目前使用伺服器的資訊。注意，DHCPREQUEST封包不像我們在分配過程中的步驟3需要含有Server identifier欄位，換句話說，客戶端並不包含DHCP選項中指的Server identifier。但它包括以下資訊：

- 在chaddr欄位值的訊息：指出客戶端自己的硬體位址。
- 在Requested IP Address欄位值的訊息：指出現有租約的IP位址。注意，這個位址是不會放置到ciaddr欄位。
- 在Xid欄位值的訊息：指出客戶端傳送封包時隨機分配得到的代碼值。此值將在客戶端發送DHCPREQUEST封包後，伺服器收到封包就以此代碼值回覆，並會將此值寫至回覆封包，客戶端就是藉由相同的數值，分辨出伺服器到底是回覆哪一個封包。
- 在Parameter Request List欄位值的訊息：指出客戶端要求伺服器提供的額外配置參數。

接下來，客戶端廣播DHCPREQUEST封包至伺服器。然後轉換到REBOOTING（重新啓動）的狀態，並在那裡等待伺服器的回覆。

- 當伺服器接收DHCPREQUEST封包後，每個伺服器將對客戶端的要求進行接收與處理。伺服器會在它的資料庫試圖找出有關租約給客戶端。接下來，每個伺服器決定如何回覆客戶端。如以下說明。
- 當伺服器擁有有效的客戶端租約資訊時，它會發送一個DHCPACK封包以確認此租約。它也將重申任何客戶端應該使用的參數。
- 當伺服器確定客戶端租約不再有效時，可能發生的原因是客戶端移至不同的網路，或租約已經過期。在這樣的情況下，伺服器會發送一個DHCPNAK封包，否定租約要求。
- 當伺服器確定沒有客戶端租約的資訊，或有資訊但必須保證資訊是準確的，不然就不做任何回應。

步驟2：伺服器與客戶端之間的封包處理。

當伺服器收到客戶端DHCPREQUEST封包，將依情況回送DHCPACK封包或DHCPNAK封包。那客戶端接收到這些封包又如何處理？如以下說明。

客戶端等待一段時間，從伺服器所得到的回覆結果有三種可能性發生：一是如前所說，客戶端收到一個DHCPACK封包，這證實了有效性的租約。客戶端將開始準備再次使用租約，並繼續進行下一個步驟。二是客戶端收到一個DHCPNAK封包，它告訴客戶端租約將不再有效，客戶端轉換到INIT狀態，並重新開始進行分配過程中的步驟以獲得新租約。三是客戶端沒有收到回覆，它可以重傳DHCPREQUEST封包。如果一段時間內沒有收到回覆，它會認爲伺服器沒有租約的任何資訊，將返回到INIT狀態，並嘗試得到一個新的租約。

步驟3：客戶端敲定租約分配。

租約重新使用之前，客戶端進行最後的檢查，以確保新的位址是不是已經在使用中，其檢查如同在分配過程中之一的步驟：在本地網路上發出一個ARP request，檢查是否有任何其他裝置已經擁有相同IP位址。假設客戶端（正處在REBOOTING狀態）接收到DHCPACK封包，確認該位址已經沒有裝置在使用中，客戶端就敲定租約，並轉換爲BOUND狀態及設定T1與T2計時器。反之，如果有其他設備回應，客戶端就發送一個DHCPDECLINE封包通知伺服器，通知它的租約不OK，然後返回到INIT狀態，以準備取得新的租約。

9-6 DHCP租約的更新和重新綁定過程

一旦DHCP客戶端完成分配或重新分配的過程，它會進入BOUND狀態。就在這個時候，客戶端處在正常操作模式，它能接收來自DHCP伺服器的一個有效的IP位址和其他配置參數。注意，當客戶端處於BOUND狀態時，DHCP基本上處於休眠狀態。只要客戶端保持正常功能，在此狀態下，並不會有真正的DHCP活動發生。最常見的情況，是租約的更新而導致DHCP被喚醒。租約的更新將確保租約延續。另一方面，若客戶端提前終止租約，就可以離開BOUND狀態。如果採用DHCP自動分配IP，或者如果使用一個無限租期的動態分配IP，客戶端的租約將永遠不會過期，所以也永遠不需要更新。當提前終止時，該裝置將保持在BOUND狀態，或至少直到它重新啓動。

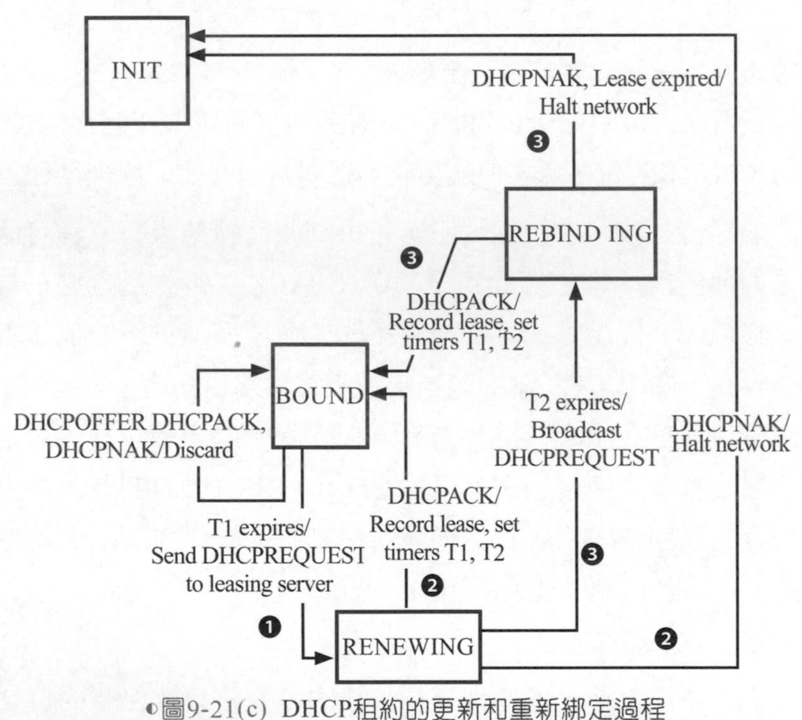

圖9-21(c) DHCP租約的更新和重新綁定過程

注意，大部分的租約時間是有限的。用戶端也可以在租約期限內，手動更新租約。在更新租約管理的過程中，時間分配可透過兩個計時器T1與T2來設定時間。T1的值即代表租約的更新時間值（renewal time value），亦即其值用來指出該是嘗試續約的時候了。T2即代表重新綁定時間值（Rebinding time value），如果客戶端沒有成功更新，可暫時延用此租約。如果客戶端收到DHCPACK，則該客戶得到新的租約，可以重新設定計時器，再回到BOUND狀態（稱爲

REBOUND；亦即客戶端返回到正常操作）。反之，客戶端將需要尋求新的租約。注意，如果客戶端沒有收到DHCPACK，而其租期達到87.5%，則客戶端會轉換到REBINDING狀態。後面會再說明。再強調一下，如果更新是成功的，也就不需要REBINDING狀態。以下說明如何進行DHCP租約的更新和重新綁定過程，如圖9-21(c)所示。

步驟1：客戶端發送DHCPREQUEST更新封包。

根據RFC 2131知，每當IP租用時間到達T1租約期限的50%時，客戶端必須送出DHCPREQUEST封包向DHCP伺服器要求更新租約，客戶端會由BOUND狀態轉換成RENEWING狀態。注意，一個客戶端也可以在T1計時器到期之前啓動租約更新。接著，客戶端產生一個DHCPREQUEST封包，以識別自己本身和它的租約，然後以單播方式直接將封包發送到伺服器。注意，這與DHCPREQUEST封包在分配與重新分配過程使用廣播方式是不同的。客戶端可以在新租約要求一個特定的時間長度。假設伺服器是可達的，它會接收和處理客戶端的更新要求，這會產生兩種可能的反應：

- 伺服器同意更新客戶的租約：伺服器決定客戶端的更新租約。它將發送一個DHCPACK封包給客戶端以確認租約的更新，並指出新的租約時間長度和可能會有改變的任何參數。
- 伺服器拒絕更新客戶的租約：伺服器因一些原因決定不更新客戶端的租約。它將產生一個DHCPNAK封包。

步驟2：伺服器發送DHCPACK或DHCPNAK封包。

根據步驟1所述，伺服器將發送DHCPACK或DHCPNAK封包給客戶端。那客戶端如何處理這些封包？若客戶端收到伺服器送來的一個更新租約的DHCPACK封包。客戶端會記錄新租約的到期時間和伺服器送出任何更改的參數，並重置（reset）T1和T2計時器，並轉換到BOUND狀態。值得一提，當客戶端更新租約時，不需要做ARP的IP位址檢查。若客戶端收到伺服器送來的一個DHCPNAK封包時，代表其更新租約要求已被拒絕，客戶端將立即轉換到INIT狀態，並進行在分配過程中的步驟1，以獲得新的租約。

步驟3：客戶端發送DHCPREQUEST重新綁定封包。

如果客戶端沒有從伺服器收到回應，它會保持在RENEWING狀態，並以單播方式定期重新發送DHCPREQUEST封包至伺服器。在這一段時間中，客戶端仍保持正常運作。如果還是沒有收到來自伺服器的回應，T2計時器只要到達預設值，將導致客戶端轉換到REBINDING狀態。注意，T2計時器被預設為87.5%的租約長度。值得一談，若最初給予租約的伺服器一直沒有回應，客戶端就放棄該伺服器，並嘗試接觸其他伺服器，以能夠延長其現有的租約。於是它創建一個DHCPREQUEST封包，並將其IP位址放置在ciaddr欄位，清楚地表明它目前擁有的IP位址。然後，它在本地網路上廣播此要求。每個伺服器都會接收到這個要求，並對客戶端回應。注意，伺服器可能沒有任何有關租約需要的資訊，或可能因資訊已過期不做回應：例如：

- 伺服器同意重新綁定客戶的租約：伺服器擁有客戶端要求的租約資訊，並同意延長它。於是，伺服器會回送一個DHCPACK封包給客戶端，以確認租約的更新。
- 伺服器決定客戶端無法延長目前的租約：不管是什麼原因，伺服器決定租約不再延長，就回送一個DHCPNAK封包給客戶端。

那客戶端收到伺服器的回覆封包（DHCPACK封包與DHCPNAK封包）時會如何操作？當客戶端收到一個DHCPACK封包時，就進行重新綁定租約。客戶端會記錄現在負責本租約的伺服器、新租約的期限，和伺服器送出任何更改的參數，重置T1和T2計時器，並轉換到BOUND狀態（在正常租約分配期間也可以探測新的IP位址）。如果客戶端收到一個訊息是一個DHCPNAK封包，它告訴客戶端說明其他一些伺服器已確定租約不再延長。客戶端立即轉換到INIT狀態，並進行在重新分配過程中的步驟1以獲得新的租約。如果客戶端對它廣播出去的REBINDING要求沒有收到回應，它會處在RENEWING狀態，並重送此要求。當租約到期時，還是沒有收到回應，它會轉換到INIT狀態，以獲得新的租約。

N.O.T.E

RENEWING與REBINDING，一開始會以單播方式將要求發送至伺服器，以避免佔用其他DHCP伺服器的時間，進而擾亂了網路整體的流量。如果失敗了會回至廣播方式，讓其他伺服器有機會接管客戶的租約工作。更新租約也可以利用手動設定，像在命令提示字元模式下敲入ipconfig/renew命令即可進行更新；再執行ipconfig/all命令可看到結果；若想撤銷租約，可敲入ipconfig/release命令，就會送出DHCPRELEASE封包執行撤銷動作。

9-7 DHCP提前終止租約過程

在正常情況下，客戶端會一直續延長其現有租約。但是在某些情況下，一台主機可以提前終止其租約。其中包括以下一些原因，像客戶端被移至一個不同的網路、IP位址重號（renumber）、客戶希望使用不同的伺服器以協商一個新租約、或客戶爲解決某些問題而重新定租約。在任何情況下，用戶可以終止租約，稱爲提前終止租約或稱租約的釋放。客戶端是以單播方式發送一個DHCPRELEASE封包至伺服器，告知伺服器記錄的租約已經結束，客戶端並不需要得到回覆。

9-8 基礎DHCP封包擷取的分析

爲擷取表9 3 DHCP訊息類型中的DHCPINFORM封包，如圖9-22所示，可以進行下面步驟：

首先，客戶端事先以手動設定好IP位址→開啓Wireshark準備擷取DHCPINFORM封包→開啓手動撥接連線。在這種情況，客戶端會送出DHCPINFORM封包給DHCP伺服器，以告知伺服器它所需要的一些參數，伺服器端會依網路情況對客戶端的要求回覆DHCPACK封包訊息，或拒絕回覆DHCPNAK封包。DHCPINFORM這種封包，在此簡單介紹：

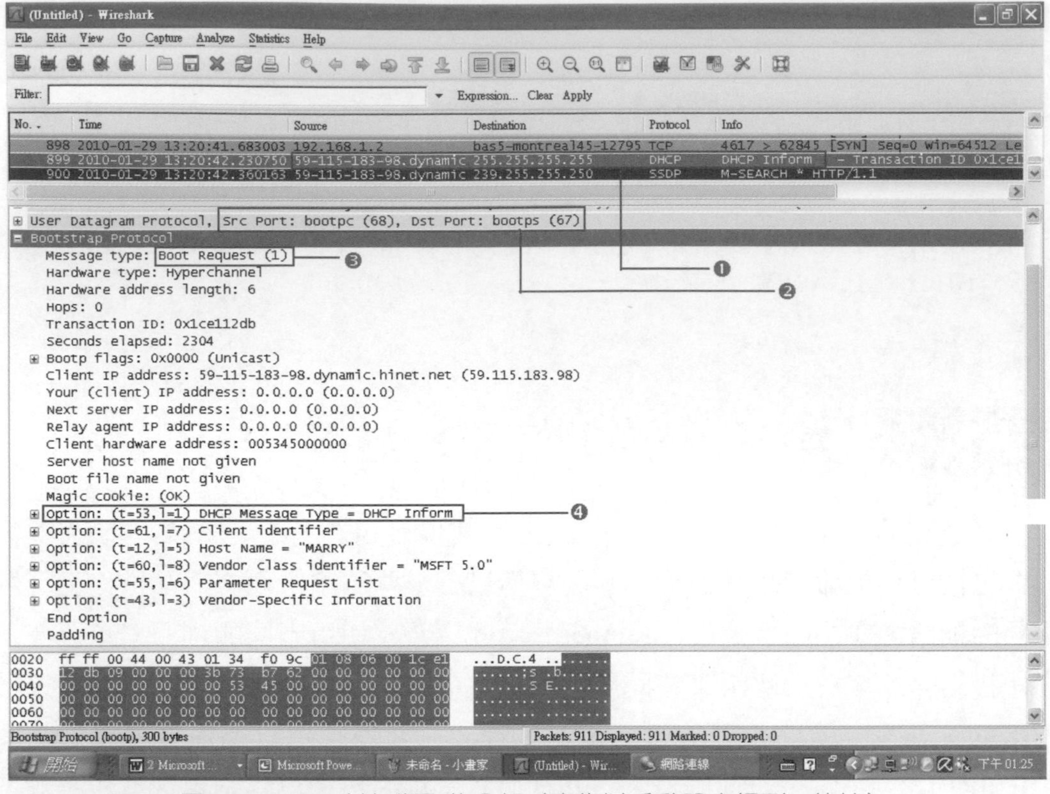

◐圖9-22 DHCP封包擷取的分析（事先以手動設定得到IP位址）

❶ 指出主機是以廣播方式送出封包。

❷ 指出DHCP封包在傳輸層是採用UDP協定，客戶端送出封包至伺服端時的連接埠號為68；反之，從DHCP伺服器送出封包至客戶端時的連接埠號為67。

❸ 指出一開始的OP Code碼等於1，表示BOOT REQUEST。

❹ 指出使用的DHCP訊息類型為DHCPINFORM封包，它的代碼是53，長度佔1 byte。由表9-3得知，訊息類型DHCPINFORM封包的編號值為8。

接下來，我們改以自動撥接取得首次租用IP位址，操作步驟如下：

將客戶端改成自動撥接取得IP位址→重新開機→接著開啓Wireshark擷取陸續產生的DHCP 4種封包，包括：DHCPDISCOVER、DHCPOFFER、DHCPREQUEST及DHCPACK封包，這4種封包將來往於DHCP客戶端與伺服器之間，其主要目的就是客戶端要求動態配置一IP位址。接下來，在Wireshark畫面中的【Filter】欄位敲入「bootp」，過濾得出DHCPDISCOVER、DHCPOFFER、DHCPREQUEST及DHCPACK封包，我們將擷取這些DHCP封包做分析，如圖9-23(a)~(d)所示。

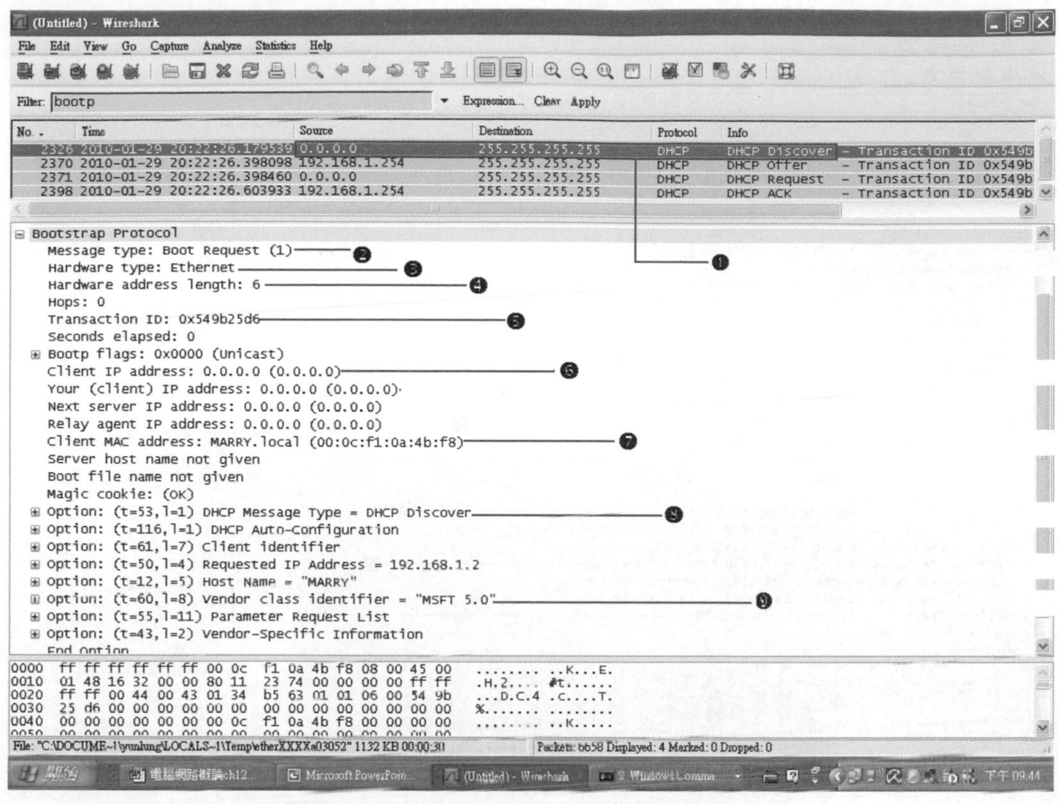

圖9-23(a) DHCPDISCOVER封包擷取的分析

❶ 指出主機是以廣播方式（目的端IP位址爲255.255.255.255）送出DHCPDISCOVER封包。

❷ 指出代碼1，代表客戶端送出要求租用IP位址的封包。

❸ 指出使用網路類型爲乙太網路。

❹ 指出乙太網路其硬體位址（MAC）的長度爲6 bytes。

❺ 指出客戶端送出封包時隨機被挑選到的Transaction ID數值。注意，後續3個封包（指DHCPOFFER、DHCPREQUEST及DHCPACK）都是對同一客戶端的要求或伺服端的回覆，故Transaction ID全部一樣。

❻ 指出目前客戶端還沒有租用到IP位址，全部塡0。

❼ 指出客戶端的MAC位址。

❽ 指出使用的DHCP訊息類型爲DHCPDISCOVER封包，它的代碼是53，長度佔1 byte。由表9-3得知，訊息類型DHCPDISCOVER封包的編號值爲1。

❾ 指出MSFT 5.0，代表客戶端爲Windows 2000/XP/Vista。

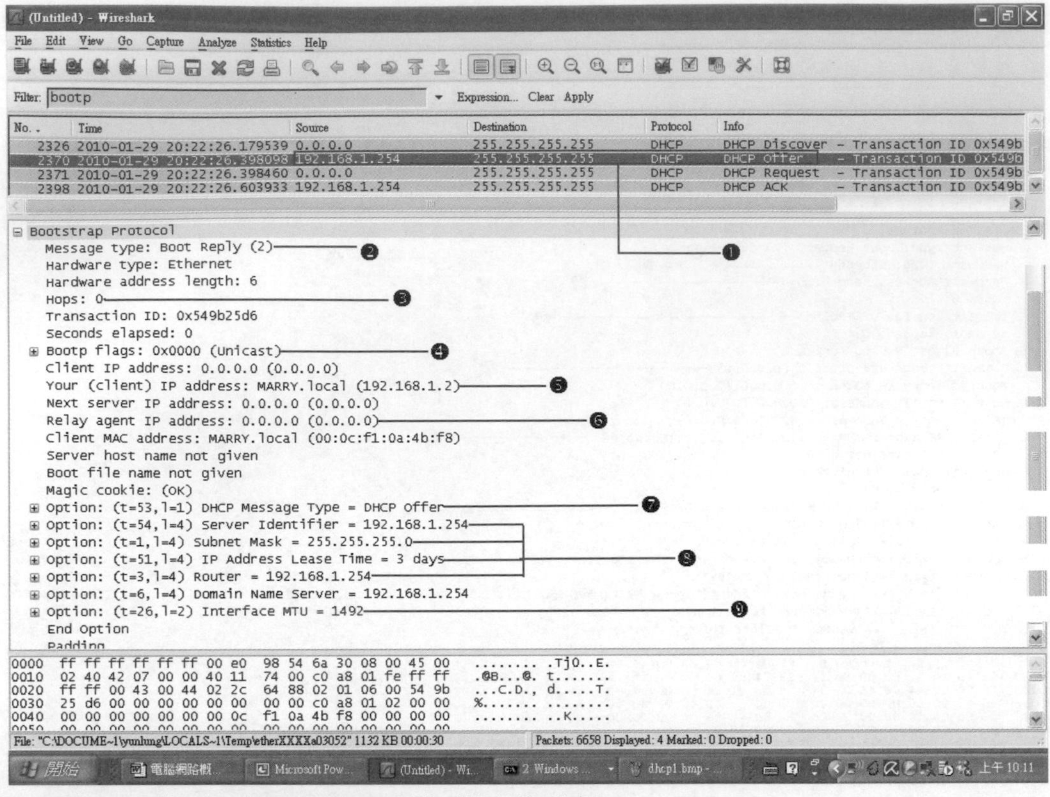

圖9-23(b) DHCPOFFER封包擷取的分析

❶ 指出屬DHCPOFFER封包。

❷ 指出代碼2，代表DHCP伺服器送出回覆封包。

❸ 指出封包在同一網路內傳送，故HOPS=0。

❹ Bootp Flags:0x0000 (unicast)，它指出Flags最左「B」的位元此時為0，代表DHCPOFFER封包被單播發送至yiaddr欄位所指的IP位址（目前客戶端還沒有IP位址）及chaddr欄位所指的鏈路層位址（亦即MAC位址）。

N.O.T.E

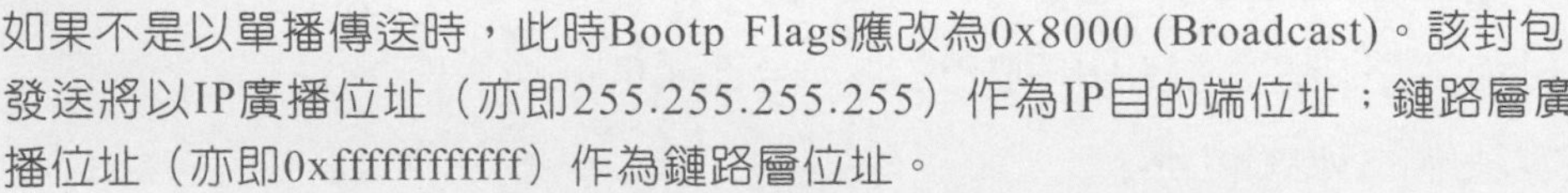

如果不是以單播傳送時，此時Bootp Flags應改為0x8000 (Broadcast)。該封包發送將以IP廣播位址（亦即255.255.255.255）作為IP目的端位址；鏈路層廣播位址（亦即0xffffffffffff）作為鏈路層位址。

❺ 指出DHCP伺服器提供租給客戶端用的IP位址。

❻ 指出並未使用到Rely Agent，在此欄位填入0。

❼ 指出使用的DHCP訊息類型為DHCPOFFER封包，它的代碼是53，長度佔1 byte。由表9-3得知，訊息類型DHCPOFFER封包的編號值為2。

❽ 指出DHCP伺服器本身的IP位址、DHCP伺服器賦予客戶端的子網路遮罩、租約期限為72小時，以及DHCP伺服器賦予客戶端預設閘道的IP位址為192.168.1.254。

❾ 指出伺服器介面可以送出DHCP封包的最大傳輸單位為1492 bytes。注意，MTU最小值規定為68 bytes (RFC 2131)。

N.O.T.E

值得一提，有的客戶端收到DHCPOFFER封包後，會以ARP協定檢查伺服器欲出租出去的IP位址是否已被使用，若是的話，客戶端發送出DHCPDECLINE封包拒絕租用該位址，並回到INIT狀態；若還未被使用，則發送出DHCPREQUEST封包給伺服器確定租用該IP位址。注意，此功能在RFC 2131的狀態圖並沒有繪出，筆者已將此功能加入圖9-21 DHCP操作的狀態流程內。

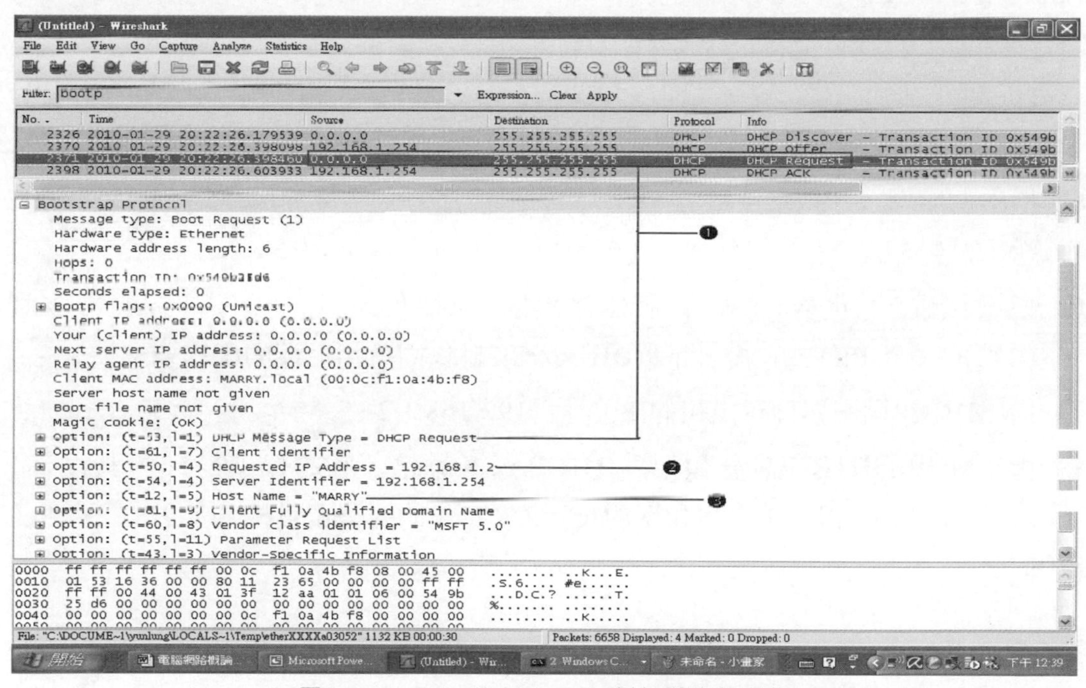

◐圖9-23(c) DHCPREQUEST封包擷取的分析

❶ 指出使用的DHCP訊息類型為DHCPREQUEST封包，它的代碼是53，長度佔1 byte。由表9-3得知，訊息類型DHCPREQUEST封包的編號值為3。

❷ 指出DHCP伺服器提供給客戶端租用的IP位址為192.168.1.2。亦是DHCP伺服器提供的IP位址。

❸ 指出客戶端的主機名稱（Marry名稱由客戶端自己設定，參考4-6節中的註解）。

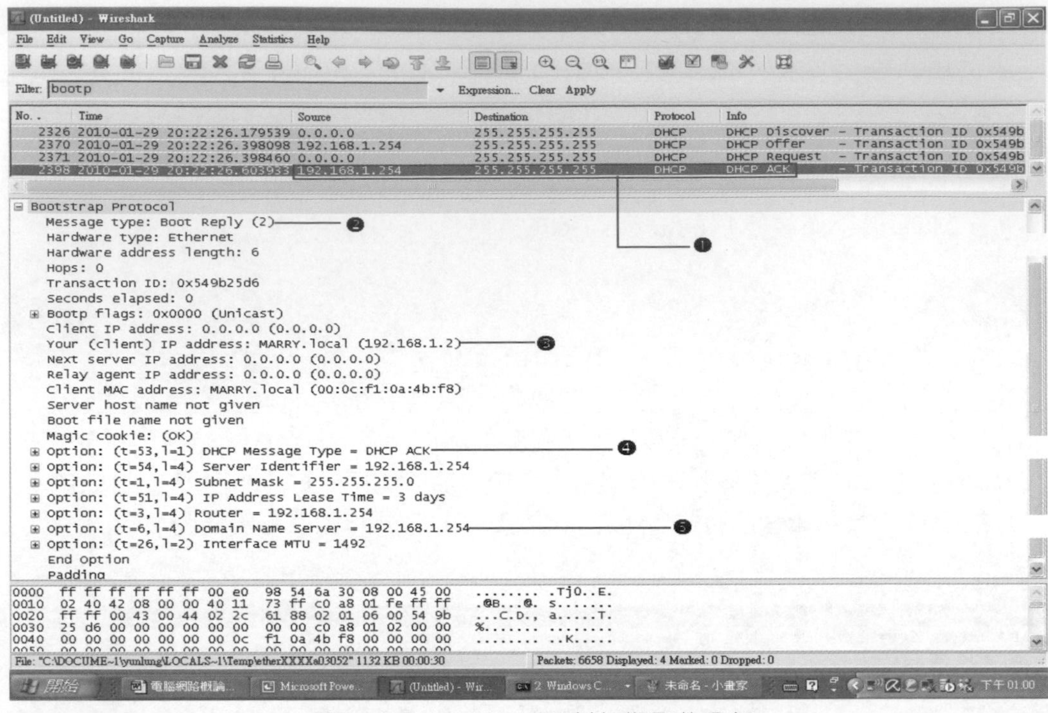

●圖9-23(d) DHCPACK封包擷取的分析

❶ 指出伺服器（IP位址為192.168.1.254）以廣播方式（位址為255.255.255.255）送出此封包。

❷ 指出代碼2，代表DHCP伺服器送出回覆封包。注意，DHCP伺服器收到DHCPREQUEST封包後，是以DHCPACK封包同意用戶端的租約要求。

❸ 指出DHCP伺服器同意出租的IP位址為192.168.1.2。

❹ 指出使用的DHCP訊息類型為DHCPACK封包，它的代碼是53，長度佔1 byte。由表9-3得知，訊息類型DHCPACK封包的編號值為5。

❺ 此時的網域名稱伺服器的IP位址為192.168.1.254。

N.O.T.E

再次強調，經上述4個步驟後，客戶端就租用到IP位址，爾後，若客戶端要更新租約，欲與DHCP伺服器溝通時，可以不必使用廣播封包，而是改用單播封包傳送。更詳細的說明，可參考圖9-21(c)的步驟1。我們將在圖9-26(a)做驗證。

9-8-1 Options封包擷取的分析

DHCP訊息的Options有很多，我們只挑選幾個做說明，如圖9-24(a)與(b)所示，若有興趣的讀者可參考RFC 2132。

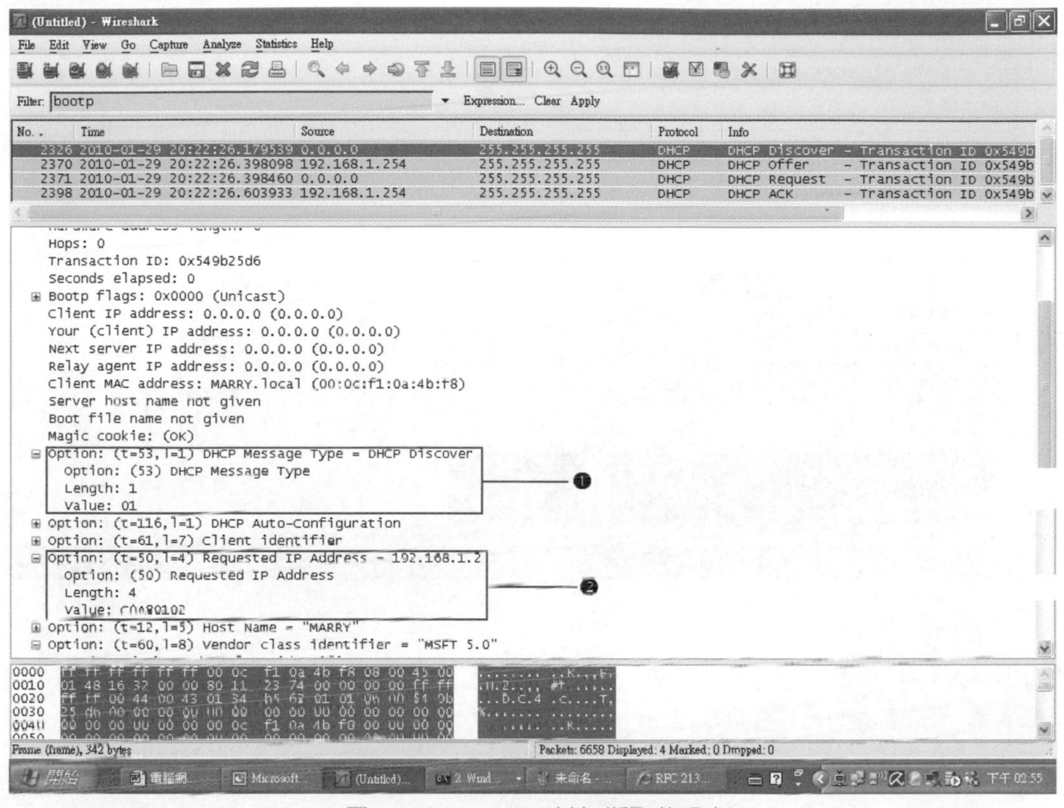

圖9-24(a) Options封包擷取的分析

❶ 指出選項DHCP Message Type的格式（參考前面圖9-12）。從畫面中依序為Code編號（即t=53），長度（即l=1，單位為byte），以及DCHP訊息類型編號為1（即value=01）；由表9-3得知，訊息類型編號為1代表DHCPDISCOVER封包。

❷ 指出選項Requested IP Address的格式（參考前面圖9-9）。從畫面中依序為Code編號（即t=50），長度佔4 bytes（即l=4），此長度代表的資料是Requested IP Address為192.168.1.2，換言之，長度佔4 bytes的資料是192.168.1.2，其相對16進位值value=C0A80102。

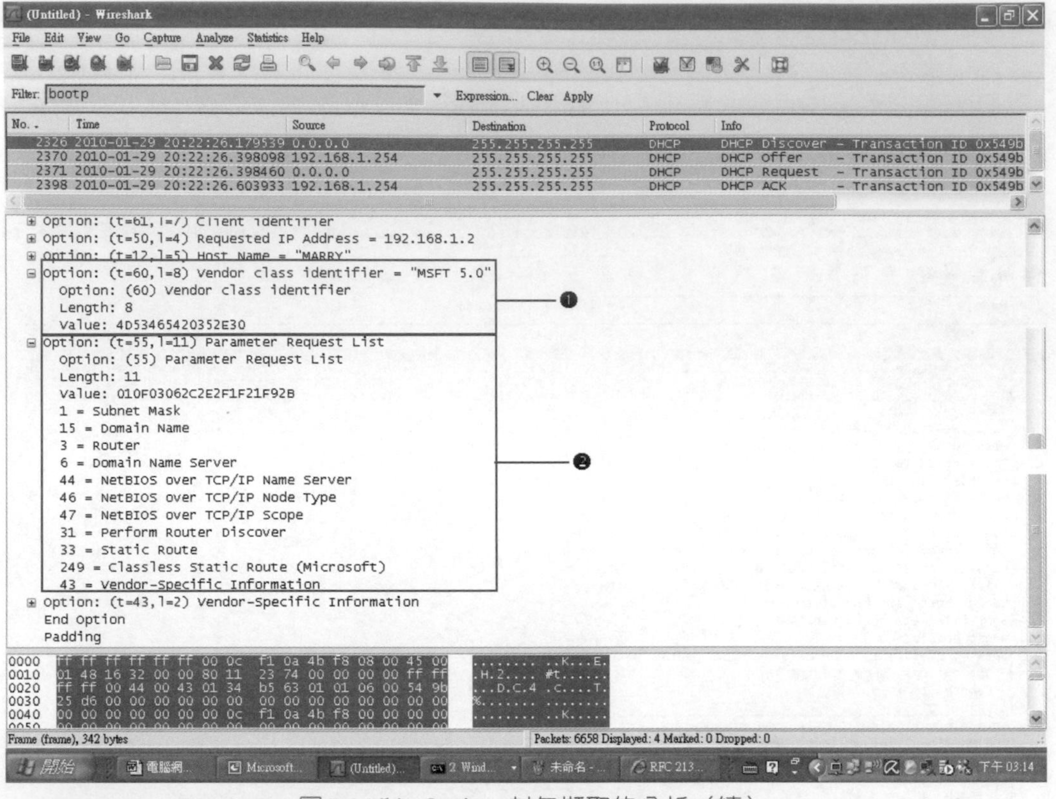

圖9-24(b) Options封包擷取的分析（續）

❶ 指出選項Vendor Class Identifier的格式（參考圖9-19）。畫面中依序爲Code編號（即t=60），長度佔8 bytes（即l=8），此長度代表的資料是vendor class identifier爲" MSFT 5.0"，換言之，長度佔8 bytes的資料是MSFT 5.0，其相對16進位值value=4D53465420352E30。

❷ 指出選項Parameter Request List的格式（參考圖9-14）。畫面中依序爲Code編號（即t=55），長度佔11 bytes（即l=11），此長度代表的資料是Parameter Request List的Option code值，換言之，長度佔11 bytes的資料，其相對16進位值value= 010F03062C2E2F1F21F92B；亦即16進位01代表1（10進位）:Subnet Mask；16進位0f代表15（10進位）:Domain Name.......至16進位f9代表249（10進位）:Classless Static Route (Microsoft)及16進位2b代表43（10進位）:Vendor-Specific Information。

9-8-2 更新IP位址租約封包擷取的分析

如圖9-25所示，讓我們在命令提示字元模式下敲入ipconfig / all，就可指出目前IP位址的租約期限爲2010年1月30日下午6時6分32秒至2010年2月2日6時6分32秒，共4天。接下來我們可以「手動」更新IP位址租約。首先，開啓Wireshark畫面，並在畫面中的【Filter】欄位敲入「bootp」，然後在命令提示字元模式下敲入ipconfig / renew命令，即可得到圖9-26(a)。注意，更新IP位址租約時的動作不需要像圖9-23(a)~(d)共4個動作，一般而言，只需要DHCPREQUEST與DHCPACK共2個動作即可完成。但圖9-26(a)與圖9-23(c)的DHCPREQUEST封包並不相同，前者是用單播方式傳送，不像後者是用廣播方式發送；另一方面，當DHCP伺服器收到客戶端更新租約的要求之後，會以廣播方式回覆DHCPACK封包給客戶端，表示同意更新IP租約，如圖9-26(b)所示。注意，若您分析得到爲單播方式傳送，應該是廠商自己做修改。

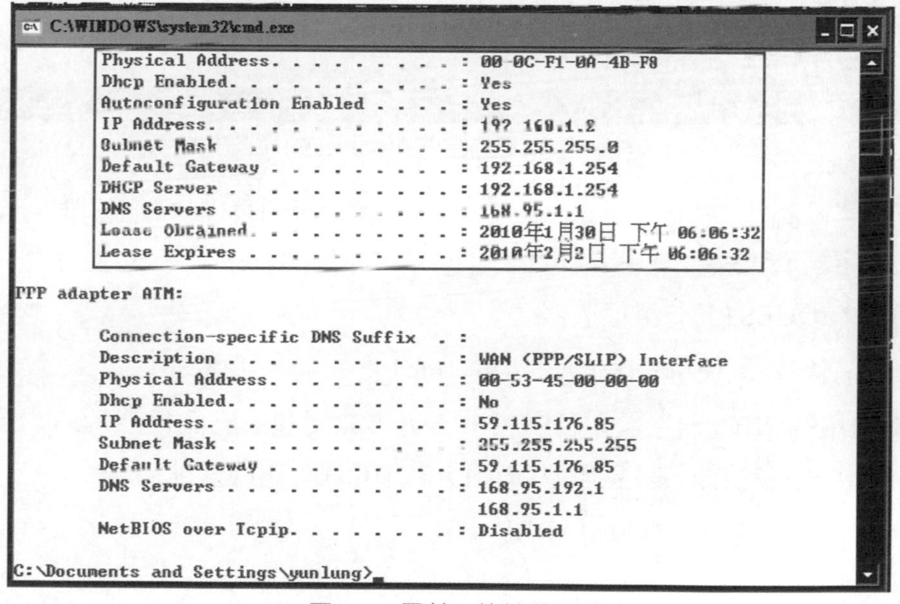

◐圖9-25 目前IP位址的租約

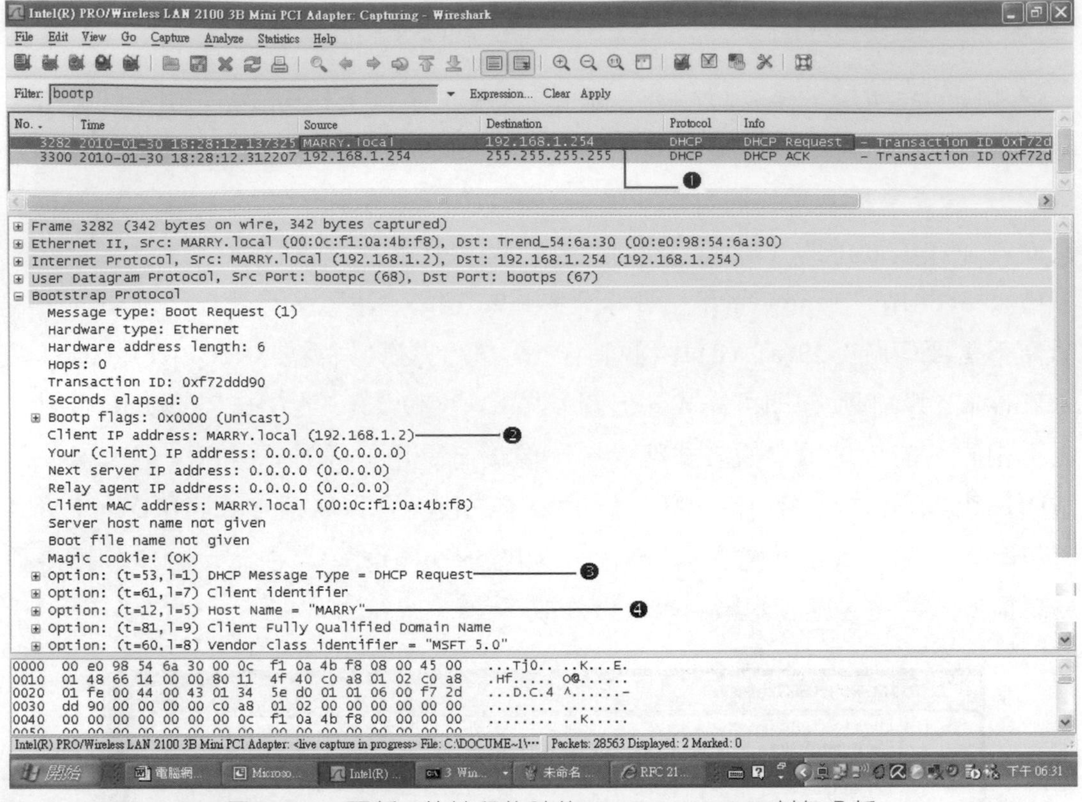

◐圖9-26(a) 更新IP位址租約時的DHCPREQUEST封包分析

❶ 指出客戶端以單播（unicast）方式傳送至DHCP伺服器，位址為192.168.1.254；注意，目的端位址不再是以255.255.255.255發送DHCPREQUEST封包至伺服器。

❷ 指出目前客戶端使用的IP位址為192.168.1.2。

❸ 指出使用的DHCP訊息類型為DHCPREQUEST封包，它的代碼是53，長度佔1 byte。由表9-3得知，訊息類型DHCPREQUEST封包的編號值為3。

❹ 指出客戶端的主機名稱為MARRY。

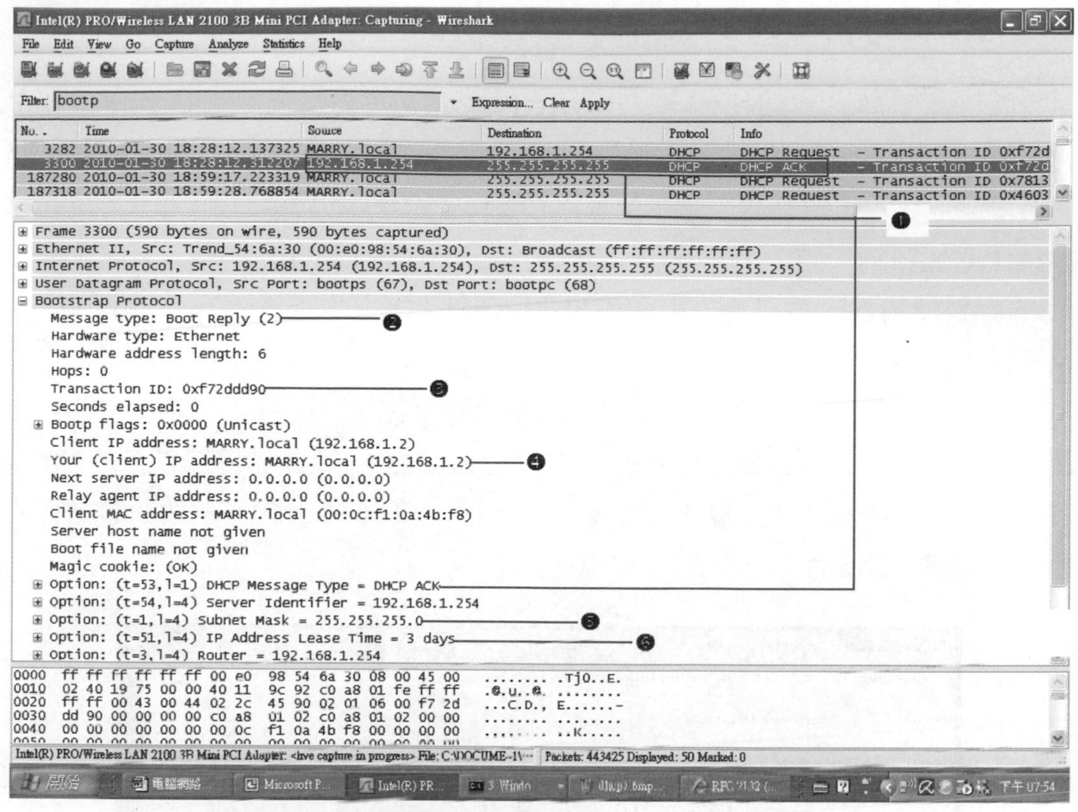

◎圖9-26(b) 更新IP位址租約時的DHCPACK封包分析

❶ 指出伺服器以廣播方式送出DHCPACK封包。

❷ 指出DHCP伺服器送出回覆封包，代碼爲2。

❸ 指出此時的Transaction ID與前一個來自客戶端DHCPREQUEST封包的Transaction ID值一樣，亦即表示DHCPACK封包對DHCPREQUEST封包的回覆。

❹ 指出DHCP伺服器同意出租的IP位址爲192.168.1.2。

❺ 指出DHCP伺服器給予客戶端的子網路遮罩。

❻ 指出客戶端收到DHCPACK封包後，DHCP伺服器同意租約期限爲3天，並重新計時期限，直到T1的50%=36小時（72小時Î50%）及T2的87.5%=63小時（72小時Î87.5%）時，會再發出DHCPREQUEST封包更新租約，這樣情況會不斷重複進行運作，一直到有任一方主動撤銷租約。值得一提，根據RFC 2131知，每當IP租用時間到達T1租約期限的50%時，客戶端必須送出DHCPREQUEST封包向DHCP伺服器要求更新租約，客戶端會由BOUND狀態轉換成RENEWING狀態。在這一段時間中，客戶端仍保持正常運作。如果到達T2計時器的63小時，還是沒有收到來自伺服器的回應，將導致客戶端轉換到REBINDING狀態。更詳細分析請參考圖9-21(c)的步驟1與步驟3。

9-8-3 撤銷IP位址租約封包擷取的分析

除了重新啓動或關機均會送出DHCPRELEASE封包外，要撤銷IP位址租約，我們也可以直接執行ipconfig/release命令來達成。若我們原先已經以手動更新IP位址租約，所配置到的IP位址爲192.168.1.50，如圖9-27(a)所示；現在想撤銷IP位址租約。首先開啓Wireshark畫面，並在畫面中的【Filter】欄位敲入bootp以過濾封包，並迅速得出DHCPRELEASE封包，然後敲入ipconfig/release執行封包的擷取，如圖9-27(b)所示。若客戶端的主機有1張以上的網路卡，可敲入「ipconfig/release連線名稱」以指定要刪除的網路卡。「連線名稱」指的是在網路連線視窗中看到的連線名稱，例如「區域連線」、「區域連線 2」或「無線網路連線」等名稱；現在就來觀察撤銷IP位址（192.168.1.50）租約封包擷取的分析，如圖9-27(c)所示。

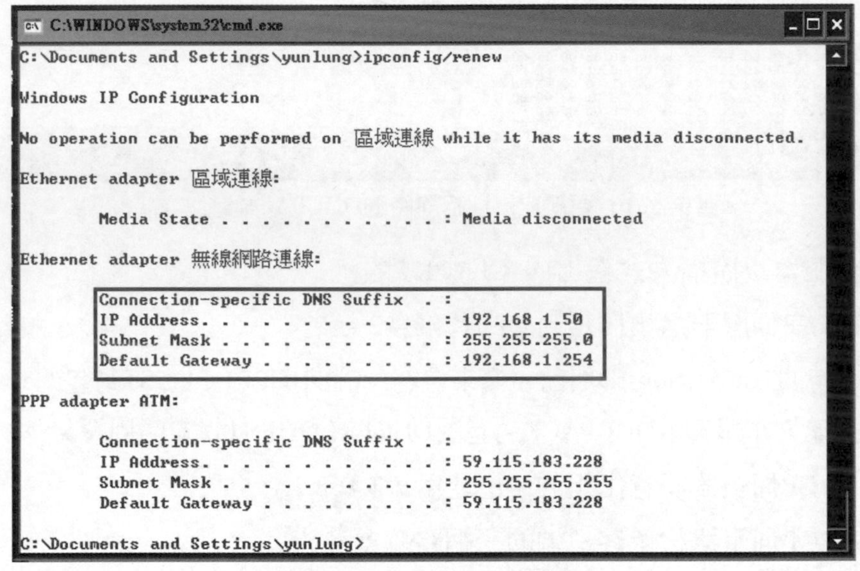

◐圖9-27(a) 以手動更新租約

```
C:\WINDOWS\system32\cmd.exe
C:\Documents and Settings\yunlung>ipconfig/release

Windows IP Configuration

No operation can be performed on 區域連線 while it has its media disconnected.

Ethernet adapter 區域連線:

        Media State . . . . . . . . . . . : Media disconnected

Ethernet adapter 無線網路連線:

        Connection-specific DNS Suffix  . :
        IP Address. . . . . . . . . . . . : 0.0.0.0
        Subnet Mask . . . . . . . . . . . : 0.0.0.0
        Default Gateway . . . . . . . . . :

PPP adapter ATM:

        Connection-specific DNS Suffix  . :
        IP Address. . . . . . . . . . . . : 59.115.183.228
        Subnet Mask . . . . . . . . . . . : 255.255.255.255
        Default Gateway . . . . . . . . . : 59.115.183.228

C:\Documents and Settings\yunlung>
```

圖9-27(b) 撤銷IP位址租約

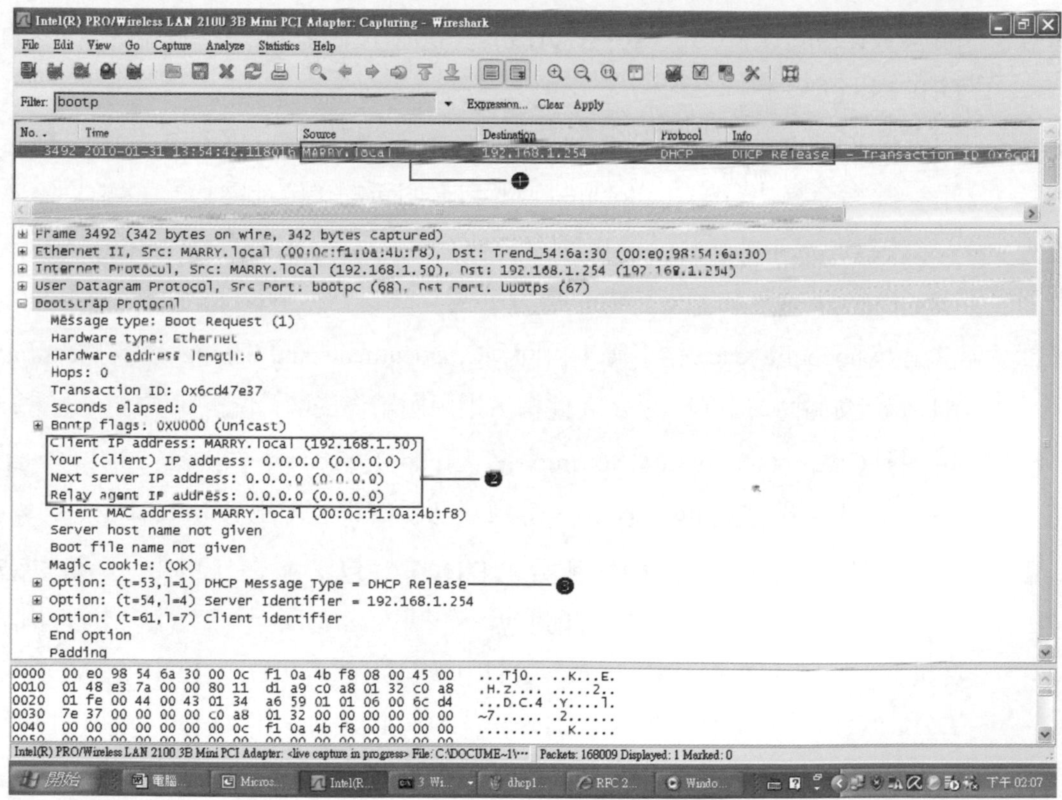

圖9-27(c) 撤銷IP位址租約的封包分析

❶ 指出客戶端以單播方式（非廣播方式）發送資料給DHCP伺服器，要求撤銷IP位址租約。

❷ 指出DHCP伺服器同意出租的IP位址為92.168.1.50已撤銷，如Wireshark畫面中的Your(client)IP address:0.0.0.0。

❸ 指出使用的DHCP訊息類型為DHCPRELEASE封包，它的代碼是53，長度佔1 byte。由表9-3得知，訊息類型DHCPRELEASE封包的編號值為7。

9-9 Wireshark實作分析與討論

下面實作Case分析將更進一步擷取DHCP封包做分析，現在我們就說明進行此Case的操作步驟，如圖9-28所示。

步驟1：首先使網路中的電腦全部自動撥接連線（參考圖4-8）。

步驟2：在C:\Documents and Setting\>敲入ipconfig/release，如圖9-28中的❷所示。此指令指出你目前的IP位址已撤銷，所以你的主機IP位址變成0.0.0.0。

步驟3：開啓Wireshark→Capture→Options→選擇正確介面卡準備擷取所要的DHCP封包。

步驟4：回到C:\Documents and Setting\>敲入ipconfig/renew，如圖9-28中的❹所示。此指令指出分配（allocated）得到一個新的IP位址為192.168.1.1。

步驟5：一直等到ipconfig/renew結束後，再回到C:\Documents and Setting\>敲入ipconfig/renew，如圖9-28中的❺所示。

步驟6：當第2個ipconfig/renew結束後，再回到C:\Documents and Setting\>敲入ipconfig/release，如圖9-28中的‘所示。此指令指出撤銷你先前分配的IP位址。

步驟7：再回到C:\Documents and Setting\>敲入ipconfig/renew，如圖9-28所示。此指令指出再分配（allocated），得到一個新的IP位址為192.168.1.1。

步驟8：我們可停止Wireshark擷取所要的DHCP封包。並在【Filter】欄位敲入「bootp」，加速找到DHCP封包，如圖9-28(a)所示。注意，上面步驟2執行後，第1個ipconfig/renew（即步驟4）會產生DHCPDISCOVER、DHCPOFFER、DHCPREQUEST、DHCPACK，共4個封包，依序為封包No 15~封包No 18。第2個ipconfig/renew（即步驟5）則只產生DHCPREQUEST、DHCPACK，共2個封包，依序為封包No 564~封包No 565。接著依序為步驟6的ipconfig/release封包No 579及步驟7的ipconfig/renew，又產生DHCPDISCOVER、DHCPOFFER、DHCPREQUEST、DHCPACK，共4個封包，依序為封包No 582~封包No 585。

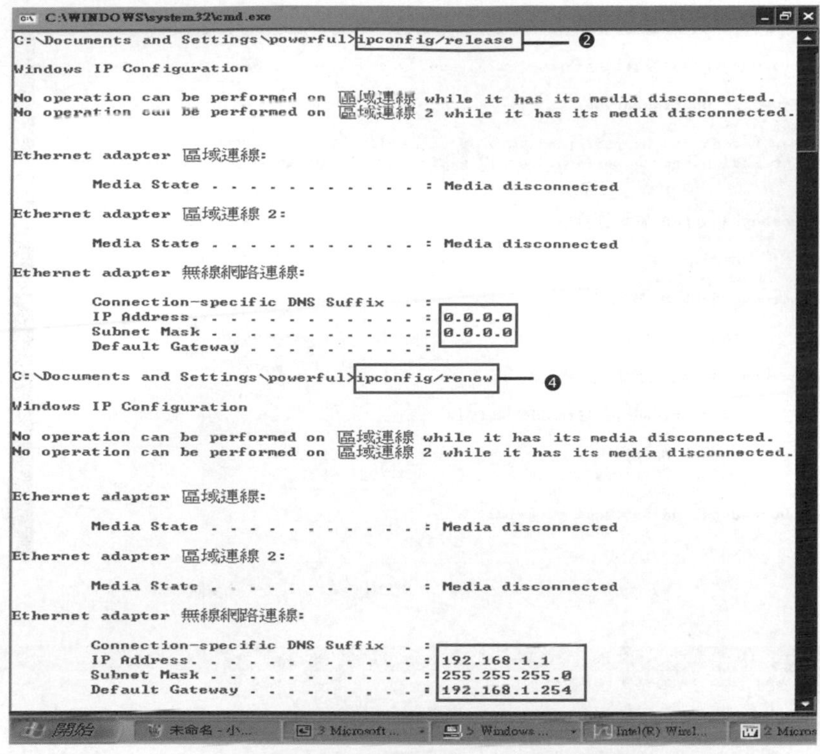

◉圖9-28 DHCP實作Case的操作步驟

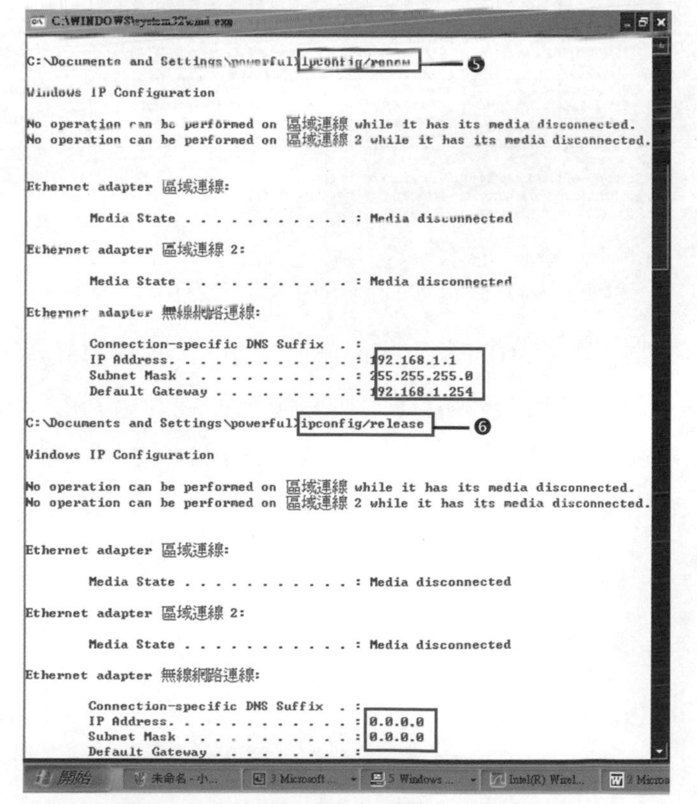

◉圖9-28 DHCP實作Case的操作步驟（續）

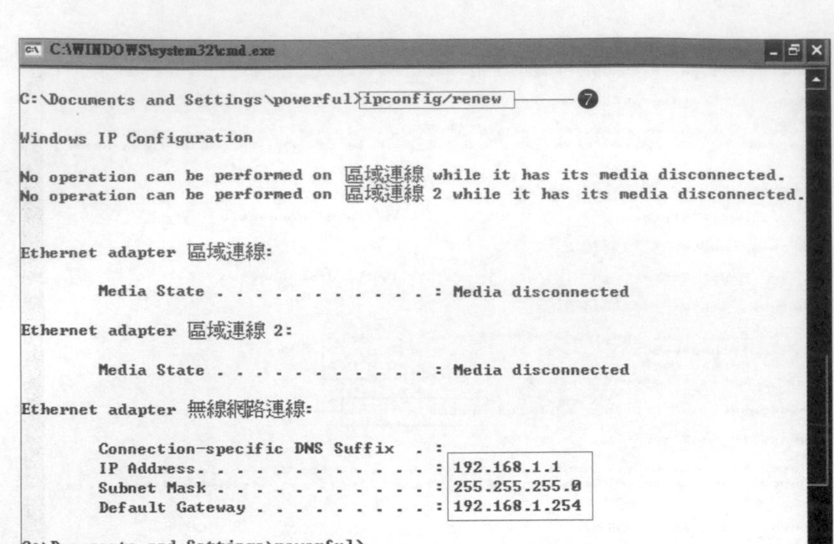

◐圖9-28 DHCP實作Case的操作步驟（續）

Intel(R) Wireless WiFi Link 4965AGN (Microsoft's Packet Scheduler) : \Device\NPF_{F4A0D8E0-0BE1-4200-8247-F681C15B8F24} [Wireshark 1.8.0 (SVN Rev 43431 from /trunk-1.8)]

File Edit View Go Capture Analyze Statistics Telephony Tools Internals Help

Filter: bootp Expression... Clear Apply Save

No.	Time	Source	Destination	Protocol	Length	Info	
15	31.8379920	0.0.0.0	255.255.255.255	DHCP	346	DHCP Discover - Transaction ID 0xa7657d5a	對應步驟4
16	32.0291650	192.168.1.254	255.255.255.255	DHCP	590	DHCP Offer - Transaction ID 0xa7657d5a	
17	32.0783630	0.0.0.0	255.255.255.255	DHCP	369	DHCP Request - Transaction ID 0xa7657d5a	
18	32.2288110	192.168.1.254	255.255.255.255	DHCP	590	DHCP ACK - Transaction ID 0xa7657d5a	
564	1519.10635	192.168.1.1	192.168.1.254	DHCP	357	DHCP Request - Transaction ID 0xf0e6872a	對應步驟5
565	1519.23603	192.168.1.254	255.255.255.255	DHCP	590	DHCP ACK - Transaction ID 0xf0e6872a	
579	1541.06416	192.168.1.1	192.168.1.254	DHCP	342	DHCP Release - Transaction ID 0xc5cc09ac	對應步驟6
582	1548.72185	0.0.0.0	255.255.255.255	DHCP	346	DHCP Discover - Transaction ID 0x23d35972	對應步驟7
583	1548.82926	192.168.1.254	255.255.255.255	DHCP	590	DHCP Offer - Transaction ID 0x23d35972	
584	1548.82962	0.0.0.0	255.255.255.255	DHCP	369	DHCP Request - Transaction ID 0x23d35972	
585	1549.02899	192.168.1.254	255.255.255.255	DHCP	590	DHCP ACK - Transaction ID 0x23d35972	

⊞ Frame 15: 346 bytes on wire (2768 bits), 346 bytes captured (2768 bits) on interface 0
⊞ Ethernet II, Src: IntelCor_84:fa:bb (00:1f:3b:84:fa:bb), Dst: Broadcast (ff:ff:ff:ff:ff:ff)
⊞ Internet Protocol Version 4, Src: 0.0.0.0 (0.0.0.0), Dst: 255.255.255.255 (255.255.255.255)
⊞ User Datagram Protocol
⊟ Bootstrap Protocol

◐圖9-28(a) 對應圖9-28中的步驟4~7的DHCP封包

接下來，我們先擷取DHCP封包No 15做分析，如圖9-28(a)-1所示。或爲方便記錄，讀者可以列印出封包No 15的所有記錄。現在就可在Wireshark主畫面→File→Print→Selected Summary Line及Packet Details打勾→Print。

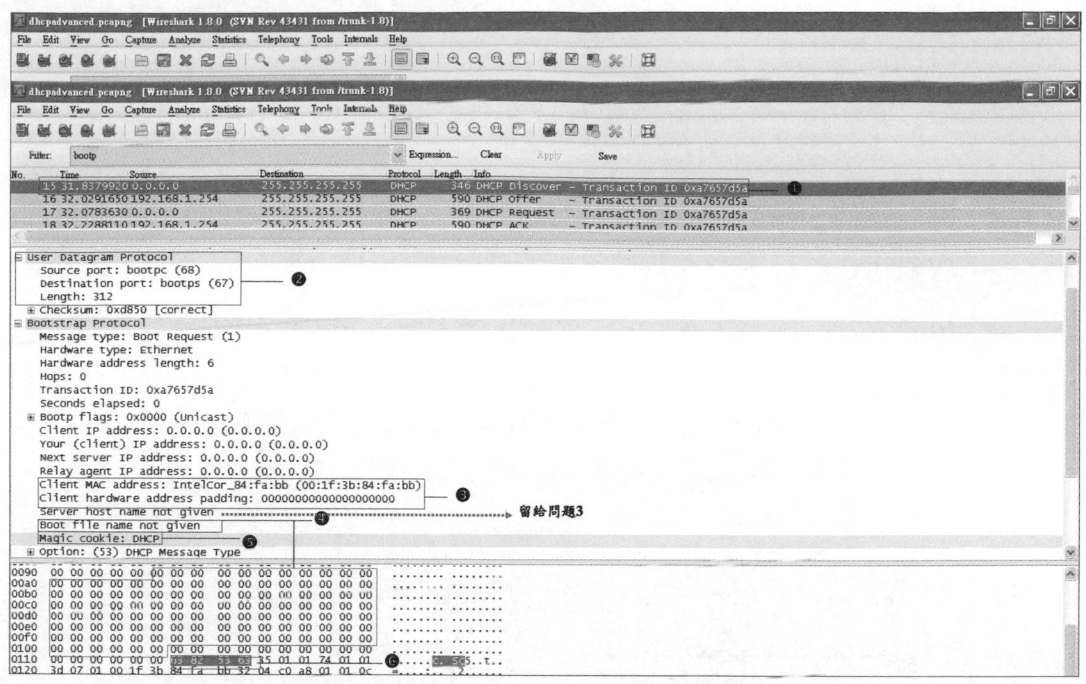

◐圖9-28(a)-1 DHCPDISCOVER封包擷取的分析

指出主機送出是以廣播方式，目的端的IP位址為255.255.255.255。

❶ 送出DHCPDISCOVER封包，其編號為封包No 15。

❷ 指出DHCP封包在傳輸層是採用UDP協定，客戶端送出封包至伺服端時的埠號為68；反之，從DHCP伺服器送出封包至客戶端時的埠號為67。注意，DHCP格式中的File/Sname Fields：Option欄位規定的最大長度為312 bytes，當Option資料超過此值，稱為Option overhead，可以利用此選項去設定。

❸ 指出DHCP格式中的Client MAC Address佔16 bytes。現MAC位址佔6 bytes，其餘Client hardware address padding佔10 bytes全補0。

❹ 指出file（Boot File Name）尚未給定，佔128 bytes全補0，亦即封包位元組窗格（粉紅色框）的第0x0096~0x0105。

❺ 指出Magic Cookies:代表DHCP客戶端也在DHCPDISCOVER訊息中設定了一系列的選項，說明選項最前面的4個bytes是被指定到Magic Cookies（參考RFC 951及RFC 2132）。它是保留給廠商的資訊欄位，用來識別隨後要被解釋（interpreted）的資料模式。

❻ 這個選項設定如下：Magic Cookie 10進位的設定值為99.130.83.99，亦即封包位元組窗格的16進位值為0x63825363。

9-9-1 問題討論

1. 解釋圖9-28(a)中的封包No 15~No 18，並繪出時間圖以指出這4個封包的順序。

   解：圖9-28的步驟2因先撤銷IP位址的租約，所以在圖9-28的步驟4相當首次租用IP位址，所以我們可擷取到封包No 15~No 18，如圖9-28(a)-2所示，依序為DHCPDISCOVER、DHCPOFFER、DHCPREQUEST、DHCPACK共4個封包。注意，客戶端與伺服器的目的位址皆為255.255.255.255。封包No 15~No 18這4個封包都是針對客戶端的同一次要求，所以Transaction ID都一樣。

客戶端　　　伺服器

Time	0.0.0.0	255.255.255.255	192.168.1.254	Comment
31.837	port 68 —DHCP→	port 67		DHCPDISCOVER, XID 0Xa7657d5a
32.029		port 68 ←DHCP—	port 67	DHCPOFFER, XID 0Xa7657d5a
32.078	port 68 —DHCP→	port 67		DHCPREQUEST, XID 0Xa7657d5a
32.228		port 68 ←DHCP—	port 67	DHCPACK, XID 0Xa7657d5a

圖9-28(a)-2 封包No 15~No 18時間圖

2. 解釋圖9-28(a)中的封包No 564~No565？其XID為何？

   解：更新IP位址租約時的動作，只需要DHCPREQUEST與DHCPACK共2個動作即可完成。所以我們可擷取到封包No 564及封包No 565。注意，其XID同為0xf0e6872a，但與封包No 15~No 18的XID並不相同。這也說明客戶端就是藉由XID值分辨出伺服器到底是回覆哪一個封包。

3. 指出圖9-28(a)-1中的sname(Server Host Name) not given所對應的封包位元組窗格的值？

   解：sname(Server Host Name)佔64 bytes全補0，如圖9-28(a)-3封包位元組窗格的第0x0056~0x0095。

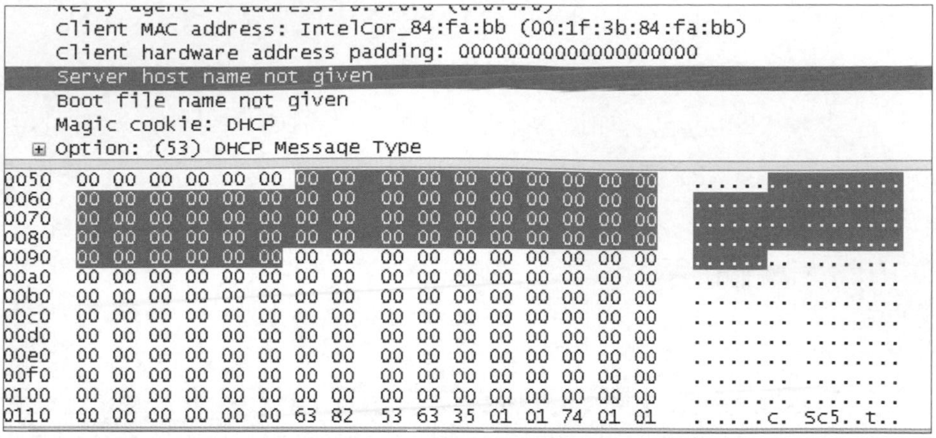

```
    Relay agent IP address: 0.0.0.0 (0.0.0.0)
    Client MAC address: IntelCor_84:fa:bb (00:1f:3b:84:fa:bb)
    Client hardware address padding: 00000000000000000000
    Server host name not given
    Boot file name not given
    Magic cookie: DHCP
  ⊞ Option: (53) DHCP Message Type
0050  00 00 00 00 00 00 00 00  00 00 00 00 00 00 00 00   ........ ........
0060  00 00 00 00 00 00 00 00  00 00 00 00 00 00 00 00   ........ ........
0070  00 00 00 00 00 00 00 00  00 00 00 00 00 00 00 00   ........ ........
0080  00 00 00 00 00 00 00 00  00 00 00 00 00 00 00 00   ........ ........
0090  00 00 00 00 00 00 00 00  00 00 00 00 00 00 00 00   ........ ........
00a0  00 00 00 00 00 00 00 00  00 00 00 00 00 00 00 00   ........ ........
00b0  00 00 00 00 00 00 00 00  00 00 00 00 00 00 00 00   ........ ........
00c0  00 00 00 00 00 00 00 00  00 00 00 00 00 00 00 00   ........ ........
00d0  00 00 00 00 00 00 00 00  00 00 00 00 00 00 00 00   ........ ........
00e0  00 00 00 00 00 00 00 00  00 00 00 00 00 00 00 00   ........ ........
00f0  00 00 00 00 00 00 00 00  00 00 00 00 00 00 00 00   ........ ........
0100  00 00 00 00 00 00 00 00  00 00 00 00 00 00 00 00   ........ ........
0110  00 00 00 00 00 00 63 82  53 63 35 01 01 74 01 01   ......c. Sc5..t..
```

圖9-28(a)-3 Server Host Name not given所對應的封包位元組窗格的值

4. 如果封包No 579遺失，則伺服器會如何動作？

解：如果客戶端遺失DHCPRELEASE封包No 579，則DHCP伺服器不得不等待，一直到IP位址租約到期，之後該IP位址可以重複使用在另一個客戶端。

5. 圖9-28(a)中的封包No 582~No 585，假設伺服器沒有收到一個DHCPOFFER或DHCPACK封包，或在網路上根本沒有DHCP伺服器，客戶端會如何處理？

解：當伺服器沒有收到一個DHCPOFFER或DHCPACK封包，如果重傳還無法解決問題的話，客戶端可能需要重新開始進行分配過程。如果在網路上根本沒有DHCP伺服器，客戶端必須聰明地避免無效的重傳。因此，客戶端進行幾個重傳次數後，客戶端將放棄分配過程。只要DHCP伺服器無法正常分配IP位址給客戶端，或網路上沒有DHCP伺服器的情況，Windows將自動啓動APIPA（Automatic Private IP Addressing）機制，配置預設的IP位址給客戶端。IP位址的範圍設定爲169.254.0.1~169.254.255.254，而子網路遮罩則是255.255.0.0。注意，APIPA是屬於自我指定的IP位址，有可能會有相同IP位址所產生的衝突問題。一般而言，APIPA客戶端會送出gratuitous ARP封包，以便宣告自己要使用某個169.254.X.X的IP位址，若有其他APIPA客戶端也要使用同一IP位址時，已經佔用此IP的使用者便會告訴後者這個IP位址已經有人使用，後者就只好再重新配置一個IP位址。有關gratuitous ARP封包，請參考第4章的問題討論第7題。

6. 請指出DHCP在封包交換期間存在的ARP發送或接收封包？

解：現在可以將圖9-28所示的第8步驟的【Filter】欄位改成「arp」，加速找到ARP封包，如圖9-28(a)-4所示。例如：封包No 19~N0 21爲Gratuitous ARP封包，用來檢測IP位址是否有衝突。當一台主機接收到一個ARP request，其中包含一個與其自己的來源IP位址符合的話，就知道有一個IP衝突。

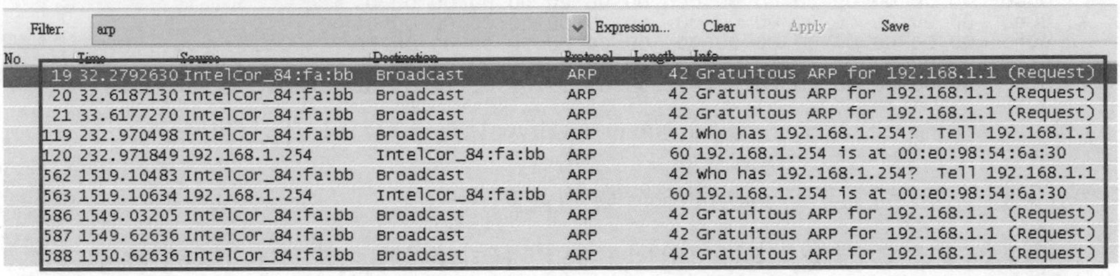

Filter: arp　Expression...　Clear　Apply　Save

No.	Time	Source	Destination	Protocol	Length	Info
19	32.2792630	IntelCor_84:fa:bb	Broadcast	ARP	42	Gratuitous ARP for 192.168.1.1 (Request)
20	32.6187130	IntelCor_84:fa:bb	Broadcast	ARP	42	Gratuitous ARP for 192.168.1.1 (Request)
21	33.6177270	IntelCor_84:fa:bb	Broadcast	ARP	42	Gratuitous ARP for 192.168.1.1 (Request)
119	232.970498	IntelCor_84:fa:bb	Broadcast	ARP	42	Who has 192.168.1.254? Tell 192.168.1.1
120	232.971849	192.168.1.254	IntelCor_84:fa:bb	ARP	60	192.168.1.254 is at 00:e0:98:54:6a:30
562	1519.10483	IntelCor_84:fa:bb	Broadcast	ARP	42	Who has 192.168.1.254? Tell 192.168.1.1
563	1519.10634	192.168.1.254	IntelCor_84:fa:bb	ARP	60	192.168.1.254 is at 00:e0:98:54:6a:30
586	1549.03205	IntelCor_84:fa:bb	Broadcast	ARP	42	Gratuitous ARP for 192.168.1.1 (Request)
587	1549.62636	IntelCor_84:fa:bb	Broadcast	ARP	42	Gratuitous ARP for 192.168.1.1 (Request)
588	1550.62636	IntelCor_84:fa:bb	Broadcast	ARP	42	Gratuitous ARP for 192.168.1.1 (Request)

圖9-28(a)-4 ARP發送或接收封包

重點整理

- DHCP可以說是BOOTP的增強版本，當主機連接Internet時，客戶端的主機會從DHCP伺服器以動態方式獲得它唯一的IP位址。
- DHCP支持使用三種機制來分配IP位址給客戶端：自動分配，手動分配及動態分配。
- DHCP的基本工作原理包含4個封包，即DHCPDISCOVER、DHCPOFFER、DHCPREQUEST與DHCPACK。
- 若DHCP客戶端屬第一次啓動，或目前沒有DHCP租約，在這樣的初始狀態下，它就需要進行啓動租約分配的過程，以獲得一個IP位址
- 當伺服器沒有收到一個DHCPOFFER或DHCPACK封包，如果重傳還無法解決問題的話，客戶端可能需要重新開始進行分配過程。如果在網路上根本沒有DHCP伺服器，客戶端必須聰明避免無效的重傳。
- 客戶端在完成租約協議之前，進行最後的檢查，以確保在新的位址是不是已經不被使用，這通常在本地網路上透過ARP request看看是否有任何其他設備正擁有客戶端新租用的IP位址。
- 在某些情況，客戶端啓動的時候，它仍然處於一個租約期間。在這種情況下，客戶端就不需要為了分配到一個IP位址，而去進行整個分配過程及新的租約設定。相反地，它只要進行一個過程，稱為重新分配（Reallocation），以重新建立（Re-establish）其現有的租約。
- 一旦DHCP客戶端完成分配或重新分配的過程，它會進入BOUND狀態。就在這個時候，客戶端處在正常操作模式，其具有接收自DHCP伺服器的一個有效的IP位址和其他配置參數。
- 客戶端是以單播方式發送一個DHCPRELEASE封包至伺服器，告知伺服器記錄的租約已經結束，客戶端並不需要得到回覆。

本章習題

選擇題

(　　)1. (1)BOOTP　(2)NAT　(3)DHCP　(4)ARP
可以說是BOOTP的增強版本

(　　)2. 下列何者屬於一種客戶端/伺服端通訊協定，它可以自動地為主機設定TCP/IP環境，但在設定前必須取得客戶端的硬體位址，而且與IP的對應關係是靜態的
(1)BOOTP　(2)NAT　(3)DHCP　(4)ARP

(　　)3. DHCP的基本工作原理，共分成幾個步驟
(1)1　(2)2　(3)3　(4)4

(　　)4. 當DHCP客戶端在事先並沒有IP的相關資料設定情況下開機後，UDP封包是以何種方式送出至網路上全部的DHCP伺服器
(1)廣播方式　(2)單播方式　(3)群播方式　(4)任意播方式

(　　)5. 網路上所有的DHCP伺服器都會收到此封包，並要求任一部DHCP伺服器提供IP租約，稱為
(1)DHCPDISCOVER　(2)DHCPOFFER　(3)DHCPREQUEST　(4)DHCPACK

(　　)6. 每一部DHCP伺服器收到DHCPDISCOVER廣播封包時，會回應何種封包
(1)DHCPDISCOVER　(2)DHCPOFFER　(3)DHCPREQUEST　(4)DHCPACK

(　　)7. DHCP客戶端只會回應所收到的哪一個DHCPOFFER封包
(1)最早　(2)最後　(3)第2個　(4)第3個

(　　)8. DHCP客戶端不接受DHCPOFFER封包所提供的資訊，就會廣播一個什麼封包告知伺服器
(1)DHCPACK　(2)DHCPNACK　(3)DHCPREQUEST　(4)DHCPDECLINE

(　　)9. DHCP伺服器收到DHCPREQUEST封包時，若同意客戶端的要求後，會向客戶端發送出一個回應封包，稱為
(1)DHCPACK　(2)DHCPOFFER　(3)DHCPREQUEST　(4)DHCPDECLINE

(　　)10. DHCP伺服器收到DHCPREQUEST封包時，若不同意客戶端的要求，會向客戶端發送出一個回應封包，稱為
(1)DHCPACK　(2)DHCPNACK　(3)DHCPREQUEST　(4)DHCPDECLINE

本章習題

(　)11. 當租用時間超過租約期限的多少時，客戶端必須送出DHCPREQUEST封包，向DHCP伺服器要求更新租約

(1)0.2　(2)0.3　(3)0.4　(4)0.5

(　)12. T2代表重新綁定時間（Rebinding time value），其值為

(1)0.5　(2)0.65　(3)0.875　(4)0.95

簡答題

1. 說明BOOTP與DHCP的差異。
2. 說明DHCPOFFER封包內設定租約期限及提供給客戶端的一些資訊為何？
3. 說明DHCP客戶端與伺服端動作流程。
4. 何謂DHCPINFORM封包？
5. DHCP伺服器與客戶端在分配（Allocation）的過程中，如何檢查分配的IP位址是否已經在使用中？
6. 若事先已手動設定得到IP位址，接下來利用Wireshark可擷取到何種訊息？
7. 當DHCP完成分配或重新分配的過程後，客戶端會如何運作？

實作分析題

1. 請打開電子檔，仿照圖9-22 DHCP封包擷取的分析（事先以手動設定得到IP位址）。
2. 請打開電子檔，仿照圖9-23(a)~(d) DHCP封包擷取的分析。
3. 請打開電子檔，圖E-3正是圖9-28(a)中的封包No 16，分析說明各部分的功能，包括粉紅色框中的Padding何種意義。

本章習題

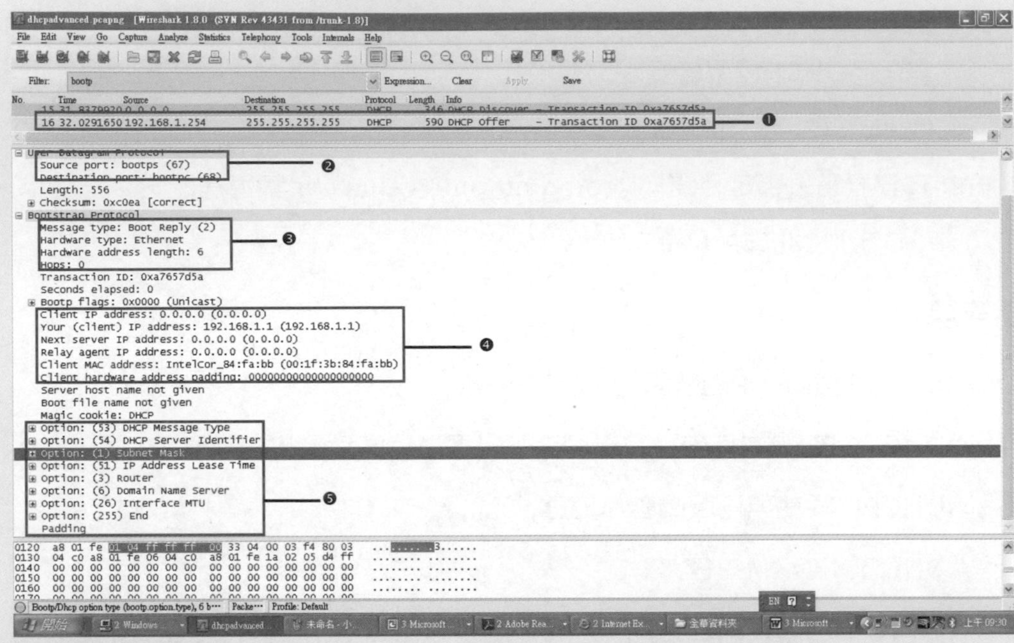

圖E-3

4. 請打開電子檔，封包No 17如圖E-4(a)所示，與封包No 564如圖E-4(b)所示有何差異之處？

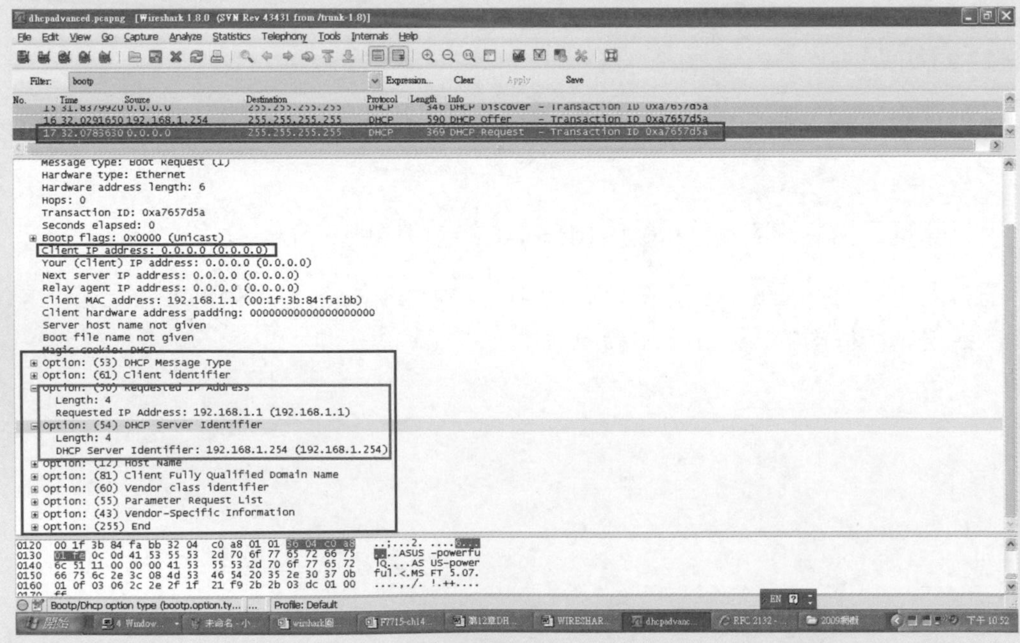

圖E-4(a)

本章習題

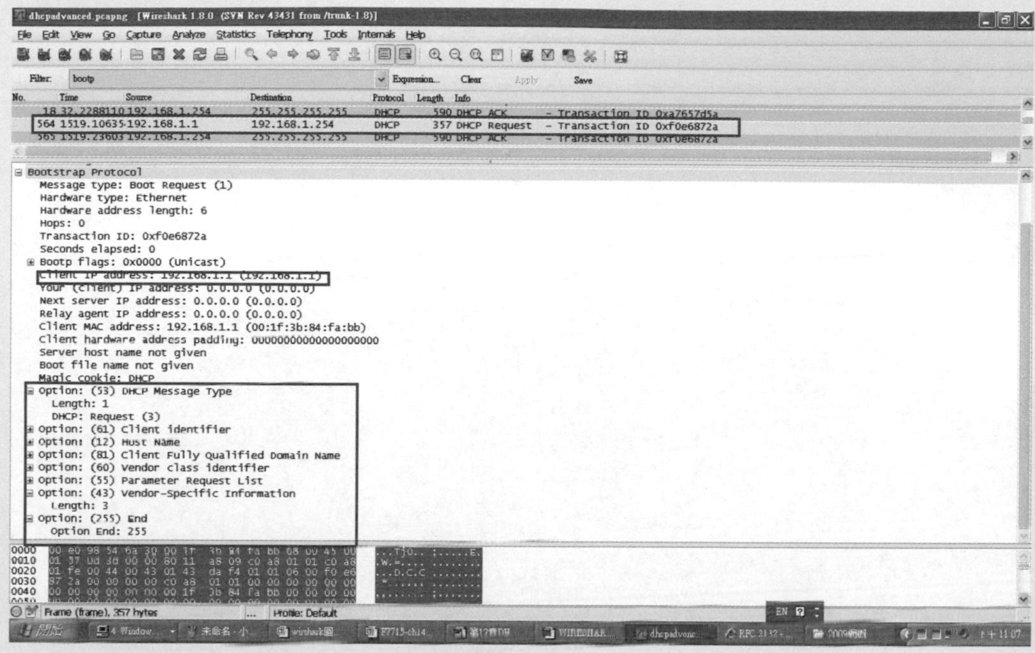

◐圖E-4(b)

'N 'O 'T 'E

CHAPTER 10

HTTP協定Wireshark實作分析

10-1 WWW簡介

WWW（World Wide Web）稱爲「全球資訊網」，原先是由歐洲量子物理實驗室所發展出來的文件查詢系統，它提供文字、聲音、影像及圖形等多媒體方式的呈現，並結合超連結（hyperlink）的觀念，主要目的是讓使用者可以輕易取得任何所要的資料。目前在Internet上各式各樣的服務資源系統中，WWW可以說是最引人注目的一種，現只要談到WWW，就自然會聯想到Internet。

在Internet上的文件查詢方式一般採用由上而下的階層（hierarchy）架構，雖然查詢系統以階層式的資訊架構呈現，很容易掌控，但要找出其他相關連的資訊，則變得複雜繁瑣。WWW是採用超文件（hypertext）的方式，它的操作非常類似Windows視窗下的「help」，可以讓使用者很快地取得所要找的參考文件，並經由超連結很容易的得出相關的資訊，特別是它可以迅速取得某一個文字背後所連結的超文件。此文件可能是儲存於遠在世界另一端的資料，包括影像、圖形、聲音、動畫。值得注意的是，WWW上的文件資料是以蜘蛛網狀（Web）方式分散在世界各處，這似乎驗證了WWW這3個「W」所表示出來的意義。當然，整個資訊架構也就變成很複雜並且不易掌控。

10-2 HTTP協定

HTTP（Hyper Text Transfer Protocol）稱爲超文件傳輸協定，它是WWW所採用的通訊協定。此協定具有跨平台的特性，當使用者需要尋找一些資訊時，WWW的瀏覽器（Browser，常稱爲網頁瀏覽器）就是透過HTTP協定，向WWW伺服器擷取資訊，因此，存在不同電腦系統中的資料都可以經由HTTP協定傳送至其他主機。今日WWW所以能提供多樣性的不同資訊，乃拜賜於使用者的瀏覽程式所支援的HTML、JavaScript、VBScript等語言，與JAVA、Flash元件等技術組成，這使得網頁（Web Page）能呈現非常不錯的動態效果。而伺服器也擔任最新資料的查詢與更新作業。HTTP協定可說是Web的心臟，Web能夠交握運作，完全依賴HTTP。

HTTP是實現於不同的端系統（end system，即指主機）上，亦即客戶端瀏覽器（在此稱Web Browser）及伺服器（在此稱Web Server）兩端所溝通的訊息爲HTTP，HTTP將定義這些訊息的結構及客戶/伺服兩端是如何交換這些訊息。描述HTTP運作之前，我們先對Web Browser與Web Server再做必要簡述。

一般而言，WWW並未對瀏覽器做定義，爲方便用戶瀏覽全球資訊網之資訊，就必須用到Web Browser透過HTTP協定向Web伺服器取得所要文件。就Web而言，Web Browser爲用戶及網路應用間的介面，它歸類爲用戶代理程式。目前最熱的網頁瀏覽器要屬Microsoft Internet Explorer與Mozilla Firefox，而早期在Internet造成震撼的Mosaic已在1997年宣告終止；至於較著名的Web Server包括Apache、Microsoft Internet Information Server等，也是大家所熟悉。

注意，早期版的Microsoft IE及Mozilla Firefox皆以Mosaic爲基礎開發。

N.O.T.E

超文字標記語言（Hyper Text Markup Language；HTML）可透過不同的標籤（Tag）命令的描述，使文件以多樣性不同的方式呈現在瀏覽器上，包括文件中的字型、段落格式、圖片、影像、聲音、動畫，甚至連結至其他主機上的文件或檔案。

10-3 Web Browser與Web Server之間的溝通

Web Browser與Web Server之間的基本溝通操作方式，請先回顧到TCP章節所說，在Internet上建立兩端的TCP連線來實現兩行程間的Socket通訊。Socket爲主機應用層及傳輸層之間的介面，若Socket上端的應用層爲HTTP協定，則可由埠號80識別出來。注意，HTTP採用內頻（inband）方式，當HTTP客戶端與伺服器建立一條TCP連線後，就代表此連線已鋪陳在兩行程間的Socket介面，此介面正是HTTP要求/回應所進出的門。一旦TCP連線建立後，Web Browser會送出HTTP要求訊息至Web Server，此訊息包含網頁的基本組成，如由HTML檔案或JPEG image、GIF image、Java applet、影音、視訊等組成。網頁是由物件（Object）所組成，一個物件指的就是一個檔案，基本上，網頁含有HTML檔本身及一些物件構成，例如，一網頁含有HTML檔本身及9張圖片，則此網頁共有10個物件。在此必須知道，Internet的資源是散佈於任何角落，資源可透過不同伺服器來提供給與HTTP、FTP、NNTP有關的資訊，因此，WWW提出通用化資源識別碼（Universal Resource Identifier；URI）概念，及通用化資源定位

（Universal Resource Locator；URL）語法，以使資源定址有一致性，像上面說過的物件，就可使用單一的URL定址方式。

一般而言，URL大致上包含兩部分：即用來存放物件的主機名稱，以及該物件的路徑名稱，例如URL格式http://www.abc.edu/electric/introd.index中，www.abc.edu爲主機名稱；而/electric/introd.index則是路徑名稱。一旦伺服器收到存取某物件的要求時，會回應HTTP訊息給客戶端。

HTTP最初的版本爲HTTP/0.9，至1997年公布HTTP/1.0版本（可參考RFC 1945）。然而，HTTP/1.0仍面臨物件與連線的一些問題，例如：上文說過使用者所要求的網頁共含10個物件，就必須建立10條TCP連線，相對也增加封包的往返時間，稱爲RTT（Round-trip Time），因此，傳送一份文件就需建立多次TCP連線，實在沒有誘因讓使用者繼續使用。1998年。HTTP/1.1版本公布（可參考RFC 2616），並相容HTTP/1.0的版本。WWW Server依照URL找出檔案，它可能會直接去預設的目錄下找尋檔案；或由外部執行一些程序產生內容，並將它們傳回使用者。HTTP屬於應用層，無論HTTP/1.0或HTTP/1.1，其下層均使用TCP協定。値得注意，TCP提供可靠資料傳送，因此，HTTP不需要擔心資料損失或資料如何回復，但TCP的壅塞機制會強迫新的TCP連線剛開始以較慢速率，稱爲「slow start」來傳輸資料，當網路沒有壅塞情況發生，則每一TCP連線會昇至相對高的速率。另外，HTTP也稱爲無態（stateless）協定。無態協定指出，當伺服器送出HTTP客戶端所要求的訊息後，伺服器本身並不儲存任何有關這些訊息的狀態資訊，因此，就算隔幾秒客戶端又提出完全相同的物件要求時，伺服器端仍需重新建立TCP連線。注意，情形正好與HTTP相反，FTP（File Transfer Protocol）爲「狀態（state）」協定。

HTTP/1.0所使用的TCP連線上，最多只傳送一個物件；多個物件就需要多條TCP連線的方式，稱爲非持續性（nonpersistent）連線，此正是HTTP/1.0所使用的版本。而HTTP/1.1所使用持續性（persistent）連線方式，主要讓客戶端和伺服端之間的TCP連線上所有的HTTP要求與回覆，都是在同一條連線上傳送許多個物件。

範例❶ 若使用者要求的網頁共含10個物件，其包含一HTML檔案及9個圖片構成的物件，比較說明HTTP/1.0的非持續性連線，與HTTP/1.1使用的持續性連線特性。

解 若此時的URL爲www.abc.edu/electric/introd.index，且採用HTTP/1.0非持續性連線，下列說明其連線操作步驟：

步驟1：HTTP客戶端的瀏覽器會啓動TCP連線至伺服器www.abc.edu的埠號80。此時，客戶端與伺服端各有一個Socket。

步驟2：HTTP客戶端將HTTP要求訊息，藉由Socket介面間的TCP連線送至HTTP伺服器。注意，要求訊息包含路徑名稱/electric/introd.index。

步驟3：HTTP伺服器收到HTTP客戶端送來的要求訊息，就會從其儲存裝置（例如RAM）擷取所要的物件/electric/introd.index，並且將該物件封裝至HTTP回覆訊息內，然後藉由伺服端的Socket將該回覆訊息送給HTTP客戶端。

步驟4：HTTP伺服端的行程將通知HTTP客戶端準備關閉TCP連線。

步驟5：HTTP客戶端收到的回覆訊息，TCP連線關閉，並由訊息指出該物件爲HTML檔案，客戶端會從回覆訊息中取出該HTML檔案，並檢視此檔案發現它還參考到9個圖片構成的物件。

步驟6：由於是非持續性的連線，步驟1～4又得重複進行9次。

接著我們對RTT與封包延遲關係做一簡單說明。如圖10-1所示，封包延遲正是以前討論過的路由器封包交換所發生的延遲（參考圖7-31），依序爲節點處理延遲（dproc）、佇列延遲（dqueue）、傳輸延遲（dtrans）及傳導延遲（dprop）之總和。忽略此延遲，我們可以粗估客戶端要求與接收到一個HTML檔案所花掉的時間爲2RTT，其中一個RTT係指一封包從客戶端至伺服端，再回到客戶端所花掉的時間，如圖10-1中❶及❷；另一個RTT則是客戶端傳送要求封包，順便揹負（piggyback）確認訊息送入TCP連線的時間，如圖10-1中❸，再加上伺服器收到此封包後，伺服器會將HTML檔案送入TCP連線的時間，如圖10-1中❹。

注意，前3個步驟稱爲三方交握。以上說明，只要完成一物件的要求後至TCP連線關閉，共需花掉2RTT。因此，另外10個物件必須再花掉20RTT（相當10筆TCP連線）這樣的話，再加上三方交握2RTT，總共花費爲4RTT。針對每一筆連線，還必須在用戶端與伺服端配置TCP緩衝區，並維護TCP變數。

另一方面，HTTP/1.1版本，如上述執行到❹的時候，伺服器會持續保留該條連線，緊接來的HTTP訊息會經由此開啓的TCP連線傳送出去；加上採用管線化（pipeling）技巧，因而後續所有的參考物件都可透過同一筆TCP連線（包括一HTML檔案及9個圖片構成的物件）來傳送。換言之，使用持續性連線，伺服器在傳送並在回應後，伺服器會持續保留該條連線，在相同的用戶端與伺服端之間，後續的HTTP訊息會經由此開啓的連線傳送，這樣的話只需花費2RTT，再加上三方交握的2RTT總共花費爲4RTT。注意，所謂管線化是指物件的HTTP Request可以一直傳送出去，不需要收到HTTP Response後，才可以送出新的HTTP Request。

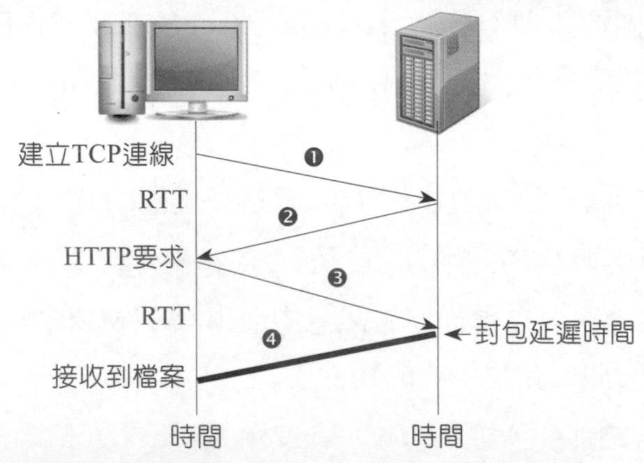

圖10-1 接收到一個HTML檔案的時間花費2RTT

10-4 HTTP訊息架構

HTTP訊息的組成如圖10-2所示，圖中的PROT=6代表採用的傳輸層協定爲TCP。訊息可分爲要求（Request）與回覆（Response）兩種，並以ASCII碼來表示。以HTTP 1.1（參考RFC 2616）來說明其訊息架構，如圖10-3所示，共5列，列的結束都有一個歸位（Carriage Return；CR）及換列（Line Feed；LF），如下說明。

- 要求列（Request line）：屬要求訊息的第一列。
- 狀態列（Status line）：屬回覆訊息的第一列。
- 通用標頭（General）：要求與回覆兩種訊息都有可能出現的訊息。
- 要求標頭：與客戶端有關的訊息。
- 回覆標頭：與伺服端有關的訊息。
- 本體標頭（Entity）：與本體資料有關的訊息，訊息間以<CR> <LF>區隔。

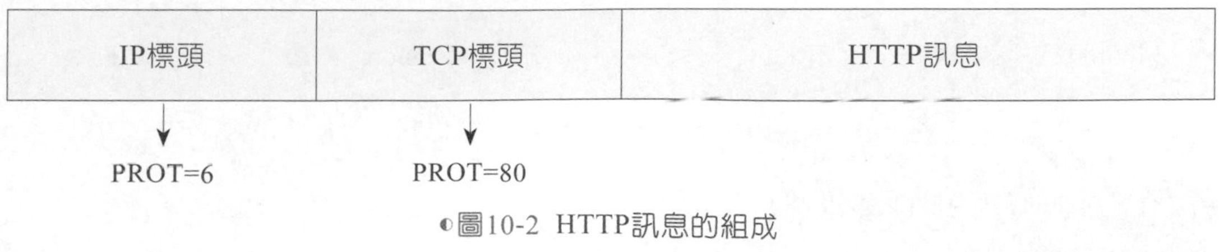

◐圖10-2 HTTP訊息的組成

要求列(Request line)或狀態列(Status line)
通用標頭(General)
要求標頭或回覆標頭
本體(Entity)標頭
本體訊息

◐圖10-3 HTTP/1.1訊息架構

10-4-1 HTTP Request訊息

HTTP Request訊息的格式，如圖10-4所示，而其HTTP要求列的內容格式如圖10-5所示，如下說明。

- 方法（Method）：定義要求列的方法，包括GET、POST、HEAD、PUT、DELETE等，如表10-1所示，但以GET與POST方法最常用。
- SP（Space）：欄位之間加空白作區隔。
- URL：要求的物件由URL欄位來識別。
- HTTP版本：HTTP/1.1。

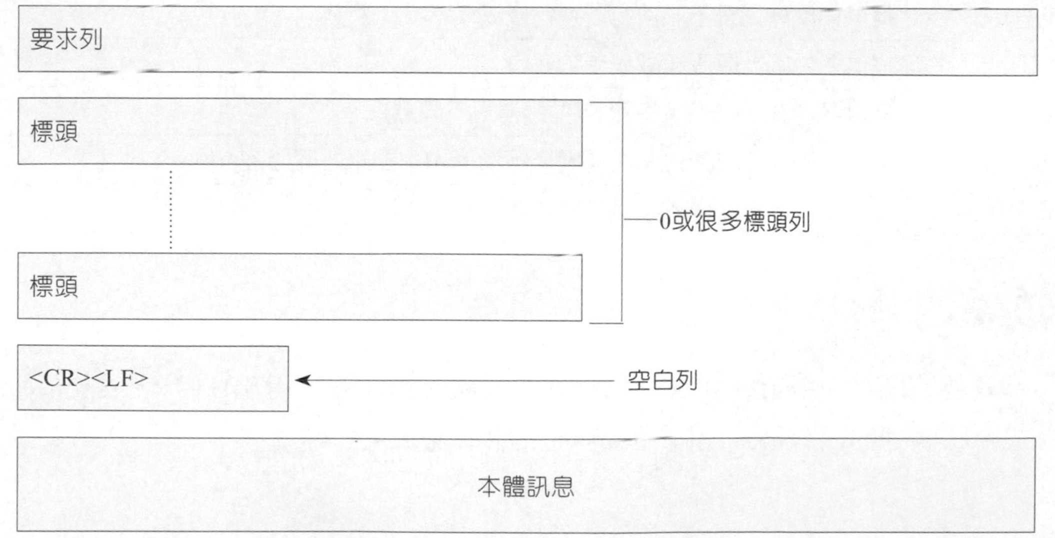

◐圖10-4 HTTP Request訊息的格式

圖10-5 HTTP要求列的內容格式

範例2 典型的HTTP要求訊息。

解 HTTP要求訊息是用一般的ASCII字元所構成。HTTP Request訊息包含開始的要求列，及4個標頭列，如下說明：

1. 要求列GET /tti/elec.html HTTP/1.1：指出使用GET方法，要求的物件是/tti/elec.html，而此物件是由URL欄位來識別。
2. 標頭列Host: www.cute.edu：指出物件所使用的主機。
3. User-agent: iexplore/7.0：指出伺服器發出要求的使用者代理程式為iexplore 7.0版本。
4. Connection: close：伺服器可因應用戶端送出的要求關閉連線。
5. Accept-language:tw：指出使用者偏好收到該物件的語言為繁體中文，若伺服器無這種物件時，它會使用預設版本。

表10-1 HTTP 1.1常用的存取方法

Method	簡述
Options	詢問伺服器可使用的通訊選項
GET	送出URL網址讀取伺服器上的資料
HEAD	類似GET，但伺服器只對標頭回應(不包括資料)
POST	提供客戶端上傳資料給伺服器
PATCH	提供與原始檔案不同地方以進行修改
PUT	提供客戶端上傳資料取代原始資料
DELETE	提供客戶端刪除指定的資料(伺服器可不同意)
TRACE	要求伺服器將收到之訊息傳回來(例如test)；記錄所經過的proxy
CONNECT	要求代理伺服器(Proxy)建立連線轉送HTTP訊息

10-4-2 HTTP Response訊息

只要將圖10-4所示的要求列的格式改成狀態列，就可得出HTTP Response的格式。狀態列的內容格式如圖10-6所示，如下說明。

● 狀態碼（Status-Code）：指出對HTTP Request訊息的回應，如表10-2所示。

● 狀態文字（Reason-Phrase）：指出對狀態碼所對應的文字敘述。

HTTP-Version	<SP>	Status-Code	<SP>	Reason-Phrase	<CR><LF>

圖10-6 HTTP狀態列的內容格式

表10-2 狀態碼

代碼	狀態文字	敘述
100	Continue	繼續傳送HTTP Request訊息的本文部分
101	Switching protocols	伺服器同意用戶的要求，更換標頭所定的協定
200	OK	要求執行成功
201	Created	建立一個新的網路資源
202	Accepted	要求被接受，但執行尚未完畢
204	No content	要求執行完畢，但無任何回傳訊息
301	Multiple choices	要求的網路資源指定到多個地點，無法決定
302	Moved permanently	要求的網路資源已移除，不再為伺服器使用
304	Moved temporarily	要求的網路資源暫時移走
400	Bad request	要求的語法錯誤，伺服器無法辨認
401	Unauthorized	要求沒有授權
403	Forbidden	拒絕提供服務
404	Not found	要求的資源找不到
405	Method not allowed	URL不支援這個方法
406	Not acceptable	要求的格式無法接受
500	Internal server error	伺服器有問題
501	Not implemented	要求的動作無法執行
503	Service unavailable	伺服器無法提供服務

範例❸ 典型的HTTP Response訊息。

解 HTTP Response訊息包含開始的狀態列、6個標頭列，以及資料本體(entity body):DATA，如下說明：

狀態列HTTP/1.1 200 OK：指出HTTP Request結果是成功。

標頭列Connection: close表示伺服器通知用戶端在訊息送出後，就要關閉TCP連線。

Date: Thu, 06 Feb 2010 13:00:22 GMT是HTTP回覆訊息的時間日期。

Server: Powerful表示訊息由Powerful網頁伺服器產生。

Last-Modified: Mon,15 Feb 2010爲該物件建立或最後修改的時間日期。

Content-Length: 8888爲該物件的位元組長度。

Content-Type:text/html指出資料本體中的物件爲HTML。

Data Data Data

10-5 HTTP連線範例

爲了讓讀者可以查閱連線後各標頭欄位意義，茲以表10-3~10-6列出。接下來就讓我們觀察HTTP客戶端與HTTP伺服器之間實際的操作情形。

表10-3　通用標頭

標頭	敘述
Cache-Control	設定使用快取機制參數
Connection	顯示送收端間的TCP連線相關參數
Date	顯示訊息發送的日期
MIME-Version	顯示使用的MIME版本
Upgrade	在要求訊息中，客戶端建議使用的通訊協定；在回應訊息中，伺服器指示使用的協定
Via	指訊息傳輸中途使用的通訊協定
Warning	額外的警告訊息
Pragma	提供目的端的相關訊息
Transfer-Encoding	本體部分的編碼演算參數
Keep-Alive	提供持續連線的相關參數
Trailer	位於本體部分尾端經編碼過的標頭欄位

表10-4　要求（Request）標頭

標頭	敘述
Accept	客戶端能接受的資料類型
Accept-Charset	客戶端能接受的字元集
Accept-Encoding	客戶端能處理的編碼方式
Accept-Language	客戶端能接受的語言
Authorization	客戶端的認證資訊傳至伺服器

From	客戶端的電子郵件位址
Host	伺服端的DNS主機名稱
If-Modified-Since	如果文件比指定的日期新就傳送出去
If-Match	判斷條件是否符合
If-None-Match	判斷條件是否不符合
If-range	只送文件的遺失部分
If-ummodified-since	如果文件比指定日期晚，不用更改就送出
Referer	指定被連結文件的URL
User-Agent	說明客戶端瀏覽器的相關資訊

表10-5　回覆（Response）標頭

標頭	敘述
Accept-Range	顯示伺服器能接受客戶端所要求範圍
Age	說明訊息從伺服器傳來所經過的時間
Public	顯示伺服器所支援的方法
Retry-After	經過幾秒時間再重傳要求訊息
Server	顯示伺服器的軟體名稱與版本
Vary	顯示快取機制的控制參數
WWW-Authenticate	伺服器送出身分認證資訊
ETag	本體部分使用資料交換時的標籤
Location	將要求的檔案重新轉向存取的URL

表10-6　本體標頭

標頭	敘述
Allow	顯示網路資源可接受的方法
Content-Encoding	指定本體內容編碼方式
Content-Language	指定本體內容採用的語言
Content-Length	本體內容的長度
Content-Range	本體內容的區塊
Content-Type	指定本體內容型態
Expires	本體內容的有效時間與日期
Last-Modified	本體內容上次更改的時間與日期

範例❹ 使用GET讀取一個圖像檔，說明要求訊息與回覆訊息。

解 如圖10-7所示，客戶端以GET方法傳送要求訊息（包括要求列及兩列的標頭）以讀取一個圖像檔，其路徑爲/cute/cook/image。要求列顯示所使用的方法GET、URL及HTTP版本1.1，而兩列的標頭指出客戶端可以接受gif與MPEG-2的圖像檔格式。注意：要求訊息的本體部分不會有輸入資訊；而回覆訊息包括狀態碼、狀態文字（即200 OK）及四列的標頭，標頭指出時間日期、伺服器、MIME預設版本及本體內容的長度，緊接著爲文件的本體（Body of the document）。

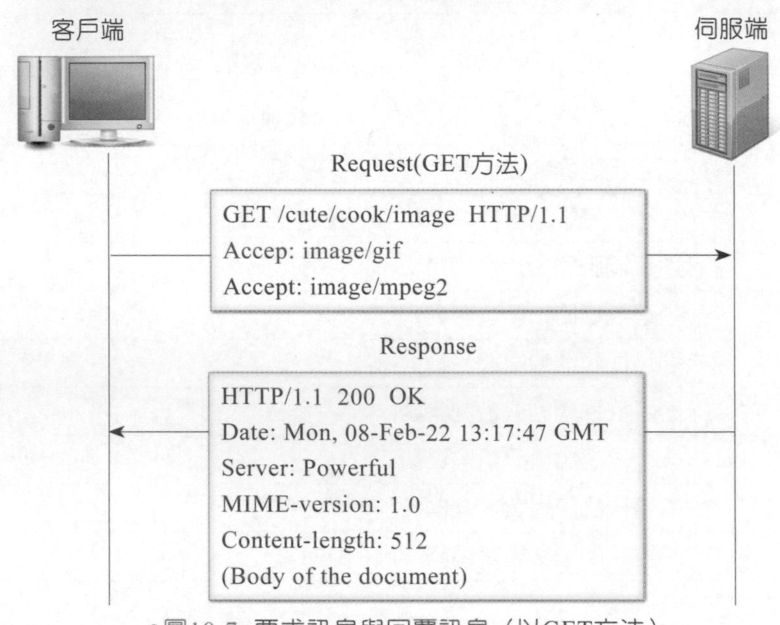

◐圖10-7 要求訊息與回覆訊息（以GET方法）

範例❺ 使用HEAD讀取一個圖像檔，說明要求訊息與回覆訊息。

解 如圖10-8所示，客戶端以HEAD方法傳送要求訊息（包括要求列及一列的標頭）以讀取一個HTML文件檔。要求列顯示所使用的方法HEAD、URL及HTTP版本1.1，像*/*指出，客戶端可以接受任何格式的文件；而回覆訊息包括狀態碼、狀態文字及四列的標頭，標頭指出時間日期、伺服器、MIME預設版本、文件類型、文件內容的長度。注意：伺服器收到HEAD的要求訊息後，回覆訊息內不會有本體部分。

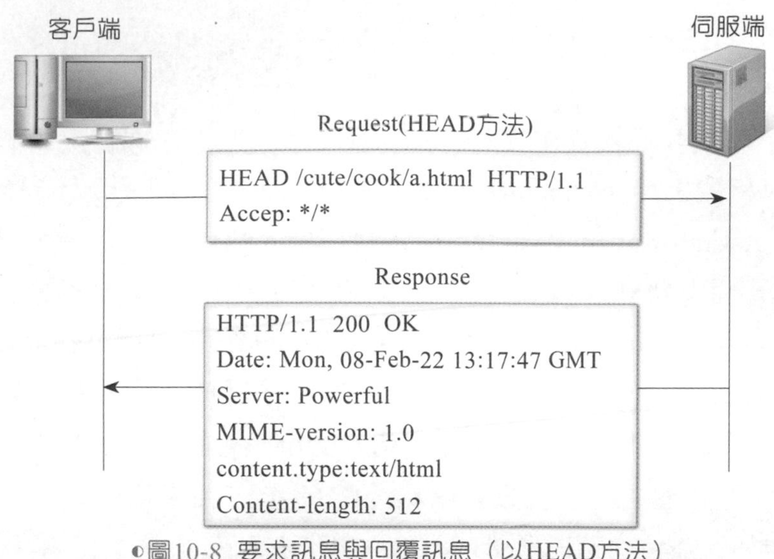

◐圖10-8 要求訊息與回覆訊息（以HEAD方法）

範例❻ 使用POST讀取一個圖像檔，說明要求訊息與回覆訊息。

解 如圖10-9所示，客戶端以HEAD方法傳送要求訊息（包括要求列及四列的標頭）以讀取一個圖像檔。要求列顯示所使用的方法POST、URL及HTTP版本1.1，客戶端以POST方法傳送要求訊息（包括要求列及四列的標頭），輸入的資料可放到要求訊息的本體部分，然後透過POST傳送到URL指定的網路資源。而回覆訊息包括狀態列及四列的標頭。注意：伺服器收到POST的要求訊息後，回覆訊息內會含有本體部分。注意，客戶端可以接受任何格式的文件。

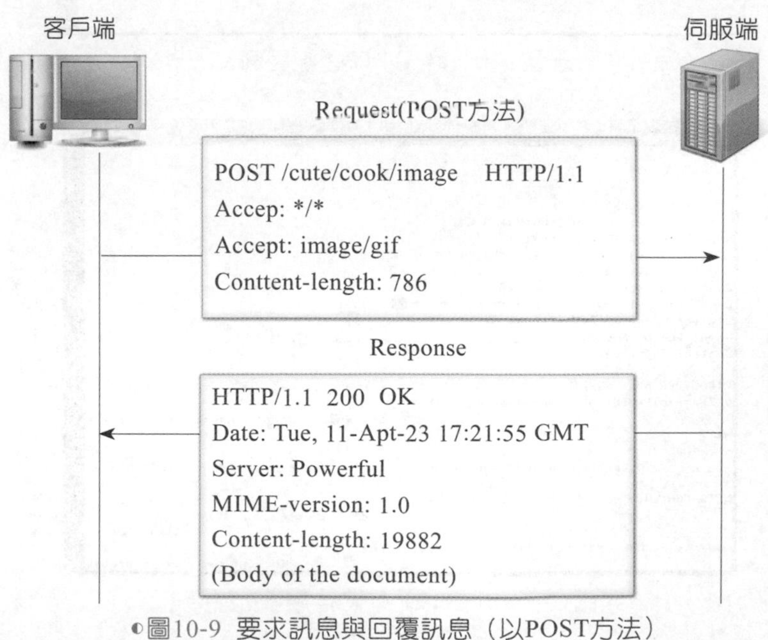

◐圖10-9 要求訊息與回覆訊息（以POST方法）

10-6 HTTP客戶端與HTTP伺服器連線實例

接下來，就讓我們觀察HTTP客戶端與HTTP伺服器之間實際的溝通情形。客戶端的工具程式是採用Windows XP內建的telnet程式。請先執行命令提示字元C:\Documments and Settings\yunlung\>，接著敲入執行telnet命令，就會進入如圖10-10(a)的畫面中❶Microsoft Telnet> 敲入set localecho，本機回應啓動後，在畫面中❷Microsoft Telnet>敲入Open www.hinet.net 80，出現第❸步驟，代表已連上www.hinet.net，並立刻敲入GET / HTTP/1.1，【Enter】後敲入Host: www.hinet.net如圖10-10(a)所示❹。注意，第❹步驟游標會跳到畫面最上面，並與原文字重疊，可不必理會。接著敲入兩次【Enter】，代表標頭列之後的空白列（參考圖10-4），並依序可得到圖10-10(b)~(d)。

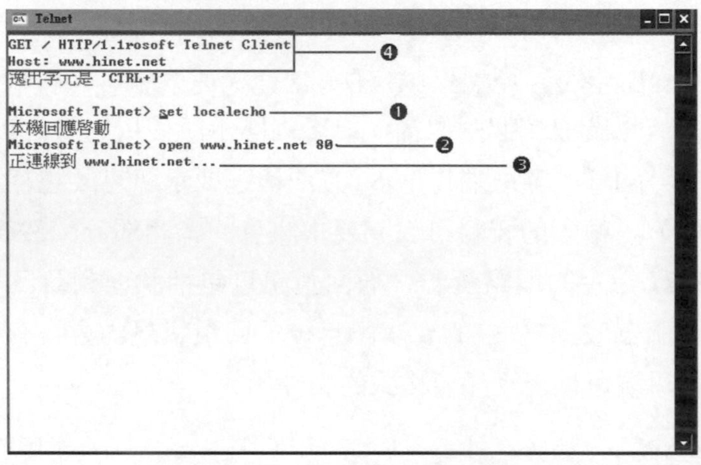

◐圖10-10(a) HTTP連線實例

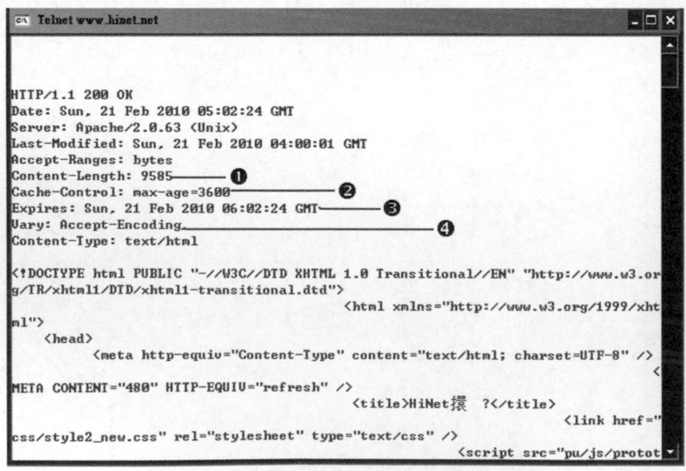

◐圖10-10(b) HTTP伺服器傳回的首頁

❶ 指出本體內容的長度，由於採用HTTP 1.1爲持續性連線，所以檔案傳送完畢也不會立刻關閉TCP連線。

❷ 指出快取機制參數最長爲3600秒。

❸ 指出本體內容的有效時間與日期。

❹ 指出快取機制的控制參數。

N.O.T.E

telnet為遠端通訊網路協定，它透過虛擬方式來連接電腦主機。當客戶端透過「telnet」連上遠端伺服器後，就建立一條TCP連線。注意，Vista預設是不安裝telnet，您可以遵循下列步驟來安裝它：按【控制台】，選【程式和功能】，然後按【開啓或關閉Windows功能】，並選取【Telnet用戶端】，按【確定】。安裝可能需要花費數分鐘的時間。

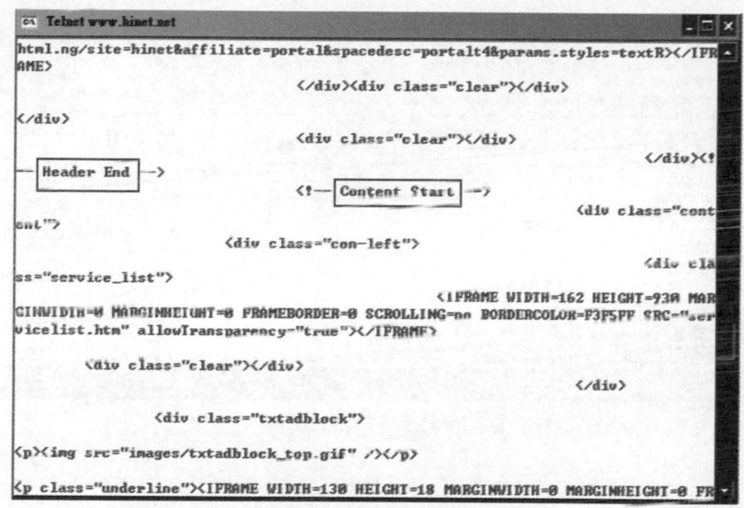

◐圖10-10(c) 標頭列結束及本體訊息的開始

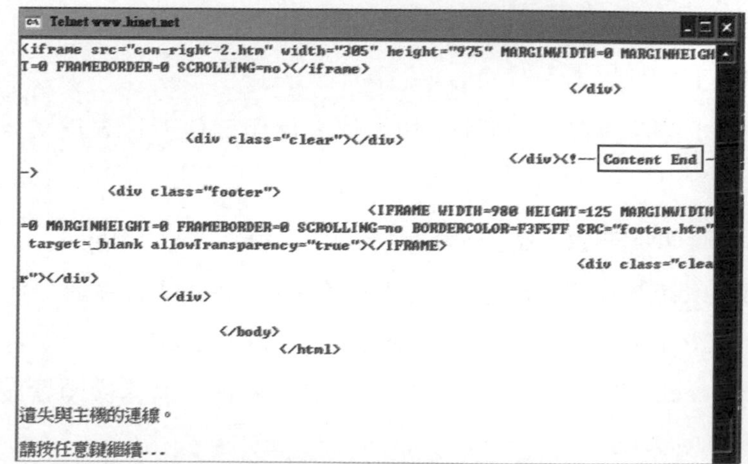

◐圖10-10(d) 本體訊息的結束

10-7 基礎HTTP封包擷取的分析

如同10-6節所述，我們亦可利用Wireshark對HTTP封包的分析如圖10-11(a)~(b)所示。

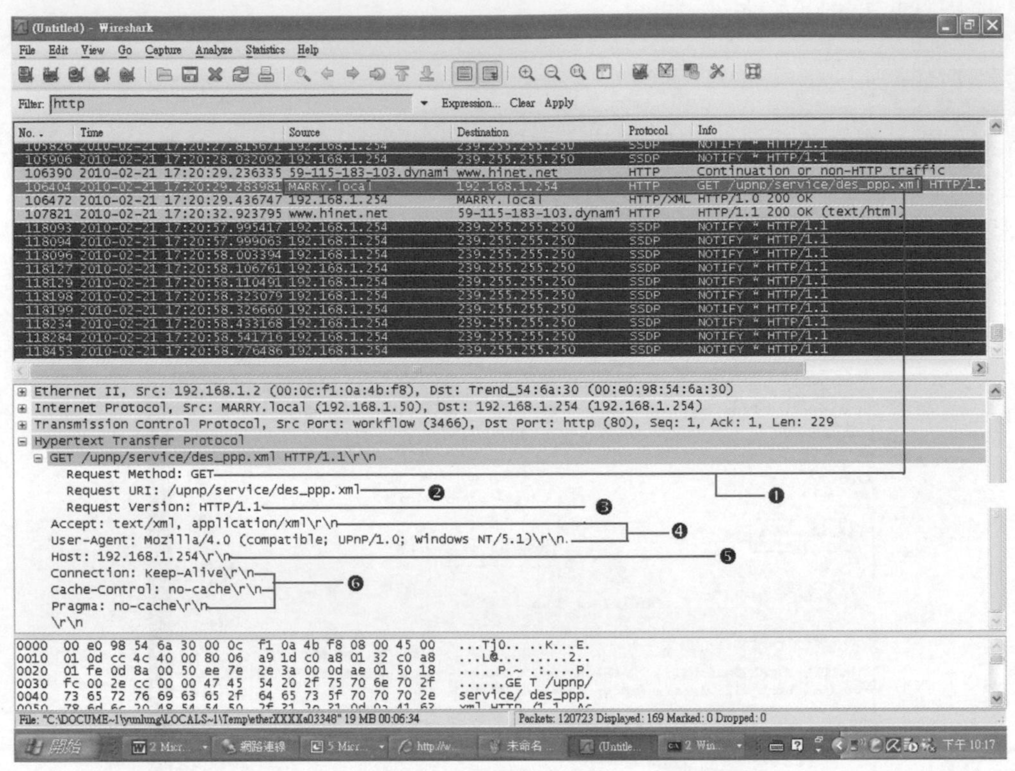

圖10-11(a) HTTP封包擷取的分析（要求訊息）

❶ 指出HTTP要求列是以GET指令要求伺服器在網路資源符合所要求的條件後，才傳回檔案。

❷ 指出瀏覽器要求的是/upnp/service/des_ppp.xml HTTP/1.1這物件。

❸ 指出採用HTTP/1.1版本。

❹ 指出客戶端能接受的資料類型爲xml，以及使用者代理程式爲Mozilla/4.0（屬要求標頭）。

❺ 指出伺服端的DNS主機（屬要求標頭）位址爲192.168.1.254。

❻ 指出Connection: Keep-Alive顯示送收端間的TCP連線爲持續性連線的相關參數。Cache-Control:no-cache沒有設定使用快取機制參數。

Pragma: no-cache沒有用來提供目的端的相關訊息。上述標頭皆屬表10-3中的通用標頭。

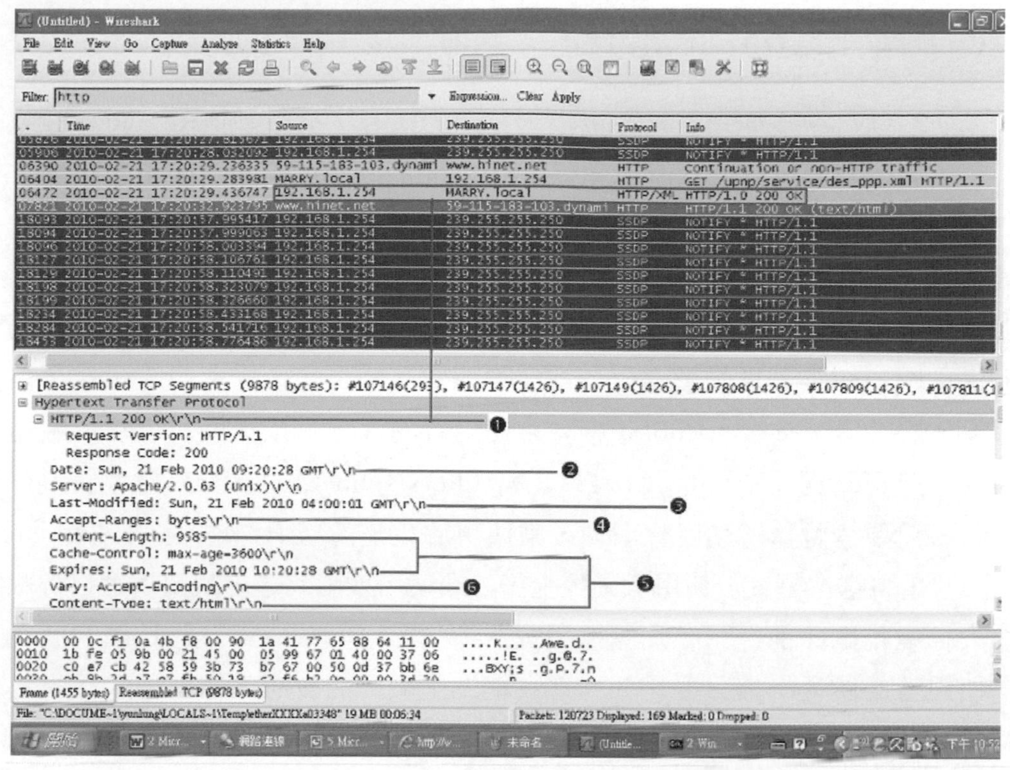

◦圖10-11(b) HTTP封包擷取的分析（回覆訊息）

❶ 指出伺服器所傳回的狀態回應碼200 OK，其表示客戶端的要求執行成功（屬狀態列）。

❷ 指出訊息發送的日期（屬通用標頭）。

❸ 指出本體內容上次更改的時間與日期（屬本體標頭）。

❹ 指出Accept-Range:bytes表示伺服器能接受客戶端所要求的資源範圍（參考表10-5回覆標頭）。

❺ 指出本體內容的長度（Content-Length）佔9585 bytes（參考表10-6本體標頭）。設定使用快取機制參數的最長時間值可達3600秒。Expires指出本體內容的有效時間與日期。Content-Type:text/html指出資料本體中的物件爲HTML。

❻ 顯示快取機制的控制參數，注意「Vary」屬回覆標頭（RFC 2616）。一般而言，查看網頁的回覆標頭都會有Vary標頭（像伺服器支援壓縮版本的都有這標頭），因此，需要通過指定Vary:Accept-Encoding來告訴代理伺服器存儲壓縮和非壓縮兩種版本，更進一步說明是，當IE不支援壓縮版本時，一些代理伺服器送回經過壓縮的訊務流將導致一些客戶端的問題。有關伺服器支援壓縮版本種類可參考圖10-13(a)中的❷之說明。

10-8 Cookie簡介

爲使網站可辨識使用者身分以提供不同的內容，或限制使用者的存取，那就需要用到Cookie的一個功能，其可隨時儲存客戶端PC上的一些相關記錄，這可幫您節省不少時間。例如：當您在網站中瀏覽時，Cookie可以記住您的網站相關資訊，日後再瀏覽該網站時可以省掉一些程序，讓瀏覽時更快速、方便等。其實，Cookie只是將一小段文字的檔案，暫存於瀏覽器的記憶體，或由Web伺服器透過瀏覽器儲存到您的硬碟內；當您再瀏覽該網頁時，檔案中的訊息會被回傳到Web伺服器。這時，Cookie會驗證使用者的身分，以提供所需線上服務。Cookie一般可分爲「Session Cookie」與「Persistent Cookie」。前者僅暫存於記憶體，只要瀏覽器關閉就會消失，常使用於電子商務購物網站；「Persistent Cookie」是將檔案儲存於使用者硬碟上，必須使用期限到達，或使用者自行刪除才消失，但是刪除前，務必先關掉瀏覽器。注意：Cookie對於隱私權的問題一直是使用者的隱憂，因只要是任何您在網站上敲入的資訊，像信用卡等資料，都有可能被儲存在Cookie內，最好先考慮該網站的信用度，否則網站可能利用Cookie洩漏用戶的資料給第三者。當然，可透過IE的「工具」下的「網際網路選項」，再選擇「隱私權」設定多一些保險，例如中高、高或封鎖所有Cookie的功能。有關Cookie可參考RFC 2965。

範例⑦ 阿強在家時想至PC Home網站瀏覽，該網站都會使用Cookie來追蹤客戶。說明利用Cookie運作的過程。

解 假如阿強以前曾拜訪過貝多芬購物網站，今天是第一次進入PC Home網站瀏覽，以下說明爲Cookie運作過程，如圖10-12所示。

1. 當HTTP Request送達PC Home網站時，該網站會產生兩筆資料：

   (1) 唯一的識別碼。

   (2) 後端的資料庫也因此識別碼而建立一筆紀錄。

- PC Home網頁伺服器會回應阿強的瀏覽器，並在HTTP Response訊息中加入標頭列，例如「Set-cookie: 2222（識別碼）」。
- 阿強的瀏覽器收到HTTP Response訊息時，會在他的Cookie檔案中加上一筆資料，例如「PC Home：2222」。注意，原Cookie檔案中已經有一筆資料爲「貝多芬：1111」。爾後只要阿強瀏覽PC Home網站，則在HTTP Request訊息都會含有標頭列「Cookie: 2222」，這也是PC Home使用Cookie來追蹤客戶在其網站的消費行為，並建立阿強的購物清單及費用。

- 即使過了10天，阿強又要瀏覽PC Home網站，他不再需要重新輸入姓名、信用卡等資料。
- PC Home網站也會追蹤阿強過去在其網站拜訪過的網頁，推薦商品給阿強；這也說明HTTP雖為無態（stateless）協定，但透過Cookie，可以在HTTP上建立使用者對談期間，都可辨識出阿強的身分。

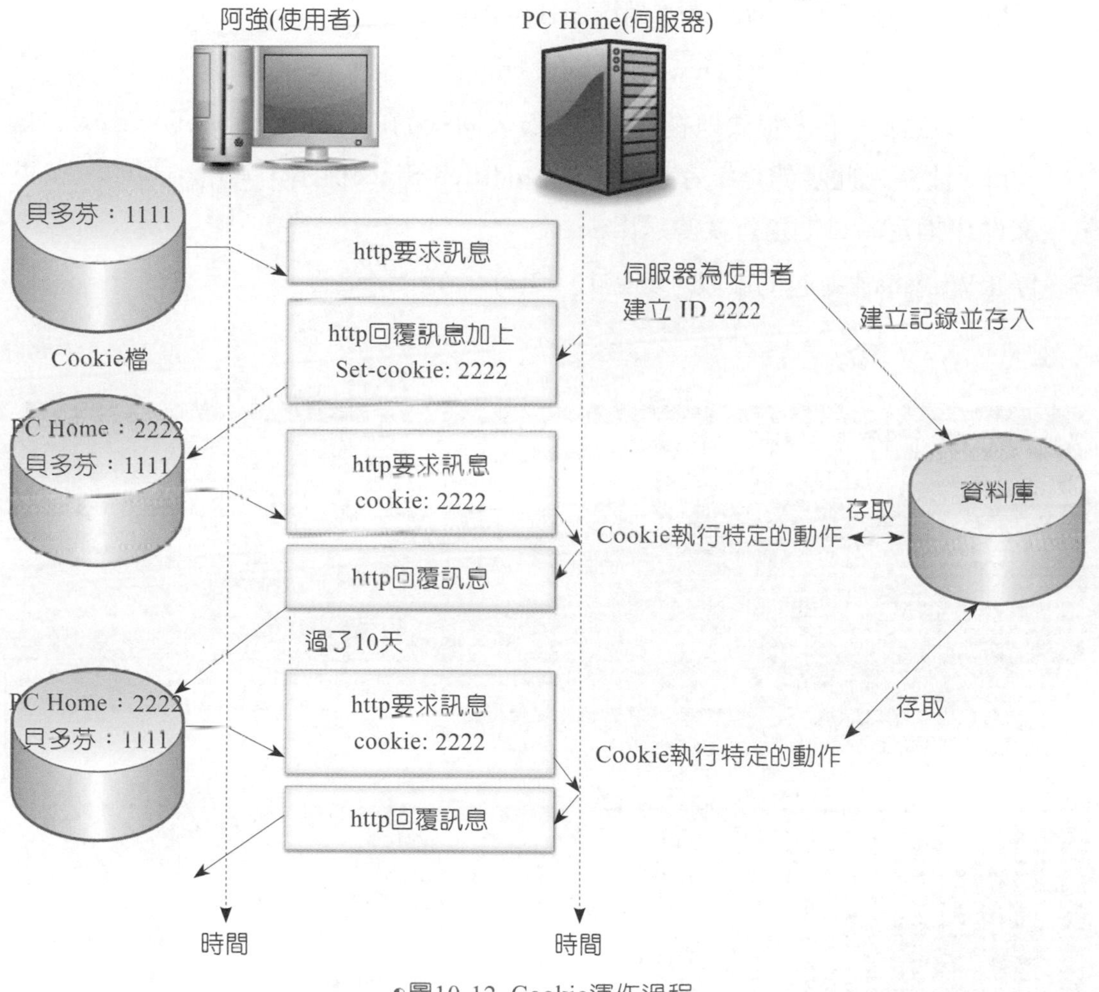

圖10-12 Cookie運作過程

10-9 Wireshark實作分析與討論

下面實作Case分析將更進一步擷取HTTP封包做分析，現在我們就說明進行此Case的操作步驟。

1. 爲清除IE中快取記憶體的瀏覽歷程記錄，首先，開啓IE→工具→刪除瀏覽歷程記錄→按下刪除。
2. 開啓Wireshark→Capture→選擇正確介面卡→我們可在【Filter】欄位敲入「http」。注意，目前尚未啓動擷取HTTP封包。
3. 第1次敲入URL「http://www.wireshark.com」。
4. 先讓IE離線一下，很快地在IE第2次敲入同樣的URL http://www.wireshark.com。注意，此步驟是作者想產生If-Modified-Since標頭，其用來說明，如果文件比指定的日期還新就傳送出去。
5. 停止Wireshark封包的擷取，如圖10-13(a)~(b)所示。

◈實作Case 1的分析

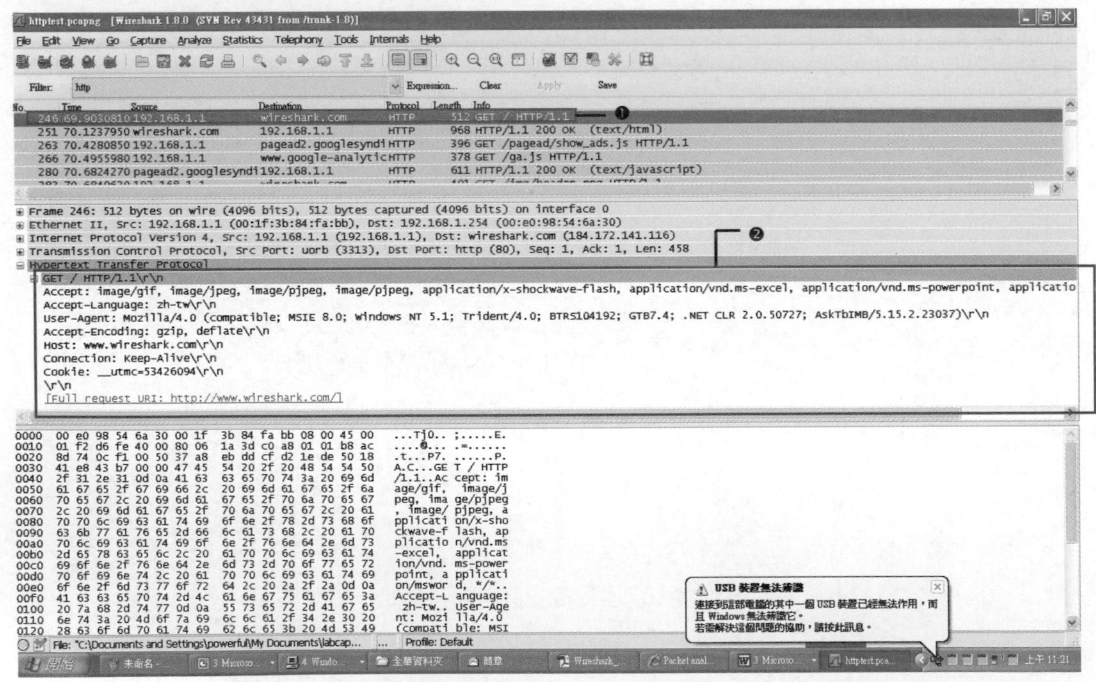

◐圖10-13(a) 封包No 246的擷取分析（第1次敲入URL「http://www.wireshark.com」）

❶ 指出客戶端192.168.1.1送出HTTP Request（要求），當第1次的GET指令到達目的端www.wireshark.com後，伺服器在網路資源符合HTTP所要求的條件後，才傳回檔案。其採用具持續性連線特性版本的HTTP/1.1。

❷ 指出以下欄位：

- Accept（客戶端能接受的資料類型）：包含圖片image/gif、image/jpeg、image/pjpeg等。
- Accept-Language:zh-tw代表客戶端能接受的文件爲繁體中文；我們也可以利用Accept-Language加上Cookie選取自己喜歡的語言類型。換言之，Cookie使用者第一次進入網站時，會去判斷是否有Cookie，如果有的話，就依照Cookie的值去判斷所要的語言類型。
- User-Agent：指出客戶端對伺服器發出要求的使用者代理程式爲Mozilla/4.0。
- Host：目前主機名稱爲www.wireshark.com。
- Accept-Encoding（客戶端能處理的編碼方式）：gzip和deflate，這是兩個流行的HTTP壓縮方法；zip也是以deflate演算法爲基礎。

N.O.T.E

squid（代理伺服器）對客戶端傳送過來的標頭將有不同處理，譬如：在Vary:Accept-Encoding情況，客戶端對傳送過來的標頭Accept-Encoding:gzip或deflate時，squid會為gzip或deflate做一個存檔；如果無Accept-Encoding時，squid又會做另一個存檔；這兩個存檔的內容，當然是不一樣的，gzip或deflate得到的是壓縮後的一堆亂碼；而無Accept-Encoding的，則是網頁的來源碼。

- Connection:Keep-Alive代表提供持續性連線的相關參數。

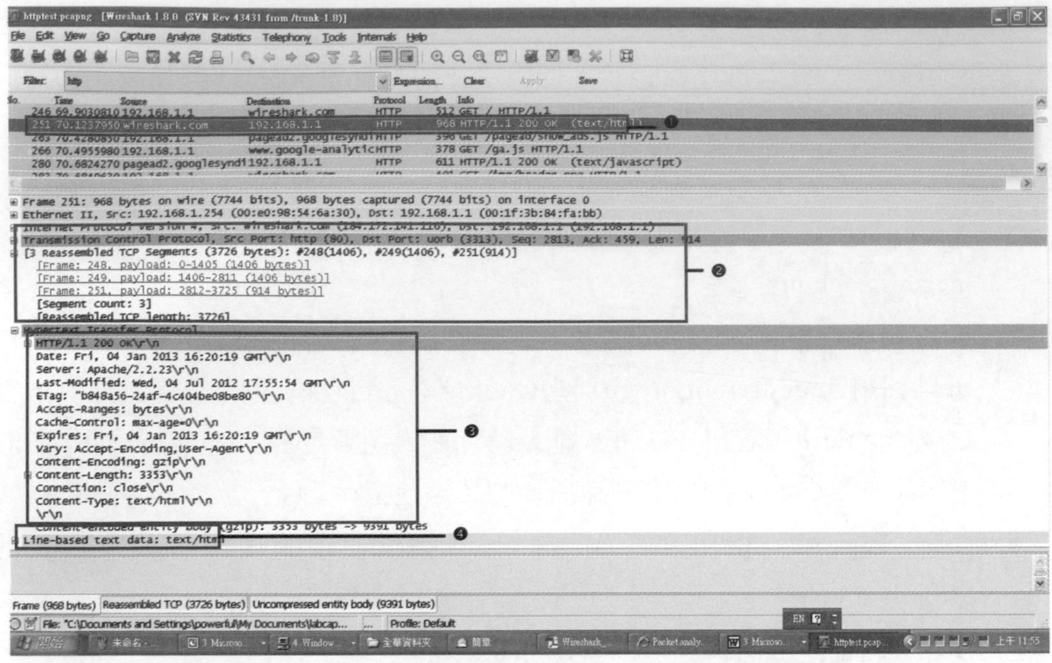

◐圖10-13(b) 封包No 251的擷取分析（第1次敲入URL「http://www.wireshark.com」）

❶ 指出伺服器wireshark.com收到第1次的GET指令後，HTTP Response的狀態碼200 OK會傳回至客戶端，其表示客戶端192.168.1.1的要求執行成功。

❷ 指出單一個HTTP GET Response封包No 251包含3個TCP Segments，共佔3726 bytes。

❸ 指出：

- HTTP/1.1 200 OK\r\n：代表封包No 251的狀態碼（Status-Code）爲200 OK。
- Date：顯示訊息發送的時間日期是2013年1月4日16:20:19 GMT。
- Server: HTTP server爲Apache/2.2.23。
- Last-Modified：是屬本體標頭，當瀏覽器送出第一次要求的URL:www.wireshark.com時，伺服器的返回狀態碼爲200 OK，伺服器傳回檔案內容正是IE要求的資源，同時有一個Last-Modified標頭的屬性標記，此檔在服務期間最後被修改的時間爲2012年7月4日星期三17:55:54 GMT。它用來把Web元件的最後修改時間通知客戶端，客戶端在下一次送出要求此Web元件的時候，會把上次伺服器所回應的最後修改時間日期作爲If-Modified-Since的值，並發送給伺服器，伺服器再根據這個值判斷是否需要重新發送。換言之，Request標頭的If-Modified-Since欄位值是用來告訴伺服器，客戶端快取的網頁是此欄位值所示的網頁，當伺服器與網頁的更新日期做比較時，若在If-Modified-Since日期之後並沒變更，伺服器就傳回一個304狀態碼，讓IE去快取所要找的網頁；注意，此時伺服器不會傳回檔案內容，而是IE從自己的快取記憶體載入Web元件的檔案。反之，伺服器會回應200 OK，並將網頁附在本體訊息內傳回。特別注意，客戶端IE送出第2次要求URL:www.wireshark.com時，IE才會向伺服器傳送出If-Modified-Since標頭。

- ETag: HTTP定義ETag為「被要求變數的實體值」。另一種說法指出，ETag是一個與Web資源關聯的記號（token）。典型的Web資源可以是一個Web網頁，像XML檔案。伺服器負責判斷記號是什麼及其含義，並在HTTP回覆標頭中將它傳回至客戶端，其值：" b848a56-24af-4c404be08be80 "。當IE送出第2次要求時（將於圖10-13(c)說明），如果客戶端的查詢更新格式透過If-None-Match：做判斷，假定值為"b848a56-24af-4c404be08be80 "代表ETag沒改變，如同上述說明的Last-Modified一樣，會返回狀態碼304。
- Accept Range:bytes：指出伺服器能接受客戶端所要求的資源範圍。
- Cache-Control：若max-age=10000，代表從現在開始起10000秒內快取都是有效的，這也解決伺服端和客戶端時間不一致的問題。此次max-age=0代表快取是無效的。
- Expires：指出本體內容的有效時間與日期為2013年1月4日16:20:19 GMT。在此日期之前，客戶端都會認為快取是有效的。但Expircs有一缺點，例如：伺服端和客戶端的時間設定不一樣時，這可能會造成伺服器不能精確的照自己的預期進行，而使快取無效。
- Vary:Accept-Encoding：如前所述，IE本身支持壓縮和非壓縮版本有關。例如：客戶端送來Accept-Encoding:gzip和deflate時，代理伺服器會為gzip和deflate做一個存檔；反之，代理伺服器也會為無Accept-Encoding做另一個存檔。若在網頁的Response標頭有Vary:User-Agent，意謂著，代理伺服器為每一種User-Agent保有一個存檔。
- Content-Encoding：指出本體內容的編碼方式為gzip。
- Content-Length：指出本體內容的長度佔3353 bytes。
- Connection:close：指出TCP連線關閉。
- Content-Type：指出本體內容型態屬text/html。

❹ 指出封包No 251的狀態碼（Status-Code）爲200 OK，所以伺服器傳回檔案內容如Line-based text data: text/html（因範圍太大，本書只顯示部分內容）如圖10-13(b)-1所示。

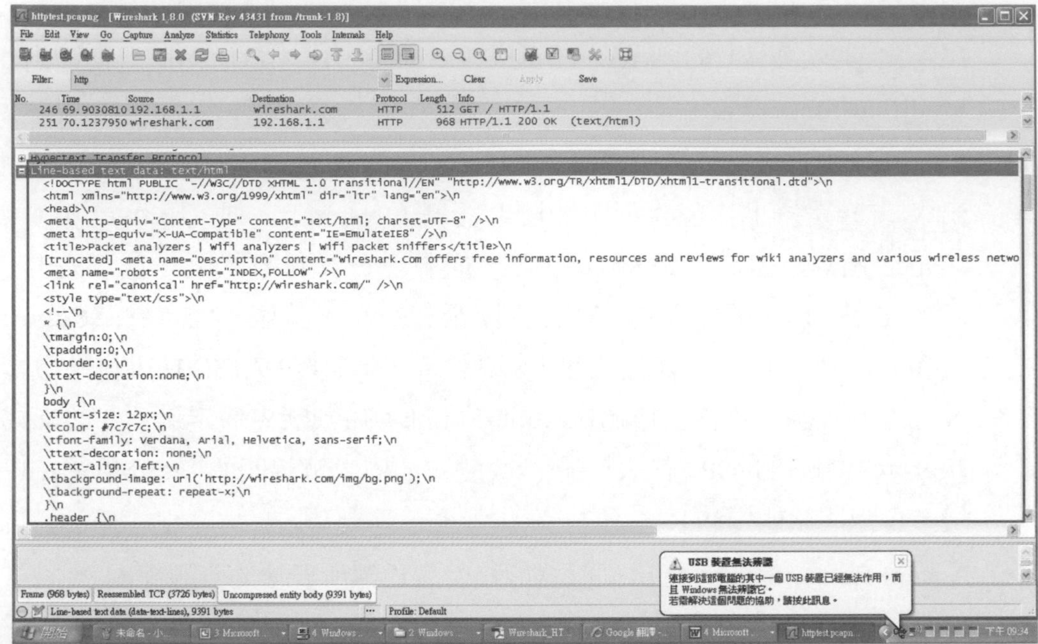

◐圖10-13(b)-1 Line-based text data

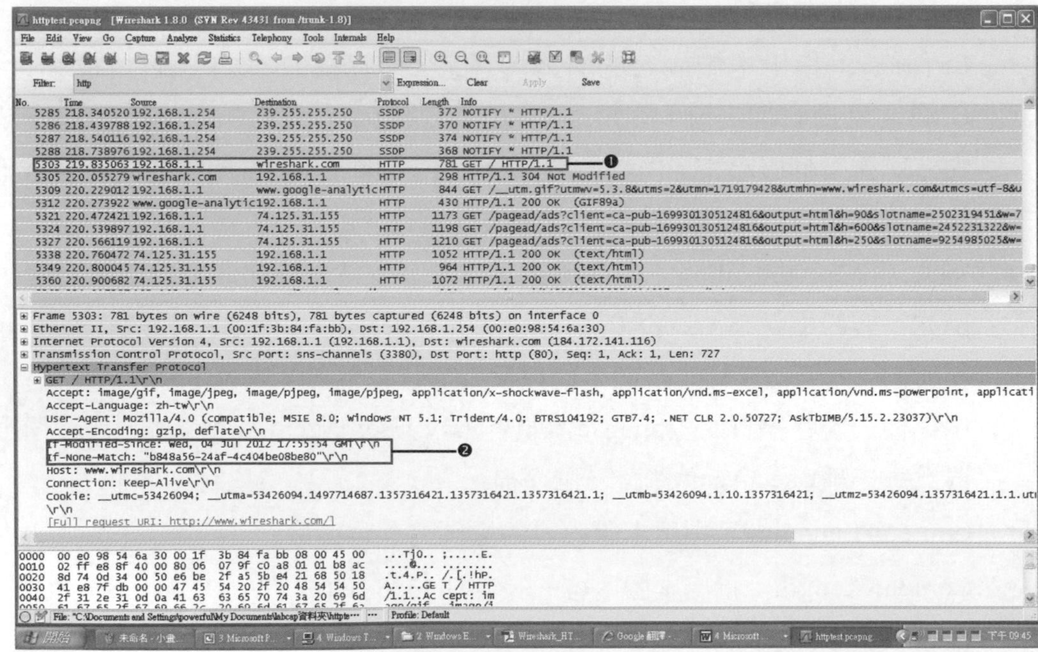

◐圖10-13(c) 封包No 5303的擷取分析（第2次敲入URL「http://www.wireshark.com」）

❶ 指出客戶端192.168.1.1送出HTTP Request（要求），當第2次的GET指令到達目的端www.wireshark.com後，伺服器在網路資源符合HTTP所要求的條件後，才傳回檔案。其採用具持續性連線特性版本的HTTP/1.1。

❷ 指出客戶端第2次送出HTTP Request至URL:www.wireshark.com時，IE會向伺服器傳送If-Modified-Since: 2012年7月4日星期三17:55:54 GMT詢問該時間之後檔案是否有被修改過。由於圖10-13(b)的ETag和If-None-Match: " b848a56-24af-4c404be08be80 "的值相同，代表ETag沒改變，如同上述說明的Last-Modified一樣，會返回狀態碼304，如圖10-13(d)所示。

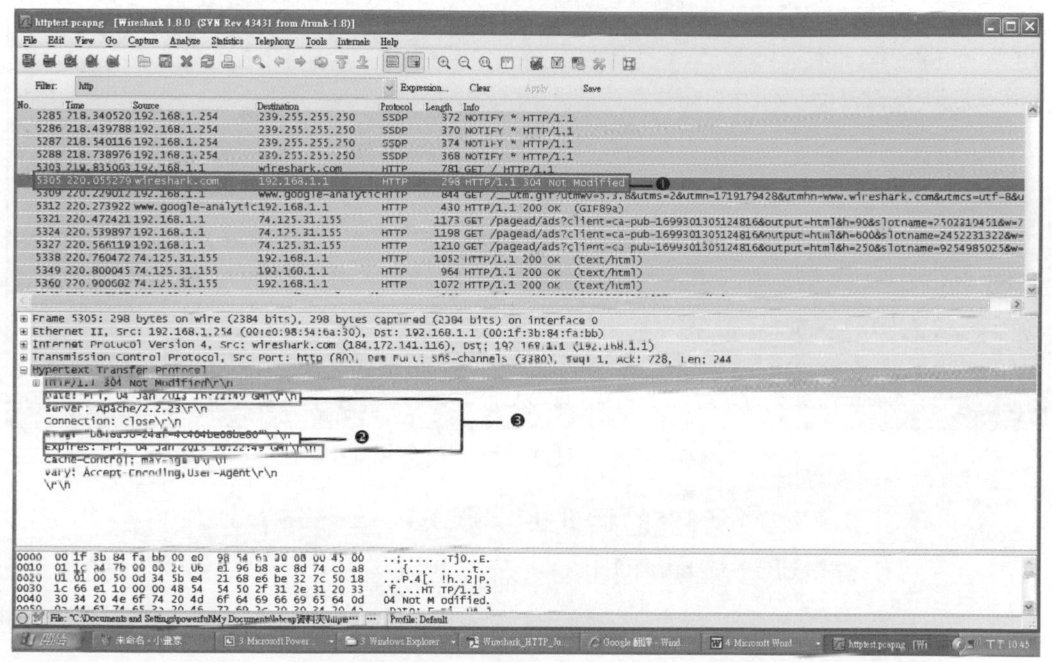

圖10-13(d) 封包No 5305的擷取分析（第2次敲入URL「http://www.wireshark.com」）

❶ 指出伺服器wireshark.com端的資源並沒有更改，則自動返回HTTP 304，代表Not Modified，此時伺服器不會傳回檔案內容，而是IE從自己的快取載入檔案，這樣也就省掉了一些傳輸資料量。注意，當伺服器代碼發生改變，或者重新啓動伺服器時，會重新發送資源，並返回和第一次HTTP Request時類似的情況。這也保證伺服器不會向客戶端重複送出資源；也保證當伺服器有變化時，客戶端能夠得到最新的資源。

❷ 指出此時ETag的值是等於" b848a56-24af-4c404be08be80 "。

❸ 指出Expire與Date與圖10-13(b)的Expire與Date值已經改變。

10-9-1 問題討論

1. 我們已檢視第2個HTTP GET Request封包，得到圖10-13(c)，為何還會有封包No 5385（如圖10-13(e)所示）的出現？

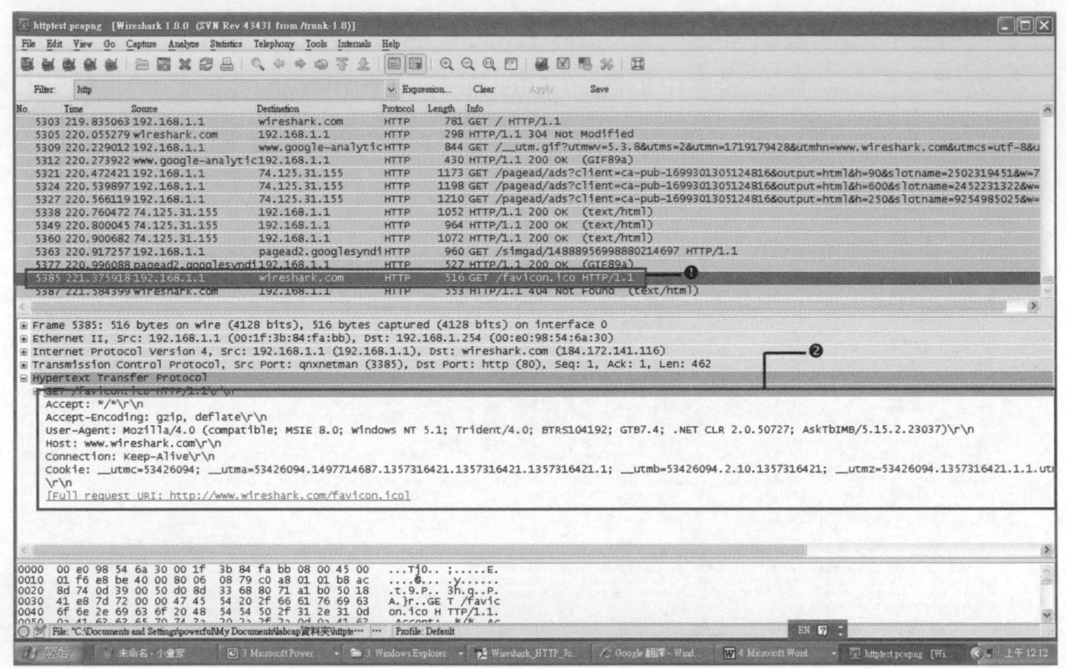

圖10-13(e) 封包No 5385的擷取分析

解：❶ 指出封包No 5385的資訊欄出現GET /favicon.ico HTTP/1.1，代表IE會自動地去詢問伺服器，若它含有一個小icon（圖像）檔案，就會自動產生此封包，對於遇到這樣的封包就忽略過去。注意，若遇favicon.ico的回應封包亦忽略過去。

❷ 指出此類型的封包，客戶端IE送出第2次要求URL:www.wireshark.com時，IE並不會向伺服器傳送If-Modified-Since標頭。

2. 如圖10-13(f)所示，爲何封包No 5387資訊欄會出現狀態碼404 Not found？

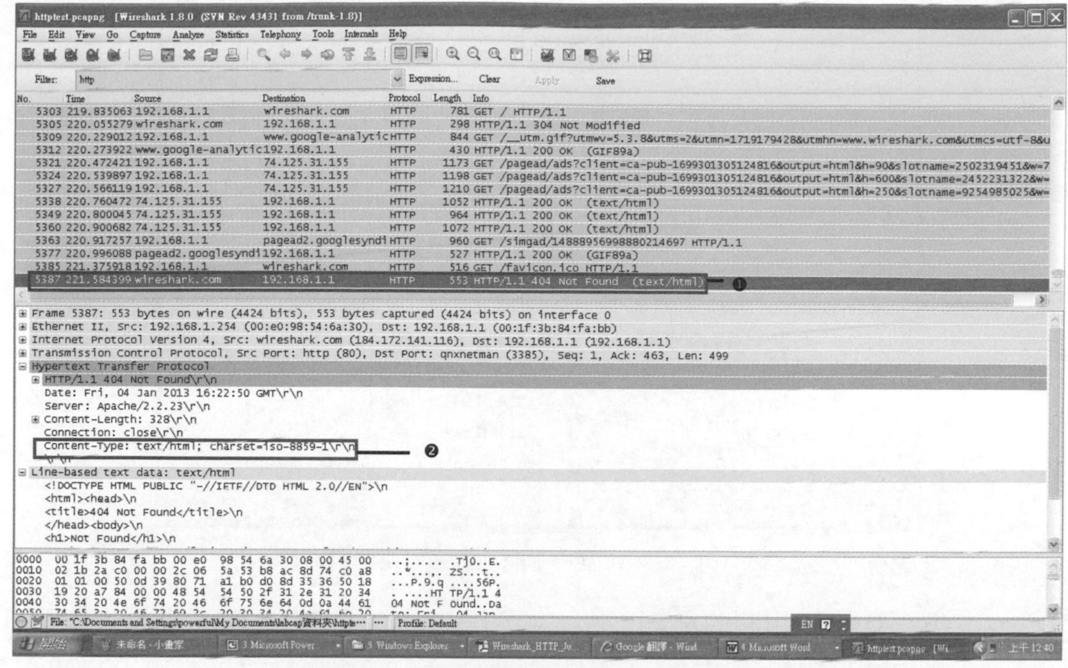

◎圖10-13(f) 封包No 5387的擷取分析

解：❶ 指出既然忽略封包No 5385，其所回覆的封包No 5387其資訊欄出現狀態碼404 Not found，代表要求的資源找不到。

❷ 指出charset=iso-8859-1是西歐的編碼， 說明網站採用的編碼是英文。

3. Wireshark提供的介面和功能具備過濾和統計分析的功能。現在請統計與實作Case 1 (a)相關的HTTP封包的使用頻寬爲何？(b)相關的HTTP全部Request及Response封包的比例爲何？(c)顯示圖10-13(c)封包No 5303的擷取分析的封包流程圖，如圖10-18所示。

解：(a)操作步驟：Statistics→IO Graph→預設X軸的Tick Interval爲1 sec，Y軸的Unit爲Packet/Tick，以顯示1 sec間的HTTP封包數→「Graph 1」過濾用的Filter欄位敲入tcp.port==80，並按下「Graph 1」按鈕→「Graph 2」過濾用的Filter欄位敲入ip.dst==192.168.1.1，並按下「Graph 2」按鈕。如圖10-14所示爲tcp.port==80的圖形（紅色曲線）約有50%爲接收端，IP位址爲192.168.1.1。

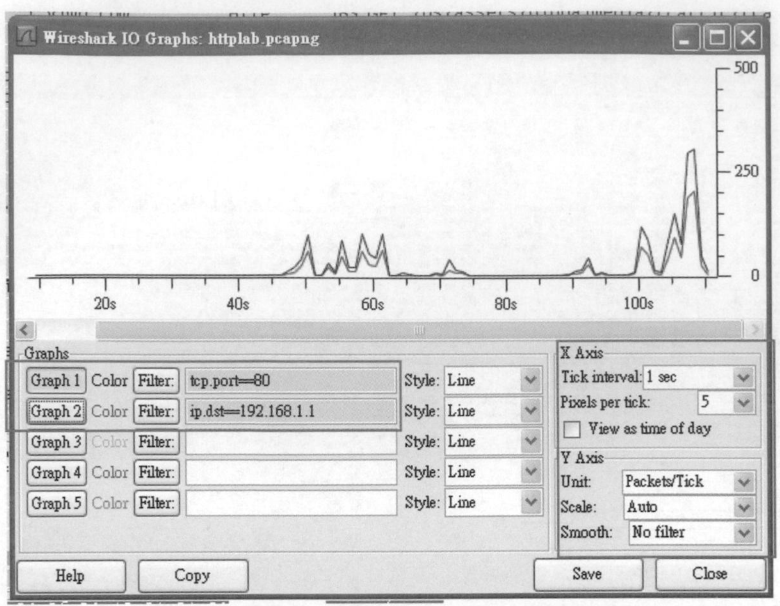

圖10-14 相關HTTP封包的使用頻寬統計曲線

(b) 與HTTP相關的全部Request及Response封包的比例的操作步驟又可分為3種：

(1) 找出Request封包中的GET與NOTIFY的比例，以及Response封包中的每個Code的比例。操作步驟為Statistics→HTTP→Packet Counter，如圖10-15所示。

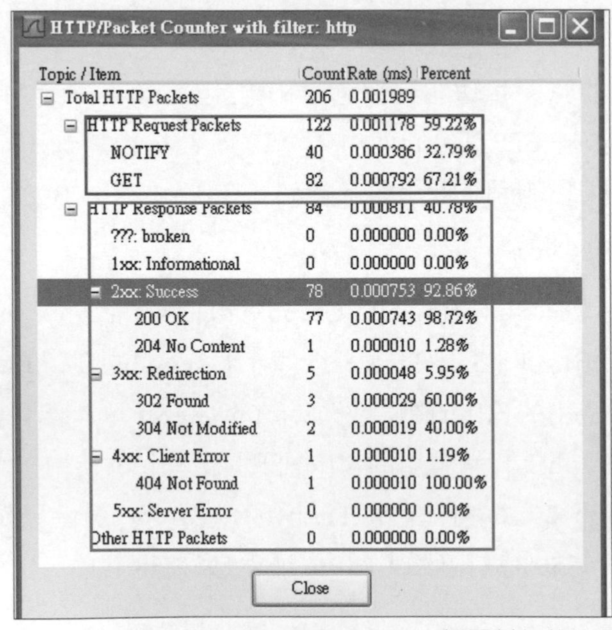

圖10-15 與HTTP Request及Response相關封包的比例

(2) 找出Request封包中URL計數的比例。操作步驟爲Statistics→HTTP→Requests，如圖10-16所示。

HTTP/Requests with filter: http

Topic / Item	Count	Rate (ms)	Percent
⊟ HTTP Requests by HTTP Host	122	0.001178	
⊞ 239.255.255.250:1900	40	0.000386	32.79%
⊞ e.analytics.yahoo.com	2	0.000019	1.64%
⊞ tw.yahoo.com	1	0.000010	0.82%
⊞ tw.rd.yahoo.com	1	0.000010	0.82%
⊞ tw.news.yahoo.com	3	0.000029	2.46%
⊞ l.yimg.com	11	0.000106	9.02%
⊞ l2.yimg.com	1	0.000010	0.82%
⊞ l1.yimg.com	5	0.000048	4.10%
⊞ ad.yieldmanager.com	5	0.000048	4.10%
⊞ tw.quote.finance.yahoo.net	1	0.000010	0.82%
⊞ ads.yldmgrimg.net	1	0.000010	0.82%
⊞ connect.facebook.net	1	0.000010	0.82%
⊞ content.yieldmanager.edgesuite.net	1	0.000010	0.82%
⊞ row.bc.yahoo.com	1	0.000010	0.82%
⊞ csc.beap.bc.yahoo.com	1	0.000010	0.82%
⊞ l3.yimg.com	4	0.000039	3.28%
⊞ geo.yahoo.com	2	0.000019	1.64%
⊞ ucs.query.yahoo.com	1	0.000010	0.82%
⊞ b.scorecardresearch.com	1	0.000010	0.82%
⊞ us.mg.mail.yahoo.com	1	0.000010	0.82%
⊞ y.analytics.yahoo.com	1	0.000010	0.82%
⊞ www.wireshark.com	2	0.000019	1.64%
⊞ www.google-analytics.com	2	0.000019	1.64%
⊞ googleads.g.doubleclick.net	3	0.000029	2.46%
⊞ www.googleadservices.com	1	0.000010	0.82%
⊞ www.ateams.com.tw	29	0.000280	23.77%

◐圖10-16 與HTTP Request相關封包URL的計數比例

(3) 找出Request及Response封包以顯示出從哪一個主機（Web伺服器的負荷）傳送訊息的比例。HTTP Request包括每個主機名稱分析及IP位址的分析；而HTTP Response則是每個IP位址的分析。操作步驟爲Statistics→HTTP→Load Distribution，如圖10-17所示。

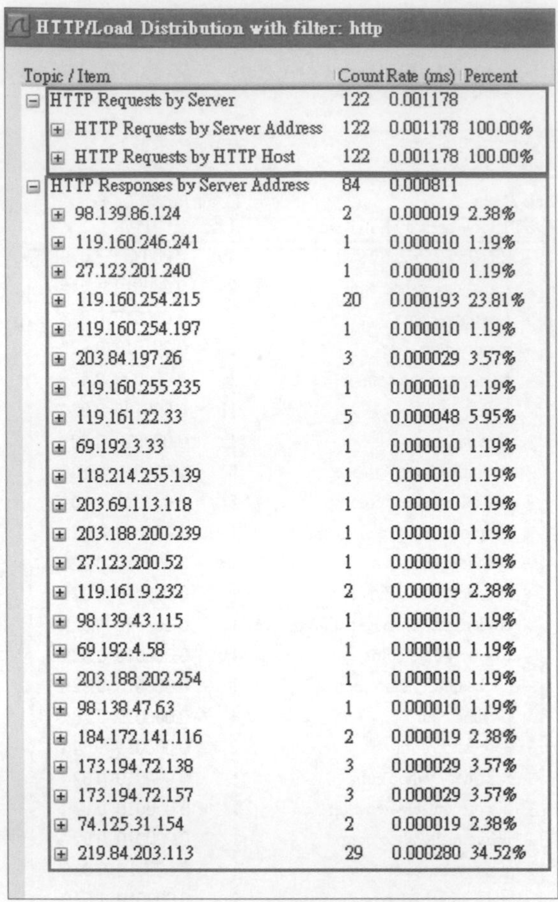

HTTP/Load Distribution with filter: http

Topic / Item	Count	Rate (ms)	Percent
⊟ HTTP Requests by Server	122	0.001178	
⊞ HTTP Requests by Server Address	122	0.001178	100.00%
⊞ HTTP Requests by HTTP Host	122	0.001178	100.00%
⊟ HTTP Responses by Server Address	84	0.000811	
⊞ 98.139.86.124	2	0.000019	2.38%
⊞ 119.160.246.241	1	0.000010	1.19%
⊞ 27.123.201.240	1	0.000010	1.19%
⊞ 119.160.254.215	20	0.000193	23.81%
⊞ 119.160.254.197	1	0.000010	1.19%
⊞ 203.84.197.26	3	0.000029	3.57%
⊞ 119.160.255.235	1	0.000010	1.19%
⊞ 119.161.22.33	5	0.000048	5.95%
⊞ 69.192.3.33	1	0.000010	1.19%
⊞ 118.214.255.139	1	0.000010	1.19%
⊞ 203.69.113.118	1	0.000010	1.19%
⊞ 203.188.200.239	1	0.000010	1.19%
⊞ 27.123.200.52	1	0.000010	1.19%
⊞ 119.161.9.232	2	0.000019	2.38%
⊞ 98.139.43.115	1	0.000010	1.19%
⊞ 69.192.4.58	1	0.000010	1.19%
⊞ 203.188.202.254	1	0.000010	1.19%
⊞ 98.138.47.63	1	0.000010	1.19%
⊞ 184.172.141.116	2	0.000019	2.38%
⊞ 173.194.72.138	3	0.000029	3.57%
⊞ 173.194.72.157	3	0.000029	3.57%
⊞ 74.125.31.154	2	0.000019	2.38%
⊞ 219.84.203.113	29	0.000280	34.52%

圖10-17 Web伺服器的負荷比例

(C)封包No 5303的流程圖如圖10-18所示，其操作步驟：Statistics→Flow Graph；圖10-18-1代表封包流程窗(flow graph window)所使用的選項。

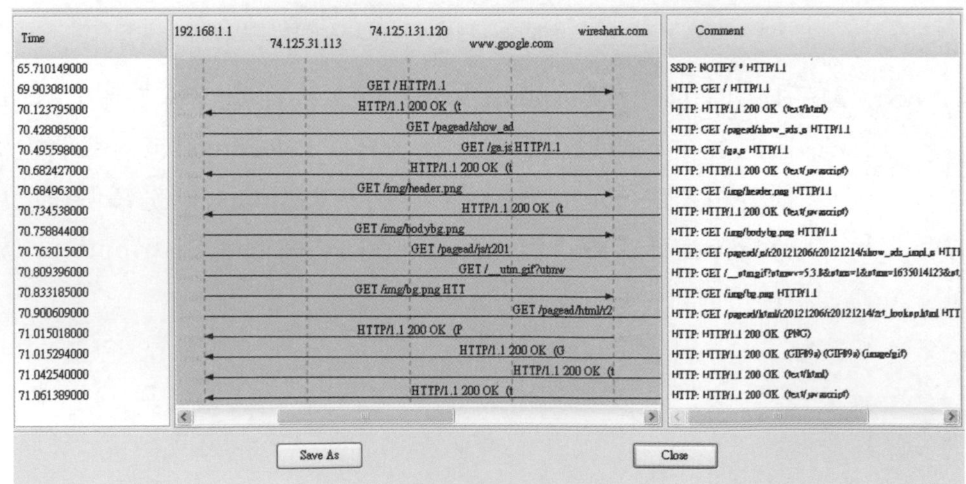

圖10-18 封包No 5303的擷取分析的封包流程圖(只顯示一小部分)

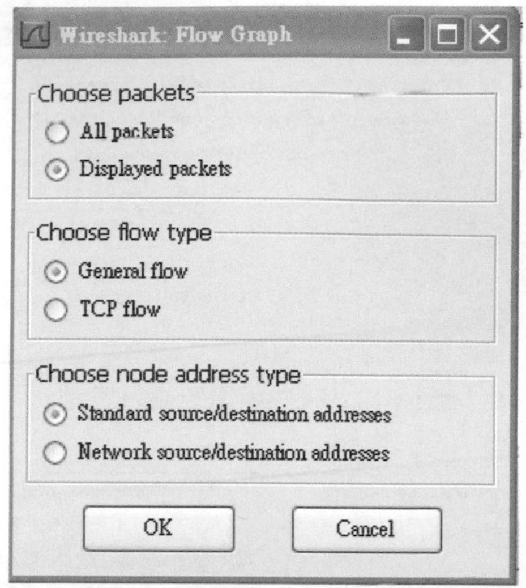

圖10-18-1 封包No 5303的擷取分析的封包流程圖使用的選項

10-10 HTTPS（SSL/TLS）的訊務分析

HTTPS（Hypertext Transfer Protocol Secure）用來提供加密通訊及對伺服器身分的鑑定。它亦是HTTP和SSL/TLS的組合。換言之，一旦使用者的瀏覽器安裝了HTTPS，並確定協定的加密層（TLS或SSL），透過適當的加密和伺服器的可被驗證，不會被駭客破壞，則HTTPS就代表在資訊網路上已建立一安全通道。注意，HTTP是工作在應用層，但加密是工作在一個較低的子層，故HTTPS可看成HTTP工作在一加密連線（TLS或SSL）上的一種協定。HTTP封包在傳輸前會對其加密，並在到達對方時對其解密。討論HTTPS的通訊之前，必須先瞭解HTTP通訊時Wireshark視窗所具備的偏好（Preferences）設定。操作步驟：Edit→Preferences→Protocols，如圖10-19所示。圖中有一重要設定是TCP Ports，用來指出與HTTP剖析器（HTTP dissector）有關連的TCP Ports清單（如port 80、3128…）；以及SSL/TLS設定，用來指出與SSL/TLS剖析器（SSL/TLS dissector）有關連的SSL/TLS Ports號碼（如443為預定值）。注意，進行HTTPS訊務之通訊時，必須致能你的「Allow Subdissector TCP preferences to reassemble TCP streams」，如圖10-19-1所示。

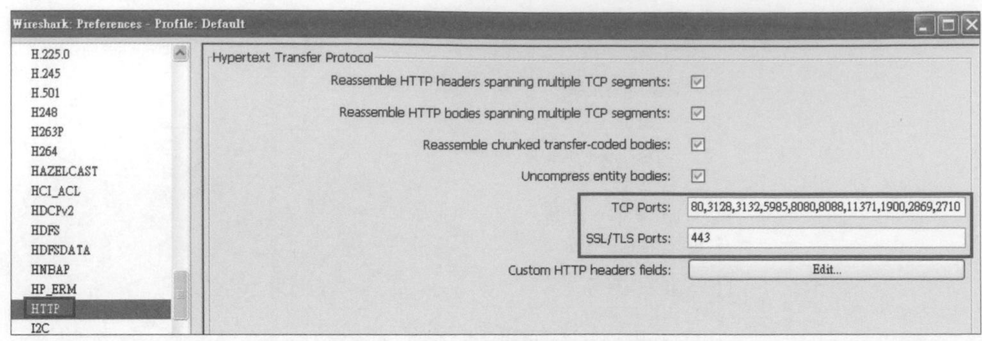

◐圖10-19 HTTP通訊時偏好設定

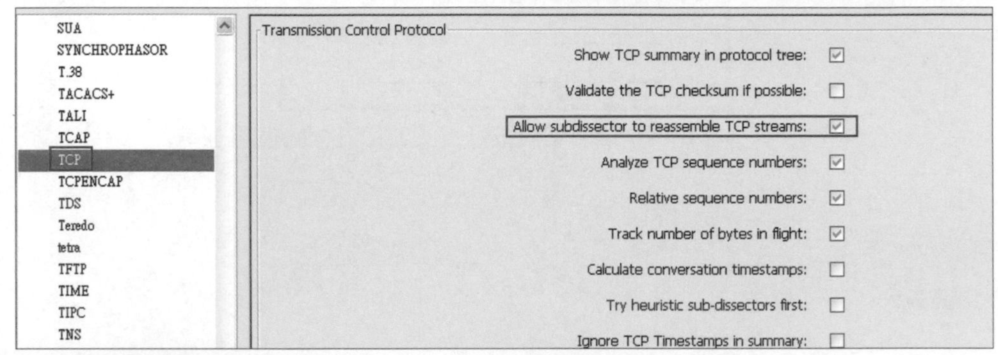

◐圖10-19-1 HTTP通訊時偏好設定（進行HTTPS訊務之通訊時）

10-10-1 加解密系統

在網路的世界中，若通訊沒有加密，則封包內容可以輕易地被竊盜並且閱讀，顯然不很安全。SSL（Secure Sockets Layer）是由Netscape公司於1995年所提出的一種安全協定，後來再經過一些延伸後，成為RFC 2246，並改名 TLS（Transport Layer Security），所以，TLS亦是SSL的後繼版本。在瀏覽器中，如果URL開頭是https://，就代表這個網頁（包含你傳回的資訊）都是經過加密的。SSL是一種安全協定，它是在傳輸層對網路連接進行加密。

進一步討論SSL/TLS之前，我們先對密碼系統做一些簡介：所謂加密（encrypt）就是將明文（plaintext）轉換成為密文（ciphertext）；反之，解密（decrypt）是將密文資料轉換成為明文資料。在加密（參考RFC 1321、RFC 2437、RFC 2420）或解密時過程中所需要的資訊，如同由一把金鑰作為維持整個系統的資訊安全。換言之，資料在傳送之前會先透過加密金鑰將資料做加密處理，然後接收端再以解密金鑰來還原資料，這樣可防止資料在傳輸過程中遭人蓄意入侵、竊取或惡意竄改。這也是實現資訊網路安全的方法之一。加解密系統主要分爲對稱式金鑰（symmetric key）；及非對稱式金鑰（asymmetric key）密碼系統兩大類。

- 對稱式金鑰密碼系統：又稱爲祕密金鑰（secret key）密碼系統，加密與解密兩端都使用相同一把金鑰，發送方必須產生一把金鑰，它是由許多位元所組成，把金鑰與資料做數位運算，就產生加密後的密文。此密文送到接收方後，必須使用同一把金鑰將資料還原成原始資料的內容，如圖10-20所示。此方法的缺點是需要有一個安全性機制，將金鑰安全性分送至交易的雙方。注意，由於發送端和接收端位於不同地方，當其中一方產生此共用的密鑰時，如何將該密鑰傳至對方？除非雙方在先前已擁有過共同的另一把密鑰，這樣就可透過舊的密鑰與新的密鑰加密後送給另一方；反之，就需要有解決方案。目前使用演算法有DES（Data Encryption Standard）、3DES、AES（Advanced Encryption Standard）等。DES使用56位元的對稱金鑰和64位元的明文加密，亦即標準版的DES使用64位元的區塊加密（block cipher）與56位元的密鑰長度。爲使DES更加安全起見，3-DES可讓每一筆資料使用連續的金鑰；更進一步，AES新的對稱金鑰NIST（National Institute of Standards and Technology美國國家標準與技術協會）標準（取代DES）以128位元區塊處理資料，它採用Rijndael演算法作爲新一代的加密標準，而其金鑰長度有128、192、或256位元，非常適合使用於高速網路，且很容易在硬體上實作。

- 非對稱式金鑰密碼系統：又稱爲公開金鑰（public key）密碼系統，加密與解密兩端使用不同的金鑰，送、收兩方分別使用兩把不同之金鑰來進行資訊加密與解密。這兩把不同金鑰，一爲私密金鑰（private key），簡稱私鑰，由個人自己保存（對方並不知道）；另一爲公開金鑰（public key），簡稱公鑰，可公開給大眾。兩個加解密金鑰如同男才女貌配成一對。公鑰原本就是公開的，因而公鑰的傳送不需要任何保護。由於非對稱式加密技術各使用不同的加密與解密鑰匙，雖常應用於網路傳輸，然其演算法較對稱式加密技術複雜，自然費時。非對稱式金鑰密碼系統，使用演算法有RSA（Rivest、Shamir、Adelson）、DSA（Digital Signature Algorithm）等。注意，DES與RSA演算法類似，前者將明文分成固定大小的區塊；而RSA的區塊長度可自由設定（但不能大於金鑰長度）。基本上，非對稱式加密原則有2種方式：

  (1) 使用發送方的私密金鑰做加密，並使用發送方的公開金鑰做解密，以確保發送方的身分無誤。換言之，具鑑別性，如圖10-21(a)所示。

(2) 使用接收方公開金鑰做加密，並使用接收方的私密金鑰做解密，以確保資料的隱密性。換言之，具保密性，如圖10-21(b)所示。

如果要同時具有保密性與鑑別性，就必須在發送與接收雙方都產生一對公開金鑰（簡稱公鑰）與私密金鑰（簡稱私鑰），並將本身的公鑰給另一方，私鑰則留給自己保管。

首先，發送方使用自己的私密金鑰做加密（具鑑別性），接著再用接收方的公開金鑰做第二次加密（具保密性）；接收方將使用自己的私密金鑰做解密，接著再用對方的公開金鑰做第二次解密，如圖10-21(c)所示。

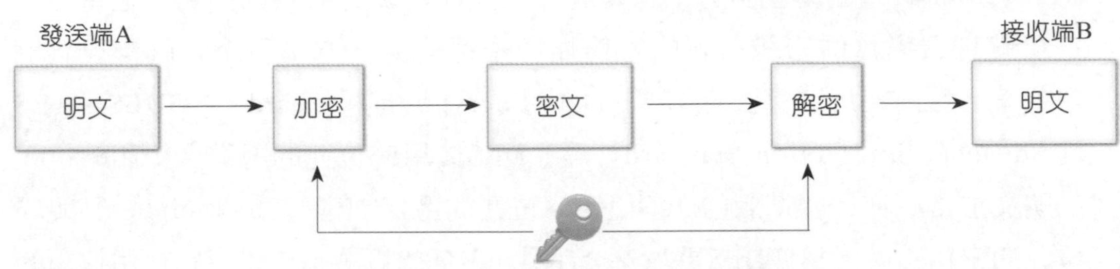

圖10-20 對稱式金鑰密碼系統

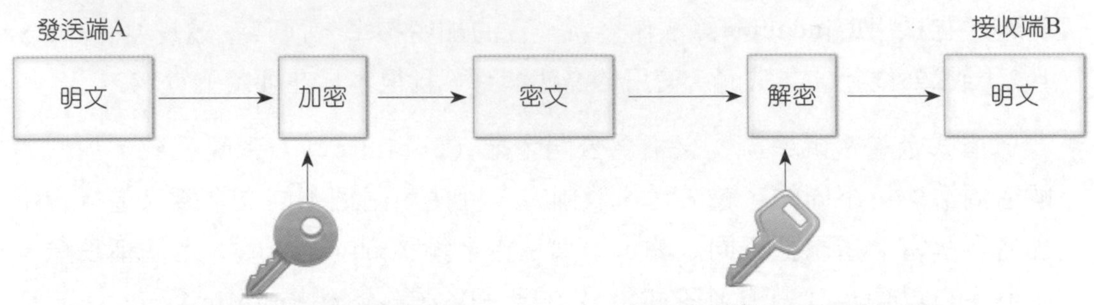

圖10-21(a) 非對稱式金鑰密碼系統（具鑑別性）

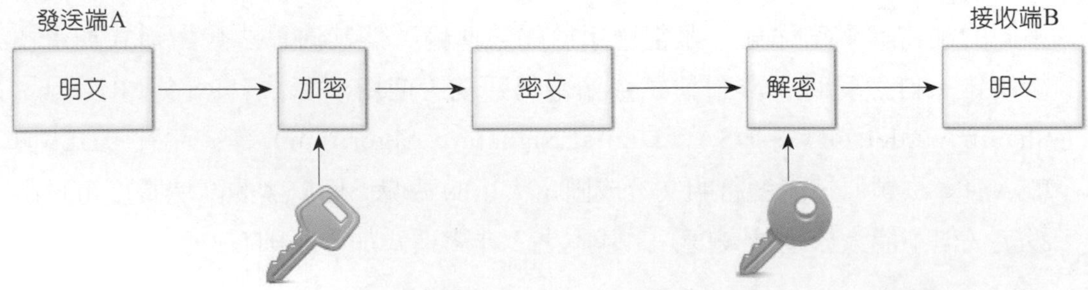

圖10-21(b) 非對稱式金鑰密碼系統（具保密性）

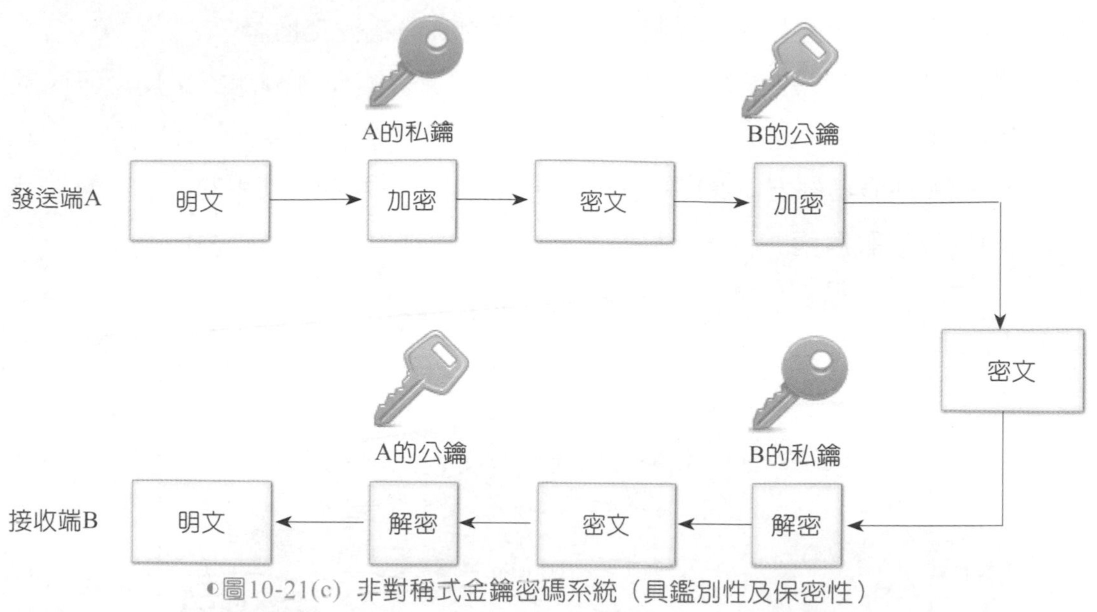

圖10-21(c) 非對稱式金鑰密碼系統（具鑑別性及保密性）

10-10-2 SSL

接下來說明SSL相關技術：SSL採用公開金鑰技術，以使客戶端與伺服器之間的通訊具保密性和可靠性。由於它在伺服器和客戶端兩方都同時受到肯定與支持，目前已廣泛成為Internet安全通訊上的標準。現今使用的Web瀏覽器已普遍將HTTP和SSL結合起來。本節一開始就介紹SSL協定是在傳輸層對網路連接進行加密。更詳細的說，SSL是位於傳輸層之上，應用層之下的協定；它亦是目前Internet在安全考量下的基本協定。當客戶端將其應用層的資料往下傳送時，會先經過SSL層的加密處理，然後再透過傳輸層封裝；到達伺服器時，立刻進行解封裝，再由SSL層進行資料的解密，然後資料會送達伺服器的應用層。換言之，應用層協定（例如：HTTP、FTP、Telnet等）能透通建立於SSL之上，進而達到SSL資料傳送過程的安全性。由於SSL協定事先已經進行加密演算、密鑰協商以及伺服器認證等工作，故應用層協定所傳送的數據都會被加密，這也確保通訊安全性。

緊接著要介紹SSL協定的操作步驟，如下說明：

1. 首先客戶端發送一個「Client Hello」封包至伺服器要求連線，告知它所支持的密碼演算法列表、壓縮方法及協定版本。
2. 伺服器會回應客戶端一個「Server Hello」封包，並告知它所選擇的連接參數。

3. 一旦兩方知道了連接參數，將依據所選擇的公鑰系統交換證書。
4. 伺服器請求客戶端公鑰。若客戶端有證書即進行雙向身分認證；反之隨機產生公鑰。
5. 客戶端與伺服器兩方協商出解密用的「私鑰」，以及加密使用的「主密鑰」。
6. 客戶端與伺服器兩方傳送資料。

上述的操作步驟，可以更詳細表示，如圖10-22所示。

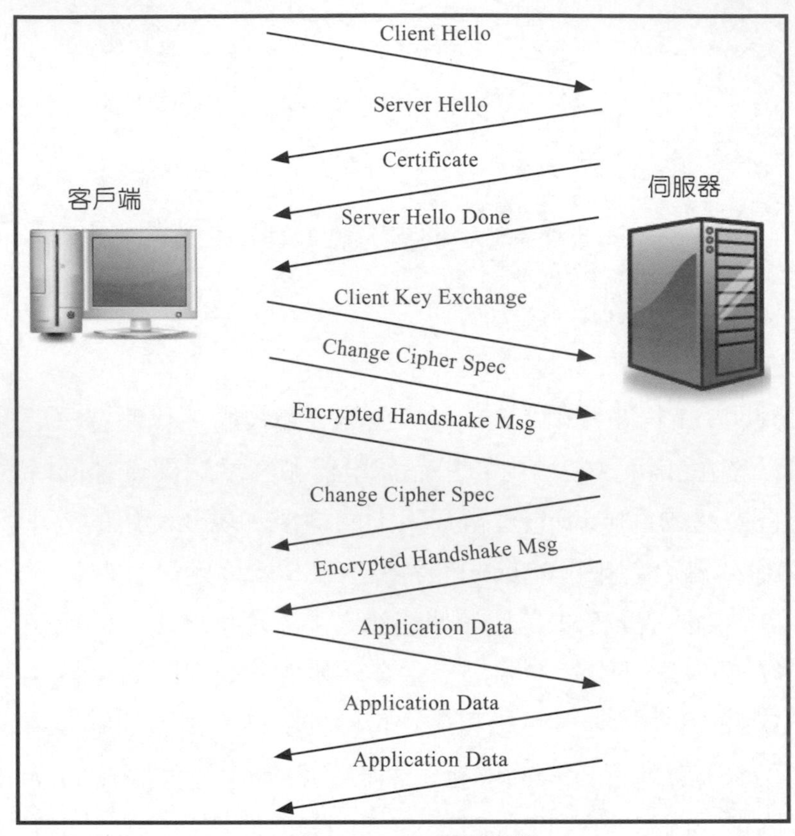

圖10-22 SSL交握過程

10-10-3 TLS

IETF對SSL進行標準化，定出RFC2246，並將它稱為TLS 1.0，其最新版本是RFC5246，亦即TLS 1.2。TLS 1.0基本上是以SSL 3.0為基礎定出。從技術上講，TLS1.0與SSL3.0的差異非常微小。就TLS 1.0來說，該協定主要目的是提供隱私和數據兩個通訊應用程序之間的可靠度。注意，想瞭解HTTP over TLS可參考RFC2818。

TLS協定是由兩子層組成：亦即TLS記錄協定和TLS交握協定。前者（位於較低子層）提供的連接安全性有兩個基本屬性：

- 連接是專屬的。採用對稱加密技術（例如：DES、RC4等）；當然，該記錄協定也可以使用不加密。
- 連接是可靠的。訊息傳輸將使用鍵控MAC（Keyed MAC）進行一個訊息完整性的檢查。安全的雜湊（Hash）函數（例如：SHA、MD5等），可用於計算MAC（Message Authentication Code）。當然，該記錄協定也可以不計算MAC。

TLS記錄協定可用於封裝各種更高層協定，像TLS交握協定，在應用層協定送或收第一位元組的數據之前，允許伺服器和客戶端相互驗證、協商加密算法和密鑰。TLS交握協定提供的連接安全性有3個基本屬性：

- 對等的身分，可以採用非對稱驗證：雙方至少有一方必須做驗證。注意，認證可以是隨選的（optional）。
- 共享協商出來的密文是安全的：協商出來的密文是無法被竊取的。
- 可靠的協商：沒有攻擊者可以任意修改通訊中的協商。

N.O.T.E

TLS 1.0標準沒有規定如何使用TLS安全協定、如何啟動TLS交握，和如何解釋認證證書交換，這些都留給設計者和實現者判斷。

TLS 1.0交握協定

客戶端與伺服器兩方所產生的對談（session）狀態、加密參數是由TLS交握協定產生，而此交握協定是操作在TLS記錄層之上。當一個TLS客戶端和伺服器一開始啓動通訊時，他們進行同意協議的版本，選擇加密演算法，隨選的相互驗證，並使用公鑰加密技術來產生共享秘密。 TLS交握協定包括以下過程：

1. 客戶端與伺服器採用兩方同意的演算法進行交易Hello訊息、交換隨機值，並檢查對談恢復（session resumption）。
2. 客戶端與伺服器採用兩方交換必要的加密參數，並允許雙方預置的密碼。
3. 客戶端與伺服器採用兩方交換證書和加密訊息，並允許雙方來驗證自己。
4. 從預置密碼產生主密鑰（master secret）並交換隨機值。
5. 提供安全參數的記錄層。

6. 允許客戶端與伺服器兩方經計算出來的安全參數確認是否相同，並且在交握發生時不會被攻擊者篡改。
7. 交握完成後，客戶端 與伺服器兩方可以開始交換應用層數據。上面的 TLS交握協定過程，我們亦可以歸納出幾個步驟，如圖10-23所示。

```
Client                                               Server

ClientHello                  -------->
                                                ServerHello
                                               Certificate*
                                         ServerKeyExchange*
                                        CertificateRequest*
                             <--------      ServerHelloDone
Certificate*
ClientKeyExchange
CertificateVerify*
[ChangeCipherSpec]
Finished                     -------->
                                         [ChangeCipherSpec]
                             <--------             Finished
Application Data             <------->     Application Data
```

◎圖10-23 TLS 1.0交握協定步驟（完整型）

*：帶表選項或訊息不一定要送。

N.O.T.E

實際上，Change Cipher Spec不算是一個TLS交握封包，它是屬於獨立的TLS協定內容類型。

圖10-23中，TLS 1.0交握協定步驟可以做一總結，如下說明：首先，客戶端發送Client Hello訊息（或稱封包），伺服器必須對它回應，亦即會回送Server Hello封包，兩方之間的安全性增強之能力將建立起來，若遇一些或其他致命的錯誤發生，連接將失敗。

Client Hello封包與Server Hello封包會建立一些屬性：像協定版本、對談ID、密碼套件（cipher suite）和壓縮方法。此外，兩個隨機值（ClientHello.random及ServerHello.random）也被產生和交換。實際的密鑰交換使用多達4個訊息：伺服器證書、伺服器密鑰交換、客戶端證書，和客戶端密鑰交換。

接著，如果伺服器需要進行身分驗證，伺服器將發送其證書。此外，如果必要的話（例如：這些伺服器沒有證書，或證書只有簽署），伺服器可以發送密鑰交換訊息。如果伺服器進行身分驗證，且它覺得已適當的選擇出所要的密碼套件，則伺服器可能會要求來自客戶端的一個證書。最後，伺服器將發送Server Hello Done訊息，表明該 Hello訊息的交握階段大功完成。然後，伺服器將等待客戶端的回應。如果伺服器發送了一個證書請求訊息後，客戶端必須發送證書訊息。

當客戶端和伺服器決定恢復以前的對談或複製現有的對談，而不是協商新的安全參數的訊息流，如下說明：

客戶端發送的Client Hello封包中使用的Session ID，以使對談可以恢復。然後，伺服器會檢查其對談快取（session cache）。如果符合所找，伺服器根據指定的對談狀態，重新建立連接，於是它會發送一個Server Hello封包（具有相同的Session ID值）。在這一點上，客戶端和伺服器必須發送更改密碼規範（change cipher spec）的訊息，並直接地繼續進行至完成。一旦重新建立（re-establish）完成後，客戶端和伺服器可以開始交換應用層數據，如圖10-24所示。如果沒有找到符合的Session ID，伺服器將產生一個新的Session ID，此時TLS客戶端和伺服器將執行完整的交握過程，如圖10-23所示。

```
客戶端                                   伺服器

ClientHello                              -------->
                                                              ServerHello
                                                       [ChangeCipherSpec]
                                         <--------               Finished
[ChangeCipherSpec]
Finished                                 -------->
Application Data                         <------->       Application Data
```

圖10-24　TLS 1.0交握協定步驟（簡易型）

10-11 利用Wireshark對HTTPS的交握實作

HTTPS在安全通訊考量下，將執行一標準的TCP交握程序，而標準的TCP Port號碼正是預定值443，如果使用其他號碼值，可在圖10-19中所示的SSL/TLS Ports設定。如果你瀏覽的網站是以HTTPS通訊分析，則標準的TCP交握程序將在安全通訊考量下被執行。下面實作Case分析是以作者服務的單位下的教師系統（已先確定其爲HTTPS的交握）做擷取SSL/TLS交握封包分析，現在我們就說明進行此Case的操作步驟。

1. 開啓Wireshark→Capture→選擇正確介面卡→我們可在【Filter】欄位敲入「ssl.record.content_type == 22」以快速檢視SSL/TLS交握封包。
2. 敲入URL「http://www.cute.edu.tw」。
3. 停止Wireshark封包的擷取，如圖10-25(a)~(e)所示。

◈實作Case 2的分析

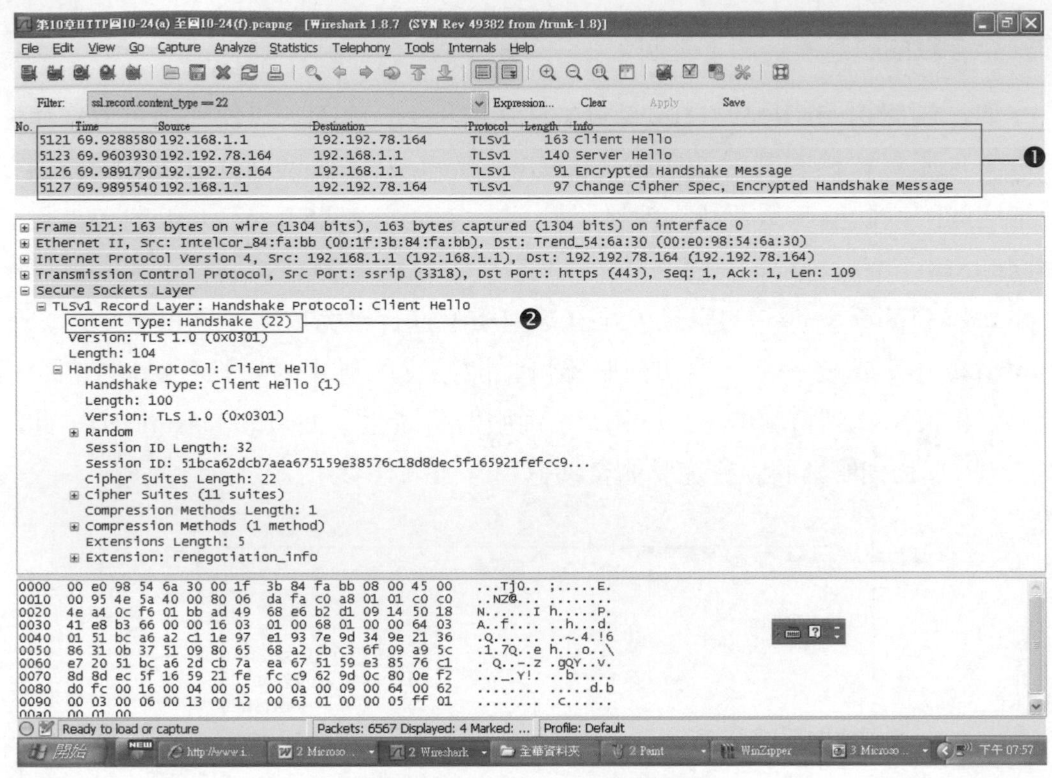

◐圖10-25(a) SSL/TLS交握過程

❶ 指出與交握過程相關的封包有封包No 5121、封包No 5123、封包No 5126及封包No 5127。注意，它們的協定欄位是使用TLSv1（亦即TLS 1.0）。注意，目的端欄位192.192.78.164為www.cute.edu.tw的IP位址。

❷ 指出利用在【Filter】欄位敲入「ssl.record.content_type == 22」以快速檢視SSL/TLS交握封包。SSL/TLS的交握是由封包No 5121、封包No 5123及封包No 5126組成，這些封包所帶的一個內容型態値等於 22。注意，實際上，封包No 5127不算是一個TLS交握封包。

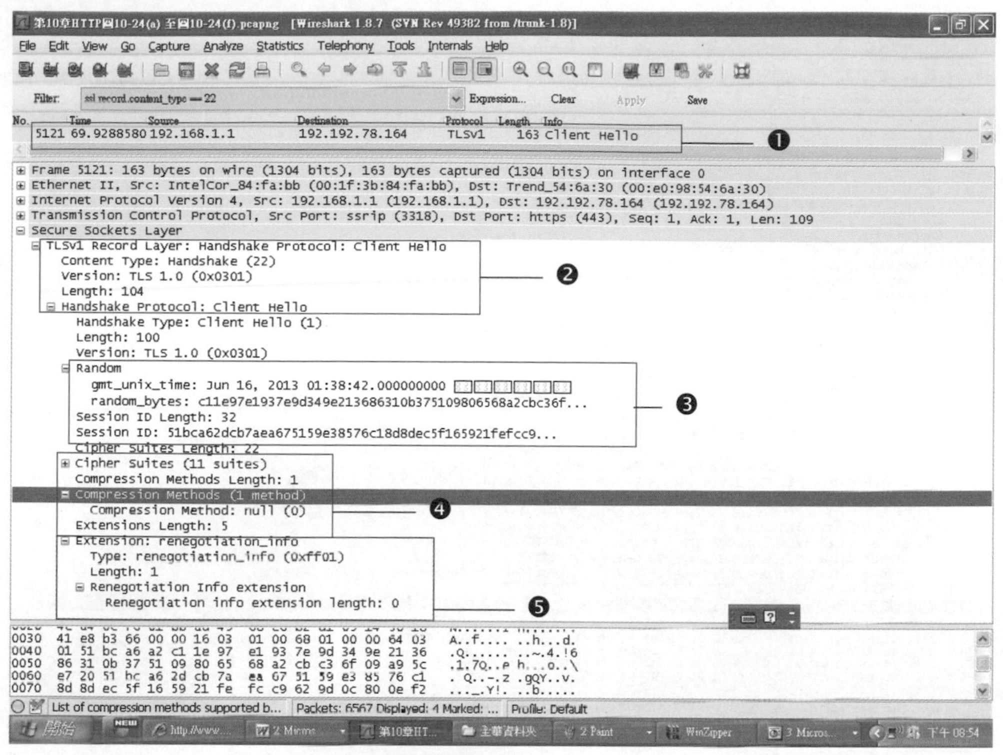

◐圖10-25(b) 封包No 5121（Client Hello）的分析

❶ 指出SSL/TLS交握過程的第一個封包是封包No 5121，稱爲Client Hello。注意，來源端的IP位址爲192.168.1.1。

❷ 指出記錄層使用的交握協定爲Client Hello封包，版本是TLS 1.0（封包位元組窗格的16進位值是0x0301）。注意，此封包所帶的一個內容型態值等於 22。

❸ 指出封包No 5121包括有客戶端的UTC（Universal Coordinated Time），其以Unix格式表現。另一方面，封包No 5121包括交握過程會使用到的28 random bytes (c11e….c36f09a95ce7)；至於佔32 bytes的Session ID值可允許爾後客戶端做重新建立連接（reconnect）。

❹ 指出客戶端會提供一個密碼套件（cipher suite）清單，以此Case來說，客戶端支持11個密碼套件，如圖10-25(b)-1所示。當客戶端發送一個密碼套件清單，並通知它支持的密碼套件及優先順序，然後伺服器回應客戶端，並告知它已經從客戶端的加密套件清單中選擇所要的加密套件。注意，加密套件是一個結合認證、加密和MAC演算法，主要用於SSL/TLS網路連接、協商的安全設置。另一方面，Compression Method:null表示資料加密前沒有經過壓縮。

❺ 指出SSL/TLS就功能而言，具有增強或延伸性，以此Case來說，SSL/TLS具有「再協商」的功能。

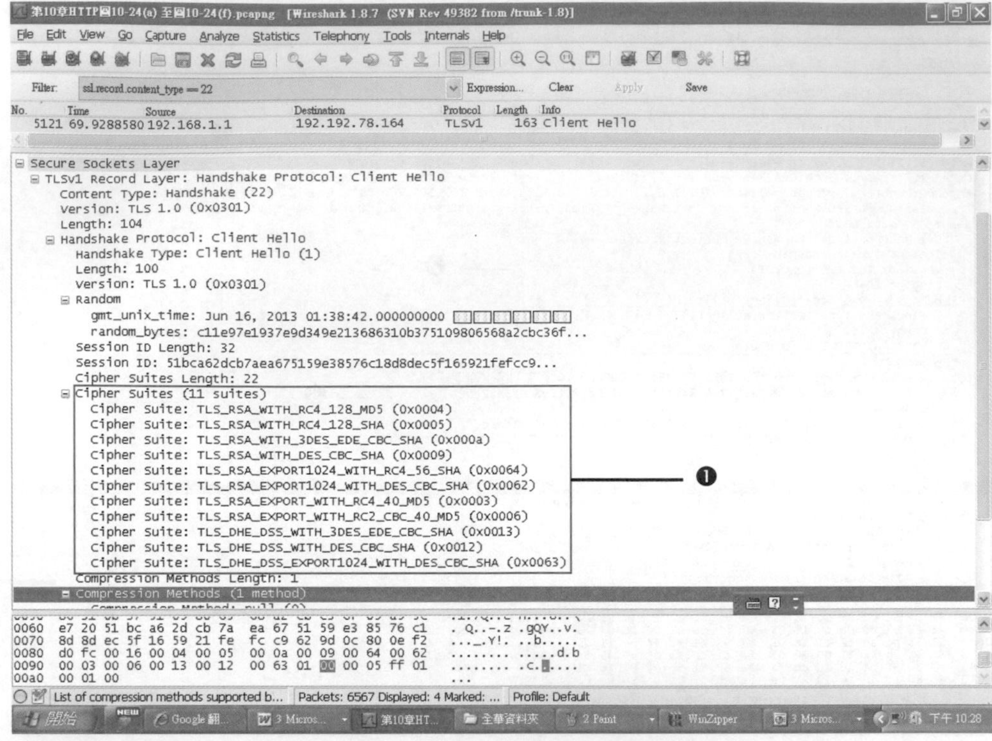

◐圖10-25(b)-1 客戶端支持的密碼套件清單

❶ 指出客戶端支持的密碼套件清單包含11個密碼套件。

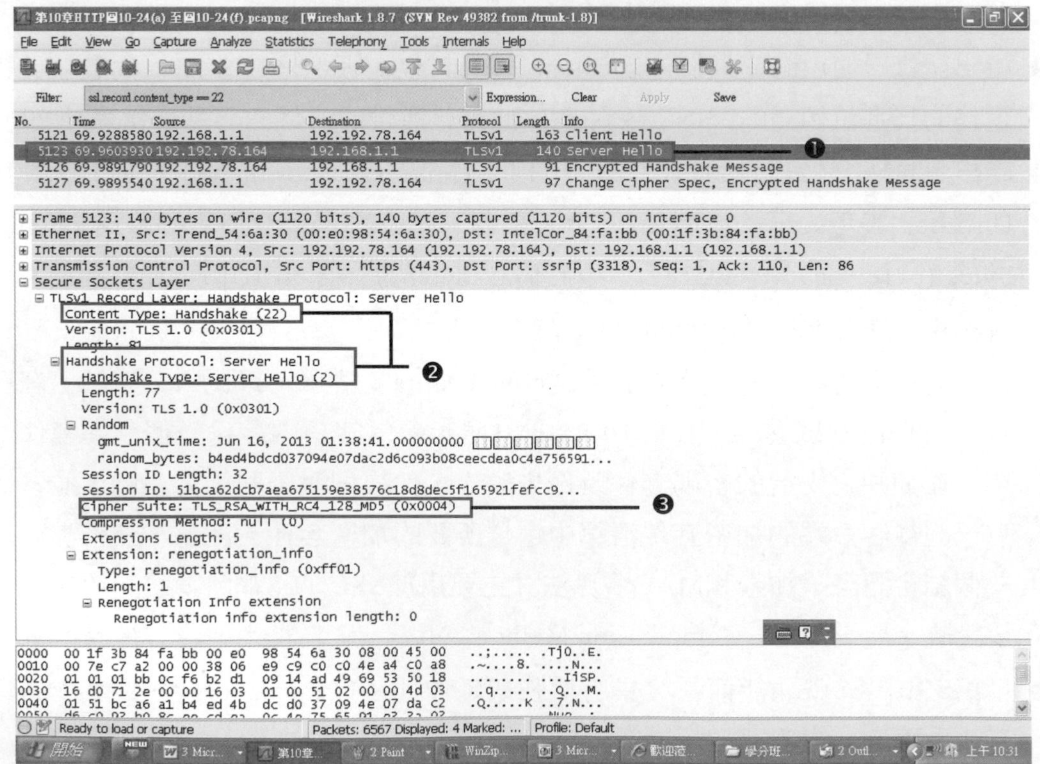

◐圖10-25(c) 封包No 5123（Server Hello）的分析

❶ 指出SSL/TLS交握過程的第2個封包是封包No 5123，稱爲Server Hello。注意，來源端的IP位址爲192.192.78.164。

❷ 指出記錄層使用的交握協定型態爲Server Hello。注意，此封包所帶的一個內容型態值亦等於22。

❸ 指出伺服器回應客戶端，並選擇所要的加密套件清單爲TLS_RSA_with-RC4_128_MD5 (0x0004)，其代表的意義如下說明：

- 使用RSA公開金鑰（public key）演算法，用來驗證簽署證明書，其歸類在非對稱式金鑰密碼系統。
- 使用RC4 加密演算法，用來驗證加密資料的交換。
- 使用128 bits MD5（Message-Digest Algorithm 5）雜湊演算法，用來驗證訊息內容的交換。

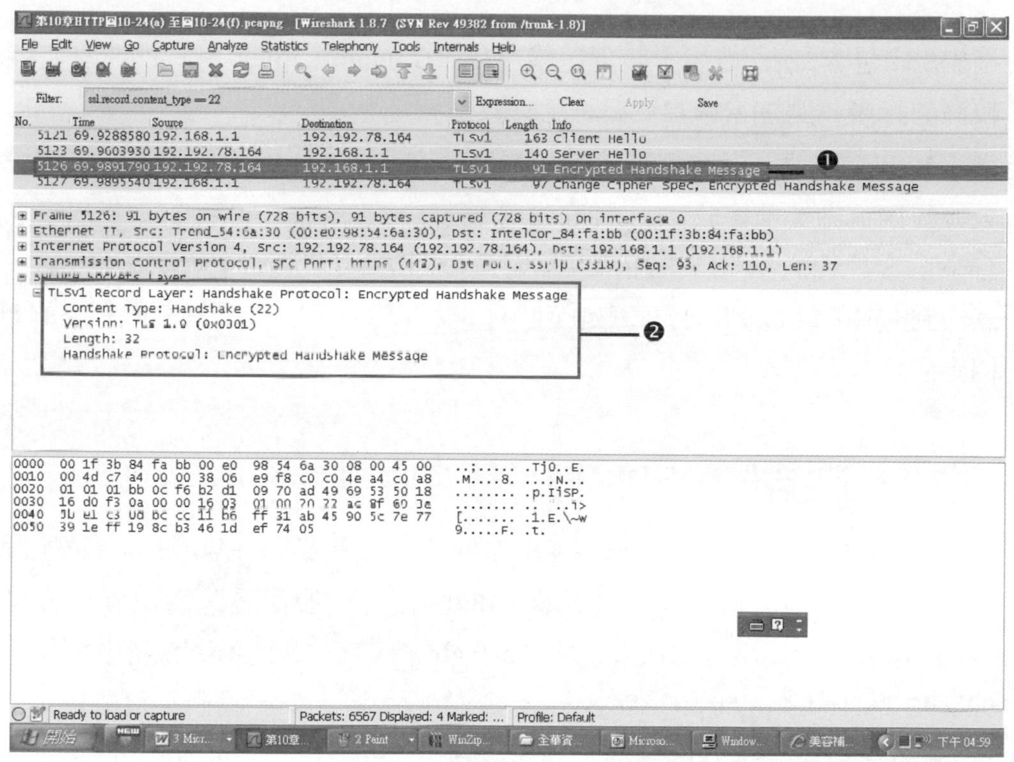

◐圖10-25(d) 封包No 5126的分析

❶ 指出SSL/TLS交握過程的第3個封包是封包No 5126，其由伺服器送至客戶端。注意，來源端的IP位址爲192.192.78.164。

❷ 指出記錄層使用的交握協定爲加密過的交握訊息（encrypted handshake message），長度佔32 bytes。注意，此封包所帶的一個內容型態值等於 22。

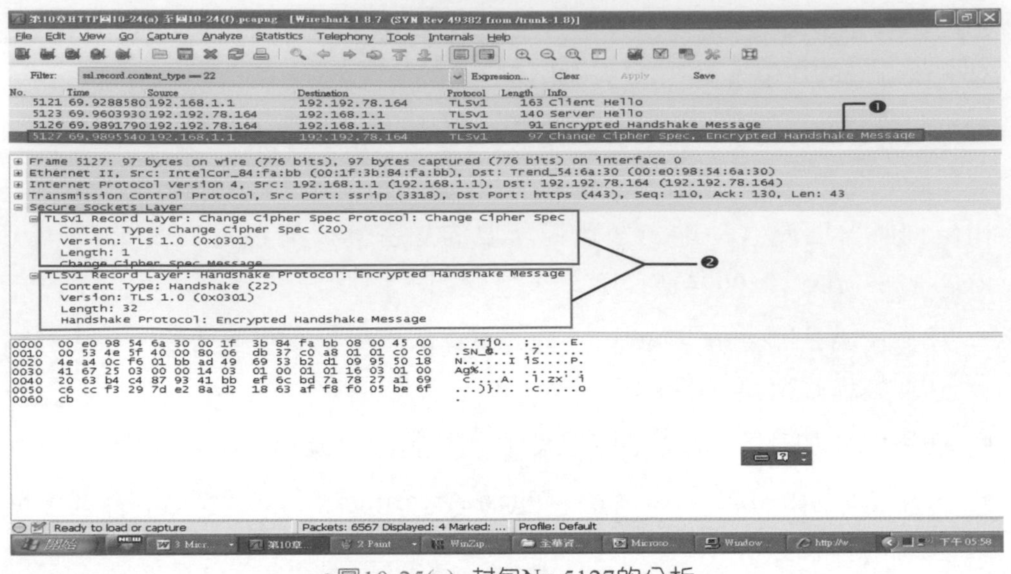

◐圖10-25(e) 封包No 5127的分析

❶ 指出SSL包含2個記錄層，較低記錄層是跟Change Cipher Spec的訊息有關；較高記錄層是跟加密過的交握訊息有關。

❷ 指出較低記錄層，內容型態值等於20（注意，非22），長度佔1 byte；較高記錄層內容型態值等於 22，長度佔32 bytes。Change Cipher Spec指出未來所有來自客戶端的訊息將被加密，加密過程則透過已定義的演算法及密鑰。注意，封包No 5127實際上不算是一個TLS交握封包，它可歸納屬於獨立的TLS協定的內容類型。

10-11-1 利用Wireshark對HTTPS訊務的解密

加密過的HTTPS訊務又如何解密呢？首先，我們必須在Wireshark做配置，以及握有RSA金鑰，以達成HTTPS訊務的解密。一般而言，為使資料獲得解密，我們必須取得伺服器的私密金鑰（private key）。若此RSA私密金鑰設定值爲192.192.78.164,443,http,C:\keys\xx.xx.xx.key；接下來，我們必須拷貝此RSA私密金鑰至本地Wireshark的主機，操作步驟： Edit→Preferences→Protocols→選擇SSL（如圖10-26(a)所示）→按Edit，得圖10-26(b)。

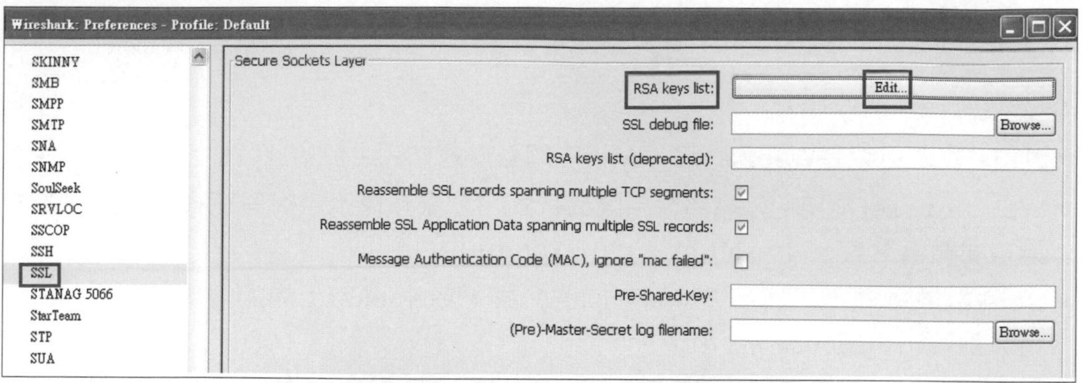

◐圖10-26(a) HTTPS訊務的解密步驟1

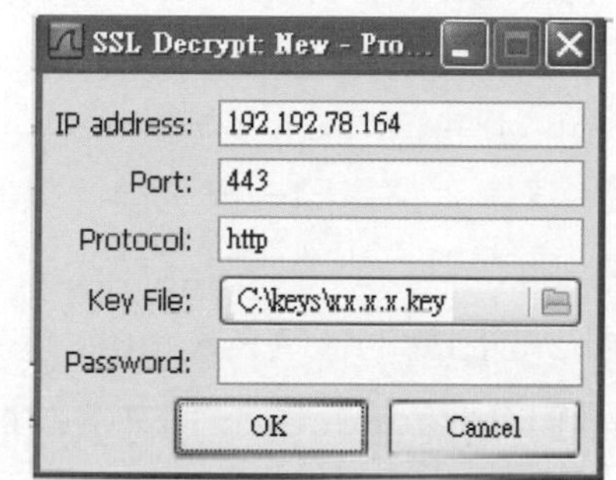

◐圖10-26(b) HTTPS訊務的解密步驟2

重點整理

- HTTP協定可說是Web的心臟，Web能夠交握運作完全依賴HTTP。
- Web browser為用戶及網路應用間的介面，它歸類為用戶代理程式，目前最熱的網頁瀏覽器要屬Microsoft Internet Explorer與Firefox。
- Socket為主機應用層及傳輸層之間的介面，若Socket上端的應用層為HTTP協定，則可由埠號80識別出來。
- 一個物件指的就是一個檔案，基本上，網頁含有HTML檔本身及一些物件構成。
- 在http://www.abc.edu/electric/introd.index中，www.abc.edu為主機名稱；而/electric/introd.index則是路徑名稱。
- 持續性（persistent）連線，主要讓所有的HTTP Request與HTTP Response在客戶端和伺服端之間的TCP連線上都是同一條，但可以傳送多個物件。
- 管線化（pipeling）是指物件的HTTP Request可以一直傳送出去，不需要收到HTTP Response後，才可以送出新的HTTP Request。
- HTTP訊息的組成可分為HTTP Request與HTTP Response兩種，並以ASCII碼來表示。
- 為使網站可辨識使用者身分以提供不同的內容，或限制使用者的存取，那就需要用到Cookie的功能。

本章習題

選擇題

(　　)1. 下列何者稱為超文件傳輸協定

(1)PPP　(2)FTP　(3)TCP　(4)HTTP

(　　)2. Web Browser是透過何者向WWW伺服器擷取資訊

(1)IP　(2)TCP　(3)HTTP　(4)PPP

(　　)3. HTTP協定屬

(1)表現層　(2)交談層　(3)應用層　(4)傳輸層

(　　)4. HTTP協定可由哪一個埠號識別出來

(1)25　(2)53　(3)80　(4)110

(　　)5. 一個物件指的就是多少個檔案

(1)1　(2)2　(3)3　(4)4

(　　)6. HTTP/1.1其下層使用何種協定

(1)LCP　(2)PPP　(3)TCP　(4)UDP

(　　)7. 一封包從客戶端至伺服器，再回到客戶端所花掉的時間為

(1)1 RTT　(2)2 RTT　(3)3 RTT　(4)4 RTT

(　　)8. GET指令屬哪一種的方法

(1)標頭列　(2)要求列　(3)狀態列　(4)回覆列

(　　)9. 200 OK代表哪一種碼

(1)狀態碼　(2)要求碼　(3)標頭碼　(4)回覆碼

(　　)10. HTTP客戶端與HTTP伺服器之間實際的溝通時，客戶端的工具程式是採用Windows XP內建的哪一種程式

(1)GET　(2)POST　(3)HEAD　(4)Telnet

本章習題

簡答題

1. 指出URL格式http://www.cute.edu/comm/introd.index中的路徑名稱。
2. 何謂非持續性（nonpersistent）連線與持續性（persistent）連線。
3. 何謂三方交握。
4. 試說明HTTP/ 1.1訊息架構組成。
5. 何謂「Session Cookie」與「Persistent Cookie」？

實作分析題

1. 打開電子檔，檢視第2個HTTP GET Request封包No 948（紅色框）的擷取分析，如圖E-1。

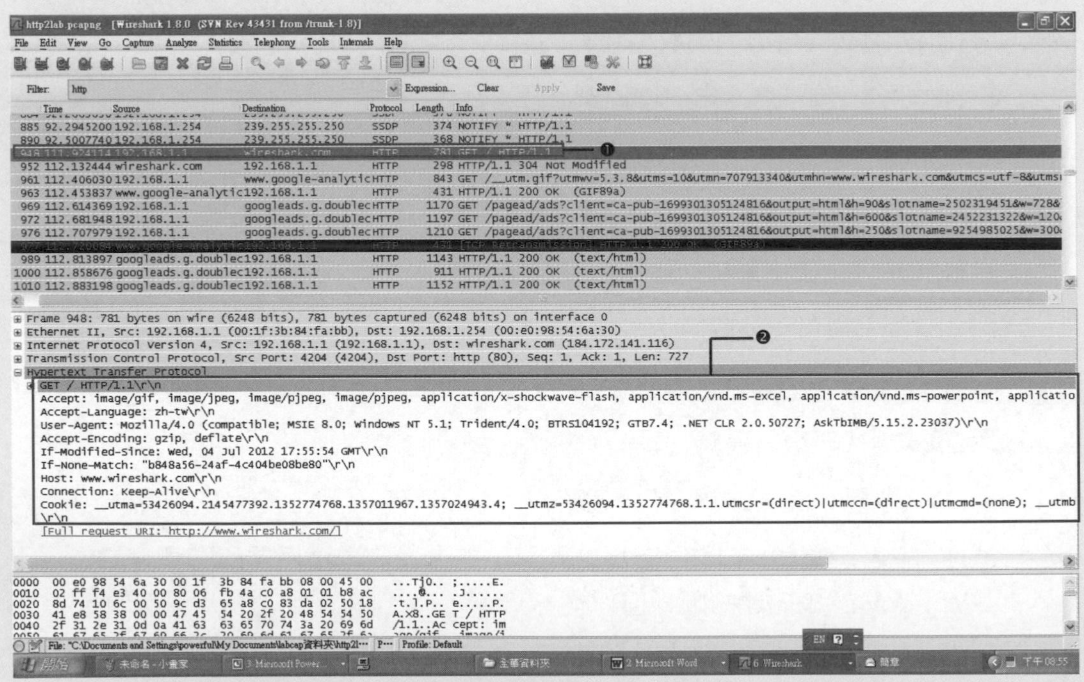

圖E-1

本章習題

2. 打開電子檔，封包No 952的擷取分析如圖E-2所示，其為圖E-1的HTTP Response（回覆）封包。請將紅色框空白填入。

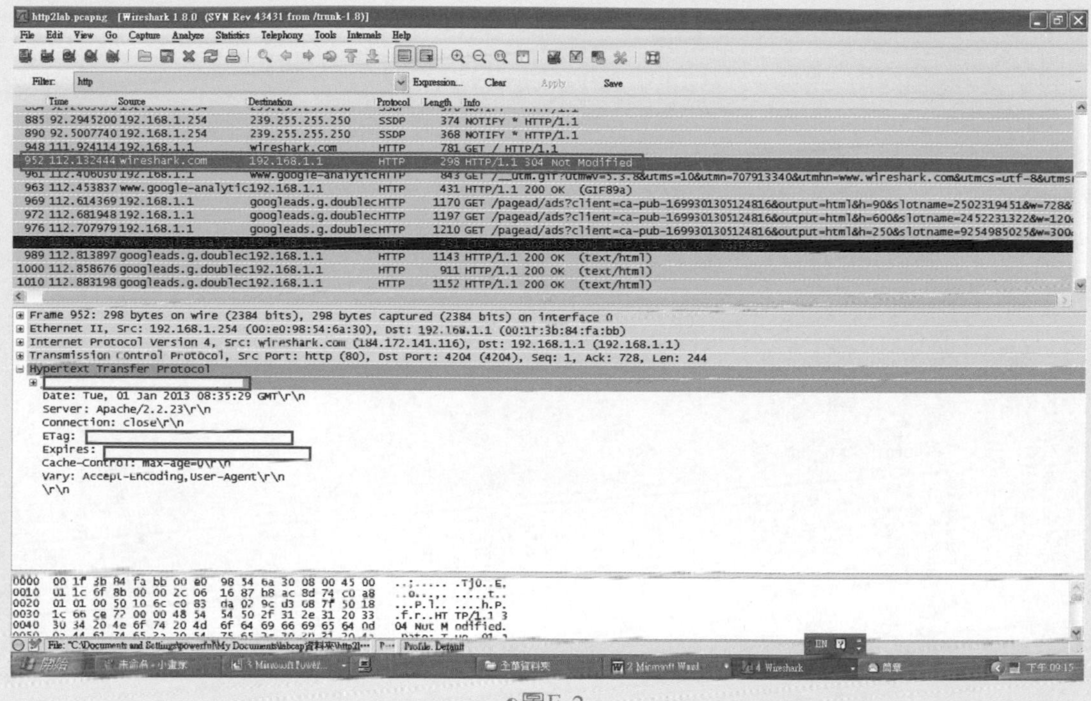

圖E-2

3. 打開電子檔，說明封包No 897的特點為何？

'N 'O 'T 'E

CHAPTER 11

SMTP協定與POP3協定 Wireshark實作分析

11-1 E-mail送收概念

首先介紹小英發送郵件給大明的流程概念：小英先將郵件訊息送至她的使用者代理程式（User Agent；UA），然後使用一種簡易郵件傳輸協定（Simple Mail Transfer Protocol；SMTP）將電子郵件（E-mail）訊息轉送至其郵件伺服器（內部有佇列及郵箱），再透過SMTP協定將此郵件訊息送至大明的郵件伺服器並存入大明的郵箱內。當大明欲讀取該郵件，他的伺服器會對大明加以認證（使用者名稱及密碼）；若小英的郵件無法順利送至大明的郵件伺服器，則小英的郵件伺服器就必須處理此失敗郵件。首先，會將此郵件內容保留在其佇列內，並嘗試再重傳此郵件訊息，郵件伺服器大約每30分鐘就嘗試此動作，若經多時（可能會經過3~5天）仍未成功送出，就會通知小英並移除該訊息。

值得一提的是，小英及大明兩端各自的郵件伺服器均會執行SMTP，當小英的郵件伺服器將郵件發送出去時，其扮演著SMTP用戶端；大明的郵件伺服器接收此郵件，則扮演SMTP伺服端。SMTP爲應用層協定，並使用TCP傳輸服務，如圖11-1所示。此協定約在1982年就已發展出來，它使用簡單的ASCII編碼傳送訊息，ASCII訊息在SMTP傳輸之後，再解碼成原來的二進位資料；欲對SMTP有更進一步了解，可參考RFC 2821。

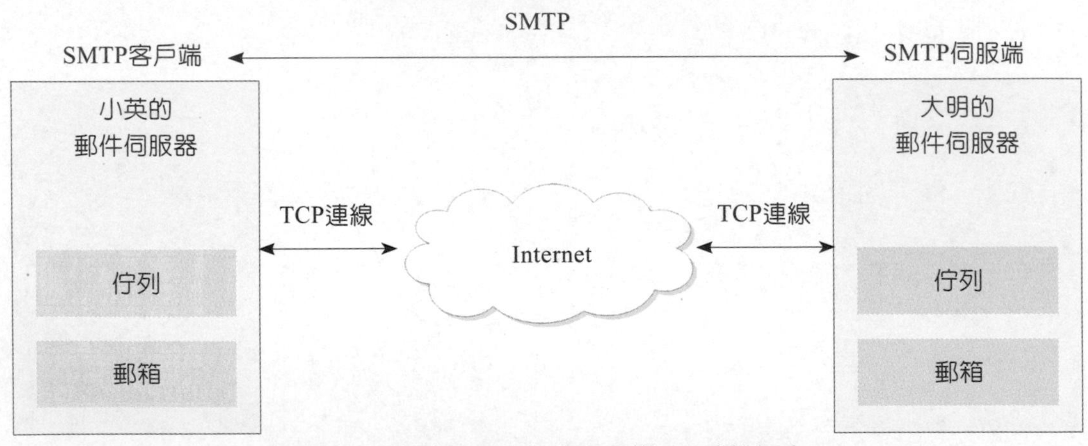

圖11-1 小英發送郵件給大明的TCP連線概念

11-2 SMTP的基本操作方式

假設小英想發送一個簡單的ASCII訊息給大明，圖11-2將詳細說明SMTP的基本操作方式，其可分成兩種情況：一是電子郵件從用戶端傳送到小英的郵件伺服器；當大明的SMTP伺服器收到小英的訊息，可用POP3將該郵件取出，並傳送到大明的使用者代理程式。詳細說明共分成6個步驟。

步驟1：小英敲入dataming@ms5.hinet.net（大明的電子郵件位址），並呼叫她的使用者代理程式，提供大明的電子郵件位址，和所撰寫的訊息，並指示使用者代理程式送出訊息。設小英電子郵件位址爲showin@msa.hinet.net。

步驟2：小英要送出的訊息會存於她的郵件伺服器（亦即STMP用戶端）內的訊息佇列內。

步驟3：由於小英的郵件伺服器正執行SMTP，一旦發現佇列中有訊息時，會開創一條TCP連線至大明的郵件伺服器（亦即SMTP伺服端）。換言之，小英及大明兩端分別爲SMTP用戶端及SMTP伺服端，兩端間建立一條TCP連線。

步驟4：經必要的SMTP交握一些訊息後，SMTP用戶端才將小英訊息送入TCP連線上。

步驟5：大明的SMTP伺服端收到小英訊息後，該郵件伺服器會將訊息放在大明的郵箱內。

步驟6：大明可隨時呼叫使用者代理程式，讀出所收到的郵件訊息。

值得一提，SMTP通常不會使用中間的郵件伺服器，這也意謂著，即使小英的郵件伺服器位於台北；而大明的郵件伺服器位於美國波士頓，則圖11-2所示的TCP連線是直接連接於這兩端的伺服器。若大明的郵件伺服器當機時，小英的郵件伺服器仍會保有此訊息，並等待機會適時地再送出此郵件。這也說明SMTP在送出訊息時，只考慮其TCP所連接的郵件伺服器，並不需要考慮到中間的伺服器。

現在更仔細地來看SMTP是如何傳送訊息。首先，用戶端SMTP會在埠號25建立一條TCP連線至SMTP伺服器，一旦建立後，兩端就執行交握程序，其目的是讓SMTP用戶端可指出發送者及接收者的電子郵址，這是在訊息傳送之前必要的交握步驟，猶如人們在認識之前必須先自我介紹。交握程序完成後，SMTP就得出可靠性很高的資料傳送，若後面亦有其他訊息要送出，用戶端均會使用同一TCP連線，並遵照上面所說的步驟來處理郵件。注意，SMTP採用內頻方式和持續性連接。

上文說過，一旦SMTP由小英的郵件伺服器傳到大明的郵箱內，大明可隨時利用使用者代理程式讀出小英寄來的訊息。或許你想問，訊息透過小英的使用者代理程式與郵件伺服器之間是如何進行通訊？一開始，小英的使用者代理程式會啓動SMTP對談，以便將欲送出去的訊息上傳（upload）至她的郵件伺服器，然後小英的郵件伺服器會與大明的郵件伺服器建立新的SMTP Session，並將小英所要送出的訊息轉至大明郵件伺服器內的郵箱。注意，此時TCP連線是由想要送出郵件檔案的主機開啓。在這之後，大明再利用POP3（Post Office Protocol version 3）或IMAP（Internet Mail Access Protocol）協定將大明伺服器內的訊息傳至他的PC上。從以上說明可知，大明在讀取郵件時，並不是使用SMTP，因爲SMTP只發生在發送端郵件伺服器（即小英端），當訊息推入傳至接收端郵件伺服器（即大明端），此動作稱爲「push」；反之，IMAP或POP3則執行拉出「pull」動作以讀取郵件。値得注意，HTTP也執行「pull」動作，假設小英是採用網頁電子郵件帳號（例如Hotmail），並想將訊息送給大明，則從使用者代理程式（如IE瀏覽器）至小英郵件伺服器的訊息是採用HTTP協定進行通訊；當大明隨時要存取郵箱中的郵件訊息時，也是採用HTTP協定從大明的郵件伺服器傳到他自己的瀏覽器，此時TCP連線是由接收端郵件檔案的主機開啓。

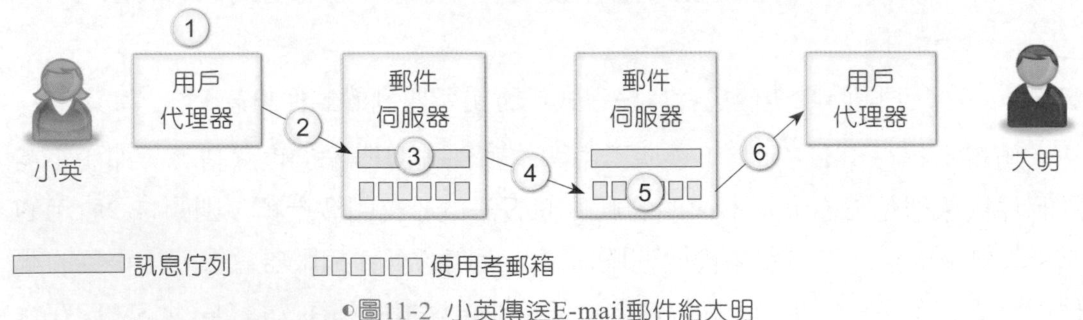

圖11-2 小英傳送E-mail郵件給大明

11-3 電子郵件的架構

相信各位讀者一定有電子郵件位址，可能還不止一個，那您無形中已使用過郵件讀取器（Mail Reader），或稱使用者代理程式、郵件伺服器及簡易郵件傳輸協定（SMTP）。現在的電子郵件訊息能包含超連結、超文字標記語言（Hyper Text Mark Language；HTML）的網頁及影音資訊等，其目的無非是可以方便且隨時與友人、用戶聯絡。當小英想送電子郵件給大明，首先小英會將擬好的郵件訊息經由使用者代理程式送到她的郵件伺服器內的輸出訊息佇列（outgoing message queue），並使用SMTP協定傳送至對方的郵件伺服器；當大明想讀取該郵件，他的使用者代理程式透過適當協定像POP3，可從郵件伺服器內部之郵箱（mailbox）取出該郵件。換句話說，SMTP是應用於Internet中的E-mail的通訊協定，主要負責將郵件發送出去；而POP3則負責接收郵件。POP3的POP是指當電腦要收信時才連上郵件伺服器所採用的協定；阿拉伯數字3則指POP協定的第3個版本。一般而言，在郵件伺服器都會有SMTP與POP3兩個程式，分別處理送出郵件與接收郵件的工作。

注意，上面對圖11-2所描述的只能勉強給70分。換言之，我們可以有更進一步說明：當小英送出電子郵件及大明收到電子郵件，若發送端和接收端處在同一個系統上時，則兩端各只需要一個使用者代理程式（UA），就可達成電子郵件的發送端與接收端，如圖11-3所示。值得一提，使用者代理程式爲用戶及網路應用間的介面程式，主要讓使用者可讀取、回覆、轉送或編輯郵件內容。除了上面所述外，最典型代表包括廣泛使用的Outlook Express（Outlook Express 5.0開始，這種免費的電子郵件就隨著IE5一起推出）、Microsoft Outlook等。

電子郵件的發送端和接收端處在不同的系統架構可分3種：第一種架構如圖11-4所示，兩端除了UA外，還各需要一個郵件傳輸代理程式稱爲MTA（Mail Transfer Agent），亦即MTA用戶端與MTA伺服端。這樣的話，SMTP含有傳送、接收與轉送郵件的郵件傳輸代理程式。第二種架構如圖11-5所示，電子郵件的發送端是透過LAN或WAN連接到郵件伺服器，則系統架構變得較複雜，共需要兩個UA和兩對MTA（用戶端和伺服端）。第三種架構是今天最常見的架構，如圖11-6所示，電子郵件的發送端和接收端都是透過LAN或WAN連接到郵件伺服器，共需要兩個UA、兩對MTA（用戶端和伺服端），以及用戶端和伺服端需要一對的郵件存取代理程式，稱爲MAA（Mail Access Agent）。MTA用戶端與

MTA伺服端之間的訊息關係如圖11-7(a)所示，前者（MTA用戶端）是將訊息推入至MTA伺服端；MAA用戶端與MAA伺服端之間的訊息關係如圖11-7(b)所示，前者（MAA用戶端）得出的訊息則是從MAA伺服端的拉出動作取得。

一旦小英寫好郵件，透過郵件讀取器將郵件轉交給MTA用戶端，透過網際網路，MTA伺服端把郵件送出，即扮演郵件伺服器的角色，像Sendmail、Exchange Server都是。E-mail在初期只傳送ASCII純文字資料，目前則支援非ASCII資料的MIME（Multipurpose Internet Mail Extensions）格式，如聲音、影像及圖形介面（Graphical User Interface；GUI）的多媒體訊息，像常用的Outlook Express正是屬於這類型的軟體。由於送收兩端的E-mail平台是由多個郵件伺服器構成，每個接收用戶均會有郵箱（它放置在某一個郵件伺服器內），小英送出來的郵件如果順利成功的話，就會一直存放在郵箱並等大明來讀取，只要擁有該郵箱的郵件伺服器對大明認證完成，就可讓大明存取該郵箱的郵件。

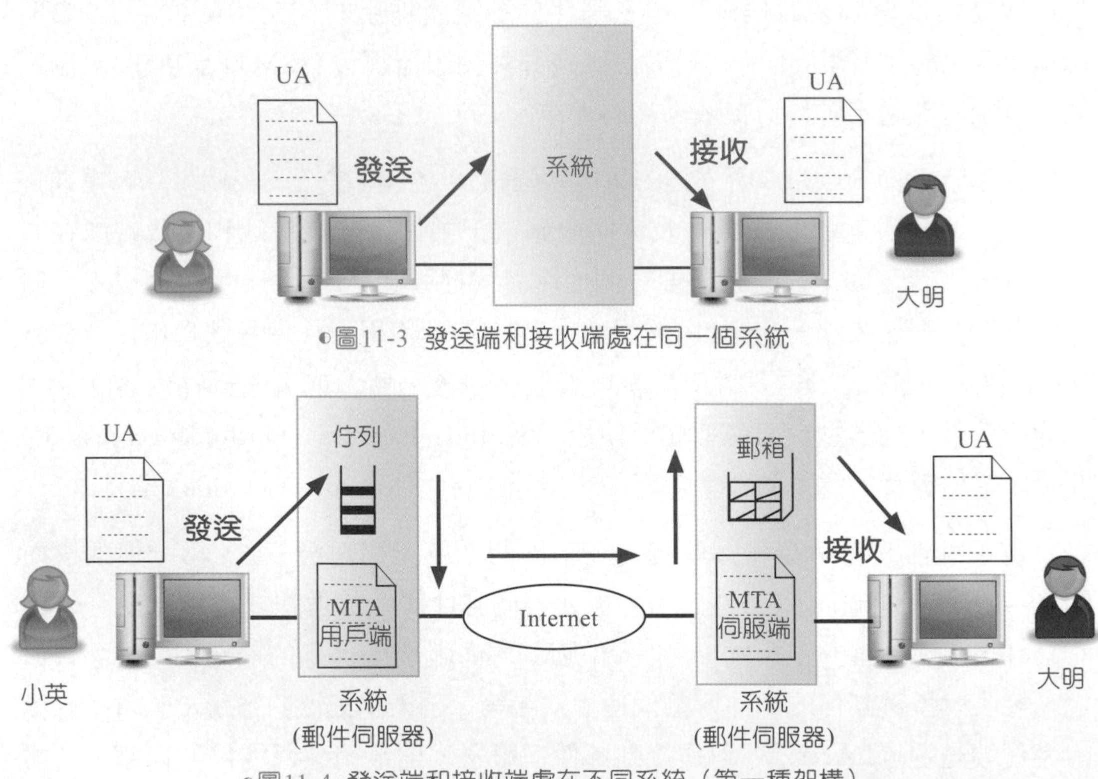

圖11-3 發送端和接收端處在同一個系統

圖11-4 發送端和接收端處在不同系統（第一種架構）

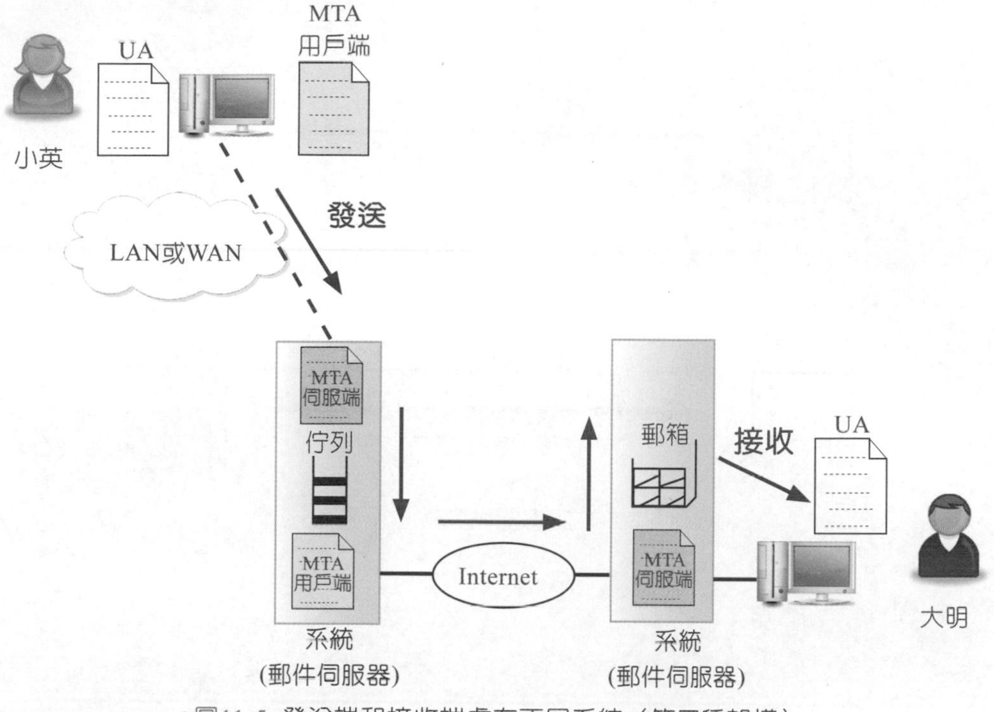

圖11-5 發送端和接收端處在不同系統（第二種架構）

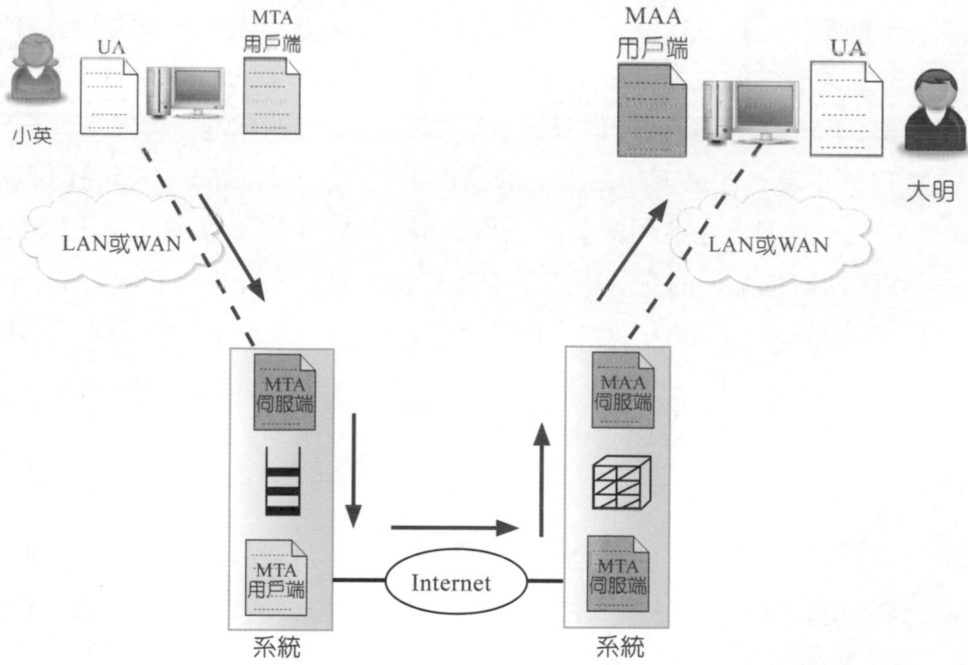

圖11-6 發送端和接收端處在不同系統（第三種架構）

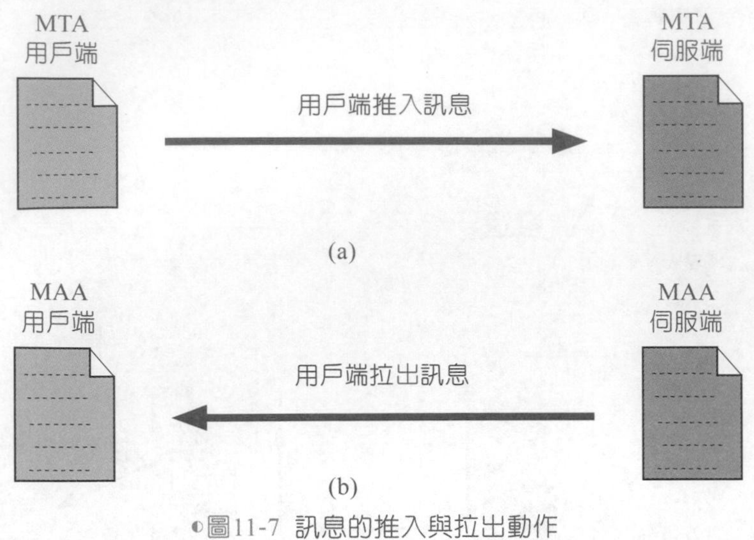

圖11-7 訊息的推入與拉出動作

11-4 SMTP命令操作

11-2節步驟3已指出小英及大明兩端分別爲SMTP用戶端及SMTP伺服端，兩端間建立一條TCP連線。接下來，我們要說明如何透過一些命令來達成從用戶端送出E-mail至伺服端的整個過程。首先，使用者可在C:\Documents and Settings\yunlung\>敲入telnet 本地SMTP伺服器名稱 25，代表我的本地主機與郵件伺服器建立一條TCP連線。注意，25爲該伺服器的埠號。連線建立後，郵件伺服器會回覆220訊息，其內容包括伺服器的主機名稱、SMTP版本等，並進入SMTP用戶端及SMTP伺服端之間的交談模式；若郵件伺服器無法提供服務，伺服器會回覆421訊息。接下來，依序分別輸入HELO、MAIL FROM、RCPT TO、DATA、QUIT命令來傳送電子郵件，如下所示步驟。注意，奇數步驟代表的ASCII 文字是從用戶端送至它的Socket；偶數步驟代表的ASCII文字是從伺服端送至它的Socket。

步驟1：用戶端發送「HELO」命令，空一格後，緊接是「發送端的主機名稱」。

步驟2：郵件伺服器若認可此「HELO」命令，會回覆250訊息，內容爲高興認識你” Pleased to meet you” 。

步驟3：用戶端發送「MAIL FROM: 寄件人的郵件地址」。

步驟4：若寄件人一切OK，郵件伺服器回覆250訊息。

步驟5：用戶端發送「RCPT TO: 收件人的郵件地址」。

步驟6：若收件人一切OK，郵件伺服器回覆250訊息；反之，回覆550訊息。

步驟7：用戶端敲入「DATA」命令，通知伺服器準備送出郵件內容。

步驟8：郵件伺服器若沒問題，會傳回354訊息，並通知敲入的郵件內容以句點「•」表示結束。

步驟9：寄件人收到354訊息後，就開始傳送內容。首先用戶端開始敲入要發送的資料，並單獨用句點「•」表示結束。

步驟10：傳送完畢後，伺服器會回覆250訊息，表示郵件訊息內容已被接受，準備傳送出去。

步驟11：用戶端用「QUIT」命令將郵件內容送出至伺服器，並終止TCP連線。

步驟12：郵件伺服器回覆221訊息，代表TCP傳輸通道的服務結束。

有關SMTP使用的回覆碼如表11-1所示。

表11-1 SMTP回覆碼

代碼	敘述
211	系統狀態或求助回應
214	求助訊息
220	連線建立後，郵件伺服器所回覆的訊息
221	郵件伺服器關閉連線
250	通知要求命令執行成功
251	本機無該使用者：訊息會被轉送至另一E-mail地址
354	通知開始輸入郵件內容
421	郵件伺服器無法提供服務
450	郵箱不存在
451	命令錯誤被迫放棄
452	記憶體不足，命令無法執行
500	語法錯誤：命令無法辨識
501	語法錯誤：參數有誤
502	不支援此命令
503	命令順序有誤
504	不支援此命令參數
550	郵箱無法使用

代碼	敘述
551	本機無該使用者；訊息請改寄到另一E-mail地址
552	儲存空間不足，無法執行
553	郵箱名稱無效
554	處理失敗

11-5 郵件訊息格式

根據RFC 822文件，其郵件訊息格式爲純文字的格式標準（僅爲ASCII碼的資料），雖然演變至RFC 2822，但還是沒有提供對傳送的圖像、聲音，或其他各種各樣的結構化數據的電子郵件有所規範。換言之，它仍不允許電子郵件使用7位ASCII字元集以外的字元。因此，對於非ASCII字元、二進制文件、聲音、影像多媒體這類型的郵件，就需要參考RFC 2045至RFC 2049，稱爲MIME（Multipurpose Internet Mail Extension），目前預定版本爲1.0。換言之，RFC 822只能發送基本的ASCII碼文字訊息，郵件內容如果要包括二進制文件、聲音、影像和動畫等，實現起來就有問題。因此，MIME提供在郵件中可以附加多種不同編碼文件的方法，以彌補原來的訊息格式的不足之處。

顧名思義，MIME是多用途網際網路郵件擴充，它不但是一個網際網路標準，也能擴展電子郵件標準。值得一提，在全球資訊網中使用的HTTP協定也正式宣佈使用MIME的格式。MIME的功能可以看成將非ASCII碼的資料（如聲音、影像）轉換成7位元NVT ASCII碼的資料後，再交給用戶端，並透過Internet送至對方；接收端的郵件伺服器收到7位元NVT ASCII碼的資料後，就交給MIME這邊的用戶，並轉換成原來的非ASCII碼的資料，如圖11-8所示。

圖11-9指出，MIME訊息格式包括E-mail標頭，MIME標頭和郵件體（亦即編碼後的資料）組成。E-mail標頭加上MIME標頭包含了發件人、收件人、主題、時間、MIME版本、郵件內容的類型等重要訊息。郵件體包含郵件的內容，內容的類型可由MIME標頭的「Content-Type」指出。常見的類型有text/plain（純文本）和text/html（超文字）。A Content-Type都是「主類型/子類型」的形式。主類型有text、image、audio、video、application、multipart、message等，分別表示文字、圖片、聲音、影像、應用、多段、訊息等。每個主類型都可能還含有多個子類型，如text類型就包含plain、html、xml及css等子類型。另一方

面，使用者自訂或經由各方同意的專用語言識別字，必須使用"x-”或"X-”的前置字爲開頭，以保證它們不會和IANA已註冊的名稱相衝突。如application/x-zip-compressed是ZIP文件類型。在Windows中，除multipart之外，也列出大都眾人皆知的Content-Type。

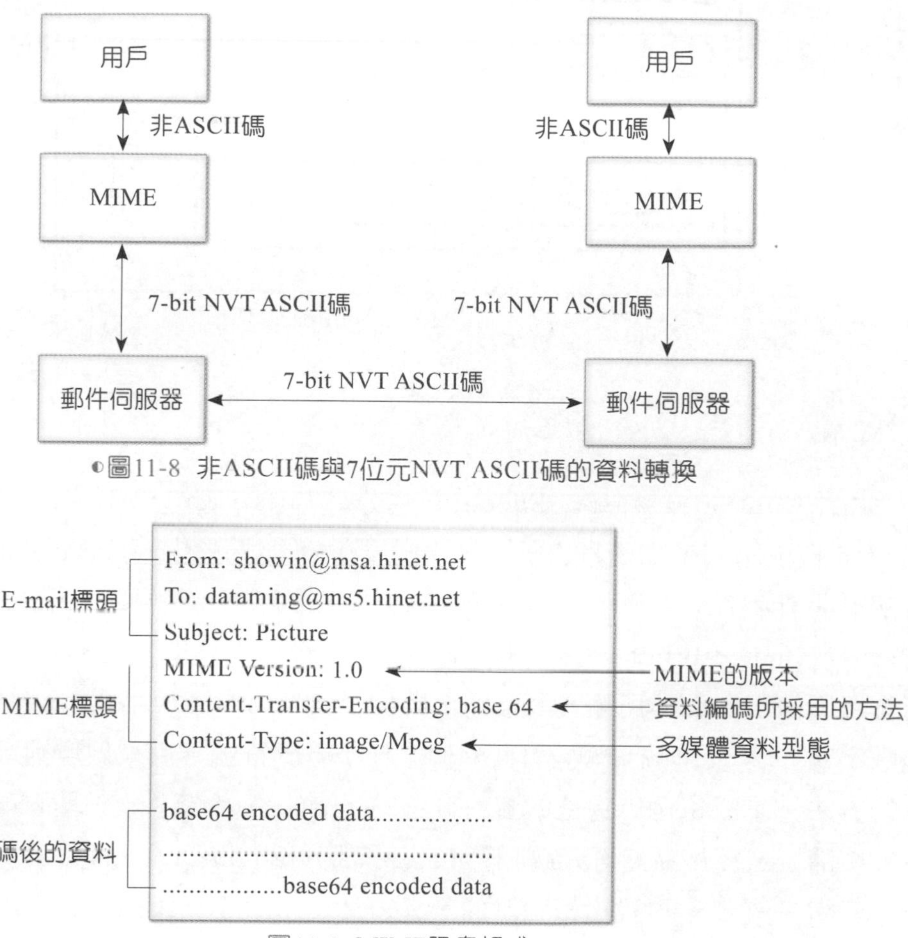

圖11-8 非ASCII碼與7位元NVT ASCII碼的資料轉換

圖11-9 MIME訊息格式

有關MIME multipart類型，我們也稍作說明：它的郵件體被分爲多個段，每個段又包含段頭和段體兩部分，這兩部分之間也以空行分隔。常見的multipart類型有三種：multipart/mixed、multipart/related和multipart/alternative。它們之間的層關係可歸納如圖11-10所示，圖中指出，如果郵件中含有附件，必須定義成multipart/mixed；如果郵件中存在內嵌資源，可定義成multipart/related；如果純文本與超文字，就定義成multipart/alternative。當然，你想定義成爲multipart/related，甚至multipart/mixed，都是OK的。或許你會問內嵌資源是什麼？一般而言，爲能使郵件內容變得更生動活潑、容易連想，甚至記住，我們可在郵件的

multipart/related訊框內定義一些相關聯的圖片、動畫、聲音、影像，甚至CSS樣式等，並在HTML網頁利用超連結與內嵌資源連繫達成。

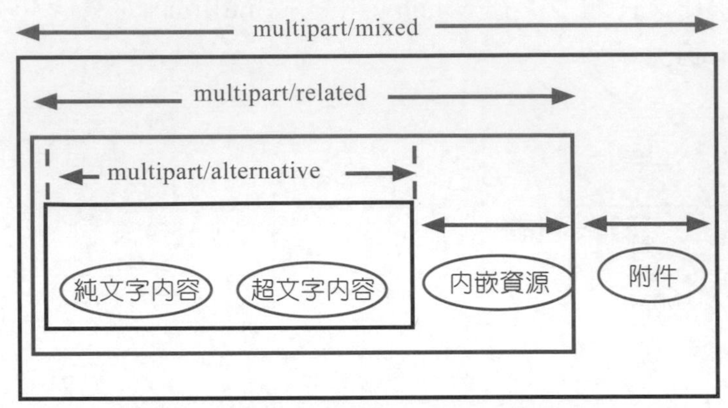

圖11-10 MIME multipart類型

11-5-1 Content-Transfer-Encoding

所謂Content-Transfer-Encoding共分爲7bits、8bits、Binary、Base64與Quoted-printable，如表11-2所示。我們已在稍早描述過，電子郵件的來源碼，最初是設計爲ASCII碼的形式；而非ASCII碼的文字或數據編碼，大都是使用Base64或Quoted-Printable的編碼方式。而Binary方式只是一種表示方式，沒有任何實用價值。Base64所輸入的字元包括{大寫字母'A'-'Z'，小寫字母 'a'-'z'，阿拉伯數字'0'-'9'以及符號 '+'與 '/'}共64個字元；至於符號'='用來做填補。Base-64編碼的方法，是將每個二進位的資料分爲24 bits的區塊（注意，遇不滿4個字元時以'='塡補），每一區塊再分爲4部分，每一部分爲6 bits，用此6 bits的值（0-63）作爲索引去查表，再找出相對應的字元。然後這些字元再由表11-3編成8 bits的ASCII字元，如範例2的圖示說明。至於進行Quoted-printable編碼，若遇不需編碼的字元可直接輸出；若需要編碼，則先輸出'='，後面緊跟著十六進制的ASCII字元值。例如：在HTML文件的Quoted-printable編碼。其中「牽」的GB2312碼是C7A3，「手」的GB2312碼是CAD6。

[註解]GB2312是簡體中文標準，此編碼通行於中國大陸；新加坡等地也採用此編碼。中國大陸幾乎所有的中文系統和國際化的軟體都支援GB 2312。

表11-2　Content-Transfer-Encoding種類

種類	說明
7 bit	NVT ASCII字元
8 bit	非ASCII字元
Binary	非ASCII字元，長度不限
Base-64	每一6 bits區塊的資料編成8 bits ASCII字元（參閱附錄C）
Quoted-printable	如果一字元是ASCII，就以ASCII字元傳送；如一字元為非ASCII，就以3個ASCII字元傳送，第一個字元為等號(十進位 61)，緊接二個字元為原來位元組16進制的ASCII字元

表11-3　BASE-64編碼

數值	編碼	數值	編碼	數值	編碼	數值	編碼	數值	編碼	數值	編碼
0	A	11	L	22	W	33	h	44	s	55	3
1	B	12	M	23	X	34	i	45	t	56	4
2	C	13	N	24	Y	35	j	46	u	57	5
3	D	14	O	25	Z	36	k	47	v	58	6
4	E	15	P	26	a	37	l	48	w	59	7
5	F	16	Q	27	b	38	m	49	x	60	8
6	G	17	R	28	c	39	n	50	y	61	9
7	H	18	S	29	d	40	o	51	z	62	+
8	I	19	T	30	e	41	p	52	0	63	/
9	J	20	U	31	f	42	q	53	1		
10	K	21	V	32	g	43	r	54	2		

範例❶ 如圖11-11所示，說明Base-64編碼轉換過程。

解 Base-64編碼是將Non-ASCII共3個位元組的資料經Base-64編碼成4部分，得出110100 (52)、111100 (54) 、010101 (21)、110101 (53)，查表可得出ASCII字元分別爲”0”、”2”、”v”、與”1”。

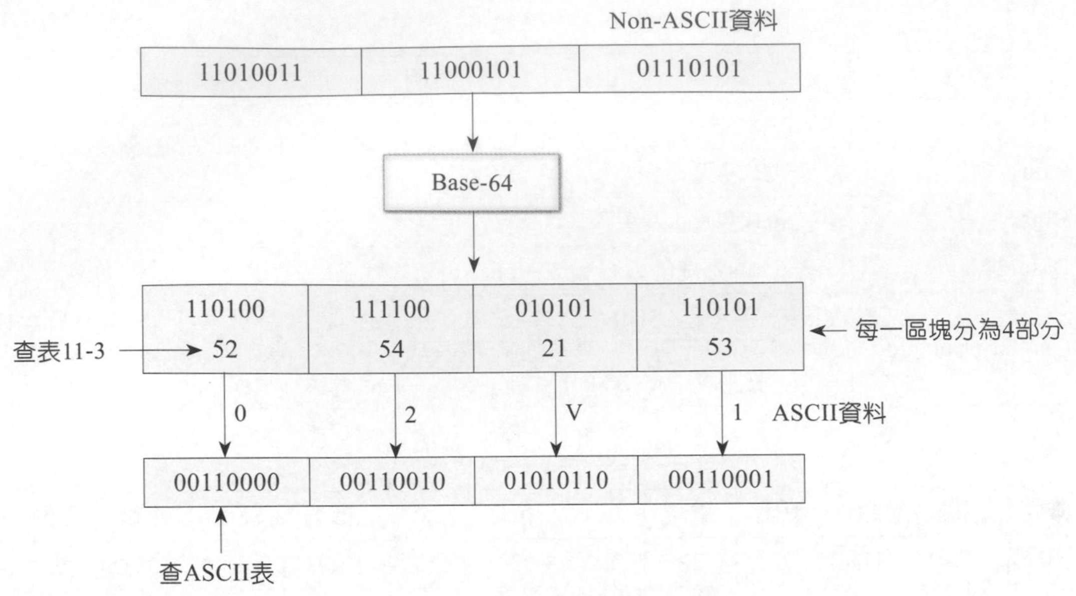

圖11-11 Base-64編碼轉換過程

11-6 POP3命令操作

一旦TCP連線建立後，POP3的運作依序會經歷3個階段：認證、交易處理及更新。在認證期間，使用者代理程式會送出使用者名稱和密碼以確認該用戶。在交易處理期間，使用者代理程式可以讀取郵件訊息，當然也可以將訊息標記爲刪除或取消刪除記號，以及取得郵件統計資訊等資料。在更新階段，用戶端可送出「quit」命令，用來結束POP3對談，此時郵件伺服器會刪除那些已被標記要刪除的訊息。現在，當您回到家想要下載讀取郵箱裡的郵件，可開啓一條TCP連線至伺服端的埠號110。首先，敲入「telnet 您的郵件伺服器名稱 110」。連線建立起來後，使用者代理程式會先後依序送出使用者名稱命令「user」與密碼「pass」。接下來伺服器回應「+OK」，代表成功；反之，如果發生錯誤，會出現「–ERR」。如果爲前者，使用者就可進行郵件存取，其可使用4個命令，如下（可參考RFC 1939）。

- list：列出訊息（會有編號）。
- retr：選擇編號以接收訊息。
- dele：刪除。

- quit：POP3結束，郵件伺服器收到這個命令後就進入更新階段，並結束POP3對談。然後，伺服器會刪除已標示刪除的郵件，並傳回Sayonara訊息，更新階段也跟著結束。結束後，TCP連線也會關閉。

另一方面，POP3的使用者代理程式，可將郵件設定爲「下載並刪除」模式，或「下載保留」模式。前者假若使用者先使用辦公室電腦收E-mail，回家想用手提電腦再收此E-mail，將無法重新讀取郵件；換言之，如果想從不同的地點連線接收郵件時，將導致出現在一部電腦上的郵件，就不再出現於另一部電腦上。此時可用「下載並保留」模式，使用者代理程式將郵件訊息下載時，會將訊息保留在郵件伺服器，以便給用戶在不同的電腦端可重新讀取郵件。

11-7 IMAP簡介

IMAP可以在遠端的伺服器保留所有的訊息（POP3並無此功能）；並可讓使用者建立資料夾，將下載的訊息組織起來並儲存在資料夾；資料夾之間還可以搬移訊息。此外，讓遠端的伺服器還可保持資料夾的階層架構，這樣使用者可方便搜尋遠端的資料夾，以找到特定的訊息，以及可以從不同的電腦存取遠端資料夾的郵件。

當IMAP開啓信箱時，使用者代理程式可只下載訊息的標頭部分，若爲MIME，也是相關訊息的一部分，不會佔用太多的硬碟空間，這在低速連線的網路非常有利。簡單的說，IMAP的網路效能較POP3優。另一方面，在不同的IMAP對談期間，IMAP伺服器會保留使用者的狀態，其包含郵件夾名稱以及其和訊息ID間的對應（參考RFC 1730與3501）。注意，POP3伺服器在不同的POP3對談期間無法保留使用者的狀態（亦即無狀態的；Stateless）。

11-8 Wireshark實作分析與討論

下面實作Case 1分析將直接進行SMTP封包擷取做分析，現在，我們就說明進行此Case的操作步驟。

現在你可以利用HELO、MAIL FROM、RCPT TO、DATA及QUIT命令來傳送，如下說明。

1. 開啓Wireshark對這些命令進行封包的擷取分析。注意，我們在【Filter】欄位敲入「smtp」加速找到相關的封包部分。
2. 發送者yun想送一封電子郵件給ming。首先，敲入「telnet msa.hinet.net 25」建立TCP連線後，出現「220 msr5.hinet.net ESTMP Sendermail ⋯..，時間日期等」。接下來的步驟如同11-4節所述，我們可得到圖11-12(a)。注意，ESTMP Extended SMTP代表SMTP的加強版：圖11-12(b)與圖11-12(b)-1~圖11-12(b)-14是Wireshark對這些命令進行封包的擷取分析。

◈實作Case 1的分析

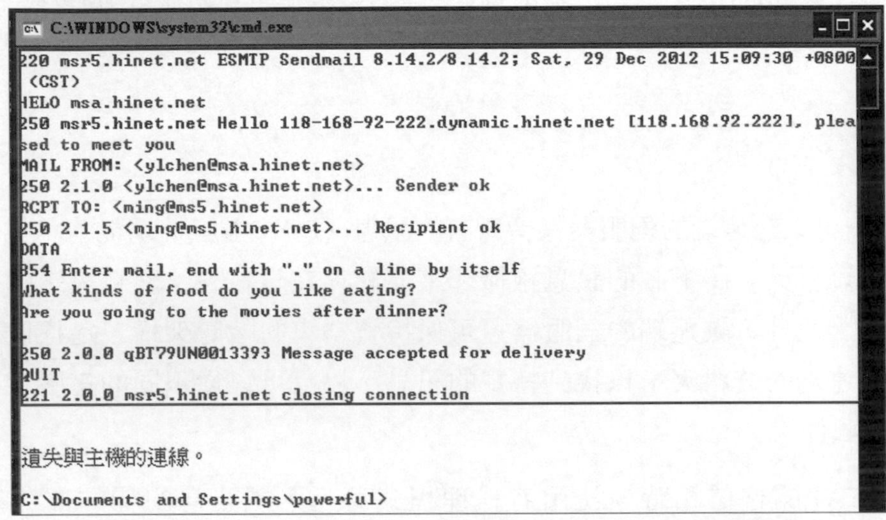

◐圖11-12(a) yun利用「HELO等命令」來傳送電子郵件給ming

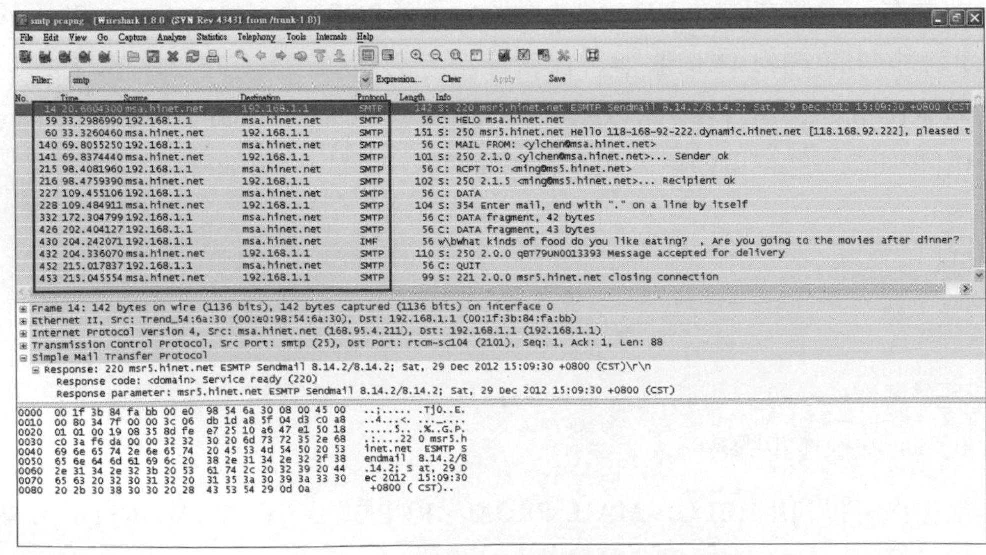

◐圖11-12(b) 為圖11-12(a)所擷取到的封包

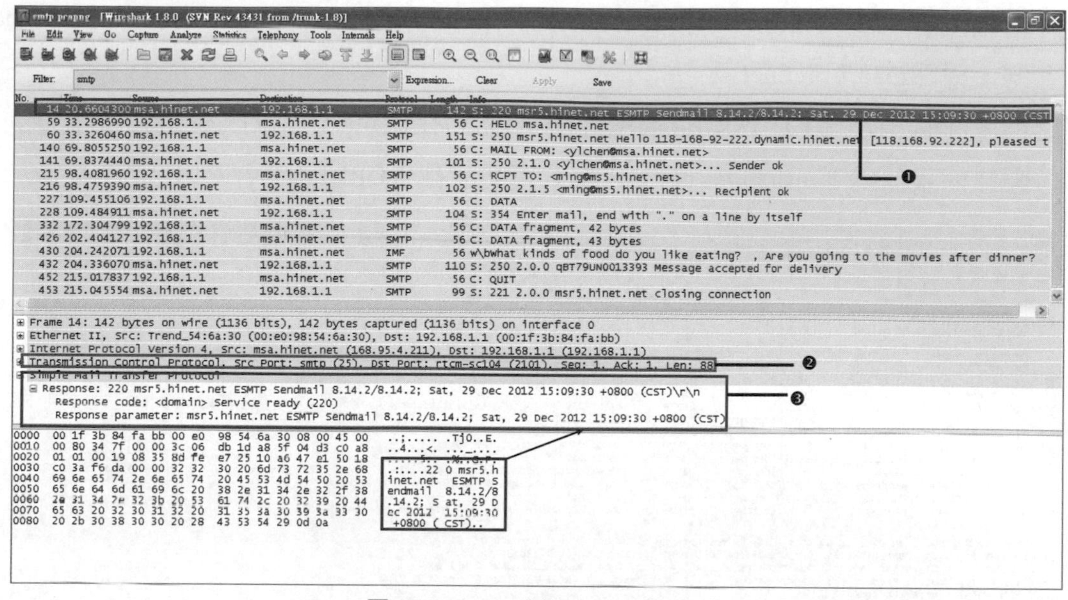

圖11-12(b)-1 封包No 14的分析

❶ 指出郵件伺服器msa.hinet.net收到用戶端ylchen所送出的「telnet msa.hinet 25」，代表用戶端ylchen的主機與郵件伺服器（亦指msa.hinet net）建立一條TCP連線。建立TCP連線後，進入SMTP用戶端及SMTP伺服端之間的交談模式。

❷ 指出此時使用的TCP連線，該伺服器的埠號爲25。

❸ 指出使用的協定爲SMTP；而郵件伺服器回覆220訊息，其內容（參考藍色框）包括伺服器的主機名稱msr5.hinet.net（涵蓋msa.hinet.net）、ESTMP (Extended SMTP)代表SMTP的加強版。

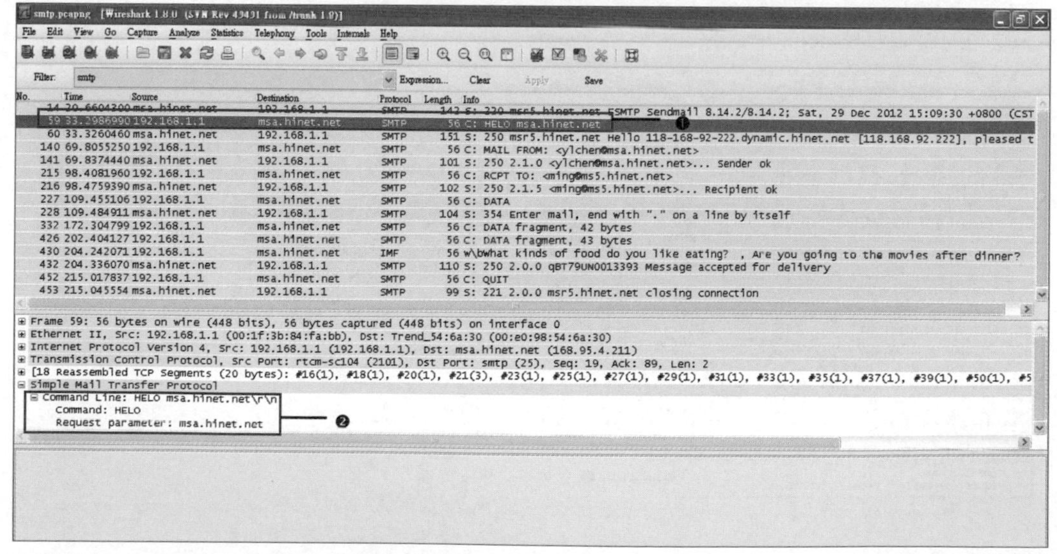

圖11-12(b)-2 封包No 59的分析

❶ 指出用戶端192.168.1.1發送HELO命令，目的主機名稱是SMTP郵件伺服器，稱爲msa.hinet.net。

❷ 指出此時用戶端192.168.1.1送出的命令爲「HELO」；要求的參數即是指定的郵件伺服器爲「msa.hinet.net」。每一筆訊息都以CRLF(\r)與CRLF(\n)結束。

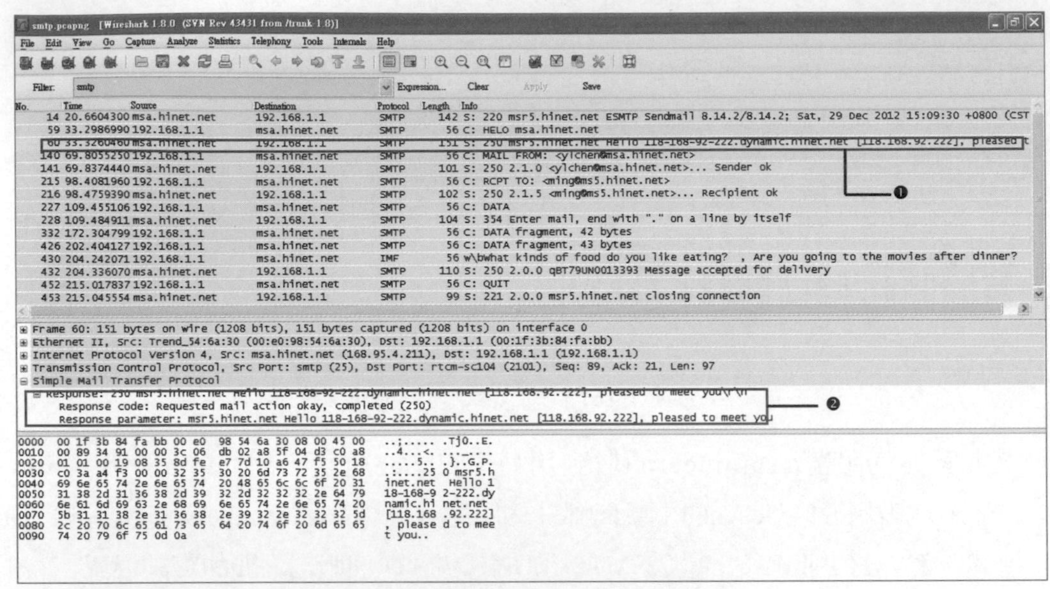

圖11-12(b)-3 封包No 60的分析

❶ 指出SMTP伺服器回覆訊息內容爲” Please to meet you.”，通知用戶端192.168.1.1的內容爲高興認識你。

❷ 指出郵件伺服器回應「HELO」命令的回應碼爲250；對於用戶端所傳送的要求一切OK。

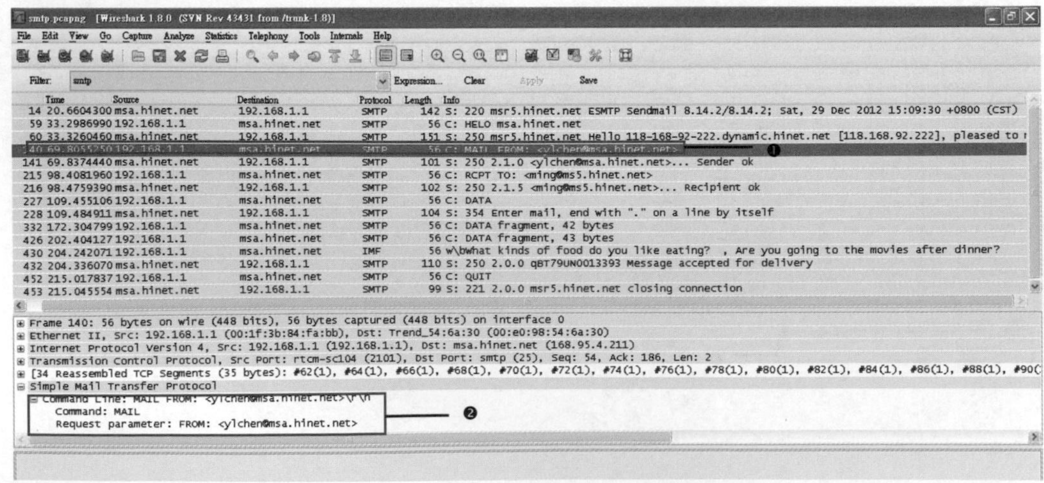

圖11-12(b)-4 封包No 140的分析

❶ 指出用戶端192.168.1.1發送端的電子郵件地址爲ylchen@msa.hinet.net。

❷ 指出此時用戶端192.168.1.1送出的命令是「MAIL From」；以及寄件者的電子郵件地址，亦即要求的參數爲「FROM: ylchen@msa.hinet.net」。

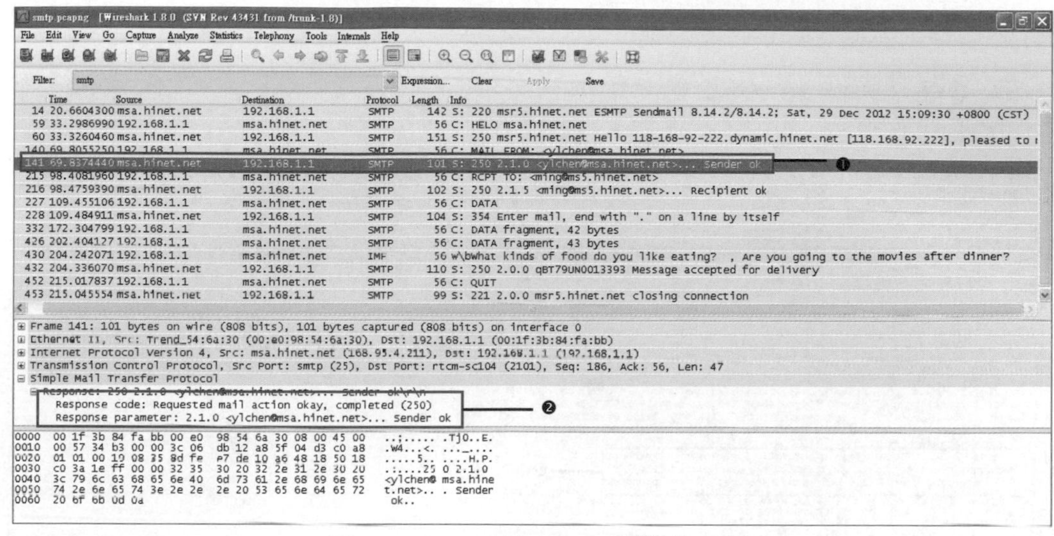

◉圖11-12(b)-5 封包No 141封包的分析

❶ 指出SMTP伺服器回覆訊息內容爲" sender OK"，通知用戶端192.168.1.1寄件人一切OK。

❷ 指出郵件伺服器回應「Mail from:」命令的回應碼爲250；代表對於用戶端所傳送的要求一切OK。

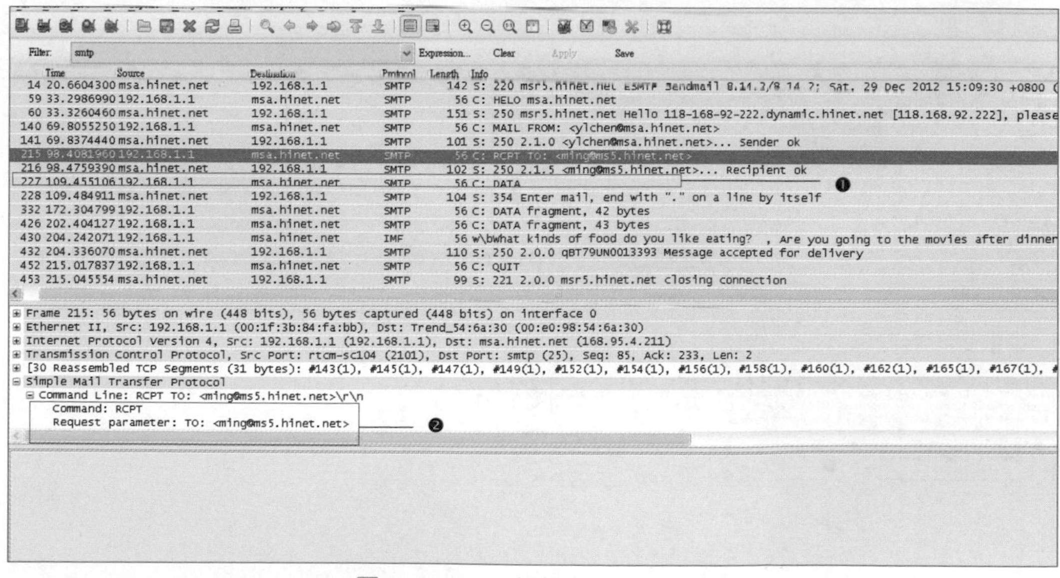

◉圖11-12(b)-6 封包No 215的分析

❶ 指出用戶端192.168.1.1發送郵件目的端的電子郵件地址爲ming@ms5.hinet.net。

❷ 指出此時用戶端192.168.1.1送出的命令爲「RCPT TO:」；及收件者的電子郵件地址，亦即回應的參數爲「TO: ming@ms5.hinet.net」。

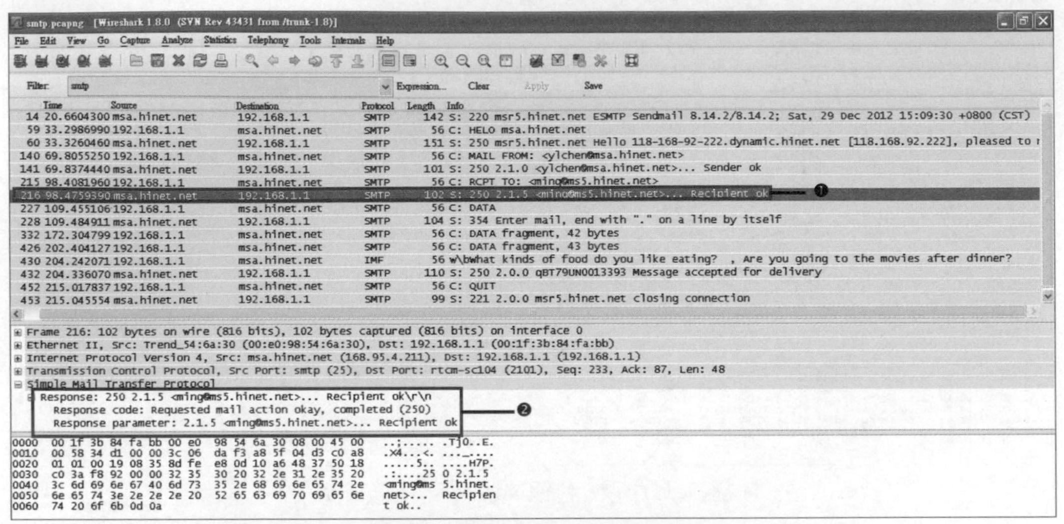

◐圖11-12(b)-7 封包No 216的分析

❶ 指出SMTP伺服器回覆訊息內容爲" Recipient ok"，通知用戶端192.168.1.1收件人一切OK。

❷ 指出郵件伺服器回應「RCPT TO:」命令的回應碼爲250；對於用戶端所傳送的要求一切OK。

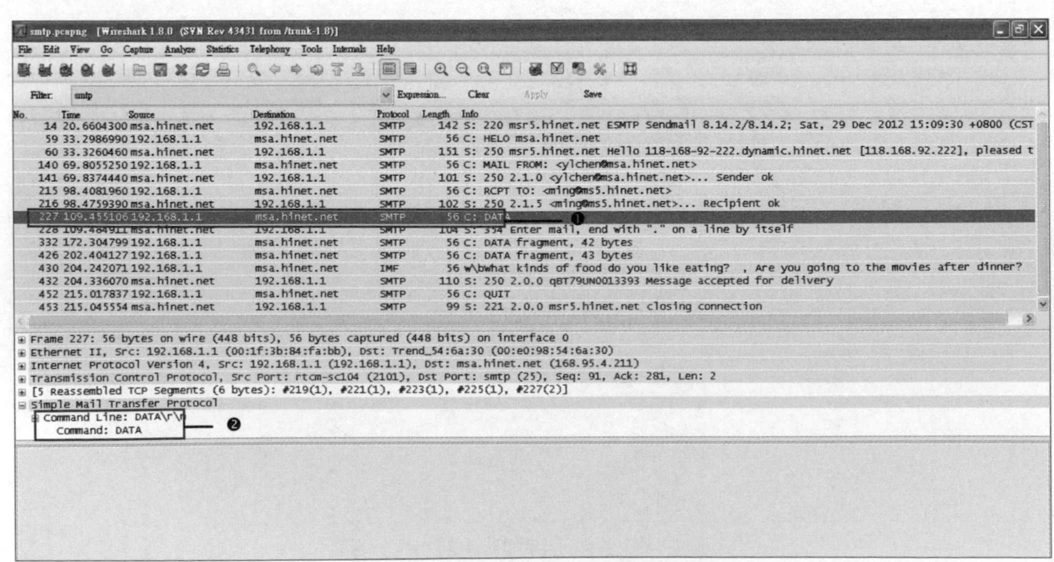

◐圖11-12(b)-8 封包No 227的分析

❶ 指出用戶端192.168.1.1必須敲入「DATA」命令，通知SMTP伺服器準備送出郵件的訊息內容。

❷ 指出此時用戶端192.168.1.1送出的命令爲「DATA」。

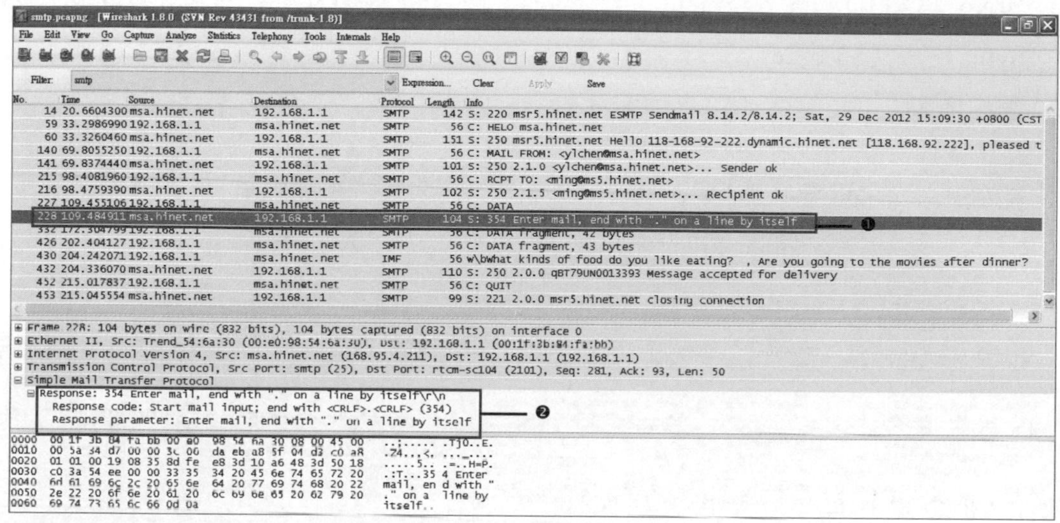

◐圖11-12(b)-9 封包No 228的分析

❶ 指出SMTP伺服器回覆訊息內容爲" Enter mail, end with •"，通知用戶端192.168.1.1發送的資料結束時，記得要單獨用句點「•」表示結束。

❷ 指出郵件伺服器回應「DATA:」命令的回應碼爲354；要求用戶端開始輸入郵件內容，並於每一訊息列必須歸位與換行列，郵件訊息內容結束時單獨用句點「•」表示。

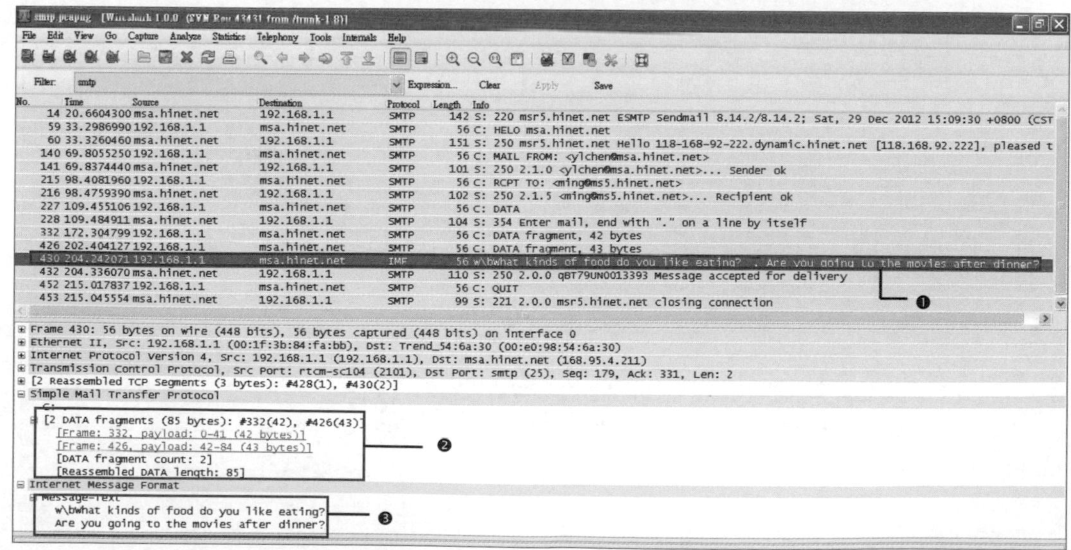

◐圖11-12(b)-10 封包No 430的分析

❶ 指出用戶端192.168.1.1敲入送給收件者mingmay的郵件內容，並準備送至伺服器。

❷ 指出此時用戶端192.168.1.1送出2筆訊息，然後經歸位與換行，分別產生封包No 332的DATA fragment（42 bytes）與封包No 426的DATA fragment（43 bytes），共85 bytes。

❸ 指出所敲入的2筆郵件訊息內容。

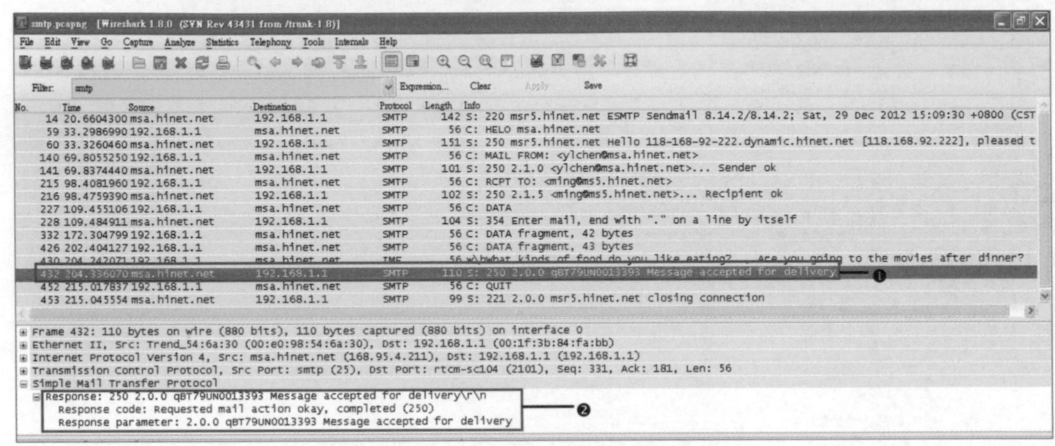

◐圖11-12(b)-11　封包No 432的分析

❶ 指出SMTP伺服器回覆訊息內容為”message accepted for delivery”，通知用戶端192.168.1.1郵件訊息已被接受，準備傳送出去。

❷ 指出郵件伺服器回應用戶端敲入的2筆郵件訊息，其回應碼為250；對於用戶端所要求的郵件訊息內容行為一切OK。

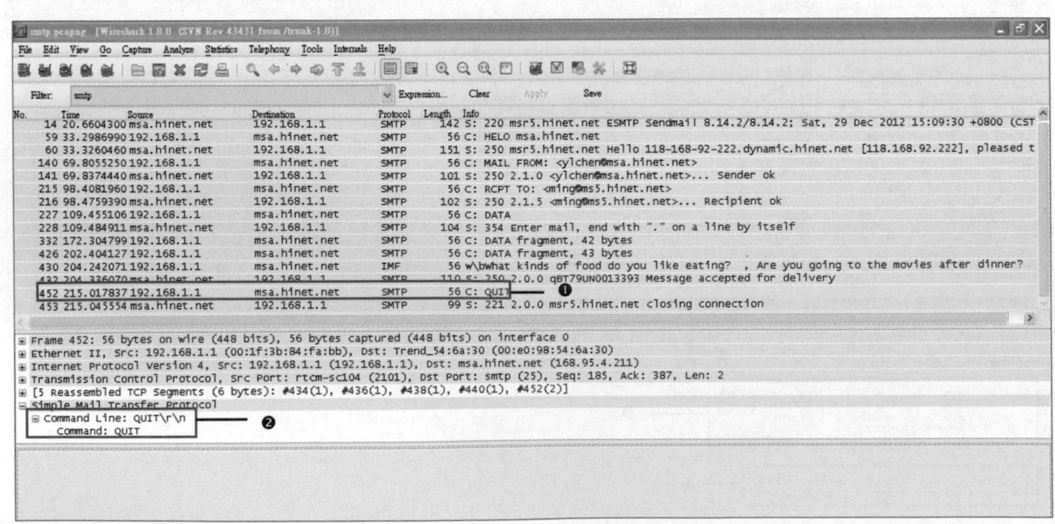

◐圖11-12(b)-12　No 452封包的分析

❶ ❷指出用戶端192.168.1.1敲入「QUIT」命令，將郵件內容送出至SMTP伺服器，並關閉（終止）TCP連線。

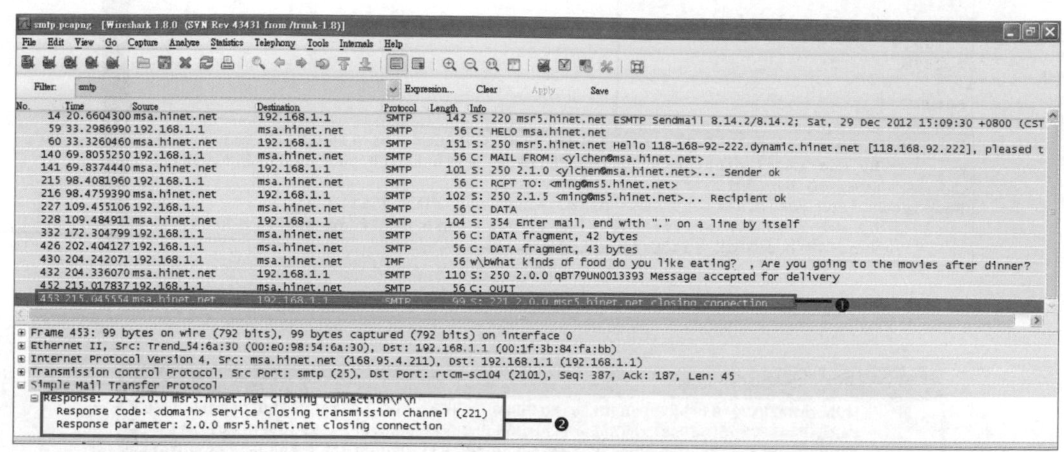

◐圖11-12(b)-13 封包No 453的分析

❶ 指出SMTP伺服器回覆訊息通知用戶端192.168.1.1 TCP連線已被終止。

❷ 指出郵件伺服器回覆221訊息，代表傳輸通道服務結束。

下面實作Case 2分析將直接進行POP3封包擷取分析，現在我們就說明進行此Case的操作步驟。現在你可以利用user、pass、retr或dele及quit命令來讀取收到的電子郵件。如下說明。

◈實作Case 2的分析

1. 開啓Wireshark對這些命令進行封包的擷取分析。注意，我們在【Filter】欄位敲入「pop」加速找到相關的封包。
2. 發送者tense.chen想讀取所收到的電子郵件。首先敲入「telnet msa.hinet.net 110」建立TCP連線後，出現「+OK POP 3…… server ready」。接下來的步驟如同11-6節所述，我們可得到圖11-13(a)與圖11-13(b)；而圖11-13(a)-1~圖11-13(a)-5是Wireshark對這些命令進行封包的擷取分析。

```
user tense.chen
+OK password please
pass 742114
+OK Mailbox open, 2 messages
list
+OK Mailbox scan listing follows
1 18524
2 2890
.
retr 2
+OK
Received: from msa-sms3-2.hinet.net (msx-sms9-2.hinet.net [168.95.7.92])
        by msa-smtp3.hinet.net (8.14.2/8.14.2) with ESMTP id qBU5ZHXZ005932;
        Sun, 30 Dec 2012 13:35:17 +0800 (CST)
Received: from msa.hinet.net (msa-msr03.hinet.net [168.95.6.3])
        by msa-sms3-2.hinet.net (8.14.2/8.14.2) with ESMTP id qBU5ZGuW024470;
        Sun, 30 Dec 2012 13:35:17 +0800
```

◐圖11-13(a) tense.chen利用「user等命令」來讀取收到的電子郵件

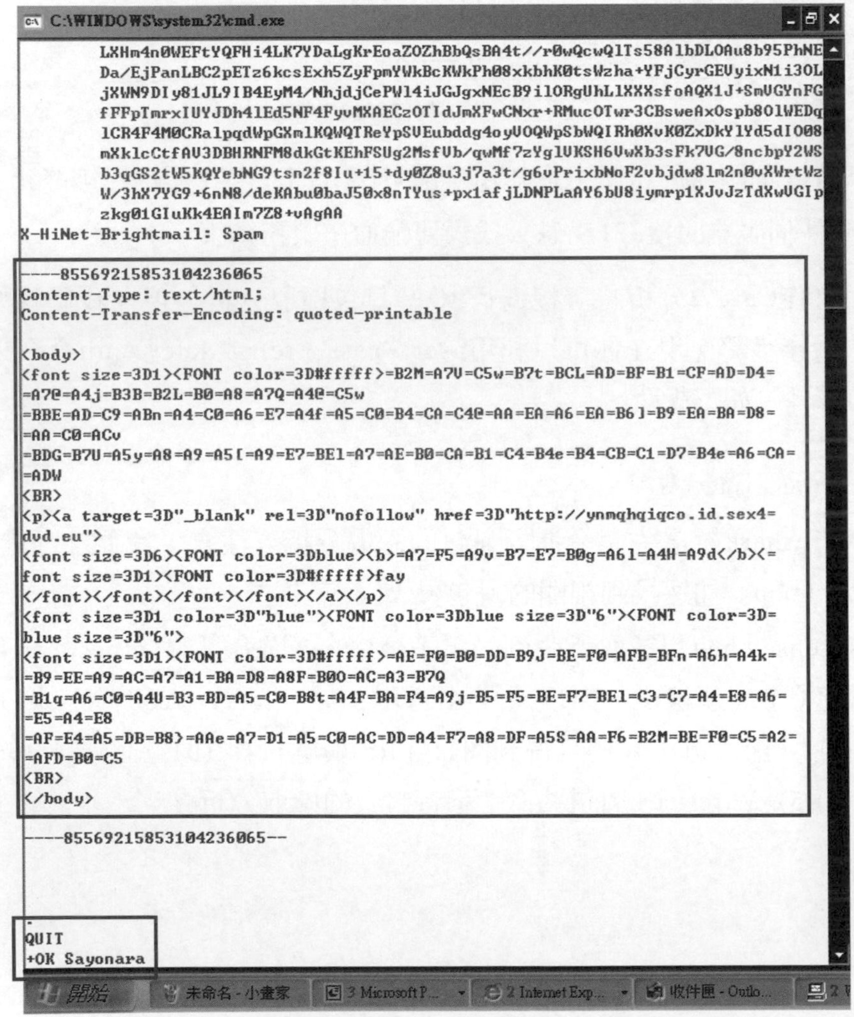

◐圖11-13(b) 用戶端敲入retr 2命令的部分內容與QUIT命令

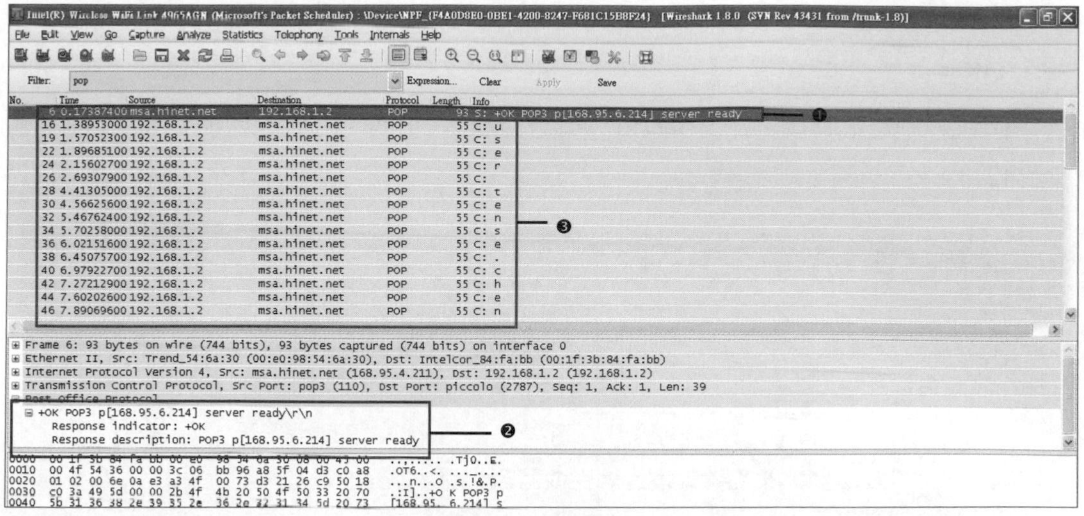

◐圖11-13(a)-1 封包No 6的分析

❶ 指出POP3伺服器msa.hinet.net收到用戶端192.168.1.2所送出的「telnet msa.hinet 110」要求建立TCP連線後，進入SMTP用戶端及POP3伺服端之間的交談模式。

❷ 指出此時POP3伺服器已在準備好的情況等待。注意，此時反應指示器（response indicator）：+OK。

❸ 指出❷步驟完成後，用戶端192.168.1.2敲入「user」命令，後面爲使用者名稱tense.chen。

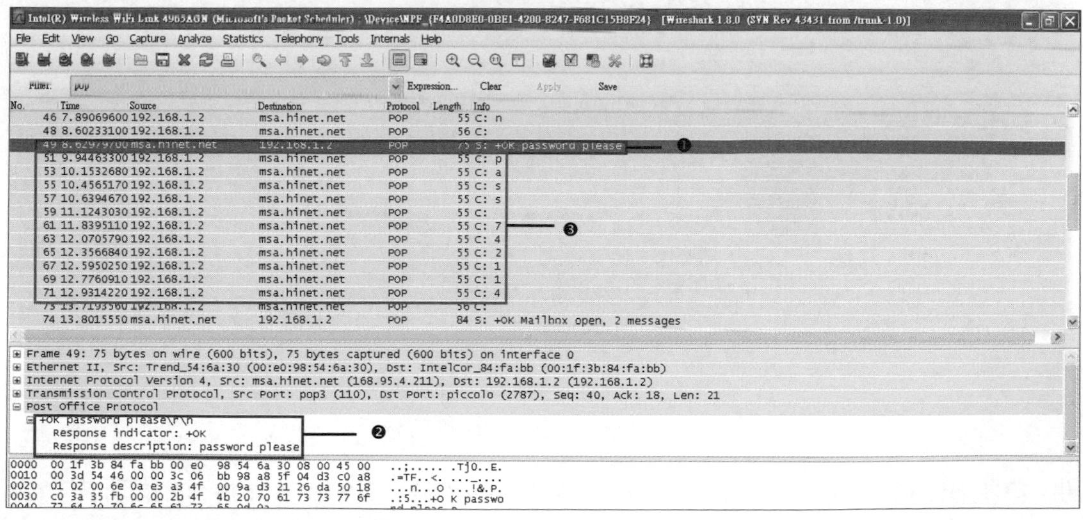

◐圖11-13(a)-2 封包No 49的分析

❶ 指出POP3伺服器msa.hinet.net收到用戶端192.168.1.2送出的「user tense.chen」後，要求輸入password。

❷ 指出此時POP3伺服器已準備好接收password。注意，此時反應指示器:+OK。

❸ 指出❷步驟完成後，用戶端192.168.1.2敲入「pass」命令後面爲使用者密碼742114。

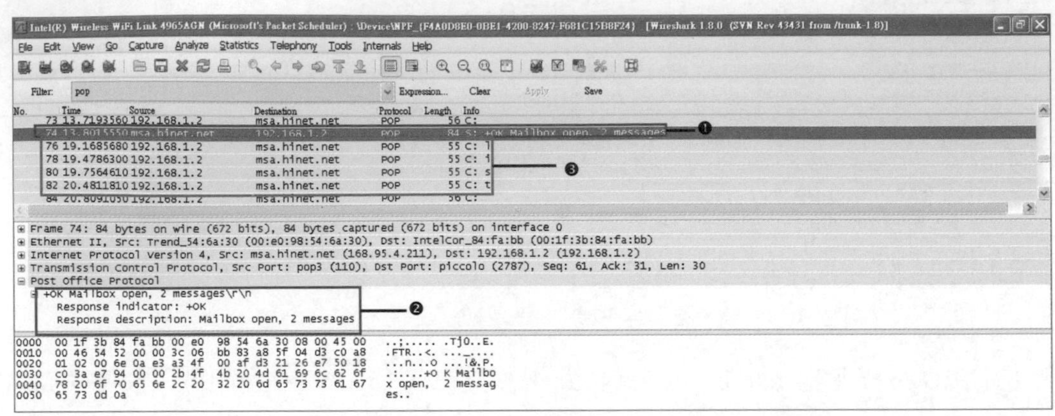

圖11-13(a)-3 封包No 74的分析

❶ 指出POP3伺服器msa.hinet.net收到用戶端192.168.1.2送出正確的使用者密碼後，通知用戶端在郵箱內有2筆資料。

❷ 指出此時郵箱的2筆資料在開啓狀態。注意，此時反應指示器:+OK。

❸ 指出 步驟完成後，用戶端192.168.1.2敲入「list」命令，再【enter】。

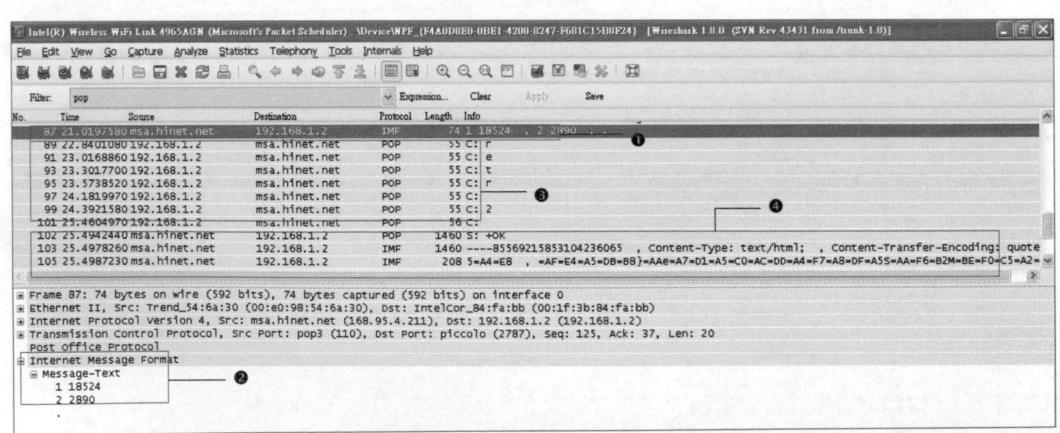

圖11-13(a)-4 封包No 87的分析

❶ ❷指出POP3伺服器msa.hinet.net通知用戶端192.168.1.2共有2筆新電子郵件，郵件訊息大小（單位byte），分別爲18254與2890。

❸ 指出用戶端欲打開第2筆新電子郵件，敲入「retr 2」命令再【enter】。

❹ 指出POP3伺服器msa.hinet.net會以+OK回應用戶端192.168.1.2，並顯示其內容（如封包No 103與封包No 105，或參考圖11-14(b)）。注意，其協定爲IMF（Internet Message Format）。IMF爲Internet上的文字訊息傳輸的格式。我們可以將SMTP看成郵件信封，IMF是相當於那信封內的信紙，它包含原始寄件人、收件人，主題和日期。雖然IMF只處理文字訊息，但是它可以含有MIME multipart，用來支援多媒體訊息。

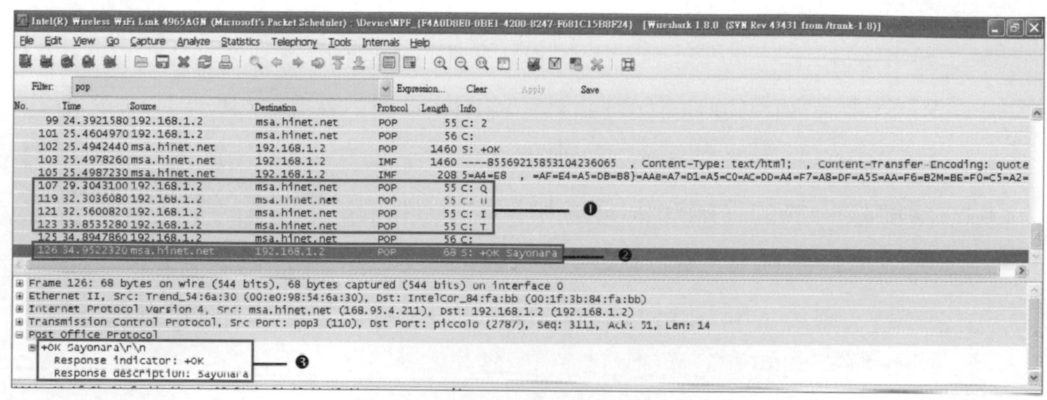

◐圖11-13(a)-5　封包No 126的分析

❶ 指出用戶端192.168.1.2敲入「QUIT」命令送到POP3伺服器msa.hinet.net。此時POP3會進入更新階段，並結束POP3對談。

❷ ❸指出POP3伺服器msa.hinet.net會以+OK回應用戶端192.168.1.2，並傳回Sayonara（再見）訊息。

11-8-1 問題討論

1. 若你是使用Outlook Express來發送或讀取電子郵件所使用的命令與程序，是否與實作Case 1的分析或實作Case 2的分析相同？

   解：完全相同。

2. 圖11-12(b)-1封包No 14中的❸指出CST代表意義爲何？

   解：CST（China Standard Time）是在台灣所使用的時區表示方式，亦即所謂的時區偏移：UTC+8，UTC（Coordinated Universal Time）+8代表是比世界協調時間快8小時的時區；0800代表電子郵件時區指標。

3. 實作Case 1的分析或實作Case 2的分析中使用的Telnet協定所使用安全度如何？

解：傳統的網路服務程式，如FTP、POP和Telnet，基本上是不安全的，因為它們在網路上使用明文的方式來傳送資料，很容易受到不法人士的攻擊，這包括輸入帳號名稱、密碼及顯示的資料。我們一開始透過Telnet進入Internet遠端登入服務，然後才進行SMTP與POP3的操作步驟。由於Telnet連線通訊所傳輸的資料並沒有加密，很可能會遭不法人士竊聽，因此，企業公司大都已開始使用安全遠端登入的通訊協定SSH來取代Telnet。SSH（Secure Shell）是由IETF所制定，其為建立在應用層和傳輸層上的安全協定。SSH採用了加密的機制來保護所傳送的資料，透過Wireshark也可以找出SSH所傳送的網路封包，其內容都經過加密處理，不像Telnet使用明文的方式來傳送資料。值得一提，SSH是目前較可靠的遠端登入對談和提供其他網路服務資訊安全性的協定。它不但能對所有傳輸的資料進行壓縮、加密，也能夠防止DNS欺騙和IP欺騙。總之，SSH既可以取代Telnet，又可以為FTP、POP以及、PPP提供一個安全的資訊通道。

重點整理

- 欲將擬好的郵件訊息送出，可經由使用者代理程式，送到他的郵件伺服器內的輸出訊息佇列。
- 使用者代理程式透過適當協定，像POP3（Post Office Protocol version 3），可從郵件伺服器內部之郵箱（mailbox）取出該郵件。
- E-mail在初期只傳送ASCII純文字資料，目前則支援非ASCII資料的MIME格式。
- 當您採用Web-based的E-mail帳號（如Hotmail），並想將訊息送給對方，則使用者代理程式至郵件伺服器之間是採用HTTP，以便PC可將要送出的訊息透過HTTP送至對方的郵件伺服器。
- 利用HELO、MAIL FROM、RCPT TO、DATA、QUIT命令可用來傳送電子郵件。
- Base-64編碼是將Non-ASCII共3個位元組的資料經Base-64編碼成為4部分。
- 進行Quoted-printable編碼，若遇不需編碼的字元可直接輸出；若需要編碼，則先輸出'='，後面緊跟著十六進制的ASCII字元值。
- 使用者就可進行郵件存取，其可使用4個命令如下：list、retr、dele、quit。
- 當IMAP開啓信箱時，只是下載標頭，不會佔用太多的硬碟空間。

本章習題

選擇題

( )1. 小英想送郵件給大明，可使用哪一種協定傳送出去

(1)BOOTP (2)NAT (3)DCHP (4)SMTP

( )2. 大明想從郵件伺服器內部之郵箱取出該郵件，可使用哪一種協定

(1)SMTP (2)NAT (3)POP3 (4)DHCP

( )3. E-mail發送端和接收端處在同一個系統時，使用幾個UA

(1)1 (2)2 (3)3 (4)4

( )4. E-mail發送端和接收端處在不同系統（第一種架構）時，使用幾個MTA

(1)各1個 (2)各2個 (3)各3個 (4)各4個

( )5. E-mail發送端和接收端處在不同系統（第三種架構）時，使用幾個MAA對

(1)1對 (2)2對 (3)3對 (4)4對

( )6. 如果郵件中含有附件，必須定義成

(1)multipart/mixed (2)multipart/related
(3)multipart/alternative (4)上述都可以

( )7. SMTP為應用層協定，並使用哪一種傳輸服務

(1)IP (2)TCP (3)UDP (4)DHCP

( )8. SMTP採用

(1)內頻方式和持續性連接 (2)外頻方式和持續性連接
(3)外頻方式和非持續性連接 (4)內頻方式和非持續性連接

( )9. IMAP或POP3執行什麼動作

(1)push (2)upload (3)download (4)pull

( )10. SMTP執行什麼動作

(1)push (2)upload (3)download (4)pull

本章習題

簡答題

1. 說明MTA用戶端與MTA伺服端之間的訊息關係？以及MAA用戶端與MAA伺服端之間的訊息關係？
2. 說明SMTP的基本操作方式。
3. 說明小英如何用Web-based的E-mail帳號，將訊息送給大明；以及大明如何存取郵箱中的郵件。
4. 說明MIME的功能。

實作分析題

1. 請打開電子檔，圖E-1中的資料共有幾筆？

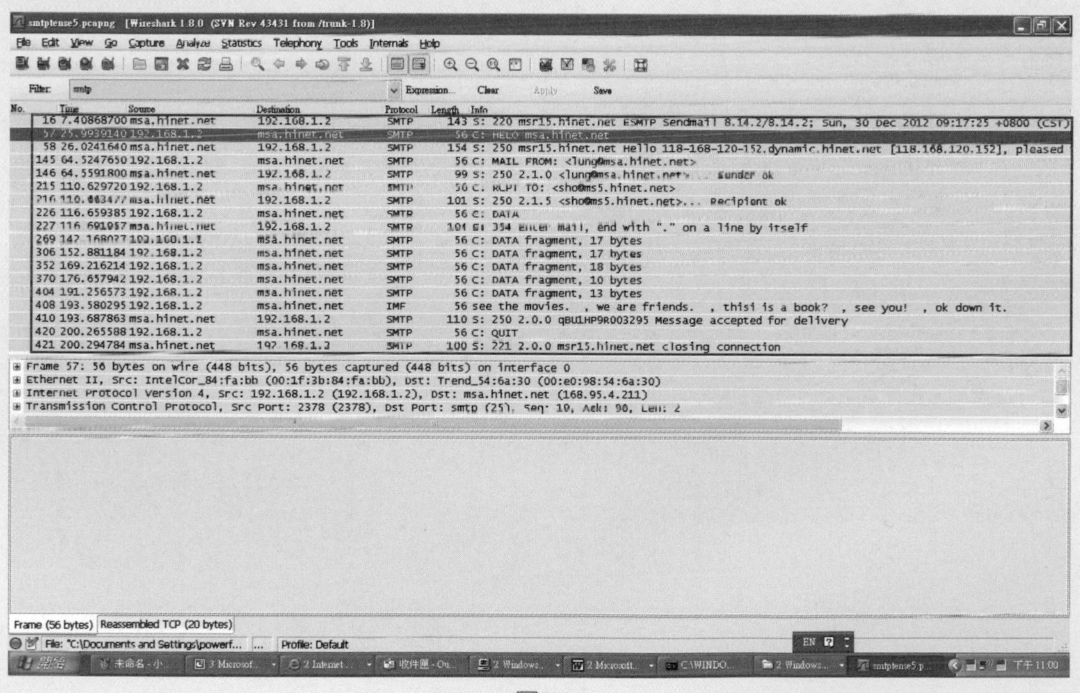

圖E-1

2. 請打開電子檔，試著用Outlook Express寄出郵件，並利用Wireshark擷取封包，證實使用的命令與程序，與實作Case 1的分析完全相同。
3. 試著用Outlook Express開始接收郵件，並利用Wireshark擷取封包，證實使用的命令與程序，與實作Case 2的分析完全相同。

'N 'O 'T 'E

附錄 A

Wireshark使用簡介

1997年時，Gerald Combs為能夠追蹤網路流量，開始開發Ethereal軟體。一直到1998年7月釋放出v0.2.0，為此軟體的第一個版本。後來來自世界各地人馬陸續參與程式的修補及新軟體的開發。後來因為商標的問題，2006年6月，Ethereal更名為今日的Wireshark。利用Wireshark軟體擷取封包，可以檢測網路、資訊安全、網路協定分析及驗證等相關知識。Wireshark只能指出目前所擷取的封包資訊，但對於封包的內容不會做修改。使用Wireshark的時機與目的，如下說明：

- 網路管理員用來檢測網路管理上的設定，以及網路的流量分析或異常問題。
- 網路技術人員用來檢查資訊安全，與判斷已發生的相關問題分析。
- 開發設計人員對新的通訊協定在發展與除錯，獲得極大方便。
- 一般使用者使用來學習網路協定分析及驗證。

注意，Wireshark並非入侵偵測軟體（Intrusion Detection Software；IDS），當網路的流量有異常現象發生時，Wireshark也不會有任何警告。Wireshark是一種開放原始碼軟體，適用的電腦系統包括Unix、各種Linux發行版本和Windows。我們可以從乙太網路、PPP、802.11、ATM與MPLS等不同類型的網路上擷取即時封包的資料，並透過圖形式使用者介面（GUI；Graphical user interface）模式，呈現所抓取的網路封包，然後再加以統計與分析。

另一方面，這些網路資料的輸出檔案類型可以被儲存為純文字（Plain text）檔案、或PostScript、CSV（以逗號區隔的文字類型）、PSML（以XML為基準（base）的封包擷取檔案）、PDML（比PSML更詳細，仍以XML為基準的封包擷取檔案），甚至有的還以C Array（將2進位封包輸出成C語言的陣列）格式。

輸出檔案類型的操作：先進入功能列的File→Save As，儲存所要擷取的畫面檔案（如圖A-1 333.pcapng）→功能列的File→Export Packet Dissection→選擇所要的PostScript或其他格式。

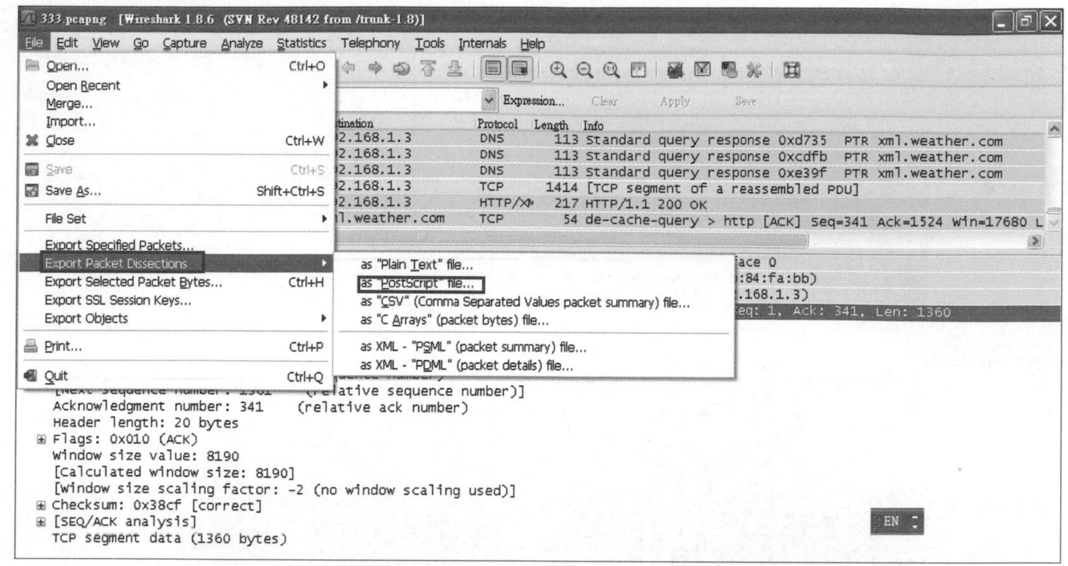

◐圖A-1 所擷取的畫面檔案 333.pcapng並進行輸出格式選擇

安裝Wireshark的過程非常簡單，一般使用預設的設定即可。值得一提，單只靠Wireshark並無法將所有經過你選取網路卡的封包都擷取下來，因為一般的應用程式對封包的送收是透過Socket函數來執行，然而它能擷取到的封包只會有兩種可能：一種是別人發給你，或你發給別人的封包；另一種是廣播的封包。因此，Wireshark採用的擷取裝置，包含Windows環境使用的，以及在Unix/Linux環境使用的LibPcap。當你在安裝Wireshark的過程中，會要求使用者安裝WinPcap（Windows Packet Capture），稱為Windows系統所需要的封包擷取程式，以便抓取網路上的封包。一旦完成Wireshark的安裝（包含WinPcap），這也代表你可以擷取所有經過你選取網路卡的封包，像這樣子的模式稱為雜亂模式（promiscuous mode），參考圖A-4中的❷。此選項可讓你指定是否使用雜亂模式（promiscuous mode）擷取封包。

目前Wireshark是一個免費的網路封包分析軟體，可以在Windows、Unix等各種平台進行網路即時資料的封包抓取、過濾和統計分析。一旦安裝好Wireshark，出現的主視窗畫面如圖A-2所示。

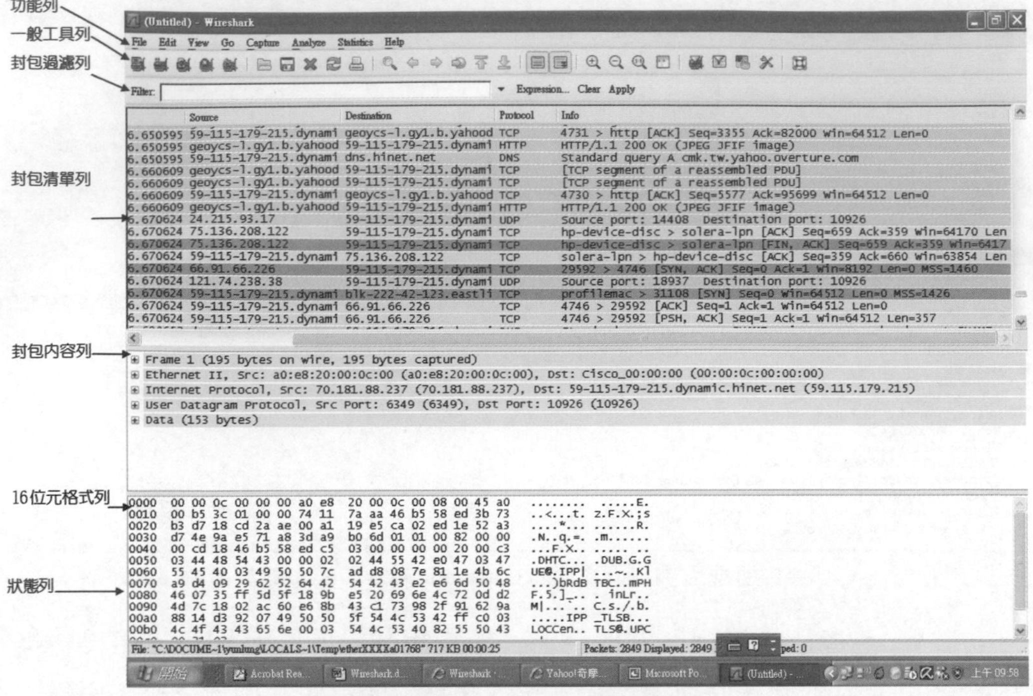

◐圖A-2 Wireshark的主視窗畫面

接著我們要開始抓取網路的封包。請點選主視窗畫面中的功能列【Capture】→【Interfaces】，會出現目前電腦裡所有安裝的網路卡名稱，如圖A-3所示；或直接點選主視窗畫面中的一般工具列中由左往右算起來第2圖示。選擇目前使用的網路卡，按下Start就開始擷取封包，如圖A-4所示（亦可參閱一般工具列中由左往右算起來第3圖示）。

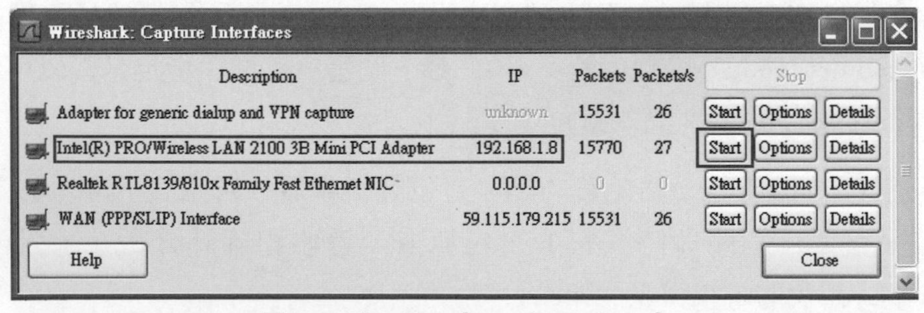

◐圖A-3 【Capture】→【Interfaces】

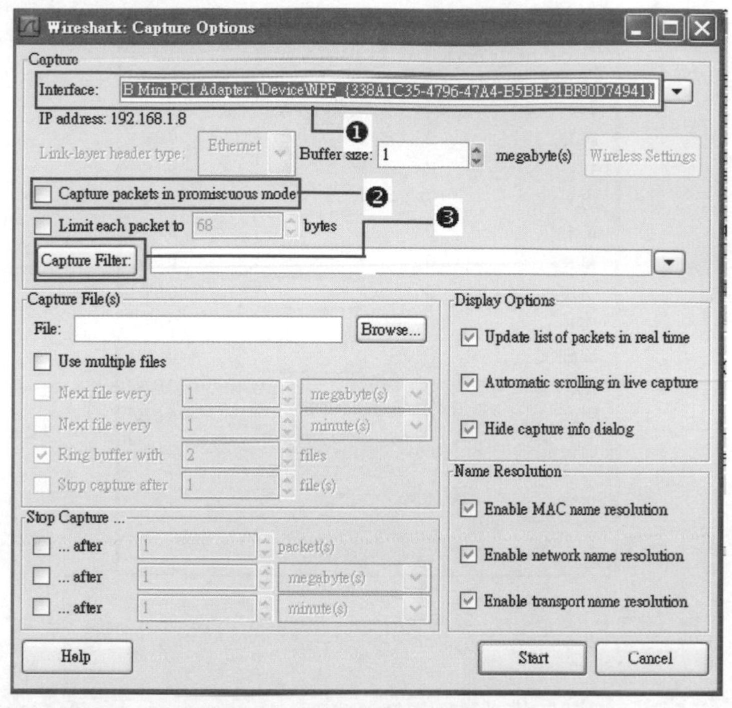

◐圖A-4 【Capture】相關設定

❶ 指出目前使用的無線網路卡。

❷ 指出抓取進出自己電腦的封包時，雜亂模式（promiscuous mode）不勾選。若勾選會抓取整個網路上的封包。

❸ 指出過濾出符合條件的封包以進行擷取，此同主視窗畫面中的封包過濾列的【Filter】。注意，愈新的版本，畫面可能會有些不同。

將圖A-4中的【Hide capture info dialog】打勾去除，則可看出已擷取封包的大致分析，如圖A-5所示。接下來我們執行主選單的Capture→Stop，或是直接點選Stop the running live capture圖示（亦可參閱一般工具列中由左往右算起來第4圖示），以停止Wireshark在網路上的擷取動作。停止後，介面上的封包清單列不會再增加，此時擷取到的資料相信已很多，此時可以利用視窗畫面中的【Filter】過濾欲抓取的內容，如圖A-6，點選【Expression】選取過濾語法，或用手動直接敲入（小寫字母）。例如：要過濾來源端的IP位址爲192.168.1.8的封包，其條件語法格式爲ip.src == 192.168.0.8。條件輸入完畢按下【Apply】進行過濾，如圖A-7所示；反之，按下【Clear】進行還原過濾前的封包清單列的內容。在這裡只簡單說明Wireshark操作方式，但對於一般情況的封包擷取分析也足夠了。更進一步的描述可以參考http://wiki.wireshark.org/CaptureFilters

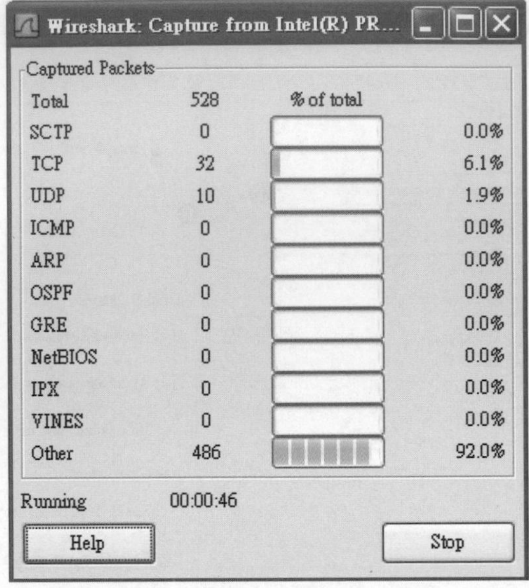

圖A-5 已擷取封包的大致分析

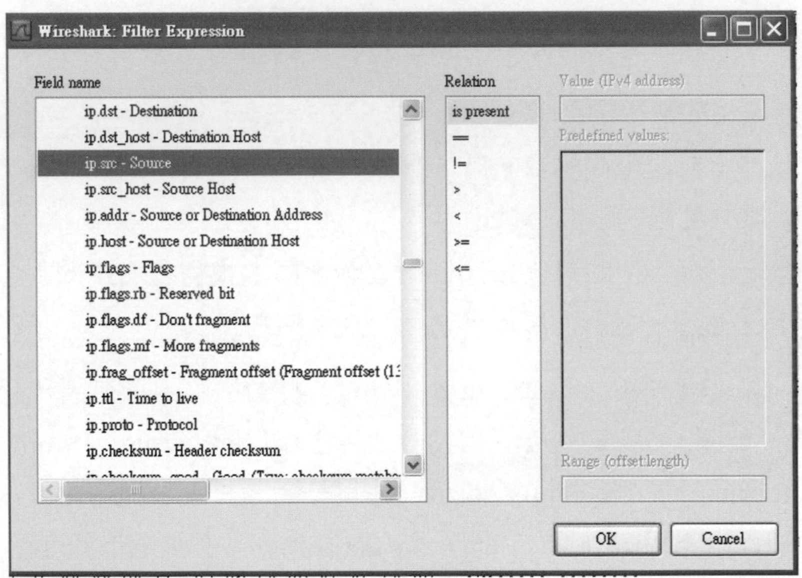

圖A-6 選取過濾語法

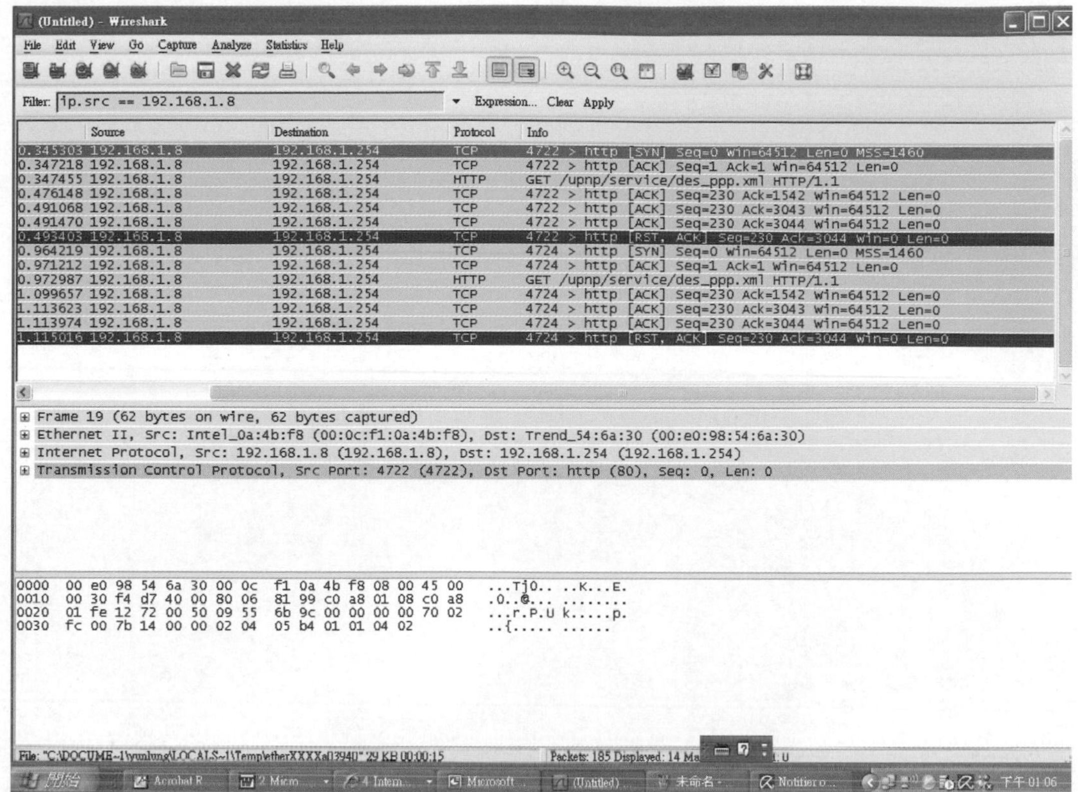

◎圖A 7 過濾來源端的IP位址為192.168.1.8的封包

'N'O'T'E

附錄 B

利用Wireshark擷取MSN封包分析設計簡介

- B-1 程式流程架構
- B-2 MSN PDML原始檔
- B-3 過濾後的MSN封包
- B-4 過濾後的MSN封包
- B-5 結論

本文主要討論利用Wireshark對MSN的應用管理，專題提出如何進行分析，雖然MSN突然宣佈停用有一點可惜，但並不會影響專題的本質分析。

隨著網際網路的MSN發展已非常成熟應用在上班與生活，如何有效的管理常是公司主管的重要課題的努力方向之一。假設身爲老板或一個主管，爲防止員工於上班時間利用MSN聊天，於是我們就利用Wireshark軟體來擷取MSN封包監控內部人員的所有MSN資訊，以讓主管能夠有效的管理員工。Wireshark輸出檔案可以被儲存或列印爲純文字(Plain text)檔案或 PostScript格式，也可以輸出成多種格式包含PSML、PDML或CSV等檔案。本專題主要目標:是利用Wireshark擷取網路封包，將所監控擷取的MSN封包匯出成PDML檔案資料格式(其文字類型爲XML base的封包擷取檔案)，再撰寫C程式語言將8進碼(來自PDML)的MSN封包內容轉換成爲國人所熟悉的繁體中文。這樣可以讓網路管理人員能夠輕鬆的掌握內部人員的各種資訊，以達到很有效的控制與管理。本節只討論利用Wireshark擷取網路封包，將所監控擷取的MSN封包匯出成PDML檔案資料格式，由於PDML檔案資料格式其文字類型爲XML外，且其所擷取的MSN封包內容是以8進碼或16進碼呈現，對一個管理人很難瞭解與閱讀，因此將8進碼或16進碼的MSN封包內容，再轉換成爲國人所熟悉的繁體中文，以達到有效率的控制管理。

下列步驟可得出PDML檔案: 利用Wireshark軟體來擷取MSN封包→Wireshark封包清單列窗格→File→Export Packet Disections→as XML “PDML” (Packet details)file。

B-1 程式流程架構

由於PDML檔案包括Internet上其他很多的資料檔，本程式流程主要目的是，要將Internet上很多的MSN資料檔，先過濾出所要的MSN封包。再將過濾出來的MSN封包，透過撰寫C程式語言轉換成爲國人所熟悉的繁體中文。注意，過濾出來的MSN PDML檔案是以8進碼或16進碼呈現（依Wireshark版本而定），然後再以C程式語言將有8進碼的格式轉換或UTF-8繁體中文的轉換。如圖B-1所示步驟：

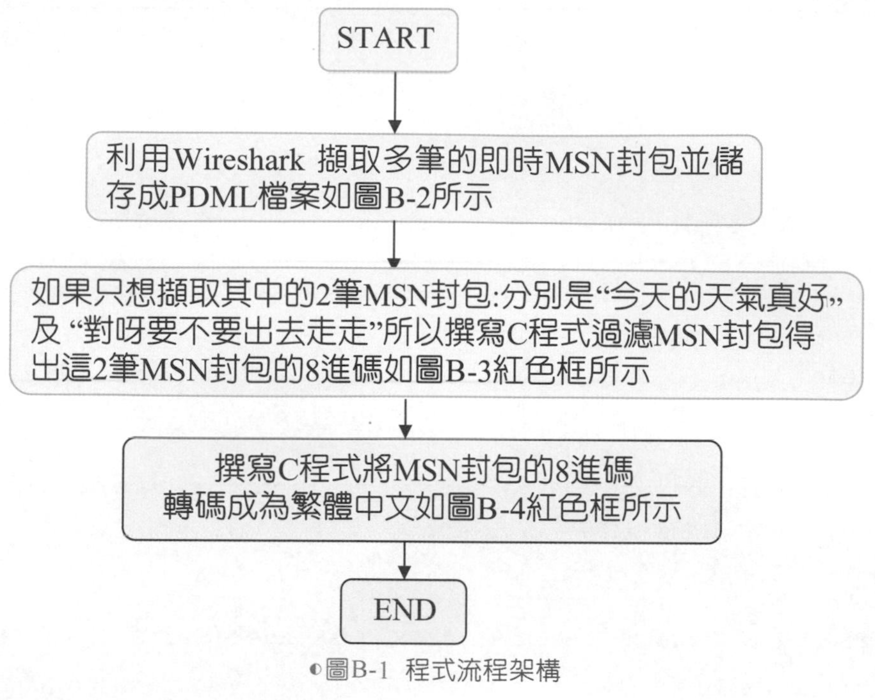

圖B-1 程式流程架構

B-2 MSN PDML原始檔

PDML檔可以利用記事本開啓，如下所示爲筆者利用Wireshark擷取網路上的MSN封包得出的MSN PDML原始檔如圖B-2所示：

過濾前MSN PDML原始檔如下(由於檔案案龐大，只列出部分)：

```
<?xml version="1.0"?>
<pdml version="0" creator="wireshark/1.4.6">
<packet>
   <proto name="geninfo" pos="0" showname="General information" size="240">
     <field name="num" pos="0" show="88" showname="Number" value="58" size="240"/>
      <field name="len" pos="0" show="240" showname="Frame Length" value="f0" size="240"/>
      <field name="caplen" pos="0" show="240" showname="Captured Length" value="f0" size="240"/>
       <field name="timestamp" pos="0" show="May 18, 2012 02:17:18.262748000 台北標準時間" showname="Captured Time" value="1337278638.262748000" size="240"/>
```

```
  </proto>
                                   ……….
……….
……….

<field name="tcp.checksum_good" showname="Good Checksum: False" size="2" pos="58" show="0" value="a306"/>
       <field name="tcp.checksum_bad" showname="Bad Checksum: False" size="2" pos="58" show="0" value="a306"/>
    </field>
     <field name="" show="SEQ/ACK analysis" size="0" pos="42" value="">
       <field name="tcp.analysis.bytes_in_flight" showname="Number of bytes in flight: 190" size="0" pos="42" show="190"/>
    </field>
  </proto>
   <proto name="msnms" showname="MSN Messenger Service" size="190" pos="62">
     <field name="" show="MSG uiui99000@hotmail.com jjjj 154\r\n" size="36" pos="62" value="4d53472075697569393930303040686f746d61696c2e636f6d206a6a6a6a203135340d0a"/>
     <field name="" show="MIME-Version: 1.0\r\n" size="19" pos="98" value="4d494d452d56657273696f6e3a20312e300d0a"/>
     <field name="" show="Content-Type: text/plain; charset=UTF-8\r\n" size="41" pos="117" value="436f6e74656e742d547970653a20746578742f706c61696e3b20636861727365743d5554462d380d0a"/>
     <field name="" show="X-MMS-IM-Format: FN=MS%20Shell%20Dlg%202; EF=; CO=0; CS=1; PF=0\r\n" size="65" pos="158" value="582d4d4d532d494d2d466f726d61743a20464e3d4d53253230536865c6c253230446c67253230323b2045463d3b20434f3d303b2043533d313b2050463d300d0a"/>
     <field name="" show="\r\n" size="2" pos="223" value="0d0a"/>
     <field name="" show="\345\260\215\345\221\200\350\246\201\344\270\215\350\246\201\345\207\272\345\216\273\350\265\260\350\265\260" size="27" pos="225" value="e5b08de59180e8a681e4b88de8a681e587bae58ebbe8b5b0e8b5b0"/>
  </proto>
</packet>
</pdml>
```

圖B-2 MSN PDML原始檔

B-3 過濾後的MSN封包

由於MSN PDML原始檔案資料格式其文字類型是我們所熟悉的XML base的檔案格式，利用所設計C程式語言過濾所需要的MSN封包；這些MSN封包的資料內容在本專題是以8進碼呈現出如圖B-3所示(紅色框)。

過濾後得出的2筆MSN PDML內容如下：

```
<?xml version="1.0"?>
<pdml version="0" creator="wireshark/1.4.6">
<packet>
<proto name="msnms" showname="MSN Messenger Service" size="178"
pos="62">
    <field name="" show="MSG 27 N 164\r\n" size="14" pos="62" value="
4d5347203237204e203136340d0a"/>
    <field name="" show="MIME-Version: 1.0\r\n" size="19" pos="76" va
lue="4d494d452d56657273696f6e3a20312e300d0a"/>
    <field name="" show="Content-Type: text/plain; charset=UTF-8\r\n"
size="41" pos="95" value="436f6e74656e742d547970653a20746578742f706c
61696e3b20636861727365743d5554462d380d0a"/>
    <field name="" show="X-MMS-IM-Format: FN=%E6%96%B0%E7%B4%B0%E6%98
%8E%E9%AB%94; EF=; CO=0; CS=1; PF=0\r\n" size="81" pos="136" value="
582d4d4d532d494d2d466f726d61743a20464e3d2545362539362542302545372542
342542302545362539382538452545392541422539343b2045463d3b20434f3d30
3b2043533d313b2050463d300d0a"/>
    <field name-"" show-"\r\n" size-"2" pos-"217" value-"0d0a"/>
    <field name="" show="\344\273\212\345\244\251\347\232\204\345\244
\251\346\260\243\347\234\237\345\245\275" size="21" pos="219" value=
"e4bb8ae5a4a9e79a84e5a4a9e6b0a3e79c9fe5a5bd"/>
  </proto>
</packet>
<packet>
<proto name="msnms" showname="MSN Messenger Service" size="190"
pos="62">
     <field name="" show="MSG uiui99000@hotmail.com jjjj 154\r\n"
size="36" pos="62" value="4d534720756975693939303030406 86f746d61696c
2e636f6d206a6a6a6a203135340d0a"/>
    <field name="" show="MIME-Version: 1.0\r\n" size="19" pos="98" va
lue="4d494d452d56657273696f6e3a20312e300d0a"/>
    <field name="" show="Content-Type: text/plain; charset=UTF-8\r\n"
size="41" pos="117" value="436f6e74656e742d547970653a20746578742f706
c61696e3b20636861727365743d5554462d380d0a"/>
```

```
        <field name="" show="X-MMS-IM-Format: FN=MS%20Shell%20Dlg%202;
EF=; CO=0; CS=1; PF=0\r\n" size="65" pos="158" value="582d4d4d532d49
4d2d466f726d61743a20464e3d4d532532305368656c6c253230446c67253230323b
2045463d3b20434f3d303b2043533d313b2050463d300d0a"/>
      <field name="" show="\r\n" size="2" pos="223" value="0d0a"/>
      <field name="" show="\345\260\215\345\221\200\350\246\201\344\27
0\215\350\246\201\345\207\272\345\216\273\350\265\260\350\265\260"
size="27" pos="225" value="e5b08de59180e8a681e4b88de8a681e587bae58eb
be8b5b0e8b5b0"/>
  </proto>
</packet>
</pdml>
```

圖B-3 過濾後得出的2筆MSN PDML

B-4 過濾後的MSN封包

利用所設計C程式語言將圖B-3紅色框所示的8進碼轉換成兩人聊天的中文內容如圖B-4所示(紅色框)。本例C程式語言程式的設計是將8進碼轉換成UTF-8繁體中文，然後就可以得到我們在MSN的中文對話的內容。

利用撰寫的C語言過濾後並轉換出來的的中文碼。

```
<?xml version="1.0"?>
<pdml version="0" creator="wireshark/1.4.6">
<packet>
  <proto name="msnms" showname="MSN Messenger Service" size="178"
pos="62">
      <field name="" show="MSG 27 N 164\r\n" size="14" pos="62" value="
4d5347203237204e203136340d0a"/>
      <field name="" show="MIME-Version: 1.0\r\n" size="19" pos="76" va
lue="4d494d452d56657273696f6e3a20312e300d0a"/>
      <field name="" show="Content-Type: text/plain; charset=UTF-8\r\n"
size="41" pos="95" value="436f6e74656e742d547970653a20746578742f706c
61696e3b20636861727365743d5554462d380d0a"/>
      <field name="" show="X-MMS-IM-Format: FN=%E6%96%B0%E7%B4%B0%E6%98
%8E%E9%AB%94; EF=; CO=0; CS=1; PF=0\r\n" size="81" pos="136" value="
582d4d4d532d494d2d466f726d61743a20464e3d2545362539362542302545372554
2342542302545362539382538452545392541422539343b2045463d3b20434f3d30
3b2043533d313b2050463d300d0a"/>
      <field name="" show="\r\n" size="2" pos="217" value="0d0a"/>
```

```
    <field name="" show="今天的天氣眞好" size="21" pos="219❶ value="e4b
b8ae5a4a9e79a84e5a4a9e6b0a3e79c9fe5a5bd"/>
  </proto>
</packet>
<packet>
   <proto name="msnms" showname="MSN Messenger Service" size="190"
pos="62">
      <field name="" show="MSG uiui99000@hotmail.com jjjj 154\r\n"
size="36" pos="62" value="4d534720756975693939303030406 86f746d61696c
2e636f6d206a6a6a6a203135340d0a"/>
     <field name="" show="MIME-Version: 1.0\r\n" size="19" pos="98" va
lue="4d494d452d56657273696f6e3a20312e300d0a"/>
     <field name="" show="Content-Type: text/plain; charset=UTF-8\r\n"
size="41" pos="117" value="436f6e74656e742d547970653a20746578742f706
c61696e3b20636861727365743d5554462d380d0a"/>
      <field name="" show="X-MMS-IM-Format: FN=MS%20Shell%20Dlg%202;
EF=; CO=0; CS=1; PF=0\r\n" size="65" pos="158" value="582d4d4d532d49
4d2d466f726d61743a20464e3d4d53253230536 8656c6c253230446c67253230323b
2045463d3b20434f3d303b2043533d313b2050463d300d0a"/>
     <field name="" show="\r\n" size="2" pos="223" value="0d0a"/>
     <field name="" show="對呀要不要出去走走" size="27" pos="225"❷value="
e5b08de59180e8a681e4b88de8a681e587bae58ebbe8b5b0e8b5b0"/>
  </proto>
</packet>
</pdml>
```

圖B-4 過轉換後得到的中文對話的內容

❶ 指出"今天的天氣眞好"對應的8進碼如下表示:例如『今』對應的8進碼爲\344\273\212\；『天』對應的8進碼爲\345\244\251\……；『好』對應的8進碼爲\345\245\275\。

```
\344\273\212\345\244\251\347\232\204\345\244\251\346\260\243\347\234
\237\345\245\275" size="21" pos="219"
```

❷ 指出"對呀要不要出去走走"對應的8進碼如下表示:例如『對』對應的8進碼爲\345\260\215\；『呀』對應的8進碼爲\345\221\200\……；『走』對應的8進碼爲\350\265\260\。

```
\345\260\215\345\221\200\350\246\201\344\270\215\350\246\201\345\207
\272\345\216\273\350\265\260\350\265\260"
```

B-5 結論

一旦轉換出來的中文內容愈來愈多，讀者應該猜到還要透過資料庫的程式撰寫以儲存每筆資料的來源IP位址、目的端IP位址、時間日期及對應的中文內容。

附錄 C

ASCII Code表

ASCII碼	鍵盤	ASCII碼	鍵盤	ASCII碼	鍵盤	ASCII碼	鍵盤
0	NUL	7	BEL	10	LF	13	CR
27	ESC	32	SPACE	33	!	34	?
35	#	36	$	37	%	38	&
39	?	40	(	41	)	42	*
43	+	44	,	45	-	46	.
47	/	48	0	49	1	50	2
51	3	52	4	53	5	54	6
55	7	56	8	57	9	58	:
59	;	60	<	61	=	62	>
63	?	64	@	65	A	66	B
67	C	68	D	69	E	70	F
71	G	72	H	73	I	74	J
75	K	76	L	77	M	78	N
79	O	80	P	81	Q	82	R
83	S	84	T	85	U	86	V
87	W	88	X	89	Y	90	Z
91	[	92	\	93	]	94	^
95	_	96	?	97	a	98	b
99	c	100	d	101	e	102	f
103	g	104	h	105	i	106	j
107	k	108	l	109	m	110	n
111	o	112	p	113	q	114	r
115	s	116	t	117	u	118	v
119	w	120	x	121	y	122	z
123	{	124	|	125	}	126	~
127	DEL						

國家圖書館出版品預行編目資料

Wireshark TCP/IP 網路協定入門實作分析 / 陳雲龍編著. --初版.--新北市：全華圖書, 2013.08

面 ； 公分

ISBN 978-957-21-9130-9(平裝附光碟片)

1. 通訊協定 2. 網際網路

312.162 102015918

Wireshark TCP/IP 網路協定入門實作分析

作者 / 陳雲龍

執行編輯 / 李慧茹

發行人 / 陳本源

出版者 / 全華圖書股份有限公司

郵政帳號 / 0100836-1 號

印刷者 / 宏懋打字印刷股份有限公司

圖書編號 / 06229007

初版一刷 / 2013 年 8 月

定價 / 新台幣 620 元

ISBN / 978-957-21-9130-9 (平裝附光碟片)

全華圖書 / www.chwa.com.tw

全華網路書店 Open Tech / www.opentech.com.tw

若您對書籍內容、排版印刷有任何問題，歡迎來信指導 book@chwa.com.tw

臺北總公司(北區營業處)
地址：23671 新北市土城區忠義路 21 號
電話：(02) 2262-5666
傳真：(02) 6637-3695、6637-3696

南區營業處
地址：80769 高雄市三民區應安街 12 號
電話：(07) 381-1377
傳真：(07) 862-5562

中區營業處
地址：40256 臺中市南區樹義一巷 26 號
電話：(04) 2261-8485
傳真：(04) 3600-9806

廣告回信
板橋郵局登記證
板橋廣字第540號

行銷企劃部　收

23671 新北市土城區忠義路21號
全華圖書股份有限公司

讀者回函卡

填寫日期：　/　/

姓名：＿＿＿＿　生日：西元＿＿年＿＿月＿＿日　性別：□男 □女

電話：（　）＿＿＿＿　傳真：（　）＿＿＿＿　手機：＿＿＿＿

e-mail：（必填）

註：數字零，請用 Φ 表示，數字 1 與英文 L 請另註明並書寫端正，謝謝。

通訊處：□□□□□

學歷：□博士　□碩士　□大學　□專科　□高中・職

職業：□工程師　□教師　□學生　□軍・公　□其他

學校／公司：＿＿＿＿　科系／部門：＿＿＿＿

・需求書類：

□ A. 電子 □ B. 電機 □ C. 計算機工程 □ D. 資訊 □ E. 機械 □ F. 汽車 □ I. 工管 □ J. 土木

□ K. 化工 □ L. 設計 □ M. 商管 □ N. 日文 □ O. 美容 □ P. 休閒 □ Q. 餐飲 □ B. 其他

・本次購買圖書為：＿＿＿＿　書號：＿＿＿＿

・您對本書的評價：

封面設計：□非常滿意　□滿意　□尚可　□需改善，請說明＿＿＿＿

內容表達：□非常滿意　□滿意　□尚可　□需改善，請說明＿＿＿＿

版面編排：□非常滿意　□滿意　□尚可　□需改善，請說明＿＿＿＿

印刷品質：□非常滿意　□滿意　□尚可　□需改善，請說明＿＿＿＿

書籍定價：□非常滿意　□滿意　□尚可　□需改善，請說明＿＿＿＿

整體評價：請說明＿＿＿＿

・您在何處購買本書？

□書局　□網路書店　□書展　□團購　□其他＿＿＿＿

・您購買本書的原因？（可複選）

□個人需要　□幫公司採購　□親友推薦　□老師指定之課本　□其他＿＿＿＿

・您希望全華以何種方式提供出版訊息及特惠活動？

□電子報　□ DM　□廣告（媒體名稱＿＿＿＿）

・您是否上過全華網路書店？（www.opentech.com.tw）

□是　□否　您的建議＿＿＿＿

・您希望全華出版那方面書籍？＿＿＿＿

・您希望全華加強那些服務？＿＿＿＿

～感謝您提供寶貴意見，全華將秉持服務的熱忱，出版更多好書，以饗讀者。

全華網路書店 http://www.opentech.com.tw　　客服信箱 service@chwa.com.tw

2011.03 修訂

親愛的讀者：

感謝您對全華圖書的支持與愛護，雖然我們很慎重的處理每一本書，但恐仍有疏漏之處，若您發現本書有任何錯誤，請填寫於勘誤表內寄回，我們將於再版時修正，您的批評與指教是我們進步的原動力，謝謝！

全華圖書　敬上

勘誤表

書號		書名	作者
頁數	行數	錯誤或不當之詞句	建議修改之詞句

我有話要說：（其它之批評與建議，如封面、編排、內容、印刷品質等・・・）